现代数学译丛 9

动力系统入门教程及最新发展概述

〔美〕Boris Hasselblatt　Anatole Katok　著

朱玉峻　郑宏文　张金莲　阎欣华　译

胡虎翼　校

U0210654

科 学 出 版 社

北 京

图字: 01-2009-2770 号

内 容 简 介

本书包含两部分内容: 第一部分是入门教程, 主要介绍动力系统基本知识, 作者通过对压缩映射、线性系统、简单二次映射、低维保守系统、弹子球、圆周和环面系统的介绍, 引入了回复性、等度分布、拓扑传递、混沌、拓扑熵、编码等一系列描述动力系统渐近行为的概念和工具; 第二部分是发展概述, 主要介绍动力系统研究的最新进展和应用, 讨论了一致和非一致双曲系统、同宿结、奇异吸引子、扭转映射、闭测地线, 以及动力系统在数论中的应用.

本书是面向数学、物理和工程专业高年级本科生和研究生的动力系统入门教程, 所需的准备知识仅为大学数学分析及线性代数等基础课程. 同时, 本书也可作为科研人员和工程技术人员的参考书.

本书是 *Dynamics: A First Course—with a Panorama of Recent Developments* 的中文翻译版, 由原书作者授权出版.

This is a Chinese translation of *Dynamics: A First Course—with a Panorama of Recent Developments*, authorized by the authors.

图书在版编目(CIP)数据

动力系统入门教程及最新发展概述/(美)哈斯尔布拉特(Hasselblatt, B.) 等著; 朱玉峻等译. —北京: 科学出版社, 2009
(现代数学译丛; 9)
ISBN 978-7-03-024798-8

I.动⋯ II.① 哈⋯ ② 朱⋯ III.动力系统 (数学)-教材 IV.O175
中国版本图书馆 CIP 数据核字 (2009) 第 099287 号

责任编辑: 赵彦超 / 责任校对: 宋玲玲
责任印制: 吴兆东 / 封面设计: 王 浩

科 学 出 版 社 出版
北京东黄城根北街 16 号
邮政编码: 100717
http://www.sciencep.com

北京凌奇印刷有限责任公司印刷
科学出版社发行 各地新华书店经销
*
2009 年 8 月第 一 版 开本: 720×1000 1/16
2024 年 4 月第六次印刷 印张: 26 1/4
字数: 513 000
定价: 138.00 元
(如有印装质量问题, 我社负责调换)

中 文 版 序

非常高兴我们的《动力系统入门教程及最新发展概述》一书与中国读者见面了. 感谢科学出版社出版本书的中译本. 同时, 感谢剑桥大学出版社提供的帮助, 使本书的中译本得以顺利出版.

将本书从英文译成中文并安排出版事宜是一个艰辛的过程. 我们首先要感谢胡虎翼教授的努力, 他所付出的大量精力以及专业能力使这一项目得以实现. 非常感谢本书的翻译者朱玉峻、郑宏文、张金莲和阎欣华, 他们对细节的探究给我们留下了深刻印象. 可以说, 中国读者现在拿在手中的版本比美国原来的版本减少了很多纰漏, 而且在某些地方作了更好的阐释.

我们希望本书能为向未来的中国学生介绍动力系统理论提供很好的帮助.

Hasselblatt, Boris and Katok, Anatole

2009 年 7 月

译 者 序

本书为动力系统的入门教程. 全书分为两部分: 第一部分是入门教程, 主要介绍动力系统的基本知识. 作者首先描述了一大批动力系统可以处理的科学和数学的问题, 使读者对该领域研究的广泛对象有一个初步的感性认识. 接着介绍一系列由简单到复杂的动力系统, 并由此给出描述系统长期行为复杂性的概念和工具. 第二部分是发展概述, 主要介绍动力系统研究的最新进展和应用. 通过介绍动力系统研究的几个分支, 将第一部分的主题与结果予以发展并将其与现今有意义的课题联系起来.

作为一本数学教材, 本书有着许多鲜明的特色: 第一, 内容的处理独具匠心. 在入门教程部分, 命题和定理的证明沿用了传统教材的处理手法, 逻辑严密而完备. 在发展概述部分, 大部分结果的证明只列出证明梗概并解释进一步的发展, 而不提供所有细节, 使读者能较快地了解到问题的背景、意义及证明思路. 第二, 知识的讲解形象直观. 除通常由定义、定理、证明所构成的体系之外, 本书还使用了大量描述性的语言, 用以说明所发生的现象, 解释其背后的原因, 阐明作者的看法, 以及与其他现象的联系等等. 这使读者能更好地理解隐藏在公式和逻辑之后的实质内容. 第三, 数学工具的运用避繁就简. 动力系统的研究所涉及的数学基础知识很广, 但在本书中, 作者特别注意了避免使用 Riemann 流形、Lebesgue 测度和积分的知识, 而只用大学本科所学的线性代数和数学分析, 以适于本科高年级学生的知识水平. 第四, 写作的语言轻快幽默. 作者常常采用一些轻松幽默甚至玩笑的语言, 为阅读增加了许多趣味. 比如在 1.2.2 节引入 Fibonacci 数列时, 借用比萨斜塔而将该节标题取为 "比萨斜兔", 在 6.2.2 节建议读者不要用 "祖父辈" 老钟的钟摆去验证同宿轨的存在性等.

本书的作者是 Boris Hasselblatt 和 Anatole Katok. Anatole Katok 教授是当今动力系统学界的领军人物之一, 现为美国宾夕法尼亚州立大学的讲座教授及动力系统与几何中心的主任. 他们的另一本著作 *Introduction to the Modern Theory of Dynamical Systems* (Cambridge University Press, 1995) 是一部动力系统鸿篇巨制, 已成为该方向最权威的工具书之一.

我们在翻译本书的过程中遵循了如下原则: 首先, 尽可能忠实于作者的原意. 除了数学概念、命题和定理以及逻辑推理和证明之外, 本书还有大量描述性的语言. 由于中英文语言结构的不同和中美生活背景的差异, 加之译者水平所限, 有时会造成句子不够流畅的现象, 请读者予以理解和指正. 其次, 将数学名词一律翻译成中文. 有些数学名词国内还没有通行的译法, 甚至没有中文译名. 人们常常直接使用英文原词, 如 "logistic 映射", "specification 性质", "sofic 系统" 等. 这是一种谨慎的态度. 我们将其翻译成中文, 是考虑到我们应当建立中文的语言体系. 对这些没有通行译法的名词, 我们通过对比各种中文译名, 查找单词原意, 以及和专家们交流意见等方法, 选择适当的译名. 例如, 我们将以上数学名词分别翻译成 "营房映射"、"碎轨连接性质"、"商有限型系统".

本书的翻译及校对工作分工如下: 第 1 章由胡虎翼翻译; 第 2, 5, 6, 9–12 章以及附录由朱玉峻和张金莲翻译; 第 4, 13–15 章由郑宏文翻译; 第 3, 7, 8 章由阎欣华翻译. 胡虎翼审校了全部译稿.

最后, 感谢作者提供了本书的 Tex 文件, 使我们免去了输入大量公式之劳, 同时也避免了许多编辑上可能出现的错误. 译者特别感谢何连法教授长期以来对我们的支持和鼓励.

本书得到河北师范大学学术著作出版基金资助.

译校者

2009 年 5 月

前　言

本书为本科高年级学生提供了一本自封闭的动力系统入门教程, 以及动力系统最新成果荟萃, 这些成果有助于阐明该教程的思想的应用及发展. 这两部分在教学法上有着根本的不同但又紧密相连. 每一部分都是独立的：没有发展概述, 教程部分仍是完备的; 而发展概述部分也不要求这一特定的教程作为背景. 科学工作者和工程师应用本书时可从发展概述和教程的内容中予以采选. 勘误表和其他有关信息可通过访问第一位作者的网页得到.

本书开始于导引, 用以激发读者对动力系统的兴趣, 并且介绍动力系统可以处理的科学和数学问题的例子. 它可增添对教程部分学习的动力, 但并非该部分所必需.

教程部分只假定有线性映射和特征值、多元微分和 Riemann 积分及其证明. 部分背景知识在第 9 章和附录中展开. 动力系统提供了描述随时间演化系统的长时间行为的概念和工具. 相应地, 本教程以逐步趋向更高复杂性的方式展开这些思想观点, 并给出证明. 拓扑和统计的观点都将被阐述. 据我们所知, 还没有其他教材在本科层次上兼顾两者.

发展概述部分在某些地方需要有稍强一些的数学背景, 但这将被更加宽松的证明标准所平衡, 这些证明只给出证明梗概并解释进一步的发展, 而不提供所有细节. 该部分提供了教程中思想观点的应用并将其与现今有意义的课题联系起来, 其中包含了丰富的参考文献.

本教程中一些主题的最自然的后续读物是 *Introduction to the Modern Theory of Dynamical Systems*(Cambridge University Press,1995), 另外, 还提供了一些读物可作为本教程的补充. 我们在书末提供了阅读建议.

很多图由 Boris Katok, Serge Ferleger, Roland Gunesch, Ilie Ugarcovici 以及 Alistair Windsor 制作. 图 4.4.3 由 Sebastian van Strien 友情提供, 图 5.2.1 归功于 Daniel Keesing, 图 13.2.3 由 Mattias Lindkvist 绘制. 本书的出版得益于在 Pennsylvania 州立大学的 Mathematics Advanced Study Semesters, 1996 年秋, 初稿在那里试讲并补充很多习题. 还要感谢 Pennsylvania 州立大学的动力系统中心在合作中的资金支持. 特别高兴的是与剑桥大学出版社的编辑 Lauren Cowles 一起工作. 她将耐心与激励完美结合, 且在去年完成了对确定我们工作进程非常有益的文本估算.

最后, 特别感谢 Kathleen Hasselblatt 和 Svetlana Katok 的支持和无限的耐心.

作　者

目　　录

中文版序

译者序

前言

第1章　导引 ·· 1

1.1　动力系统 ·· 1

1.2　自然中的动力系统 ·· 4

1.3　数学中的动力系统 ·· 17

第一部分　动力系统入门教程：由简单到复杂的行为

第2章　具有渐近稳定行为的系统 ···························· 29

2.1　线性映射和线性化 ·· 29

2.2　Euclid 空间中的压缩映射 ·································· 30

2.3　区间上的不减映射和分支 ·································· 43

2.4　微分方程 ·· 47

2.5　二次映射 ·· 54

2.6　度量空间 ·· 58

2.7　分形 ·· 66

第3章　线性映射和线性微分方程 ···························· 70

3.1　平面上的线性映射 ·· 70

3.2　平面上的线性微分方程 ···································· 83

3.3　高维线性映射和微分方程 ·································· 87

第4章　圆周上的回复性和等度分布性 ························ 92

4.1　圆周旋转 ·· 92

4.2　稠密性和一致分布的一些应用 ······························ 104

4.3　圆周上的可逆映射 ·· 116

4.4　Cantor 现象 ·· 128

第5章　高维系统的回复性和等度分布性 ······················ 137

5.1　环面上的平移和线性流 ···································· 137

5.2　平移和线性流的应用 ······································ 146

第 6 章　保守系统 ··· 149

　6.1　相体积的保持和回复性 ··· 149

　6.2　经典力学的 Newton 系统 ··· 155

　6.3　弹子球: 定义和例子 ··· 170

　6.4　凸弹子球 ·· 177

第 7 章　轨道结构复杂的简单系统 ··· 187

　7.1　周期点的增长 ·· 187

　7.2　拓扑传递与混沌 ·· 194

　7.3　编码 ·· 200

　7.4　更多的编码的例子 ·· 210

　7.5　一致分布 ·· 218

　7.6　独立性, 熵, 混合性 ·· 224

第 8 章　熵和混沌 ··· 230

　8.1　紧空间的维数 ·· 230

　8.2　拓扑熵 ·· 233

　8.3　应用和推广 ·· 239

第二部分　动力系统发展概述

第 9 章　作为工具的简单动力系统 ··· 247

　9.1　引言 ·· 247

　9.2　Euclid 空间中的隐函数和反函数定理 ······································ 248

　9.3　横截不动点的保持性 ··· 254

　9.4　微分方程的解 ·· 255

　9.5　双曲性 ·· 260

第 10 章　双曲动力系统 ·· 267

　10.1　双曲集 ·· 267

　10.2　轨道结构和轨道增长 ··· 272

　10.3　编码和混合 ··· 278

　10.4　统计性质 ··· 281

　10.5　非一致双曲动力系统 ··· 285

第 11 章　二次映射 ·· 286

　11.1　预备知识 ··· 286

　11.2　第一分支之后简单动力行为的发展 ··· 289

　11.3　复杂性的起源 ··· 294

　11.4　双曲行为和随机行为 ··· 300

第 12 章　同宿结 ·· 304

  12.1　非线性马蹄 ·· 304

  12.2　同宿点 ·· 305

  12.3　马蹄的出现 ·· 307

  12.4　马蹄的重要性 ·· 309

  12.5　探寻同宿结：Poincaré-Melnikov 方法 ····················· 313

  12.6　同宿切 ·· 314

第 13 章　奇异吸引子 ·· 316

  13.1　平凡的吸引子 ·· 316

  13.2　螺线管 ·· 317

  13.3　Lorentz 吸引子 ·· 320

第 14 章　变分法, 扭转映射和闭测地线 ·································· 327

  14.1　变分法和弹子球的 Birkhoff 周期轨 ························· 327

  14.2　扭转映射的 Birkhoff 周期轨和 Aubry-Mather 理论 ·········· 330

  14.3　不变圆周和不稳定区域 ·· 341

  14.4　柱面映射的周期点 ·· 344

  14.5　球面上的测地线 ·· 346

第 15 章　动力学, 数论和 Diophantus 逼近 ······························ 349

  15.1　多项式的分数部分的一致分布 ·································· 349

  15.2　连分数和有理逼近 ·· 352

  15.3　Gauss 映射 ·· 358

  15.4　齐次动力系统, 几何和数论 ···································· 361

  15.5　三个变量的二次型 ·· 366

参考读物 ·· 369

附录 A ·· 372

  A.1　度量空间 ··· 372

  A.2　可微性 ··· 382

  A.3　度量空间中的 Riemann 积分 ···································· 384

附录 B　提示和答案 ·· 389

索引 ·· 398

第1章 导 引

本章为全书的前奏, 首先用一般性的语言描述什么是动力系统, 后续各节将给出大量例子. 一些在本书后续章节中讨论的问题将首先在这里出现.

1.1 动 力 系 统

什么是动力系统? 它是动态的, 一些事情在发生, 一些事情随时间变化. 自然界中的事物如何变化? Galileo Galilei 和 Isaac Newton 在以自然遵循可用数学表述的不变法则为中心原则的革命中扮演了关键角色. 事物行为与演变的方式由确定不变的规则决定. 如我们所知, 动力系统之前的历史, 是力学法则的发展史, 是对严密科学的追求, 以及经典力学与天体力学的全面发展史. Newton 的革命基于如下事实: 自然原理可由数学语言表述, 物理事件可依数学的确定性预测和设计. 在力学、电学、磁学和热力学之后, 其他自然科学也亦步亦趋, 而社会科学也在掌握确定性的定量描述.

1.1.1 确定性与可预测性

关键词是确定性: 自然遵循不变的法则. 表现自然秩序永恒的最初的例子是天体运动规则.

神说, 天上要有光体, 可以分昼夜, 作记号, 定节令, 日子, 年岁[1].

经典力学特别是天体力学在 18 世纪和 19 世纪的成功曾经被看作无止境的. Pierre Simon de Laplace 感到理所当然地 (在他 1812 年的著作 *Philosophical Essay on Probabilities* 的开头部分) 说:

"我们可以将宇宙现在的状态看作它过去的状态的结果和它今后的状态的原因. 如果一个智者能够了解在某个给定的时刻激发自然的一切力量以及构成它的所有物体的相应情形, 进而, 如果他具有足够智慧能将所得数据进行分析, 那么他将用同样的公式得到从宇宙最大的物体到最轻的原子的运动. 对这样的智者, 没有事物是不确定的, 未来就像过去一样在他眼前洞开. "

1812 年的这一提议中的热情是可以理解的. 这种具有说服力的确定性描述, 为对动力系统一个基本方面的理解给出了一个坚实的依托. 而且, Laplace 在天体力学上泰坦尼克式的巨大成就, 赋予了他作出如此无比勇敢宣言的权力. 但是, 这里面是

---

[1] 摘自《圣经·创世纪》. —— 译者注

有问题的. 动力系统以及本书的中心任务就是探索 Laplace 所忽略的确定性与可预测性的关系. 动力系统现代理论的历史起源于 19 世纪后期的 Henri Jules Poincaré, 几乎是在 Laplace 的著作出版 100 年之后, 他写下了如下一段话以示异议:

> "如果我们精确地知道自然法则以及宇宙在初始时刻的状态, 我们就能精确地预测这一宇宙在后续时刻的状态. 但是, 即便自然法则对我们已毫无秘密, 我们也只能近似地知道初始状态. 如果这能使我们以同等精度预见后续状态, 这就是我们所需要的一切. 我们说这一由自然法则确定的现象已被预测, 但情形并不总是这样. 可能初始条件的微小差异会导致最终结果的巨大差别, 先前的小错误会导致后来的大错. 预测变得不可能, 我们遇到偶然现象."[2]

由他的洞察力所得到的观点正是动力系统研究正在实践的, 也是本书所要介绍的: 长期渐近行为的研究, 特别是其定性方面, 所需的无需事先对解进行显式计算的方法. 除了动力系统中的定性 (几何) 方法外, 概率现象也在起作用.

动力系统研究的主要动因, 是它在处理与我们周围世界的关系中随处可见的重要性. 许多系统随时间连续变化, 比如力学系统. 但也有些系统一步一步地自然演变, 比如我们就要描述的关于蝴蝶数量的模型, 就是依季节循环计时. 蝴蝶生活在夏天, 我们将讨论次年夏天蝴蝶的数量如何由当年夏天的数量决定的法则. 还有一些将连续时间系统弄得看起来像离散时间系统的方法. 比如, 我们可以每隔 24 小时观察月亮的精确位置, 或者记录每天它从何处升起. 这样, 我们容许动力系统依离散步骤演化, 并重复运用同样的规则于前一步所得到的结果.

这种逐步的过程的重要性还有另一理由. 它不仅存在于我们周围的世界, 也存在于我们的意识中, 即发生在当我们以一系列重复的步骤走向通往闪烁不定的完整解答的道路中. 在这样的过程中, 动力系统提供了有助于进行分析的洞察力与方法. 本书将展示分析中的一些重要事实乃是动力系统事实的结果, 有些甚至是简单的结果: 压缩映射原理 (命题 2.2.8、命题 2.2.10、命题 2.6.10) 给出反函数定理 9.2.2 和隐函数定理 9.2.3. 动力系统的威力能够在这种形势下发挥作用是基于各种不同的问题可通过运用逐步改进对解的估计的迭代过程进行处理. 动力系统自然地提供了理解这种过程导向何处的方法.

1.1.2　分析中的动力系统

当你运用一种系统的过程改进对解的估计时, 大概已经找到了一种运用动力系统严密地求解的方法. 为领会这一逼近法的效力, 重要的是要了解动力系统的迭代

---

[2]Henri Jules Poincaré. *Science et Méthode.* Section IV. II. Flammarion, 1908; see *The Foundations of Science; Science and Hypothesis, The Value of science, Science and Method.* translated by George Bruce Halsted. Lancaster, PA: The Science Press, 1946: 397f; *The Value of Science: Essential Writings of Henri Poincaré.* edited by Stephen Jay Gould. Modern Library, 2001.

过程完全不限于只做数字运算. 它们能处理非常复杂的对象：数字、Euclid 空间的点、曲线、函数、数列、映射等, 其可能性无穷无尽, 动力系统都能予以处理. 9.4 节将迭代方法用于函数, 9.2.1 节用于映射, 9.5 节用于序列. 这些应用的优美来自于其解答及所依据思路的雅致、威力与简明.

1.1.3 数学中的动力系统

上面所列举的仅触及动力系统在理解数学结构方面所起作用的一部分. 还有其他的, 对某些数学分支中的一些模式, 通过认识问题的基本结构易于分析, 有时是已经得到分析的动力属性, 可以非常容易地得到理解. 这是动力系统那些激动人心的思想的运用场所, 因为它常常包含精细微妙且多姿多彩的现象. 这里动力系统运用的优美, 基于其丰富多彩的行为、令人困惑的复杂性中秩序的意外发现, 以及人们可能发现的不同数学领域间的一致性. 这一章稍后部分将给出这些情形的一些简单例子.

在下面的习题中要求用计算器执行一些简单的迭代过程. 它们不是随便选取的, 以后的课程中会继续讨论其中一些问题. 在每一习题中, 给一个函数 f 和一个数 x_0, 任务是考虑由给定的初值与关系式 $x_{n+1} = f(x_n)$ 递归定义的序列. 计算足够多的项以描述最终有何情形发生. 如果序列收敛, 记下它的极限, 并努力找到它的显式表达式. 注意为能看出序列的模式或得到对极限充分逼近所需要的步数.

习题 1.1.1 $f(x) = \sqrt{2+x}$, $x_0 = 1$.

习题 1.1.2 $f(x) = \sin x$, $x_0 = 1$. 在计算中使用角度设置 —— 这意味 (在弧度中) 实际计算 $f(x) = \sin\left(\pi\dfrac{x}{180}\right)$.

习题 1.1.3 $f(x) = \sin x$, $x_0 = 1$. 在此及以后都使用 (弧度) 设置.

习题 1.1.4 $f(x) = \cos x$, $x_0 = 1$.

习题 1.1.5 $f(x) = \dfrac{x\sin x + \cos x}{1 + \sin x}$, $x_0 = \dfrac{3}{4}$.

习题 1.1.6 $f(x) = \{10x\} = 10x - \lfloor 10x \rfloor$ (小数部分), $x_0 = \sqrt{\dfrac{1}{2}}$.

习题 1.1.7 $f(x) = \{2x\}$, $x_0 = \sqrt{\dfrac{1}{2}}$.

习题 1.1.8 $f(x) = \dfrac{5 + x^2}{2x}$, $x_0 = 2$.

习题 1.1.9 $f(x) = x - \tan x$, $x_0 = 1$.

习题 1.1.10 $f(x) = kx(1-x)$, $x_0 = \dfrac{1}{2}$, $k = \dfrac{1}{2}$, 1, 2, 3.1, 3.5, 3.83, 3.99, 4.

习题 1.1.11 $f(x) = x + \mathrm{e}^{-x}$, $x_0 = 1$.

1.2   自然中的动力系统

1.2.1   对踵之兔 [3]

兔子原不产于澳大利亚. 大约 1860 年, 24 只欧洲野兔被 Thomas Austin 引至维多利亚南部的基隆并引起了严重的后果. 不出 10 年, 这些兔子遍布于维多利亚. 20 年间, 上百万兔子泛滥全境. 于是, 曾有二万五千澳元悬赏以求治理之道. 至 1991 年, 这些兔子的后代散布整个澳洲大陆的大部地区, 其生态影响广泛深远, 被称为国家灾难, 每年在农业上的损失估计为 6 亿澳元. 兔子数量无限制地增长, 为动力系统的研究提供了一个有意义的例子.

为建立兔子数量增长的模型, 我们作如下的选择. 因其数量巨大, 我们以百万为单位计量. 这样, 当兔子数量表示为 x 百万时, x 不必为整数, 总之初值为 0.000024 百万只兔子. 因此, 我们以实数 x 量度兔子数. 至于时间, 在一般气候情况下, 兔子以接连不断地繁殖而著名 (比如说, 与蝴蝶不同, 其生存与繁殖有严格的季节性, 见 1.2.9 节). 从而, 我们最好将时间变量也取实数, 比如说 t. 这样, 我们要寻找将兔子数量描述为时间的函数 $x(t)$ 的方法.

为理解这一函数与时间的依赖关系, 我们看兔子做什么：吃和繁殖. 澳大利亚地域辽阔, 所以它们可以尽情地吃. 在每一给定的时间段 Δt, 一个固定百分比的雌兔将生小兔而一个更小百分比的老兔死亡 (它们没有天敌). 从而, 增长量 $x(t + \Delta t) - x(t)$ 正比于 $x(t)\Delta t$(出生率与死亡率之差). 令 $\Delta \to 0$ 并取极限, 得到

$$\frac{\mathrm{d}x}{\mathrm{d}t} = kx, \tag{1.2.1}$$

这里 k 表示兔子数量的 (固定) 相对增长率. 有时也记为 $\dot{x} = kx$, 这里点表示关于 t 的微分. 至此, 你会认出这是一个在微积分课程中见过的模型.

正是这一不变的环境 (和生物) 导致这一不变的演化律并引出了我们所研究的这类动力系统. 将 x 与其导数联系起来的微分方程式 (1.2.1) 很容易求解：分离变量 (将 x 置于左, t 置于右) 得到 $(1/x)\mathrm{d}x = k\,\mathrm{d}t$. 再将其对 t 积分并用变量代换：

$$\log|x| = \int \frac{1}{x}\,\mathrm{d}x = \int k\,\mathrm{d}t = kt + C,$$

这里 log 是自然对数. 从而 $|x(t)| = \mathrm{e}^C \mathrm{e}^{kt}$, 这里 $\mathrm{e}^C = |x(0)|$, 得到

$$x(t) = x(0)\mathrm{e}^{kt}. \tag{1.2.2}$$

习题 1.2.1   证明上面没有绝对值符号是正确的.

习题 1.2.2   若 $x(0) = 3$ 及 $x(4) = 6$, 找出 $x(2)$, $x(6)$ 与 $x(8)$.

---

[3] 澳大利亚大致位于美国的对踵点上. —— 译者注

1.2.2 比萨斜兔

1202 年, Leonardo 考虑过关于兔子的稍微缓和一些的问题. 我们将在例 2.2.9 和 3.1.9 节进一步讨论. 较之上述大范围的澳大利亚模型, 其主要差别是由于城市院落的限制, 只有少量兔子. 因为数量少, 其增长便不能看作连续的, 而应是离散的. 他提出的问题为[4]: 一对兔子一年中可繁殖出多少对兔子?

"某人有一对兔子, 养在一处四周被围墙围着的地方. 我们希望知道, 如果这对兔子每月生一对小兔, 且新生的兔子在两个月大时便可繁殖, 那么一对兔子一年中可繁殖出多少对兔子. 若第一对兔子在第一个月内生一对小兔, 则兔子增加一倍, 第一个月末便有两对兔子; 第一对兔子在第二个月内生一对小兔, 这样, 第二个月末便有三对兔子. 至此, 一个月内会有两对兔子怀孕, 从而第三个月末会有五对. 于是, 同一个月内会有三对兔子怀孕, 从而第四个月末会有八对 …… (我们已经做了) 加上第一个数与第二个数, 即 1 和 2, 第二个数与第三个数, 第三个数与第四个数 ……"

换句话说, 他得到一个用递归公式 $b_{n+1} = b_n + b_{n-1}$ 给出的 (兔子对数) 的数列且选取初值 $b_0 = b_1 = 1$. 这一数列为 $1, 1, 2, 3, 5, 8, 13, \cdots$. 看起来很熟悉吧 (提示: Leonardo 是 Bonaccio 的儿子, 被称为 filius Bonaccio 或 "幸运之子", 简称 Fibonacci[5]). 这里有一个用一点动力系统便很容易回答的问题: 如何将他的模型与上面连续性的指数增长模型进行比较?

根据指数增长可以预期, 一旦项数变大, 总有 $b_{n+1} \approx ab_n$ 对某个与 n 无关的常数成立. 如果假设实际上等式成立, 则递归公式给出

$$a^2 b_n = ab_{n+1} = b_{n+2} = b_{n+1} + b_n = (a+1)b_n.$$

所以必有 $a^2 = a + 1$. 这个二次方程给出增长常数 a 的值.

习题 1.2.3 计算 a.

然而, 要注意我们只证明了如果增长最终是指数的, 则增长常数就是这个 a, 但并没有证明增长最终是指数的. 动力系统为我们提供了工具, 使我们得以用不同方法验证这一性质 (例 2.2.9 与 3.1.9 节). 在命题 3.1.11 中, 我们甚至将这一用递归定义的序列转换成封闭形式.

---

[4]Leonardo of Pisa: Liber abaci (1202), 出版于 *Scritti di Leonardo Pisano*. Rome, B. Boncompagni, 1857; see p. 3 of Dirk J Struik. *A Source Book in Mathematics* 1200–1800. Princeton, NJ: Princeton University Press, 1986.

[5] Fibonacci 为 filius Bonaccio 的简称, 是用在他的著作 *Liber Abaci* (算经) 上的名字, 直接意思为 Bonaccio 之子. 也有人认为这一名字是由于他父亲名为 Guglielmo Bonaccio 的缘故. —— 译者注

这一渐近比例的值已为 Johannes Kepler 所知, 即黄金数或黄金比例. 在他 1619 年的著作 *Harmonices Mundi* 中 (第 273 页) 写道:

"有一个比率, 它从来没有被完整地用数写出来, 也不能用任何方法将其用数表示出来. 除非通过一长列数逐渐逼近它: 这个比率在完美无瑕时被称为神的(divine), 它依不同的方法支配所有正十二面体婚礼[6]. 相应地, 下面和谐的比是这一比率的前四次跟踪: 1:2 和 2:3 和 3:5 和 5:8, 因为它最不完美地存在于 1:2, 更完美地存在于 5:8, 如果将 5 和 8 相加得到 13 并取 8 作为分子, 则更加完美 ……"[7].

我们注意, 从例 15.2.5 可知这些 Fibonacci 比例是黄金数的最优有理逼近.

习题 1.2.4　将 $1 + 1 + 2 + 3 + \cdots + b_n$ 用 b_{n+2} 表示.

1.2.3　精美正餐

从前, 新英格兰水域有大量龙虾, 它们是穷人的食物, 在缅因州, 甚至发生过囚犯暴乱要求龙虾以外的食物以变换口味. 现在, 龙虾因捕获量减少而成了精美的正餐. 一个 (最优的) 描述产量缩减的模型规定任一给定年份的捕获量应当是前两年捕获量的平均值.

以 a_n 表示第 n 年捕获的龙虾数量, 可以将这一模型表为简单的递归关系:

$$a_{n+1} = \frac{a_{n-1}}{2} + \frac{a_n}{2}. \tag{1.2.3}$$

作为初值, 可取缅因州 1996 年和 1997 年的产量分别为 16435 和 20871 吨. 这一递归关系与给出 Fibonacci 数的关系相似, 但在这种情形不再是指数增长. 从这一关系可以看出, 所有未来年份的产量都在两个初始数据之间. 事实上, 1997 年是创记录的一年. 在命题 3.1.13 中, 可以找到给出未来产量的显式表达的方法, 即以 n 的显函数给出任意年份 n 的产量.

这一情形与 Fibonacci 兔子问题都是离散地测量时间的例子. 在许多其他例子中这是一种自然的方法, 我们将在 1.2.9 节讨论. 其他生物学中的例子来自遗传学 (基因频率) 与流行病学. 离散时间模型也用于社会科学 (货物价格、流言传播速度、描述在给定时间内有多少信息量存留的学习理论).

1.2.4　新叶轮生

单词叶序 (phyllotaxis) 来自词 phyllo = 叶和 taxis = 序或安排, 表示叶片在小枝上, 或植物的其他组成部分在上一级较大的部分上的排列方法. 向日葵与松果的

---

[6] 该书中作者在前面曾将正多面体分为 "男性" 和 "女性", 并按内接关系进行各种 "婚配". —— 译者注

[7] Johannes Kepler. *Epitome of Copernican Astronomy & Harmonies of the World*. Amherst, NY: Prometheus Books, 1995.

种子为更进一步的例子. Harold Scott Macdonald Coxeter 在其著作 *Introduction to Geometry* 中给出了漂亮的描述. 来自雪花和菠萝的规则图案也是我们熟悉的.

在一些树种中, 树叶在小枝上也按某种规则的方式排列, 这些方式随树种变化. 最简单的方式是树叶交替地长在树枝相反的一侧, 称为 (1, 2) 叶序: 相继的叶片为半圈树枝所分开. 榆树叶就排列成这种方式, 还有榛树叶 [8]. 相邻的树叶也可以相隔 (2/3) 圈, 称为 (2, 3) 叶序. 山毛榉便是这种情形. 橡树展示出 (3, 5) 叶序, 杨树为 (5, 8) 叶序, 柳树为 (8, 13) 叶序. 当然, 这些形式并不总是完全精确, 有些植物在生长时, 会在不同的叶序中转换.

向日葵钻石形的种子排列得紧密而规则, 我们可以看出其排列方式为螺旋形. 事实上, 有两组方向相反的螺旋, 这两组中螺旋条数为相邻的 Fibonacci 数. 种子在冷杉球果上也排成螺旋形, 但是在锥面而非平面上, 它们形成两族, 其数量也为相邻的 Fibonacci 数.

菠萝上也显示出螺旋形图案, 因其表面为近似六边形的图案拼成, 我们能够在三个可能方向上看到螺旋形. 相应地, 我们可以找到 5,8,13 条螺旋, 比如说, 5 条右旋并缓慢地向上倾斜, 8 条左旋向上倾斜, 13 条右旋并急速上升.

对这些美丽图案的观察与欣赏并非新事, 这在 19 世纪已被系统地观察到. 但对这些形式为什么会产生并未很快得到解释. 事实上, 问题还未完全解决.

解释叶序产生的模型是这样的. 这一类型的基本生长过程是叶子或种子 (原基) 的芽由中心长出并向外生长, 且服从由自学成才的植物学家 Wilhelm Friedrich Benedikt Hofmeister 于 1868 年 (其时他为位于 Heidelberg 的植物园的教授与主任) 所提出的三条法则:

(1) 新芽形成于远离老芽的规则区间上;

(2) 芽沿径向生长;

(3) 当芽向外长时, 生长速度变慢.

为模仿这三条 Hofmeister法则而设计的物理实验产生了这种 Fibonacci 型螺旋形图案. 所以, 从这些法则应当能够导出螺旋形图案一定会出现. 这一工作近来已通过使用本书所介绍的方法做出 [9].

在此给出动力系统如何起作用的描述. 为落实 Hofmeister 法则, 用 $N+1$ 个半径为 r^k ($k = 0, \cdots, N$) 的同心圆作为描述这一情形的模型, 这里 r 表示生长速度, 我们在每一圆周上放一个芽. 每个芽与下一个之间 (关于圆心) 的角度为 θ_k. 现在可能的形式已用角度 $(\theta_0, \cdots, \theta_N)$ 参数化了. 这意味着 "植物的空间" 是一个环, 见 2.6.4 节. 当一个新芽出现在单位圆周上, 所有其他芽向外移动一个圆周. 新芽的角

---

[8] 本书的第一位作者当是这方面的专家!

[9] Pau Atela, Christophe Golé, Scott Hotton. A dynamical system for plant pattern formation: a rigorous analysis. *Journal of Nonlinear Science*, 2002, 12(6): 641–676.

度由所有老芽的角度决定. 从而得到一个从旧角度 θ_k 到新角度 Θ_k 的映射, 它由

$$\Theta_0 = f(\theta_0, \cdots, \theta_N), \quad \Theta_1 = \theta_0, \cdots, \Theta_N = \theta_{N-1}$$

给出. 现在需设计 f 以反映 Hofmeister 第一法则. 一种方法是定义一个自然的势能以反映芽之间的 "排斥力", 然后选择这一势能的极小值为 $f(\theta_0, \cdots, \theta_N)$. 一种自然的位势是

$$W(\Theta) = \sum_{k=0}^{N} U(\|r^k \mathrm{e}^{\mathrm{i}\theta_k} - \mathrm{e}^{\mathrm{i}\Theta}\|), \quad U(x) = 1/x^s, \quad s > 0.$$

较简单但给出同样定量行为的位势是 $W(\Theta) = \max_{0 \leqslant k \leqslant N} U(\|r^k \mathrm{e}^{\mathrm{i}\theta_k} - \mathrm{e}^{\mathrm{i}\Theta}\|)$. 对每种选择, 可以证明规则的螺旋线 (即 $\theta_0 = \cdots = \theta_N$) 为这一映射的吸引不动点. 这说明螺旋线会自然地出现. 而且, 分析的结果也表明 Fibonacci 数一定会出现.

1.2.5 指数增长的变化

在 1.2.1 节兔子数量增长的例子中, 我们自然期望方程 $\dot{x} = kx$ 中增长参数 k 为正数. 这一系数是出生率和死亡率之差. 对一些西方社会的人, 出生率下降得非常多以致比死亡率还低, 这一模型仍然适用, 但 $k < 0$, 方程 $x(t) = x(0)\mathrm{e}^{kt}$ 的解描述指数衰减的人口.

同样的微分方程 $\dot{x} = kx$ 来自大量的简单模型, 因为这是最简单的单变量微分方程.

放射性物质的衰减是一个常用的例子: 由实验可知, 在一段固定的时间内某种放射性物质衰减至一个特定百分比. 和前面一样, 这给出方程 $\dot{x} = kx$ 且 $k < 0$. 在这种情形下, 常数 k 常由半衰期给出, 它是由方程 $x(t + T) = x(t)/2$ 决定的时间 T. 由于物质不同, 这一时间可从若干分之一秒到数千年. 这对处理放射性废料或放射性污染非常重要, 它们常常有很长的半衰期. 生物实验室用半衰期为若干天的放射性磷作为标记物. 实验室凳子上的溅落物常用有机玻璃覆盖几个星期, 其后放射性变得充分小. 另一方面, 放射性衰减的一个用处是使得用同位素测量年代成为可能, 它可用于估计有机物和地质样品的年龄. 与生物中的人口增长不同, 放射性的指数衰减模形无需为适应现实中的数据进行调整, 它反映的是一个精确的自然法则.

习题 1.2.5   将半衰期表为 k 的函数, 并将 k 表为半衰期的函数.

这一简单的微分方程 $\dot{x} = kx$ 的重要性远不止于那些运用此方程的模型, 虽然在很多情形下如此. 它还来自对更复杂的微分方程的逼近, 用以说明那些更复杂的情形中系统的某些行为. 这种线性逼近在动力系统中极其重要.

1.2.6 世界末日模型

现在我们回到人口增长问题. 实际人口数据表明世界人口增长的速度是增加

的. 从而, 我们考虑修改基本模型以纳入文明进步的因素. 假设随着人口的增加, 研究队伍也在增大. 他们能找出一种不断减少死亡率且提高出生率的方法. 我们更大胆地假设这些改进使得相对人口增长率为当前人口量 x 的一个小的正幂 x^ε(而非常数 k). 得到

$$\frac{\mathrm{d}x}{\mathrm{d}t} = x^{1+\varepsilon}.$$

同前面一样, 它很容易用分离变量法求解:

$$t + C = \int x^{-1-\varepsilon}\,\mathrm{d}x = -\frac{x^{-\varepsilon}}{\varepsilon},$$

这里 $C = -x(0)^{-\varepsilon}/\varepsilon$. 从而, $x(t) = (x(0)^{-\varepsilon} - \varepsilon t)^{-1/\varepsilon}$. 当 $t = 1/(\varepsilon x(0)^\varepsilon)$ 时, 它变成无穷, 人口就是爆炸性增长!

就生物学而言, 这意味着我们的模型需要改进. 显然, 我们在增长速度上的假设太过慷慨 (毕竟, 资源是有限的). 尽管作为微分方程的例子, 它是有启发的: 有些微分方程看似有理, 但它们的解是发散的.

1.2.7 食肉动物

兔子未能占据整个欧洲大陆, 是因为其周围总有食肉动物猎杀它们. 因为捕食者与被食者数量的相互作用, 造成兽口动力系统一个有意思的结果: 兔子数量少则造成捕食者的数量因饥饿而减少, 这又趋向于使兔子的数量增加. 从而, 人们可以期望一个稳定的平衡, 或许是震荡.

很多捕食者与被食者相互作用的兽口模型为 Alfred Lotka 与 Vito Volterra 独立地提出, 其中简单的一个为 Lotka–Volterra 方程:

$$\frac{\mathrm{d}x}{\mathrm{d}t} = a_1 x + c_1 xy, \qquad \frac{\mathrm{d}y}{\mathrm{d}t} = a_2 y + c_2 xy,$$

这里 $a_1, c_2 > 0$ 及 $a_2, c_1 < 0$, 即 x 是被食者数量, 随自身数量而增加 $(a_1 > 0)$, 但随捕食者数量而减少 $(c_1 > 0)$, 而 y 是捕食者, 若单独存在便会挨饿 $(a_2 < 0)$, 若饲以食物便会繁衍 $(c_2 > 0)$. 自然地, 我们取 x 与 y 为正. 这一模型假设在原因与结果之间没有因为由于妊娠或孵化导致的时间延迟. 当我们感兴趣的时间尺度不是很短时, 这一假设是合理的. 此外, 当代际重叠很显著时, 选择连续时间是最适当的. 没有代际重叠的物种数量问题很快就会处理.

这一系统中的平衡态为 $(a_2/c_2, a_1/c_1)$. 其他任何初始值都会导致捕食者和被食者数量的波动. 为此, 用锁链法则验证函数

$$E(x, y) := x^{-a_2}\mathrm{e}^{-c_2 x} y^{a_1}\mathrm{e}^{c_1 y}$$

沿着轨道为常数, 即 $(\mathrm{d}/\mathrm{d}t)E(x(t), y(t)) = 0$. 这意味 Lotka-Volterra 方程的解必须在曲线 $E(x, y) =$ 常数上. 这些曲线是封闭的.

1.2.8　害怕真空 [10]

Lotka–Volterra 方程使我们稍微偏离主题, 转到显示不同振荡类型的物理系统, 其非线性振荡产生过很大的影响, 该系统对动力系统的某些发展也很重要.

在 Eindhoven 的菲利浦灯泡厂科学实验室的荷兰工程师 Balthasar van der Pol 建立了真空管电流的微分方程模型:

$$\frac{\mathrm{d}^2x}{\mathrm{d}t^2} + \varepsilon(x^2 - 1)\frac{\mathrm{d}x}{\mathrm{d}t} + x = 0,$$

若令 $y = \mathrm{d}x/\mathrm{d}t$, 则可写成

$$\frac{\mathrm{d}x}{\mathrm{d}t} = y, \quad \frac{\mathrm{d}y}{\mathrm{d}t} = \varepsilon(1 - x^2)y - x.$$

如果 $\varepsilon = 1$, 则原点为一排斥子 (定义 2.3.6). 然而, 解并不无限增长, 因为围绕原点有一周期解. 事实上, 对 $\varepsilon = 0$, 方程只有周期解, 而对 $\varepsilon = 1$, 其中一个保留且有形变, 在 $t \to +\infty$ 时, 所有其余解向其紧密趋近. 图 1.2.1 中的数值计算的图形将此清楚地显示出来. 这一封闭曲线称为极限环.

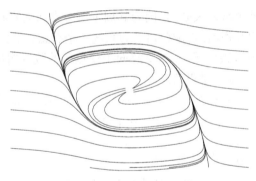

图 1.2.1　van der Pol 方程

离题一点, 我们提及导致极其复杂的真空管电流的位势. 1927 年, van der Pol 与 J van der Mark 报告了使用电容与氖光灯 (这是非线性元素) 及周期驱动电压的 "张弛震荡" 电流实验 (驱动电压对应于置一周期项于上述 van der Pol 方程右端). 他们所感兴趣的是, 当驱动电压增加时, 与线性震荡 (比如小提琴弦) 所显示的倍基频不同, 其震荡为 "次" 基频, 即二分之一基频、三分之一等直至四十分之一基频. 他们通过听取 "用某种方法松散地耦合至该系统的电话" 得到这些频率. 他们称:

> "在频率跳跃至下一个较低的值之前, 从电话接受器中常可听到不规则的噪音. 然而, 这只是附带现象, 主要效果是规则频率倍减."

---

[10] 原文为 Horror Vacui, 用以表示 Torricelli 于 1644 年在其著名的实验中对空气重量的发现. 因其在哲学上的引申意义, 亦常译为空虚恐惧. —— 译者注

这种不规则的噪音便是关于后来广为人知的混沌的最早实验现象之一, 只是时机尚未成熟而已[11].

1.2.9 其他蝴蝶效应 [12]

如果物种的代际之间没有重叠, 其种群动力系统采用离散时间是自然的. 虽然加于 Leonardo (1.2.2 节) 提出的问题上是有点人为的. 对很多种群而言这是自然发生的, 特别是随季节生长的昆虫, 包括许多庄稼与果园的害虫. 一个合适的例子是在某个与周围隔离且季节变化较为恒定的地方的蝴蝶群落 (不变法则及无外部影响). 在当前一代 (本年夏天) 与下一代 (次年夏天) 之间完全没有重叠. 我们想知道从一个夏天到下一个夏天种群的大小如何变化. 可能有很多影响种群的环境因素, 但由于不变法则的假设保证次年夏天的数量仅依赖当年夏天的数量, 且这一依赖关系每年都相同. 这意味着该模型中唯一变化的参数是种群数量本身. 从而, 除了某个固定常数的选取外, 进化法则把次年夏天种群数量规定为仅依赖于当年夏天种群数量的函数. 这一特定的进化法则来自我们基于对有关生物过程的理解而对这种形式所做的模型.

1. 指数增长

比如, 有理由相信较大的种群在次年会产较多的卵, 从而繁殖出较大的种群, 事实上, 与当前种群的大小成比例. 以 x 表示现在的数量, 那么得到次年的数量是 $f(x) = kx$, 这里 k 是某个正常数, 它为每只蝴蝶的后代的平均数. 如果以 x_i 表示第 i 年的数量, 则有 $x_{i+1} = f(x_i) = kx_i$. 特别地, $x_1 = kx_0$, $x_2 = kx_1 = k^2 x_0$, 等等, 即 $x_i = k^i x_0$, 其数量以指数速度增长. 它看起来就像我们在连续时间情形所分析过的指数增长问题一样.

2. 竞争

常见于公众辩论的一个问题是可持续性. 指数增长模型导致较快地出现大量虫口, 更为现实的是将大量的虫口导致食物供应受到限制的问题加以考虑. 这会通过营养不良或者饥饿来减少到时候能够产卵的蝴蝶数量, 结果是次年的蝴蝶数量会相对减少.

---

[11]B van der Pol, J van der Mark. Frequency demultiplication. -cem *Nature* 1927, 120: 363–364.

[12] 标题源于 Edward Lorentz 的陈述 (见 13.3 节). 他说, 一只蝴蝶在里约热内卢扇动翅膀, 可能在一周后导致东京的台风. 它也许是 2000 年佛罗里达选举用的蝴蝶形选票 (2000 年佛罗里达州棕榈滩县的选票为蝴蝶形对开式. 由于候选人在此种选票上的特别排列方式, 使得一些支持民主党候选人戈尔的选民在选票上误选了其他候选人. 结果共和党候选人小布什被认为在该州以微弱多数领先戈尔, 赢得了该州全部选举人票. 又因为双方在其他州所得的选举人票均不到但接近全国选举人票的一半, 从而赢得佛州选举人票, 导致布什赢得了当年的美国总统选举). —— 译者注

纳入这种更为实际的定性性质的最简单法则可由公式 $f(x) = k(1 - \alpha x)x$ 给出,
这里 x 为当前的蝴蝶数量. 这一法则之所以最为简单, 因为我们仅在增长速率 k 上
引入线性修正. 在这一修正中, α 表示出生率因竞争而减少的速度. 换句话说, 我们
可以说 $1/\alpha$ 是可能的最大蝴蝶数量. 如果这一年有 $1/\alpha$ 只蝴蝶, 那么它们会在产卵
之前吃掉所有能得到的食物, 从而它们会饿死, 次年将没有蝴蝶. 这样, 如果仍以 x_i
表示第 i 年的蝴蝶数量, 从 $i = 0$ 开始, 则演化公式由 $x_{i+1} = kx_i(1 - \alpha x_i) := f(x_i)$
给出. 这是一个确定性的数学模型, 未来的状态 (蝴蝶种群的规模) 可以由当年的状
态计算出来. 一个缺陷是当数量大于 $1/\alpha$ 时, 给出的次年的数量为负数. 这可通过
使用如 $x_{i+1} = x_i e^{k(1-x_i)}$ 的模型来避免. 但前一模型因为易于处理而更为流行, 且
它在向科学家们传播简单模型可能有复杂的长期行为这一观念上起了极其重要的
作用[13].

指数增长模型的一个明显特征是, 当虫口远小于其极限时, 其增长实际上基本
是指数的. 如果 $\alpha x \ll 1$, 则 $1 - \alpha x \approx 1$, 以及 $x_{i+1} \approx kx_i$, 从而 $x_n \approx k^n x_0$ 但仅
当虫口保持少量时. 它具有直观意义: 虫口太少而不至于像大量虫口那样为食物而
竞争.

注意我们在前段的疏忽: 只有当 $k > 1$ 时, 序列 $x_n \approx k^n x_0$ 才以指数增长. 否
则, 这群蝴蝶便会灭绝. 出生率和环境负荷能力的相互作用影响这些可能性.

3. 变量代换

为简化对这一系统的分析, 我们作一简单的变量代换消除参数 α. 因为变量代
换是动力系统的重要工具, 我们在此给出细节.

将演化公式写为 $x' = kx(1 - \alpha x)$, 这里 x 是某年的蝴蝶数量, x' 是下一年的数
量. 如果通过 $y = \alpha x$ 改变量度单位, 则有

$$y' = \alpha x' = \alpha kx(1 - \alpha x) = ky(1 - y),$$

即对映射 $g(y) = ky(1-y)$ 进行迭代. 映射 f 与 g 之间的关系由 $g(y) = h^{-1}(f(h(y)))$
给出, 这里 $h(y) = y/\alpha = x$. 这可说成 "从新变量变回旧变量, 运用旧映射, 从而再
回到新变量".

这一变量代换的结果是将竞争因子 α 规范化为 1. 因为我们从来没有选择特
别的计量单位, 让我们重新记为变量 x 和映射 f.

4. 营房方程

我们得到了由迭代

---

[13] 正如该文标题, 将这一信息广为传播正是 Robert M May 深具影响的文章 Simple mathematical
models with very complicated dynamics (*Nature*, 1976, 261: 459–467) 的目的, 该文也确立了二次模
型作为研究对象的地位. 关于其对生物学许多分支影响可见 James Gleick 所著 *Chaos, Making a New
Science* (New York: Viking Press, 1987: 78ff).

$$f(x) = kx(1-x)$$

表示的这一动力系统模型. 这一映射 f 称为营房(logistic)映射 (或营房族, 因为它有一参数), 等式 $x' = kx(1-x)$ 称为营房方程. 这里 logistic 一词源于法文 logistique, 它又衍生出 logement, 意为士兵的住地[14]. 也称这族映射为二次映射族, 由比利时社会学家与数学家 Verhulst 于 1845 年提出[15].

在上一小节之前的简短讨论中可见, $k \leqslant 1$ 的情形将不可避免地导致灭绝. 事实上也是如此. 对 $k < 1$, 这是显然的, 因为 $kx(1-x) < kx$; 对 $k = 1$, 也不难验证, 虽然在这种情形虫口不是指数衰减. 反之, 大的 k 值应当利于达到大量虫口, 但也不尽然, 问题是继过大的虫口之后会是数量较少的一代. 我们希望到时候虫口会稳定至一个合适的规模, 在此时繁殖与竞争达到平衡.

习题 1.2.6 证明: 在 $k = 1$ 的情形结果为灭绝.

注意, 与较简单的指数增长模型不同, 现在我们不再写下将 x_n 用 x_0 表示的显性公式. 这一公式是方幂为 2^n 的多项式. 即使有人努力对适当大小的 n 写下来, 这些公式也不会给出多少信息. 在适当的时候, 我们将能就这一模型的行为说出相当一些事情. 此时, 稍微探索一下有什么样的行为发生是有意义的. 我们尚未看出虫口的初值是否紧要. 但改变参数 k 值似乎一定会产生影响, 或者我们希望如此, 因为如果在任何时候都作出肯定灭绝的预言, 那么这一个模型也太悲哀了. k 的合理范围是从 0 到 4(对 $k > 4$, 它预测虫口的数量为 1/2 时两年后会变为负数, 这在生物学上没什么意义. 这也提示, 稍微复杂些的 (非线性) 修正规则也许是一个好的办法).

5. 实验

增加 k 应当导致稳定虫口的可能性, 即容许物种免于灭绝. 所以, 可以先取某个 $k > 1$ 来计算这一模型. 一个简单的选择是取 $k = 2, 0$ 和 4 的一半.

习题 1.2.7 从 $x = 0.01$ 开始, 迭代 $2x(1-x)$ 直到看出某种清楚的模式.

从一个小的虫口量开始, 我们得到稳定的增长, 然后虫口水平在 1/2 处下降, 这恰好就是我们应该从一个好的模型所期望的行为. 注意, 稳定状态满足方程 $x = 2x(1-x)$, 它只有 0 和 1/2 两个解.

习题 1.2.8 从 $x = 0.01$ 开始, 迭代 $1.9x(1-x)$ 和 $2.1x(1-x)$ 直到看出某种清楚的模式.

---

[14] 因此我们将 logistic 译为 "营房", 同时也和 tent 的译名 "帐篷" 对应. —— 译者注

[15] Pierre-François Verhulst. Récherches mathématiques sur la loi d'accroissement de la population. *Nouvelles Mémoires de l'Academie Royale des Sciences et Belles-Lettres de Bruxelles*, 1845, 18: 1–38.

如果 k 略小于 2, 其现象大致相同. 对 k 略大的情形也是一样, 除了虫口的稳定状态稍大之外.

习题 1.2.9   从 $x = 0.01$ 开始, 迭代 $3x(1-x)$ 和 $2.9x(1-x)$ 直到看出某种清楚的模式.

对 $k = 3$, 其最终行为大致相同, 但虫口趋于稳定的方法有些不同. 有一些相对大的在大量虫口与少量虫口之间的震荡, 它们消失得很慢, 而对 k 靠近 2 时, 只有少许这种行为, 且很快地消失. 然而, 最终获胜的是稳定状态.

习题 1.2.10   从 $x = 0.01$ 开始, 迭代 $3.1x(1-x)$ 直到看出某种清楚的模式.

对 $k = 3.1$, 也有一些同前面一样的在大量与少量虫口之间的震荡. 它们会变得小一些, 但这次它们始终不会消失. 人们可用一个简单的程序来迭代一段相当长的时间, 观察不会达到稳定状态.

习题 1.2.11   从 $x = 0.66$ 开始, 迭代 $3.1x(1-x)$ 直到看出某种清楚的模式.

在前一实验中, 有可能震荡消失得太慢使得数值方法未能观察到. 因此, 作为对照, 我们以这两个值的平均当作初始值进行同样的迭代. 如果我们的这一判断是对的, 系统应当趋于稳定. 但并非如此. 我们看到震荡增大直到和前面一样.

这些震荡是稳定的! 这是我们的第一个显示出非单调的持续行为的虫口模型. 不管从哪个值开始, 繁殖力为 3.1 的物种为它们自身的利益有点儿太多产了, 从而继续不断地陷入隔年一度的虫口过剩. 过剩得不多, 但决不终止.

从上述 k 增加的情形可以判断, 剩下的只有大约 $k = 4$ 的情形. 但为保险起见, 我们先试试较接近 3 的值, 至少看看震荡是否随 k 的增加而变大. 应当如此, 但多大呢?

习题 1.2.12   从 $x = 0.66$ 开始, 迭代 $3.45x(1-x)$ 直到看出某种清楚的模式.

它们的行为在 $k = 3.45$ 附近变得更加复杂. 代之以两个值之间的简单震荡, 在每个这样的值附近还有一个次一级的跳跃. 这一震荡牵涉到四个值: 按 "大、小、次大、次小" 重复的 4 循环. 震荡的周期增加了一倍.

习题 1.2.13   用稍大于 3.5 的参数按前面的方法进行实验.

一个好的数值实验者将会在一定参数范围内看到某种模式: 参数稍微增加后周期再增加一倍. 现在有八个值, 模型在这些值上不懈地循环. 一个更小的增量把我们带到周期 16, 且不断地经由 2 的方幂变得更加复杂. 这一连串的周期倍增是人们在线性震荡, 比如提琴弦、管乐器或风琴管的空气柱所见现象的补充: 那里有高次谐波其频率为基频的两倍、三倍及四倍等, 这里是由逐次对分给出的分谐波, 这是一种固有的非线性现象.

　　这一周期倍增现象会继续直到 $k = 4$ 吗?

　　习题 1.2.14　从 $x = 0.5$ 开始, 迭代 $3.83x(1 - x)$ 直到看出某种清楚的模式.

　　当 $k = 3.83$ 时, 我们发现有些不同: 这里也有周期模式, 对此我们已经习惯了. 但这个周期是 3, 不是 2 的方幂. 所以这一模式以完全不同的方法出现. 我们没有看见 2 的方幂, 所以它们一定是出现过又离开了.

　　习题 1.2.15　试 $k = 3.828$.

这里没有明显的模式.

　　习题 1.2.16　试 $k = 4$.

这里也不怎么宁静.

6. 展望

　　在实验了最简单的非线性虫口模型的一些参数值之后, 我们看到系统在不同的参数值上有非常不一样的行为. 虽然这些行为还算直截了当, 但我们无法解释系统是怎样演化成这种模式的: 为什么一段时间内周期倍增? 周期 3 震荡从何处来? 以及在最后, 在可能选择去试的无数其他参数的实验中, 我们看到一些甚至因为缺少语言而无法有效描述的行为. 此时, 除了说在这些情况下数据散布于各处, 我们很难说得更多.

　　我们会在 2.5 节、7.1.2 节、7.4.3 节和第 11 章回到这个模型, 以解释在二次族 $f_k(x) = kx(1 - x)$ 中导致这些变化多端的行为的一些基本机理. 我们不会给出包括所有参数的完整分析, 但这些映射的动力性质已经知道得很清楚了. 在本书中, 我们会逐步展开一些重要概念, 它们是描述在这一情形以及许多其他重要情形可以见到的各种复杂行为所必需的.

　　这一纯粹的数值探索就已给我们若干启示. 第一个启示是简单的系统也可能表现出复杂的长期行为. 我们通过对线性系统进行最轻微的改变便得到了这样的例子, 而且马上得到如此复杂而难以描述的行为. 所以, 这样的复杂行为似乎比我们想象的更为普遍.

　　另一个启示是那些理解、描述和解释如此丰富而复杂行为的方法值得我们去学习. 事实上, 本书所介绍的重要见解乃是动力系统研究的中心, 且直接的计算在此或难以进行或全然无用. 我们看到, 即便总是缺少完美的计算结果, 仍然能够就这样的动力系统作出准确而有用的定性与定量表述, 其中部分工作是发展适当的概念以描述这样的复杂现象, 就像我们在这些例子中开始触及的一样. 关于这一特别例子的学习从 2.5 节开始, 将研究小参数值时所发生的简单行为. 7.1.2 节和 7.4.3 节介绍大参数值. 这些系统中的渐近行为最为混乱. 第 11 章提出一些概念, 用于理解系统在中间参数值的状态, 其时系统向极大复杂性过渡.

作为一个有趣的脚注, 我们提及类似的连续时间的虫口模型 (对其他一些物种也很合理) 没有这种复杂性 (见 2.4.2 节).

1.2.10　灵光闪现

我们可以拿萤火虫的闪光作为动力系统在自然中的另一个例子. 关于这一非同寻常现象的报告可能最早来自 Francis Drake 爵士 1577 年的探险:

> "我们全体 …… 驶向西里伯斯岛[16]西南的某个小岛 …… 覆盖着高大的树木 …… 遍及全岛, 无数群闪亮的虫子在这些树中夜复一夜地飞翔, 其身体不比普通的英格兰苍蝇大. 它们展示的亮光, 就像每棵树或每根树枝上都有一只燃烧的蜡烛."[17]

东威斯特伐利亚[18] 的医生 Engelbert Kämpfer 对于这些萤火虫非同寻常的行为作了更明确的描述. 他旅行十年, 经过俄罗斯、波斯、东南亚和日本. 1690 年 6 月 10 日, 他从曼谷沿湄南河 (Chao Phraya River) 旅行时观察到:

> "这些萤火虫 (虎甲属)[19]显示出的是另一种景象. 它们停留在一些树上, 像一片火云, 行为令人惊奇: 这些昆虫全都占据在一棵树上, 散布于树枝上, 有时它们在一起收敛起它们的萤光, 片刻之后又再度发光, 极为规则和精确, 就像它们处于永久的心脏收缩与舒张运动中一样."[20]

这样, 在某些地方, 大量的某种闪光的萤火虫聚集在某一片树丛中, 同步地将它们以之为家的树妆扮成引人注意的圣诞树, 是吗? 这一现象如此令人惊奇, 长久以来, 关于它的报告, 其地位与龙或者海怪的传说相差不远. 迟至 1938 年, 它还不被生物学家广泛接受. 然而, 只有当旅行变得快速且支付得起时, 怀疑者才可能亲眼目睹[21]. 当人们相信这一现象的真实性后, 又花了数十年来理解为什么会发生这

---

[16] 印尼苏拉威西岛之旧称. —— 译者注

[17] Richard Hakluyt (pronounced Hack-loot). *A Selection of the Principal Voyages, Traffiques and Discoveries of the English Nation.* edited by Laurence Irving, Knopf. New York, 1926.

[18] 德意志联邦共和国地名. —— 译者注

[19] 按现在的分类法, 萤火虫已不属于虎甲属. —— 译者注

[20] Engelbert Kämpfer. *The history of Japan.* edited by Scheuchzer J G, Scheuchzer. London, 1727. 英语翻译得不太好. 德语原文在数世纪后才发表: "Einen zweiten sehr angenehmen Anblik geben die Lichtmücken (cicindelae), welche einige Bäume am Ufer mit einer Menge, wie eine brennende Wolke, beziehn. Es war mir besonders hiebei merkwürdig, daß die ganze Schaar dieser V-c"ogel, so viel sich ihrer auf einem Baume verbunden, und durch alle Aeste desselben verbreitet haben, alle zugleich und in einem Augenblik ihr Licht verbergen und wieder von sich geben, und dies mit einer solchen Harmonie, als wenn der Baum selbst in einer beständigen Systole und Diastole begriffen wäre." (Geschichte und Beschreibung von Japan (1677–1979). Internet Edition by Wolfgang Michel, Engelbert-Kaempfer-Forum, Kyushu University, 1999).

[21] 这一彻底转变归结于 John Buck. Synchronous rhythmic flashing of fireflies. *Quarterly Review*

一现象. 在早期, 人们假设某些精细而未被发现的外在周期性的影响导致了这种统一行为, 但事实是这些萤火虫自然地以大致相同的频率闪光并倾向于与附近的萤火虫协调, 结果导致整个群落完全同步化.

类似的且与我们更接近的情形是关于昼夜节律的研究. 我们身体里的周期变化 (睡眠周期) 与外部白天黑夜的信号同步. 如果没有时钟或者其他信号指示一天中的时间, 人体的清醒–睡眠循环会返回到它的自然周期, 对于大多数人来说比 24 小时略长. 这些外部信号影响到组成我们复杂内部振荡器的神经系统与激素, 逐渐将其变到现在的速度. 在这一情形, 调整进行的速率相当快. 即便是最坏的飞行时差反应, 也只需若干天, 即若干周期.

这些系统是耦合振荡的实例. 耦合振荡也在许多其他情形发生. 地球–月亮系统也可看作这样的系统, 如果我们想解释为什么总是看见月亮的同一边, 这就是为什么月亮的自转和公转会同步. 这里简单的潮汐摩擦就是耦合, 它永恒地迫使月亮的自转与它的公转同步, 且最终使地球的自转也与之同步. 从而, 一天会变得一个月那样长, 或一个月就是一天, 使月亮成为地球的同步卫星. 想想在某个中间时间, 也许变长了的日子正好与我们体内的生物钟匹配, 是很有趣的. 从这个角度来看, 似乎人类的演化稍微超前了一点.

我们将在 4.4.5 节考虑由两个简单的震荡子所组成的系统, 在那里相对简单的考虑显示这样的同步化具有一定的典型意义[22].

习题 1.2.17　1900 年, 世界总人口是 16.5 亿, 在 1950 年是 25.2 亿. 运用指数增长模型 (1.2.2) 预测 1990 年的人口, 并预测人口增长到 60 亿的年份 (1990 年的实际人口数是 53 亿, 约在 1999 年 7 月达到 60 亿. 所以人口的增长在加速).

习题 1.2.18　以 a_n 表示由 0 和 1 组成的长度为 n 且不容许两个 0 连续出现的序列的个数. 证明 $a_{n+1} = a_n + a_{n-1}$ (注意, 这是与 Fibonacci 数相同的递归公式, 且 $a_1 = 2, a_2 = 3$).

习题 1.2.19　证明任意两个相邻的 Fibonacci 数互素.

习题 1.2.20　求当 $a_0 = 1$ 及 $a_1 = 0$ 时 (1.2.3) 中 a_n 的极限 $\lim_{n \to \infty} a_n$.

1.3　数学中的动力系统

在这一节中, 我们收集了一些数学活动的例子, 动力系统的知识提供了新颖的见解.

---

of Biology, 1938, 13(3)：301–314; II, *Quarterly Review of Biology*, 1988, 63(3)：265–289. 这些文章包括这里的引文以及许多来自许多不同大陆的关于萤火虫的报告.

[22] 我们将略去对耦合线性震荡子的详细处理. 有关萤火虫的问题可见 Renato Mirollo, Steven Strogatz. Synchronization of Pulse-Coupled Biological Oscillators. *SIAM Journal of Applied Mathematics*, 1990, 50(6)：1645–1662.

1.3.1　Heron 在巴比伦根上的努力

在公元前 250 年之前, Heron of Alexandria (经常在拉丁语中写为 Hero of Alexandria) 在他的教科书 *Metrica* 中导出公式面积$^2 = s(s-a)(s-b)(s-c)$, 这里 a, b, c 是边长且 $2s = a+b+c$, 然后用它计算边长为 7, 8 和 9 的三角形的面积. 为计算所得到的 $12 \cdot 5 \cdot 4 \cdot 3 = 720$ 的平方根, 他采用了可能巴比伦人 2000 年前就已知道的如下逼近方法:

> "因为 $(z =)720$ 没有有理边长 (即 720 不是一个完全平方数), 我们可以按下述方法在误差非常小的范围内得到它的边长. 因为下一个相近的平方数是 729, 以 $(x =)27$ 作为边长, 用 27 除 720 得 $(y =)26\frac{2}{3}$. 加上 27 得 $53\frac{2}{3}$ 再取它的一半, 或者 $\left(x' = \frac{1}{2}(x+y) = \right)26\frac{1}{2}\frac{1}{3}$. 这样 720 的边长非常接近 $26\frac{1}{2}\frac{1}{3}$ …… 如果我们还想把误差减小 …… 应取 $\left(x' = \frac{1}{2}(x+y) = 26\frac{1}{2}\frac{1}{3} = 26\frac{5}{6}$ 以代替 $x = 27\right)$ 且按同样方法进行计算, 就会找到误差更小的结果 ……"[23]

Heron 用的是, 为了求得 z 的平方根, 只需找到面积为 z 的正方形, 其边长为 $\sqrt{z}$. 他的步骤的几何描述是这样的: 作为逼近所求正方形的第一步, 取边长为 x 和 y 的矩形, 这里 x 是基于经验对所求解的猜测, y 满足 $xy = z$(如果 z 不是大到像 Heron 的例子那样, 可以简单地取 $x = 1$, $y = z$). 从一个有正确面积的矩形构造另一个同样面积但边长差别较小的矩形的方法, 是将边长 x 和 y 的一边替换成它们的平均长度 $(x+y)/2$(算术平均), 另一边则取得使之有同样的面积 $2xy/(x+y)$ (称为 x 和 y 的调和平均). 这一过程可以简单地写为以 $(x_0, y_0) = (z, 1)\Big($ 或在 Heron 的例子中 $(x_0, y_0) = \left(27, 26\frac{2}{3}\right)\Big)$ 为初值反复运用两个变量的函数

$$f(x,y) = \left(\frac{x+y}{2}, \frac{2xy}{x+y}\right). \tag{1.3.1}$$

Archimedes 似乎用过这种方法的一个变体. 这个方法的一个好处是通过每一步得到的一对数都分别在准确答案的两边 (因为在每一步都有 $xy = z$), 所以人们得到明显的精度控制. 甚至在开始这一程序之前就可看出, Heron 的初始猜测给出的答案在 $26\frac{2}{3}$ 和 27 之间.

---

[23]Thomas L Heath. *History of Greek Mathematics: From Aristarchus to Diophantus*. Dover, 1981: 324. 这一逼近过程也可见于巴比伦人的课本; 相关文献参阅 Bartels van der Waerden. *Science awakening*. Oxford University Press, 1961: 45, 他还在 pp. 121ff 中给出几何解释. Archimedes 知道此法的一些变体.

习题 1.3.1 为逼近 $\sqrt{4}$, 用这一方法以 $(1,4)$ 开始对 $0 \leqslant i \leqslant 4$ 计算数对 (x_i, y_i), 并给出它们与 2 的距离.

习题 1.3.2 将 Heron 对 $\sqrt{720}$ 的逼近再作一步, 并用计算器检查这一逼近的精度.

习题 1.3.3 若以 1 为初始值, 用这一过程逼近 $\sqrt{720}$, 要多少步才能得到比 Heron 的初始猜测 27 更好的逼近?

运用这一过程若干步后所得到的数 x_n 和 y_n 会变得几乎相等, 从而接近于 $\sqrt{z}$. 由于 Heron 对初值聪明的猜测, 他的第一次逼近就已经足够好了 $\left(26\frac{5}{6} \text{ 在 } \sqrt{720} \text{ 的} \right.$ 0.002% 的误差以内 $\Big)$. 看来他从未执行他所提出的重复逼近. 这是一个卓越的方法, 不仅因为有效, 更因为它速度快. 为什么它有效? 为什么它速度快? 它的速度有多快? 当我们开始动力系统的学习之后, 就能容易地回答这些问题.

1.3.2 根的寻找

对于很多寻找某个特定的数值解的问题, 一种容易且有效的方法是将其改述为对某个适当函数 f 寻找方程 $f(x) = 0$ 的解. 我们介绍用于在单变量函数时处理这一问题的两个有名的方法.

1. 对分搜索

有一种情形可以确定解是存在的, 由微积分中的介值定理, 如果 $f\colon [a, b] \to \mathbb{R}$ 是连续的且 $f(a) < 0 < f(b)$ (或 $f(b) < 0 < f(a)$, 所以 $f(a)f(b) < 0$), 则存在某个 $c \in (a, b)$ 使得 $f(c) = 0$.

习题 1.3.4 证明介值定理的这一陈述等价于标准的阐述.

然而, 知道解的存在并不完全等同于知道这个解, 或至少对解在何处有很好的想法. 这里有一个简单且可靠的求解方法.

给定 $f(a) < 0 < f(b)$, 考虑中间点 $z = (a + b)/2$.

情形 0. 如果 $f(z) = 0$, 得到根. 否则, 有两种情形.

情形 1. 如果 $f(z) > 0$, 以区间 $[a, z]$ 代替区间 $[a, b]$, 它只有一半长, 且根据介值定理, 它包含根, 因为 $f(a) < 0 < f(z)$. 在此区间上重复这一过程.

情形 2. 如果 $f(z) < 0$, 以区间 $[z, b]$ 代替区间 $[a, b]$, 它也只有一半长, 再在此运用同样的过程.

对分搜索导出一区间套序列, 每一步长度减少一半. 每个区间都包含根, 所以我们得到不断改进的逼近, 且右 (左) 端点的极限就是所求的解.

注意这是一迭代过程, 但它不定义一个动力系统. 总之不是作用于实数上的系统. 我们可以将它看作作用于 f 在端点有不同符号的那些区间上的动力系统.

习题 1.3.5   对区间 $[0,1]$ 上的函数 $f(x) = x - \cos x$, 将这一过程运用三步, 给出近似解及其精度.

这一方法是可靠的: 它以有保证的速度对解给出不断改进的逼近, 它的速度很快且误差可以计算. 比如, 九步即能给出小于 $(b-a)/1000$ 的误差.

2. Newton 法

Newton 法(或 Newton-Raphson 法) 是为找出函数的零点这一相同问题而设计的方法. 它比对分搜索更为辉煌: 它是独创性的, 且速度很快, 但并不永远可靠.

对这一方法, 需要假设待求根的函数 f 是可微的, 当然, 还应在某处有零点. 人们可以根据经验来猜测解 x_0. 如何进行猜测则取决于使用者且依赖于问题本身. 合适的图形可能有帮助, 也许可以运用对分搜索. 在后一情形, 只需几步便能给出极好的初始猜测.

Newton 法试图对猜测作出极大的改进. 如果这个函数是线性的, 那么将初始猜测与函数的斜率相结合就会马上给出确切的解. 因为可微, 函数 f 可由其切线很好地逼近, 从而由初始猜测 x_0 与 f 的图形的切线方程可得切线的 x 截距. 这就是改进后的猜测. 若写成公式, 上述计算就是

$$x_1 = F(x_0) := x_0 - \frac{f(x_0)}{f'(x_0)}.$$

习题 1.3.6   验证这一公式说明了上述几何描述.

习题 1.3.7   对于方程 $x^2 - 4 = 0$, 以初始猜测为 1, 将这一方法运用四次, 并与习题 1.3.1 的结果比较 (参看习题 1.3.18 与习题 1.3.19).

这一简单过程可以通过迭代 F 重复运用. 它给出有希望不断改进的猜测的序列. 在 2.2.8 节中将给出保证这一方法成功的简单判据.

习题 1.3.8   1.1 节中有些练习是运用 Newton 法后所得的迭代公式, 找出这些练习并给出对应的待求解的方程.

因为这一方法定义了一个动力系统, 它已被当作动力系统来研究. 这是一个大的方面, 因为某些初始条件的选择引出渐近行为非常复杂的情形. 特别是在进行复数计算时, 人们可通过数值计算得到很漂亮的图形. 一个重要进展是将这一方法应用到函数空间的点, 称之为 Kolmogorov-Arnol'd-Moser 或 KAM 方法, 它为研究太阳系是否稳定的前沿问题之一提供了工具. 这是一个突出的例子, 说明辅助空间上动力系统的简单渐近性的知识有助于人们对另一动力系统的理解.

1.3.3 闭测地线

如果一个飞行员系住他的方向盘[24]且有足够的燃料, 那么飞机会一直沿大圆绕

---

[24] 这意味着飞机作水平直线飞行, 恰当的技术词汇应当是 "操纵杆" 而非 "方向盘".

地球航行并精确地回到出发点, 继而重复这一过程. 我们也可以用汽车在地面作同样的实验, 但有更多的事需要注意, 因为会遇到山脉、海洋、雨林等. 这类活动的理想模型是粒子在球的表面作自由运动. 因为没有外力 (假设也没有摩擦), 这样的粒子以常速运动且不改变方向. 很显然, 粒子总是周期性地回到出发点. 所以有无穷多 (自由地) 作周期运动的方式.

那么, 如果球面不像理想的球面那样圆那样光呢? 它可能稍微有些凹痕, 甚至可能严重变形. 我们可能弄出蘑菇状的附属物作为装饰, 或者甚至把它弄得看起来像杠铃一样. 我们只是不容许撕裂或粘贴这一曲面, 也没有摺皱. 一个光滑但不是圆形的 "球面". 一个自由运动的粒子没有明显理由会自动返回. 几乎任何将球面变形的方法都会产生许多非周期运动. 这里有一个困难的问题: 对任意给定的变形后的球面, 是否仍然存在无穷多自由运动的周期轨道?

自由粒子运动的一个漂亮方面是其运动路径总是其上任意两点间的最短连线, 如果这两点相距不太远的话 (显然, 一条封闭的路径不是从一点到自身的最短曲线). 对于球面, 当路径是大圆时, 我们很熟悉这一事实. 但这是普遍成立的, 这样的路径称为测地线. 从而, 上述问题也可以用测地线的语言来提问: 在经过任意形变的球面上, 是否总有无穷多条闭测地线?

这是一个来自几何的问题, 很久以前就被提出来了. 它已被动力系统学家用动力系统的理论 (在不很久以前) 解决. 我们将在 6.2.8 节中解释如何将测地线与动力系统联系, 且在 14.5 节中介绍处理这一问题的要点.

1.3.4 2 的方幂的第一个数字

作为动力系统在识别精细复杂的模型方面的能力的例证, 考虑一个无关宏旨的由 2 的方幂构成的序列. 以下列出该序列的前 50 项:

2	2048	2097152	2147483648	2199023255552
4	4096	4194304	4294967296	4398046511104
8	8192	8388608	8589934592	8796093022208
16	16384	16777216	17179869184	17592186044416
32	32768	33554432	34359738368	35184372088832
64	65536	67108864	68719476736	70368744177664
128	131072	134217728	137438953472	140737488355328
256	262144	268435456	274877906944	281474976710656
512	524288	536870912	549755813888	562949953421312
1024	1048576	1073741824	1099511627776	1125899906842624

除了这些数是增长的这一简单模式之外, 这一序列看起来有些复杂. 但还是有些有趣的特性值得观察. 比如, 最后一个数字周期性地重复: 2, 4, 8, 6. 它必然如此的理

由是显然的. 下一个方幂的最后一个数字是由前一方幂的最后数字决定的, 所以一旦出现一次重复, 这一模式就会再次产生 (此外, 最后的数字总是偶数且非零).

类似的论证说明, 最后两个数字也最终会周期性地重复: 由前面的观察可知, 最后两个数字最多 40 种可能性, 且因为下一方幂的最后两个数字是由前一个的最后两个数字决定的, 只需一次重复便可确定周期模式. 察看序列可见, 最后两个数字形成以 20 为周期以第二项开始的如下序列: 04 08 16 32 64 28 56 12 24 48 96 92 84 68 36 72 44 88 76 52.

注意这一序列有些有趣的性质: 第一项与第十一项的和为 100, 第二与第十二项, 第三与第十三项等, 也是一样. 得到这个序列的一个方法是从 04 开始, 再反复运用如下规则: 如果当前的数小于 50, 则加倍, 否则, 对它至 100 的差加倍. 上面较简单的 2, 4, 8, 6 也显示同样的模式.

现在来看由第一个数字所成的序列. 读读同样的数据:

2	2048	2097152	2147483648	2199023255552
4	4096	4194304	4294967296	4398046511104
8	8192	8388608	8589934592	8796093022208
16	16384	16777216	17179869184	17592186044416
32	32768	33554432	34359738368	35184372088832
64	65536	67108864	68719476736	70368744177664
128	131072	134217728	137438953472	140737488355328
256	262144	268435456	274877906944	281474976710656
512	524288	536870912	549755813888	562949953421312
1024	1048576	1073741824	1099511627776	1125899906842624

人们可以发现这 50 个数的第一个数字为

$$2481361251$$
$$2481361251$$
$$2481361251$$
$$2481361251$$
$$2481371251$$

它太像是周期的了, 但一个小小的变化在最后混了进来, 所以周期模式并未出现, 也没有理由期望任何周期性 (如果计算序列中更多的数, 这一行为会继续; 小的变化在这里或那里出现).

因为这一序列不像前一个那样规则, 统计的研究方法可能有用. 我们来看每一

个数字的频率——这个数字在序列出现次数的多少, 有

$$
\begin{array}{lccccccccc}
\text{数字:} & 1 & 2 & 3 & 4 & 5 & 6 & 7 & 8 & 9 \\
\text{次数:} & 15 & 10 & 5 & 5 & 5 & 4 & 1 & 5 & 0
\end{array}
$$

这些频率看来有些不均匀. 特别是 7 和 9 似乎不受欢迎. 7 在序列中首先也仅仅出现在第 46 位, 而 9 则将作为 2^{53} 的第一个数字第一次出现. 对前 100 个数的计算给出的频率, 其不平衡性有稍许减轻, 但看来大的数字有较小的频率.

从而, 所有九个数字都在 2 的某个方幂中作为第一个数字出现. 但是, 我们想知道得更多. 是否每个数字都出现无穷多次? 若是, 它们会以某种规律出现吗? 哪些数字更经常出现?

为讨论这些问题, 我们需要对它们作更精确的阐述. 为此, 对每一数字 d 和每一自然数 n, 计算以 d 为第一个数字的方幂 2^m 的个数 $F_d(n)$, 这里 $m = 1, \cdots, n$. 这样, 我们刚才列出了 $F_d(50)$ 的 9 个值. d 在 2 的前 n 个方幂中作为第一个数字出现的频率是 $F_d(n)/n$. 从而, 我们的一个问题是, 是否这些量中每一个都在 n 趋向于无穷时有极限, 如果有的话, 这些极限以何种方式依赖于 d. 一旦这些问题得到回答, 我们还可再问关于 3 的方幂及比较极限频率.

在命题 4.2.7 中将得到这些极限的存在性并给出它们的公式. 特别地, 这些公式蕴含所有极限频率都是正的, 且随 d 的增加而减少. 这样, 与前 50 个方幂给出的证据相反 (但与人们看见的前 100 个相同), 7 最终比 8 更经常地出现. 3 的方幂的极限与 2 的方幂的极限间的关系也是令人惊奇的.

1.3.5 多项式的最后数字

在前一个例子中, 我们在研究最后一个数字的模式时马上得到结论, 并且注意到了动力系统的某种程度的运用为理解第一个数字的行为提供了工具. 让我们来看整数序列的另一个问题: 关于最后一个数字作类似提问.

将指数序列代之以序列 $x_n = n^2$, 这里 $n \in \mathbb{N}_0$. 最后一个数字出来为 01496569410, 然后周期地重复.

习题 1.3.9 证明所有这些数字周期地重复.

习题 1.3.10 解释为什么这一序列成一回文, 即顺读与倒读都一样.

这和以前的一样简单, 所以, 让我们试 $x_n = n^2 p/q$, 这里 $p, q \in \mathbb{N}$. 除非 $q = 1$, 它们不会都是整数. 所以明确规定我们看在小数点前的数字. 你可能想先作一些试验, 但容易直接看出我们仍然得出周期模式, 且周期至多 $10q$. 原因是

$$
a_{n+10q} - a_n = (n+10q)^2 p/q - n^2 p/q = 10(2np + 10pq)
$$

是 10 的倍数, 所以对 a_{n+10q} 和 a_n, 小数点前的那个数字 (以及它后面的所有数字) 都相同.

习题 1.3.11 证明若从 $10q$ 开始, 则其结果是一串回文.

这很有意义, 但并不精细. 人们自然会想到用无理数来代替 p/q, 因为那会导致 "无穷周期", 若如此, 便是完全没有周期.

所以, 考虑 $x_n = n^2\sqrt{2}$. (小数点之前的) 最后一个数字的序列的前 100 项为 4776493564160220725775169007481218481107379985035540580084923206134316133205911072577527011950343171.

没有明显的理由表明它是周期的, 也显然没有类似模式. 无疑的是所有数字都出现了. 然而, 我们问过的关于 2 的方幂的第一个数字的问题在这里也适合: 是否所有数字都出现无穷多次? 它们会依明确定义的相对频率出现吗? 相对频率的定义同前面一样: 令 $P_n(d)$ 表示集合 $\{n^2\sqrt{2}\}_{i=0}^{n-1}$ 中最后一个数字为 d 的元素的个数, 再对大的 n 考虑 $P_n(d)/n$. 在前 100 个值中得到频率

i:	0	1	2	3	4	5	6	7	8	9
$P_{100}(i)/100$:	0.14	0.15	0.09	0.10	0.09	0.11	0.06	0.13	0.06	0.07

它对这一问题并不提供任何解答, 而且对更大的 n 可能也是如此.

动力系统能够全面而严格地处理这些以及很多类似的问题. 在这一特殊的例子中, 结果是所有相对频率都收敛于 1/10. 这样, 我们有了一个例子给出一致分布, 它是动力系统以及自然界的中心范例之一. 在 15.1 节中将概述关于最后一个数字分布问题的解答.

1.3.6 原胞自动机

有种游戏称为生命游戏, 在 20 世纪 80 年代很流行. 它是想要模拟某种居于固定地方的生物数量. 每一个 "个体" 位于固定的格点中的一个点上, 格点为平面上有整数坐标的点. 每一点处可以有若干健康状态. 在最简单的版本里这样的个体只有 "在场" 和 "不在" (或者 1 和 0) 两种状态. 但也可以使用有很多可能状态的模型, 比如说, 包括 "生病" 或 "高兴". 游戏的规则是该物种的数量依某种特别的方法随离散时间步骤演变. 对每一个体检查它的 (一定距离之内的) 某些邻居的状态, 然后根据所有这些情形决定如何改变自身的状态. 比如说, 这个规则可能说如果所有直接邻居都在场, 则该个体死亡 (群体过剩). 如果周围完全没有邻居, 可能同样的事情也会发生 (太孤单或太暴露). 这一游戏之所以普遍, 是因为从相对简单的规则, 人们可以找到 (或设计出) 饶有兴味的模式. 也因为计算机, 甚至是早期的, 可以容易地在短时间内经历许多代.

如果格点的个数是有限的, 那么从渐近的长期行为观点来看, 关于这一系统没有多少可说的. 它只有有限多个状态, 所以在某个时候, 系统一定会再次达到某个状态. 因为规则没有改变, 此后的模式就会和上一次到这个状态时一样, 经由同样的状态序列, 并且一再地循环. 不管出现的模式多有意义, 或者循环有多长, 这是关于系统长期行为的完整定性描述.

然而, 当有无穷多个格点时, 没有理由会发生这种经由同样模式的循环. 这时可能会出现一切种类的长期行为.

这类系统称为原胞自动机. 因为它的规则很清楚地给出来了, 可以很容易地从中建立数学模型. 为使记号简单, 我们不讨论平面上的整数点, 只看直线上的. 对应地, 系统的状态是序列, 它的每一分量为有限个可能值 (状态) 中的一个. 如果这些状态用数 $0, \cdots, N-1$ 来表示, 则可将这些序列所组成的空间记为 Ω_N. 所有个体的发展都服从同样的规则. 它由函数 $f: \{0, \cdots, N-1\}^{2n+1} \to \{0, \cdots, N-1\}$ 给出, 即将 $2n+1$ 字长的状态 $(0, \cdots, N-1)$ 串映射到某个状态. 输入由两边距离 n 之内的所有近邻的状态组成, 输出则是个体的下一状态. 从而, 整个系统演化的每一步都是由映射 $\Phi: \Omega_N \to \Omega_N$ 给出, 其中 $(\Phi(\omega))_i = f(\omega_{i-n}, \cdots, \omega_{i+n})$. 作为例子, 取 $N = n = 1$ 及 $f(x_{-1}, x_0, x_1) = x_1$. 它意味着每一个体均选择仿效右边的紧邻 (今天的 x_1 即是明天的 x_0). 可称这一例子为 "波", 因为不管以何种模式开头, 它都会不懈地向左行进.

这是对原胞自动机的一般说明, 但它的意义已远超出生命游戏. 同样的数学概念容许很不一样的解释. 如果将每一序列想象为一数据流, 则映射 Φ 将这些数据予以转换 —— 这就是编码. 这类特殊编码被称为滑动分组码, 它适合于实时流数据的编码和解码. 对于我们, 它是一个好空间上可以重复的变换, 即一个动力系统. 状态是由序列 (或数组) 给出的动力系统, 称为符号动力系统, 最有用的一些模型便是这种类型. "波" 实际上是我们喜欢的名词, 但称之为 (左) 平移. 在这类系统中, 滑动分组码起着重要作用, 尽管是在不同的名称之下 (共轭).

符号动力系统将在 7.3.4 节中介绍并在 7.3.7 节中研究. 它能提供丰富的例子, 既易于描述又给出多种复杂动力系统现象.

习题 1.3.12 证明: 在求根的对分搜索中由左端点和右端点所成的序列皆收敛, 且它们的极限相同.

习题 1.3.13 在求根的对分搜索中假设 $a = 0$, $b = 1$, 且假设这一过程不会终止. 记录每一步选择的区间, 情形 1 发生时记 0, 情形 2 发生时记 1. 证明: 这样得到的由 0 和 1 组成的串是这一算法找出的解的二进制表示.

习题 1.3.14 在上一习题中假设搜索会终止. 所得的由 0 和 1 组成的有限串和根的二进制表示有什么关系?

习题 1.3.15 用 Newton 法以 $x_0 = 3/4$ 为初始猜测解方程 $\cos x = x$.

习题 1.3.16 用 Newton 法以 2 为初始猜测逼近 $\sqrt{5}$ 至计算器可得到的最好精度.

习题 1.3.17 用 Newton 法以 1 为初始猜测解方程 $\sin x = 0$, 且注意绝对误差大小的变化方式.

习题 1.3.18 试用 Newton 法解方程 $\sqrt[3]{x} = 0$, 不取 0 为初始猜测.

习题 1.3.19 对使用算术/调和平均的希腊方法, 将相继的算术平均表示为某函数的迭代, 即写下只有第一个分量的递推公式.

习题 1.3.20 求数 z 的根可用不同的方法得到. 以 1 为初始猜测, 比较算术/调和平均的希腊方法与 Newton 法.

习题 1.3.21 找出 2 的最小方幂, 使得在直到这一个的所有方幂中, 第一个数字为 7 的多于为 8 的.

习题 1.3.22 考虑由 2 的方幂的最后两个数字所形成的序列 $(a_n)_{n \in \mathbb{N}}$. 证明对每一 $n \geqslant 2$, $a_n + a_{n+10} = 100$.

习题 1.3.23 证明由 2 的方幂的最后三个数字所形成的序列（从 008 开始）是周期的且以 100 为周期.

习题 1.3.24 考虑由 2 的方幂的最后三个数字所形成的序列 $(a_n)_{n \in \mathbb{N}}$. 证明: 对每一 $n \geqslant 3$, $a_n + a_{n+50} = 1000$.

第一部分
动力系统入门教程：
由简单到复杂的行为

动力学提供了概念和工具以描述和理解系统随时间演化时复杂的长期行为. 学习和了解这些概念和工具的一个极好的方式是从简单到复杂逐步进行, 在此过程中, 例子、概念和工具都向高度复杂演化.

相应地, 本教程开始于最简单的动力行为 (一个全体的稳定状态), 同时它还是一个基本工具 (这一主题在第 9 章展开). 第 2 章舒缓地进行到包含具有几个稳定状态的系统. 第 3 章研究线性映射, 这是稍微复杂些但仍可以驾驭的系统, 并且可以作为研究后面内容的核心工具.

复杂性首次出现于第 4 章 (并在第 5 章推向高维的情形), 我们遇到了其长期行为接近但不正好返回初始状态的轨道 (回复性), 还会介绍轨道在整个状态空间中的分布. 然而, 由于单个轨道渐近的正则性和所有轨道行为的一致性, 这种潜在的复杂性变得和缓, 这也将通过统计分析得到证实, 我们将在此处介绍. 力学系统 (第 6 章) 提供了某些复杂性 (回复性) 一定会出现的自然的例子, 但是内在的结构常常会将复杂性限制到前面两章的程度.

最高程度的复杂性将在第 7 章中达到, 其中复杂的回复性对单个轨道来讲极不规则, 轨道的渐近行为由完全不同的类型组成并且错综复杂地交织在一起. 描述这种程度复杂性的相应的概念将贯穿这一章和下一章, 其中包括统计行为的基本内容.

虽然第 9 章是发展概述的一部分, 它仍是本教程自然的延续, 并且是采取本教程同样的证明标准写成的.

第 2 章　具有渐近稳定行为的系统

本章是整本书的基础. 一方面, 给出了一些最为简单的动力行为的例子以及更复杂的行为如何发生的最初线索; 另一方面, 提供了一些今后常用的重要工具和概念. 在这里我们给出两类"简单"的系统: 一类是线性系统, 它的简单在于它可分拆成若干易于研究的子系统; 另一类是压缩映射, 说它简单是因为在它的作用下所有点将向某一点运动. 本章将简要介绍线性映射, 集中于它们在非线性动力系统研究中的应用. 关于线性映射的系统研究放在第 3 章. 我们还将给出关于压缩映射的一些事实, 它们在本教程中被广泛应用, 其应用将贯穿本书并是第 9 章的显著特色.

2.1　线性映射和线性化

2.1.1　纯量线性映射

在 1.2.9.1 节给出的离散情形的人口模型 $x_{i+1} = f(x_i) = kx_i$ (其中 $k > 0$) 具有简单的动力行为: 对于从任意点 $x_0 \neq 0$ 出发的序列 $(x_i)_{i \in \mathbb{N}}$, 若 $k > 1$, 则其发散, 若 $k < 1$, 则其收敛到 0. 该系统之所以简单, 部分原因在于其渐近行为不依赖于初始条件; 若 x_0 乘以某个因子 a, 则每个 x_i 都乘以相同的因子. 此外, 系统所容许的渐近行为也很简单.

当 $k \neq 1$ 时, 若以 $g(x) := kx + b$ 取代 $f(x) = kx$, 则上述性质几乎不变. 事实上, 作变量替换 $y = x - \dfrac{b}{1-k}$ 后, 将得到迭代式 $y_{i+1} = ky_i$. 至此, 我们对纯量线性映射的动力性态进行了完全的刻画 (除 $f(x) = kx$, $k = \pm 1$ 外).

在高维情形时, 线性映射的轨道具有较为复杂的行为. 然而, 其简单性的一面仍被保留. 虽然并非所有的轨道均具有相同的长期行为, 但是通过研究较少数量的轨道即可得到所有其他轨道的性态, 这些将在第 3 章中作系统的研究.

2.1.2　线性化

本书所研究的一些重要的系统是直接从线性系统得来的. 虽然大多数有意义的系统并不是线性的, 但是线性系统的知识将对非线性系统的研究提供很大的帮助. 一个重要的因素是可微性, 即系统在任意给定点附近存在一个很好的线性逼近.

可微性和线性逼近将在 2.2.4.1 节和 A.2 节中讨论. 可微性的主要特点就是它保证了映射在任意给定点附近有很好的线性逼近. 一个简单的例子是在 $x = 16$ 附

近, 映射 $f(x) := \sqrt{x}$ 可用 $L(x) = f(16) + f'(16)(x - 16) = 4 + \dfrac{1}{8}(x - 16)$ 来近似, 特别地, $\sqrt{17} \approx 4\dfrac{1}{8}$. 这相当于用 Newton 法求 $\sqrt{17}$ 的近似值的第一步 (参见 1.3.2.2 节).

当一个非线性映射的轨道位于相应的线性近似系统的参考点附近时, 这样的线性逼近有时对研究原系统的动力行为十分有用. 本书将有很多这样的例子. 下面给出命题 2.2.17 的一个特殊情形.

命题 2.1.1　设 F 为实直线 $\mathbb{R}^1$ 上的可微映射且 $F(b) = b$. 如果 F 在点 b 处的线性化的所有轨道渐近趋于 b, 则系统 F 从充分接近点 b 处出发的所有轨道皆渐近趋于 b.

在分析中线性化的精髓是中值定理 A.2.3(也可见引理 2.2.12) , 在下一节中它将被大量用到 (如命题 2.2.3 和 2.2.4.4 节). 线性化在非常复杂的动力系统的研究中也扮演着重要的角色 (如第 7 章和第 10 章).

　　习题 2.1.1　证明: 对迭代式 $x_{i+1} = f(x_i) = kx_i + b$, $k \neq 1$ 作变换 $y = x - \dfrac{b}{1-k}$ 后得到迭代式 $y_{i+1} = ky_i$.

　　习题 2.1.2　描述当 $k = \pm 1$ 时映射 $f(x) = kx$ 的渐近行为.

　　习题 2.1.3　描述当 $k = \pm 1$, $b \neq 0$ 时映射 $f(x) = kx + b$ 的渐近行为.

2.2　Euclid 空间中的压缩映射

传统上, 科学家和工程师们对具有稳定的渐近行为的动力系统有一种偏爱, 这些系统过了短时期的"过渡行为"以后, 就进入一种稳定状态. 现实生活中这样的简单例子比比皆是. 每当我们打开台灯, 灯丝经过极短时间的烧热之后, 很快进入一种持续发光、亮度稳定的状态. 若非其烧断, 它不会无规律地闪烁不定. 同样地, 人们愿手扶电梯保持一种恒速运动的稳定状态. 刚打开的收音机, 在经过极短时间的复杂过渡行为之后, 即进入一种稳定的接收状态. 我们的动力系统之旅就开始于具有如此简单行为的系统.

与上述关于连续时间的现实例子相对应, 我们可想象到的最简单的离散系统的渐近行为是: 从任意点出发的迭代点列收敛于一个特殊点, 一个稳定的状态. 压缩映射就是具有如此性质的一类常见而重要的例子. 我们把它们放在这里介绍不仅因为它们简单的动力行为为研究提供了一个理想的起点, 还因为我们将把压缩映射作为工具处理大量分析和微分方程问题, 以及用它研究具有更复杂行为的动力系统. 这些应用贯穿全书, 第 9 章则集中于这些应用.

下面定义压缩性并阐明术语"映射"和"函数".

2.2.1 定义

当我们用到名词"映射"时, 通常意味着定义域和像域位于同一空间之中, 并且用得更多的是像域位于定义域中 —— 这样, 我们对该映射进行迭代就生成一个动力系统. Fibonacci 的兔子、缅因州的龙虾、叶序、蝴蝶, 以及求根的方法等, 都是这样的例子. 这里时间是离散的, 从自然法则 (或算法) 中总结出的规律是以前的数据决定现在的数据, 而下一个状态又由现在的状态推测出. 所有这些都可由运用一个能反映出这个规律的映射而得到. 于是, 离散动力系统即是一个空间到其自身的映射, 且映射通常是连续的.

另一方面, 我们用名词"函数"时通常意味着像域是数域, 而定义域可以是与之迥异的空间, 它们不可以迭代. 同时, 我们有时仍沿用传统的记法, 称实直线或它的一个子集到自身的映射为"函数". 用于改变变量的变换还有第三种可能, 称之为"坐标变换"或"共轭"(有时亦称为映射). 通常记恒同映射 $x \mapsto x$ 为 Id.

下面在 Euclid 度量 $d(x, y) := \sqrt{\sum_{i=1}^{n}(x_i - y_i)^2}$ 下定义压缩映射.

定义 2.2.1 设 X 是 Euclid 空间的一个子集, 在其上定义的映射 $f : X \to X$ 称为 Lipschitz 连续的, 如果存在常数 λ, 使得对任意 $x, y \in X$, 有

$$d(f(x), f(y)) \leqslant \lambda d(x, y). \tag{2.2.1}$$

此时亦称 f 为 λ-Lipschitz 的, λ 为 Lipschitz 常数. 如果 $\lambda < 1$, 则称 f 为压缩的, 或 λ 压缩的. 如果映射 f 为 Lipschitz 连续的, 则定义 $\mathrm{Lip}(f) := \sup_{x \neq y} d(f(x), f(y))/d(x, y)$.

例 2.2.2 函数 $f(x) = \sqrt{x}$ 在 $[1, \infty)$ 上是压缩的. 事实上, 我们仅需证明对 $x \geqslant 1$ 和 $t \geqslant 0$ 有 $\sqrt{x+t} \leqslant \sqrt{x} + (1/2)t$ (为什么这样就足够了呢?). 而这可从取平方得到:

$$\left(\sqrt{x} + \frac{t}{2}\right)^2 = x + xt + \frac{t^2}{4} \geqslant x + xt \geqslant x + t.$$

2.2.2 单变量的情形

下面给出应用导数来检验压缩条件的一个简便方法.

命题 2.2.3 设 I 为一个区间, $f : I \longrightarrow \mathbb{R}$ 是一个可微函数, 且对任意 $x \in I$, 有 $|f'(x)| < \lambda$. 则 f 为 λ-Lipschitz 的.

证明 由中值定理 A.2.3, 对任意两点 $x, y \in I$, 存在 x 与 y 之间的一点 c, 使得

$$d(f(x), f(y)) = |f(x) - f(y)| = |f'(c)(x - y)| = |f'(c)|d(x, y) \leqslant \lambda d(x, y). \qquad \square$$

注意, 我们并未用到 f' 在 I 的端点处的任何信息.

例 2.2.4　应用上述准则容易验证, 在 $I = [1, \infty)$ 上定义的函数 $f(x) = \sqrt{x}$ 为压缩的. 事实上, 对任意 $x \geqslant 1$, 皆有 $f'(x) = 1/2\sqrt{x} \leqslant 1/2$.

应当指出, 由问题 2.2.14 可知, 若条件减弱为 $|f'(x)| < 1$, 则不足以得到式 (2.2.1). 然而, 在一定情形下, 下面的结论却可以成立.

命题 2.2.5　设 I 为一个有界闭区间, $f: I \to I$ 连续可微且对任意 $x \in I$, 有 $|f'(x)| < 1$. 则 f 为压缩的.

证明　因为 f' 连续, 由最值定理, $|f'(x)|$ 可在某点 x_0 处取得最大值 λ. 又因为 $|f'(x_0)| < 1$, 故 $\lambda < 1$. □

不同之处在于实直线不是闭有界的 (有关事实参见问题 2.2.13).

在微积分中, 我们经常对满足 $|f'| \leqslant \lambda < 1$ 的函数 f, 从任意给定的点 a_0 出发归纳地定义一个序列 $a_{n+1} = f(a_n)$. 这是由映射 f 给出的动力系统的简单例子. 对每个初始点 a_0, 序列由 $a_{n+1} = f(a_n)$ 唯一确定. 如果 f 为可逆的, 则这一序列对所有 $n \in \mathbb{Z}$ 有定义.

定义 2.2.6　对映射 f 和点 x, 点列 $x, f(x), f(f(x)), \cdots, f^n(x), \cdots$ (如果 f 不可逆) 或点列 $\cdots, f^{-1}(x), x, f(x), \cdots$ 称为 x 在 f 下的**轨道**. 若点 x 满足 $f(x) = x$, 则称其为**不动点**. 不动点的集合记为 $\mathrm{Fix}(f)$. 若对某 $n \in \mathbb{N}$, 点满足 $f^n(x) = x$, 则称 x 为**周期点**, 即 $x \in \mathrm{Fix}(f^n)$. 这样的 n 称为点 x 的一个**周期**. 满足上式的最小的 n 称为点 x 的**主周期**.

例 2.2.7　在 $\mathbb{R}$ 上定义映射 $f(x) = -x^3$, 则 0 为其唯一的不动点, ± 1 为一个周期轨, 即 1 和 -1 皆是主周期为 2 的周期点.

上述微积分例子中的序列总是收敛的原因在于如下重要的事实:

命题 2.2.8(压缩映射原理)　设 $I \subset \mathbb{R}$ 是一个闭区间, 可以是单边或双边无穷的, $f: I \to I$ 为 λ 压缩的. 则 f 具有唯一一个不动点 x_0, 并且对任意 $x \in I$, 有 $|f^n(x) - x_0| \leqslant \lambda^n |x - x_0|$, 即 f 的每条轨道均依指数速度收敛于 x_0.

证明　由迭代不等式 $|f(x) - f(y)| \leqslant \lambda|x - y|$ 可以看出, 对任意 $x, y \in I$ 和 $n \in \mathbb{N}$, 有

$$|f^n(x) - f^n(y)| \leqslant \lambda^n |x - y|. \tag{2.2.2}$$

于是, 对 $x \in I$ 和 $m \geqslant n$ 应用三角不等式可得

$$|f^m(x) - f^n(x)| \leqslant \sum_{k=0}^{m-n-1} |f^{n+k+1}(x) - f^{n+k}(x)|$$

$$\leqslant \sum_{k=0}^{m-n-1} \lambda^{n+k} |f(x) - x| \leqslant \frac{\lambda^n}{1 - \lambda} |f(x) - x|. \tag{2.2.3}$$

此处用到了我们所熟知的关于几何级数的部分和的事实, 即

$$(1-\lambda)\sum_{k=l}^{n-1}\lambda^k = \lambda^l + \lambda^{l+1} + \cdots + \lambda^{n-1} - \lambda^{l+1} + \lambda^{l+2} + \cdots + \lambda^n = (\lambda^l - \lambda^n).$$

由于当 n 趋于无穷时式 (2.2.3) 的右端趋于零, 于是 $(f^n(x))_{n\in\mathbb{N}}$ 为一 Cauchy 序列, 从而对任意点 $x \in I$ 而言, 当 $n \to \infty$ 时, 序列 $(f^n(x))_{n\in\mathbb{N}}$ 的极限存在. 由于 I 为闭的, 故上述极限落在 I 上. 由式 (2.2.2), 对所有的 x, 序列 $(f^n(x))_{n\in\mathbb{N}}$ 的极限相同. 记此极限为 x_0, 则 x_0 为 f 的一个不动点. 事实上, 对 $x \in I$ 和 $n \in \mathbb{N}$, 有

$$|x_0 - f(x_0)| \leqslant |x_0 - f^n(x)| + |f^n(x) - f^{n+1}(x)| + |f^{n+1}(x) - f(x_0)|$$
$$\leqslant (1+\lambda)|x_0 - f^n(x)| + \lambda^n|x - f(x)|. \tag{2.2.4}$$

由于当 $n \to \infty$ 时, $|x_0 - f^n(x)| \to 0$ 且 $\lambda^n \to 0$, 有 $f(x_0) = x_0$.

在式 (2.2.2) 中用 x_0 取代 y, 则对任意 $x \in I$, 有 $|f^n(x) - x_0| \leqslant \lambda^n|x - x_0|$. □

例 2.2.9 Pisa 的 Leonardo, 也称为 Leonardo Fibonacci, 在估计他的兔子的数量时提出了计算第 n 个月时兔子的对数 b_n 的模型. 该模型用递归的方式给出: $b_0 = 1, b_1 = 2, b_n = b_{n-1} + b_{n-2}(n \geqslant 2)$(见 1.2.2 节). 我们预计这些数依指数速度增长, 为此要计算当 $n \to \infty$ 时 $a_n := b_{n+1}/b_n$ 的极限. 我们应用压缩映射原理. 因为

$$a_{n+1} = \frac{b_{n+2}}{b_{n+1}} = \frac{b_{n+1}+b_n}{b_{n+1}} = \frac{1}{b_{n+1}/b_n} + 1 = \frac{1}{a_n} + 1,$$

所以序列 $(a_n)_{n=1}^{\infty}$ 是 1 在映射 $g(x) := (1/x) + 1$ 下的轨道. 又由于 $g(1) = 2$, 故我们事实上考虑 2 在 g 下的轨道. 注意到 $g'(x) = -x^{-2}$, 这说明 g 在整个区间 $(0,\infty)$ 并不压缩. 于是我们将找一个合适的(闭)区间, 使得它在 g 下的像仍在其中, 并且具有压缩性.

由于 $g' < 0$, 故 g 在 $(0,\infty)$ 上递减. 又由于 $3/2 < g(3/2) = 5/3 < 2$ 且 $g(2) = 3/2$, 故 $g([3/2,2]) \subset [3/2,2]$. 另外, 在 $[3/2,2]$ 上 $|g'(x)| = 1/x^2 \leqslant 4/9 < 1$, 于是 g 在 $[3/2,2]$ 上压缩. 由压缩映射原理, 2 的轨道渐近趋于 g 在 $[3/2,2]$ 上的不动点 x, 从而 1 的轨道也是如此. 于是极限 $\lim_{n\to\infty} b_{n+1}/b_n = \lim_{n\to\infty} a_n$ 存在. 为求该极限, 解方程 $x = g(x) = 1 + 1/x = (x+1)/x$, 即 $x^2 - x - 1 = 0$. 而这个方程只有一个正解 $x = (1+\sqrt{5})/2$(这解决了习题 1.2.3). 我们将在 3.1.9 节中给出得到这个比率的另一方法, 并得到一个求 Fibonacci 数的显式公式.

2.2.3 多变量的情形

下面给出高维情形的压缩映射原理, 其证明方法与一维情形的证明类似, 只不过把绝对值换作 Euclid 距离.

命题 2.2.10(压缩映射原理) 设 $X \subset \mathbb{R}^n$ 为闭的, $f: X \to X$ 为 λ 压缩的. 则 f 具有唯一一个不动点 x_0, 并且对任意 $x \in X$, 有 $d(f^n(x), x_0) \leqslant \lambda^n d(x, x_0)$.

证明　由迭代不等式 $d(f(x), f(y)) \leqslant \lambda d(x, y)$ 可以看出, 对任意 $x, y \in X$ 和 $n \in \mathbb{N}$, 有

$$d(f^n(x), f^n(y)) \leqslant \lambda^n d(x, y). \tag{2.2.5}$$

由于对 $m \geqslant n$, 有

$$d(f^m(x), f^n(x)) \leqslant \sum_{k=0}^{m-n-1} d(f^{n+k+1}(x), f^{n+k}(x))$$

$$\leqslant \sum_{k=0}^{m-n-1} \lambda^{n+k} d(f(x), x) \leqslant \frac{\lambda^n}{1-\lambda} d(f(x), x), \tag{2.2.6}$$

并且当 $n \to \infty$ 时 $\lambda^n \to 0$, 于是 $(f^n(x))_{n \in \mathbb{N}}$ 是一个 Cauchy 序列. 从而 $\lim_{n \to \infty} f^n(x)$ 存在 (因为在 $\mathbb{R}^n$ 中, Cauchy 序列收敛), 又因为 X 为闭的, 故该极限位于 X 中 (见图 2.2.1). 由式 (2.2.5), 该极限和 x 的选取无关, 记为 x_0. 于是对任意 $x \in X$ 和 $n \in \mathbb{N}$, 有

$$d(x_0, f(x_0)) \leqslant d(x_0, f^n(x)) + d(f^n(x), f^{n+1}(x)) + d(f^{n+1}(x), f(x_0))$$

$$\leqslant (1 + \lambda) d(x_0, f^n(x)) + \lambda^n d(x, f(x)). \tag{2.2.7}$$

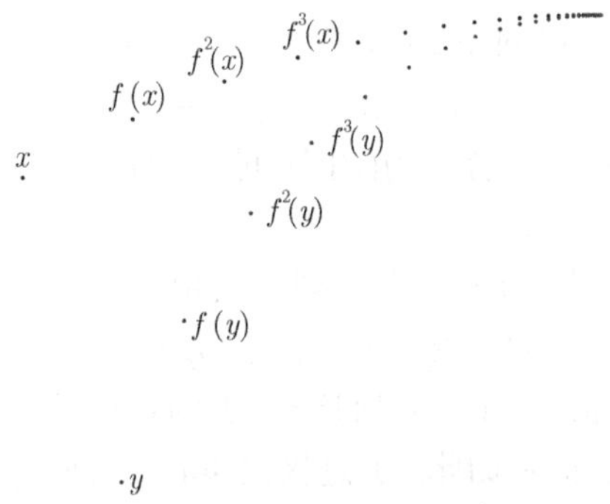

图 2.2.1　迭代的收敛

由于当 $n \to \infty$ 时 $d(x_0, f^n(x)) \longrightarrow 0$, 因此立即得到 $f(x_0) = x_0$. □

在式 (2.2.6) 中, 令 $m \to \infty$, 得到 $d(f^n(x), x_0) \leqslant (\lambda^n/1 - \lambda) d(f(x), x)$. 这意味着可以肯定地说, 经过 n 次迭代之后, 不动点位于以 $f^n(x)$ 为心的 $(\lambda^n/1 - \lambda) d(f(x), x)$ 球内. 换句话说, 当我们进行数值计算时, 可以得到不动点的精确位置 (在考虑到舍入误差的情况下).

定义 2.2.11 称 $\mathbb{R}^n$ 中两个序列 $(x_n)_{n\in\mathbb{N}}$ 和 $(y_n)_{n\in\mathbb{N}}$ 相互指数收敛(或依指数速度收敛), 如果对某 $c > 0$ 和 $d < 1$, 有 $d(x_n, y_n) < cd^n$. 特别地, 如果其中一个序列为常数序列, 即 $y_n = y$, 则称 x_n 依指数收敛于 y.

2.2.4 导数检验

类似于单变量的情形, 我们可利用导数来检验压缩性. 为此回忆多变量微积分中的有关工具, 即微分和中值定理.

1. 微分

设 $f: \mathbb{R}^n \to \mathbb{R}^m$ 为具有连续偏导数的映射. 定义 $f = (f_1, \cdots, f_m)$ 在每一点处的导数或微分为由偏导数构成的矩阵决定的线性映射

$$
Df := \begin{pmatrix}
\dfrac{\partial f_1}{\partial x_1} & \dfrac{\partial f_1}{\partial x_2} & \cdots & \dfrac{\partial f_1}{\partial x_n} \\
\dfrac{\partial f_2}{\partial x_1} & \dfrac{\partial f_2}{\partial x_2} & \cdots & \dfrac{\partial f_2}{\partial x_n} \\
\vdots & \vdots & & \vdots \\
\dfrac{\partial f_m}{\partial x_1} & \dfrac{\partial f_m}{\partial x_2} & \cdots & \dfrac{\partial f_m}{\partial x_n}
\end{pmatrix}.
$$

称 f 在 x_0 处为正则的, 如果在点 x_0 处该映射具有最大秩. 定义微分的范数 (见定义 A.1.29) 为矩阵 Df 的范数. 在线性代数中, 矩阵 A 的范数依它作为线性映射的作用而定义为

$$
\|A\| := \max_{v \neq 0} \frac{\|A(v)\|}{\|v\|} = \max_{\|v\|=1} \|A(v)\|. \tag{2.2.8}
$$

从几何上看, 由第二个表示式可以想象为矩阵 A 的范数就是单位球面 $\{v \in \mathbb{R}^n \mid \|v\| = 1\}$ 在 A 下的像集中最大向量的大小. 单位球面在线性映射下的像是一个椭球面, 从图像上容易找到最大的向量. 在一些特殊情形下计算矩阵的范数并非易事, 但是有很多容易的方法找到其上界 (见习题 2.2.9 和引理 3.3.2).

2. 中值定理

引理 2.2.12 设 $g: [a,b] \to \mathbb{R}^m$ 连续且在 (a,b) 上可微, 则存在 $t \in (a,b)$ 使得

$$
\|g(b) - g(a)\| \leqslant \left\|\frac{\mathrm{d}}{\mathrm{d}t}g(t)\right\|(b - a).
$$

证明 令 $v = g(b) - g(a)$, $\varphi(t) = \langle v, g(t) \rangle$. 由单变量的中值定理 A.2.3, 存在

$t \in (a, b)$, 使得 $\varphi(b) - \varphi(a) = \varphi'(t)(b-a)$, 并且

$$(b-a)\|v\| \left\| \frac{\mathrm{d}}{\mathrm{d}t}g(t) \right\|$$

$$\geqslant (b-a) \left\langle v, \frac{\mathrm{d}}{\mathrm{d}t}g(t) \right\rangle = \frac{\mathrm{d}}{\mathrm{d}t}\varphi(t)(b-a) = \varphi(b) - \varphi(a)$$

$$= \langle v, g(b) \rangle - \langle v, g(a) \rangle = \langle v, v \rangle = \|v\|^2.$$

用 $\|v\|$ 去除上式即证毕. □

3. 凸性

我们需要的下一概念是凸集.

定义 2.2.13　$\mathbb{R}^n$ 中的集合 C 称为凸集, 如果对任意两点 $a, b \in C$, 连结它们的直线段整个落在 C 中. 称 C 为严格凸的, 如果对 C 的闭包中任意两点 a, b, 连结它们的直线段 (可能除其一个或两个端点之外) 整个落在 C 中 (见图 2.2.2).

图 2.2.2　凸集、严格凸集和非凸集

例如, 圆盘 $\{(x, y) \in \mathbb{R}^2 | x^2 + y^2 < 1\}$ 为严格凸的. 上半开平面 $\{(x, y) \in \mathbb{R}^2 | y > 0\}$ 为凸的但不是严格凸的, 肾形 $\{(r, \theta)|0 \leqslant r < 1 + (1/2)\sin\theta\}$ (在极坐标下), 以及圆环 $\{(x, y) \in \mathbb{R}^2 | 1 < x^2 + y^2 < 2\}$ 均不是凸的.

4. 导数检验

下面给出两种应用导数来检验多变量情形的压缩性的方法.

定理 2.2.14　设 $C \subset \mathbb{R}^n$ 为开的凸集, $f: C \to \mathbb{R}^m$ 可微且对任意 $x \in C$, 有 $\|Df(x)\| \leqslant M$, 则对任意 $x, y \in C$, 有 $\|f(x) - f(y)\| \leqslant M\|x - y\|$.

证明　设连结 x 和 y 的线段为 $c(t) = x + t(y - x), t \in [0, 1]$, 由 C 的凸性知其

落在 C 中. 令 $g(t) := f(c(t))$, 则由链式法则有

$$\left\|\frac{\mathrm{d}}{\mathrm{d}t}g(t)\right\| = \left\|Df(c(t))\frac{\mathrm{d}}{\mathrm{d}t}c(t)\right\| = \|Df(c(t))(y-x)\| \leqslant M\|y-x\|.$$

由引理 2.2.12, 这蕴含着 $\|f(y) - f(x)\| = \|g(1) - g(0)\| \leqslant M\|y-x\|$. □

推论 2.2.15 设 $C \subset \mathbb{R}^n$ 为开的凸集, 映射 $f\colon C \to C$ 具有连续的偏导数且对任意点 $x \in C$, 有 $\|Df\| \leqslant \lambda < 1$, 则 f 为 λ 压缩的.

在定理 2.2.14 和推论 2.2.15 中, 凸性所起的作用在问题 2.2.12 中有所说明. 特别地, 仅要求 C 中任意两点可由 C 中曲线连结是不够的, 用直线段连结是必要的.

在上述推论中, C 为开集, 于是其上的 Cauchy 序列的极限未必落在其中, 这样看来, 它是不适合直接用压缩映射原理的. 于是, 我们对这样集合的闭包给出一个结果, 它的证明类似于定理 2.2.14.

定理 2.2.16 设 $C \subset \mathbb{R}^n$ 为一个严格凸的开集, $\overline{C}$ 为其闭包. $f\colon \overline{C} \to \mathbb{R}^n$ 在 $\overline{C}$ 上连续, 在 C 上可微且 $\|Df\| \leqslant \lambda < 1$, 则 f 有唯一的不动点 $x_0 \in \overline{C}$, 且对任意 $x \in \overline{C}$, 有 $d(f^n(x), x_0) \leqslant \lambda^n d(x, x_0)$.

证明 对任意 $x, y \in \overline{C}$, 设连结 x, y 的直线段的参数方程为 $c(t) = x + t(y-x), t \in [0,1]$, 并令 $g(t) := f(c(t))$, 则由 C 的严格凸性知, $c(0,1)$ 整个落在 C 中且

$$\left\|\frac{\mathrm{d}}{\mathrm{d}t}g(t)\right\| = \left\|Df(c(t))\frac{\mathrm{d}}{\mathrm{d}t}c(t)\right\| = \|Df(c(t))(y-x)\| \leqslant \lambda\|y-x\|.$$

由引理 2.2.12, 这意味着 $\|f(y) - f(x)\| \leqslant \lambda\|y-x\|$. 因此 f 是 λ 压缩的且有唯一一个不动点 x_0. 另外, 对任意 $x \in \overline{C}$, 有 $d(f^n(x), x_0) \leqslant \lambda^n d(x, x_0)$. □

2.2.5 局部压缩性

下面考虑这样一种映射, 它们在整个定义域上不是压缩的, 但在定义域的一部分上是压缩的. 一个只在局部压缩的映射的主要例子如下:

命题 2.2.17 设映射 f 连续可微, 具有不动点 x_0 且 $\|Df_{x_0}\| < 1$. 则存在 x_0 的一个闭邻域 U, 使得 $f(U) \subset U$ 并且 f 在 U 上压缩.

定义 2.2.18 x 的一个闭邻域是指包含 x 的开集的闭包.

证明 由于 Df 连续, 所以存在以 x_0 为中心的小的闭球 $U = \overline{B(x_0, \eta)}$, 使得在其上有 $\|Df_x\| \leqslant \lambda < 1$(习题 2.2.11). 由推论 2.2.15 知, 若 $x, y \in U$, 则 $d(f(x), f(y)) \leqslant \lambda d(x, y)$, 于是 f 在 U 上压缩. 并且, 若取 $y = x_0$ 则当 $x \in U$ 时, 有 $d(f(x), x_0) = d(f(x), f(x_0)) \leqslant \lambda d(x, x_0) \leqslant \lambda \eta < \eta$, 从而 $f(x) \in U$. □

不幸的是由定义可看到 $\|Df\|$ 不便于计算. 然而, 人们可以由调整度量或通过迭代而克服这一困难. 这些将在下一章中讨论.

命题 2.2.19　设映射 f 连续可微, 具有不动点 x_0 且 Df_{x_0} 的所有特征根的绝对值均小于 1. 则存在 x_0 的一个闭邻域 U 使得 $f(U) \subset U$, 并且 f 相对于某个适合的范数在 U 上压缩.

证明　在命题 3.3.3 中将证明在命题条件下可以选取新的范数 $\|\cdot\|'$, 使得 $\|Df\|' < 1$. 此时, 命题 2.2.17 就可以应用了. 换句话说, 可选取在新范数 $\|\cdot\|'$ 意义下包含 x_0 的小 "闭球" 作为集合 U. 事实上, 该闭球为 $\mathbb{R}^n$ 中的椭球体.　　□

这一特别情形很有意义, 因为它在扰动下是稳定的.

2.2.6　扰动

下面研究一个压缩映射受扰动后其不动点的变化.

命题 2.2.20　设映射 f 连续可微, 具有不动点 x_0, 且 $\|Df_{x_0}\| < 1$, 并设 U 是 x_0 的一个闭邻域, 使得 $f(U) \subset U$, f 在 U 上压缩. 则充分接近 f 的任意映射 g 在 U 上压缩.

特别地, 对任意的 $\varepsilon > 0$, 存在 $\delta > 0$ 使得 U 上任意满足条件 $\|g(x) - f(x)\| \leqslant \delta$ 且 $\|Dg(x) - Df(x)\| \leqslant \delta$ 的映射 g, 将 U 映到 U 内, 在 U 上压缩并且其唯一的不动点 y_0 落在 $B(x_0, \varepsilon)$ 中.

证明　因为线性映射 Df_x 连续地依赖于 x, 所以存在包含 x_0 的小闭球 $U = \overline{B(x_0, \eta)}$, 使得在其上有 $\|Df_x\| \leqslant \lambda < 1$ (习题 2.2.11). 假设 $\eta, \varepsilon < 1$, 取 $\delta = \varepsilon\eta(1 - \lambda)/2$. 则在 U 上有

$$\|Dg\| \leqslant \|Dg - Df\| + \|Df\| \leqslant \delta + \lambda \leqslant \lambda + (1 - \lambda)/2 = (1 + \lambda)/2 := \mu < 1.$$

于是由推论 2.2.15 可得 g 在 U 上压缩. 如果 $x \in U$, 则 $d(x, x_0) \leqslant \eta$ 且

$$
\begin{aligned}
d(g(x), x_0) &\leqslant d(g(x), g(x_0)) + d(g(x_0), f(x_0)) + d(f(x_0), x_0) \\
&\leqslant \mu d(x, x_0) + \delta + 0 \leqslant \mu\eta + \delta \leqslant \eta(1 + \lambda)/2 + \eta(1 - \lambda)/2 = \eta, \quad (2.2.9)
\end{aligned}
$$

于是 $g(x) \in U$, 从而 $g(U) \subset U$. 最后, 由于 $g^n(x_0) \to y_0$, 所以有

$$d(x_0, y_0) \leqslant \sum_{n=0}^{\infty} d(g^n(x_0), g^{n+1}(x_0)) \leqslant d(g(x_0), x_0) \sum_{n=0}^{\infty} \mu^n \leqslant \frac{\delta}{1 - \mu} = \frac{\varepsilon\eta(1 - \lambda)}{1 - \lambda} \leqslant \varepsilon.$$

　　□

上述结果说明压缩映射的不动点连续依赖于该压缩映射. 这一部分的证明无需涉及可微性.

命题 2.2.21　如果 $f : \mathbb{R} \times (a, b) \to \mathbb{R}$ 连续且对任意的 $x_1, x_2 \in \mathbb{R}$ 和 $y \in (a, b)$, 映射 $f_y := f(\cdot, y)$ 满足 $|f_y(x_1) - f_y(x_2)| \leqslant \lambda|x_1 - x_2|$, 则 f_y 的不动点 $g(y)$ 连续依赖于 y(见图 2.2.3).

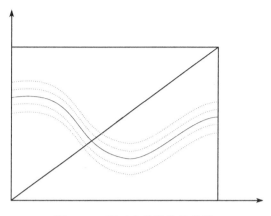

图 2.2.3　不动点的连续依赖性

证明　由于

$$|x - g(y)| \leqslant \sum_{i=0}^{\infty} \left| f_y^i(x) - f_y^{i+1}(x) \right| \leqslant \frac{1}{1-\lambda} |x - f_y(x)|,$$

令 $x = g(y') = f_{y'}(g(y'))$, 可得

$$|g(y') - g(y)| \leqslant \frac{1}{1-\lambda} |f_{y'}(g(y')) - f_y(g(y'))|. \qquad \square$$

我们还有更一般的结果 (命题 2.6.14), 并且可以得到更强的结论 (定理 9.2.4).

2.2.7　吸引不动点

至此我们已经遇到了两类稳定性: 任给一个压缩映射, 它的每条轨道都显示出这样的稳定性: 所有的邻近轨道 (实际上, 所有轨道) 都有同样的渐近性. 用不同的话来说, 对初始点小的扰动对它的渐近行为并无影响, 这构成了轨道的稳定性; 另一方面, 命题 2.2.20 和命题 2.2.21 表明压缩映射作为一个系统来说是稳定的, 也就是说, 当我们对压缩映射本身进行扰动时, 所有轨道的定性的行为保持不变, 不动点也仅是稍许变动.

此刻是我们阐明什么是稳定不动点的绝佳时机. 如前所述, 我们期望所有邻近的轨道都渐近趋于它. 然而这一条还不充分, 如图 2.2.4 所示, 有一个半稳定的不动点. 这样的映射可构造出来. 例如, $f(x) = x + (1/4)\sin^2 x$, 如果我们将圆周看作 $\mathbb{R}/\mathbb{Z}$(见 2.6.2 节). 我们需要保证相邻的轨道不会偏离很远. 但是, 映射

$$f(x) = \begin{cases} -2x, & x \leqslant 0, \\ -x/4, & x > 0. \end{cases}$$

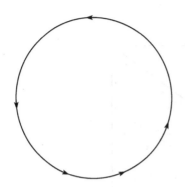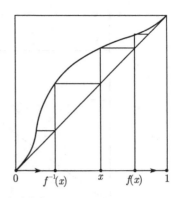

图 2.2.4　非吸引不动点

(或图 3.1.3) 表明, 我们也需容许邻近的点有时稍微向外走一点.

定义 2.2.22　不动点 p 称为 Poisson 稳定的, 如果对任意 $\varepsilon > 0$, 存在 $\delta > 0$, 使得 p 点的 δ 邻域内的任意点的正向半轨落在 p 点的 ε 邻域之内. p 称为渐近稳定的, 或称其为吸引不动点, 如果它是 Poisson 稳定的, 并且存在 $a > 0$, 使得 p 的 a 邻域内的任意点渐近趋于 p.

2.2.8　Newton 法

用线性逼近来处理困难问题的另一个精妙例子是已经在 1.3.2.2 节中见到的求方程根的 Newton 法 (见图 2.2.5). 求出方程的精确解是十分困难甚至不可能的, 且方程的解很少能显式表示出来. 而应用 Newton 法, 给定一个合理的初始猜测, 然后经少量计算就可得到相当精确的值. 为说明其做法, 考虑实直线上的函数 f, 假设我们合理地猜测根应为 x_0. 除非函数图像交 x 轴于 x_0, 即 $f(x_0) = 0$, 我们需要改进猜测值. 为达此目的, 取切线, 并设该切线与 x 轴交于点 x_1, 即 $f(x_0) + f'(x_0)(x_1 - x_0) = 0$. 于是改进了的猜测值为

$$x_1 = x_0 - \frac{f(x_0)}{f'(x_0)}.$$

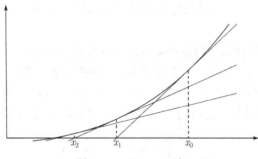

图 2.2.5　Newton 法

例 2.2.23 对函数 $x^2 - 17$ 从点 $x_0 = 4$ 出发, 改进了的猜测值为

$$x_1 = x_0 - \frac{x_0^2 - 17}{2x_0} = \frac{x_0}{2} + \frac{17}{2x_0} = \frac{33}{8}.$$

更进一步为

$$x_2 = \frac{33}{16} + \frac{17 \cdot 8}{2 \cdot 33} = \frac{33^2 + 17 \cdot 64}{16 \cdot 33}.$$

如此迭代下去, 我们可以改进猜测到 $x_3, \cdots$. 如果初始猜测较好, 通常经过较少的几步即可得到相当精确的解 (事实上, x_2 就已经精确到误差不超过 10^{-6}). 这一事实可如下解释: 当重复应用映射 $F(x) := x - (f(x)/f'(x))$ 时, 得到的点具有如下性质:

定义 2.2.24 可微映射 F 的一个不动点 x 称为超吸引的, 如果 $F'(x) = 0$ (见图 2.2.6).

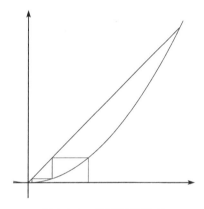

图 2.2.6 超吸引不动点

命题 2.2.25 设映射 f 在其根 r 的一个邻域上满足 $|f'(x)| > \delta$ 且 $|f''(x)| < M$, 则 r 是映射 $F(x) := x - f(x)/f'(x)$ 的一个超吸引不动点.

证明 注意到 $F(r) = r$ 和 $F'(x) = f(x)f''(x)/(f'(x))^2$. □

注 2.2.26 如果一阶导数很小, 则切线和 x 轴的交点可能距离 x_0 很远. 只要 f'' 连续, 假设 $|f''(x)| < M$ 就成立.

在超吸引不动点处存在二次收敛迭代序列 (即超指数形式的), 就像 2.5 节中的二次映射 f_2 在不动点处一样. 换句话说, 每次迭代后的误差会以近似平方的速度减小.

这些讨论基于开始的猜测大体还好, 一个不成功的初始选取的值在 F 下的迭代序列将毫无规律. 换句话说, F 具有吸引不动点但其动力行为可能十分复杂.

用 Newton 法求方程根的特殊情况很早以前就曾出现.

命题 2.2.27　从初始值 1 出发, 应用 Newton 法逼近 $\sqrt{z}$ 和用希腊求根公式 (1.3.1) 的第一个分量一样.

证明　从初始值 1 出发, 应用 Newton 法所得的递归式为

$$x_0 = 1, \qquad x_{n+1} = x_n - \frac{x_n^2 - z}{2x_n} = \frac{1}{2}\left(x_n + \frac{z}{x_n}\right).$$

应用希腊方法从 $(x_0, y_0) = (1, z)$ 开始的递归式 $(1.3.1)(x_{n+1}, y_{n+1}) = f(x_n, y_n)$ 具有性质 $y_n = z/x_n$. 于是, 有

$$x_{n+1} = \frac{x_n + y_n}{2} = \frac{1}{2}\left(x_n + \frac{z}{x_n}\right). \qquad\qquad \square$$

2.2.9　压缩映射原理的应用

本章引入的首要工具是压缩映射原理. 它是分析和动力系统中最重要的单个事实之一. 它的应用广泛且具基础性, 它不仅在动力系统的发展过程中有十分广泛的应用, 并且动力系统中许多基本的事实均为压缩映射原理的重要结果. 第 9 章将着重介绍这些应用. 当把压缩映射原理放在全局中考虑时, 我们会发现它与现有材料密切相关, 并保持同样程度的严密性. 它提供了反函数定理和隐函数存在定理, 而这两个定理是分析学中的基本定理 (定理 9.2.2 和定理 9.2.3). 我们已经看到, 压缩映射的不动点在扰动下被保持, 在第 9 章中将给出不动点被保持的最一般的条件 (命题 9.3.1). 另外, 从某种意义上说, 动力系统很大程度上基于微分方程中有关存在性和唯一性的理论, 而这正来自压缩映射原理 (定理 9.4.3). 对第 7 章中讨论的一类动力系统而言一个核心结果是稳定流形定理 (定理 9.5.2; 参见 10. 1 节结尾的注释), 它也强烈依赖于压缩映射原理.

习题 2.2.1　证明: 在计算器上任意输入一个数, 重复按 "正弦" 键, 将得到一个收敛于 0 的数列. 试证明: 如果用弧度制则收敛不是依指数速度的, 而用角度制时收敛是依指数速度的. 在后一情形中, 看看经多少次迭代后得到的数值小于原输入值的 10^{10} 之一.

习题 2.2.2　在计算器上任意输入一个大于 1 的数, 重复按 "开平方" 键, 结果将最终固定下来. 试证明: 事实必定如此, 并确定其极限. 如果计算器的精度是 k 个二进制数位, 那么经过多长时间该序列将固定在这个极限值上?

习题 2.2.3　将初始值取在 $(0, 1]$ 上时重复上述习题.

习题 2.2.4　证明: x^2 在 $[-\lambda/2, \lambda/2]$ 上定义了一个 λ 压缩映射.

习题 2.2.5　这是 Fibonacci 兔子数量问题的一个变形, 这里把死亡率考虑了进去. 北极鼠数量的演化遵循如下规律: 雄性和雌性的数量是对等的, 每只鼠的寿命是两年, 并且在它生命中的第三个冬季死去. 每年夏季每只雌性鼠生产 4 只小鼠. 在第一个夏季, 有一对 1 岁大的鼠. 令 x_n 为第 n 年中鼠的总量. 应用压缩映射原理证明 x_{n+1}/x_n 收敛于一个极限 $\omega > 1$. 计算 ω.

习题 2.2.6　设 x 是实直线上映射 f 的一个不动点, $|f'(x)| = 1$ 且 $f''(x) \neq 0$. 证明: 在任意接近 x 处都可取到一点 y, 使得 y 的迭代序列不收敛到 x.

习题 2.2.7 下面哪些集合为凸的: $\{(x,y) \in \mathbb{R}^2 | xy > 1\}$, $\{(x,y) \in \mathbb{R}^2 | xy < 1\}$, $\{(x,y) \in \mathbb{R}^2 | x+y > 1\}$, $\{(x,y) \in \mathbb{R}^2 | x > y^2\}$.

习题 2.2.8 证明: 在式 (2.2.8) 中定义的矩阵的范数是定义 A.1.29 意义下的范数.

习题 2.2.9 证明: 对任意 $n \times n$ 矩阵 $A = (a_{ij})_{1 \leqslant i,j \leqslant n}$, 有 $\|A\| \leqslant \sqrt{\sum_{i,j} a_{ij}^2}$.

习题 2.2.10 证明: 对任意 $n \times n$ 矩阵 $A = (a_{ij})_{1 \leqslant i,j \leqslant n}$, 有 $\|A\| \geqslant |\det A|^{1/n}$.

习题 2.2.11 证明: 矩阵的范数是它的分量的连续函数.

为进一步学习而提出的问题

问题 2.2.12 在平面 $\mathbb{R}^2$ 上构造一个连通开子集 U, 并定义在 U 上连续可微的映射 $f: U \to U$, 使得对任意 $x \in U$, 有 $\|Df_x\| < \lambda < 1$, 但是 f 不是压缩的 (这样的集合不能是凸的).

问题 2.2.13 设 I 是一个有界闭区间, 映射 $f: I \to I$ 满足: 对任意 $x \neq y$, 有 $d(f(x), f(y)) < d(x, y)$(这弱于压缩映射原理的条件). 证明: f 具有唯一不动点 $x_0 \in I$, 并且对任意 $x \in I$, 有 $\lim_{n \to \infty} f^n(x) = x_0$.

问题 2.2.14 证明: 上一问题的断言当 $I = \mathbb{R}$ 时不成立: 构造一个映射 $f: \mathbb{R} \to \mathbb{R}$, 使得对任意 $x \neq y$, 有 $d(f(x), f(y)) < d(x, y)$, 但 f 没有不动点, 且对某 x, y, $d(f^n(x), f^n(y))$ 不收敛于 0.

2.3 区间上的不减映射和分支

下面考察的映射可能含有多个不动点. 虽然这样的映射的动力行为未必比压缩映射的复杂多少, 但是它在扰动下却不像压缩映射那样稳定, 而是变化剧烈得多.

2.3.1 区间上的不减映射

下面研究与压缩映射的动力行为相类似的情形, 但是我们不保证迭代序列依指数速度收敛到不动点. 这个条件非常有用, 因为它展示了一种在低维系统中重要的方法, 即介值定理的系统运用.

定义 2.3.1 设 $I \subset \mathbb{R}$ 是一个区间, 映射 $f: I \to \mathbb{R}$ 称为单增的, 如果 $x > y \Rightarrow f(x) > f(y)$; 称为单减的, 如果 $x > y \Rightarrow f(x) < f(y)$. 映射 f 称为不减的, 如果 $x \geqslant y \Rightarrow f(x) \geqslant f(y)$; 称为不增的, 如果 $x \geqslant y \Rightarrow f(x) \leqslant f(y)$.

作为不减映射理论有用的基石, 下面给出一个简单的条件.

引理 2.3.2 设 $I = [\alpha, \beta] \subset \mathbb{R}$ 是一个有界闭区间, 映射 $f: I \to I$ 不减并且在 (α, β) 内部无不动点, 则 I 的端点中至少有一个是不动点, 并且所有的轨道均收敛于它, 除了另一个端点, 如果它也是不动点. 如果 f 为可逆的, 则 I 的两个端点皆为不动点, 且 (α, β) 中所有的轨道正向渐近趋于其中之一, 而负向趋于另一个.

注 2.3.3 (蛛网图形 (cobweb pictures) 和图解计算 (graphical computing)) 对
上述例子中的函数, 若通过画图将变得非常直观. 我们可以应用 "蛛网图形" 和 "图
解计算". 方法如下: 为确定 x 的轨道, 过水平数轴上的 x 点画一竖直线段交函数
图像于点 $(x, f(x))$. 由于轨道的第二个点的 x 坐标为 $f(x)$, 于是过点 $(x, f(x))$ 作一
水平线段与对角线相交于点 $(f(x), f(x))$, 给出了新的 x 坐标. 再从点 $(f(x), f(x))$
出发作一竖直线段与函数图像相交, 然后再作一水平线段与对角线相交, 如此继续
下去. 图 2.3.1 表明这一方法很容易, 即使函数比引理中的更复杂些.

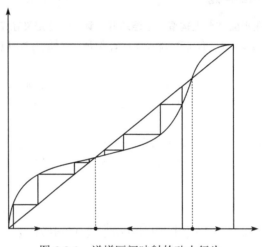

图 2.3.1 递增区间映射的动力行为

引理背后的想法是: 由于函数在 (α, β) 上的图像与对角线无交点 (即无不动
点), 它只能在对角线之上或之下. 如果在其上, 则 $f(x) > x$, 于是每一个轨道均为
递增序列, 相应的点列持续右移. 由于每一轨道上的点列有上界, 故而一定收敛, 且
必然收敛到 β. 如果 f 为可逆的, 则负向迭代时, 点列将向相反方向 (即朝向 α) 移
动. 虽然通过作图可以得出证明思路, 但是不可替代它, 下面给出引理的证明.

证明 由于 $f(I) \subset I$, 所以 $f(\alpha) \geqslant \alpha$ 且 $f(\beta) \leqslant \beta$, 从而 $(f - \mathrm{Id})(\alpha) \geqslant 0$ 且
$(f - \mathrm{Id})(\beta) \leqslant 0$, 其中 Id 为恒同映射. 另一方面, 由题设知连续映射 $f - \mathrm{Id}$ 在 I
内不取零值, 于是由介值定理可得 $f - \mathrm{Id}$ 在 I 上不变号. 于是一定可以得到或者
$f(\alpha) = \alpha$(如果在 (α, β) 上 $f(x) < x$), 或者 $f(\beta) = \beta$ (如果在 (α, β) 上 $f(x) > x$),
或者两者都成立. 不妨设在 (α, β) 上 $f(x) > x$, 于是 β 为一个不动点. 则对任意
$x \in (\alpha, \beta)$, 序列 $x_n := f^n(x)$ 单增且有上界 β, 从而收敛到某点 $x_0 \in (\alpha, \beta]$. 但由连
续性, 有

$$f(x_0) = f\left(\lim_{n \to \infty} x_n\right) = \lim_{n \to \infty} f(x_n) = \lim_{n \to \infty} x_{n+1} = x_0. \tag{2.3.1}$$

于是 $x_0 \in \mathrm{Fix}(f) \cap (\alpha, \beta] = \{\beta\}$. 对于在 (α, β) 上 $f(y) < y$ 的情形, 我们类似可证

对任意 $x \in (\alpha, \beta)$, 当 $n \to \infty$ 时有 $f^n(x) \to \alpha$.

如果 f 为可逆的, 则 $z := f(y) > y$ 意味着 $f^{-1}(z) = y < f(y) = z$. 由上述讨论可得, 若在 (α, β) 上 $f(x) > x$, 于是当 $n \to \infty$ 时有 $f^n(x) \to \beta$, 则在 (α, β) 上 $f^{-1}(x) < x$, 且当 $n \to \infty$ 时有 $f^{-n}(x) \to \alpha$. 从而对任意点 $x \in (\alpha, \beta)$, 正负方向分别渐近趋于区间 $[\alpha, \beta]$ 的两个端点. $\qquad\square$

就上述讨论引入如下术语:

定义 2.3.4 设 $f: X \to X$ 是可逆映射, 且点 $x \in X$ 满足 $\lim_{n \to \infty} f^{-n}(x) = a$ 及 $\lim_{n \to \infty} f^n(x) = b$, 则称 x 异宿于 a 和 b. 如果 $a = b$, 则称 x 为 a 的同宿点.

到此为止我们还没有同宿点的例子. 由于区间上的不减映射的所有轨道都是单调的, 故没有同宿点. 图 2.2.4 显示圆周映射的同宿点是如何产生的.

有了引理 2.3.2 的条件之后, 下一类具有简单渐近行为的系统中, 每一个轨道均收敛到某一个不动点, 但是不同的轨道可能收敛到不同的不动点. 这种情况在将单增实变量函数看作映射时出现.

命题 2.3.5 设 $I \subset \mathbb{R}$ 为有界闭区间, $f: I \to I$ 为非减连续映射, 则任意 $x \in I$ 或者是不动点, 或者渐近趋于 f 的一个不动点. 如果 f 为单增的 (从而可逆), 则任意 $x \in I$ 或者是不动点, 或者异宿于相邻的两个不动点.

证明 图 2.3.1 给出了证明此结论的图示. 运动的方向取决于 $f - \text{Id}$ 的符号: 若 $(f - \text{Id})(x) < 0$, 则 $f(x) - x < 0$, 从而 $f(x) < x$ 且 x 向左方运动. 当 $(f - \text{Id})(x) > 0$ 时则结论相反.

我们先证明有不动点存在. 记 $I = [a, b]$ 并考虑映射 $f - \text{Id}: I \to \mathbb{R}$ 使得 $x \longmapsto f(x) - x$. 由 $f(I) \subset I$ 得 $f(a) \geqslant a$ 和 $f(b) \leqslant b$, 于是 $(f - \text{Id})(a) \geqslant 0$ 且 $(f - \text{Id})(b) \leqslant 0$. 从而由介值定理, 对某个 $x \in I$ 有 $(f - \text{Id})(x) = 0$. x 即为一个不动点.

由于 f 的不动点集 $\text{Fix}(f)$ 为连续映射 $f - \text{Id}$ 的零点的集合, 故其为闭集. 如果 $\text{Fix}(f) = I$, 则每个点皆为不动点, 结论立即得到.

若否, 则 $I \setminus \text{Fix}(f)$ 为一个非空开集, 于是它可表示为若干开区间之并. 取其中的一个开区间 (α, β), 则或者 $\alpha, \beta \in \text{Fix}(f)$, 或者 α, β 之一为 I 的端点, 于是不妨设 $f(\alpha) \geqslant \alpha$ 且 $f(\beta) \leqslant \beta$. 如果 $y \in [\alpha, \beta]$, 则由 f 的非减性得 $\alpha \leqslant f(\alpha) \leqslant f(y) \leqslant f(\beta) \leqslant \beta$. 这说明 $f([\alpha, \beta]) \subset [\alpha, \beta]$. 于是由引理 2.3.2 得到 $[\alpha, \beta]$ 中的所有轨道都渐近趋于一个不动点. 如果 f 为单增的 (从而可逆), 则由引理 2.3.2 知 (α, β) 的任意点皆异宿于 $[\alpha, \beta]$ 的端点. $\qquad\square$

在图 2.3.1 中所标出的左边的不动点为一个吸引不动点 (定义 2.2.22), 另一个不动点则情况相反. 由于后一情况和前一情况一样普遍, 于是值得给出如下定义.

定义 2.3.6 不动点 x 称为一个排斥不动点(或一个排斥子), 如果对任意 $\varepsilon > 0$ 和 x 的 ε 邻域中任意一点 y, 存在 $n \in \mathbb{N}$, 使得 $f^n(y)$ 的正半轨落在 x 的 ε 邻域

之外.

2.3.2 分支

对于压缩映射来说, 在扰动之下单个轨道的稳定性和系统的整体稳定性并存. 但对于下面涉及的系统情况并非如此, 它们将具有迥异的定性特征. 这里有几个不动点, 轨道可能被吸引到任意指定的一个, 也可能不吸引, 并且不动点的个数并不指定. 这就使得当映射作稍许变动时, 它的定性的描绘将发生改变, 即人们可以观察不减函数族在不同参数时的不同动力行为之间的变换, 并找到当这些变化发生时的参数值.

这种变化称为分支. 在图 2.3.2 中描述的映射族就是这样一个例子. 这里有两个不动点 (左边的图), 一个吸引一个排斥. 取某特殊的参数值: 分支参数, 则两个不动点变成了一个 (中间的图), 进而当参数值取得更大时不动点消失 (右边的图). 当然, 在前面证明中我们看到, 由介值定理, 在图形之外至少还有一个不动点. 这有时被称为鞍点–结点型分支. 这一术语来自微分方程, 在那里分支发生在不同但更直观的二维情形, 两个融合着的平衡点, 一个鞍点 (图 3.1.6), 一个结点 (图 3.1.2). 随着参数的变化, 相互抵消而消失.

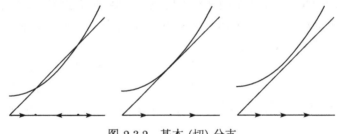

图 2.3.2   基本 (切) 分支

我们开始有一个稳定不动点和一个不稳定不动点, 在取分支参数时产生的单个不动点为半稳定不动点 (如图 2.2.4), 即周围的点从一边趋近它, 而从另一边远离它. 当参数值变得更大时, 该不动点也随之消失, 但对于不很长的时间这几乎没什么影响, 因为一个轨道通过对角线与图像之间的 "瓶颈" 要花相当长的一段时间 (对应于蛛网图上许许多多的曲折).

习题 2.3.1   证明: 连续函数的零点集为闭集.

习题 2.3.2   设 $f: [0,1] \to [0,1]$ 是一个不增的连续映射, 它的周期点有几种可能的周期?

习题 2.3.3   在命题 2.2.8 的证明中, 应用类似于式 (2.3.1) 的讨论替代式 (2.2.4)(不用指数估计) 来证明极限为不动点.

习题 2.3.4   证明: 对任意闭集 $E \subset \mathbb{R}$, 存在单增的连续映射 $f: \mathbb{R} \to \mathbb{R}$, 使得 $\mathrm{Fix}(f) = E$.

为进一步学习而提出的问题

问题 2.3.5 证明: 对任意闭集 $E \subset \mathbb{R}$, 存在单增的连续可微映射 $f: \mathbb{R} \to \mathbb{R}$, 使得 $\mathrm{Fix}(f) = E$.

问题 2.3.6 观察图 2.2.4, 我们看到对于不减的区间映射, 所有其他点均正向渐近趋于它的不动点必为一个吸引子. 证明: 当映射不单调时此结论仍然成立.

2.4 微 分 方 程

本节将研究迄今为止书中出现的微分方程决定的映射的简单动力系统. 首先给出相应于区间不减映射的直线上的微分方程, 另外还对连续时间的营房增长模型进行特别讨论. 两者都包含具有吸引不动点的例子, 就像映射的情形一样. 另外一类类似于具有吸引不动点的映射的例子将在 2.4.3 节中引入.

2.4.1 直线上的微分方程

下面对时间连续的情形证明一个类似于命题 2.3.5 的结论. 考虑一阶微分方程 $\dot{x} = f(x)$, 其中假设 f 为 Lipschitz 连续的 (见定义 2.2.1). 考虑 f 的零点 (即常值解、平衡点)的集合.

注 2.4.1 由于 f 为连续的, 故其零点集为闭的, 因而其余集为开集且可写成若干开区间的 (互补的) 不交并.

与引理 2.3.2 完全类似, 如果我们每次考虑一个这样的区间, 可通过下面的引理给出上述开区间性质的一个完整刻画.

引理 2.4.2 考虑一个 Lipschitz 连续函数 f, 假设在 $I = (a, b)$ 上 $f \neq 0$ 且 $f(a) = f(b) = 0$. 则对任意初值 $x_0 \in I$, 方程 $\dot{x} = f(x)$ 相应的解单调. 如果在 I 上 $f > 0$, 则该解单增 (且渐近趋于 b), 否则, 该解单减 (且渐近趋于 a).

证明 假设 $f(x_0) > 0$(另一情形类似可证). 则易见只要在 (a, b) 内解就为递增的. 证明引理结论的关键在于验证它不离开这一区间.

由于 $\dot{x}(0) = f(x(0)) = f(x_0) > 0$, 故解开始是递增的. 如果它在某处开始递减了, 则在此点处有一个极大点 $x(t_0) = c$, 这意味着 $f(c) = 0$, 进而 $c = b$. 我们需要检查这永远不会发生, 即任何时候都有 $x(t) \neq b$. 有两种方法: 一个常规, 一个简单. 我们从常规方法开始.

我们可以把微分方程 $\dot{x} = f(x)$ 的解写作 $x(t) = x(0) + \int_0^t f(x(s)) \, ds$ (因为对上式两端取微分, 由微积分学基本定理就得到 $\dot{x} = f(x)$). 对我们的问题把方程写作 $dx/dt = f(x)$, 并由反函数定理得到 $dt/dx = 1/f(x)$, 写成积分的形式即为 $t(x) = \int_{x_0}^{x} (1/f(s)) \, ds$. 由于 f 为 Lipschitz 连续的, 故对某常数 C, $f(s) =$

$f(s) - f(b) \leqslant C(b - s)$. 于是

$$t(x) = \int_{x_0}^x \frac{1}{f(s)} \, \mathrm{d}s \geqslant \int_{x_0}^x \frac{1}{C(b-s)} \, \mathrm{d}s.$$

如果 $x = b$, 则积分发散, 即 $t(x) = \infty$. 这说明对所有有限的 t, 有 $x(t) < b$, 且当 $t \to \infty$ 时, 有 $x(t) \to b$.

　　所说的简单方法是应用微分方程解的存在唯一性定理, 我们在定理 9.4.3 才能得到它. 因为 $\tilde{x}(t) = b, t \in \mathbb{R}$, 为方程在某些时候 (任何时候) 取值为 b 的一个解, 所以任意可取到 b 值的解都具有如下形式 $\tilde{x}(t - t_0) = b$. 由于不从 b 出发, 我们的解不是这一个, 所以不达到 b. 　　　　　　　　　　　　　　　　　　　□

　　于是, 在这一条件下, 每一个解都具有简单的渐近动力行为: 当 $t \to \infty$ 或 $t \to -\infty$ 时, 它收敛到一个不动点或发散到无穷.

　　由引理 2.4.2, 容易对任意单变量的微分方程拼出其完整的定性的图形. 在实直线上标出使 $f = 0$ 的所有点, 它们是不动点. 在每一余区间上标出 f 的符号. 如果在某区间上 $f > 0$, 则画一向右的箭头, 否则画一向左的箭头. 图 2.4.1 给出了一个例子.

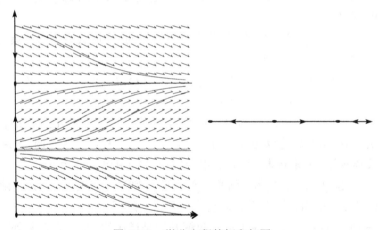

图 2.4.1　微分方程的解和相图

不动点的类型可以通过考察 f' 来分类:

　　命题 2.4.3　当 $f(x_0) = 0$ 且 $f'(x_0) < 0$ 时, x_0 是 $\dot{x} = f(x)$ 的一个吸引不动点: 附近的每一轨道均正向渐近趋于 x_0. 同样地, 当 $f'(x_0) > 0$ 时, 不动点 x_0 为排斥的: 周围的点都远离 x_0 而去.

　　证明　如果 $f'(x_0) < 0$, 则当 x 邻近 x_0 且大于 x_0 时, 有 $f(x) < 0$, 于是它向 x_0 运动, 当 x 邻近 x_0 且小于 x_0 时也是这样. 于是附近的每一轨道均正向渐近趋于 x_0. 　　　　　　　　　　　　　　　　　　　　　　　　　　□

于是, 如果 f 的零点都已确定了且是非退化的, 则方程 $\dot{x} = f(x)$ 的相图就十分明了. 把这些点标注出来, 当导数取负时, 标上朝向它的箭头, 当导数取正时, 标上远离它的箭头. "相图" 这一术语来自物理学, 见 6.2 节.

注 2.4.4 用来代替离散情形中单调性假设的是: 微分方程的不同解不能相交. 这意味着序被保持, 就像单增映射保序一样. 我们将在 2.4.2.5 中作更简洁的描述.

2.4.2 营房微分方程

在第 1 章中我们看到, 生物学中许多有关种群数量的问题往往可以用离散时间给出模型, 在研究蝴蝶种群数量的例子中离散时间是以年为单位的. 但是从 1.2.1 节, 以及从 1.2.5 节到 1.2.7 节中我们可以看到, 有些种群模型用连续时间给出更为合适, 特别是当人们想了解生活在相对于繁殖周期来说变化较缓慢的环境中的种群的数量增长率时. 昆虫就是一个典型的例子, 因为许多种类的繁殖周期很短, 往往以天记, 这使得用连续模型来研究一个夏季之内数量的增长是合理的.

1. 种群数量的指数增长

自然界中最简单的模型是指数增长模型 (见 1.2.1 节): 假设在任给时刻出生率和死亡率是固定常数, 即存在常数 k, 使得如果用实变量 x 表示数量, 则有 $\dot{x} = kx$ 或 $(\mathrm{d}/\mathrm{d}t)x = kx$.

引理 2.4.5 方程 $\dot{x} = kx$ 的解是 $x(t) = x(0)\mathrm{e}^{kt}$.

证明 方程写作 $\dot{x}/x = k$, 然后关于 t 积分得 $\log|x| = kt + C$ 或者 $|x| = \mathrm{e}^{kt+C}$, 还可写作 $x = A\mathrm{e}^{kt}$. 令 $t = 0$, 则有 $A = x(0)$, 即 $x(t) = x(0)\mathrm{e}^{kt}$. $\qquad\square$

上述的方法对 $x(0) = 0$ 的情形不对, 但结论仍然正确.

2. 营房模型

当然, 具有不加限制、如此之快的增长率的模型是不切实际的. 实际上, 出生率和死亡率作为总数的一个百分比而不依赖于总数, 即 k 不依赖于总数的大小是不可能的. 对相对小的总数而言, 这是一个很好的近似, 但是, 正如前面蝴蝶的例子, 当数量很大时, 由于食物的限制和其他可能因素的影响, 将有一个不再增长的饱和数量, 并且如果数量从一个更大的数值开始, 则它将缩减到饱和水平. 于是, 在某个意义上说, k 应该是 x 的一个函数, 它在 x 的饱和值 L 处取零值 (零增长), 在 x 大于饱和值时取负值 (此时, 数量缩减). 如果取线性函数 $k = a(L - x), a > 0$, 则得到微分方程

$$\frac{\mathrm{d}}{\mathrm{d}t}x = ax(L - x).$$

应用命题 2.4.3 容易得到该解的定性的行为. 然而, 由于该方程很简单, 我们还可以直接把它解出来.

引理 2.4.6　$\dot{x} = ax(L - x)$ 的解为

$$x(t) = \frac{Lx(0)}{x(0) + (L - x(0))\mathrm{e}^{-Lat}}.$$

证明　分离变量, 即将含 x 的项移到一边, 得

$$a = \frac{\mathrm{d}x/\mathrm{d}t}{x(L - x)}.$$

关于 t 积分并利用部分分式分解得到

$$at + C = \int \frac{1}{x(L - x)} \frac{\mathrm{d}x}{\mathrm{d}t} \mathrm{d}t = \int \frac{1}{x(L - x)} \mathrm{d}x = \int \frac{1}{Lx} \mathrm{d}x + \int \frac{1}{L(L - x)} \mathrm{d}x.$$

于是

$$at + C = \frac{\log|x|}{L} - \frac{\log|L - x|}{L} = \frac{1}{L} \log\left|\frac{x}{L - x}\right|.$$

取 $t = 0$ 得到

$$CL = \log\left|\frac{x(0)}{L - x(0)}\right|, \quad \mathrm{e}^{-CL} = \left|\frac{L}{x(0)} - 1\right|.$$

变号并取指数得到

$$\mathrm{e}^{-Lat}\left|\frac{L - x(0)}{x(0)}\right| = \mathrm{e}^{-L(at+C)} = \left|\frac{L}{x} - 1\right| = \left|\frac{L - x(t)}{x(t)}\right| = \left|\frac{L}{x(t)} - 1\right|.$$

绝对值号内的量总有相同的符号, 所以可以去掉绝对值, 得到

$$x(t) = \frac{Lx(0)}{x(0) + (L - x(0))\mathrm{e}^{-Lat}}. \qquad \qquad \square$$

3. 渐近行为

我们给出该方程解的渐近行为. 对 $x(0) = L$, 得到所期望的常值解 $x(t) = L$.
当 $t \to +\infty$ 时, 分母中指数部分趋近于零, 从而对任意正的初始条件, 有 $x(t) \to L$.
如果 $x(0) < L$, 则当 $t \to -\infty$ 时, 指数部分发散且 $x(t) \to 0$. 对 $x(0) > L$ 或
$x(0) < 0$(后者在生物学上无意义) 的情形, 当

$$t = \frac{\log(1 - [L/x(0)])}{La}$$

时分母为零 (对应的解具有一个奇点). 这一 t, 当 $x(0) > L$ 时取负值, $x(0) < 0$ 时
取正值.

于是, 对正的时刻渐近动力行为很简单: 如果初始数量为零, 则它永远保持为
零. 如果初始数量是正的且小于饱和值 (即小于 L), 则数量一直增加, 趋于饱和值.

当数量达到 $L/2$ 时增长最快, 因为 $x(L-x)$ 在 $L/2$ 处取最大值. 当初始数量大于 L 时, 则它减小且渐近趋于 L. 定性的行为在图 2.4.1 中反映出来.

用动力系统的语言来说, 我们已经发现不动点 L 是稳定的: 所有解正向趋近于它. 而对于零解则情况相反, 它是不稳定的, 任意邻近解都远离它, 或者趋向一个平衡解或者趋向于一个负的奇点 (这在生物学上无意义).

4. 数量爆炸的解释

从 $x(0) > L$ 出发的解在负时刻有一个奇点的事实并不完全 "丑陋". 特别地, 如果 $x(0) = 2L$, 则当 $t = -\log 2/La$ 时奇点出现. 这意味着不管初始条件 $x(0)$ 多大, 当 $t \geqslant \log 2/La$ 时总有 $x(t) < 2L$, 即不管初始数量 $x(0)$ 多大, 它经过一个不依赖于 $x(0)$ 的有限时间段后缩减到一个合理的大小 (即 $2L$): 数量越多, 饿死越快. 这也说明了大于 L 的数量本质上不会从本模型得到. 过多的数量必定是近阶段从外界迁移进该生态系统的.

5. 一维流

现在我们从不同的角度来看以上两个模型 (指数模型和营房模型). 在两种情形下都得到了方程的解, 它们是依赖于初始条件的时间的函数, 于是解的集合可以看作以相空间的点作为参数的时间函数的族. 第一个例子中的函数族为 $x_0 e^{kt}$, 其中 x_0 为参数. 另一方面, 可以把上式中的 x_0 看作变量, t 看作参数或一固定值. 则得到一个函数族 $\phi^t(x) = x e^{kt}$, 这里 t 为参数, 而 x 为独立变量. 如果当我们注意到对参数 t 的依赖不是完全随意的, 那么采取这一观点的意义变得显而易见, 有 $\phi^{t+s}(x) = x e^{k(t+s)} = (x e^{kt}) e^{ks} = \phi^s(\phi^t(x))$. 这是 $e^{a+b} = e^a e^b$ 的简单结果, 好像是偶然发生的. 但在第二个例子中仍然有这一结果, 虽然我们乍一看来并非如此: 如果令

$$\phi^t(x) := \frac{Lx}{x + (L-x)e^{-Lat}},$$

则可以得到 $\phi^{t+s}(x) = \phi^s(\phi^t(x))$ (习题 2.4.5). 这一性质意味着我们随着解运动经过时间 t 进而再经过时间 s, 那么相当于从起点开始随着解运动经过时间 $t+s$. 有关时刻 t 映射的细节将在 9.4.7 节中介绍.

注意, 注 2.4.4 说明在现有条件下这些映射关于 x 为单增的 (对固定的 t).

2.4.3 极限环

对连续时间的情形给出不太明显的映射吸引不动点的类似物, 我们将用到流的性质. 这首先在 3.2 节中出现, 但是决定性的处理放在 9.4.7 节中. 虽然这里的证明有些令人生畏, 但事实和图像可以提供直观的感觉.

明显类似于映射的吸引不动点的是流的不动点, 如上一例子中的饱和数量 L.

第二种类似物在一维系统中不会出现. 它是平面上或更高维空间中的微分方程的一个吸引周期轨 (周期解), 像 1.2.8 节中的 val der Pol 方程.

下面给出判断一个周期轨是否吸引的一个简单准则, 该准则是压缩映射原理 (特别是命题 2.2.19) 的一个结果. 我们证明: 如果 ϕ^t 为流且 p 是一个周期为 T 的周期点, 则可以从 ϕ^T 的导算子推断 p 点的轨道 $\mathcal{O}(p)$ 为吸引的.

首先证明流的方向对稳定性的研究没有影响.

引理 2.4.7   设 p 是方程 $\dot{x} = f(x)$ 的一个 T 周期点而非不动点, 则 1 是 $D\phi^T_p$ 的一个特征值 (见 2.2.4.1 节).

证明 $f(p) = f(\phi^T(p)) = (\mathrm{d}/\mathrm{d}s)\phi^s(p)|_{s=T} = (\mathrm{d}/\mathrm{d}s)\phi^T \circ \phi^s(p)|_{s=0} = D\phi^T_p f(p)$. 于是, $f(p)$ 是 $D\phi^T_p$ 的对应于特征值 1 的特征向量.   □

于是, 今后可以忽略这个特征值:

定义 2.4.8   如果 p 是一个 T 周期点, $D\phi^T_p$ 的特征值为 $\lambda_1, \cdots, \lambda_{n-1}, 1$ (未必各不相同), 则 $\lambda_1, \cdots, \lambda_{n-1}$ 称为在 p 点的特征值.

注 2.4.9   这些特征值只依赖于轨道: 如果 $q = \phi^s(p)$, 则 $\phi^T \circ \phi^s = \phi^s \circ \phi^T$ 意味着 $D\phi^T_q D\phi^s_p = D\phi^s_p D\phi^T_p$, 即线性映射 $D\phi^T_q$ 和 $D\phi^T_p$ 通过 $D\phi^s_p$ 共轭. 于是在 p 点和在 q 点的特征值完全一致.

下面有约定过的准则.

命题 2.4.10   如果 p 是一个周期点, 它的所有特征值的绝对值都小于 1, 则 p 点的轨道 $\mathcal{O}(p)$ 是一个吸引的极限环, 即存在它的一个邻域, 使得该邻域中的点都正向渐近趋于 $\mathcal{O}(p)$.

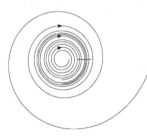

证明   为应用命题 2.2.19, 构造一个能反映动力行为和特征值信息的映射. 为此, 考虑从 p 点出发的流, 从它的正交子空间上取一个包含 p 点的小圆盘 S, 于是过 p 点的轨道穿它而过, 如图 2.4.2 所示. 我们将数次利用 $D\phi^t$ 直到 $1.1 \cdot T$ 的连续性 (即命题 9.4.5), 它可表为如下引理:

图 2.4.2   极限环

引理 2.4.11   对任意 $\varepsilon > 0$, 存在 $\delta > 0$, 使得 $\mathcal{O}(p)$ 的 δ 邻域中任意点在 $1.1 \cdot T$ 时刻落在 $\mathcal{O}(p)$ 的 ε 邻域中.

取 ε 使得 S 包含 p 点的 ε 圆盘, 我们发现只要点 $q \in S$ 且与 p 点充分接近, 那么它的轨道经过小于 $1.1 \cdot T$ 的时间后第一次与 S 相交. 这意味着在 p 点于 S 中的一个邻域上存在一个良定的返回映射 F^S_p. 由光滑性 (命题 9.4.6) 和隐函数存在定理 9.2.3 得到 F^S_p 为光滑的.

命题 2.4.12 p 点处的特征值与 DF^S_p 的特征值完全一致.

证明   如果记平行于 $f(p)$ 的到 S 的投射为 $\pi: \mathbb{R}^n \to S$(见图 2.4.3), 则

$F^S(x) = \phi^{t_x}(x)|_S$ 的微分作为到 S 的映射为

$$DF_p^S = \pi\big(D\phi_p^{t_p}|_S + \dot{\phi}^{t_p}(p)Dt_p|_S\big).$$

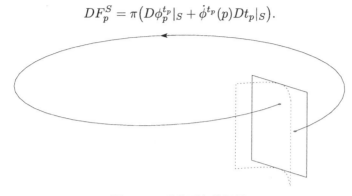

图 2.4.3 到截面上的投射

因 π 映 $\dot{\phi}^{t_p}(p)Dt_p|_S = f(\phi^{t_p}(p))Dt_p|_S = f(p)Dt_p|_S$ 得零, 故 $DF_p^S = \pi D\phi_p^{t_p}|_S := A$. 另一方面, 添上 $f(p)$ 可把 S 的基底扩张成 $\mathbb{R}^n$ 的一个基底, 得到坐标表示

$$D\phi_p^{t_p} = \begin{pmatrix} A & 0 \\ * & 1 \end{pmatrix}. \qquad \square$$

由命题 2.2.19, 这意味着 p 为 F^S 的一个吸引不动点, $U \subset S$ 为其吸引域. 由引理 2.4.11, 每一充分接近 p 的轨道的点均与 U 相交, 且此后在小于 $1.1 \cdot T$ 的区间上也是这样. 这样得到的返回点列收敛到 p. 再次应用引理 2.4.11, q 点的整个正半轨道收敛到 p. 至此, 命题 2.4.10 证毕. $\qquad \square$

注 2.4.13 命题 2.2.20 和命题 2.2.21 说明压缩映射的不动点在扰动下被保持. 由于极限环是由压缩映射原理得来的, 所以它也具有这一性质. 在命题 2.4.10 的条件下, 若动力系统受到轻微的扰动, 则 S 上的映射 F_p^S 也受到小的扰动. 由于它在 $V \subset U$ 上是压缩的, 所以扰动后的系统也是压缩的. 这给出了流的一个周期点, 命题 2.4.10 证明中的最后一段表明该周期轨道实际上是一个极限环.

习题 2.4.1 解释在引理 2.4.5 中绝对值符号去掉的原因.

习题 2.4.2 考虑微分方程 $\dot{x} = -x^k, k > 1$. 记初始条件为 $x_0 > 0$ 的解为 $x(t)$. 证明: 存在数 $s > 0$, 使得极限 $\lim_{t\to\infty} x(t)/t^s$ 有限且非零.

习题 2.4.3 举出一个带有右端部分的微分方程的例子, 使得一个非常值解经有限时间后变成常值解, 即一个非不动点经有限的时间后到达一个不动点.

习题 2.4.4 举出一个微分方程的例子, 使得它的一个解在有限的时间内发散到无穷.

习题 2.4.5 证明: 如果

$$\phi^t(x) := \frac{Lx}{x + (L-x)\mathrm{e}^{-Lat}},$$

则 $\phi^{t+s}(x) = \phi^s(\phi^t(x))$.

习题 2.4.6　考虑微分方程 $\dot{x} = f(x)$, 假设 $f(x_0) = 0$ 且 $f'(x_0) < 0$. 证明: 对 x_0 附近的任意点 $x \neq x_0$, 其轨道依指数速度收敛到 x_0.

为进一步学习准备的问题

问题 2.4.7　给出一个平面上的右端函数可微分的微分方程的例子, 使得它具有一个极限环且附近的轨道不是依指数速度收敛到它.

2.5　二 次 映 射

研究完营房微分方程之后, 我们开始重新研究引言中提到的离散情形的营房方程. 虽然该映射对很大的 "出生率" 参数来说具有复杂的动力行为, 但是对较小的参数可以依据本章的思想来推断它的动力行为. 由于前一节对区间映射的讨论依赖于单调性, 从而不能直接应用于映射 $f(x) = \lambda x(1 - x)$. 然而, 有时我们可以不用单调性, 而是结合局部单调性和压缩性来进行研究, 从而得到简单动力行为.

2.5.1　小参数情形的吸引不动点

函数族 $f_\lambda: [0, 1] \to [0, 1]$, $f_\lambda(x) := \lambda x(1 - x)$, $0 \leqslant \lambda \leqslant 4$ 称为二次映射族. 这是实的和复的一维动力系统中最常见的模型 (后者是将映射推广到复数域 $\mathbb{C}$ 上, 参数 λ 也常常取作复数). 这些映射显然不是单调的, 但是在 $[0, 1/2]$ 上单调增加, 在 $[1/2, 1]$ 上单调递减. 另一方面, 当 $\lambda < 3$ 时, 动力行为是简单的, 这从以下两个结果中可以看到. 另外, 从在引论介绍的实验中也显示出这点.

命题 2.5.1　对 $0 \leqslant \lambda \leqslant 1$, 映射 $f_\lambda(x) = \lambda x(1 - x)$ 在 $[0, 1]$ 上的所有轨道都渐近趋于 0(见图 2.5.1).

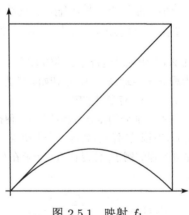

图 2.5.1　映射 f_1

证明 对 $x \neq 0$, 有 $f_\lambda(x) = \lambda x(1-x) \leqslant x(1-x) < x$, 从而 $(f^n(x))_{n \in \mathbb{N}}$ 单调递减且以 0 为其下界, 由完备性得其收敛 (见 A.1.2 节). 由式 (2.3.1) 知, 该极限是一个不动点, 从而必定为 0(另一个方法是注意到 $f_\lambda([0,1]) \subset [0, \lambda/4] \subset [0,1/2]$, 并且 f_λ 在 $[0,1/2]$ 上单调, 于是我们可以在首次应用 f_λ 之后再应用单调映射的讨论). 对 $\lambda < 1$, 由于 $|f'_\lambda(x)| = \lambda|1-2x| \leqslant \lambda < 1$, 我们可以应用压缩映射原理. 另外, 这还证明了对 $0 \leqslant \lambda < 1$ (但不包含 $\lambda = 1$) 的所有轨道都依指数速度渐近趋于不动点 0. □

当 $\lambda > 1$ 时, 情况将发生轻微变化.

命题 2.5.2 对 $1 < \lambda < 3$, 映射 $f_\lambda(x) = \lambda x(1-x)$ 在 $[0,1]$ 上除 0 和 1 之外所有点的轨道都渐近趋于不动点 $x_\lambda = 1 - (1/\lambda)$.

证明 $f_\lambda(x) = x$ 等价于二次方程 $0 = \lambda x(1-x) - x = \lambda x(1-x-(1/\lambda))$, 它具有非零解 $x_\lambda = 1 - (1/\lambda)$. 如果 $\lambda > 1$, 它是 $[0,1]$ 内新的不动点 (注意到, 当 $\lambda < 1$ 时, 解也存在, 但是为负的).

情形 1. $1 < \lambda \leqslant 2$. 在此情况下, $x_\lambda < 1/2$(图 2.5.2), 且 f_λ 在区间 $[0, x_\lambda]$ 上为到自身的单增映射, 满足 $f_\lambda(x) = \lambda x(1-x) > x$, 于是 $(0, x_\lambda]$ 上每一点 x 都正向渐近趋于 x_λ.

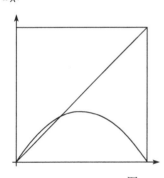 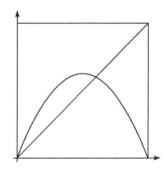

图 2.5.2 映射 $f_{1.5}$ 和 $f_{2.5}$

下面观察 x_λ 右侧的点. 注意到 $f_\lambda(1-x) = f_\lambda(x)$, 即函数 f_λ 关于 $x = 1/2$ 对称. 于是, $f_\lambda([1-x_\lambda, 1]) \subset [0, x_\lambda]$, 并且每一点 $x \in (1-x_\lambda, 1]$ 都渐近趋于 x_λ. 剩下要考察 $(x_\lambda, 1-x_\lambda)$ 中的点. 再一次看到, 由于 f_λ 为对称的, 所以

$$f_\lambda([x_\lambda, 1-x_\lambda]) \subset [x_\lambda, f_\lambda(1/2)] = [x_\lambda, \lambda/4] \subset [x_\lambda, 1-x_\lambda],$$

从而 f_λ 将这个区间映到自身. 另外, 对 $1 < \lambda \leqslant 3$ 和 $x \in [x_\lambda, 1-x_\lambda]$, 有

$$|f'_\lambda(x)| = \lambda|1-2x| \leqslant \lambda|1-2x_\lambda| = \lambda\left|1 - 2\left(1 - \frac{1}{\lambda}\right)\right| = |2-\lambda| < 1.$$

所以 f_λ 在 $[x_\lambda, 1-x_\lambda]$ 上是压缩的. 所以这个区间上的所有点都渐近趋于该区间上

唯一的不动点 x_λ. 至此, 我们已经证明了对 $1 < \lambda \leqslant 2$, 映射 f_λ 的每一轨道 (不包含 0 和 1) 渐近趋于该映射的非零不动点.

情形 2. $2 < \lambda < 3$. 在此情况下 (见图 2.5.3), 我们应用相似但更为复杂的讨论.

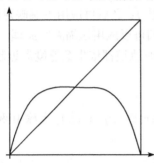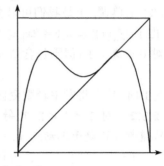

图 2.5.3　映射 f_2^2 和 f_3^2

上面的计算说明不动点为吸引的, 但是要证明它吸引所有的点比较困难, 我们将不应用压缩映射原理来证明这一事实. 在这种情况下, f_λ 的非零不动点 $x_\lambda = 1 - 1/\lambda$ 在 $1/2$ 的右侧, 于是, f_λ 在 $[0, x_\lambda]$ 上不再递增. 首先证明: 如果 $I := [1 - x_\lambda, f_\lambda(1/2)] = [1/\lambda, \lambda/4]$, 则 $f_\lambda(I) \subset I$. 为此注意到, 对 $x \in [0,1]$, 有 $f_\lambda(x) \leqslant f_\lambda(1/2) = \lambda/4$, 于是对 $x \in I$ 也是如此. 另一方面, 由于对 $2 < \lambda < 3$ 函数 $q(\lambda) = \lambda^3/4 - \lambda^4/16$ 的导数为正的, 所以 $q(\lambda) > q(2) = 1$, 于是 $f_\lambda(\lambda/4) = (\lambda^2/4) - (\lambda^3/16) > 1/\lambda \in I$, 但是, 由于 $\lambda/4$ 是 I 中离 $1/2$ 最远的点, 故 $f_\lambda(\lambda/4)$ 是 f_λ 在 I 上的最小值 (由于 $0 \leqslant ((\lambda/2) - 1)^2/\lambda = (\lambda/4 - (1 - (1/\lambda)))$, 故有 $\lambda/4 > x_\lambda$). 这证明了 $f_\lambda(I) \subset I$.

我们将要证明, 除 0 和 1 之外的所有轨道最终要进入 I. 对 $x \in I$ 不需证明. 对 $x \in (0, 1/\lambda)$, 令 $x_n := f_\lambda^n(x)$, 并注意到 $f([0, 1/\lambda]) = [0, x_\lambda]$, 于是, 如果 $(x_n)_{n \in \mathbb{N}}$ 没有包含在 I 中的项, 则对所有的 $n \in \mathbb{N}$, 有 $x_n \leqslant 1/\lambda$, 由于在 $[0, 1/\lambda]$ 上 $f(x) > x$, 这意味着对所有的 $n \in \mathbb{N}$, 有 $x_{n+1} > x_n$. 于是上述序列单调递增有上界, 故其必收敛到极限 $x_0 \in (0, 1/\lambda]$, 由式 (2.3.1) 知这是一个不动点. 但是在这个区间上没有不动点, 推出矛盾. 最后, 对任意 $x \in [\lambda/4, 1]$, 有 $f_\lambda(x) \in [0, 1/\lambda]$, 经过一次迭代之后转到了前一情形, 从而这些点也进入到 I 中.

接着证明对 $x \in I$, 当 $n \to \infty$ 时有 $f^n(x) \to x_\lambda$. 不幸的是, 由于当 $1 + \sqrt{3} < \lambda < 3$ 时有 $f'_\lambda(\lambda/4) = \lambda(1 - 2(\lambda/4)) < -1$, 故而 f 在 I 上不是压缩的. 为克服这一困难, 我们转而考虑 f^2. 注意到 $f_\lambda^2(I) \subset I$, 进而 $f_\lambda([1/\lambda, x_\lambda]) \subset [x_\lambda, \lambda/4]$, 反之亦然, 即 $[1/\lambda, x_\lambda]$ 为 f^2 不变的. 相对于 $1/2$, 取 $y(\lambda) := f_\lambda^2(1/2) = \lambda^2(4 - \lambda)/16$. 对 $\lambda = 2$, 得到等式 $y(\lambda) = 1/2$, 对 $\lambda = 3$, 有 $y(\lambda) = 9/16 > 1/2$. 此外, 对 $\lambda \geqslant 2$, 有

$$\frac{\mathrm{d}^2}{\mathrm{d}\lambda^2} y(\lambda) = \frac{8 - 6\lambda}{16} < 0.$$

于是 $y(\lambda)$ 为向下凹的, 从而对 $2 < \lambda \leqslant 3$ 有 $f_\lambda^2(1/2) > 1/2$. 这意味着区间 $J :=$ $[1/2, x_\lambda]$ 在 f^2 下严格不变, 即 $f^2(J) \subset (1/2, x_\lambda)$. 在此区间上 f_λ^2 单调递增, 于是由引理 2.3.2, 所有的点都渐近趋于 f^2 的一个不动点, 而唯一可得到的不动点是 x_λ. 这说明对 $x \in I$, 当 $n \to \infty$ 时有 $f_\lambda^{2n}(x) \to x_\lambda$ 或者 $f_\lambda^{2n+1}(x) \to x_\lambda$. 但是在第一种情形下, 有 $f_\lambda^{2n+1}(x) \to f_\lambda(x_\lambda) = x_\lambda$, 这就完成了命题 2.5.2 的证明. 当考察图 2.5.4 中 $f_{2.5}^2$ 的图像时, 这么冗长的讨论将看起来十分简单. 再注意到, 虽然我们没应用压缩映射原理, 由命题 2.2.17 就可得到: 对 $\lambda < 3$, 序列 $(x_n)_{n \in \mathbb{N}}$ 依指数速度收敛到 x_λ. $\qquad\qquad\qquad\qquad\qquad\qquad\qquad\qquad\qquad\qquad\qquad\qquad\qquad$ □

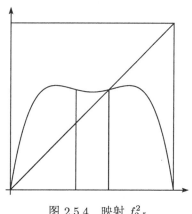

图 2.5.4　映射 $f_{2.5}^2$

在 $\lambda = 2$ 附近情况有些不同, 在此特殊参数值下不动点 x_λ 处的导数为零, 对稍大一些的 λ, 不动点处的导数取负值. 于是, x_λ 附近点的轨道在其周围交替跳跃着逼近它, 而不像 $\lambda < 2$ 时的单调逼近.

在 $\lambda = 2$ 时是有趣的, 还因为 $1/2$ 是 f_2 的超吸引不动点 (定义 2.2.24). 由于 f_2 在 $1/2$ 处的导数为零, $1/2$ 附近的点以比指数速度更快的速度趋近它, 事实上, $|f_2(x) - 1/2| = |x - 1/2|^2$, 即轨道对不动点的偏差每一步都缩小至它的平方 (见图 2.2.6). 若用 $x' = 1/2 - x$ 取代变量 x, 则更容易看到这一点. 从 2.2.8 节中的 Newton 法也可以看到二次收敛的现象.

当 $\lambda \geqslant 3$ 时, 动力行为发生实质改变, 这一点在第 11 章中有所探索.

2.5.2　稳定的渐近行为

本章例子的共同特点是所有的渐近行为都是稳定的, 每条轨道都渐近趋于不动点或极限环. 在压缩映射的情形这归功于如此之强的结论: 所有轨道趋向于唯一的不动点. 在单调区间映射的情形, 系统存在着有稍微复杂的动力行为的可能性, 这是因为作为最终不动的不动点可以有多个. 在这一情形下我们看到了一种使动力系统复杂度稍微增加的机制: 分支可以增加不动点的数量. 但是它们并不从根本上增加行为的复杂程度, 这一现象是由介值定理和单调性导致的. 另外, 虽然我们对二次族的研究还没有发现太多的复杂性, 但是, 这基于我们对参数的范围有所限制. 可以看到, 导致二次映射的动力行为十分复杂的原因是二次映射不可逆, 从而也不保序. 这允许轨道中的点交替位置, 在几何上反映为区间在此映射作用下发生 "折叠". 而对较大的参数值将产生更为复杂的动力行为.

对平面上的微分方程而言, 它的动力行为不太复杂是因为从某种程度上它类似于区间上非减映射的情况. 任意不收敛到不动点的轨道必渐近趋于一个极限环. 这 (Poincaré-Bendixson 定理) 与如下的事实相关, 像命题 2.4.10 证明中的 S 那样的截面为区间, 而其上的返回映射 F^S 粗略地说是一个单调映射 (这一依赖于维数的定理的一个要素是 Jordan 曲线定理, 它断言: 就像一个点可以分一维直线为两段一样, 一条简单闭曲线可以分平面为两个区域).

习题 2.5.1   证明: 当 $2 \leqslant \lambda < 3$ 时, f_λ^2 在 $[1/2, x_\lambda]$ 上是压缩的.

习题 2.5.2   (二次映射族的另一形式) 任给 $g_\alpha(x) := \alpha - x^2$ 和 $h_\lambda = \lambda \left(x - \dfrac{1}{2} \right)$, 证明: $h_\lambda(f_\lambda(x)) = g_\alpha(h_\lambda(x))$, 其中 $\alpha = (\lambda^2/4) - (\lambda/2)$.

习题 2.5.3   设 $f \colon [0,1] \to [0,1]$ 可微, 并且对所有的 x 有 $|f'(x)| \leqslant 1$. 证明: f 的不动点集非空且连通 (即它是一个单点或区间).

习题 2.5.4   设 $f \colon [0,1] \to [0,1]$ 可微, 并且对所有的 x 有 $|f'(x)| \leqslant 1$. 证明: f 的所有周期点的周期为 1 或 2.

2.6   度 量 空 间

一些有意义的动力系统并非自然地产生于 Euclid 空间中, 有时候动力系统的研究得益于在辅助空间中的考虑. 于是我们引入一般的度量空间, 特别是三种特殊情形: 圆周、圆柱面和环面. 它们是许多自然的动力系统, 特别是很多产生于经典力学 (5.2 节) 和弹子球的动力系统的相空间. 接下来的几节将重点介绍 Cantor 集和魔鬼阶梯. 它们看起来是稀奇古怪的, 但确实自然地出现于大量的动力系统中 (关于 Cantor 集的讨论见命题 4.3.9 和 7.4.4 节, 关于魔鬼阶梯的讨论见定义 4.4.1 附近以及命题 4.4.13).

2.6.1   定义

在对 Euclid 空间中的压缩映射进行讨论时, 我们并未用到 Euclid 度量的特殊性质. 事实上, 如果用不同的方式在 $\mathbb{R}^n$ 上定义了其他度量, 如最大值度量 $d(x, y) = \max\limits_{1 \leqslant i \leqslant n} |x_i - y_i|$, 则可以应用同样的推理.

自然地, 压缩性的概念依赖于度量的定义方式, 于是一些对于 $\mathbb{R}^n$ 中的 Euclid 度量并不压缩的映射, 可能对最大值度量或其他度量而言是压缩的. 如果能够聪明地找到一个度量使得给定的映射为压缩的, 这显然是十分有益的. 在下一章讨论对线性映射能够通过选取一个适当的距离函数来应用压缩映射原理的充分必要条件时, 我们将重新回到这一推理.

当空间是一个向量空间或它的一个子集时对命题 2.2.10 的证明来说也并不重要. 实质上我们仅仅用到了 Euclid 度量的最基本的性质, 如三角不等式和 Cauchy 序列的收敛性. 将我们的假设减弱至这些基本事实, 可以得到前面情形的大量推广.

定义 2.6.1 设 X 是一个集合. $d: X \times X \to \mathbb{R}$ 称为一个度量或距离函数, 如果

(1) $d(x, y) = d(y, x)$(对称性);

(2) $d(x, y) = 0 \Leftrightarrow x = y$ (恒正性);

(3) $d(x, y) + d(y, z) \geqslant d(x, z)$ (三角不等式).

在 (3) 中取 $z = x$ 并应用 (1) 和 (2) 得到 $d(x, y) \geqslant 0$. 如果 d 是一个度量, 则 (X, d) 称为一个度量空间.

一个度量空间 (X, d) 的子集在原来的度量 d 下仍是一个度量空间.

对度量空间, 我们需要一些基本概念, 这是推广 Euclid 空间中的相关概念得到的. 有关度量空间的进一步讨论见附录.

定义 2.6.2 集合 $B(x, r) := \{y \in X | d(x, y) < r\}$ 称为以 x 为中心的 (开的)r 球. X 中的序列 $(x_n)_{n \in \mathbb{N}}$ 称为收敛到 $x \in X$, 如果对任意 $\varepsilon > 0$, 存在 $N \in \mathbb{N}$, 使得对任意 $n \geqslant N$, 有 $d(x_n, x) < \varepsilon$.

下面定义度量空间的一种可以区别于其他带有 "洞" 或 "丢失" 点的度量空间的性质.

定义 2.6.3 序列 $(x_i)_{i \in \mathbb{N}}$ 称为一个 Cauchy序列, 如果对任意 $\varepsilon > 0$, 存在 $N \in \mathbb{N}$, 使得当 $i, j \geqslant N$ 时, 有 $d(x_i, x_j) < \varepsilon$. 度量空间 X 称为完备的, 如果每个 Cauchy 序列都收敛.

在压缩映射原理 (命题 2.2.8 和命题 2.2.10) 的证明中不动点是由 Cauchy 序列的极限得到的. 于是在命题 2.6.10 中, 为了应用类似的讨论, 假设空间是完备的.

定义 2.6.4 设 (X, d), (Y, d') 是两个度量空间. 映射 $f: X \to Y$ 称为一个等距映射, 如果对任意 $x, y \in X$, 有 $d'(f(x), f(y)) = d(x, y)$. 称 f 为在 $x \in X$ 连续的, 如果对任意 $\varepsilon > 0$, 存在 $\delta > 0$, 使得 $d(x, y) < \delta$ 时, $d'(f(x), f(y)) < \varepsilon$. 一个连续的双射(一对一且满的映射) 如果其逆映射也是连续的, 则称之为一个同胚. 映射 $f: X \to Y$ 称为 Lipschitz 连续的(或 Lipschitz 的), 如果存在常数 C (称为 Lipschitz常数), 使得 $d'(f(x), f(y)) \leqslant Cd(x, y)$. 一个映射称为压缩映射(或特别地, 称为 λ 压缩映射), 如果它是 Lipschitz 连续的且 Lipschitz 常数 $\lambda < 1$. 称两个度量为等距的, 如果它们之间的恒同映射是等距映射. 称两个度量为一致等价 (有时称等价) 的, 如果两个度量空间之间的恒同映射及其逆映射都是 Lipschitz 映射.

2.6.2 圆周

平面上的单位圆周 $S^1 = \{x \in \mathbb{R}^2 : \|x\| = 1\}$ 也可以描述成模为 1 的复数的集合. 它是 2.2 节的例子中的状态空间, 我们以后遇到的很多动力系统也以它为状态空间.

在圆周上可以以很自然的方式定义几种度量. 首先想到的是应用 $\mathbb{R}^2$ 上的 Euclid 度量来测量 S^1 上任意两点的距离. 这与我们前面所观察到的度量空间的子集仍为度量空间的事实一致. 仍称之为 Euclid 度量 d.

另一方面, 我们可以决定 S^1 上任意两点之间的距离应当是从一点沿圆周到另一点所经过的距离, 即这两点之间的劣弧的长度, 称之为长度度量 d_l, 因为为了计算距离需测量弧长. 虽然这是两个不同的度量, 但是它们之间差别不大.

引理 2.6.5 d 和 d_l 是一致等价的.

证明   注意到 $d(x,y) = 2\sin(d_l(x,y)/2)$, $d_l(x,y) \in [0,\pi/2]$, 并且对 $t \in [0,\pi/2]$, 有 $2t/\pi \leqslant 2\sin(t/2) \leqslant t$. 于是从 (S^1,d) 到 (S^1,d_l) 的恒同映射为 Lipschitz 连续的且 Lipschitz 常数为 $\pi/2$(见图 2.6.1). 它的逆 (也是恒同映射, 但是 "换了方向") 也是 Lipschitz 连续的且 Lipschitz 常数为 1. 于是这两个度量为一致等价的.   □

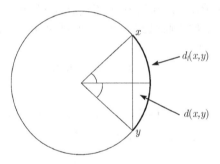

图 2.6.1 S^1 上的 d 和 d_l

下面将通过一种不同的构造引入同胚于 S^1 的度量空间, 事实上, 它通过一个比例因子等距同胚于 (S^1,d_l), 我们会发现, 这对现在和以后的学习都十分有用.

考虑实直线 $\mathbb{R}$ 并定义等价关系 $\sim$, 使得当 $x - y \in \mathbb{Z}$ 时有 $x \sim y$, 即如果两个点相差一个整数, 则它们是等价的. 定义 $x \in \mathbb{R}$ 所在的等价类为 $[x] := \{y \in \mathbb{R}|y \sim x\}$. 0 所在的等价类恰为 $\mathbb{Z}$, 并且每一等价类均可以由该类中的任意一个元素平移整数点得到, 即 $[x] = x + \mathbb{Z}$. 为定义一个新的度量空间, 考虑等价类的集合 $X = \mathbb{R}/\mathbb{Z} := \{[x]|x \in \mathbb{R}\}$.

注 2.6.6   等价类的记号 $[\cdot]$ 十分普遍, 不幸的是, 它看起来和与其意义几乎相反的取整符号 $\lfloor \cdot \rfloor$ 相类似. $[\cdot]$ 和取小数部分符号 $\{\cdot\}$ 有密切关系.

$\mathbb{R}/\mathbb{Z}$ 上的度量可由 $\mathbb{R}$ 上的度量诱导得来:

命题 2.6.7 $d(x,y) := \min\{|b-a||a \in x, b \in y\}$ 定义了 $X = \mathbb{R}/\mathbb{Z}$ 上的一个度量.

证明 d 显然是对称的. 为验证 $d(x,y) = 0 \Rightarrow x = y$, 首先注意到, 在上述定义中可以对某一个固定的 $b \in y$ 取最小值, 得到的度量不变, 这是因为从 b 到 x 中元素距离的最小值等于 b 的任意整数平移后和 x 中元素距离的最小值. 但是, 显然 $\min\{|b-a||a \in x\}$ 可以取到, 于是当取 0 值时有 $b \in x$, 从而 $x = y$.

为证明三角不等式, 取 $x, y, z \in \mathbb{R}/\mathbb{Z}$ 以及 $a \in x, b \in y$, 使得 $d(x,y) = |b-a|$. 则对任意 $c \in z$, 有 $d(x,z) \leqslant |c-a| \leqslant |c-b| + |b-a| = |c-b| + d(x,y)$. 对 $c \in z$ 取最小值, 则有 $d(x,z) \leqslant d(y,z) + d(x,y)$. □

例 2.6.8 $d([\pi],[3/2]) = 7/2 - \pi = 0.5 - 0.14159265\cdots = 0.3584073\cdots$ 且 $d([0.9],[0]) = 0.1$.

这样就得到了一个度量空间. 为了说明它看起来像什么, 只需注意到每一个等价类在 $[0,1)$ 中只有一个代表元. 于是, 作为点集, 我们自然地把 $\mathbb{R}/\mathbb{Z}$ 和 $[0,1)$ 等同起来.

引理 2.6.9 (1) 若 $a, b \in [0,1)$ 且 $|a-b| \leqslant 1/2$, 则 $d([a],[b]) = |a-b|$.

(2) 若 $|a-b| \geqslant 1/2$, 则 $d([a],[b]) = 1 - |a-b|$.

证明 (1) 由定义得到 $d([a],[b]) \leqslant |a-b|$, 但是这个不等式不是精确的, 只能取 "=" 号, 因为 b 平移每一个整数后与 a 的距离都比 b 本身离 a 的距离远.

(2) $d([a],[b]) = 1 - |a-b|$, 因为这是 $|a-(b-1)|$ 和 $|a-(b+1)|$ 中较小的一个. □

例如, 如果 $\varepsilon < 1/2$, 则等价类 $[1-\varepsilon]$ 和 $[0]$ 之间的距离为 ε. 于是, 这种构造在直观上对应于把区间 $[0,1)$ 的两个端点 0 和 1 粘起来. 或者参照整个直线 $\mathbb{R}$ 上的等同关系, 具体地说是将整条直线缠绕在一个周长为 1 的圆周上, 于是一个数的任意整数平移最终均落在圆周的同一个点上 (见图 2.6.2). 反过来看, 从圆周到直线就像自行车走过后留下的轮胎的痕迹.

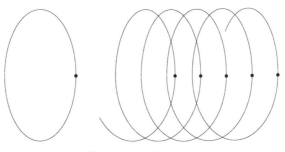

图 2.6.2 缠绕实直线

　　上述事实可以用分析的语言描述: 定义从 $\mathbb{R}$ 到复平面 $\mathbb{C}$ 上的单位圆周的映射 $f(x) = \mathrm{e}^{2\pi \mathrm{i} x}$. 则有 $f(x+k) = \mathrm{e}^{2\pi \mathrm{i}(x+k)} = \mathrm{e}^{2\pi \mathrm{i} x} \mathrm{e}^{2\pi \mathrm{i} k} = \mathrm{e}^{2\pi \mathrm{i} x} = f(x)$, 于是该函数的定义只依赖于 x 经过整数平移后生成的等价类 $[x]$, 从而确定了从 $\mathbb{R}/\mathbb{Z}$ 到 S^1 的映射 $F([x]) = f(x)$. 如果在 S^1 上应用度量 $d_l/2\pi$, 则 F 是一个等距映射, 这验证了我们给的度量空间 (S^1, d_l) 又一构造方式的断言.

　　我们的观点是将等化空间 $\mathbb{R}/\mathbb{Z}$ 看作这个圆周, 将平面上的单位圆周看作这个圆周方便且常有物理原因的适当代表.

　　在动力学或数学的其他应用中, 圆周 (定义为 $\mathbb{R}/\mathbb{Z}$) 很自然地经常被用到, 因为人们经常研究周期函数. 任意具有相同周期的函数族实际上可以视作圆周上的函数族, 因为我们可以对自变量取某一比例使得它们共同的周期等于 1, 并且 1 周期函数的取值只依赖于变量的等价类 (mod $\mathbb{Z}$). 于是这些函数定义在了 $\mathbb{R}/\mathbb{Z}$ 上. 这类函数族中一类特别重要的函数是 $(\mathrm{e}^{2k\pi \mathrm{i} x})_{k \in \mathbb{Z}}$. 在一些经常产生周期函数的问题中, 它可导入一些有帮助的几何成分.

2.6.3　柱面

　　柱面是一个看起来像一截管子的空间. 有几种方式从更基本的成分来定义它. 其中一种方式是将柱面给以自然的参数化:

$$(\cos 2\pi t, \sin 2\pi t, z), \qquad t \in \mathbb{R}, \qquad -1 \leqslant z \leqslant 1.$$

当然, 取 $0 \leqslant t \leqslant 1$ 就足以得到整个柱面了, 因为由三角函数的周期性, 点 $(0, z)$ 和 $(1, z)$ 被映到 $\mathbb{R}^3$ 中同一个点. 于是, 这一参数化可以想象为取一个单位正方形把它卷成一个筒. 图 2.6.3 的左半部分说明了这一点.

图 2.6.3　环面

　　另一方面, 前一节讨论到把 $\mathbb{R}$ 卷起来得到 S^1. 现在的参数方程也是如此, 除了要加上一个惰性变量 z 外. 于是可以把柱面刻画成一个圆周 (t 变量) 和一个区间 (z 变量) 的乘积空间. 这是在 A.1.6 节中描述的乘积空间的一个例子.

2.6.4　环面

　　环面是一个看起来像轮胎面的曲面, 也可以想象为在 $\mathbb{R}^3$ 的 xz 平面中取一个与 z 轴不交的圆周绕 z 轴旋转扫过的曲面, 即沿 xy 平面上一个圆周移动其圆心一

周的过程中扫过的曲面. 为此, 若取圆周的参数方程为

$$(R + r\cos 2\pi\theta, 0, \sin 2\pi\theta),$$

则环面的参数方程为

$$((R + r\cos 2\pi\theta)\cos 2\pi\phi, (R + r\cos 2\pi\theta)\sin 2\pi\phi, \sin 2\pi\theta).$$

注意到角 θ 和 ϕ 均出现在周期函数中, 很自然地想到环面是 $\mathbb{R}^2$ 中两个圆周的笛卡儿乘积, 嵌入到 $\mathbb{R}^4$ 中. 一旦我们把环面看作 $\mathbb{T}^2 = S^1 \times S^1$, 则可以利用 S^1 的 $\mathbb{R}/\mathbb{Z}$ 表示, 考虑点 $(x_1, x_2) \in \mathbb{R}^2$ 通过平移整数向量 $(k_1, k_2) \in \mathbb{Z}^2$ 后得到的等价类, 即 $[(x, y)] = ([x], [y])$, 把 $\mathbb{T}^2$ 描述为 $\mathbb{R}^2/\mathbb{Z}^2$. 如前所述, $\mathbb{R}^2$ 中的 Euclid 度量可以诱导出 $\mathbb{T}^2$ 上的一个度量, 这个度量和乘积度量 $d((x_1, x_2), (y_1, y_2)) = \sqrt{(d(x_1, y_1))^2 + (d(x_2, y_2))^2}$ 是一样的. 在柱面的卷绕构造上再进行一步 (将 z 区间卷绕成一个圆周) 即得到了 $\mathbb{T}^2$ 的一个直观描述: 将单位正方形 $[0, 1) \times [0, 1)$ 的左右两边粘合起来得到一个柱面, 再将它的上下两个底面圆周粘合起来就得到环面. 我们可以将这两个 "接缝" 看作轮胎面的赤道和子午线. 类似地, 人们也可以把任意 n 维的环面 $\mathbb{T}^n$ 描绘为圆周的 n 次乘积空间或者 $\mathbb{R}^n/\mathbb{Z}^n$.

像圆周一样, 把环面看作单位正方形 (或立方体) 的等化空间, 这里, 轮胎面是抽象环面具体化的一个规范表示, 而不是仅将单位正方形看作环面的一个参数化区域.

这里, 像以前一样, 自然地和周期函数联系起来: 函数 $f: \mathbb{R}^2 \to \mathbb{R}$, 使得 $f(x + i, y + k) = f(x, y)$, 其中 $i, k \in \mathbb{Z}$ 自然地定义在了环面上. 类似于一个圆周, 当在应用中出现了双周期函数, 我们可以把它想象成环面上的函数. 在力学上这样的周期坐标经常出现, 这也正是环面经常在其中扮演重要角色的原因.

我们再次提出, 柱面和环面是在 A.1.6 中描述的乘积空间的两个例子.

2.6.5 压缩和最终压缩映射

在给出了一些必要的一般定义以后, 我们可以就任意的完备度量空间来证明压缩映射原理了:

命题 2.6.10 (压缩映射原理) 设 X 是一个完备的度量空间. 在压缩映射 $f: X \to X$ 的迭代作用下, 所有点依指数速度收敛于 f 的唯一不动点.

证明 正如在 Euclid 空间中一样, 由迭代 $d(f(x), f(y)) \leqslant \lambda d(x, y)$ 得

$$d(f^n(x), f^n(y)) \to 0, \quad n \to \infty,$$

所以所有点的渐近行为都一样. 另一方面, 式 (2.2.6) 证明了对任意 $x \in X$, 序列 $(f^n(x))_{n \in \mathbb{N}}$ 是一个 Cauchy 序列. 于是, 如果空间是完备的, 则对任意 $x \in X$, 当

$n \to \infty$ 时 $f^n(x)$ 的极限存在, 并且由式 (2.2.5) 知, 这个极限对所有的 x 都一样. 式 (2.2.7) 说明它是 f 的一个不动点 x_0(注意到, 不动点的唯一性不依赖于空间的完备性).　　　　　　　　　　　　　　　　　　　　　　　　　　　　　　□

正如 Euclid 空间中的情形, 有 $d(f^n(x), x_0) \leqslant (\lambda^n/1 - \lambda)d(f(x), x)$, 即所有轨道依指数速度收敛于 x_0. 如果 x_0 是已知的, 或者对初始值的估计不作要求, 那么由式 (2.2.5) 可得 $d(f^n(x), x_0) \leqslant \lambda^n d(x, x_0)$, 从而以更直接的方式得到了相同的结论.

压缩映射原理也可应用在较弱的条件下, 有时这是有用的. 事实上, 通过证明就可以看到只要有如下性质就足够了:

定义 2.6.11　一个度量空间上的映射 f 称为是最终压缩的, 如果存在常数 $C > 0$, $\lambda \in (0,1)$, 使得对任意 $n \in \mathbb{N}$, 有

$$d(f^n(x), f^n(y)) \leqslant C\lambda^n d(x, y). \tag{2.6.1}$$

然而, 不仅在这个较弱的假设下可以重复压缩映射原理的证明, 而且还可以重新定义一个度量, 使得该映射成为一个压缩映射. 事实上, 这一度量一致等价于原有的度量.

这一把最终压缩映射转化为一个压缩映射的度量变换也可应用于不一定为压缩的映射, 所以可以证明一个有用且稍微一般些的结论.

命题 2.6.12　如果 $f: X \to X$ 是度量空间上的一个映射, 并且存在常数 $C, \lambda > 0$, 使得对任意 $x, y \in X$, $n \in \mathbb{N}_0$, 有 $d(f^n(x), f^n(y)) \leqslant C\lambda^n d(x, y)$, 则对任意的 $\mu > \lambda$, 存在一个一致等价于 d 的度量 d_μ, 使得对任意 $x, y \in X$, 有 $d_\mu(f(x), f(y)) \leqslant \mu d(x, y)$.

证明　取 $n \in \mathbb{N}$ 使得 $C(\lambda/\mu)^n < 1$, 令

$$d_\mu(x, y) := \sum_{i=0}^{n-1} \frac{d(f^i(x), f^i(y))}{\mu^i}.$$

这被称为对 f 的适配的度量或 Lyapunov 度量. 这两个度量一致等价:

$$d(x, y) \leqslant d_\mu(x, y) \leqslant \sum_{i=0}^{n-1} C\left(\frac{\lambda}{\mu}\right)^i d(x, y) \leqslant \frac{C}{1 - \left(\frac{\lambda}{\mu}\right)} d(x, y).$$

注意到

$$d_\mu(f(x), f(y))$$
$$= \sum_{i=1}^{n} \frac{d(f^i(x), f^i(y))}{\mu^{i-1}} = \mu\left(d_\mu(x, y) + \frac{d(f^n(x), f^n(y))}{\mu^n} - d(x, y)\right)$$
$$\leqslant \mu d_\mu(x, y) - (1 - C(\lambda/\mu)^n)d(x, y) \leqslant \mu d_\mu(x, y). \qquad \square$$

作为一个直接的结论我们看到, 最终压缩映射可以通过改变度量变为压缩映射, 这是因为对定义 2.6.11 中的 $\lambda < 1$, 可以找到命题 2.6.12 中的 $\mu \in (\lambda, 1)$.

推论 2.6.13　设 X 是完备的度量空间, $f: X \to X$ 是一个最终压缩映射 (定义 2.6.11). 则在 f 的迭代作用下, 所有点依指数速度收敛于 f 的唯一不动点.

下面指出最终压缩映射定义的一个主要优点. 正如我们所看到的, 一个映射是否压缩依赖于度量. 而对最终压缩映射而言并非如此: 如果映射 f 满足式 (2.6.1) 且 d' 是一致等价于 d 的一个度量, 特别地有 $md'(x, y) \leqslant d(x, y) \leqslant Md'(x, y)$, 则

$$d'(f^n(x), f^n(y)) \leqslant Md(f^n(x), f^n(y)) \leqslant MC\lambda^n d(x, y) \leqslant \frac{MC}{m}\lambda^n d'(x, y).$$

换句话说, 只有常数 C 依赖于度量, 而不是这样的常数的存在性.

就像命题 2.2.20 中所述的一样, 甚至不用考虑映射的光滑性, 压缩映射的不动点也是连续依赖于压缩映射的. 这在应用中十分有用, 于是进一步研究这一思想是值得的. 用来描述连续依赖性的一种自然方式是考虑由另一度量空间中的元素作为参数的压缩映射族.

命题 2.6.14　设 X, Y 是度量空间, X 是完备的, $f: X \times Y \to X$ 为连续映射且对任意 $y \in Y$, $f_y := f(\cdot, y)$ 为 λ 压缩的, 则 f_y 的不动点 $g(y)$ 连续依赖于 y.

证明　对 $x = g(y') = f(g(y'), y')$ 应用

$$d(x, g(y)) \leqslant \sum_{i=0}^{\infty} d\left(f_y^i(x), f_y^{i+1}(x)\right) \leqslant \frac{1}{1-\lambda} d(x, f_y(x))$$

得到

$$d(g(y), g(y')) \leqslant \frac{1}{1-\lambda} d(f(g(y'), y'), f(g(y'), y)). \qquad \square$$

习题 2.6.1　证明: 开的 r 球为开集.

习题 2.6.2　证明: 任意多个 (未必有限或可数) 开集的并集为开集, 任意多个闭集合的交集为闭集.

习题 2.6.3　把整数集合 $\mathbb{Z}$ 看作带有 Euclid 度量 $d(n, m) = |n - m|$ 的度量空间. 描述球 $\{n \in \mathbb{Z} | d(n, 0) < 1\}$ 和 $\{n \in \mathbb{Z} | d(n, 0) \leqslant 1\}$, 其中哪些为开集? 哪些为闭集?

习题 2.6.4　描述 $\mathbb{Z}$ 的所有开集 (采用 Euclid 度量 $d(n, m) = |n - m|$).

习题 2.6.5　证明: 任意集合的内部为开集, 任意集合的闭包为闭集.

习题 2.6.6　证明: 度量空间的子集的边界为闭集, 开集的边界无处稠密. 由此得出结论: 边界的边界无处稠密.

习题 2.6.7　确定并证明下面哪些空间 (带有通常的度量) 是完备度量空间: $\mathbb{R}$, $\mathbb{Q}$, $\mathbb{Z}$, $[0, 1]$.

习题 2.6.8　证明: 完备度量空间的闭子集为完备的.

为进一步学习而提出的问题

问题 2.6.9　设 X 是一个紧致度量空间(见定义 A.1.17)，映射 $f: X \to X$ 对任意 $x \neq y$ 有 $d(f(x), f(y)) < d(x, y)$. 证明：f 有唯一不动点 $x_0 \in X$，并且对任意 $x \in X$ 有 $\lim_{n \to \infty} f^n(x) = x_0$.

问题 2.6.10　设 X 是一个完备度量空间，度量函数取值不超过 1，$f: X \to X$ 满足 $d(f(x), f(y)) \leqslant d(x, y) - 1/2(d(f(x), f(y)))^2$. 证明：$f$ 有唯一不动点 $x_0 \in X$，并且对任意 $x \in X$ 有 $\lim_{n \to \infty} f^n(x) = x_0$.

2.7　分　　形

2.7.1　Cantor 集

下面介绍一种经常在分析课程中出现的奇异集合：Cantor 集. 我们将看到这样的集合在动力学中经常自然地出现，并且是常常遇到的一类重要的空间.

1. 几何的定义

Cantor 三分集是如下描述的：考虑单位区间 $C_0 = [0, 1]$ 并去掉中间的长为 $1/3$ 的开区间 $(1/3, 2/3)$，留下的两个长为 $1/3$ 的区间的并集记作 C_1. 按上述作法处理这两个区间，即移去它们中间的 $1/3$ 区间. 剩余集合 C_2 由 4 个长度为 $1/9$ 的区间构成，再移去它们中间的 $1/3$ 开区间. 如此继续下去，得到由 2^n 个长度均为 3^{-n} 的区间构成的嵌套集合 C_n(长度之和 $(2/3)^n \to 0$). 所有这些集合的交集 C 非空 (因为它们是闭有界的，再由命题 A.1.24 可得) 且是闭有界的，因为所有 C_n 是这样的. C 被称为 Cantor 三分集 (见图 2.7.1).

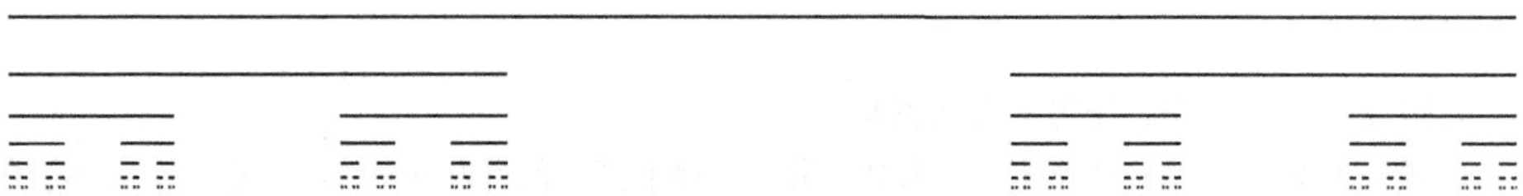

图 2.7.1　Cantor 三分集

2. 分析的定义

用分析的方式描述上述构造是有用的.

引理 2.7.1　C 为 $[0, 1]$ 区间中写成三进制小数 (即以 3 为基而不是以 10 为基) 而不出现 1 的数的集合.

证明　中间的 $1/3$ 开区间 $(1/3, 2/3)$ 恰是写成三进制后在小数点后第一个数为 1，即不能写成 $0.0\cdots$ 或 $0.2\cdots$ 的数的集合 (注意到 $1/3$ 可以写成 $0.02222\cdots$，$2/3$ 可以写成 $0.20000000\cdots$). 相应地，剩余两个区间的中间 $1/3$ 开区间恰是写成

三进制后在小数点后第二个数为 1 的数的集合. 如此下去即得. □

3. 性质

从某种意义上来说, 这个集合显然很小 (由于构成交集的这些集合中包含累计长度为任意小数的集合), 并且显然不包含任意区间. 另外, 有

引理 2.7.2　Cantor 三分集是完全不连通的 (见定义 A.1.8).

证明　C 中任意两点落在足够大的 C_n 的不同分支之中. 取其中之一的一个充分小的开邻域, 它和它的余集的内部形成包含 C 的两个开集的不交并, 并且它们分别包含这两个点. □

与之对比, 有

引理 2.7.3　Cantor 三分集是不可数的.

证明　作映射 f, 使对每点 $x = 0.\alpha_1\alpha_2\alpha_3\cdots = \sum_{i=1}^{\infty}(\alpha_i/3^i) \in C$ $(\alpha_i \neq 1)$, $f(x) := \sum_{i=1}^{\infty}(\alpha_i/2/2^i) = \sum_{i=1}^{\infty}\alpha_i 2^{-i-1} \in [0,1]$. 这个映射是一个满射, 因为所有的二进制小数在这儿都可以出现. 它的像是不可数的, 这意味着 C 是不可数的. □

Cantor 三分集的变形在本书中还有很多. 因而可以赋之以相同的名字:

定义 2.7.4　任意同胚于 Cantor 三分集的集合被称为 Cantor 集.

命题 A.1.7 表明可以从本质上描述 Cantor 集.

4. 自相似性

在 Cantor 三分集上有一个十分有趣的压缩映射的例子, 即 $f\colon [0,1] \to [0,1]$, $f(x) = x/3$. 由于 f 为压缩映射, 故它在其任意不变子集上也是压缩的, 特别地, 在 Cantor 集上也是如此. f 唯一的不动点显然是 0. Cantor 三分集在线性压缩下的这一不变性质常被称为自相似性. 它的含义十分清楚而显著: Cantor 集的精微的结构和它整体的结构完全一致, 在小的比例下它并不变得简单.

5. 魔鬼阶梯

三进制表示形式不唯一的点是那些可以写成有穷小数的点, 即三进制有理数. 这些点正是在 Cantor 集的构造中那些可数个端点. 考虑引理 2.7.3 中的函数 $f\left(\sum_{i=1}^{\infty}\alpha_i 3^{-i}\right) = \sum_{i=1}^{\infty}\alpha_i 2^{-i-1}$. 则 $f(1/3) = f(0.02222222\cdots) = 0.011111\cdots$ (二进制) $= 0.1$ (二进制) $= 1/2$. 同时, $f(2/3) = f(0.2000000\cdots) = 0.1$ (二进制) $= 1/2$. 类似地, 可以看到所有这些端点中, 相对应的点对在此映射下 "粘" 在一起. 也不难证明 f 非减. 有时通过在余区间上取常值把映射 f 扩张到 $[0,1]$ 上. 由于得到的连续函数具有几个奇异性质, 于是被称为 "魔鬼阶梯". 像在 Cantor 集的情形一样, 这样的函数在动力系统的研究中自然地出现 (见定义 4.4.1 和图 4.4.1).

2.7.2　其他自相似集

下面描述其他一些有趣的具有不同形式的自相似的度量空间. Sierpinski 地毯(见图 2.7.2) 如下得到: 首先从单位正方形中移去中间的 1/9 正方形 $(1/3, 2/3) \times (1/3, 2/3)$, 接着在剩下的 8 个全等正方形 $(i/3, i+1/3) \times (j/3, j+1/3)$ 中分别移去中间的 1/9 正方形, 如此继续下去. 这一构造很容易用三进制小数在高维空间中的推广来描绘 (习题 2.7.4). 换一种做法, 我们可以把底边水平的等边三角形分成 4 个全等的三角形使得中间的一个底边水平, 然后移去中间的一个. 对剩下的 3 个等边三角形继续同样的构造即得. von Koch雪花曲线如下得到: 在一个等边三角形的每条边上凸起一个等边三角形, 使其底边恰为大三角形该边的 1/3, 在得到的多边形的边上继续这个步骤即可得 (见图 2.7.3). 这由 Helge von Koch(1904) 得到.

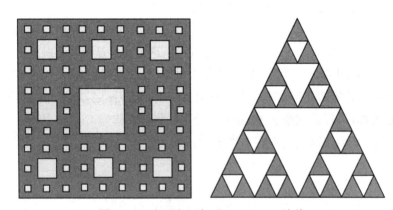

图 2.7.2　方形和三角形 Sierpinski 地毯

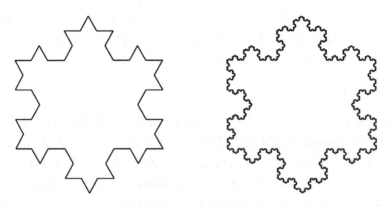

图 2.7.3　Koch 雪花曲线

Sierpinski 地毯 S 的一个三维版本为 Sierpinski 海绵, 或称 Menger 曲线, 定义为 $\{(x, y, z) \in [0, 1]^3 \,|\, (x, y) \in S, (x, z) \in S, (y, z) \in S\}$. 它是把一个单位正方体从每

个方向挖去中间一个 1/3 见方的洞, 然后在剩余的部分再适当的位置打 8 个 1/9 见方的洞, 如此下去即得.

习题 2.7.1 确定 Cantor 三分集 (带有通常的度量) 是否是完备度量空间. 试证明之.

习题 2.7.2 证明: $[0,1]$ 上的映射 $x \mapsto f(x) = 1 - (x/3)$ 是压缩映射, 并且映 Cantor 三分集到自身. 不动点在哪儿?

习题 2.7.3 对映射 $f(x) = (x+2)/3$ 重复上一习题.

习题 2.7.4 证明: 方形 Sierpinski 地毯是单位正方形中至少有一个坐标在三进制表示下不含有 1 的点的集合.

为进一步学习而提出的问题

问题 2.7.5 证明: Cantor 三分集 C 同胚于它的笛卡儿乘积空间 $C \times C$(这在 7.3.3 节中自然出现).

问题 2.7.6 如果 f 是引理 2.7.3 证明过程中的函数且 $(h_1, h_2)\colon C \to C \times C$ 为上面问题中的同胚, 则 $F(x) := (f(h_1(x)), f(h_2(x)))$ 定义了一个满射 $F\colon C \to [0,1] \times [0,1]$. 证明: f(从而 F) 连续且 F 可扩张成 $[0,1]$ 上的一个连续映射 (得到的映射为连续满射 $[0,1] \to [0,1] \times [0,1]$, 即一个充满空间的曲线 或 Peano曲线).

问题 2.7.7 证明: $[0,1]$ 中的点在 5 进制表示下没有奇数出现的点的集合 C' 是一个 Cantor 集.

问题 2.7.8 确定 $[0,1]$ 中的点在十进制表示下没有奇数出现的点的集合是否为一个 Cantor 集.

第3章 线性映射和线性微分方程

本章中系统的动力行为和第 2 章中的例子的动力行为相比要复杂一些. 特别地, 在离散和连续两种系统中出现了周期运动. 同时, 在大多数线性系统即线性映射和线性微分方程中, 轨道结构很容易理解 (由位于单位圆周上的复特征值引起的椭圆型的复杂性问题在后面两章的第一节中给出讨论), 我们将在本章中对它详细描述. 这里要用到线性代数, 但并不是线性代数的一个简单重复, 这是因为我们要研究线性系统的动力性质, 注重它在迭代下的渐近行为. 因此, 本章将拓展我们能够描述的渐近行为的范围. 首先从平面系统开始, 进而对任意维的 Euclid 空间上的系统进行研究.

除了能够加强对渐近行为可能性的认识, 研究线性映射还将为我们借助线性化的方法研究非线性映射提供有力的帮助, 这在 2.1.2 节中已经初步讨论过. 最直接的情形是研究非线性动力系统中不动点附近的轨道的渐近行为, 而且它也可以帮助研究轨道的相对行为以及描述轨道的整个结构, 我们将在 6.2.2.7 节中给出详细讨论.

3.1 平面上的线性映射

为了从动力系统的观点来理解线性映射, 也就是说, 研究在这些映射的迭代下点是怎样运动的, 我们不必研究线性映射的动力学的所有细节. 首要关注的是动力行为的粗糙方面, 例如趋于原点、发散、渐近趋于线和螺旋.

3.1.1 直线

我们从一维的情形开始. 直线上的线性映射易于描述: 它们的形式为 $x \mapsto \lambda x$, 当 $|\lambda| < 1$ 时, 映射是压缩的, 且以 0 为其吸引不动点, 当 $|\lambda| > 1$ 时, 所有的非零轨道趋于无穷, 当 $|\lambda| = 1$ 时, 映射是恒同的或 $x \mapsto -x$, 此时所有轨道有周期 2. 因此, 这些映射是 (最终) 压缩的当且仅当 $|\lambda| < 1$.

3.1.2 特征值

现在考虑平面上的映射 $x \mapsto Ax$. 我们仍然考虑在映射的重复作用下系统的渐近行为. 这种情况下有更多的可能性, 我们将利用一些简单的线性代数的知识来理解. 在分析的过程中, 表示映射的 (关于某个基的) 2×2 矩阵 A 的特征值扮演着决

定性的角色. 对矩阵

$$A = \begin{pmatrix} a & b \\ c & d \end{pmatrix},$$

实数 λ 称为 A 的实特征值, 如果存在非零向量 $\begin{pmatrix} x \\ y \end{pmatrix}$, 使得

$$\begin{pmatrix} a & b \\ c & d \end{pmatrix} \begin{pmatrix} x \\ y \end{pmatrix} = \lambda \begin{pmatrix} x \\ y \end{pmatrix} \text{ (一个特征向量)}.$$

从几何上来说, 这表明存在在 A 下不变的直线 $\left(\begin{pmatrix} x \\ y \end{pmatrix} \text{生成的子空间} \right)$. 此直线上的动力学恰好是 3.1.1 节中所讨论问题的一个实例, 也成为平面系统研究的一个构件. 由类似的公式可以定义复特征值, 但这时可以取复向量 ω. 此时实向量 $\omega + \bar{\omega}$ 和 $i(\omega - \bar{\omega})$ 生成一个实子空间 (特征空间).

条件

$$\begin{pmatrix} a & b \\ c & d \end{pmatrix} \begin{pmatrix} x \\ y \end{pmatrix} = \lambda \begin{pmatrix} x \\ y \end{pmatrix}$$

等价于

$$\begin{pmatrix} a - \lambda & b \\ c & d - \lambda \end{pmatrix} \begin{pmatrix} x \\ y \end{pmatrix} = 0.$$

当 $\begin{pmatrix} x \\ y \end{pmatrix} = 0$ 时, 方程总是成立的, 并且方程有非零解当且仅当

$$\begin{pmatrix} a - \lambda & b \\ c & d - \lambda \end{pmatrix}$$

是不可逆的. 因此, 非零特征向量存在, 恰好对应于使得

$$\begin{pmatrix} a - \lambda & b \\ c & d - \lambda \end{pmatrix}$$

不可逆或其行列式为 0 的那些 λ. A 的特征值就是特征多项式

$$(a - \lambda)(d - \lambda) - bc = \lambda^2 - (a + d)\lambda + ad - bc = \lambda^2 - (\mathrm{tr}A)\lambda + \det A$$

的根, 其中 $\mathrm{tr}A := a + d$ 和 $\det A := ad - bc$. 由二次公式

$$2\lambda = -\mathrm{tr}A \pm \sqrt{(\mathrm{tr}A)^2 - 4\det A} \tag{3.1.1}$$

以及根据判别式 $(\mathrm{tr}A)^2 - 4\det A$ 是正, 0, 或负, 得到三种情形: 有两个实根、一个单根, 或两个共轭复根.

3.1.3 相异实特征值

考虑第一种情形. 当有两个不同实特征值 λ 和 μ 时, 存在非零特征向量 v 和 w, 使得方程 $Av = \lambda v$ 和 $Aw = \mu w$ 成立. 那么特征空间 $\mathbb{R}v = \{tv | t \in \mathbb{R}\}$ 和 $\mathbb{R}w = \{tw | t \in \mathbb{R}\}$ 分别在 A 下不变, 因此, 在每一条直线上, 线性映射简化为一维线性映射. 我们想以这两条线作为新坐标系统的坐标轴, 这意味着我们想得到矩阵 A 关于由 v 和 w(取代标准单位向量 e_1 和 e_2) 组成的基的表示. 显然由 $Av = \lambda v$ 和 $Aw = \mu w$, 可用矩阵

$$B = \begin{pmatrix} \lambda & 0 \\ 0 & \mu \end{pmatrix}$$

给出 A 的表示.

命题 3.1.1   一个具有实特征值 $\lambda \neq \mu$ 的线性映射可通过线性坐标变换对角化为

$$B = \begin{pmatrix} \lambda & 0 \\ 0 & \mu \end{pmatrix}.$$

从矩阵计算的角度来看, 知道这一坐标变换是很有用的. 所要求的坐标变换把 v 变为 e_1 以及把 w 变为 e_2, 因此它的逆可表示为矩阵 C(关于标准坐标), 它的列是 v 和 w—— 此矩阵把 e_1 变为 v 以及把 e_2 变为 w. 于是 A 关于这些坐标的表示为 $B = C^{-1}AC$, 其中 C 把新坐标变成旧坐标, A 给出变换, C^{-1} 又把坐标变回去. 这类似于 1.2.9.3 节中的讨论.

例 3.1.2   考虑

$$A = \begin{pmatrix} 2 & 1 \\ 1 & 2 \end{pmatrix}.$$

由式 (3.1.1) 知 $2\lambda = 4 \pm \sqrt{16 - 4 \cdot 3} = 4 \pm 2$, 所以 $\lambda = 1, \mu = 3$. 对应于 $\lambda = 1$ 的特征向量 v 满足方程组

$$\begin{pmatrix} 1 & 1 \\ 1 & 1 \end{pmatrix} \begin{pmatrix} x \\ y \end{pmatrix} = 0.$$

例如

$$x = -y = 1; \quad v = \begin{pmatrix} 1 \\ -1 \end{pmatrix}.$$

类似地

$$w = \begin{pmatrix} 1 \\ 1 \end{pmatrix}$$

是对应于第二个特征值 $\mu = 3$ 的一个特征向量, 因此取

$$C = \begin{pmatrix} 1 & 1 \\ -1 & 1 \end{pmatrix}$$

得

$$B = C^{-1}AC = \begin{pmatrix} 1 & 0 \\ 0 & 3 \end{pmatrix}.$$

对特殊情形 $|\lambda| < 1 < |\mu|$(或反之), 映射有一个名称.

定义 3.1.3 $\mathbb{R}^2$ 上满足一个特征值在 $(-1,1)$ 内, 另一特征值的绝对值大于 1 的线性映射称为是双曲的.

3.1.4 单一实特征值

第二种情形是存在单一实特征值 λ 使得映射 $A - \lambda \mathrm{Id}$ 是不可逆的, 此时有两种可能性: 第一种情形是该映射等于 0, 此时 $A = \lambda \mathrm{Id}$. 它们很简单也很重要.

定义 3.1.4 映射 $A = \lambda \mathrm{Id}$ 称为相似或放缩.

另一情形是在尺度因子等价下 $Av = \lambda v$ 仅有一个非零解 v. 设 C 是可逆矩阵且其第一列为 v. 于是 $B = C^{-1}AC$ 的第一列是 $\begin{pmatrix} \lambda \\ 0 \end{pmatrix}$ 且另一对角值也为 λ(λ 为特征值). 因此,

$$B = \begin{pmatrix} \lambda & s \\ 0 & \lambda \end{pmatrix},$$

其中 $s \neq 0$, 并且

$$B^n = \begin{pmatrix} \lambda^n & ns\lambda^{n-1} \\ 0 & \lambda^n \end{pmatrix} = \lambda^n \begin{pmatrix} 1 & \dfrac{ns}{\lambda} \\ 0 & 1 \end{pmatrix}.$$

事实上, 我们进一步指出, 任意给定 $a \neq 0$, 取

$$C' = \begin{pmatrix} 1 & 0 \\ 0 & \dfrac{1}{sa} \end{pmatrix},$$

则得到

$$B' := C'^{-1}BC' = \begin{pmatrix} 1 & 0 \\ 0 & sa \end{pmatrix} \begin{pmatrix} \lambda & s \\ 0 & \lambda \end{pmatrix} \begin{pmatrix} 1 & 0 \\ 0 & \dfrac{1}{sa} \end{pmatrix} = \begin{pmatrix} \lambda & a \\ 0 & \lambda \end{pmatrix}.$$

命题 3.1.5 设 $a \neq 0$, A 为平面上线性映射且有二重特征值 λ, 但仅有一个线性无关的特征向量, 那么 A 共轭于

$$\begin{pmatrix} \lambda & a \\ 0 & \lambda \end{pmatrix}.$$

特别地, A 共轭于

$$\begin{pmatrix} \lambda & 1 \\ 0 & \lambda \end{pmatrix}.$$

$\lambda = 1$ 时映射有明显的渐近行为和特殊名称.

定义 3.1.6　如果一个映射共轭于

$$\begin{pmatrix} \lambda & s \\ 0 & 1 \end{pmatrix},$$

其中 $s \in \mathbb{R}$, 则称之为一个切变的或抛物型的线性映射.

3.1.5　复共轭特征值

特征多项式的根为复共轭对的情形时, 用矩阵 A 表示二维复空间 $\mathbb{C}^2$ 上的映射. $\mathbb{C}^2$ 是复数对的集合, 带有以分量方式定义的加法和 (复) 纯量乘法运算. 类似于实向量, 利用矩阵乘法, $\mathbb{R}^2$ 上的线性映射可以看作 $\mathbb{C}^2$ 上的映射 (就像 $\mathbb{C}$ 可看作二维实向量空间一样, 可把 $\mathbb{C}^2$ 看作四维实向量空间, 但是在此我们并不应用这一性质).

在 $\mathbb{C}^2$ 上, 若映射 $A - \lambda \mathrm{Id}$ 是不可逆的, 则 $Av = \lambda v$ 和 $Aw = \bar{\lambda} w$ 有非零复解, 可取为复共轭对 $w = \bar{v}$(因为 $\bar{A} = A$). 像前面一样取以 v 和 w 为列的矩阵 C, 得到一个元素为复数的对角矩阵 $B = C^{-1}AC$. 因此, 取 $\mathbb{R}^2$ 中的实向量 $v + \bar{v}$ 和 $-\mathrm{i}(v - \bar{v})$ 作为矩阵 C 的列 (C 可逆), 计算可得

$$B := C^{-1}AC = \rho \begin{pmatrix} \cos\theta & \sin\theta \\ -\sin\theta & \cos\theta \end{pmatrix},$$

其中 $\lambda = \rho \mathrm{e}^{\mathrm{i}\theta}$. 它是先旋转一个 θ 角度然后用放缩映射 $\rho \mathrm{Id}$ 作用的结果.

命题 3.1.7　$\mathbb{R}^2$ 上有复特征值 $\rho \mathrm{e}^{\mathrm{i}\theta}$ 的线性映射共轭于映射

$$\rho \begin{pmatrix} \cos\theta & \sin\theta \\ -\sin\theta & \cos\theta \end{pmatrix}.$$

$\rho = 1$ 时得到下述重要情形:

定义 3.1.8　$\mathbb{R}^2$ 上共轭于旋转

$$\begin{pmatrix} \cos\theta & \sin\theta \\ -\sin\theta & \cos\theta \end{pmatrix}$$

的线性映射称为是椭圆型的.

注意到, 如果 θ/π 是有理数, 那么所有轨道为周期的.

例 3.1.9 对

$$A = \begin{pmatrix} 7 & 8 \\ -4 & -1 \end{pmatrix},$$

取

$$C = \begin{pmatrix} 1 & 1 \\ -1 & 0 \end{pmatrix} \quad \text{和} \quad B = \begin{pmatrix} 3 & 4 \\ -4 & 3 \end{pmatrix}.$$

图 3.1.1 表明, 正方形上的作用

$$\begin{pmatrix} 2 & 0 \\ 1 & \frac{1}{2} \end{pmatrix}, \quad \begin{pmatrix} 1 & 1 \\ 0 & 1 \end{pmatrix} \quad \text{和} \quad \begin{pmatrix} 1 & 1 \\ -1 & 1 \end{pmatrix} / \sqrt{2}$$

分别为双曲的、抛物型的和椭圆型的.

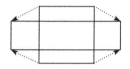 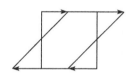

图 3.1.1 双曲的、抛物型的和椭圆型的映射

3.1.6 渐近行为

我们来看这些映射的轨道的渐近行为. 因为在所有矩阵计算中, 对所涉及的向量都采用在某一坐标表示下的 Euclid 范数, 所以澄清坐标变换和范数变换之间的关系是很必要的. 考虑向量 v 和它在可逆映射 (坐标变换) 下的像 Cv. 一般 $\|Cv\| \neq \|v\|$. 但我们可定义一个新的范数 $\|v\|' := \|Cv\|$ (这是一个范数, 因为 C 是线性且可逆的; 此"拉回"构造见 2.6.1 节). 由此可见, 在矩阵计算中, 取关于不同基的 Euclid 范数仅反映了范数的不同选择. 因此, 在此计算下得到的和范数的选择无关的任何结论, 都会给我们带来该映射关于 Euclid 范数的和基的选取无关的相应结果.

命题 3.1.10 $\mathbb{R}^2$ 上的线性映射是最终压缩的 (见定义 2.6.11) 当且仅当其所有的特征值的模小于 1.

证明 分三种情形考虑: 相异实特征值、二重实特征值和复特征值. 在三种情形下, 如果特征值的模小于 1 时, 映射只能是最终压缩的. 对于每一种情形的标准形式, 即对角矩阵、上三角矩阵及放缩旋转, 其结论是显然的. 因映射在什么条件下是最终压缩的和范数的选择无关 (因为所有的范数都是等价的), 于是对一般情形结论也是成立的.

下面证明特征值的模小于 1 是充分条件. 第一种情形由对角化显然可得: 使矩阵对角化的坐标变换定义了一个拉回范数, 而该范数等价于标准范数. 再注意到对角化矩阵显然是压缩的, 并且把度量变为等价度量不改变最终压缩性.

仅有一个实特征值的情形时, 考虑矩阵

$$B = \begin{pmatrix} \lambda & a \\ 0 & \lambda \end{pmatrix},$$

其中 $0 < 2a < 1 - |\lambda|$(命题 3.1.5). 有

$$\left\| B \begin{pmatrix} x \\ y \end{pmatrix} \right\| = \left\| \begin{pmatrix} \lambda x + ay \\ \lambda y \end{pmatrix} \right\| \leqslant |\lambda| \left\| \begin{pmatrix} x \\ y \end{pmatrix} \right\| + a \left\| \begin{pmatrix} 0 \\ y \end{pmatrix} \right\| \leqslant (|\lambda| + a) \left\| \begin{pmatrix} x \\ y \end{pmatrix} \right\|,$$

因此 B 是压缩的. 当然, 它是最终压缩的. 由以上的讨论可知, 同样的结论对共轭于 B 的矩阵 A, 即仅有特征值 λ 的矩阵也成立. 这是因为共轭相当于把范数变为等价范数. 又由推论 2.6.13 知, 范数的变换不影响最终压缩性质.

复特征值情形时, 角度 θ 旋转不改变向量的 Euclid 范数, 并且若特征值的模 $\rho < 1$ 时, 随后应用 $\rho \mathrm{Id}$, 则以因子 $\rho < 1$ 可减小它们的范数. 像前面一样, 任一有复特征值的矩阵共轭于旋转及放缩. □

3.1.7　原点处的结构

我们可以更细致地研究在这些压缩下, 点是以怎样的方式接近原点的.

1. 相异实特征值

在第一种情形有两个相异的实特征值时, 注意到

$$B^n \begin{pmatrix} x \\ y \end{pmatrix} = \begin{pmatrix} \lambda^n x \\ \mu^n y \end{pmatrix}.$$

设 $|\mu| < |\lambda| < 1$, 重记

$$\begin{pmatrix} \lambda^n x \\ \mu^n y \end{pmatrix} = \lambda^n \begin{pmatrix} x \\ \left(\frac{\mu}{\lambda}\right)^n x \end{pmatrix},$$

我们看到, 不在 y 轴上的所有轨道以速度 $|\lambda^n|$(两者中较慢的一个) 趋于 0. 事实上, 此时点 $\begin{pmatrix} x \\ y \end{pmatrix}$(其中 $x \neq 0$) 的轨线沿着曲线运动, 这些曲线在 B 下不变且在原点和 x 轴相切. 这些曲线由方程 $|y| = C|x|^{\log|\mu|/\log|\lambda|}$ 给出. 对任意的 C, 得到 4 个 "分支", 每一象限一个. 我们得到关于两轴对称的图像, 称之为结点. 如果特征值中有一个或两个为负, 那么轨道会在两个分支之间交替运动 (见图 3.1.2).

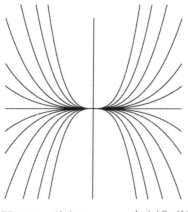

图 3.1.2 结点, $|y| = C|x|^{\log|\mu|/\log|\lambda|}$

为了证明这些曲线是不变的, 为简单起见, 取 $x, y, \lambda, \mu > 0$, 注意到, 由 $y = Cx^\alpha$ 的不变性, 有

$$\mu^n \cdot (Cx^\alpha) = \mu^n y = C(\lambda^n x)^\alpha = C\lambda^{\alpha n} x^\alpha,$$

因此 $\mu = \lambda^\alpha$, 从而 $\log \mu = \alpha \log \lambda$.

注意到当 $|\mu| = |\lambda|^n$ 对某一 $n \in \mathbb{N}$ 成立时, 这些曲线是光滑的 (无穷可微)(否则, 它只能是有限次可微的), 此重合称为谐振.

2. 单实特征值

当 A 仅有一个实特征值 λ 且 $A \neq \lambda \mathrm{Id}$, A 共轭于

$$B = \begin{pmatrix} \lambda & \lambda \\ 0 & \lambda \end{pmatrix}.$$

类似于以上描述得到

$$B^n = \lambda^n \begin{pmatrix} 1 & n \\ 0 & 1 \end{pmatrix}.$$

这里我们注意到 $B^n \begin{pmatrix} x \\ y \end{pmatrix}$ 的第二坐标为 $\lambda^n y$, 它单调收敛于 0; 第一坐标 $\lambda^n(x + ny)$ 也收敛于 0 但不一定是单调的, 和 $x = 0$ 时的情形类似. 此时存在由

$$x = Cy + \frac{y \log |y|}{\log |\lambda|} \tag{3.1.2}$$

给出的不变曲线. 这些曲线关于原点是对称的, 此类不动点称为是退化结点. 这里在负特征值时得到的轨道在分支之间交替运动 (见图 3.1.3).

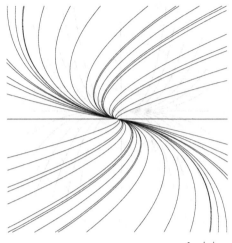

图 3.1.3　退化结点, $x = Cy + \dfrac{y\log|y|}{\log|\lambda|}$

3. 复特征值

当有复特征值 $\rho e^{\pm i\theta}$ 时, 在极坐标 (r, ϕ) 下的轨线为一族螺旋线 $r = $ 常数 $e^{(-\theta^{-1}\log\rho)\phi}$, 称之为焦点(见图 3.1.4).

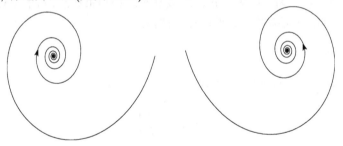

图 3.1.4　焦点, $r = $ 常数 $e^{(-\theta^{-1}\log\rho)\phi}$

3.1.8　非压缩情形

现在考虑非压缩情形下的这些映射, 首先考虑特征值为实数的情况.

1. 非扩张映射

若有两个相异的实特征值, 于是它们可能是 1 和 −1, 此时对应于一个反射 (见图 3.1.5), 或有一个特征值的绝对值为 1 或两个特征值的绝对值都不是 1. 如果一个特征值 λ 的绝对值为 1 且另一特征值 μ 的绝对值小于 1, 那么 λ 的特征空间由不动点或周期为 2 的点组成, 而其他点沿着平行于 μ 的特征空间的线接近于 λ 的特征空间. 另一种描述是把 $\mathbb{R}^2$ 分解为两个一维子空间且在其中一个上 A 为线性压缩的, 在另一子空间上 A 和 A^{-1} 都不是压缩的.

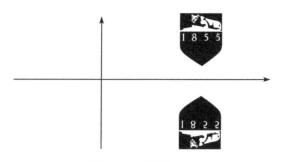

图 3.1.5 特征值 ±1

2. 一个扩张和一个中立方向

若 $|\mu| > 1$, 则所有其他点沿着那些线远离此特征空间. 此时, 我们可类似分解 $\mathbb{R}^2$ 为一个扩张和一个中立子空间.

3. 双曲情形

若两个特征值的绝对值都大于 1, 那么所有轨道沿着与压缩情形相同的不变曲线发散到无穷 (因为这些曲线产生于它的逆映射).

剩下一种最特别的可能性是 $|\lambda| > 1$ 和 $|\mu| < 1$, 称之为双曲 (鞍点)情形. 对此映射对角化可得, x 轴上的点在

$$B^n = \left(\begin{array}{cc} \lambda^n & 0 \\ 0 & \mu^n \end{array} \right)$$

作用下沿着 x 轴发散. 且 y 轴以外的点向右或向左发散同时它们的 y 坐标趋于 0, 也就是说, 所有轨道渐近地趋向于 x 轴. 反过来, 在 B^{-n} 作用下 x 轴以外的所有点发散且以 y 轴为渐近线. 同样, 轨道沿着不变曲线 $y = Cx^{\log|\mu|/\log|\lambda|}$ 运动. 注意到这里的指数是负的. 此图像称为鞍点(见图 3.1.6). 在 $\mu = 1/\lambda$ 的特殊情形, 这些曲线是标准双曲线 $y = \dfrac{C}{x}$, 这也正是名词 "双曲性" 的由来. 此时 $\mathbb{R}^2$ 分解为两个子空间, 其中一个为压缩的且另一个为扩张的, 分别对应于 μ 和 λ 的特征空间. 类似于结点情形, 负特征值时得到的轨道在分支间交替运动.

4. 复特征值

最后, 复特征值的情形是很简单的: 或者两个特征值都在单位圆周上, 此时映射共轭于一个旋转. 此时, 即使限制于任意 (不变) 圆周 $r = $ 常数 上, 映射的动力学也是很重要的. 这将在下一章中分析. 若两个特征值都在圆周外, 那么所有轨道都是向外盘旋的, 计算与压缩情形相同.

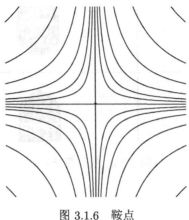

图 3.1.6   鞍点

3.1.9   再论 Fibonacci

1. 双曲矩阵

双曲映射的一个特殊例子值得进一步考察. 矩阵

$$A := \begin{pmatrix} 0 & 1 \\ 1 & 1 \end{pmatrix}$$

的特征多项式为

$$\det \begin{pmatrix} -\lambda & 1 \\ 1 & 1-\lambda \end{pmatrix} = \lambda^2 - \lambda - 1,$$

因此它的特征值是 $(1 \pm \sqrt{5})/2$. 由于 $2 < \sqrt{5} < 3$, 其一特征值大于 1, 另一特征值在 $(-1, 0)$ 内, 使得 A 为双曲矩阵. 因这两个特征向量是正交的 (因 A 是对称的, 也可直接验证), 这表明此映射的轨道图像看起来像图 3.1.6 的旋转版本. "扩张" 特征值的特征向量可由求解以下方程所得

$$0 = (A - \lambda\mathrm{Id}) \begin{pmatrix} x \\ y \end{pmatrix} = \begin{pmatrix} (-1-\sqrt{5})x/2 + y \\ x + (1-\sqrt{5})y/2 \end{pmatrix},$$

因此, 此特征值的特征空间是由 $y = (1+\sqrt{5})x/2$ 给出的直线.

在双曲映射的重复作用下, 所有点会渐近趋于扩张子空间, 如图 3.1.6 所描绘的一样. 特别地, 如果由 $\begin{pmatrix} 1 \\ 1 \end{pmatrix}$ 出发, 且令

$$\begin{pmatrix} x_n \\ y_n \end{pmatrix} := A^n \begin{pmatrix} 1 \\ 1 \end{pmatrix},$$

则 $\lim\limits_{n \to \infty} y_n/x_n = (1+\sqrt{5})/2$.

注意到 x_n 相继取值 $1, 1, 2, 3, 5, 8, 13, \cdots$, 此为我们在 1.2.2 节和例子 2.2.9 中见过的 Fibonacci 序列.

2. Fibonacci 数

类似于例 2.2.9, 用 b_n 表示 Fibonacci 数, 并注意到 $b_{n+2} = b_{n+1} + b_n$. 这蕴含着

$$\begin{pmatrix} b_{n+1} \\ b_{n+2} \end{pmatrix} = \begin{pmatrix} b_{n+1} \\ b_{n+1} + b_n \end{pmatrix} = \begin{pmatrix} 0 & 1 \\ 1 & 1 \end{pmatrix} \begin{pmatrix} b_n \\ b_{n+1} \end{pmatrix} = A \begin{pmatrix} b_n \\ b_{n+1} \end{pmatrix}. \tag{3.1.3}$$

这表明 $x_n = b_n$ 和 $y_n = b_{n+1}$, 且注意到 $\lim_{n \to \infty} y_n/x_n = (1 + \sqrt{5})/2$ 给出了例 2.2.9 中得到的渐近比的一个新的证明.

再看式 (3.1.3), 它把原来的一个变元两步递推 $b_{n+2} = b_{n+1} + b_n$ 变为两个变元的一步递推. 这是一个降到一阶的例子, 在微分方程中有用. 在离散时间条件下, 可利用此转化得到 Fibonacci 数的一个具体的 (即非递推的) 公式.

命题 3.1.11 Fibonacci 数 $b_0 = 1, b_1 = 1, \cdots$ 由如下公式给出

$$b_n = \frac{(1 + \sqrt{5})^{n+1} - (1 - \sqrt{5})^{n+1}}{2^{n+1} \sqrt{5}}.$$

证明 类似于 3.1.7.1 节, 取矩阵 C, 使其列为 A 的特征向量, 把 A 对角化:

$$C = \frac{1}{2} \begin{pmatrix} 2 & 2 \\ 1 + \sqrt{5} & 1 - \sqrt{5} \end{pmatrix}, \qquad C^{-1} = \frac{1}{2\sqrt{5}} \begin{pmatrix} \sqrt{5} - 1 & 2 \\ \sqrt{5} + 1 & -2 \end{pmatrix},$$

$$C^{-1}AC = \frac{1}{2} \begin{pmatrix} 1 + \sqrt{5} & 0 \\ 0 & 1 - \sqrt{5} \end{pmatrix}.$$

反过来, 有

$$A = \frac{1}{2} \begin{pmatrix} 2 & 2 \\ 1 + \sqrt{5} & 1 - \sqrt{5} \end{pmatrix} \frac{1}{2} \begin{pmatrix} 1 + \sqrt{5} & 0 \\ 0 & 1 - \sqrt{5} \end{pmatrix} \frac{1}{2\sqrt{5}} \begin{pmatrix} \sqrt{5} - 1 & 2 \\ 1 + \sqrt{5} & -2 \end{pmatrix}$$

和

$$A^n = \frac{1}{2^{n+2}\sqrt{5}} \begin{pmatrix} 2 & 2 \\ 1 + \sqrt{5} & 1 - \sqrt{5} \end{pmatrix} \begin{pmatrix} 1 + \sqrt{5} & 0 \\ 0 & 1 - \sqrt{5} \end{pmatrix}^n \begin{pmatrix} \sqrt{5} - 1 & 2 \\ 1 + \sqrt{5} & -2 \end{pmatrix}$$

$$= \begin{pmatrix} 2(1+\sqrt{5})^n(\sqrt{5}-1) + 2(1-\sqrt{5})^n(1+\sqrt{5}) & 4(1+\sqrt{5})^n - 4(1-\sqrt{5})^n \\ (1+\sqrt{5})^{n+1}(\sqrt{5}-1) - (1-\sqrt{5})^{n+1}(1+\sqrt{5}) & 2(1+\sqrt{5})^{n+1} - 2(1-\sqrt{5})^{n+1} \end{pmatrix}.$$

因此

$$\begin{pmatrix} b_n \\ b_{n+1} \end{pmatrix} = \begin{pmatrix} x_n \\ y_n \end{pmatrix} = A^n \begin{pmatrix} 1 \\ 1 \end{pmatrix} = \frac{1}{\sqrt{5}} \begin{pmatrix} \left(\dfrac{1+\sqrt{5}}{2}\right)^{n+1} - \left(\dfrac{1-\sqrt{5}}{2}\right)^{n+1} \\ \left(\dfrac{1+\sqrt{5}}{2}\right)^{n+2} - \left(\dfrac{1-\sqrt{5}}{2}\right)^{n+2} \end{pmatrix}. \qquad \Box$$

注 3.1.12 命题 3.1.11 表明 b_n 是最接近 $(1/\sqrt{5})((1+\sqrt{5})/2)^{n+1}$ 的整数(并交替位于其上和其下). 在此意义下, Fibonacci 序列是用整数来近似一个严格指数增长的模型时能得到的最佳逼近. 例 15.2.5 将其置于一般模型中.

3. 二阶差分方程

当然, 上面用 Fibonacci 递推所做的是一般的方法. 当由一个线性二阶递推 $a_{n+1} = pa_{n-1} + qa_n$ 定义一个序列时, 可把此递推转化为一阶向量递推

$$\begin{pmatrix} a_n \\ a_{n+1} \end{pmatrix} = \begin{pmatrix} 0 & 1 \\ p & q \end{pmatrix} \begin{pmatrix} a_{n-1} \\ a_n \end{pmatrix}.$$

在大多数情况下这些递推和在 Fibonacci 序列的情况下一样容易求解. 为了看清这一点, 只需注意到 Fibonacci 数的形式是两个特征根的同次幂的线性组合. 这并不奇怪.

命题 3.1.13 若 $\begin{pmatrix} 0 & 1 \\ p & q \end{pmatrix}$ 有两个不同的特征根 λ 和 μ, 那么递推 $a_{n+1} = pa_{n-1} + qa_n$ 的任意解的形式是 $a_n = x\lambda^n + y\mu^n$.

证明 设 v 和 w 分别是 λ 和 μ 的特征向量, 记

$$\begin{pmatrix} a_0 \\ a_1 \end{pmatrix} = \alpha v + \beta w,$$

则

$$\begin{pmatrix} a_n \\ a_{n+1} \end{pmatrix} = \alpha \lambda^n v + \beta \mu^n w,$$

即 $x = \alpha v_1$ 和 $y = \beta w_1$ 为所求. □

注 3.1.14 注意到 x 和 y 可由初值条件直接确定, 而不用解出特征向量.

例 3.1.15 1.2.3 节中的递推 $a_{n+1} = a_{n-1}/2 + a_n/2$ 对应于矩阵

$$\begin{pmatrix} 0 & 1 \\ \dfrac{1}{2} & \dfrac{1}{2} \end{pmatrix}$$

且其特征值为 $1, -1/2$. 所以对某 x, y, 由 $a_n = x + (-1/2)^n y$ 可给出龙虾产量模型. 这种相对快速稳定化也出现于有振荡的系统中, 而且也发生在描述人口模型的营房映射当参数在 2 和 3 之间的时候 (见命题 2.5.2 的情形 2).

习题 3.1.1 证明: 3.1.6 节中定义的 $\|\cdot\|'$ 是一个范数.

习题 3.1.2 设 A 是一个对称矩阵, $\lambda \neq \mu$ 为特征值且其对应的特征向量分别为 v, w. 证明: $v \perp w$, 即 v 和 w 是正交的.

习题 3.1.3 证明: 具有实特征值和两个正交的特征向量的任意 2×2 矩阵是对称的.

习题 3.1.4 对于有一单特征向量的二重特征值情形时, 陈述并证明命题 3.1.13.

习题 3.1.5 设可以无限制的供给边长为 1×2 和 2×2 的地砖. 铺砌成 $n \times 2$ 大小的带状区域有多少种方法?

3.2 平面上的线性微分方程

与线性映射对应的连续时间的系统是线性微分方程. 下面从渐近行为的观点来研究线性微分方程.

前面例子中不变曲线的出现并非偶然. 上面描述的线性映射是从相关的微分方程的解中产生, 而这些方程的解是由上面那些映射插值迭代而生成的. 它们 (方程) 有如下形式

$$\begin{pmatrix} \dot{x} \\ \dot{y} \end{pmatrix} = A \begin{pmatrix} x \\ y \end{pmatrix},$$

或更明确地,

$$\dot{x} = a_{11}x + a_{12}y, \quad \dot{y} = a_{21}x + a_{22}y.$$

3.2.1 结点

上面等式右边的矩阵有两个相异正(实)特征值的情形可由如下微分方程表示:

$$\begin{pmatrix} \dot{x} \\ \dot{y} \end{pmatrix} = \begin{pmatrix} \log \lambda & 0 \\ 0 & \log \mu \end{pmatrix} \begin{pmatrix} x \\ y \end{pmatrix},$$

其中 $\lambda, \mu > 0$, 其解为

$$\begin{pmatrix} x(t) \\ y(t) \end{pmatrix} = \begin{pmatrix} x(0)\mathrm{e}^{t \log \lambda} \\ y(0)\mathrm{e}^{t \log \mu} \end{pmatrix} = \begin{pmatrix} x(0)\lambda^t \\ y(t)\mu^t \end{pmatrix} = \begin{pmatrix} \lambda^t & 0 \\ 0 & \mu^t \end{pmatrix} \begin{pmatrix} x(0) \\ y(0) \end{pmatrix}.$$

此时我们回顾 2.4.2.5 节, 其中的观点是把解的集合看作是空间上以 t 为参数的映射族. 此例中这些映射由以下矩阵给出

$$\begin{pmatrix} \lambda^t & 0 \\ 0 & \mu^t \end{pmatrix}.$$

当 $t = 1$ 时, 得到映射

$$\begin{pmatrix} \lambda & 0 \\ 0 & \mu \end{pmatrix},$$

因此, 解曲线将前面得到的不变曲线参数化. 和离散流情形相对应, 此轨道图像称为结点(如图 3.2.1).

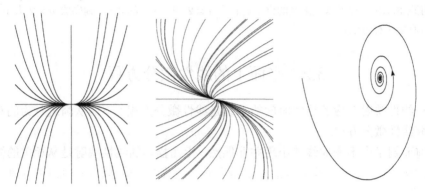

图 3.2.1   结点、退化结点和焦点

在特殊情形 $A = \log \lambda \mathrm{Id}$ 和 $t = 1$ 时, 我们得到 $\lambda \mathrm{Id}$.

3.2.2   退化结点

对应于线性映射

$$\begin{pmatrix} \lambda & 1 \\ 0 & \lambda \end{pmatrix},$$

其中 $\lambda > 1$, 考虑微分方程

$$\begin{pmatrix} \dot{x} \\ \dot{y} \end{pmatrix} = \begin{pmatrix} \log \lambda & 1 \\ 0 & \log \lambda \end{pmatrix} \begin{pmatrix} x \\ y \end{pmatrix},$$

其解为

$$\begin{pmatrix} x(t) \\ y(t) \end{pmatrix} = \begin{pmatrix} x(0)\mathrm{e}^{t\log\lambda} + y(0)t\mathrm{e}^{t\log\lambda} \\ y(0)\mathrm{e}^{t\log\lambda} \end{pmatrix} = \begin{pmatrix} \lambda^t & t\lambda^t \\ 0 & \lambda^t \end{pmatrix} \begin{pmatrix} x(0) \\ y(0) \end{pmatrix} = \lambda^t \begin{pmatrix} x(0) + ty(0) \\ y(0) \end{pmatrix}.$$

这里空间上参数为 t 的映射由以下矩阵给出

$$\begin{pmatrix} \lambda^t & t\lambda^t \\ 0 & \lambda^t \end{pmatrix},$$

当 $t = n$ 时, 有

$$\begin{pmatrix} \lambda & 1 \\ 0 & \lambda \end{pmatrix}^n.$$

由此容易得不变曲线式 (3.1.2), 取绝对值且对第二分量取对数, 从而解出 t, 再把 t 代入第一分量.

3.2.3 焦点

特征值为 $\rho e^{\pm i\theta}$ 的线性映射由以下微分方程得到

$$\begin{pmatrix} \dot{x} \\ \dot{y} \end{pmatrix} = \begin{pmatrix} \log\rho & \theta \\ -\theta & \log\rho \end{pmatrix} \begin{pmatrix} x \\ y \end{pmatrix},$$

其解为

$$\begin{pmatrix} x(t) \\ y(t) \end{pmatrix} = \rho^t \begin{pmatrix} x(0)\cos\theta t + y(0)\sin\theta t \\ y(0)\cos\theta t - x(0)\sin\theta t \end{pmatrix} = \rho^t \begin{pmatrix} \cos\theta t & \sin\theta t \\ -\sin\theta t & \cos\theta t \end{pmatrix} \begin{pmatrix} x(0) \\ y(0) \end{pmatrix}.$$

这里由解集得到的映射, 由以下矩阵给出

$$\rho^t \begin{pmatrix} \cos\theta t & \sin\theta t \\ -\sin\theta t & \cos\theta t \end{pmatrix},$$

此为旋转加放缩, 这些解将不变螺旋线参数化, 由离散时间情形可知, 此图像称为焦点. $|\rho| = 1$ 时是特殊情形, 其解是单纯的旋转且任意圆周 $r = $ 常数 是一个周期轨道, 称之为中心. 因此, 和离散时间情形 (3.2.8.4 节) 不同的是, 此时的动力学可以完全知晓.

3.2.4 鞍点

鞍点的连续时间图像由以下微分方程得到

$$\begin{pmatrix} \dot{x} \\ \dot{y} \end{pmatrix} = A \begin{pmatrix} x \\ y \end{pmatrix},$$

其中 A 有一正一负特征值, 即考虑微分方程

$$\begin{pmatrix} \dot{x} \\ \dot{y} \end{pmatrix} = \begin{pmatrix} \log\lambda & 0 \\ 0 & \log\mu \end{pmatrix} \begin{pmatrix} x \\ y \end{pmatrix},$$

其解为

$$\begin{pmatrix} x(t) \\ y(t) \end{pmatrix} = \begin{pmatrix} x(0)e^{t\log\lambda} \\ y(0)e^{t\log\mu} \end{pmatrix} = \begin{pmatrix} x(0)\lambda^t \\ y(t)\mu^t \end{pmatrix} = \begin{pmatrix} \lambda^t & 0 \\ 0 & \mu^t \end{pmatrix} \begin{pmatrix} x(0) \\ y(0) \end{pmatrix}.$$

$t = 1$ 时就是映射 $\begin{pmatrix} \lambda & 0 \\ 0 & \mu \end{pmatrix}$, 因此, 这些解曲线是参数化了的前面得到的不变曲线. 对应于离散时间情形, 此轨道图像称为鞍点.

注意到, 除了具有单一负特征值的线性映射的图像不能从微分方程解的图像得到以外, 其余的所有情形都得以实现了. 前者不能得到的原因是由特征空间内出发的微分方程的解不能离开此特征空间, 也不能穿过 0(由解的唯一性得到).

3.2.5　矩阵指数

由 $x(t) = \mathrm{e}^{at}x_0$ 为微分方程 $\dot{x} = ax$ 满足 $x(0) = x_0$ 的解可知, 平面上的线性映射和常系数二维线性微分方程之间的联系可以表达得更为直接. 类似, 对 $x \in \mathbb{R}^n$ 和 $n \times n$ 矩阵 $A, \dot{x} = Ax$ 的解为

$$x(t) = \mathrm{e}^{At}x(0), \quad \text{其中} \mathrm{e}^{At} := \sum_{i=0}^{\infty} \frac{A^i t^i}{i!}.$$

级数的每一项是 $n \times n$ 矩阵, 因此加法是有意义的. 由于 A^i 的每一个元素的绝对值均以 $\|A^i\| \leqslant \|A\|^i$ 为上界, 因而此级数是绝对收敛的. 例如, 若

$$A = \begin{pmatrix} \log\lambda & 0 \\ 0 & \log\mu \end{pmatrix},$$

则

$$\mathrm{e}^{At} = \begin{pmatrix} \lambda^t & 0 \\ 0 & \mu^t \end{pmatrix},$$

这是因为

$$\sum_{i=0}^{\infty} \begin{pmatrix} (\log\lambda)^i & 0 \\ 0 & (\log\mu)^i \end{pmatrix} \frac{t^i}{i!} = \begin{pmatrix} \sum_{i=0}^{\infty} \dfrac{(\log\lambda)^i t^i}{i!} & 0 \\ 0 & \sum_{i=0}^{\infty} \dfrac{(\log\mu)^i t^i}{i!} \end{pmatrix} = \begin{pmatrix} \mathrm{e}^{t\log\lambda} & 0 \\ 0 & \mathrm{e}^{t\log\mu} \end{pmatrix}.$$

稍加计算可验证

$$\mathrm{e}^{\begin{pmatrix} 0 & \theta \\ -\theta & 0 \end{pmatrix}t} = \begin{pmatrix} \cos\theta t & \sin\theta t \\ -\sin\theta t & \cos\theta t \end{pmatrix} \quad \text{和} \quad \mathrm{e}^{\begin{pmatrix} \log\rho & \theta \\ -\theta & \log\rho \end{pmatrix}t} = \rho^t \begin{pmatrix} \cos\theta t & \sin\theta t \\ -\sin\theta t & \cos\theta t \end{pmatrix}.$$

3.2.6　周期系数

在前面情况, (线性) 时间 1 映射是 e^A, 由初始条件 $x(0)$ 得到在时间 1 的解 $x(1)$. 对此映射迭代 n 次得到 $x(n)$. 这种方法之所以成立, 是由于微分方程不涉及时间参数或由于 $\mathrm{e}^{Ai} = (\mathrm{e}^A)^i$.

当时间以周期的方式作为微分方程的参数时, 上述做法也成立. 若 $\dot{x} = A(t)x$, 其中 $A(t+1) = A(t)$ 且存在 M 使得 $x(1) = Mx(0)$ 对任意解 $x(\cdot)$ 成立, 于是解满足初值 $x(1)$(对 1 时刻的解) 的微分方程 $\dot{x} = A(t+1)x = A(t)x$, 可由 $x(0)$ 得到 $x(2)$, 从而 $x(2) = M^2 x(0)$, 归纳地, $x(i) = M^i x(0)$. 因此, 带周期系数的微分方程在以我们的方法研究的范围之内.

注意到上述说明没利用微分方程的线性性. 类似的讨论可应用于满足 $f(x, t + 1) = f(x, t)$, $x \in \mathbb{R}^n$ 的微分方程 $\dot{x} = f(x, t)$.

习题 3.2.1 对于下述的矩阵 A, 确定微分方程

$$\begin{pmatrix} \dot{x} \\ \dot{y} \end{pmatrix} = A \begin{pmatrix} x \\ y \end{pmatrix}$$

属于上面所述的哪种情形, 画出类似于图 3.2.1 相图 (包括箭头)(注意到要选择的轴是斜的).

a) $\begin{pmatrix} 0 & 2 \\ -1 & 3 \end{pmatrix}$; b) $\begin{pmatrix} 1 & 1 \\ 3 & -1 \end{pmatrix}$; c) $\begin{pmatrix} 3 & -2 \\ 2 & 3 \end{pmatrix}$; d) $\begin{pmatrix} 1 & -1 \\ 1 & 3 \end{pmatrix}$.

习题 3.2.2 对 $\begin{pmatrix} \lambda^t & t\lambda^t \\ 0 & \lambda^t \end{pmatrix}$ 写出不变曲线式 (3.1.2).

习题 3.2.3 导出焦点的不变螺旋线在极坐标下的方程.

习题 3.2.4 对于微分方程

$$\begin{pmatrix} \dot{x} \\ \dot{y} \end{pmatrix} = \begin{pmatrix} 2 & 0 \\ 0 & 6 \end{pmatrix} \begin{pmatrix} x \\ y \end{pmatrix}, \begin{pmatrix} \dot{x} \\ \dot{y} \end{pmatrix} = \begin{pmatrix} \sqrt{2} & 0 \\ 0 & \sqrt{3} \end{pmatrix} \begin{pmatrix} x \\ y \end{pmatrix}, \begin{pmatrix} \dot{x} \\ \dot{y} \end{pmatrix} = \begin{pmatrix} 3 & 0 \\ 0 & 10 \end{pmatrix} \begin{pmatrix} x \\ y \end{pmatrix},$$

考虑形式为 $y = \varphi(x)$ 的图的解曲线. 判断每一种情形下对应的函数在 0 点可微分的次数.

为进一步学习而提出的问题

问题 3.2.5 假设有二重负特征值的线性映射可由线性微分方程的解得到. 证明: 此线性映射和恒同映射成比例.

3.3 高维线性映射和微分方程

下面研究高维空间的线性映射. 它比平面上的线性映射有更多的变化. 这是因为特征值的组合有更多的可能性 —— 实根和复根可能共存且可能有多重实特征值或复特征值, 也可能单根和重根共存. 因此, 我们不会像线性映射那样对此精细分类, 而是根据渐近行为来把不同的行为分成不同情形. 事实上, 对大多数应用来说, 这已经足够了.

第一步可从命题 3.1.10 出发, 但是在一般情况时需要稍微多一点的工作. 下面先给出一些基本概念.

3.3.1 谱半径

定义 3.3.1 设 $A: \mathbb{R}^n \to \mathbb{R}^n$ 是一个线性映射. 称 A 的特征值的集合为 A 的谱 且用 $\operatorname{sp} A$ 表示. A 的特征值的模的最大值用 $r(A)$ 表示且称之为 A 的谱半径(见图 3.3.1).

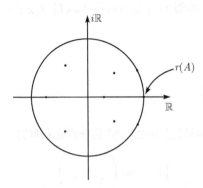

图 3.3.1   特征值和谱半径

对任取的范数 (见定义 A.1.29), A 的谱半径以 A 的范数 (式 (2.2.8) 中定义的) 为上界: $r(A) \leqslant \|A\|$, 这是由于如果模最大的特征值是实数时, 考虑其特征向量, 否则, 取其复特征向量 w 且用 A 作用于 $v := w + \bar{w}$ 上可得. 对 Euclid 范数来说, 当 A 可对角化 (或相对于复数可对角化) 时, 有 $\|A\| = r(A)$. 这有时对得到有关 $\|A\|$ 和 A 的元素大小的估计是有用的.

引理 3.3.2   对 $n \times n$ 矩阵 A, 用 a_{ij} 表示它的元素. 定义范数 $|A| := \max_{ij} |a_{ij}|$. 那么 $|A| \leqslant \|A\| \leqslant \sqrt{n}|A|$.

证明 $\|Av\| = \sqrt{\sum\limits_{i=1}^{n} \left(\sum\limits_{i=1}^{n} a_{ij}v_j\right)^2} \leqslant |A| \sqrt{\sum\limits_{i=1}^{n} \left(\sum\limits_{j=1}^{n} v_j\right)^2} = \sqrt{n}|A|\|v\|$, 反过来 $|a_{ij}| = \langle e_i, Ae_j \rangle \leqslant \|A\|$. $\qquad\qquad\qquad\qquad\square$

下述事实对研究线性映射的动力学是很重要的, 即便对不能对角化的线性映射.

命题 3.3.3   对任意 $\delta > 0$, $\mathbb{R}^n$ 上存在一个范数满足 $\|A\| < r(A) + \delta$.

它的证明需要利用类似于命题 2.6.12 的一个引理.

引理 3.3.4   考虑带有范数 $\|\cdot\|$ 的 $\mathbb{R}^n$, 以及 $\mathbb{R}^n$ 上的线性映射 $A: \mathbb{R}^n \to \mathbb{R}^n$, 若 $C, \lambda > 0$ 为常数且使得 $\|A^n\| \leqslant C\lambda^n$ 对所有 $n \in \mathbb{N}$ 成立, 则对 $\mu > \lambda$, 存在 $\mathbb{R}^n$ 上的范数 $\|\cdot\|'$ 满足 $\|A\|' \leqslant \mu$.

证明   若 $n \in \mathbb{N}$ 满足 $C(\lambda/\mu)^n < 1$, 则 $\|v\|' := \sum\limits_{i=0}^{n-1} \|A^i v\|/\mu^i$ 定义了一个范数且满足

$$\|Av\|' = \sum_{i=1}^{n} \|A^i v\|/\mu^{i-1} = \mu \left(\|Av\|' + \frac{\|A^n v\|}{\mu^n} - \|v\| \right)$$

$$\leqslant \mu\|Av\|' - \left(1 - C\frac{\lambda^n}{\mu^n}\right)\|v\| \leqslant \mu\|Av\|'. \qquad\qquad\square$$

命题 3.3.3 的证明   由引理可知, 仅需证明存在一个坐标变换和一个范数使得 $\|A^n\| \leqslant C(r(A) + (\delta/2))^n$ 对所有 $n \in \mathbb{N}$ 成立即可.

对任一实特征值 λ(重数为 k), 考虑广义特征空间或根空间 $E_\lambda := \{v | (A - \lambda\mathrm{Id})^k v = 0\}$. 由线性代数的知识可知 $\dim(E_\lambda) = k$(因为单位立方体在 $A - t\mathrm{Id}$ 下的像的体积 $\det(A - t\mathrm{Id}) \approx (t - \lambda)^k$, 所以当 $t \to \lambda$ 时有 k 个 "坍缩" 的方向). 因此, 这些空间生成整个空间. 此外, 由 Jordan 标准形也可得到.

在 E_λ 上应用二项式公式知

$$A^n = (\lambda\mathrm{Id} + \Delta)^n = \sum_{l=0}^{k-1} \binom{n}{l} \lambda^{n-l} \Delta^l = \lambda^n \sum_{l=0}^{k-1} \binom{n}{l} \lambda^{-l} \Delta^l.$$

$\Delta_n := \sum_{l=0}^{k-1} \binom{n}{l} \lambda^{-l} \Delta^l$ 的元素是 n 的一个多项式, 由引理 3.3.2 可知 $\|A^n\|/|\lambda|^n$ 以 n 的多项式 $p(n)$ 为界. 若 $\delta > 0$, 那么 $p(n)|\lambda|^n/(|\lambda| + \delta)^n \to 0$. 因此, 存在 $C > 0$ 使得 $\|A^n\|/|\lambda|^n \leqslant p(n) \leqslant C(|\lambda| + (\delta/2))^n/|\lambda|^n$ 对所有 n 成立.

我们可以单独分析复特征值或把 A 看作 $\mathbb{C}^n$ 上允许复数作为向量的分量的线性映射, 那么前面的分析可应用于复特征值的根空间.

为了由根空间的结果得到整个空间的结果, 我们在每一根空间上给出一个适当的范数. 记向量 v 为 $(v_1, \cdots, v_l)$, 其中 v_l 属于不同的根空间且有范数 $\|\cdot\|_l$, 那么定义范数 $\|v\| := \sum_{i=1}^{l} \|v_l\|_l$ 即可. □

习题 3.3.2 表明任意范数具有上述证明中得到的性质, 尽管 C 是依赖于范数的常数. 然而, 命题 3.3.3 中的范数是特例. 不用上述引理而用线性代数中的更精细的工具 (Jordan 标准形加上一个线性坐标变换, 从而使得对角线外面的项尽可能的小), 类似于上述讨论, 也可得到上述结果.

推论 3.3.5 若 $r(A) < 1$, 那么 A 是最终压缩的. 特别地, 任意点的正向迭代以指数速度收敛于原点. 另外, 若 A 是可逆映射, 即 0 不是 A 的特征值, 那么任意点的负向迭代以指数速度趋于无穷 (如图 3.3.2).

显然, 上述结果的逆命题可应用于所有特征值的模都大于 1 的映射.

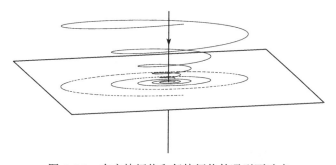

图 3.3.2　有实特征值和复特征值的吸引不动点

3.3.2　非线性的压缩

我们对线性映射渐近性的研究方法有时可转用于非线性系统的研究, 第 9 章就多次使用. 通过选取恰当的范数可得 $\|A^n\| \leqslant C(r(A) + (\delta/2))^n$ (命题 3.3.3 的证明或命题 3.3.3 的论断的一个结论), 由这一事实引出一个有用的简单的例子. 类似于命题 2.2.17 证明中应用平均值定理 2.2.14, 有如下的结果:

引理 3.3.6 设 f 是有不动点 x_0 的连续可微映射, 其中 $r(Df_{x_0}) < 1$. 那么存在 x_0 的闭邻域 U 使得 $f(U) \subset U$ 且 f 在 U 上最终压缩.

3.3.3 非压缩情形

最后研究混合情形: 仅有部分特征值在单位圆周里面或在单位圆周外面. 类似于二维情况, 把 $\mathbb{R}^n$ 分解为吸引、扩张或中立的子空间, 但是这里的三种情形可能共存 (如图 3.3.3). 类似于二维情况, 这些子空间分别对应于特征值在圆周内、外, 或在圆周上的集合. 但是类似于 $\mathbb{R}^2$ 上仅有单一实特征值情形, 仅考虑特征空间是不够的. 我们需考虑 A 的广义特征空间或根空间. 这在前面实特征值情形的证明中已经介绍过 (这里是一般性的要求, 读者可以假设其可对角化, 从而使得讨论更为明晰). 对有一对复共轭特征值 $\lambda, \bar{\lambda}$ 时, 设 $E_{\lambda,\bar{\lambda}}$ 是 A 的复化 (即在复空间 $\mathbb{C}^n$ 上的延拓) 上的对应于 E_λ 和 $E_{\bar{\lambda}}$ 根空间的和与 $\mathbb{R}^n$ 交. 为了简化, 称 $E_{\lambda,\bar{\lambda}}$ 为根空间. 设

$$E^- = E^-(A) = \bigoplus_{-1<\lambda<1} E_\lambda \oplus \bigoplus_{|\lambda|<1} E_{\lambda,\bar{\lambda}} \tag{3.3.1}$$

为在单位圆周里面的特征值的根空间生成的空间, 类似地,

$$E^+ = E^+(A) = \bigoplus_{|\lambda|>1} E_\lambda \oplus \bigoplus_{|\lambda|>1} E_{\lambda,\bar{\lambda}}. \tag{3.3.2}$$

如果映射 A 可逆, 那么 $E^+(A) = E^-(A^{-1})$. 最后, 设

$$E^0 = E^0(A) = E_1 \oplus E_{-1} \oplus \bigoplus_{|\lambda|=1} E_{\lambda,\bar{\lambda}}. \tag{3.3.3}$$

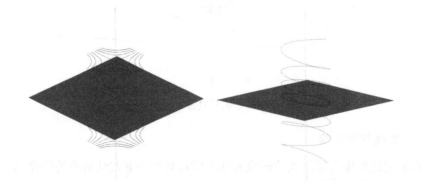

图 3.3.3　平面上堆垒的鞍和螺旋线

显然, 空间 E^-, E^+, E^0 在 A 下是不变的, 且 $\mathbb{R}^n = E^- \oplus E^+ \oplus E^0$. 因 A 在空间 $E^-(A)$ 上的限制是线性映射且所有的特征值的模小于 1, 由推论 3.3.5 和命题 3.3.3, 有

推论 3.3.7 线性映射 A 在空间 $E^-(A)$ 上的限制 $A|_{E^-(A)}$ 是最终压缩的. 如果 A 是可逆的, 那么 $A^{-1}|_{E^+(A)}$ 是最终压缩的. 而且, 对任意 $\delta > 0$, 存在范数满足 $\|A|_{E^-(A)}\| \leqslant r(A|_{E^-(A)}) + \delta$ 和 $\|A^{-1}|_{E^+(A)}\| \leqslant r(A^{-1}|_{E^+(A)}) + \delta$.

为了得到 Lyapunov 范数, 分别在 $E^-(A)$ 和 $E^+(A)$ 上应用命题 3.3.3 得到这两个子空间上的范数 $\| \cdot \|_-$ 和 $\| \cdot \|_+$. 那么对点 $x = (x_-, x_0, x_+)$ 定义范数 $\|(x_-, x_0, x_+)\| := \|x_-\|_- + \|x_0\| + \|x_+\|_+$.

定义 3.3.8 空间 $E^-(A)$ 称为压缩子空间, 空间 $E^+(A)$ 称为扩张子空间. 称 A 是双曲的, 如果 $E^0 = \{0\}$ 或等价地 $\mathbb{R}^n = E^+ \oplus E^-$.

习题 3.3.1 对每一个下述矩阵, 确定对应的线性映射的谱半径并描述轨道 $(A^n v)_{n \in \mathbb{N}}$ 的可能长期的行为.

$$\text{a)} \begin{pmatrix} 0 & -2 & 2 \\ 1 & 3 & -2 \\ 2 & 4 & -3 \end{pmatrix} \quad \text{b)} \frac{1}{2} \begin{pmatrix} -1 & -1 & 0 \\ 2 & -1 & 1 \\ 0 & 1 & -1 \end{pmatrix} \quad \text{c)} \begin{pmatrix} 2 & 0 & 1 & 0 \\ 0 & 1 & 0 & 1 \\ 0 & 0 & 2 & 1 \\ 0 & -1 & 0 & 1 \end{pmatrix}.$$

习题 3.3.2 给定线性映射 A, 证明: 对任意的范数, 存在 C 使得 $\|A^n\| \leqslant C(r(A) + (\delta/2))^n$ 对所有 $n \in \mathbb{N}$ 成立.

习题 3.3.3 证明: $r(A) = \lim_{n \to \infty} \|A^n\|^{1/n}$.

习题 3.3.4 设线性映射 $x \mapsto Ax$ 在 $\mathbb{R}^n$ 上是压缩的, 证明: $\mathrm{tr}A < n$.

习题 3.3.5 设 A 是 3×3 矩阵以及 $\det A = 1/10$ 和 $\mathrm{tr}A = 2.7$. 证明: A 不能定义一个压缩.

为进一步学习而提出的问题

问题 3.3.6 设 3×3 矩阵 A 的所有特征值的模小于 1. 证明: 存在 C 使得对任意 $v \in \mathbb{R}^3$ 和 $n \neq 0$, 有 $\|A^n v\| \leqslant Cn^2\|v\|$.

问题 3.3.7 把上一问题的结论推广到 $n \times n$ 矩阵.

问题 3.3.8 引理 3.3.4 证明中得到的范数不能由内积得到. 证明: 存在一个 "适配" 的内积诱导的范数 $\|x\| = \sqrt{\langle x, x \rangle}$ 是 "适配" 的范数.

第4章 圆周上的回复性和等度分布性

到目前为止, 我们主要研究的是具有简单渐近行为的动力系统: 当时间趋向于正或负无穷时, 每一个轨道或者不动 (有时是周期的) 或者被吸引到 (可能不同的) 不动点. 在一些情形下, 如命题 2.3.5, 我们已经证明了没有其他的动力行为出现.

这一章将研究一种与前面有着根本不同类型的动力行为. 分析学家们用一个有点乏味的词 "类周期的" 来描述它, 表示它并不比周期行为的一般化多出很多. 但从动力系统的观点来看, 这也是理解非平凡回复性这一动力系统理论中最重要的模式的起点.

我们首先在圆周旋转这一简单例子中仔细研究这一现象. 在 4.2 节给出了一系列重要而有趣的应用. 最后一节把这些结果推广到一般的非线性圆周映射上.

4.1 圆周旋转

我们将要描述的第一个例子出奇得简单. 实际上, 它与第 3 章出现的线性动力系统有着紧密的联系, 特别是 3.1.8.4 节中 $\rho = 1$ 的情形: 对具有一对模为 1 的共轭复特征值的线性系统, 将在不变圆周 "$r =$ 常数" 上出现复杂的动力行为. 下面研究圆周上的这些旋转.

4.1.1 圆周上的旋转

在 2.6.2 节中我们见到了表示单位圆周的两种不同的方便的方法, 这使得我们能够以更好的方式写出不同的公式. 或者用乘法记号, 其中圆周表为复平面上的单位圆周

$$S^1 = \{z \in \mathbb{C} \mid |z| = 1\} = \{e^{2\pi i \phi} | \phi \in \mathbb{R}\},$$

或者用加法记号, 这里

$$S^1 = \mathbb{R}/\mathbb{Z}.$$

由将实数与它的所有整数平移的像等价后所成的等价类所成 (见图 2.6.2). 在应用乘法记号时, 所有的代数运算为复数上的运算. 在应用加法记号时, 我们能够用通常实数的加或减 (而不是乘或除). 但是必须记住: 所有的相等是在相差一个整数意义下的. 通常对这种相等加上 "(mod 1)", 因此, 表达式 $a = b$ (mod 1) 是指 $a - b$ 是一个整数, 此处的 a 和 b 都是实数.

对数映射

$$e^{2\pi i\phi} \mapsto \phi$$

建立了圆周的两种表示间的一个同构. 用参数 ϕ 来度量圆周上的弧长, 从而整个圆周的长度为 1. 用 $\ell(\Delta)$ 表示以这种方法测量弧 Δ 所得的长度. 为了在等价类的集合 $X = \mathbb{R}/\mathbb{Z} := \{[x] | x \in \mathbb{R}\}$ 上类似地定义度量, 同命题 2.6.7 一样, 令 $d([x],[y]) := \min\{|b-a| \mid a \in [x], b \in [y]\}$.

用符号 R_α 表示由角 $2\pi\alpha$ 所决定的旋转. 应用乘法记号时,

$$R_\alpha(z) = z_0 z, \quad z_0 = e^{2\pi i\alpha}.$$

而应用加法记号时, 有

$$R_\alpha(x) = x + \alpha \quad (\mathrm{mod}\ 1). \tag{4.1.1}$$

旋转的迭代相应地在乘法记号中为

$$R_\alpha^n(z) = R_{n\alpha}(z) = z_0^n z,$$

而在加法记号中为

$$R_\alpha^n(x) = x + n\alpha \quad (\mathrm{mod}\ 1).$$

当旋转参数 α 分别是有理数和无理数时, 旋转的动力行为有着根本的区别. 在前一情形, 记 $\alpha = \dfrac{p}{q}$, 此处 p, q 是互素整数. 此时对所有的 x 都有 $R_\alpha^q(x) = x$, 即 R_α^q 为恒同映射, 并且 q 次迭代后简单地重复自己. 因此, 过任一点的整个轨道都是一有限集且所有的轨道都是 q 周期的.

4.1.2 轨道的稠密性

当 α 是无理数时的情形则要有意思得多. 首先, 由上面的迭代公式可知, 过每一点的轨道都是一个无限集. 然而, 我们可以说得更多.

命题 4.1.1 如果 $\alpha \notin \mathbb{Q}$, 那么 R_α 的每一正半轨是稠密的 (如图 4.1.1).

证明 假设 $x, z \in S^1$. 为了证明 z 在 x 的正半轨的闭包之中, 令 $\varepsilon > 0$. 由于过 x 的正半轨是无限的, 并且轨道上不存在 $k \geqslant \left\lfloor \dfrac{1}{\varepsilon} \right\rfloor + 1$ 个点使它们两两之间的距离都大于 ε. 因此, 存在 $l, k \in \mathbb{N}$ 使得 $l < k \leqslant \left\lfloor \dfrac{1}{\varepsilon} \right\rfloor$ 和 $d(R_\alpha^k(x), R_\alpha^l(x)) < \varepsilon$. 又由于 R_α^{-l} 是保距的, 则必有 $d(R_\alpha^{k-l}(x), x) < \varepsilon$. 顺便指出, 后一距离是不依赖于 x 的. 因为, 如果 $y \in S^1$, 那么有 $y = R_{y-x}(x)$ 且

$$d(R_\alpha^{k-l}(y), y) = d(R_\alpha^{k-l}(R_{y-x}(x)), R_{y-x}(x)) = d(R_{(k-l)\alpha+y-x}(x), R_{y-x}(x))$$
$$= d(R_{y-x}(R_\alpha^{k-l}(x)), R_{y-x}(x)) = d(R_\alpha^{k-l}(x), x).$$

因此 k, l 的选取不依赖于 x.

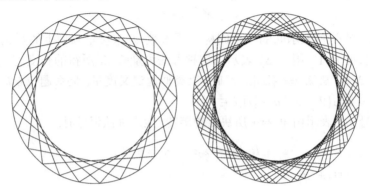

图 4.1.1　周期轨和稠密轨道段

取 $\theta \in \left[-\dfrac{1}{2}, \dfrac{1}{2}\right]$ 使得 $\theta = (k-l)\alpha \pmod 1$. 那么 $\rho := |\theta| < \varepsilon$ 并且 $R_\alpha^{k-l} = R_\theta$.

令 $N = \left\lfloor \dfrac{1}{\rho} \right\rfloor + 1$(不依赖于 x), 那么过 x 的正半轨的子集 $\{R_{i\theta}(x) | i = 0, 1, \cdots, N\}$ 把圆周分成长度为 $\rho < \varepsilon$ 的小区间, 因此, 存在正整数 $n \leqslant N(k-l)$ 使得 $d(R_\alpha^n(x), z) < \varepsilon$.　　　　　□

注 4.1.2　由于 R_α 的负半轨正好是 $R_{-\alpha}$ 的正半轨, 因此也就得到了负半轨的稠密性.

上述命题的另一个证明是用反证法证明 R_α 没有非空不变闭真子集:

命题 4.1.1 的另一个证明　令 $A \subset S^1$ 是 R_α 的一个非空不变闭真子集, 它的余集 $S^1 \setminus A$ 是非空不变开集, 由互不相交的开区间构成. 取这些区间中最长的一个 (如果存在多个最长的区间, 取其中之一), 记为 I. 由于这一旋转保持区间长度不变, 因此迭代 $R_\alpha^n(I)$ 不重叠. 否则, $S^1 \setminus A$ 中将包含一个比 I 长的区间. 由于 α 是无理数, 当 n 取遍所有自然数时, I 的迭代中也没有重合的. 否则, 将有一个端点 x 经过有限次迭代之后又回到 x, 即 $x + k\alpha = x \pmod 1$, 从而 $k\alpha = l$, $\alpha = \dfrac{l}{k}$ 是一个有理数. 因此, 区间 $R_\alpha^n(I)$ 长度相等且互不相交, 但这是不可能的, 因为圆周长度有限, 而不相交的区间长度之和不能超过圆周长度.　　　　　□

命题 4.1.1 中所描述的性质导致如下更一般的定义.

定义 4.1.3　拓扑空间 X 上的一个同胚 (见定义 A.1.6)$f : X \to X$ 称为是拓扑传递的, 如果存在 $x \in X$ 使得过 x 的轨道 $O_f(x) := (f^n(x))_{n \in \mathbb{Z}}$ 在 X 中稠密, 等价地, f 的每一非空不变开集是稠密的. 不可逆映射 f 称为是拓扑传递的, 如果存在一点 $x \in X$ 使得 (正) 半轨 $O_f^+(x) := (f^n(x))_{n \in \mathbb{N}_0}$ 在 X 中稠密.

这一定义对连续时间系统也是类似的.

定义 4.1.4 拓扑空间 X 上的一个同胚 $f : X \to X$ 被称为是极小的, 如果过 X 中的每一点 x 的轨道在 X 中稠密, 等价地, f 无真不变闭子集. X 的不变闭子集称为是极小的, 如果它不包含真不变闭子集, 等价地, 它与其内任一点的轨道的闭包相等.

从而命题 4.1.1 给出, 由与角 π 不可通约的角度, 即无理角度所决定的旋转 (这样的旋转以后将简称为**无理旋转**) 是极小的, 从而也是拓扑传递的.

虽然极小性蕴含着拓扑传递性, 但反之却不成立. 第 7 章包含许多拓扑传递 (存在一些稠密轨道) 与一些不同类型轨道并存的例子, 比如说, 无穷多条周期 (有限) 轨道, 它们的并则是稠密的.

4.1.3 稠密轨

得到轨道如何稠密地充满圆周的具体图像是有意义的. 为此, 我们考察在旋转 R_α 作用下 0 的轨道这一特定的例子, 此处取

$$\alpha = \cfrac{1}{3 + \cfrac{1}{5 + \cfrac{1}{c}}},$$

其中 $c > 1$. 易知 $\alpha \in \mathbb{Q}$ 当且仅当 $c \in \mathbb{Q}$. α 的这一不寻常的取法以后看起来会更自然一些. 由于 $\frac{1}{4} < \alpha < \frac{1}{3}$, 因此 $3\alpha < 1 < 4\alpha$. 轨道自 0 点出发走三步之后将第一次最接近 0 点. 轨道上开始的三个点是 α, 2α 和 3α, 它们是等距间隔的, 并且由 $4\alpha - 1 > 1 - 3\alpha$ 可知 3α 是比前面的点更接近整数的点. 确切的距离是

$$\delta := 1 - 3\alpha = 1 - \cfrac{3}{3 + \cfrac{1}{5 + \cfrac{1}{c}}} = \cfrac{5 + \cfrac{1}{c}}{3 + \cfrac{1}{5 + \cfrac{1}{c}}} = \cfrac{1}{16 + \cfrac{3}{c}}.$$

为了找到下一次最接近的返回的时间, 我们将从第四步开始, 由于 $4\alpha = \alpha - \delta$ (mod 1). 因此经过三个 α 步长之后从 α 变到了 $\alpha - \delta$. 那么经过多少次的 3α 步长之后出现下一个最接近的逼近呢? 由前面的分析可知大约是 $\frac{\alpha}{\delta}$ 次, 此时的次数 n 必须满足 $n\delta < \alpha < (n+1)\delta$. 实际上, $n = 5$ 即可.

$$5\delta = \cfrac{5}{15 + \left(1 + \cfrac{3}{c}\right)} = \cfrac{1}{3 + \left(\cfrac{1}{5} + \cfrac{3}{5c}\right)} < \cfrac{1}{3 + \cfrac{1}{5}} < \cfrac{1}{3 + \cfrac{1}{5 + \cfrac{1}{c}}} = \alpha$$

且

$$6\delta = \frac{6}{16 + \dfrac{3}{c}} > \frac{6}{18} = \frac{1}{3} > \alpha.$$

这五次 3α 步长在区间 $(0, \alpha)$ 中是均匀分布的, 它在 R_α 下的三个像区间也是如此. 当下一个最近的返回到达时, 这些轨道上的点就形成圆周上的一个均匀分布 δ 稠子集 (除新出现的最近返回所成的区间之外). 下一个最近的返回由 c 决定, 并且很自然地可以猜测在大约 c 步时出现. 如果 c 大约是 10 亿, 这意味着需要大约 10 亿个 5δ 步长才达到下一个最近的回返, 这大约是 R_α 的 150 亿次迭代. 特别地, 前 70 亿次迭代一定会留下一个 $\dfrac{\delta}{2} > \dfrac{1}{35}$ 的间隙. 所以, α 的这一连分数形式中很大的项对于很好地填充圆周不是一件好事. 连分数将在 15.2 节中详细讨论.

　　总之, 存在一个越来越长的时间尺度序列, 在其中每一尺度上, 轨道在更好的精度上相当均匀地分布于圆周. 所以, 除了一个小的误差 δ 之外, 轨道可看作是周期的, 而这一误差导致更高的周期与更小的误差的扰动, 如此继续.

4.1.4　圆周上的区间的一致分布

　　上述讨论建议我们在观察无理旋转的轨道在圆周上定量分布的方式时, 找出点的迭代访问区间不同部分的频率(如图 4.1.2). 为此取定弧 $\Delta \subset S^1$ 和 $x \in S^1$, $n \in \mathbb{N}$, 记

$$F_\Delta(x, n) := \mathrm{card}\{k \in \mathbb{Z} | 0 \leqslant k < n, R_\alpha^k(x) \in \Delta\}.$$

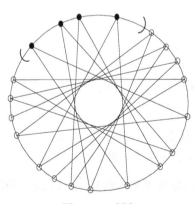

此函数对固定的 x 和 Δ 是依 n 非减的. 由于过任何点的正半轨是稠密的, 那么存在 x 的任意大的正迭代属于 Δ. 从而

$$F_\Delta(x, n) \to \infty, \quad \text{当 } n \to \infty \text{ 时.}$$

一个自然的度量这些访问经常性的量就是访问的相对频率

$$\frac{F_\Delta(x, n)}{n}. \tag{4.1.2}$$

注意, $\ell(\Delta)$ 表示由 4.1.1 节开始引入的参数 ϕ 所决定的弧 Δ 的长度.

由命题 4.1.1 的证明可以得出如下结果.

图 4.1.2　频率

命题 4.1.5　如果 α 是无理数, 考虑旋转 R_α. 令 Δ, Δ' 是弧且满足 $\ell(\Delta) < \ell(\Delta')$. 那么存在 $N_0 \in \mathbb{N}$ 使得当 $x \in S^1$, $N \geqslant N_0$ 和 $n \in \mathbb{N}$ 时, 有

$$F_{\Delta'}(x, n + N) \geqslant F_\Delta(x, n).$$

证明 由弧 Δ 的左端点的正半轨的稠密性, 存在 $N_0 \in \mathbb{N}$ 使得 $R_\alpha^{N_0}(\Delta) \subset \Delta'$. 因此, 当 $N \geqslant N_0$ 时, 如果 $R_\alpha^n(x) \in \Delta$ 就有 $R_\alpha^{n+N_0}(x) \in \Delta'$, 从而 $F_{\Delta'}(x, n+N) \geqslant F_{\Delta'}(x, n+N_0) \geqslant F_\Delta(x, n)$. $\qquad\qquad\qquad\qquad\qquad\qquad\qquad\qquad\qquad\qquad\qquad\qquad\quad\square$

到现在为止, 我们并没有说明所考虑的弧是什么样的: 开的、闭的还是半开的. 由于开弧和它的闭包的访问频率最多相差 2, 因此, 就它们的相对频率的极限而言二者并无差别. 从而为方便起见只需考虑左闭右开的弧即可. 显然, 对这种弧有如下的可加性: 如果 Δ_1 的右端点与 Δ_2 的左端点重合, 就有 $\Delta_1 \cap \Delta_2 = \varnothing$ 且 $\Delta_1 \cup \Delta_2$ 仍是一条弧, 同时有

$$F_{\Delta_1}(x, n) + F_{\Delta_2}(x, n) = F_{\Delta_1 \cup \Delta_2}(x, n).$$

对互不相交的弧的并集 A, 也可以定义 $F_A(x, n) := \operatorname{card}\{k \in \mathbb{Z} | 0 \leqslant k < n, R_\alpha^k(x) \in A\}$. 目前我们并不知道相对频率的极限是否存在, 但是可以考虑上极限

$$\bar{f}_x(A) := \limsup_{n \to \infty} \frac{F_A(x, n)}{n}.$$

这些量显然是次可加的:

$$\bar{f}_x(A_1 \cup A_2) \leqslant \bar{f}_x(A_1) + \bar{f}_x(A_2).$$

特别地, 如果 $\bigcup_{i=1}^n A_i = S^1$, 那么 $\sum_{i=1}^n \bar{f}_x(A_i) \geqslant 1$. 命题 4.1.5 蕴含如下推论.

推论 4.1.6 如果 $\ell(\Delta) < \ell(\Delta')$, 那么 $\bar{f}_x(\Delta) \leqslant \bar{f}_x(\Delta')$.

类似地, 引入下渐近频率:

$$\underline{f}_x(A) := \liminf_{n \to \infty} \frac{F_A(x, n)}{n}.$$

显然, 对任何集 A, 有 $F_A(x, n) = n - F_{A^c}(x, n)$, 这里 A^c 表示 A 在 S^1 中的余集 $S^1 \setminus A$. 因此有

$$\overline{f}_x(A) := \limsup_{n \to \infty} \frac{F_A(x, n)}{n} = 1 - \liminf_{n \to \infty} \frac{F_{A^c}(x, n)}{n} = 1 - \underline{f}_x(A^c). \qquad (4.1.3)$$

下面给出关于渐近频率的主要结果:

命题 4.1.7 对任何弧 $\Delta \subset S^1$ 和任意的 $x \in S^1$, 极限

$$f(\Delta) := \lim_{n \to \infty} \frac{F_\Delta(x, n)}{n} = \ell(\Delta)$$

存在并且关于 x 是一致的.

注 4.1.8 序列 $a_n := R_\alpha^n(x)$, $n = 0, 1, 2, \cdots$ 由这一命题所表述的这一性质被称作一致分布 或等度分布, 即圆周上长度相等的弧的渐近频率也相等, 与其在圆周上的位置无关.

证明 首先证明访问的上渐近频率不能太高.

引理 4.1.9   如果 $\ell(\Delta) = \dfrac{1}{k}$, 那么 $\bar{f}_x(\Delta) \leqslant \dfrac{1}{k-1}$.

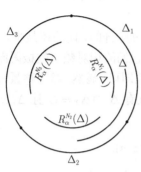

图 4.1.3   上渐近频率

证明   如图 4.1.3. 首先考虑 $k-1$ 个互不相交的弧 $\Delta_1, \Delta_2, \cdots, \Delta_{k-1}$, 它们的长度都是 $\dfrac{1}{k-1}$. 对 $1 \leqslant i < k$, 由命题 4.1.5, 存在 N_i 使得: 如果 $x \in S^1$, 那么

$$F_{\Delta_i}(x, n + N_i) \geqslant F_\Delta(x, n).$$

令 $N = \max\limits_i N_i$, 则 $F_{\Delta_i}(x, n + N) \geqslant F_\Delta(x, n)$, 从而有

$$(k-1)F_\Delta(x, n) \leqslant \sum_{i=1}^{k-1} F_{\Delta_i}(x, n + N).$$

由于 N 是固定的, 令 $n \to \infty$ 可得

$$(k-1)\bar{f}_x(\Delta) \leqslant \bar{f}_x\left(\bigcup_{i=1}^{k-1} \Delta_i\right) = 1. \qquad \square$$

对于弧 Δ 和任意 $\varepsilon > 0$, 可以找到弧 $\Delta' \supset \Delta$, 使得 Δ' 的长度为 $\dfrac{l}{k} < \ell(\Delta) + \varepsilon$. 由引理 4.1.9 可知

$$\bar{f}_x(\Delta) < \bar{f}_x(\Delta') < \frac{l}{k-1} < (\ell(\Delta) + \varepsilon)\frac{k}{k-1}.$$

令 $\varepsilon \to 0$ 有 $k \to \infty$, 从而可得 $\bar{f}_x(\Delta) \leqslant \ell(\Delta)$. 注意, 在式 (4.1.3) 中令 $A = \Delta^c$, 则有 $\underline{f}_x(\Delta) \geqslant \ell(\Delta)$. 这就证明了上述极限存在并且等于 $\ell(\Delta)$. $\qquad \square$

4.1.5   函数的一致分布

明显地, 若 A 是有限弧段的并, 也可以定义访问频率. 为此, 称

$$\chi_A(x) := \begin{cases} 1, & \text{若 } x \in A, \\ 0, & \text{若 } x \notin A \end{cases}$$

为 A 的特征函数. 那么定义

$$F_A(x, n) := \sum_{k=0}^{n-1} \chi_A(R_\alpha^k(x)),$$

对应的相对频率为 $\dfrac{1}{n}\sum_{k=0}^{n-1} \chi_A(R_\alpha^k(x))$. 因为由积分的定义 $\ell(\Delta) = \displaystyle\int_{S^1} \chi_\Delta(\phi)\mathrm{d}\phi$, 命题 4.1.7 可以重新写为

$$\lim_{n \to \infty} \frac{1}{n}\sum_{k=0}^{n-1} \chi_A(R_\alpha^k(x)) = \int_{S^1} \chi_\Delta(\phi)\mathrm{d}\phi. \tag{4.1.4}$$

1. Birkhoff 平均

对一般的函数 φ, 也可以考虑类似的表达式.

定义 4.1.10 相应于函数 φ 的 Birkhoff 平均算子 $\mathcal{B}_n$ 为 $\mathcal{B}_n(\varphi) := \frac{1}{n}\sum_{k=0}^{n-1}\varphi \circ R_\alpha^k$, 它由

$$\mathcal{B}_n(\varphi)(x) = \frac{1}{n}\sum_{k=0}^{n-1}\varphi(R_\alpha^k(x)) \tag{4.1.5}$$

给出.

注 4.1.11 $\mathcal{B}_n$ 的一些重要性质:

(1) $\mathcal{B}_n$ 是线性的: $\mathcal{B}_n(a\varphi + b\psi) = a\mathcal{B}_n(\varphi) + b\mathcal{B}_n(\psi)$;

(2) $\mathcal{B}_n$ 是非负的: 如果 $\varphi \geqslant 0$, 那么 $\mathcal{B}_n(\varphi) \geqslant 0$. 而且 $\mathcal{B}_n$ 是正的 (或单增的): 如果 $\varphi > 0$, 那么 $\mathcal{B}_n(\varphi) > 0$;

(3) $\mathcal{B}_n$ 是非扩张的: $\sup\limits_{x \in S^1} \mathcal{B}_n(\varphi)(x) \leqslant \sup\limits_{x \in S^1} \varphi(x)$;

(4) $\mathcal{B}_n$ 是保平均的: $\int_{S^1} \mathcal{B}_n(\varphi)(\phi)\mathrm{d}\phi = \int_{S^1} \varphi(\phi)\mathrm{d}\phi$.

由此可得如下结论:

命题 4.1.12 (1) 对任何由弧的特征函数的线性组合而成的阶梯函数 φ, 有

$$\lim_{n\to\infty} \mathcal{B}_n(\varphi) = \int_{S^1} \varphi(\phi)\mathrm{d}\phi.$$

(2) 对任何可表为阶梯函数的一致极限的函数 φ, 有

$$\lim_{n\to\infty} \mathcal{B}_n(\varphi) = \int_{S^1} \varphi(\phi)\mathrm{d}\phi.$$

证明 因为这一映射作用于一可积函数, 它在 S^1 上的积分有与上一注释所述的类似性质, 所以可以从式 (4.1.4) 出发, 通过线性组合和一致极限, 再比较结果.

对于 (2), 固定 $\varepsilon > 0$, 取阶梯函数 φ_ε 满足 $\sup\limits_{\phi \in S^1} |\varphi(\phi) - \varphi_\varepsilon(\phi)| < \varepsilon$, 并应用算子 $\mathcal{B}_n$ 于 $\varphi = \varphi_\varepsilon + (\varphi - \varphi_\varepsilon)$, 可得

$$\int_{S^1} \varphi(\phi)\mathrm{d}\phi - 2\varepsilon \leqslant \int_{S^1} \varphi(\phi) - \varepsilon\mathrm{d}\phi - \varepsilon \leqslant \int_{S^1} \varphi_\varepsilon(\phi)\mathrm{d}\phi - \varepsilon$$
$$= \lim_{n\to\infty} \mathcal{B}_n(\varphi_\varepsilon) - \varepsilon \leqslant \liminf_{n\to\infty} \mathcal{B}_n(\varphi)$$
$$\leqslant \limsup_{n\to\infty} \mathcal{B}_n(\varphi) \leqslant \lim_{n\to\infty} \mathcal{B}_n(\varphi_\varepsilon) + \varepsilon$$
$$= \int_{S^1} \varphi_\varepsilon(\phi)\mathrm{d}\phi + \varepsilon \leqslant \int_{S^1} \varphi(\phi) + \varepsilon\mathrm{d}\phi + \varepsilon$$
$$\leqslant \int_{S^1} \varphi(\phi)\mathrm{d}\phi + 2\varepsilon \tag{4.1.6}$$

对任何 $\varepsilon > 0$ 成立. □

引理 4.1.13   每一个连续函数都是阶梯函数的一致极限. 具有有限个不连续点且在这些点处有单侧极限的函数 (逐段连续函数) 也是阶梯函数的一致极限.

证明 S^1 上的每一连续函数都是一致连续的, 即对每一 $\varepsilon > 0$, 可以找到 $n \in \mathbb{N}$ 使得该函数在每一长为 $\frac{1}{n}$ 的弧段上振幅小于 ε. 把 S^1 分成 n 个这种弧段, 对每一弧段取定一个常数, 可得一阶梯函数, 它在每一段弧上为常数且与给定的函数之差小于 ε. 同样的论证本质上也适用于具有有限个不连续点且单边极限在这些点上存在的函数. $\qquad\square$

上述两个结果给出:

命题 4.1.14   如果 α 是无理数且 φ 连续, 那么

$$\lim_{n\to\infty} \frac{1}{n}\sum_{k=0}^{n-1} \varphi(R_\alpha^k(x)) = \int_{S^1} \varphi(\phi)\mathrm{d}\phi$$

且对所有的 x 都是一致地成立.

对更一般的函数类, Birkhoff 平均也收敛于它的积分, 即在通常 (Riemann) 意义下可积的所有函数.

定理 4.1.15   如果 α 是无理数且 φ 是 Riemann 可积的, 那么

$$\lim_{n\to\infty} \frac{1}{n}\sum_{k=0}^{n-1} \varphi(R_\alpha^k(x)) = \int_{S^1} \varphi(\phi)\mathrm{d}\phi \tag{4.1.7}$$

且对所有的 x 都是一致地成立.

证明   如图 4.1.4. 取 S^1 的有限弧段分割 $\{I_i\}$. 其对应的 Riemann 下和 $\sum_i \min\varphi|_{I_i} \cdot \ell(I_i)$ 和 Riemann 上和 $\sum_i \max\varphi|_{I_i} \cdot \ell(I_i)$ 可以看作在 I_i 上由 $\varphi_1 = \min\varphi|_{I_i}, \varphi_2 = \max\varphi|_{I_i}$ 给出的阶梯函数 φ_1 和 φ_2 的积分. 由 Riemann 积分的定义, 对任意给定的 $\varepsilon > 0$, 存在分割满足

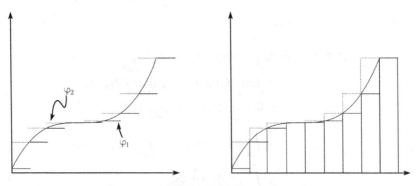

图 4.1.4   用阶梯函数逼近, Riemann 和

$$\int_{S^1} \varphi(\phi)\mathrm{d}\phi - \varepsilon \leqslant \int_{S^1} \varphi_1(\phi)\mathrm{d}\phi \leqslant \int_{S^1} \varphi_2(\phi)\mathrm{d}\phi \leqslant \int_{S^1} \varphi(\phi)\mathrm{d}\phi + \varepsilon.$$

这样就有

$$\int_{S^1} \varphi(\phi)\mathrm{d}\phi - \varepsilon \leqslant \int_{S^1} \varphi_1(\phi)\mathrm{d}\phi = \lim_{n\to\infty} \mathcal{B}_n(\varphi_1) \leqslant \liminf_{n\to\infty} \mathcal{B}_n(\varphi)$$

$$\leqslant \limsup_{n\to\infty} \mathcal{B}_n(\varphi) \leqslant \lim_{n\to\infty} \mathcal{B}_n(\varphi_2) = \int_{S^1} \varphi_2(\phi)\mathrm{d}\phi \leqslant \int_{S^1} \varphi(\phi)\mathrm{d}\phi + \varepsilon, \quad (4.1.8)$$

令 $\varepsilon \to 0$ 即可. $\qquad\square$

注 4.1.16 这里的 Riemann 可积的条件是实质性的. 为此, 取定一点 $x_0 \in S^1$, 用 A 表示中心在 $R_\alpha^k(x_0)$ 长度为 $2^{-(k+2)}$ 的弧段对所有 $k \geqslant 0$ 的并集. 虽然这些弧中有些可能是重叠的, 但它们的长度之和小于 $\frac{1}{2}$, 但是却有 $\lim_{n\to\infty} \frac{1}{n} \sum_{k=0}^{n-1} \chi_A(R_\alpha^k(x_0)) = 1$, 这是因为 χ_A 不是 Riemann 可积的.

2. 时间平均和空间平均

等式 (4.1.7) 两端是两个平均量.

定义 4.1.17 给定一个函数 φ, 称

$$\lim_{n\to\infty} \frac{1}{n} \sum_{k=0}^{n-1} \varphi(R_\alpha^k(x))$$

为旋转 R_α 沿过 x 的轨道的时间平均 (图 4.1.5 为 $\varphi = \chi_{(0,\frac{1}{2})}$ 的情形). 积分 $\int_{S^1} \varphi(\phi)\mathrm{d}\phi$ 称为函数 φ 的空间平均.

这些概念都取自于物理学, 涉及对一个系统的可观察量的测量. 这意味着在所关心的问题中有一个与动力系统相关联的 (可测量的) 量, 随动力系统的状态而变化. 换句话说, 有一个定义在系统的相空间上的函数, 它的值在系统的每一特定状态下都可以被测量工具测出. 特别地, 对于演化不可预测的系统, 人们自然地会对它进行长时间的连续测量, 再求平均. 这些平均值的极限正好是以测量开始时作为初始条件的时间平均.

空间平均更可能来自物理系统的数学模型的计算结果. 就像我们前面所作的

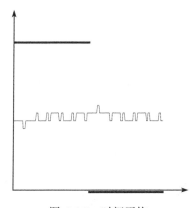

图 4.1.5 时间平均

简单例子一样, 对于正在检测的模型, 如果知道其时间平均和空间平均相等, 那么空间平均可以看作是正被测量的时间平均的预测, 因此这给出了对数学模型证实或证伪的一种方法.

回到我们前面的讨论, 注意到已证的结果是, 对任何 Riemann 可积函数, 过任一点的轨道的时间平均存在并且总是与空间平均相等. 无理旋转的这一重要性质等价于这种分布的一致性, 并称为唯一遍历性. 这一概念也可以对紧致度量空间上的连续自映射进行定义, 即便这里没有积分的概念.

定义 4.1.18　若 X 是紧致度量空间, $f : X \to X$ 为连续自映射, 那么 f 被称为是唯一遍历的, 如果对 X 上的每一连续函数 φ,

$$\frac{1}{n} \sum_{k=0}^{n-1} \varphi(f^k(x))$$

都 (对 x) 一致收敛到一个常数.

4.1.6　Kronecker-Weyl 方法

在前面的讨论中, 阶梯函数起着重要的作用. 无理旋转的唯一遍历性也可以用三角多项式逼近连续函数的方法给出一个较为简单, 但并不初等的证明. 它要用到经典的 Weierstrass 的定理, 即连续函数是三角多项式的一致极限. 它与大家更为熟悉的 Weierstrass 定理极为相近: 区间上的连续函数可以用多项式一致逼近. 为方便起见, 在下面的讨论中采用了复值函数.

命题 4.1.14 的另一个证明　定义特征: $c_m(x) := \mathrm{e}^{2\pi i m x} = \cos 2\pi m x + \mathrm{i} \sin 2\pi m x$. 如果 $m \neq 0$, 那么

$$c_m(R_\alpha(x)) = \mathrm{e}^{2\pi i m(x+\alpha)} = \mathrm{e}^{2\pi i m \alpha} \mathrm{e}^{2\pi i m x} = \mathrm{e}^{2\pi i m \alpha} c_m(x),$$

从而, 当 $n \to \infty$ 时

$$\left| \frac{1}{n} \sum_{k=0}^{n-1} c_m(R_\alpha^k(x)) \right| = \left| \frac{1}{n} \sum_{k=0}^{n-1} \mathrm{e}^{2\pi i m k \alpha} \right| = \frac{|1 - \mathrm{e}^{2\pi i m n \alpha}|}{n|1 - \mathrm{e}^{2\pi i m \alpha}|} \leqslant \frac{2}{n|1 - \mathrm{e}^{2\pi i m \alpha}|} \to 0,$$

这里用到了 $\sum_{k=0}^{n} x^k = \dfrac{1 - x^{n+1}}{1 - x}$.

由于 Birkhoff 算子是线性的, 对于三角多项式 $p(x) = \sum_{i=-l}^{l} a_i c_i(x)$, 必有 $\lim\limits_{n\to\infty} \mathcal{B}_n(p)(x)$ 存在且为常数, 此常数恰是 a_0, 这是因为这一常数必须是 p 在 S^1 上的积分 (算子 $\mathcal{B}_n$ 不改变积分), 因而命题 4.1.14 对三角多项式是成立的. 同前面的讨论一样, 这一结论对三角多项式的一致逼近, 即连续函数也成立.　　　　□

这一证明更具分析性, 且使用的计算比用阶梯函数所得的证明更为直接. 由于特征函数显然不是三角多项式的一致极限, 这一方法不能给出最初的一致分布 (命题 4.1.7) 的证明. 为了从函数的一致分布得出区间的一致分布, 可以反向应用定理 4.1.15 证明中的论证: 用连续函数 φ_1 和 φ_2 逼近 χ_A, 使得 $\varphi_1 \leqslant \chi_A \leqslant \varphi_2$, $\int (\varphi_2 - \varphi_1) < \varepsilon$ (如图 4.1.6), 再重复式 (4.1.8) 的计算.

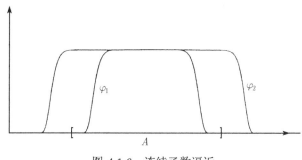

图 4.1.6 连续函数逼近

4.1.7 群上的平移

无理旋转是若干卓有成效的推广的一个出发点, 下面讨论其中之一. 单位圆周是一紧 Abel 群, 而其上的旋转, 用群的语言则是群的乘法或平移

$$L_{g_0} : G \to G, \quad L_{g_0} g = g_0 g$$

过单位元 $e \in G$ 的轨道正好是循环子群 $\{g_0^n\}_{n \in \mathbb{Z}}$. 顺便指出, 命题 4.1.1 与圆周上不存在真的无限闭子群的事实紧密相关. 说轨道是稠密的需要有 "接近" 这一概念. 称 G 是一个拓扑群, 如果在群 G 上给定一个度量, 使得每一个平移是同胚且求逆运算是连续的.

命题 4.1.19 如果拓扑群 G 上的平移 L_{g_0} 是拓扑传递的, 那么该平移也是极小的.

证明 对任何 $g, g' \in G$, 用 $A, A' \subset G$ 分别表示过 g 和 g' 的轨道的闭包. 注意 $g_0^n g' = g_0^n g(g^{-1} g')$, 因此 $A' = A g^{-1} g'$, 从而有 $A' = G$ 当且仅当 $A = G$. $\square$

习题 4.1.1 在集合 $X = \mathbb{R}/\mathbb{Z} := \{[x] \mid x \in \mathbb{R}\}$ 上给定度量 $d([x], [y]) := \min\{|b-a| \mid a \in [x], b \in [y]\}$. 证明: X 上的每一个旋转都是等距的 (见定义 A.1.16).

习题 4.1.2 在 4.1.3 节中取 $c = 7.1$, 讨论下一个最近返回点.

习题 4.1.3 证明注释 4.1.11 中的性质.

习题 4.1.4 对于旋转 R_α, 找出与 α 相关的 $N \in \mathbb{N}$ 使得 $\dfrac{F_{(0, \frac{1}{2})}(x, n)}{n} \geqslant 0.45$ 对所有 $n \geqslant N$ 成立 (见 4.1.4 节).

习题 4.1.5　假设从地球上的某一点观察到太阳和月亮的运动是严格周期的, 并且不会有两次的日出和月出的时间之差相同. 证明: 这一时间之差是一致分布的.

习题 4.1.6　给出完备度量空间上的一个同胚的例子, 使其具有稠密轨但没有稠密半轨.

习题 4.1.7　给出紧致度量空间上的一个同胚的例子, 使其具有稠密轨但没有稠密半轨.

习题 4.1.8　证明: 两个极小集 (定义 4.1.4) 或者不交或者相等.

习题 4.1.9　证明: 紧致度量空间上的压缩映射是唯一遍历的.

习题 4.1.10　给出紧致度量空间 X 上的连续映射 f 的例子, 使得对每一连续函数 φ,

$$\frac{1}{n} \sum_{k=0}^{n-1} \varphi(f^k(x))$$

是收敛的且关于 x 是一致的, 但 f 不是唯一遍历.

习题 4.1.11　使用 π 的十进制小数中足够多的位数来找出经典逼近 $\frac{22}{7}$ 和 $\frac{355}{113}$, 且将结果写成 4.1.3 节所给的形式. 找出这一连分数逼近的第四项并解释这一值的大小对逼近精度的影响.

为进一步学习而提出的问题

问题 4.1.12　令 G 是一个可度量化的紧拓扑群. 假设对某一 $g_0 \in G$ 平移 L_{g_0} 是拓扑传递的, 证明: G 是 Abel 群.

问题 4.1.13　证明: 一个有限 Abel 群具有一个唯一遍历的平移当且仅当它是循环群.

问题 4.1.14　证明: 如图 2.2.4 所示的圆周上的映射 $x \mapsto x + \frac{1}{4} \sin^2 \pi x$ 是唯一遍历的.

问题 4.1.15　在整数加群 $\mathbb{Z}$ 上定义度量 $d_2(m, n) = \|m - n\|_2$, 此处

$$\|n\|_2 = 2^{-k}, \quad \text{如果} n = 2^k l, \text{ 其中 } l \text{ 是奇数}.$$

$\mathbb{Z}$ 在这一度量下的完备化被称为二进数或二进制整数并常记作 $\mathbb{Z}_2$. 它是一个紧拓扑群. 令 $\mathbb{Z}_2^+$ 是偶数集在 d_2 下的闭包, $\mathbb{Z}_2^+$ 是 $\mathbb{Z}_2$ 的指标为 2 的子群. 证明: 对于 $g_0 \in \mathbb{Z}_2$, 平移 $L_{g_0} : \mathbb{Z}_2 \to \mathbb{Z}_2$ 是拓扑传递的当且仅当 $g_0 \in \mathbb{Z}_2 \setminus \mathbb{Z}_2^+$.

这一例子给出的系统称为加法器的一种描述方式, 另一个等价的描述见定义 11.3.10, 并且定理 11.3.11 证明了这一系统是 2.5 节中的二次映射 $f_\lambda : [0, 1] \to [0, 1]$, $f_\lambda(x) := \lambda x(1 - x)$ 对某一特殊的 λ 值的子系统.

4.2　稠密性和一致分布的一些应用

在许多情况下, 我们希望得到某些渐近性质的信息, 而且圆周旋转或者下一章要考虑的环面平移给出的动力系统能起作用, 也许是幕后作用. 它使我们能从现在已经得到的知识获取渐近的信息. 这一小节将给出一些这样的例子.

4.2.1 周期函数值的分布

令 $(x_n)_{n \in \mathbb{N}}$ 是一实数列, 一种描述这样数列的值的分布的自然方法是考虑该序列 "访问" 不同区间的频率.

定义 4.2.1 给定数列 $(x_n)_{n \in \mathbb{N}}$ 和 $a < b$, 用 $F_{a,b}(n)$ 表示满足 $1 \leqslant k \leqslant n$ 和 $a < x_k < b$ 的整数 k 的个数. 称 $(x_n)_{n \in \mathbb{N}}$ 具有渐近分布, 如果对任何 a, b, $-\infty \leqslant a < b \leqslant \infty$, 极限

$$\lim_{n \to \infty} \frac{F_{a,b}(n)}{n}$$

存在. 此时函数

$$\Phi_{(x_n)_{n \in \mathbb{N}}}(t) := \lim_{n \to \infty} \frac{F_{-\infty,t}(n)}{n}$$

称为该数列的分布函数.

对于形如 $y_n = \varphi(x_n)$ 的数列, 我们可以根据 φ 的信息给出它的分布函数.

定义 4.2.2 如果 $A \subset \mathbb{R}$ 是互不相交的区间的有限并, 那么定义 A 的测度 $m(A)$ 为这些区间长度之和.

定义在区间上的函数 φ 称为是逐段单调的, 如果它的定义域能被划分成有限个小区间, 使 φ 在每一个小区间上都是单调的. 此时每一个区间 I 的原像都是有限个区间的并, 因此可以定义 $m_\varphi(I) := m(\varphi^{-1}(I))$. 对于一个逐段单调的函数, 也可以定义它的分布函数 $\Psi_\varphi : \mathbb{R} \to \mathbb{R}$, $\Psi_\varphi(t) := m_\varphi((-\infty, t))$.

注意 $\Psi_\varphi(t)$ 是构成 $\varphi^{-1}((-\infty, t))$ 的区间长度之和, 因此也可以表示为 $\Psi_\varphi(t) = \int \chi_{\varphi^{-1}((-\infty,t))}$.

运用定理 4.1.15 可得出由周期函数在等差数列上的取值所得之数列具有渐近分布, 并且能够计算出它的分布函数:

定理 4.2.3 若 φ 是实直线上周期为 T 的函数, φ 在 $[0, T]$ 上的限制 $\varphi_T := \varphi|_{[0,T]}$ 是逐段单调的. 如果 $\alpha \notin \mathbb{Q}$ 且 $t_0 \in \mathbb{R}$, 那么数列 $x_n := \varphi(t_0 + n\alpha T)$ 具有渐近分布且分布函数为 $\frac{1}{T}\Psi_{\varphi_T}$.

证明 通过引入变量变换 $s = t/T$, 不妨假设 $T = 1$. 同时周期函数 φ 可以看作圆周上的函数, 不妨仍记作 φ. 此时 x_n 正好是这一函数在无理旋转 R_α 过 t_0 的轨道上的取值. 运用定理 4.1.15 于集合 $\varphi^{-1}((a,b))$ 的特征函数, 并注意 $t_0 + n\alpha \in \varphi^{-1}((a,b))$ 当且仅当 $a < x_n < b$, 从而可得数列 x_n 的渐近分布性及关于分布函数的论断. $\square$

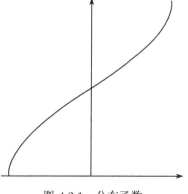

图 4.2.1 分布函数

例 4.2.4   考虑数列 $(\sin n)_{n\in\mathbb{N}}$. 由于正弦函数的周期是 2π 且 $\pi \notin \mathbb{Q}$. 在定理 4.2.3 中取 $\varphi(t) = \sin(t)$, $T = 2\pi$, $t_0 = 0$, $\alpha = 1/(2\pi)$, 可得此数列渐近分布性的存在性, 同时分布函数也可以明确地算出 (见图 4.2.1):

$$\Phi_{(\sin n)_{n\in\mathbb{N}}}(t) = \frac{1}{2\pi}\Psi_{\sin 2\pi}(t) = \begin{cases} 0, & \text{当 } t < -1 \text{ 时}, \\ \dfrac{1}{2} + \dfrac{1}{\pi}\arcsin t, & \text{当 } t \in [-1,1] \text{ 时}, \\ 1, & \text{当 } t > 1 \text{ 时}. \end{cases} \tag{4.2.1}$$

4.2.2   方幂首数的分布

作为定理 4.2.3, 或者实际上是命题 4.1.7 在算术上有一个很有趣的应用, 我们现在可以回答 1.3.4 节中提出的问题: 2 的方幂及任何整数的方幂的第一个数字的分布. 进而可以对以若干指定的数字开头的情形回答类似的问题.

如果 k 是 10 的幂, 则 k 的任何次幂的首位数都是 1, 从而不必作进一步的讨论. 现在证明在其余情形下, 对任何给定的数字串, k 的某些方幂一定会以这些数字开头.

命题 4.2.5   令 $k \in \mathbb{N}$ 是自然数且不是 10 的幂, $p \in \mathbb{N}$, 那么存在自然数 $n \in \mathbb{N}$, 使得 k^n 在十进制中的前几位数字正好是 p.

例 4.2.6   为阐明这一结论, 取 $k = 2$, $p = 81$, 那么 $n = 13$. 因为此时 $2^{13} = 8192$.

命题 4.2.5 的证明   显然, 命题的结论可以表示为: 存在 $l \in \mathbb{N}$ 使得 $k^n = 10^l p + q$, $0 \leqslant q < 10^l$. 这又等价于 $10^l p \leqslant k^n < 10^l(p+1)$ 或

$$l + \lg p \leqslant n\lg k < l + \lg(p+1),$$

此处 $\lg = \log_{10}$ 是以 10 为底的对数. 现在令 $m = \lfloor \lg p \rfloor + 1$ 为 p 的位数. 那么

$$0 \leqslant \lg p - (m-1) \leqslant n\lg k - l - (m-1) < \lg(p+1) - (m-1) \leqslant 1.$$

也可以写作

$$\lg \frac{p}{10^{m-1}} \leqslant \{n\lg k\} \leqslant \lg \frac{p+1}{10^{m-1}}, \tag{4.2.2}$$

此处 $\{\cdot\}$ 表示小数部分. 由于 $\lg k$ 是无理数[1], 由命题 4.1.1 可知 (见 4.1.1 节或 2.6.2 节)$\mathbb{R}/\mathbb{Z}$ 中点列 $([n\lg k])_{n=1}^{\infty}$ 在圆周上稠, 因此 $\{\{n\lg k\} \mid n \in \mathbb{N}\}$ 在 $[0,1)$ 中稠. 特别地, 区间 $\left[\lg \dfrac{p}{10^{m-1}}, \lg \dfrac{p+1}{10^{m-1}}\right]$ 包含其中的点.   □

一致分布性不仅给出了首数串的存在性, 还给出了渐近频率:

---

[1] 如果 $\lg k = \dfrac{p}{q}$, 那么由素数分解, $2^p 5^p = 10^p = k^q = 2^{mq} \cdot 5^{nq}$, 因此必有 $mq = nq$, 即 $n = m$, 从而 $k = 10^m$.

命题 4.2.7 对于 $k \in \mathbb{N}$ 不是 10 的幂, $p \in \mathbb{N}$, 用 $F_p^k(n)$ 表示 0 与 $n-1$ 之间使得 k^i 的前几位数字正好是 p 的 i 的个数, 那么极限

$$\lim_{n \to \infty} \frac{F_p^k(n)}{n} = \lg(p+1) - \lg p$$

不依赖于 k.

证明 用命题 4.1.7 或定理 4.2.3 于函数 $\varphi(t) := \{t\}$, 由式 (4.2.2) 可得

$$\lim_{n \to \infty} \frac{F_p^k(n)}{n} = \lg \frac{p+1}{10^{m-1}} - \lg \frac{p}{10^{m-1}} = \lg(p+1) - \lg p. \qquad \square$$

图 4.2.2 显示 1.3.4 节中谈到的 2(或 3, 或 7, $\cdots$) 的方幂的第一个数字的渐近频率的近似值.

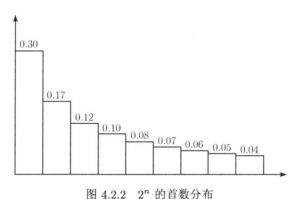

图 4.2.2　2^n 的首数分布

4.2.3　二维环面上的线性流

一致分布的下一应用为与旋转和环面平移相关的流. 特别地, 对无理旋转的分析可应用于如下二维环面上的微分方程 (应用加法记号, 见 2.6.4 节).

$$\frac{\mathrm{d}x_1}{\mathrm{d}t} = \omega_1, \quad \frac{\mathrm{d}x_2}{\mathrm{d}t} = \omega_2, \tag{4.2.3}$$

解此方程可得流, 这一微分方程可以很容易地求出显式解, 所得的流 $(T_\omega^t)_{t \in \mathbb{R}}$ 形如

$$T_\omega^t(x_1, x_2) = (x_1 + \omega_1 t, x_2 + \omega_2 t)(\mathrm{mod}\, 1). \tag{4.2.4}$$

图 4.2.3 给出了这一流的几何图形. 我们已在 2.6.4 节中提及, 环面 $\mathbb{T}^2 = \mathbb{R}^2/\mathbb{Z}^2$ 可以看作把单位正方形 $I^2 = \{(x_1, x_2) \mid 0 \leqslant x_1 \leqslant 1, 0 \leqslant x_2 \leqslant 1\}$ 的对边粘接在一起, 即 $(x, 0) \sim (x, 1)$ 和 $(0, x) \sim (1, x)$. 在这种表示下, 方程 (4.2.3) 的积分曲线是 I^2 上斜率为 $\gamma = \omega_2/\omega_1$ 的直线段. 沿轨线的运动是一致的且当轨线走到正方形的边界时就 "跳" 到对边的对应点.

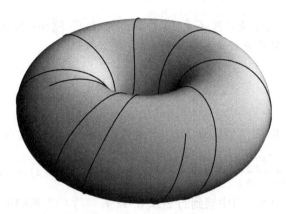

图 4.2.3　嵌入环面上的线性流

命题 4.2.8　如果 γ 是无理数, 则每个轨道在 $\mathbb{T}^2$ 中稠, 且此流在类似于定义 4.1.1 的意义下是极小的. 如果 γ 是有理数, 则每一个轨道都是封闭的.

证明　圆周 $C_1 = \{x_1 = 0\}$ 称作整体截口. 它意味着每一正、负半轨都无限次穿过它. 这样, 可以定义一个 C_1 上的返回映射, 它将 C_1 上的每一点映到该点的正半轨首次返回 C_1 时的那一点.

该映射正好是旋转 R_γ, 因为在轨道相继与 C_1 相交的时间区间内, x_2 坐标恰好改变 $\gamma(\mathrm{mod}\,1)$. 从而又由命题 4.1.1 可知, 如果 γ 是无理数, 则每一轨道的闭包都包含着 C_1, 由于 C_1 在流 $\{T_\omega^t\}$ 下的像覆盖了整个环面, 因此每一轨道在 $\mathbb{T}^2$ 中稠, 因而该流在类似于定义 4.1.1 的意义下是极小的. 当 γ 是有理数时, 则由式 (4.2.4) 知每一个轨道都是封闭的.　　　　　　　　　　　　　　　□

4.2.4　线性微分方程与 Lissajous 图

二维环面上的流自然地出现在源于常微分方程的许多问题中. 选取适当的坐标系, 可以把微分方程变为标准形式 (4.2.3). 它与某些常系数线性微分方程的联系最为直接. 令 A 是一个 4×4 的实矩阵, 且有两对不同的共轭的纯虚数特征值 $\pm i\alpha_1, \pm i\alpha_2$. 考虑常微分方程

$$\frac{\mathrm{d}x}{\mathrm{d}t} = Ax. \tag{4.2.5}$$

通过坐标变换可以把 A 变成

$$\begin{pmatrix} 0 & \alpha_1 & 0 & 0 \\ -\alpha_1 & 0 & 0 & 0 \\ 0 & 0 & 0 & \alpha_2 \\ 0 & 0 & -\alpha_2 & 0 \end{pmatrix}.$$

实际上, 这一系统是 6.2.7 节中所讨论的球面摆的线性化(见 6.2.2.7), 反映了球摆的

一个小振动行为.

现在令 $x = (x_1, x_2, x_3, x_4) \in \mathbb{R}^4$ 并考虑两个二次函数 $x_1^2 + x_2^2$ 和 $x_3^2 + x_4^2$, 将其对时间求导, 由直接计算可知, 这两个函数对于式 (4.2.5) 是不变的, 因此对任何两个正数 r_1, r_2, 由方程 $x_1^2 + x_2^2 = r_1^2$, $x_3^2 + x_4^2 = r_2^2$ 所决定的环面 T_{r_1, r_2} 是不变的 (如图 4.2.4). 考虑环面上由 $x_1 = r_1 \cos 2\pi\varphi_1$, $x_2 = r_1 \sin 2\pi\varphi_1$, $x_3 = r_2 \cos 2\pi\varphi_2$, $x_4 = r_2 \sin 2\pi\varphi_2$ 所定义自然的正规角坐标系 φ_1, φ_2, 且令 $\alpha_1/(2\pi) = \omega_1$, $\alpha_2/(2\pi) = \omega_2$, 则式 (4.2.5) 变为

$$\frac{\mathrm{d}\varphi_1}{\mathrm{d}t} = -\omega_1, \quad \frac{\mathrm{d}\varphi_2}{\mathrm{d}t} = -\omega_2.$$

从而式 (4.2.5) 的解为

$$x_1(t) = r_1 \cos \omega_1(t - t_0), \quad x_2(t) = r_1 \sin \omega_1(t - t_0),$$
$$x_3(t) = r_2 \cos \omega_2(t - t_0), \quad x_4(t) = r_2 \sin \omega_2(t - t_0). \tag{4.2.6}$$

因此若比值 $\alpha_2/\alpha_1 = \omega_2/\omega_1$ 是无理数, 则由式 (4.2.5) 所定义的流在每一环面 T_{r_1, r_2} 上是极小的.

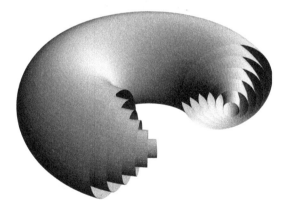

图 4.2.4 嵌套环面

现在考虑由解式 (4.2.6) 到 x_1, x_3 平面的投影, 所得曲线称为 Lissajous 图. 由式 (4.2.6) 得到 Lissajous 图的参数表示 (把 x_1, x_3 换成 x, y) 为

$$x(t) = r_1 \cos \omega_1(t - t_0), \quad y(t) = r_2 \cos \omega_2(t - t_0).$$

Lissajous 图的一个简单物理解释就是它可以看作由二阶微分方程

$$\ddot{x} = \omega_1 x, \quad \ddot{y} = \omega_2 y$$

所决定的一对线性独立或谐波振子 (见例 6.2.2) 的位形轨迹 $x(t), y(t)$. 如果 ω_1 和 ω_2 的比值是有理数, Lissajous 图通常是一族自交的闭曲线且相当复杂 (图 4.2.5).

但如果频率 ω_1 和 ω_2 的比值是无理数, 那么 Lissajous 图稠密地填充在矩形 $|x| \leqslant r_1$, $|y| \leqslant r_2$ 中, 而且通过运用定理 4.2.3 的适当形式证明 Lissajous 图的极限密度的存在性并计算它.

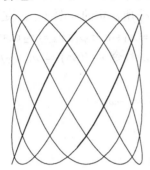 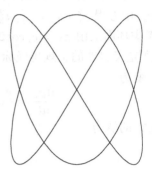

图 4.2.5　Lissajous 图

很容易用物理的方法模拟出 Lissajous 图, 把两个简单的振荡电路接到示波器的 x 和 y 输入端, 通过调频就可以得到各种 Lissajous 图. 当我们将相对频率调到稍许偏离有理数时, 图形会缓慢地变形. 我们会见到如图 4.2.5 中右边的图形, 就像从慢慢旋转着的柱面上投射下来的曲线 [2].

4.2.5　区间上的质点和弹子球

许多力学问题都可以简化为对圆周上的旋转和 $\mathbb{T}^2$ 上的线性流进行分析. 这一小节将详细分析一个简单例子.

1. 区间上的质点

考虑限制于区间上的两个质点, 它们彼此之间及与区间端点间发生的是弹性碰撞 (如图 4.2.6). 假定所考虑的区间就是单位区间 $[0,1]$ 并考虑两个质点的质量都等于 1 情形. 系统的位形空间是二维集合 $T = \{(x_1, x_2) \mid 0 \leqslant x_1 \leqslant x_2 \leqslant 1\}$, 它是一个等腰直角三角形, 如图 4.2.7 所示. 因此, 两个质点的运动可以看作 T 中一个点的运动.

图 4.2.6　区间上的两个质点

下面将专门讨论这一系统并证明如下命题.

命题 4.2.9　对任何初始条件, 系统在任何时间的速度比最多有八个不同的值.

　　[2] 详细地描述见 Arnold V I. Mathematical Methods in Classical Mechanics. New York, Berlin, Heidelberg: Springer-Verlag, 1978, 2.5 节.

如果初始比值是有理数, 那么系统的运动是周期的; 如果是无理数, 那么系统的运动可以任意逼近任何特定的位形并具有一致分布性.

　　导出这一结果的过程将是讨论这一系统的其他问题及其他模型的丰富的思想源泉. 例如, 我们将在几何上明显地看出, 质量不同的情形有着根本的区别.

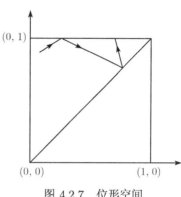

图 4.2.7　位形空间

2. 弹子球流

　　在两次碰撞之间, 两个质点都以常速度运动. 这就是说, 对于 T 内的 "位形" 点来说, 它的水平速度和竖直速度的分量都是常数, 因此状态点应以常速度沿直线轨迹运行. 当状态点到达 T 的水平边或竖直边时, 它对应于两个质点之一和区间的某一端点发生碰撞, 此时的两个速度分量之一改变符号. 当状态点到达 T 的斜边时, 两个速度分量互相交换 (在两个质点的弹性碰撞中交换动量, 由于质量相等, 也就是交换速度). 因此, 对于这三种碰撞来说, 位形点 (x_1, x_2) 在边界发生的反射遵从于 "入射角等于反射角". 也就是说, 位形点的运动就像在三角形桌 T 上小弹子球的运动, 这就是为什么用连续时间的动力系统来描述这一运动通常称作弹子球流的原因.

　　为了研究弹子球流, 首先描述一下它的相空间. 明显地, 它由基点在 T 中的切向量构成. 对于在边界上的切向量给出一些约定. 由于在碰撞中速度瞬间改变, 故只考虑后继速度. 对于基点在边界上时也是如此, 从而只有那些指向三角形内部的向量属于相空间. 顶点对应于两个质点同时发生碰撞, 我们来看如何定义位形点撞到顶点后的运动. 对于 $(0,1)$ 点, 即直角的顶点, 对应于两个质点分别与区间的两个端点同时发生碰撞, 毫无疑问, 每个质点的速度改变符号, 因此速度向量只要简单地反转方向即可. 因此在这种情况下, 后继速度向量指向 T 内. 其他两个顶点的处理需要技巧. 它们对应于两个质点同时与同一个端点发生碰撞. 一个自然的方法看这一运动如何延伸, 就是用一系列简单的碰撞来逼近这一情况, 如果碰撞结果的极限存在就取极限. 可以证明这样一系列的碰撞总共包含四种碰撞并且极限确实存在. 与其做这样的冗长的直接分析, 倒不如先忽略这两个顶点, 当几何考虑使我们能更好地洞悉它们的运动图像时, 会同时得到所需要的结论.

　　总之, 弹子球流就是如上所描述的相空间上的一个连续时间的动力系统. 一个向量以它的长度为速度沿它所在的直线运动, 在边界处发生反射. 只要考虑一个固定的向量, 比如单位向量即可.

3. 扩展

现在想象, 当点到达边界时, 我们不让速度向量发生反射而让区域 T 发生反射, 并考虑让运动以同样的速度进入到反射区域内, 如图 4.2.8 所示. 这一过程当点又到达 (反射区域的) 边界时被重复, 如此继续下去. 因此, 我们就把 T 内复杂的折线运动变换成经过 T 的不同反射区域时的直线运动. 自然地, 当把这些反射区域按反向顺序折叠回原来的三角形 T 内时就得到原来的运动. 不同的初始向量就会产生不同的反射序列并沿着不折叠轨道产生一串不同的三角形 T 的反射区域. 因此应该考虑在同一时间的所有可能的反射序列. 而对于与这一三角形不同的区域来说, 由于这些反射区域会回到原来的区域而又不与之完全重叠, 所得的结果会非常混乱. 而在这一情形, 与原来区域重叠的反射区域正好完全重叠. 从而得到由不同的反射复合而得到的三角形 T 的反射域形成的平面 $\mathbb{R}^2$ 上的一个铺砌. 并不是所有的反射复合都还是反射. 例如, 一个沿竖直边的反射紧接着沿像的水平边的反射就得到一个围绕着直角三角形的顶点旋转角为 π 的旋转, 而且仔细检查发现所有的铺砌元素总共有八种不同的定向 (见图 4.2.9), 在这八类的每一类中的三角形相互之间都可以通过平行移动相互得到. 作为这八类的代表元可以取最原始的三角形 T, 沿直角三角形斜边的反射像和由此单位正方形关于两个坐标轴的反射像及所得的三角形以及由这些反射的复合 (复合的顺序是可交换的) 所得的三角形. 也就是说, 这八个代表元正好填满正方形 $S = \{(x,y)\,|\,\max\{|x|,|y|\} \leqslant 1\}$, 并且铺砌的其他元素都可以由这八个代表元之一平移得到. 在此过程中出现的平行移动是移动量为 2 的水平和竖直平移的复合. 称 S 为铺砌平移群的基本域.

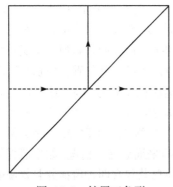

图 4.2.8　扩展三角形

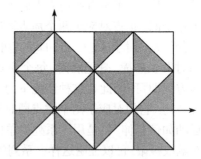

图 4.2.9　完全扩展

4. 等化空间

现在把前面讨论的完全扩展至 $\mathbb{R}^2$ 上的弹子球流代之以如下的限制于正方形 S 上的部分扩展的流. 每一次轨道到达 S 的边界, 离开三角形 T_1 时, 令其进入由

平行移动 T_1 所得的 S 中唯一三角形 T_2 之中 (见图 4.2.10). 在平面上考虑时, 这样的轨道是不连续的, 即上面的水平边平移了 $(0, -2)$, 下面的平移了 $(0, 2)$, 左边的 $(2, 0)$, 右边的 $(-2, 0)$. 但这些正好与 4.2.3 节所描述的环面上的线性流完全一致, 尽管尺寸是那里的两倍. 如此得到的线性流依赖于弹子球流轨道在 T 中的初始方向. 若初始斜率是有理数, 则轨道是闭的, 若是无理数, 则在环面上稠密并具有一致分布性.

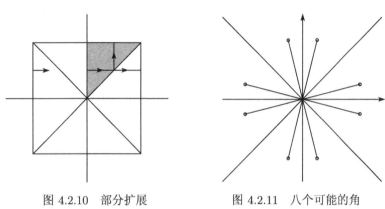

图 4.2.10 部分扩展   图 4.2.11 八个可能的角

由原始三角形通过反射及其复合而得到的 S 中的八个三角形这一事实, 可以知道 T 中的折叠轨道段最多有八个不同方向. 这些方向变换中的四个由反射产生, 即沿水平边、竖直边和两个对角线; 其他的是 $\frac{\pi}{2}$ 的倍数的旋转. 因此, 如果初始方向与水平正方向的夹角是 α, 那么可能的角是 $\pm\alpha + \frac{k\pi}{2}$; $k = 0, 1, 2, 3$(见图 4.2.11).

由初始方向斜率为无理数 (或有理数) 而得到的环面上轨道的稠密性 (或周期性) 对应于三角形内弹子球流轨道的稠密性 (或周期性). 同样地, 对于初始斜率为无理数时, 可以得到弹子球轨道的一致分布.

我们也解决了当弹子球流碰到三角形顶点时的延伸问题. 在环面上这一延伸问题是明确的, 并且通过折叠可以得到精确的描述: 一个轨道以与实轴正方向夹角为 α 撞向原点, 以角 $\pi - \alpha$ 弹回, 即它自己折回恰好类似顶点 $(0, 1)$ 的情况.

让我们把结论转换成最初的力学问题. 弹子球的相向量的斜率是区间上两个质点的速度比. 因此, 由任何初始速度比, 最多仅有八个不同的速度比值出现. 如果初始比是有理数, 那么运动是周期的; 如果是无理数, 则可以最终任意接近任何位形点. 而且, 后一种情况自然出现一致分布性. 特别地, 这也证明了命题 4.2.9.

5. 质量不等

这一问题有力学和几何两个不同方面的自然推广. 在力学问题中两个质点的

质量可以不等. 在碰撞时, 两个质点速度的改变关于它们的质量 m_1 和 m_2 成反比. 对于坐标 $q_1 = \sqrt{m_1}x_1, q_2 = \sqrt{m_2}x_2$, 由动量和能量守恒可以得出弹子球在弹子球桌 $\left\{(q_1, q_2)|0 \leqslant q_1 \leqslant \sqrt{\dfrac{m_1}{m_2}}q_2 \leqslant \sqrt{m_1}\right\}$ 上的运动规律 (见图 4.2.12). 对这一三角形

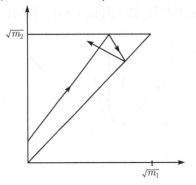

中的弹子球流, 对应于不同序列反射而得到的扩展, 所形成的重叠的结构变得不可识别, 除非 $m_1 = m_2, m_1 = 3m_2$ 或 $m_2 = 3m_1$. 后两种情形对应着弹子球在最小角为 $\dfrac{\pi}{6}$ 的直角三角形中. 一些其他情形用类似的思想和方法可以分析得相当清楚. 第一个非平凡情形是一个角是 $\dfrac{\pi}{8}$ 的直角三角形. 对应的质量比

图 4.2.12　两个质量不等的质点

为 $3 + 4\sqrt{2}$. 该种情形的描述见 Katok and Hasselblatt. *Introduction to the Modern Theory of Dynamical Systems* (New York:Cambridge University Press, 1995) 一书的 14.4 节. 现在转到由我们的问题的几何结构引起的推广.

6. 多边形弹子球

现在列出与前述等质模型同样好的处理方法的多边形.

考虑一个多边形 P 内的弹子球流, 此处的 P 应满足性质: P 关于它自己的边的所有的反射的复合形成平面的一个铺砌. 对这样的多边形, 才有可能按类似于等腰直角三角形的方法同时地扩展弹子球流的所有轨道. 然后, 需要找到一个和正方形 S 相对应的图形, 即一个好的铺砌平移群的基本域使得可以把平面上的完全扩展替换成限制在一个紧集内的部分扩展.

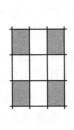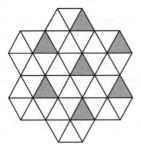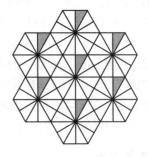

图 4.2.13　铺砌

满足这一性质的多边形是非常少的. 除了等边直角三角形之外还包括矩形、等边三角形和一个角为 $\frac{\pi}{6}$ 的直角三角形. 对这些情形, 为了能够找到一个和正方形 S 相对应的图形, 在每一个铺砌中, 考虑仅相差平行移动的区域所成的类, 然后从每一类中以适当方法选出一个代表. 结果如图 4.2.13 所示. 第一种情形有四类, 第二种有六类, 最后一种有十二类. 自然地, 第一种情形的基本域为把边长扩大两倍所得的矩形 R, 其他两种情形都是正六边形 (如图 4.2.14).

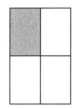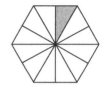

图 4.2.14 基本域

我们分别研究这些系统. 对三角形 T 中的弹子球流的分析基本上可以逐字地翻译成矩形的情形, 而且有少许简化. 实际上, 边长加倍后的矩形 R 可以自然地看作环面, 如果将其对边即经由平行移动所得的边当作同一条边的话, 从而原来矩形内的弹子球流就扩展为该环面上的线性流.

其他两种情形也可以转化为环面上的线性流, 这是因为任何平行四边形都可以经由平行移动使对边等同而得到一个环面. 这只不过相差一个平面上的非奇异线性坐标变换. 我们可以找到这两个铺砌平移群的形如一个角是 $\frac{\pi}{3}$ 的平行四边形的基本域 (如图 4.2.15), 因此三角形内的弹子球流就可以转化为对应的基本域上的线性流.

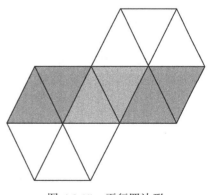

图 4.2.15 平行四边形

注 4.2.10 二维环面上的线性流的一个经典例子出现在非线性微分方程系统, 它是一个质点的平方反比中心引力场中的 Kepler 问题(见 6.2.5 节). 这样的一个质点具有三个自由度, 但是角动量 (见 6.2.7 节) 守恒使得它被限制到一个平面, 自由度的个数就减少为两个. 由于运动方程是二阶的, 相空间就是四维的. 由能量守恒减少到三维, 又由角动量守恒减少到二维. 这两个维数被参数化为一个沿椭圆的时间参数和一个近日点角. 因此, 这是一个类似于数学摆(见 6.2.2 节) 的系统, 那里可以得到圆周上的流, 即一维不变圈. 而不相互作用的多体 Kepler 问题给出了高维不变环面及其上的线性流. 这就是 Hamilton 系统中完全可积性的中心内容.

习题 4.2.1　给出式 (4.2.1) 的详细证明.

习题 4.2.2　直接验证: 对任何固定的自然数 m, 所有的 $\lg(p+1) - \lg p$ 的和是 1, 其中 p 取遍所有 m 位数, 这一结论可以直接由命题 4.2.7 得出.

习题 4.2.3　验证由命题 4.1.7 或定理 4.2.3 推导出命题 4.2.7 的过程中所需的计算过程.

习题 4.2.4　参照命题 4.2.7, 计算极限 $\lim\limits_{n\to\infty} \dfrac{F_{10}^2(n)}{n}$, 并分别找出 0 和 9 作为 2 的幂的第二位数字中出现的渐近频率.

习题 4.2.5　参照命题 4.2.8 的证明, 假设 $\gamma \neq 0$ 并且把截口 C_1 换成截口 $C_2 := \{x_2 = 0\}$. 证明: 由此产生的返回映射是一个旋转并确定旋转角与 γ 的关系.

习题 4.2.6　通过直接计算对时间的导数, 验证函数 $x_1^2 + x_2^2$ 和 $x_3^2 + x_4^2$ 对式 (4.2.5) 是不变的.

习题 4.2.7　用公式表达命题 4.2.9 中所述且在 4.2.5.4 节所证的自然的一致分布性.

习题 4.2.8　证明: $\mathbb{R}$ 的任何闭的真子群 Γ 是循环的, 即 $\Gamma = \{na\}_{n\in\mathbb{Z}}$ 对某一 $a \in \mathbb{R}$ 成立.

习题 4.2.9　给定一个初始方向, 对于一个矩形内及那两个三角形内的弹子球流各有多少个斜率, 它们都是什么?

习题 4.2.10　假设一束水平光线进入到周围都是镜子的圆形房间. 描述房间内最亮的区域的各种可能性.

习题 4.2.11　证明: 对于一个完全扩展的正五边形无限次地覆盖平面内的每一点.

习题 4.2.12　在所叙述的两个质点的系统中, 通过一系列简单碰撞的极限来给出两个弹子球同时碰到区间端点时弹子球流的延续轨道.

4.3　圆周上的可逆映射

对圆周上旋转的分析的成功大多归因于它们源于线性动力系统, 即来自平面旋转 (见 3.1 节) 这一事实. 这就导致了轨道结构极大的均匀性, 它又给出了轨道的一致稠密性和一致分布性. 而另外也许有点不十分明显的因素是圆周自己的简单结构. 类似于对区间上的同胚 (见 2.3.1 节) 的研究, 使得对圆周上的可逆映射的轨道结构有可能给出一个相当满意的分析. 圆周的一维性提供了下面两个 (相关的) 性质: 它上面点 (循环的) 有序性和介值定理, 使得相当精细的分析成为可能. 其效果是使不同的轨道足够紧密地系结在一起, 从而使得可能的轨道结构相对更容易描述. 顺序结构的重要性将在命题 4.3.11 和命题 4.3.15 之中变得特别明显.

对于区间上或圆周上的非可逆映射来说, 点的顺序可能得不到保持, 因此第一个性质就不能用. 但如果有连续性介值定理仍可以应用, 虽然结构特征远为复杂,然而稍微详尽的分析仍是可能的. 第 11 章将就某些区间映射对比进行概述.

通过本节的各种现象, 如下的原理会变得显然: 虽然与旋转的情形有所不同, 圆周上的可逆映射的轨道结构不总是完全均匀的, 但是它们的渐近行为在很多方面与旋转的轨道结构差不多同样均匀, 或者至少与之相关联, 而且事实上, 最后变得看起来很像一个旋转.

在这一节起中心作用的是如下根本的差别: 一个圆周同胚 (定义 A.1.16) 有还是没有周期点. 每一轨道具有同样类型的渐近行为, 且十分准确地分别对应于有理或无理旋转的轨道的行为. 导致这一结论的工具是一个反映渐近旋转率的参数, 它是否是有理数依是否有周期点而定.

4.3.1 提升和度

回想圆周 $S^1 = \mathbb{R}/\mathbb{Z}$ 和直线 $\mathbb{R}$ 之间的关系 (见 2.6.2 节). 用 $\pi : \mathbb{R} \to S^1, x \mapsto [x]$ 表示投射, 此处 $\mathbb{R}/\mathbb{Z}$ 中的 $[x]$ 表示 x 的等价类, 如 2.6.2 节. 这里用 $[\cdot]$ 表示等价类, 而一个数的整数部分记作 $\lfloor \cdot \rfloor$, 用 $\{\cdot\}$ 表示小数部分.

命题 4.3.1 如果 $f : S^1 \to S^1$ 连续, 那么存在连续映射 $F : \mathbb{R} \to \mathbb{R}$, 称为 f 到 $\mathbb{R}$ 的提升, 满足

$$f \circ \pi = \pi \circ F, \tag{4.3.1}$$

即 $f([z]) = [F(z)]$. 这样的一个提升除去一个整数是唯一的 (如图 4.3.1), 并且 $\deg(f) := F(x+1) - F(x)$ 是一个不依赖于 x 和提升 F 的整数, 称为 f 的度, 如果 f 是同胚, 那么 $|\deg(f)| = 1$.

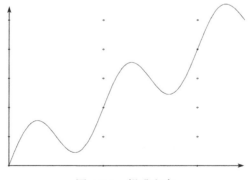

图 4.3.1 提升和度

证明 存在性. 取一个点 $p \in S^1$. 那么 $p = [x_0]$ 对某一 $x_0 \in \mathbb{R}$ 和 $f(p) = [y_0]$ 对某一 $y_0 \in \mathbb{R}$ 成立. 由 x_0 和 y_0 的选取, 定义 $F : \mathbb{R} \to \mathbb{R}$ 使 $F(x_0) = y_0$, F 连续和 $f([z]) = [F(z)]$ 对所有的 $z \in \mathbb{R}$ 成立. 为构造这样的 F, 可以令初始点 p 连续地变化, 使得 $f(p)$ 也连续地变化. 那么无疑 x 和 y 都连续地变化, 因此 $F(x) = y$ 定义

了一个连续映射 [3].

唯一性. 假设 $\widetilde{F}$ 是另外一个提升. 那么 $[\widetilde{F}(x)] = f([x]) = [F(x)]$ 对所有的 x 成立, 这就意味着 $\widetilde{F} - F$ 总是一个整数. 因为它是连续的从而是一个常数.

度: 因为 $[F(x+1)] = f([x+1]) = f([x]) = [F(x)]$, 所以 $F(x+1) - F(x)$ 是一个整数 (现在可见明显地不依赖于提升的选取). 由连续性, $F(x+1) - F(x) =: \deg(f)$ 必是一个常数.

可逆: 如果 $\deg(f) = 0$, 那么 $F(x+1) = F(x)$, 因此 F 不是单调的. 那么 f 是非可逆的, 因为它不是单调的. 如果 $|\deg(f)| > 1$, 那么 $|F(x+1) - F(x)| > 1$, 并且由介值定理, 存在一个 $y \in (x, x+1)$ 使得 $|F(y) - F(x)| = 1$. 那么 $f([y]) = f([x])$ 且 $[y] \neq [x]$, 因此 f 是非可逆的. □

定义 4.3.2 假设 f 是可逆的. 如果 $\deg(f) = 1$, 那么称 f 是保向的; 如果 $\deg(f) = -1$, 那么称 f 是反向的.

注 4.3.3 函数 $F(x) - x \deg(f)$ 是周期的, 因为

$$F(x+1) - (x+1)\deg(f) = F(x) + \deg(f) - (x+1)\deg(f) = F(x) - x\deg(f)$$

对所有的 x 成立. 特别地, 如果 f 是保向同胚, 那么 $F(x) - x$ 是周期的, 因此 $F - \mathrm{Id}$ 是有界的. 我们很快就会用到一个稍强点的结果.

引理 4.3.4 如果 f 是圆周上的一个保向同胚, 且 F 是提升, 那么 $F(y) - y \leqslant F(x) - x + 1$ 对所有的 $x, y \in \mathbb{R}$ 成立.

证明 令 $k = \lfloor y - x \rfloor$. 那么

$$F(y) - y = F(y) + F(x+k) - F(x+k) + (x+k) - (x+k) - y$$
$$= (F(x+k) - (x+k)) + (F(y) - F(x+k)) - (y - (x+k)). \quad (4.3.2)$$

现在 $F(x+k) - (x+k) = F(x) - x$, 且由 k 的选取可得 $0 \leqslant y - (x+k) < 1$, 因此 $F(y) - F(x+k) \leqslant 1$. 因此上式右边最多为 $F(x) - x + 1 - 0$. □

4.3.2 旋转数

有或没有周期点都由一个简单的参数决定, 称作旋转数. 它也告诉我们哪一个旋转可以与圆周上的同胚相比较.

---

[3] 详细地, 取 $\delta > 0$ 满足 $d([x], [x']) \leqslant \delta$ 蕴含着 $d(f([x]), f([x'])) < \frac{1}{2}$. 那么在 $[x_0 - \delta, x_0 + \delta]$ 上定义 F 如下: 如果 $|x - x_0| \leqslant \delta$, 那么 $d(f([x]), p) < \frac{1}{2}$ 并且存在唯一的 $y \in \left(y_0 - \frac{1}{2}, y_0 + \frac{1}{2}\right)$ 满足 $[y] = f([x])$. 定义 $F(x) = y$. 类似地, 直到 F 定义在一个单位长度的区间上. 那么 $f([z]) = [F(z)]$ 就在 $\mathbb{R}$ 上定义了 F.

命题 4.3.5 令 $f:S^1 \to S^1$ 是一个保向同胚, 且 $F:\mathbb{R} \to \mathbb{R}$ 是 f 的一个提升. 那么

$$\rho(F) := \lim_{|n| \to \infty} \frac{1}{n}(F^n(x) - x) \tag{4.3.3}$$

对所有的 $x \in \mathbb{R}$ 存在. $\rho(F)$ 不依赖于 x 且除去一个整数定义是合理的, 也就是说, 如果 $\widetilde{F}$ 是 f 的另外一个提升, 那么 $\rho(F) - \rho(\widetilde{F}) = F - \widetilde{F} \in \mathbb{Z}$. $\rho(F)$ 是有理数当且仅当 f 具有一个周期点.

式 (4.3.3) 中的极限不依赖于点的选取这一事实, 首先表明了轨道相联的渐近行为, 这正是我们所期望的. 这一命题给出了如下概念.

定义 4.3.6 称 $\rho(f) := \lfloor \rho(F) \rfloor$ 为 f 的旋转数.

一个数列 $(a_n)_{n \in \mathbb{N}}$ 若满足 $a_{m+n} \leqslant a_n + a_m$, 则称为是次可加的. 旋转数的存在性是由于式 (4.3.3) 的右侧具有类似的性质.

引理 4.3.7 如果数列 $(a_n)_{n \in \mathbb{N}}$ 满足 $a_{m+n} \leqslant a_n + a_{m+k} + L$ 对所有的 $m, n \in \mathbb{N}$ 和某些固定的 k 和 L 成立, 那么 $\lim_{n \to \infty} \dfrac{a_n}{n} \in \mathbb{R} \cup \{-\infty\}$ 存在 (如图 4.3.2).

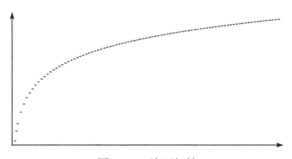

图 4.3.2 次可加性

证明 由 $a_{m+k} \leqslant a_m + a_{2k} + L$ 可得 $a_{m+n} \leqslant a_m + a_n + a_{2k} + 2L = a_m + a_n + L'$, 因此可以取 $k = 0$. 令 $a := \varliminf_{n \to \infty} \dfrac{a_n}{n} \in \mathbb{R} \cup \{-\infty\}$.

如果 $a < b < c$ 且 $n > \dfrac{2L}{c-b}$ 满足 $\dfrac{a_n}{n} < b$, 那么对任何 $l \geqslant \dfrac{2\max_{r<n} a_r}{c-b}$, 可以写 $l = nk + r$ 其中 $r < n$. 这就蕴含着 $\dfrac{a_l}{l} \leqslant \dfrac{ka_n + a_r + kL}{l} \leqslant \dfrac{a_n}{n} + \dfrac{a_r}{l} + \dfrac{L}{n} < c$, 因此 $\varlimsup_{l \to \infty} \dfrac{a_l}{l} \leqslant c$. 由于 $c > a$ 是任意的, 这就证明了引理. □

命题 4.3.5 的证明 不依赖于 x: 注 4.3.3 给出了 $F(x+1) - F(x) = 1$. 如果 $|x - y| < 1$, 那么 $|F(x) - F(y)| < 1$ 且

$$\left| \frac{1}{n}(F^n(x) - x) - \frac{1}{n}(F^n(y) - y) \right| \leqslant \frac{1}{n}(|F^n(x) - F^n(y)| + |x - y|) \leqslant \frac{2}{n}.$$

因此 x 和 y 的旋转数一致, 只要它们之中的一个存在.

存在性：取 $x \in \mathbb{R}$ 和 $a_n := F^n(x) - x$. 那么在引理 4.3.4 中应用 f^m 和 F^n 可得

$$a_{m+n} = F^{m+n}(x) - x = F^m(F^n(x)) - F^n(x) + a_n \leqslant a_m + 1 + a_n.$$

因此, 由引理 4.3.7 可知 $\dfrac{a_n}{n}$ 收敛, 但可能为 $-\infty$. 然而

$$\frac{a_n}{n} = \frac{1}{n}\sum_{i=0}^{n-1}(F^{i+1}(x) - F^i(x)) = \frac{1}{n}\sum_{i=0}^{n-1}(F(x_i) - x_i) \geqslant \min(F(y) - y),$$

因此该极限是一个实数 $\rho(F)$.

又 $\rho(F+m) = \lim\limits_{|n| \to \infty} \dfrac{1}{n}(F^n(x) + nm - x) = \rho(F) + m$ 对 $m \in \mathbb{Z}$ 成立, 即 $\rho(F)$ 在模 1 意义下是良定的.

周期点：如果 f 具有一个 q 周期点, 那么 $F^q(x) = x + p$ 对 x 的某一提升和某一 $p \in \mathbb{Z}$ 成立. 如果 $m \in \mathbb{N}$, 那么

$$\frac{F^{mq}(x) - x}{mq} = \frac{1}{mq}\sum_{i=0}^{m-1}F^q(F^{iq}(x)) - F^{iq}(x) = \frac{mp}{mq} = \frac{p}{q}.$$

因此 $\rho(F) = \dfrac{p}{q}$.

反之, 对任何提升 F, 由旋转数的定义可得

$$\rho(F^m) = \lim_{n \to \infty} \frac{1}{n}((F^m)^n(x) - x) = m \lim_{n \to \infty} \frac{1}{mn}(F^{mn}(x) - x) = m\rho(F).$$

因此如果 $\rho(f) = \dfrac{p}{q} \in \mathbb{Q}$, 那么 $\rho(f^q) = 0$, 这是由于旋转数的定义中是模掉一个整数. 因此我们仅需要证明：

断言　如果 $\rho(f) = 0$, 那么 f 具有一个不动点.

假设 f 没有不动点且令它的一个提升 F 满足 $F(0) \in [0,1)$. 那么 $F(x) - x \notin \mathbb{Z}$ 对所有的 $x \in \mathbb{R}$ 成立. 因为如果 $F(x) - x \in \mathbb{Z}$, 则 $[x]$ 是 f 的一个不动点. 因此 $0 < F(x) - x < 1$ 对所有的 $x \in \mathbb{R}$ 成立. 由于 $F - \text{Id}$ 是连续的和周期的, 它一定可以达到最大值和最小值, 因此, 存在一个 $\delta > 0$ 满足

$$0 < \delta \leqslant F(x) - x \leqslant 1 - \delta < 1$$

对所有的 $x \in \mathbb{R}$ 成立. 特别地, 取 $x = F^i(0)$ 并应用 $F^n(0) = F^n(0) - 0 = \sum_{i=0}^{n-1}F^{i+1}(0) - F^i(0)$, 可得

$$n\delta \leqslant F^n(0) \leqslant (1-\delta)n$$

或

$$\delta \leqslant \frac{F^n(0)}{n} \leqslant 1 - \delta.$$

当 $n \to \infty$ 时, 就得到 $\rho(F) \neq 0$, 所得的矛盾就证明了此断言. □

所有的周期轨具有同样的周期:

命题 4.3.8 令 $f : S^1 \to S^1$ 是一个保向同胚. 那么所有的周期轨具有同样的周期.

实际上, 如果 $\rho(f) = \dfrac{p}{q}$, 其中 $p, q \in \mathbb{Z}$ 是互素的, 那么对于 f 的满足 $\rho(F) = \dfrac{p}{q}$ 提升 F, 有 $F^q(x) = x + p$, 此处的 $[x]$ 是一个周期点, 也就是说, f 的周期点集提升为 $F^q - \mathrm{Id} - p$ 的不动点集.

证明 如果 $[x]$ 是周期点, 那么 $F^r(x) = x + s$ 对某一 $r, s \in \mathbb{Z}$ 成立且

$$\frac{p}{q} = \rho(F) = \lim_{n \to \infty} \frac{F^{nr}(x) - x}{nr} = \lim_{n \to \infty} \frac{ns}{nr} = \frac{s}{r}.$$

这就意味着 $s = mp$ 及 $r = mq$, 因此 $F^{mq}(x) = x + mp$.

断言 $F^q(x) = x + p$.

如果 $F^q - p > x$, 那么 F 的单调性蕴含着

$$F^{2q}(x) - 2p = F^q(F^q(x) - p) - p \geqslant F^q(x) - p > x$$

且归纳可得 $F^{mq}(x) - mp > x$, 这是不可能的. 同样地, $F^q(x) - p < x$ 也是不可能的, 因为它蕴含着 $F^{mq}(x) - mp < x$. 这就证明了断言. □

4.3.3 共轭不变

拓扑共轭的概念在动力系统的许多方面都是重要的, 将在以后介绍 (定义 7.3.3). 由于如下结果, 旋转数首先给出了一个非平凡的共轭不变量的例子.

命题 4.3.9 如果 $f, h : S^1 \to S^1$ 是保向同胚, 那么 $\rho(h^{-1}fh) = \rho(f)$.

证明 令 F 和 H 分别是 f 和 h 的提升, 即 $\pi F = f\pi$ 和 $\pi H = h\pi$. 那么 $\pi H^{-1} = h^{-1}h\pi H^{-1} = h^{-1}\pi H H^{-1} = h^{-1}\pi$, 因此 H^{-1} 是 h^{-1} 的一个提升. 又由于 $\pi H^{-1}FH = h^{-1}\pi FH = h^{-1}f\pi H = h^{-1}fh\pi$, $H^{-1}FH$ 是 $h^{-1}fh$ 的一个提升.

假设 H 满足 $H(0) \in [0, 1)$. 我们需要估计

$$|H^{-1}F^nH(x) - F^n(x)| = |(H^{-1}FH)^n(x) - F^n(x)|.$$

(1) 对 $x \in [0, 1)$, 有 $0 - 1 < H(x) - x < H(x) < H(1) < 2$, 且由周期性可得 $|H(x) - x| < 2$ 对 $x \in \mathbb{R}$ 成立. 类似地, $|H^{-1}(x) - x| < 2$ 对 $x \in \mathbb{R}$ 成立.

(2) 如果 $|y - x| < 2$, 那么由于 $||y| - |x|| \leqslant 2$, 从而

$$-3 \leqslant \lfloor y \rfloor - \lfloor x \rfloor - 1 = F^n(\lfloor y \rfloor) - F^n(\lfloor x \rfloor) + 1 < F^n(y) - F^n(x)$$

$$< F^n(\lfloor y \rfloor + 1) - F^n(\lfloor x \rfloor) = \lfloor y \rfloor + 1 - \lfloor x \rfloor \leqslant 3,$$

可以得到 $|F^n(y) - F^n(x)| < 3$. 由这两个估计可得

$$|H^{-1}F^nH(x) - F^n(x)| \leqslant |H^{-1}F^nH(x) - F^nH(x)| + |F^nH(x) - F^n(x)| < 2 + 3,$$

因此 $\dfrac{|(H^{-1}FH)^n(x) - F^n(x)|}{n} < \dfrac{5}{n}$, 由式 (4.3.3) 可得 $\rho(H^{-1}FH) = \rho(F)$.　　　□

在反向共轭下旋转数的情况见习题 4.3.6.

4.3.4　具有周期点的圆周上的同胚

圆周同胚的轨道结构可以相当完整地被描述. 为此, 首先看带有周期点的情况.

描述的第一个层次是: 每一个周期轨道的顺序和对应的旋转映射一样. 这就意味着圆周上保向同胚的周期轨的行为就像那些具有同样的旋转数的旋转一样. 所以不但在系统内部不同的周期轨道之间有命题 4.3.8 所描述的联系, 而且它们与旋转的周期轨道在定性上一致. 实际上, 这些在命题 4.3.8 的证明中已有所显示.

在证明这些之前, 先要给出一个轨道的 "顺序" 的定义. 它是从某个初始点沿正方向所得到的轨道点的序列. 形式上可以用提升定义.

定义 4.3.10　给定 $x_0, \cdots, x_{n-1} \in S^1$, 取 $\widetilde{x}_0, \cdots, \widetilde{x}_{n-1} \in [\widetilde{x}_0, \widetilde{x}_0 + 1) \subset \mathbb{R}$ 满足 $[\widetilde{x}_i] = x_i$. 那么 $(x_0, \cdots, x_{n-1})$ 在 S^1 上的顺序是 $\{1, \cdots, n-1\}$ 的置换 σ, 它满足 $\widetilde{x}_0 < \widetilde{x}_{\sigma(1)} < \cdots < \widetilde{x}_{\sigma(n-1)} < \widetilde{x}_0 + 1$.

作为热身, 我们找 S^1 上的 $\pi\left(\left\{0, \dfrac{p}{q}, \dfrac{2p}{q}, \cdots, \dfrac{(q-1)p}{q}\right\}\right)$ 的顺序 σ, 以后将和周期轨的顺序对比. 定义 $k \in \mathbb{N}$ 满足 $0 < k < q$ 和 $kp \equiv 1 \pmod q$. 那么 k 使得小数部分 $\left\{\dfrac{ip}{q}\right\}, 0 < i < q$ 最小, 因此 $k = \sigma(1)$. 归纳地有, $\sigma(i) = ki \pmod q$. 这就定义了

$$\pi\left(\left\{0, \dfrac{p}{q}, \dfrac{2p}{q}, \cdots, \dfrac{(q-1)p}{q}\right\}\right)$$

的顺序 σ.

由此可证明:

命题 4.3.11　令 $f : S^1 \to S^1$ 是一个保向同胚. 假设 p 和 q 是互素的并且存在 $x \in S^1$ 满足 $f^q(x) = x$. 那么 S^1 上的 $\{x, f(x), f^2(x), \cdots, f^{q-1}(x)\}$ 的顺序决定于 $\sigma(i) = ki \pmod q$, 此处 $kp \equiv 1 \pmod q$.

证明　固定 $\widetilde{x} \in \pi^{-1}(x)$ 和 f 的提升 F 使得 $F^q(\widetilde{x}) = \widetilde{x} + p$(命题 4.3.8). 那么 $[\widetilde{x}, \widetilde{x} + p]$ 被 $A := \pi^{-1}(\{x, f(x), f^2(x), \cdots, f^{q-1}(x)\})$ 分割成 (有公共端点的)$p \cdot q$ 个子区间和 q 个子区间 $I_i = [F^i(\widetilde{x}), F^{i+1}(\widetilde{x})], i = 0, \cdots, q-1$. 由于 F 在任何 I_i 和 I_{i+1} 之间是双射且保持 A 不变, 每一个 I_i 包含 A 的 $p+1$ 个点. 取 $k, r \in \mathbb{Z}$ 使

得在 A 中 $\tilde{x}$ 的右侧的点是 $\tilde{x}_1 = F^k(\tilde{x}) - r$. 由于 $\bar{F} = F^k - r$ 在 $\mathbb{R}$ 上是增的且保持 A 不变, 又 $\tilde{x}_1 = \bar{F}(\tilde{x})$ 是 A 中 $\tilde{x}$ 右侧的最近点且 $[\tilde{x}, \bar{F}(\tilde{x})]$ 被 A 中的点分成 p 个子区间, 从而可得 $\bar{F}^p(\tilde{x}) = F(\tilde{x})$, 因此 $f^{kp}(x) = f(x)$. 从而 k 是 0 和 $q-1$ 间满足 $kp \equiv 1 \pmod{q}$ 的唯一整数, 且轨道 $\{x, f(x), f^2(x), \cdots, f^{q-1}(x)\}$ 的顺序由 $\sigma(i) = ki \pmod{q}$ 给定. $\square$

接下来的命题说明: 对于旋转数为有理数的圆周同胚, 所有的非周期轨都渐近于周期轨. 这就对具有有理旋转数的圆周保向同胚的可能轨道给出了一个完全的分类.

命题 4.3.12 令 $f: S^1 \to S^1$ 是一个具有有理旋转数 $\rho(f) = \dfrac{p}{q} \in \mathbb{Q}$ 的保向同胚. 那么 f 存在两种可能类型的非周期轨:

(1) 如果 f 只含有一个周期轨, 那么其他每一点在 f^q 下都异宿于周期轨的两个点 (定义 2.3.4). 如果周期大于 1 这些点是不同的 (如果周期等于 1, 那么所有的轨道都同宿于这个不动点, 如图 4.3.3 所示).

(2) 如果 f 有多于一个周期轨, 那么每一非周期点在 f^q 下都异宿于不同周期轨的两个点.

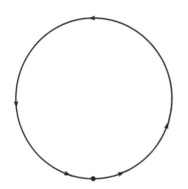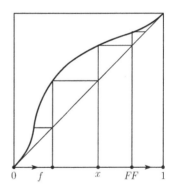

图 4.3.3 半稳定点

证明 通过把 f^q 的不动点 z 提升, 可以把 f^q 看作区间上的同胚, 且把 f^q 的一个提升 $F^q - p$ 限制在 $[z, z+1]$ 上. 那么把命题 2.3.5 应用于这一区间映射, 除了 (2) 的最后一部分两个周期轨是不同的还有疑问外, 就可以得到该命题. 但如果存在区间 $I = [a, b] \subset \mathbb{R}$ 满足 a 和 b 是 $F^q - \mathrm{Id} - p$ 的相邻的零点且 a, b 投射到同一个周期轨, 那么 f 仅有一个周期轨. 这是因为, 如果 $[a] = x \in S^1, [b] = f^k(x) \in S^1$, 那么 $\bigcup_{n=0}^{q-1} f^{nk}(\pi((a, b)))$ 覆盖了 $\{f^n(x)\}_{n=0}^{q-1}$ 在 S^1 中的余集且不包含任何周期点. 由不变性, $f^{nk}(\pi((a, b)))$ 也不包含任何周期点. $\square$

注 4.3.13 这就意味着所有的轨道的渐近行为高度相联, 不仅与周期, 也和对应的旋转映射的轨道结构相联.

作为一个特殊的情形, 如果仅有一个周期轨, 那么它是半稳定的. 它 "一侧排斥另一侧吸引", 例如, 点 $x = 0$ 及由映射

$$x \mapsto x + \frac{1}{4}\sin^2 \pi x \quad (\text{mod } 1)$$

诱导的一个同胚 $f : S^1 \to S^1$.

非周期点并不只是逐个地渐近于周期点, 而且这一行为在 f 的迭代下是相连的. 因此对非周期点 x, 点 $x, f(x), \cdots, f^{q-1}(x)$ 往前渐近于一个对应的周期点的迭代 $y, f(y), \cdots, f^{q-1}(y)$, 且它们沿同一个方向运动. 这可由单调性立即得到 (比较引理 2.3.2).

引理 4.3.14　如果 $I \subset \mathbb{R}$ 是一个区间, 它的端点是 $F^q - \text{Id} - p$ 的相邻的零点, 那么 $F^q - \text{Id} - p$ 在 I 和 $F(I)$ 的内部有相同的符号.

证明　如果在 I 上 $F^q - \text{Id} - p > 0$, 那么 $F^q(x) > x + p$ 对所有的 $x \in I$ 成立, 从而 F 的单调性就蕴含着 $F^q(F(x)) = F(F^q(x)) > F(x+p) = F(x) + p$ 对所有的 $x \in I$ 成立. 因此 $F^q - \text{Id} - p > 0$ 在 $F(I)$ 上成立.

情形 $F^q - \text{Id} - p < 0$ 类似.　　　　　　　　　　　　　　　□

因此, 对于带周期点的圆周同胚, 所有的轨道都相连地渐近于周期相同的周期轨.

4.3.5　无周期点的圆周同胚

类似于命题 4.3.11 可以证明, 无周期点的圆周同胚的轨道的顺序和对相应的旋转的轨道相同.

命题 4.3.15　令 $F : \mathbb{R} \to \mathbb{R}$ 是保向同胚 $f : S^1 \to S^1$ 的一个提升, 且 $\rho := \rho(F) \notin \mathbb{Q}$. 那么对 $n_1, n_2, m_1, m_2 \in \mathbb{Z}$ 和 $x \in \mathbb{R}$,

$$n_1\rho + m_1 < n_2\rho + m_2 \text{ 当且仅当 } F^{n_1}(x) + m_1 < F^{n_2}(x) + m_2.$$

左边不等式是右边不等式中当 F 是以 ρ 为旋转数的旋转时的特殊情形.

证明　右边的不等式对任何 x 都不会出现等号, 否则就有 $F^{n_1}(x) - F^{n_2}(x) \in \mathbb{Z}$, 因此 $[x]$ 是周期的. 由此, 对给定的 $n_1, n_2, m_1, m_2 \in \mathbb{Z}$, 连续函数 $F^{n_1}(x) + m_1 - F^{n_2}(x) - m_2$ 不改变符号且第二个不等式不依赖于 x.

现在假定 $F^{n_1}(x) + m_1 < F^{n_2}(x) + m_2$ 对所有的 x 成立. 由替换 $y := F^{n_2}(x)$ 可知, 这就等价于

$$F^{n_1-n_2}(y) - y < m_2 - m_1$$

对任何 $y \in \mathbb{R}$ 成立. 特别地, 对于 $y = 0$, 可得 $F^{n_1-n_2}(0) < m_2 - m_1$, 又对于 $y = F^{n_1-n_2}(0)$, 可得

$$F^{2(n_1-n_2)}(0) < m_2 - m_1 + F^{n_1-n_2}(0) < 2(m_2 - m_1).$$

归纳得到 $F^{n(n_1-n_2)}(0) < n(m_2 - m_1)$, 因此

$$\rho = \lim_{n\to\infty} \frac{F^{n(n_1-n_2)}(0)}{n(n_1-n_2)} < \lim_{n\to\infty} \frac{n(m_2-m_1)}{n(n_1-n_2)} = \frac{m_2-m_1}{n_1-n_2}$$

(由于 $\rho \notin \mathbb{Q}$, 这是严格不等的). 从而得到 $n_1\rho + m_1 < n_2\rho + m_2$. 这就证明了 "当". 改变如上不等式的方向就得到 "仅当". □

以上命题给出了类似于以前得到的结果: 周期轨道的顺序和相应的旋转的轨道一样. 这里的结论更强些, 因为它可应用于所有的轨道, 而不是其中一些可以自然地分辨出来的子集. 这就有助于我们对没有周期点的圆周同胚的轨道的渐近行为进行研究.

引理 4.3.16 令 $f: S^1 \to S^1$ 是一个没有周期点的保向同胚, $m, n \in \mathbb{Z}, m \neq n, x \in S^1$, 且 $I \subset S^1$ 是一个端点为 $f^m(x)$ 和 $f^n(x)$ 的闭区间. 那么每一半轨都与 I 相交.

注 4.3.17 对于 $x \neq y \in S^1$, 在 S^1 上恰有两个区间都以 x 和 y 为端点. 引理对二者都成立. 由于 x 不是周期的, I 不是一个点.

证明 考虑正半轨 $(f^n(y))_{n\in\mathbb{N}}$. 对负半轨的证明可以完全相同. 为了证明引理, 只需证明 I 的反向迭代覆盖 S^1, 即 $S^1 \subset \bigcup_{k\in\mathbb{N}} f^{-k}(I)$.

令 $I_k := f^{-k(n-m)}(I)$, 且注意它们都是相邻的: 如果 $k \in \mathbb{N}$, 那么 I_k 和 I_{k-1} 具有公共端点. 从而如果 $S^1 \neq \bigcup_{k\in\mathbb{N}} I_k$, 那么这一区间序列的端点就收敛到某一 $z \in S^1$. 但是

$$\begin{aligned}
z &= \lim_{k\to\infty} f^{-k(n-m)}(f^m(x)) = \lim_{k\to\infty} f^{(-k+1)(n-m)}(f^m(x))\\
&= \lim_{k\to\infty} f^{(n-m)}(f^{-k(n-m)}(f^m(x))) = f^{(n-m)}(\lim_{k\to\infty} f^{-k(n-m)}(f^m(x)))\\
&= f^{(n-m)}(z)
\end{aligned}$$

是周期的, 这与假设矛盾. □

如果有周期点, 它们给出所有轨道的聚点. 现在我们来看, 当旋转数是无理数时, 哪些集合起着这样的作用.

定义 4.3.18 过 x 的正半轨的聚点的集合 $\omega(x) := \bigcap_{n\in\mathbb{N}} \overline{\{f^i(x) | i \geq n\}}$ 称为 x 的 ω 极限集.

如果存在周期点, 所有的 ω 极限集是周期轨的集合. 如果不存在周期点, 不同轨道的 ω 极限集看起来一样; 实际上, 它们是一样的.

命题 4.3.19 令 $f: S^1 \to S^1$ 是 S^1 上一个没有周期点的保向同胚. 那么 $\omega(x)$ 不依赖于 x 且 $E := \omega(x)$ 是完全的, 并且或者是 S^1 或者无处稠 (见定义 A.1.5).

由命题 A.1.7, 完全无处稠的集合是 Cantor 集, 即它同胚于标准的 Cantor 三分集. 因此, 当 $\omega(x) \neq S^1$ 发生时, 这一结果由圆周上的动力系统直接给出 Cantor 集.

证明　不依赖于 x: 需要证明 $\omega(x) = \omega(y)$ 对 $x, y \in S^1$ 成立. 令 $z \in \omega(x)$. 那么存在 $\mathbb{N}$ 中的序列 l_n 满足 $f^{l_n}(x) \to z$. 如果 $y \in S^1$, 那么由引理 4.3.16, 存在 $k_m \in \mathbb{N}$ 满足 $f^{k_m}(y) \in I_m := [f^{l_m}(x), f^{l_{m+1}}(x)]$. 那么 $\lim_{m \to \infty} f^{k_m}(y) = z$, 因此 $z \in \omega(y)$.

从而有 $\omega(x) \subset \omega(y)$ 对所有的 $x, y \in S^1$ 成立, 且由对称性可得 $\omega(x) = \omega(y)$ 对所有的 $x, y \in S^1$ 成立.

$E := \omega(x)$ 或者是 S^1 或者无处稠: 首先证明 E 是最小的非空闭的 f 不变集. 如果 $\varnothing \neq A \subset S^1$ 是闭的且 f 不变的且 $x \in A$, 由于 A 是不变的和闭的, 则 $\{f^k(x)\}_{k \in \mathbb{Z}} \subset A$ 且 $E = \omega(x) \subset \overline{\{f^k(x)\}_{k \in \mathbb{Z}}} \subset A$. 因此任何闭不变集 A 或者是空的或者包含 E. 特别地, 仅有 $\varnothing$ 和 E 是 E 自己的闭不变子集. 由于 E 是闭的, 它包含着自己的边界, 边界是一个闭子集 (习题 2.6.6). 边界也是不变的, 这是因为边界点对它的任一邻域 U 都有 $U \bigcap E \neq \varnothing$ 和 $U \backslash E \neq \varnothing$, 这是在同胚作用下仍然保留的性质. 因此 E 的边界 ∂E 是 E 的一个闭不变子集, 这样有或者 $\partial E = \varnothing$, 从而 $E = S^1$, 或者 $\partial E = E$, 这就蕴含着 E 是无处稠的 (习题 2.6.6).

剩下将证明 E 是完全的: 令 $x \in E$. 由于 $E = \omega(x)$, 存在序列 k_n 满足 $\lim_{n \to \infty} f^{k_n}(x) = x$. 由于没有周期轨, $f^{k_n}(x) \neq x$ 对所有的 n 成立. 由不变性, 对所有的 n 有 $f^{k_n}(x) \in E$, 因此 x 是 E 的聚点.　　　　$\square$

4.3.6　对比和分类

在命题 4.3.12 和命题 4.3.19 中, 有一些特殊的轨道的集合 (或者是周期的或者在 E 中), 其他所有的轨道都渐近于这些轨道. 这一特殊的集合与具有同样的旋转数的旋转非常相似 (由定理 4.3.20, 对无理旋转数的情形是清楚的). 因此, 如果有周期点, 相应的旋转集只剩下一个周期轨或有限个周期轨的集合; 若没有, 所剩的极限集至少是 Cantor 集. 命题 4.3.19 说明没有周期点的映射的轨道结构与有周期点的映射的轨道结构十分不同, 就是因为这一区别. 如果有周期点, 所有的轨道或者是周期的或者渐近于一个周期轨; 反之, 或者所有的轨道是稠密的或者所有的轨道都渐近于或包含于一个 Cantor 集. 而且当我们对比圆周映射和具有同样的旋转数的旋转的轨道结构时, 进一步的差别就可以显现出来. 大量的具有周期点的圆周映射有非周期轨 —— 命题 4.4.10 和引理 4.4.12 说明, 对于一族映射, 有非周期轨的参数可以是整个区间, 而所有的轨道都是周期的, 那种参数只在瞬间出现 [4] (进而, 类似地讨论说明, 即使有无限多个周期点的系统也是不稳定的, 因此是稀少的). 因此, 存在非周期轨是具有有理旋转数的映射最普遍的行为, 与有理旋转有一个定性的差别.

对无理旋转数情形是不同的. 从定性角度看, 与无理旋转最相似的情形出现在

---

[4] 此时读者可以设想我们在参数空间中运动.——译者注

命题 4.3.19 中当 $E = S^1$ 时. 这种情况下, 所有的轨道是稠密的 ($\omega(x) = S^1$ 对所有 $x \in S_1$ 成立), 这和无理旋转的情况相同. 与有理旋转数的情形不同, 这里没有说明另一种情况 (E 是一个 Cantor 集) 更经常出现 (实际上, 对于 C^2 映射不出现这种情况). 其实对于具有无理旋转数 ρ 的映射, 根据周期轨是否稠密, 在相差一个形变的意义下, 它或者等价于或者 "包含" R_ρ.

定理 4.3.20 (Poincaré 分类定理) 令 $f : S^1 \to S^1$ 是保向同胚, 具有无理旋转数 ρ. 那么存在一个连续单调映射 $h : S^1 \to S^1$ 满足 $h \circ f = R_\rho \circ h$.

(1) 如果 f 是传递的, 那么 h 是一个同胚;

(2) 如果 f 不是传递的, 那么 h 是不可逆的.

这里的映射 h 起变量变换或共轭的作用, 我们在 1.2.9.3 节和 3.1.3 节遇到过这些概念, 只不过它不必可逆. 4.3.3 节对光滑的 f 排除出现非传递的情形.

证明 首先只在单一的轨道的提升上构造 h 的提升, 并证明它是单调的. 然后把它扩张到该提升的轨道的闭包, 用单调性 "填充" 可能剩下的缺口. 最后用投射定义 h.

取 f 的一个提升 $F : \mathbb{R} \to \mathbb{R}$ 和 $x \in \mathbb{R}$. 令 $B := \{F^n(x) + m\}_{m,n \in \mathbb{Z}}$ 是 $[x]$ 的轨道的所有提升. 定义 $H : B \to \mathbb{R}, F^n(x) + m \mapsto n\rho + m$, 此处 $\rho := \rho(F)$. 由命题 4.3.15, 这一映射是单调的, 并由命题 4.1.1, $H(B)$ 在 $\mathbb{R}$ 中是稠. 如果记 $\widetilde{R}_\rho : \mathbb{R} \to \mathbb{R}, x \mapsto x + \rho$, 那么在 B 上有 $H \circ F = \widetilde{R}_\rho \circ H$, 因为

$$H \circ F(F^n(x) + m) = H(F^{n+1}(x) + m) = (n+1)\rho + m$$

且

$$\widetilde{R}_\rho \circ H(F^n(x) + m) = \widetilde{R}_\rho(n\rho + m) = (n+1)\rho + m. \qquad \square$$

引理 4.3.21 H 可以连续扩张到 B 的闭包 $\bar{B}$ 上.

证明 如果 $y \in \bar{B}$, 那么存在 B 中的序列 $(x_n)_{n \in \mathbb{N}}$ 满足 $y = \lim\limits_{n \to \infty} x_n$. 为了证明 $H(y) := \lim\limits_{n \to \infty} H(x_n)$ 存在且不依赖于收敛于 y 的序列的选取, 首先注意由于 H 是单调的, 从而左右极限存在且不依赖于序列的选取. 如果左右极限不一致, 那么 $\mathbb{R} \setminus H(B)$ 包含一个区间, 这就与 $H(B)$ 的稠密性矛盾. $\qquad \square$

H 很容易就扩展到 R 上: 由于 $H : \bar{B} \to \mathbb{R}$ 是单调的和满的 (因为 H 是单调的且在 B 上连续, $\bar{B}$ 是闭的, 且 $H(B)$ 在 R 中稠密), 在 $\bar{B}$ 的余区间上定义 H 变得无可选择: 在这些区间上令 $H = $ 常数, 这些常数取作区间端点处的函数值. 这就给出映射 $H : \mathbb{R} \to \mathbb{R}$ 使得 $H \circ F = \widetilde{R}_\rho \circ H$, 且同时得到了所希望的映射 $h : S^1 \to S^1$, 这是由于对 $z \in B$, 有

$$H(z + 1) = H(F^n(x) + m + 1) = n\rho + m + 1 = H(z) + 1,$$

且这一性质在连续地扩张时仍然保留.

为了决定可逆性, 注意对于传递情形, 可以从一个稠密轨做起, 因此 $\bar{B} = \mathbb{R}$ 且 h 是一个双射; 对非传递情形, 在已用的 B 的闭包的余区间上 H 取常数.　　　□

注 4.3.22　对于定理 4.3.20 传递时的情形, 当 h 可逆时, 称 h 是从 f 到 R_ρ 的共轭; 对非可逆的 h, 称 R_ρ 是 f 的经由 h 的一个因子. 这些概念将在第 7 章中研究 (定义 7.3.3).

习题 4.3.1　对哪些数值 a, 函数 $F(x) = 2x + a$ 定义了一个圆周映射的提升?

习题 4.3.2　参照式 (4.1.1), 证明: $\rho(R_\alpha) = \{\alpha\}$.

习题 4.3.3　考虑 $F(x) := x + \dfrac{1}{2}\sin x$. 判断 F 是否为一个圆周同胚的提升.

习题 4.3.4　考虑 $F(x) := x + \dfrac{1}{4\pi}\sin 2\pi x$. 判断 F 是否为一个圆周同胚的提升, 而且, 如果是, 判断这个同胚是否是保向的, 并求出它的旋转数.

习题 4.3.5　令 $f : S^1 \to S^1$ 是一个单调的 (但不必可逆) 且度为 1 的映射, 即它的提升 $F : \mathbb{R} \to \mathbb{R}$ 是一个单调函数且满足 $F(x+1) = F(x) + 1$. 试证明: 命题 4.3.5、命题 4.3.8 和命题 4.3.9 的结论对 f 成立.

习题 4.3.6　参照命题 4.3.9, 在保向反转共轭的情况下旋转数会出现什么情况?

习题 4.3.7　令 $f : S^1 \to S^1$ 是一个度为 1 的连续映射 (不必单调) 且 $F : \mathbb{R} \to \mathbb{R}$ 是它的一个提升. 证明:

$$\rho^+(F) := \lim_{n \to \infty} \max_{x \in S^1} \frac{F^n(x) - x}{n} \quad 和 \quad \rho^-(F) := \lim_{n \to \infty} \min_{x \in S^1} \frac{F^n(x) - x}{n}$$

都存在.

为进一步学习而提出的问题

问题 4.3.8　在上一习题的假设下, 称

$$R(F) := \left\{ \rho \in \mathbb{R} \mid \exists x \in \mathbb{R} \lim_{n \to \infty} \frac{F^n(x) - x}{n} = \rho \right\}$$

为 F 的旋转集. 证明: $R(F) \neq \varnothing$.

问题 4.3.9　证明: 一个具有有限个不动点和一个吸引不动点的圆周同胚一定有一个排斥不动点. 说明: 存在有一个吸引不动点而没有排斥不动点的圆周同胚.

4.4　Cantor 现象

在命题 4.3.19 中, 对某些没有周期点的圆周同胚, 自然地出现一个 Cantor 集. Cantor 集及相关结构也类似地出现于一些其他情形. 上述非拓扑传递时的共轭就是其中一例. 旋转数对参数的依赖则是一个物理含义上有意义的例子.

4.4.1 魔鬼阶梯

对于非可逆的情形, 定理 4.3.20 中的 h 就是以下有趣的现象的一个特例:

定义 4.4.1 一个单调连续函数 $\phi:[0,1]\to\mathbb{R}$(或 $\phi:[0,1]\to S^1$) 称为一个魔鬼阶梯, 如果存在 $[0,1]$ 中互不相交的长度非零的闭子区间族 $\{I_\alpha\}_{\alpha\in\mathcal{A}}$ 且它们的并稠密, 使得 ϕ 在这些子区间上取不同的值(见图 4.4.1).

例 4.4.2 一个魔鬼阶梯可以相当具体地构造出来. 对一个 Cantor 三分集中的数 $x=0.\alpha_1\alpha_2\alpha_3\cdots=\sum_{i=1}^{\infty}\alpha_i 3^{-i}(\alpha_i\neq 1)$, 像引理 2.7.3 一样定义 $f(x):=\sum_{i=1}^{\infty}\alpha_i 2^{-i-1}\in[0,1]$. 在 2.7.1 节中, 我们发现 f 是满的和非减的, 并且被去掉的区间的两个端点被映到同一点. 易见 f 是连续的 (这在问题 2.7.6 中已有所应用). 通过在每个被去掉的区间上定义一个常数, 使它正好是 f 在这一区间端点处所取的同一值, 我们可以把 f 扩张成 $[0,1]$ 上的非减连续映射. 这就是魔鬼阶梯, 也称作 Cantor 函数.

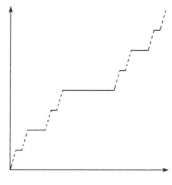

图 4.4.1 魔鬼阶梯

这一函数的图像有某些自相似性：由 $\begin{pmatrix}\dfrac{1}{3}&0\\[2mm]0&\dfrac{1}{2}\end{pmatrix}$ 给定的平面上的变换把这一图形映成它自己的真子集, 这是因为在 $\left[0,\dfrac{1}{3}\right]$ 上有 $f(x)=\dfrac{f(3x)}{2}$.

术语 "魔鬼阶梯" 是一种奇异状态, 构成整个函数图像的是 "台阶", 即在每个被去掉的区间上方的水平部分, 但根本没有跳跃; 函数是连续的. 这样, 各级台阶的顶部都在那儿, 但不是它们本来的 "面目". 在分析中它给出了一个奇异的具有许多古怪性质的例子, 但是我们现在已经看出在动力系统中这样的函数会自然地出现.

为了更好地理解非传递的情形, 回到前面的映射 h 的构造. 由于定理 4.3.20 的证明中的集合 $\bar{B}$ 投射到 $[x]$ 的轨道的闭包, 它包含 $[x]$ 的 ω 极限集 $E=\omega([x])$, 且通过选取 $x\in\pi^{-1}(E)$, 得到 $\pi(\bar{B})=E$, 此处的 E 是前面讨论过的一般的 ω 极限集. 对于传递的情形, $\bar{B}=\mathbb{R}$ 且 $E=S^1$, 但是对于非传递的情形, 因此, 如果 $x\in\pi^{-1}(E)$, 那么 $\pi(\bar{B})=E$ 是一个 Cantor 集. 所以, 对于非传递的情形, h 是等化空间 $E/\sim$(把每一个余区间的两个端点等同) 到 S^1 的双射及从 $f|_{E/\sim}$ 到 $R_{\rho(f)}$ 的共轭. f 的所有的 E 中的轨道在 E 中稠密 (由 E 的定义). 另一方面, 由 $E=\omega([x])$ 的结构可知, E 外的所有点沿正向和负向时间都被吸引到 E, 因为这样的点在迭代

下必在 E 的互不相交的余区间内且它们的区间长度趋于零.

4.4.2　游荡域

反过来, 可以把非传递映射看作由无理旋转的某些轨道 "爆裂" 成区间所得到的映射, 这些区间的并组成 E 的余集. 因此, 这些余区间就像无理旋转的一个轨道上的点那样地排列. 这些区间内部所有的点在下面意义下是 "游荡的", 这些点都留在它的像都互不相交的区间中. 下一小节有一个这样的例子的具体构造.

定义 4.4.3　一个点被称为是游荡的, 如果它有一个邻域, 它的所有的像和原像都互不相交.

这一动力行为正好与定义 6.1.8 中介绍的回复性概念相反.

为了回到和有理旋转数的对比, 注意到在这一情形下 f 只共轭于一个所有的轨道都是周期的且周期相同的旋转, 因此 $f^q = \mathrm{Id}$ 对某一 $q \in \mathbb{Z}$ 成立. 进而, 当有无穷多个周期点时, 有理旋转可能仅是一个因子. 如以前提到过的, 它是不稳定的.

4.4.3　Denjoy的例子

现在给出一个没有周期点的非传递的圆周同胚的例子. 构造从无理旋转开始且把一个轨道上的点替换成适当选择的小区间. 得到的映射不是传递的. 这个例子是由 Arnaud Denjoy 给出的.

命题 4.4.4　对 $\rho \in \mathbb{R} \setminus \mathbb{Q}$, 存在非传递的 C^1 微分同胚 $f : S^1 \to S^1$ 使得 $\rho(f) = \rho$.

证明　如果 $l_n := (|n| + 3)^{-2}$ 且 $c_n := 2\left(\dfrac{l_{n+1}}{l_n} - 1\right) \geqslant -1$, 那么

$$\sum_{n \in \mathbb{Z}} l_n < 2 \sum_{n=0}^{\infty} l_n = 2 \sum_{n=3}^{\infty} \frac{1}{n^2} < 2 \int_2^{\infty} \frac{1}{x^2} \mathrm{d}x = 1.$$

为了把无理旋转 R_ρ 的轨道 $x_n = R_\rho^n x$ "爆裂" 成长度为 l_n 的区间 I_n, 在 S^1 上插入区间 I_n, 使得它们的顺序与点 x_n 的顺序相同, 且任意两个这样的区间 I_m 和 I_n 的距离是

$$\left(1 - \sum_{n \in \mathbb{Z}} l_n\right) d(x_m, x_n) + \sum_{x_k \in (x_m, x_n)} l_k$$

(这是这两点间插入的区间 I_k 的长度之和加上圆周上 x_m 和 x_n 之间适当地按比例缩小后的弧长, 这一比例选得使 $S^1 \setminus \bigcup_{n \in \mathbb{Z}} I_n$ 的总长度是 $1 - \sum_{n \in \mathbb{Z}} l_n$). 为了定义一个圆周同胚 f 满足 $f(I_n) = I_{n+1}$ 且 $f|_{S^1 \setminus \bigcup_{n \in \mathbb{Z}} I_n}$ 半共轭于一个旋转, 只需给出导数 $f'(x)$ 即可, 因为 f 可以通过积分得到.

在区间 $[a, a+l]$ 上定义帐篷函数

$$h(a, l, x) := 1 - \frac{1}{l} |2(x - a) - l|.$$

那么 $h\left(a, l, a+\dfrac{l}{2}\right) = 1$ 且 $\displaystyle\int_a^{a+l} h(a, l, x)\mathrm{d}x = \dfrac{l}{2}$. 把 I_n 的左端点记作 a_n, 且令

$$f'(x) = \begin{cases} 1, & \text{对 } x \in S^1 \setminus \bigcup_{n \in \mathbb{Z}} I_n, \\ 1 + c_n h(a_n, l_n, x), & \text{对 } x \in I_n. \end{cases}$$

$c_n = 2\left(\dfrac{l_{n+1}}{l_n} - 1\right) = \dfrac{2(l_{n+1} - l_n)}{l_n}$ 的选择蕴含

$$\int_{I_n} f'(x)\mathrm{d}x = \int_{I_n} (1 + c_n h(a_n, l_n, x))\mathrm{d}x = l_n + \dfrac{l_n}{2}c_n = l_{n+1},$$

由此可得 $f(I_n) = I_{n+1}$. $\qquad\square$

仔细观察这一证明之后发现, 函数 f 的导数必须有些扭曲, 以便区间收缩得足够快, 得以插入一般 Cantor 集的间隙. 通过系统而详细的分析发现, 在充分光滑的圆周同胚中不会出现这一现象.

一个具有无理旋转数 $\rho(f) \in \mathbb{R} \setminus \mathbb{Q}$ 的 C^2 微分同胚 $f: S^1 \to S^1$ 是传递的, 因此拓扑共轭于 $R_{\rho(f)}$.

实际上, 稍微弱一点的正规性假设就足够了. 最自然的弱化是仅假定导数具有有界变差. 一个函数 $g: S^1 \to \mathbb{R}$ 被称为是有界变差的, 如果它的全变差 $\mathrm{var}(g) := \sup \sum_{k=1}^n |g(x_k) - g(x_k')|$ 是有限的. 此处的上确界取自所有的有限集合 $\{x_k, x_k'\}_{k=1}^n$, 使得 x_k, x_k' 是一个区间 I_k 的端点且 $I_k \bigcap I_j = \varnothing$ 对 $k \neq j$ 成立. 每一个 Lipschitz 函数从而每一个连续可微函数都具有有界变差.

4.4.4 旋转数对参数的依赖性

这里研究当映射变动时映射的旋转数的依赖情况. 我们从连续性和单调性开始.

命题 4.4.5 在一致拓扑下, $\rho(\cdot)$ 是连续的.

证明 如果 $\rho(f) = \rho$, 取 $\dfrac{p'}{q'}, \dfrac{p}{q} \in \mathbb{Q}$ 满足 $\dfrac{p'}{q'} < \rho < \dfrac{p}{q}$. 取 f 的提升 F 使得 $-1 < F^q(x) - x - p \leqslant 0$ 对某一 $x \in \mathbb{R}$ 成立. 那么 $F^q(x) < x + p$ 对所有的 $x \in \mathbb{R}$ 成立, 因为否则由介值定理, 存在 $x \in \mathbb{R}$ 使得 $F^q(x) = x + p$, 因此 $\rho = \dfrac{p}{q}$. 由于函数 $F^q - \mathrm{Id}$ 是周期的和连续的, 它可以达到最大值. 因此存在 $\delta > 0$ 满足 $F^q(x) < x + p - \delta$ 对所有的 $x \in \mathbb{R}$ 成立. 这就意味着在一致拓扑下, F 的每一个充分小的扰动 $\bar{F}$ 也满足 $\bar{F}^q(x) < x + p$ 对所有的 $x \in \mathbb{R}$ 成立, 因此 $\rho(\bar{F}) < \dfrac{p}{q}$. 从对 $\dfrac{p'}{q'}$ 的类似讨论可得到命题的证明. $\qquad\square$

旋转数的定义进一步说明了它是单调的: 如果 $F_1 > F_2$, 那么 $\rho(F_1) \geqslant \rho(F_2)$, 根据定义, 这就引出了如下的圆周上的顺序和圆周上映射的顺序的概念.

定义 4.4.6　在 S^1 上定义 "$<$": $[x] < [y] :\Leftrightarrow y - x \in \left(0, \dfrac{1}{2}\right) (\mathrm{mod}\ 1)$, 且在保向同胚的集合上定义偏序 "$\prec$": $f_0 \prec f_1 :\Leftrightarrow f_0(x) < f_1(x)$ 对所有的 $x \in S^1$ 成立.

注意, 这两个顺序都不是传递的. 实际上, $[0] < \left[\dfrac{1}{3}\right] < \left[\dfrac{2}{3}\right] < [0]$, 且相应地, $R_0 \prec R_{\frac{1}{3}} \prec R_{\frac{2}{3}} \prec R_0$, 这里的 R_α 是 4.1 节中的旋转. 现在, 由旋转数的定义立即得到:

命题 4.4.7　$\rho(\cdot)$ 是单调的, 如果 $f_1 \prec f_2$, 那么 $\rho(f_1) \leqslant \rho(f_2)$.

注 4.4.8　特别地, 如果 $\{f_t\}$ 是圆周保向同胚族, 使得对每一 $x \in \mathbb{R}$, $f_t(x)$ 关于 t 是增的, 那么 $\rho(f_t)$ 关于 t 非减.

旋转数在无理值处是严格增的:

命题 4.4.9　如果 $f_0 \prec f_1$ 且 $\rho(f_0) \notin \mathbb{Q}$, 那么 $\rho(f_0) < \rho(f_1)$.

证明　如果 F_0 和 F_1 是提升且 $0 < F_1(x) - F_0(x) < \dfrac{1}{2}$ 对所有的 $x \in \mathbb{R}$ 成立, 那么由连续性和周期性, $F_1(x) - F_0(x) > \delta$ 对某一 $\delta > 0$ 和所有的 $x \in \mathbb{R}$ 成立. 取 $\dfrac{p}{q} \in \mathbb{Q}$ 满足 $\dfrac{p}{q} - \dfrac{\delta}{q} < \rho(F_0) < \dfrac{p}{q}$. 那么存在 $x_0 \in \mathbb{R}$ 满足 $F_0^q(x_0) - x_0 > p - \delta$ $\bigg($否则, 有 $\rho(F_0) = \lim\limits_{n \to \infty} \dfrac{F_0^{nq}(x_0) - x_0}{nq} \leqslant \lim\limits_{n \to \infty} \dfrac{n(p - \delta)}{nq} = \dfrac{p}{q} - \dfrac{\delta}{q}\bigg)$. 由于

$$F_1^q(x_0) = F_1(F_1^{q-1}(x_0)) > F_0(F_1^{q-1}(x_0)) + \delta$$
$$> F_0(F_0^{q-1}(x_0)) + \delta = F_0^q(x_0) + \delta > x_0 + p,$$

故对所有的 $x \in \mathbb{R}$, $F_1^q(x) > x + p$ 成立, 或者对某一 $x_1 \in \mathbb{R}$, $F_1^q(x_1) = x_1 + p$ 成立. 无论哪种情况都有 $\rho(F_0) < \dfrac{p}{q} \leqslant \rho(F_1)$. □

命题 4.4.9 说明具有无理旋转数是不稳定的, 这和有理旋转的情形不同.

命题 4.4.10　令 $f : S^1 \to S^1$ 是具有有理旋转数 $\rho(f) = \dfrac{p}{q}$ 和某一非周期点的保向同胚. 那么所有充分接近的扰动 $\bar{f}$ 满足 $\bar{f} \prec f$ 或 $f \prec \bar{f}$ 都有旋转数 $\dfrac{p}{q}$.

需要讨论的基本问题是, $F^q - p$ 的图像是否有一部分在对角线的上方和下方, 在这种情况下沿任何方向的小扰动都不能除去与对角线的交 (如图 4.4.2). 临界的情况, 即整个图形位于一侧, 则正好是有不同的动力行为分支出现的情形 (又见图 2.3.2).

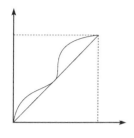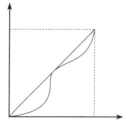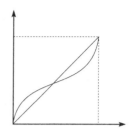

图 4.4.2 单边和双边稳定性

证明 由于 f 有非周期点, 对 f 的任何一个提升 F, $F^q - \mathrm{Id} - p$ 不恒为零 (由假设它确实有零点). 如果存在 $x \in \mathbb{R}$ 使得 $F^q(x) - x - p > 0$, 那么对任何充分小的扰动 $\bar{f} \prec f$, 对应的 $\bar{f}$ 的提升 $\bar{F}$ 满足 $\bar{F}^q(x) - x - p > 0$, 因此 $\rho(\bar{f}) \geqslant \dfrac{p}{q}$. 因此由命题 4.4.7 就有 $\rho(\bar{f}) = \dfrac{p}{q}$. 另一方面, 对于扰动 $f \prec \bar{f}$ 同样成立. $\qquad\square$

注 4.4.11 这一证明说明有一个吸引或排斥周期轨 ($F^q - \mathrm{Id} - p$ 在其对应的提升点处改变符号的轨道) 的圆周映射可以 (在两个方向) 被扰动而不改变旋转数.

另一方面, 如果 $F^q - \mathrm{Id} - p$ 不改变符号, 例如 $F^q - \mathrm{Id} - p > 0$, 那么任何满足 $f \prec \bar{f}$ 的扰动 $\bar{f}$, 因为 $\bar{F}^q - \mathrm{Id} - p \geqslant \delta > 0$, 其旋转数 $\rho(\bar{f}) > \dfrac{p}{q}$. 此时 $F^q - \mathrm{Id} - p$ 的零点投射到 "抛物型的" 或半稳定的周期轨. 这些轨道 p 在一侧吸引而在另一侧排斥, 即存在 p 的某一开邻域 U 满足对 $U \setminus \{p\}$ 的一个分支中的所有的 x, 有 $\lim\limits_{n \to \infty} d(f^n(x), f^n(p)) = 0$, 而对于另一个分支中所有的 x, 有 $\lim\limits_{n \to -\infty} d(f^n(x), f^n(p)) = 0$ (见图 4.3.3).

以下是一个极端的情形.

引理 4.4.12 如果映射 $f : S^1 \to S^1$ 的所有点都是周期的, 那么旋转数在 f 是严格增的.

为了说明旋转数对 f 的依赖是非光滑的, 我们将这些结论重新表述: 旋转数作为参数的函数可以 (且通常) 是一个魔鬼阶梯 (见定义 4.4.1).

命题 4.4.13 假设 $(f_t)_{t \in [0,1]}$ 是一个连续单调圆周保向同胚族使得 $\rho : t \mapsto \rho(f_t)$ 不是常数且存在稠密子集 $S \subset \mathbb{Q}$, 使得对每一个映射 f_t, 或者 $\rho(f_t) \notin S$ 或者 f_t 有一个非周期点. 那么 ρ 是一个魔鬼阶梯.

证明 由命题 4.4.5, ρ 单调且连续. 结合命题 4.4.10, 它蕴含着 $\rho^{-1}(S)$ 是长度不为零的闭区间的不交并.

我们需要证明 $\rho^{-1}(S)$ 是稠密的. 再假定只要 $\rho(f_t) \in \mathbb{Q} \setminus S$, f_t 就只有周期点, 否则可以扩大 S. 那么命题 4.4.9 和引理 4.4.12 蕴含着 ρ 在点 $t \in \rho^{-1}([0,1] \setminus S)$ 是严格增的. 因此对 $t \in [0,1] \setminus \rho^{-1}(S)$ 和 $\varepsilon > 0$, 有 $\rho(t) \neq \rho(t + \varepsilon)$. 因此由 S 的稠密

性, ρ 的连续性及介值定理, 存在 $t_1 \in \rho^{-1}(S) \bigcap [t, t+\varepsilon]$. 这就证明了稠密性. □

作为结束我们注意到, 这一节的结论依赖于 f 的单调性和连续性, 但并不依赖于可逆性. 因此只需假设 $f: S^1 \to S^1$ 是一个连续的度为 1 的保序映射, 也就是说, 提升 F 是非减的且满足 $F(x+1) = F(x) + 1$(习题 4.3.5). 这样的一个映射可以在一个有限或可数区间集上取常数.

4.4.5　频率锁定

对于前面一小节中关于旋转数依赖于参数的讨论, 有助于了解二维环面上的流和实际应用中出现的某些微分方程系统. 现在我们可以弄明白的现象是为什么耦合振子趋向于同步, 即它们的频率将一致或者至少是有理相关的.

我们从哪里谈起呢? 在 1.2.10 节中介绍的闪烁的萤火虫和生理节奏的问题可以看作耦合振子的模型的情形. 我们可以把这些生物钟简单地建模为谐波振子或其他相近的模型. 实际上, 谐波振子是一个很好的出发点, 我们将在 6.2.2 节通过线性化看到这一点.

在 4.2.4 节中我们发现, 两个未耦合的调和振子在一个联合水平集上产生一个环面线性流. 这一线性流在 $\mathbb{T}^2$ 上满足微分方程

$$\dot{x}_1 = \omega_1, \quad \dot{x}_2 = \omega_2.$$

为了对两个振子的耦合有所印象, 修改前面的微分方程, 加入 "混合" 项:

$$\dot{x}_1 = \omega_1 + c_1 \sin 2\pi(x_2 - x_1),$$

$$\dot{x}_2 = \omega_2 + c_2 \sin 2\pi(x_1 - x_2). \tag{4.4.1}$$

这与 4.2.4 节中原始的耦合二阶微分方程不完全一样, 但这是了解它的一个好方法.

这里略微细说一下产生混合项的正弦函数的选取. 这是合理的, 因为两个变量都是 mod 1 定义的. 常数 c_1 和 c_2 指耦合的强度. 当它们是零时, 没有耦合, 我们就回到了二维环面上的线性流. 如果它们是正的, 则右边的项的作用使两个 ω 中变化率较慢的一个增速, 使快的那个慢下来, 这似乎会导致同步.

在 4.2.3 节, 我们得到通过考虑式 (4.4.1) 中的流对于截面, 比如说 $x_2 = 0$, 的截面映射来研究二维环面上的流. 在没有耦合项的情形, 即当 $c_1 = c_2 = 0$ 时, 截面映射正好是旋转数为 $\frac{\omega_1}{\omega_2}$ 的旋转. 对数较小的耦合常数, 截面映射是这一旋转的扰动. 在 "多数" 情况下, 这一扰动具有有理旋转数, 这是因为此时是稳定的情形, 且只要旋转数是有理数, 所有渐近行为都是周期的 (具有同样的周期).

为了研究得稍详细一点, 假设 ω_1 和 ω_2 很接近. 实际上, 首先假设 $\omega_1 = \omega_2 =: \omega$. 此时, $x(t) = y(t) = \omega t$ 是式 (4.4.1) 的解. 这一特解对所有的 c_1 和 c_2 都成立, 因此截面映射总有一个不动点, 从而旋转数为 0.

对 $(c_1, c_2) \neq (0, 0)$, 截面映射不共轭于旋转, 因此, 由命题 4.4.10, 旋转数在小扰动下不变. 特别地, 当固定 c_1 和 c_2, 那么对充分小的数值 $\omega_1 - \omega_2$ 流式 (4.4.1), 有一个截面映射具有不动点, 所有轨道都渐近于 (或本身就是) 一个不动点. 这就意味着对应于式 (4.4.1) 的解都以相等的频率渐近于一个周期解, 也就是说, 两个先前有不同的频率的振子通过耦合锁定到一个折衷的共同频率. 因此, 只要两个振子的自然的频率充分地接近, 它们就会同步.

顺便指出, 可以存在一个与自然频率差大小相当的相差 (即 $x - y$).

习题 4.4.1 考虑满足 $f(0) = 0$ 和 $f(1) = 1$ 的单调函数 $f : [0, 1] \to [0, 1]$ 的集合 C. 在 C 上定义映射 T 如下: 固定 $f \in C$ 且记它的图像为 G. 令 G_1 是 G 在由 $\begin{pmatrix} \frac{1}{3} & 0 \\ 0 & \frac{1}{2} \end{pmatrix}$ 确定的平面变换下的像, 且令 $G_2 = G_1 + \left(\frac{2}{3}, \frac{1}{2} \right)$. 令 G' 是 G_1, G_2 和从 $\left(\frac{1}{3}, \frac{1}{2} \right)$ 到 $\left(\frac{2}{3}, \frac{1}{2} \right)$ 的直线段的并. 证明: G' 是某一 $f' \in C$ 的图像且令 $T(f) = f'$. 然后证明 T 在 C 上关于一致收敛的范数是压缩的 (由于 C 是一个完备空间的闭子集, 那么压缩映射原理可以用. 由于三分 Cantor 函数是一个不动点, 这就给出了一个有效的逼近过程. 图 4.4.1 就是这一方法生成的).

习题 4.4.2 证明引理 4.4.12.

为进一步学习而提出的问题

下面简单介绍一个具有更多细节解释的频率锁定的简单例子.

问题 4.4.3 (Arnold 舌头) 对 $a, b \in [0, 1]$, 令 $f_{a,b} : S^1 \to S^1, x \mapsto x + a + b \sin 2\pi x \pmod 1$. 证明: 对 $\frac{p}{q} \in \mathbb{Q} \cap [0, 1]$, 区域 $A_{\frac{p}{q}} := \left\{ (a, b) \in [0, 1] \times \left[0, \frac{1}{2\pi} \right] \,\middle|\, \rho(f_{a,b}) = \frac{p}{q} \right\}$ 是闭的. 这些区域和 $[0, 1] \times \{0\}$ 交于点 $\frac{p}{q}$ (见图 4.4.3).

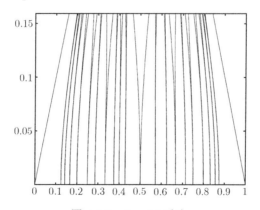

图 4.4.3 Arnold 舌头

问题 4.4.4   证明: $A_{\frac{p}{q}}$ 与每一直线 $b =$ 常数的交为一个非空闭区间, 且除 $b = 0$ 之外, 这些闭区间的长度非零.

问题 4.4.5 $A_{\frac{p}{q}}$ 是连通的吗?

问题 4.4.6   证明: $A_{\frac{p}{q}}$ 的并在 $[0,1] \times [0,1]$ 中稠密.

第5章　高维系统的回复性和等度分布性

5.1　环面上的平移和线性流

5.1.1　环面

考虑 n 维环面

$$\mathbb{T}^n = \underbrace{S^1 \times \cdots \times S^1}_{n \text{个}} = \mathbb{R}^n/\mathbb{Z}^n = \underbrace{\mathbb{R}/\mathbb{Z} \times \cdots \times \mathbb{R}/\mathbb{Z}}_{n \text{个}},$$

对 $n = 2$ 的情形, 曾在 2.6.4 节中首次提及. 我们已经有多次机会以不同的方式描述过二维环面. 下面将详细地讨论 n 维环面. $\mathbb{R}^n/\mathbb{Z}^n$ 的一个自然的基本域为单位方体:

$$I^n = \{(x_1, \cdots, x_n) \in \mathbb{R}^n \mid 0 \leqslant x_i \leqslant 1,\ i = 1, \cdots, n\}.$$

这说明, 为了表示环面, 将 I^n 的两个相对的面等同起来, 即 $(x_1, \cdots, x_{i-1}, 0, x_{i+1}, \cdots, x_n)$ 与 $(x_1, \cdots, x_{i-1}, 1, x_{i+1}, \cdots, x_n)$ 表示环面上的同一个点 (见图 5.1.1). 类似于圆周的情形, 在环面 $\mathbb{T}^n$ 上有两个方便的记法, 它们是

(1) 乘法记法. 此时, $\mathbb{T}^n$ 上的元素表示为 $(z_1, \cdots, z_n)$, 其中 $z_i \in \mathbb{C}$, $|z_i| = 1$, $i = 1, \cdots, n$;

(2) 加法记法. 此时, $\mathbb{T}^n$ 上的元素表示为 n 维向量 $(x_1, \cdots, x_n)$, 其中每一个坐标分量都是模 1 的剩余类.

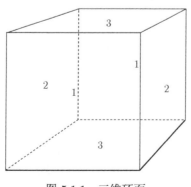

图 5.1.1　三维环面

在这两种坐标表示之间, 存在一个同构 $(x_1, \cdots, x_n) \mapsto (\mathrm{e}^{2\pi \mathrm{i} x_1}, \cdots, \mathrm{e}^{2\pi \mathrm{i} x_n})$. 顺便指出, 这两种记法分别称为乘法的和加法的, 是因为环面上有一种 "群" 结构, 既可以看作乘法结构, 又可以看作加法结构: 在加法情形, 对 $\mathbb{T}^n$ 的任意两个元 $x = (x_1, \cdots, x_n)$, $y = (y_1, \cdots, y_n)$, 有 $x + y = (x_1 + y_1, \cdots, x_n + y_n)$ 与之对应, 且 $x + y$ 有负元, 恰如在 $\mathbb{R}^n$ 中一样; 在乘法情形, $\mathbb{T}^n$ 中两个元的乘积定义为对应坐标分量的乘积, 它的逆元恰为倒数. 事实上, 对这一结构的加法的解释是其恰为模 1 剩余类的加法, 从而是 $\mathbb{R}^n$ 中的加法在 $\mathbb{R}^n$ 经向量模 1 等化后形成的商空间中的 "继承"(因此这是加法群 $\mathbb{R}^n$ 的一个 "因子").

在加法记法下, 令 $\gamma = (\gamma_1, \cdots, \gamma_n) \in \mathbb{T}^n$. 考虑旋转在高维情形的自然推广, 它是由如下平移定义的:

$$T_\gamma(x_1, \cdots, x_n) = (x_1 + \gamma_1, \cdots, x_n + \gamma_n) \quad (\mathrm{mod}\ 1).$$

如果向量 γ 的每个坐标分量都是有理数, 即对每个 $i = 1, \cdots, n$, 存在互素的整数 p_i 和 q_i, 使得 $\gamma_i = \dfrac{p_i}{q_i}$, 则 T_γ 是周期的, 它的最小正周期是分母 $q_1, \cdots, q_n$ 的最小公倍数.

与圆周上的旋转和二维环面上的线性流不同的是, 对高维环面上的旋转而言, 并非只有极小性与周期性两种情形. 例如, 设 $n = 2$, $\gamma = (\alpha, 0)$, 其中 α 是无理数, 则环面 $\mathbb{T}^2$ 被分解成一族不变圆周 $x_2 =$ 常数, 每条轨道都停留在其中一个圆周上并且是稠密的.

5.1.2 极小性准则

使得平移 T_γ 形成极小系统的条件 (见定义 4.1.4 和命题 4.1.1) 是平移向量 γ 的坐标分量是一类相互无理的数. 数 $\gamma_1, \cdots, \gamma_n$ 和 1 必须是有理无关的.

定义 5.1.1　集合 $A \subset \mathbb{R}$ 称为是有理无关的, 如果对任意 $x_1, \cdots, x_n \in A$ 和 $(k_1, \cdots, k_n) \in \mathbb{Z}^n \setminus \{0\}$, 都有 $\sum_{i=1}^n k_i \gamma_i \neq 0$.

称数 $\gamma_1, \cdots, \gamma_n$ 和 1 是有理无关的, 如果对任意 $(k_0, k_1, \cdots, k_n) \in \mathbb{Z}^{n+1} \setminus \{0\}$, 都有 $k_0 + \sum_{i=1}^n k_i \gamma_i \neq 0$. 换句话说, 对任意不全为零的整数组 $k_1, \cdots, k_n$, $\sum_{i=1}^n k_i \gamma_i$ 都不是整数, 除非 $k_1 = k_2 = \cdots = k_n = 0$. 特别地, 对于一个数的情形, 这个数恰为无理数.

命题 5.1.2　$\mathbb{T}^2$ 上的平移 T_γ 是极小的当且仅当数 γ_1, γ_2 和 1 是有理无关的, 即不存在不全为零的整数 k_1, k_2, 使得 $k_1 \gamma_1 + k_2 \gamma_2 \in \mathbb{Z}$.

命题的证明虽然很初等, 但篇幅较长, 我们把它放在 5.1.5 节. 为了简化记号, 使讨论更为简单, 同时, 也为了能有直观的几何解释, 我们只对二维的情形给出命题的证明.

然而, 不难理解为何对平移向量作这样的要求. 在 4.2.3 节我们看到, 如果平移向量 γ 具有无理斜率, 那么二维环面上的线性流 $(T_\gamma^t)_{t\in\mathbb{R}}$ 是极小的. 因此, 只有 $\gamma_1/\gamma_2 \notin \mathbb{Q}$ 或者对任意 $(k_1, k_2) \in \mathbb{Z}^2 \setminus \{0\}$, $k_1\gamma_1 + k_2\gamma_2 \neq 0$, 平移变换 T_γ 才可能是极小的.

另一方面, 这个条件并不足够充分, 因为如果 γ_1 是有理数, 则任意轨道的第一个坐标只能取有限多个值, 因此轨道不稠密. 要避免这样的问题就需要以上的极小性条件.

5.1.3 线性流

4.2.3 节介绍了二维环面上的线性流. 类似地, n 维环面上的线性流定义为单参数平移变换群

$$T_\omega^t(x_1, \cdots, x_n) = (x_1 + t\omega_1, \cdots, x_n + t\omega_n) \qquad (\mathrm{mod}\ 1).$$

如果对某个 t_0, 变换 $T_\omega^{t_0}$ 是极小的, 则流 $\{T_\omega^t\}$ 是极小的, 因此, 由命题 5.1.2, 可建立 n 维情形的极小性准则.

命题 5.1.3 流 $\{T_\omega^t\}$ 是极小的当且仅当数 $\omega_1, \cdots, \omega_n$ 是有理无关的.

证明 由于 $T_\omega^t = T_{t\omega}$, 因此, 由命题 5.1.2 知, 只要能找到 $t \in \mathbb{R}$, 使得对任意非零整数向量 $(k_1, \cdots, k_n)$, 都有 $\sum_{i=1}^n tk_i\omega_i \notin \mathbb{Z}$, 则可证明极小性. 为此, 注意到, 如果 $k \in \mathbb{Z}$ 使得 $s\sum_{i=1}^n k_i\omega_i = k$, 则 $s = k/\sum k_i\omega_i$(由有理无关性知 $\sum_{i=1}^n k_i\omega_i \neq 0$), 因此, 只能有可数多个这样的 s. 于是任意 $t \in \mathbb{R} \setminus \{k/\sum k_i\omega_i \mid k_1, \cdots, k_n, k \in \mathbb{Z}, (k_1, \cdots, k_n) \neq 0\}$ 满足我们的要求. 另一方面, 如果对某个非零向量 $(k_1, \cdots, k_n)$, 有 $\sum_{i=1}^n k_i\omega_i = 0$, 则函数 $\varphi(x) = \sin 2\pi \left(\sum_{i=1}^n k_i x_i\right)$ 是连续的、非常值的, 且在流 $\{T_\omega^t\}$ 下是不变的. 由于 $\varphi^{-1}([0,1])$ 是一个闭的不变集, 因此流 $\{T_\omega^t\}$ 不是极小的 (定义 4.1.4). 矛盾. □

5.1.4 一致分布: 初等证明

类似于 4.1.4 节, 考察极小平移的轨道经过环面上各个部分的频率. 在一维的情形, 利用弧段 (区间) 作为考察这个频率的自然 "窗口". 而对 n 维环面来说, 一个自然的窗口是平行 n 面体 $\Delta = \Delta_1 \times \cdots \times \Delta_n$, 其中 $\Delta_1, \cdots, \Delta_n$ 是弧段. 当 $n = 2$ 时, 自然可以称这个平行 n 面体为矩形. Δ 的体积 $\mathrm{vol}(\Delta)$ 定义为各弧段 $\Delta_1, \cdots, \Delta_n$ 的长度的乘积. 于是得到了在命题 4.1.7 后面的注中已经出现过的一致分布概念的如下自然推广.

定义 5.1.4 $\mathbb{T}^n$ 中的序列 $(x_m)_{m\in\mathbb{N}}$ 称为是一致分布的, 如果对任意平行 n 面体 $\Delta \subset \mathbb{T}^n$, 有

$$\lim_{m\to\infty} \frac{\mathrm{card}\{k \in \{1, \cdots, m\} \mid x_k \in \Delta\}}{m} = \mathrm{vol}(\Delta).$$

　　命题 4.1.7 的证明只用到了无理旋转的极小性和等距性. 特别地, 我们需要取弧长相等的弧段, 并把圆周分解为任意短的等长的内部不交的弧段的并. 环面上的平移也是等距的, 并且与圆周的弧段分解相对应, 可以用平行 n 面体对环面进行分解, 所以命题 4.1.7 的证明方法也适用于环面. 我们将对二维的情形给出详细的证明. 在这里讨论二维情形仅仅是为了简化记号, 而不像在极小性情形时还可简化证明. "极小性蕴含一致分布性" 的论述可直接推广到任意维的平移的情形.

　　定理 5.1.5　若 $(\gamma_1, \gamma_2, 1)$ 是有理无关的, 则平移 $T_{(\gamma_1, \gamma_2)}$ 的任意半轨都是一致分布的.

　　类似于 4.1.4 节, 对任意 $x \in \mathbb{T}^2$ 和任意矩形 Δ, 定义

$$F_\Delta(x, n) := \mathrm{card}\big\{k \in \mathbb{Z} \mid 0 \leqslant k < n, \; T_\gamma^k(x) \in \Delta\big\}.$$

并可把该定义推广到矩形的不交并. 由命题 5.1.2, 平移 T_γ 是极小的, 其中 $\gamma = (\gamma_1, \gamma_2)$. 因此可如下推广命题 4.1.5:

　　命题 5.1.6　设 $\Delta = \Delta_1 \times \Delta_2$ 和 $\Delta' = \Delta_1' \times \Delta_2'$ 是两个矩形, 满足 $\ell(\Delta_i) < \ell(\Delta_i')$, $i = 1, 2$. 则存在依赖于 Δ, Δ' 和 γ 的整数 $N_0 \in \mathbb{N}$, 使得对任意 $x \in \mathbb{T}^2$, $N \geqslant N_0$ 和 $n \in \mathbb{N}$, 都有 $F_{\Delta'}(x, n + N) \geqslant F_\Delta(x, n)$.

　　证明　由假设, 存在平移 T_β, 使得 $T_\beta \Delta$ 位于 Δ' 内. 由于 T_γ 是极小的, 故存在 $N_0 \in \mathbb{N}$, 使得平移 $T_\gamma^{N_0} \Delta$ 与 $T_\beta \Delta$ 充分接近, 并能保证 $T_\gamma^{N_0} \Delta \subset \Delta'$. 于是当 $T_\gamma^n(x) \in \Delta$ 时, $T_\gamma^{n+N_0}(x) \in \Delta'$, 且当 $N \geqslant N_0$ 时, $F_{\Delta'}(x, n + N) \geqslant F_{\Delta'}(x, n + N_0) \geqslant F_\Delta(x, n)$.

$\hfill \square$

　　定理 5.1.5 的证明　类似于一维的情形, 取矩形 $\Delta = \Delta_1 \times \Delta_2$, 其中 $\ell(\Delta_1) = \ell(\Delta_2) = \dfrac{1}{k}$. 将环面 $\mathbb{T}^2$ 分解成 $(k-1)^2$ 个不交的矩形, 每个矩形都是两个弧长为 $\dfrac{1}{(k-1)}$ 的弧段的乘积 (图 5.1.2), 依命题 4.1.5 在引理 4.1.9 中的应用方式, 应用命题 5.1.6 得

$$\overline{f}(\Delta) := \limsup_{n \to \infty} \frac{F_\Delta(x, n)}{n} \leqslant \frac{1}{(k-1)^2}. \tag{5.1.1}$$

　　最后, 令 $\Delta = \Delta_1 \times \Delta_2$ 是任意矩形. 取定 $\varepsilon > 0$ 和矩形 $\Delta' = \Delta_1' \times \Delta_2'$, 使得 $\Delta_i \subset \Delta_i'$, $i = 1, 2$, Δ_i' 的长度为 $\dfrac{l_i}{k}$, 且 $\mathrm{vol}\Delta' < \mathrm{vol}\Delta + \varepsilon$. 由式 (5.1.1) 和 $\overline{f}$ 的次可加性得

$$\overline{f}(\Delta) \leqslant \overline{f}(\Delta') \leqslant \left(\frac{k}{k-1}\right)^2 \mathrm{vol}\Delta' < \left(\frac{k}{k-1}\right)^2 (\mathrm{vol}\Delta + \varepsilon).$$

由于 ε 任意小, k 任意大, 故对任意矩形 Δ, $\overline{f}(\Delta) \leqslant \mathrm{vol}\Delta$, 进而, 对任意不交矩形的有限并, 由次可加性, 上式也成立. 特别地, 由于 $\mathbb{T}^2 \setminus \Delta$ 是三个不交矩形的并, 故

$$\underline{f}(\Delta) := \liminf_{n \to \infty} \frac{F_\Delta(x, n)}{n} = 1 - \overline{f}(\mathbb{T}^2 \setminus \Delta) \geqslant 1 - \mathrm{vol}(\mathbb{T}^2 \setminus \Delta) = \mathrm{vol}\Delta,$$

所以 $\underline{f}(\Delta) = \overline{f}(\Delta) = \mathrm{vol}\Delta.$ □

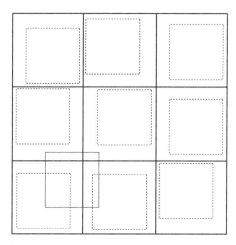

图 5.1.2 将环面分解成矩形

从圆周的旋转到环面的平移, 定理 4.1.15 有一个显然的推广:

定理 5.1.7 令 $\gamma = (\gamma_1, \gamma_2)$, φ 是 $\mathbb{T}^2$ 上的任意一个 Riemann 可积函数. 若数 $1, \gamma_1, \gamma_2$ 是有理无关的, 则

$$\lim_{n \to \infty} \frac{1}{n} \sum_{k=0}^{n-1} \varphi\big(T_\gamma^k(x_1, x_2)\big) = \int_{\mathbb{T}^2} \varphi(\theta_1, \theta_2) \, \mathrm{d}\theta_1 \, \mathrm{d}\theta_2,$$

且对任意 $(x_1, x_2) \in \mathbb{T}^2$ 是一致的.

证明 正如一维的情形, 由对矩形的一致分布性可得对连续函数, 或更一般地, 对 Riemann 可积函数的一致分布性 (命题 4.1.14 和定理 4.1.15). 若 Δ 是一个矩形, 则

$$\mathrm{vol}\Delta = \int_{\mathbb{T}^2} \chi_\Delta(\theta_1, \theta_2) \, \mathrm{d}\theta_1 \, \mathrm{d}\theta_2,$$

并且由定义可知, 若 φ 是 Riemann 可积的, 则对任意 $\varepsilon > 0$, 存在矩形的特征函数的有限的线性组合 φ_1, φ_2, 使得 $\varphi_1 \leqslant \varphi \leqslant \varphi_2$, 且

$$\int_{\mathbb{T}^2} \varphi_1(\theta_1, \theta_2) \, \mathrm{d}\theta_1 \, \mathrm{d}\theta_2 < \int_{\mathbb{T}^2} \varphi_2(\theta_1, \theta_2) \, \mathrm{d}\theta_1 \, \mathrm{d}\theta_2 + \varepsilon.$$

特别地, 任意连续函数或只有有限个不连续点的有界函数是 Riemann 可积的. □

5.1.5 极小性准则的证明

现在证明环面上的平移是极小的当且仅当平移向量是 "完全无理" 的. 这个条件蕴含着 γ_1, γ_2 以及它们的比都是无理数. 当然, 这个条件强于像 $\gamma_2 = 1 - \gamma_1$ 且

γ_1 是任意无理数这样的条件. 这里的证明比命题 4.1.1 证明中的简单讨论要复杂得多, 但是主要思想是一致的: 除非轨道上的点按某种特殊的方式排成一线, 否则它们将到处聚集, 而这正是极小性的体现. 和一维情形的主要区别在于那时 "特殊列线" 仅仅意味着轨道是有限的, 因而是周期的, 而现在我们必须意识到还存在一种中间情形, 并证明只有当轨道位于绕环面盘绕的平行有理线上时, 这种情形才能出现.

命题 5.1.2 的证明　利用加法坐标系. 平移 T_γ 是极小的当且仅当过 0 点的轨道是稠密的, 因为如果 $x \in \mathbb{T}^2$, 则

$$T_\gamma(x) = x + \gamma = 0 + \gamma + x = T_\gamma(0) + x \pmod 1,$$

即 x 的轨道 $\mathcal{O}(x)$ 是 $T_x(\mathcal{O}(0))$, 因为 T_x 是一个同胚, 所以 $\mathcal{O}(x)$ 是稠密的当且仅当 $\mathcal{O}(0)$ 是稠密的 (这里的讨论和命题 4.1.19 中更一般的讨论是一样的).

取 $\varepsilon > 0$, 考虑 0 点的轨道中落在球形邻域 $B(0, \varepsilon)$ 内的点 $T_\gamma^m(0)$ 的集合 D_ε. 有以下两种可能:

(1) 对某个 $\varepsilon > 0$, 集合 D_ε 是线性相关的 (即在一条直线上);

(2) 对任意 $\varepsilon > 0$, 集合 D_ε 含有两个线性无关的向量.

下面证明三个有关的引理.

引理 5.1.8　(2)$\Rightarrow$ 极小性.

引理 5.1.9　(1)$\Rightarrow$ 有理相关性.

引理 5.1.10　有理相关性 $\Rightarrow$(1).

极小性显然排除了情形 (1), 因而蕴含着情形 (2), 因此极小性等价于情形 (2). 从而, 极小性 $\Longleftrightarrow$ (2) $\Longleftrightarrow$ 非 (1) $\Longleftrightarrow$ 有理无关性.　　　　□

引理 5.1.8 的证明　类似于命题 4.1.1 的证明, 虽然更复杂一些. 只需证明过 0 点的轨道稠密即可.

取 $\varepsilon > 0$, 设 $v_1, v_2 \in D_\varepsilon$ 是线性无关的. 这说明它们张成一个小平行四边形 $\{av_1 + bv_2 \mid a, b \in [0,1]\}$. 这个平行四边形的所有顶点都是 $\mathcal{O}(0)$ 中的点: 0, v_1, 和 v_2 属于 $\mathcal{O}(0)$ 是已知的, 对 $v_1 + v_2$, 分别用 $\mathbb{R}^2$ 中的 $V_1 = 0 + m_1\gamma - k(m_1)$ 和 $V_2 = 0 + m_2\gamma - k(m_2)$ 代替 v_1 和 v_2, 其中 $k(m_1)$ 和 $k(m_2)$ 是使得 $\|V_1\| < \varepsilon$ 和 $\|V_2\| < \varepsilon$ 的整数向量. 于是 $V_1 + V_2 = 0 + (m_1 + m_2)\gamma - (k(m_1) + k(m_2)) = T_\gamma^{m_1 + m_2}(0)$ (mod 1), 因此 $v_1 + v_2 = T_\gamma^{m_1 + m_2}(0)$.

进而, 过 0 点的轨道包含 v_1 和 v_2 的所有整线性组合 (因为 $kV_1 + lV_2 = T_\gamma^{km_1 + lm_2}(0)$ (mod 1)). 所以, 考虑通过 $R := \{aV_1 + bV_2 \mid a, b \in [0,1]\}$ 在 v_1 和 v_2 方向上进行整数倍的平移而形成的平面的铺砌. 这相当于用相似平行四边形覆盖了平面, 这些四边形只在边界处有公共点, 且平面上的每个点都在这些四边形的某个顶点的 ε 邻域内 (图 5.1.3). 特别地, $[0,1] \times [0,1]$ 中的每个点都在某个顶点的

ε 邻域内, 也就是说, $\mathbb{T}^2$ 的每个点都在 $\mathcal{O}(0)$ 中某个点的 ε 邻域内. 根据情形 (2) 的假设及 $\varepsilon > 0$ 的任意性, 可得 $\mathcal{O}(0)$ 在 $\mathbb{T}^2$ 中稠密. □

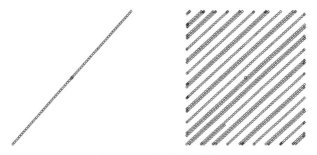

图 5.1.3 相关和无关

引理 5.1.9 的证明　若 0 是周期点, 则 γ_1 和 γ_2 是有理数, 引理得证.

以下假设过 0 点的轨道含有无穷多个点. 于是对任意 $\varepsilon > 0$, 必定存在轨道上的两点 $p = T_\gamma^m(0)$ 和 $q = T_\gamma^n(0)$, 满足 $\|q - p\| < \varepsilon$. 因此, 存在点 $P = m\gamma \in \mathbb{R}^2$ 和 $Q = n\gamma + k \in \mathbb{R}^2$, 使得 $\varepsilon > \|P - Q\| = \|m\gamma - n\gamma - k\| = \|(m - n)\gamma - k\|$, 这说明对所有 $\varepsilon > 0$, 有 $T_\gamma^{m-n}(0) - k \in B(0, \varepsilon)$, 故 $D_\varepsilon \neq \{0\}$.

若 $\varepsilon > 0$ 使得 D_ε 线性相关, 则对所有 $\varepsilon' < \varepsilon$, $\{0\} \neq D_{\varepsilon'} \subset D_\varepsilon$ 是线性相关的. 因此, D_ε 位于由方程 $ax + by = 0$ 所确定的唯一的过 0 点的直线 L 上.

断言　$\mathcal{O}(0)$ 在从 L 到环面的投影上是稠密的 (见图 5.1.4).

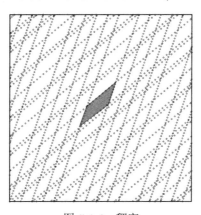

图 5.1.4 稠密

由于对所有 $\varepsilon' < \varepsilon$, $D_{\varepsilon'} \neq \{0\}$, 因此, 存在点 $0 \neq p_{\varepsilon'} \in D_{\varepsilon'}$, 进而存在点 $P = n\gamma - k \in L \cap B(0, \varepsilon')$ $(n \in \mathbb{Z}, k \in \mathbb{Z}^2)$ 与之对应. 而 $\{mP \mid m \in \mathbb{Z}\}$ 在 L 上是 ε' 稠密的, 且可投影到 $\mathcal{O}(0)$ 上.

现在可知 a 和 b 是有理相关的. 因为若 a 和 b 有理无关, 则 L 的斜率是无理数, 于是 L 在 $\mathbb{T}^2$ 上的投影是稠密的, 进而由断言, $\mathcal{O}(0)$ 是稠密的. 从而存在 $(k_1, k_2) \in \mathbb{Z}^2 \setminus \{0\}$, 使得 $ak_1 - bk_2 = 0$. 若 $a = 0$ (或 $b = 0$), 则 $ax + by = 0 \Leftrightarrow y = 0$ (或 $x = 0$). 若否, 用 $k_1/b = k_2/a$ 乘方程 $ax+by = 0$ 的两端, 得到 $k_2x+k_1y = 0$, 也就是说, 可以取 $a, b \in \mathbb{Z}$. 若 $n\gamma - k$ 位于直线 $ax+by = 0$ 上, 则 $an\gamma_1 - k_1 + bn\gamma_2 - k_2 = 0$ 或 $an\gamma_1 + bn\gamma_2 = k_1 + k_2$, 这就证明了有理相关性. □

引理 5.1.10 的证明　设 $k_1\gamma_1 + k_2\gamma_2 = N \in \mathbb{Z}$ 且 $k_1 \neq 0$($k_2 \neq 0$ 的情形类似), 则

$$(n\gamma_1, n\gamma_2) = \left(\frac{nN}{k_1} - \frac{k_2}{k_1}n\gamma_2, n\gamma_2\right).$$

取 $\varepsilon > 0$ 使得 $B(0, \varepsilon)$ 与圆周

$$\left\{\left(\frac{nN}{k_1} - \frac{k_2}{k_1}t, t\right) \middle| t \in \mathbb{R}\right\},$$

$\frac{nN}{k_1} \notin \mathbb{Z}$, 都不相交. 则

$$D_\varepsilon = B(0, \varepsilon) \cap \left\{-n\gamma_2\left(\frac{k_2}{k_1}, 1\right) \middle| \frac{nN}{k_1} \in \mathbb{Z}\right\},$$

且包含在直线段 $\left\{t\left(\frac{k_2}{k_1}, 1\right) \middle| t < \delta\right\}$ 中. □

5.1.6　一致分布: Kronecker-Weyl 方法

在 4.1.6 节中所描述的用来证明一致分布的 Kronecker-Weyl 方法是首先用三角多项式逼近连续函数, 然后用连续函数逼近特征函数, 这一方法对高维情形也适用. 为了简化记号, 我们只考虑二维情形, 而把向任意维情形的推广留给读者.

这里相应于 4.1.6 节中的特征, 定义为从 $\mathbb{T}^2$ 到 S^1 的群 "同态", 其中 $\mathbb{T}^2$ 是加法群 (如本章开头所描述), S^1 是模为 1 的复数构成的群, 以乘法作为群运算. 同态是保持群结构的映射, 也就是说, 两个元素的和的像是它们的像的乘积. 更确切地, 如果用加法记号表示环面上的运算, 则特征具有如下形式:

$$c_{m_1, m_2}(x_1, x_2) = e^{2\pi i(m_1x_1+m_2x_2)} = \cos 2\pi(m_1x_1 + m_2x_2) + i\sin 2\pi(m_1x_1 + m_2x_2),$$

其中 (m_1, m_2) 是任意整数对. 特征的有限的线性组合称为三角多项式, 因为它们可以表示为正弦函数和余弦函数的有限的线性组合. 特征是平移的特征函数, 因为

$$c_{m_1, m_2}(T_\gamma(x_1, x_2)) = e^{2\pi i(m_1(x_1+\gamma_1)+m_2(x_2+\gamma_2))} = e^{2\pi i(m_1\gamma_1+m_2\gamma_2)}c_{m_1, m_2}(x_1, x_2).$$

对我们的目的起关键作用的是, 由于 γ_1, γ_2 和 1 是有理无关的, 即除非 $m_1 = m_2 = 0$, 否则 $m_1\gamma_1 + m_2\gamma_2$ 永远不会是整数, 故除非 $m_1 = m_2 = 0$, 否则特征值 $e^{2\pi i(m_1\gamma_1+m_2\gamma_2)} \neq 1$.

平凡特征 $c_{0,0} = 1$ 是平均值不变的. 对于其他的特征, 如 4.1.6 节中, 应用几何级数的和, 可得

$$
\begin{aligned}
\left| \frac{1}{n} \sum_{k=0}^{n-1} c_{m_1,m_2}\big(T_\gamma^k(x_1,x_2)\big) \right| &= \left| \frac{1}{n} \sum_{k=0}^{n-1} \mathrm{e}^{2\pi \mathrm{i} k(m_1\gamma_1 + m_2\gamma_2)} \right| \left| c_{m_1,m_2}(x_1,x_2) \right| \\
&= \left| \frac{1 - \mathrm{e}^{2\pi \mathrm{i} n(m_1\gamma_1 + m_2\gamma_2)}}{n\big(1 - \mathrm{e}^{2\pi \mathrm{i}(m_1\gamma_1 + m_2\gamma_2)}\big)} \right| \\
&\leqslant \frac{2}{n\big(1 - \mathrm{e}^{2\pi \mathrm{i}(m_1\gamma_1 + m_2\gamma_2)}\big)} \xrightarrow[n\to\infty]{} 0 = \int_{\mathbb{T}^2} c_{m_1,m_2}.
\end{aligned}
$$

利用积分的线性性质可知, 对特征的任意有限的线性组合 φ, 即对任意的三角多项式, 有

$$
\lim_{n\to\infty} \frac{1}{n} \sum_{k=0}^{n-1} \varphi\big(T_\gamma^k(x_1,x_2)\big) = \int_{\mathbb{T}^2} \varphi. \tag{5.1.2}
$$

现在我们需要用 Weierstrass 逼近定理 (平面上的连续函数, 如果对两个变量都是 1 周期的, 则它是三角多项式的一致的极限) 的多维表达式来证明式 (5.1.2) 对任意连续函数都成立. 最后, 像一维情形一样, 通过寻找满足 $\int (\varphi_2 - \varphi_1) < \varepsilon$ 的连续函数 $\varphi_1 \leqslant \chi_\Delta \leqslant \varphi_2$, 可以证明矩形的一致分布性. 还容易看到, 在这种结构里, 若 1, γ_1 和 γ_2 是有理相关的, 则平移 T_γ 不是极小的, 正如在 5.1.2 节最后指出的那样: 如果 $m_1\gamma_1 + m_2\gamma_2 = k$ 对 $m_1, m_2, k \in \mathbb{Z}$, 且 $m_1^2 + m_2^2 > 0$ 成立, 则 $\mathrm{e}^{2\pi \mathrm{i}(m_1\gamma_1 + m_2\gamma_2)} = 1$, 且非常值特征 c_{m_1,m_2} 在平移下不变.

应用 Kronecker-Weyl 方法可以避免相对复杂的讨论 (如在 5.1.2 节中) 而建立极小性的条件. 通过这种途径, 一致分布可由 γ_1, γ_2, 和 1 的有理无关性直接得出. 并且, 应用这种方法, 推广到任意维情形的证明都是完全类似的.

习题 5.1.1 证明: 1, $\sqrt{3}$ 和 $\sqrt{5}$ 是有理无关的.

习题 5.1.2 设 $n, m \in \mathbb{Z}$, 且 1, $\sqrt{n}$ 和 $\sqrt{m}$ 有理相关. 这蕴含 n 和 m 的什么信息?

习题 5.1.3 描述 $\mathbb{T}^2$ 上的平移 T_γ 的轨道的闭包, 其中 $\gamma = (\alpha, 1/4 + 2\alpha)$, $\alpha \notin \mathbb{Q}$.

习题 5.1.4 (术语 "有理无关" 的来由) 实直线 $\mathbb{R}$ 可以看成是有理数域 $\mathbb{Q}$ 上的一个线性空间 (即有理数是纯量). 证明: 由 $\mathbb{R}$ 内的一组数所构成的集合是有理无关的当且仅当它在 $\mathbb{Q}$ 上的线性空间 $\mathbb{R}$ 内是线性无关的.

习题 5.1.5 证明: 如果 γ 的所有坐标分量都是有理数, 即对任意 $i = 1, \cdots, n$, 存在互素的整数 p_i 和 q_i, 使得 $\gamma_i = p_i/q_i$, 则 T_γ 是周期的, 且它的最小周期是分母 $q_1, \cdots, q_n$ 的最小公倍数.

习题 5.1.6 证明: $\mathbb{T}^2$ 上的非极小平移的轨道的闭包或者是一个有限集, 或者是圆周的有限并.

习题 5.1.7　证明: 通过一个线性坐标变换, $\mathbb{R}^2$ 的每一个闭的正规子群都等价于下列集合之一: $\mathbb{R}, \mathbb{Z}, \mathbb{Z} \times \mathbb{Z}, \mathbb{Z} \times \mathbb{R}$.

为进一步学习而提出的问题

问题 5.1.8　将习题 5.1.6 推广到 $\mathbb{R}^n$.

问题 5.1.9　将习题 5.1.7 推广到 $\mathbb{R}^n$.

问题 5.1.10　对 n 维情形的极小性准则, 写出一个如 5.1.5 节中那样详细的证明.

问题 5.1.11　对由二进数 (见问题 4.1.15) 所成的群 $\mathbb{Z}_2$ 上的平移, 陈述一致分布性, 并证明极小性意味着一致分布.

5.2　平移和线性流的应用

我们给出几个可以用环面上的线性流 (或平移) 解释的动力系统的例子.

5.2.1　线性映射和流

环面上线性映射和流的理解为描述一类重要的线性系统的动力行为提供了一种工具. 这些系统指特征值的模为 1 的映射和系数矩阵的特征值为纯虚数的常系数线性微分方程 (以及它的时间 T 映射, 其特征值模为 1). 4.2.4 节给出了 $\mathbb{R}^4$ 上由常系数线性微分方程所确定的流的一个特殊的例子. 在那里, 环面作为一个不变集自然地产生, 我们在其上考察线性流. 更一般地, 考虑 $\mathbb{R}^{2m}$ 上的一个线性映射, 它的特征值是 m 对互不相同的共轭复数 $\mathrm{e}^{\pm i\nu_j}$. 和以前一样, 每一对共轭复值都对应一个二维不变子空间, 在这个子空间上, 所考察的映射在适当的坐标下是一个旋转. 这个特征子空间与坐标系是通过取一个复特征向量 w_i, 进而以实向量 $v_j = w_j + \overline{w_j}$ 和 $v'_j = i(w_j - \overline{w_j})$ 作为基而得到的. 对每一对特征值都进行如上的工作, 就可得到 $\mathbb{R}^{2m}$ 的一组基. 关于这组基, 映射可以表示成一个分块对角矩阵, 其中每一块都是 2×2 阶的, 表示一个旋转. 于是这个映射在由方程 $x_{2j-1}^2 + x_{2j}^2 = r_j^2$, $j = 1, \cdots, m$ 所确定的集合内不变. 这些集合是环面, 它们的维数取决于值为 0 的 r_j 的个数. 特别地, 这样的环面可用极坐标 $x_{2j-1} = r_j \cos\varphi_j$, $x_{2j} = r_j \sin\varphi_j$ 参数化, 且映射的作用是将 φ_j 移位到 $\varphi_j + \nu_j$ 的旋转. 显然, 任意 $r_j = 0$ 降低环面的维数.

所以, 由极小性准则命题 5.1.2(应用于 $\mathbb{T}^k$) 知, 当 $\{\nu_j \mid r_j \neq 0\} \cup \{1\}$ 有理无关时, 流在这种不变环面上的限制是极小的.

更一般地, 我们也可从线性映射作用于它的中性空间 E^0(由 (3.3.3) 所定义) 时得到类似结论, 如果该映射在这一子空间的限制有足够多不同的特征值的话.

5.2.2　环面上的自由质点运动

平环 $\mathbb{T}^n = \mathbb{R}^n/\mathbb{Z}^n$ 上不受外力作用的质点的运动可用二阶常微分方程 $\ddot{x} = 0$

来描述, 其中 x 为模 $\mathbb{Z}^n$ 定义的, 或者可如下表示

$$\dot{x} = v, \quad \dot{v} = 0.$$

因为 v 是不变的, 易见这是一个匀速直线运动. 这说明 v 的 n 个分量是运动的积分 (或常量). 对任意给定的 v, 这个运动对应于线性流 T_v^t. 于是相空间是 $\mathbb{R}^n \times \mathbb{T}^n$, 它的动力行为描述如下: 环面 $\{v\} \times \mathbb{T}^n$ 是不变的, 它上面的运动是 $\{v\} \times T_v^t$. 这个流也称为 $\mathbb{T}^n$ 上的测地流. 测地线是流的轨道在 $\mathbb{T}^n$ 上经过的路径, 它们是 $\mathbb{R}^n$ 中的直线在 $\mathbb{T}^n$ 上的投影. 对不同的初始速度向量 v, 这些曲线可能是稠密的、周期的, 或者都不是, 流的轨道在相空间中永不稠密.

如果 $n = 2$, 则借助于离散时间动力系统研究这个流的一种方法是考察起点在环面 $x_n = 0$ 上且方向向上的向量. 每个这样的向量确定流的一条轨道, 这条轨道将返回这个集合. 若 α 是这个向量的方向角的余切, 那么返回映射是 $(x, \alpha) \mapsto (x + \alpha, \alpha)$. 这个可积扭转映射还会数次出现 (例 6.1.2).

5.2.3 区间上多个质点的系统

在 4.2.5 节中所描述的简单力学模型的直接推广是质量相同的有限多个质点在区间上运动, 它们之间以及它们与区间端点之间的碰撞为弹性的. 由于质点的顺序不能改变, 故它们的位置 $x_1, \cdots, x_n$ 满足 $0 \leqslant x_1 \leqslant \cdots \leqslant x_n \leqslant 1$, 也就是说, 这个力学系统的位形空间是单形 $T_n := \{(x_1, \cdots, x_n) \mid 0 \leqslant x_1 \leqslant \cdots \leqslant x_n \leqslant 1\}$, 相空间是由起点在 T_n 中且在其边界上满足适当条件的切向量构成的空间 (见图 5.2.1).

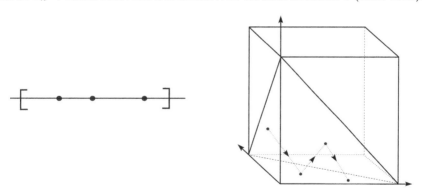

图 5.2.1 直线上的三个质点和它们的状态空间

在 n 维情形, 类似于 4.2.5 节中的几何考虑表明, 系统可以描述为单个质点的运动, 且在 T_n 的表面上反弹时, 遵循在 n 维时类似的 "入射角等于反射角" 的反射定律. 这说明, 要确定与某个面碰撞后轨道的走向, 就要取由入射轨道和碰撞面的法向量所张成的平面, 然后在这个平面内应用二维的反射定律. 这个定律不能确定在边线和顶点的碰撞, 即多重或同时发生碰撞的运动.

　　用来帮助以二维环面上的线性流来描述三角形中弹子球运动的部分扩展在这里仍然有效, 它的基本域是边长为两倍于线性区间尺寸的 n 维方体, 即有 $\max |x_i| \leqslant 1$. 用 $n!2^n$ 个 T_n 的反射复本可覆盖此方体, 进而用这些方体的平移复本就可覆盖 $\mathbb{R}^n$. 所以, T_n 上这一运动的完全扩展生成了 $\mathbb{R}^n$ 上的自由质点运动. 当把运动限制在该基本域 (方体, 等同于 n 维环面) 内时, 就得到了 n 维环面上的自由质点运动. 从而, 可以用 n 维环面上的线性流来描述这一运动.

　　几何扩展等价于力学上这样的观察: 任意两个质点在碰撞发生时交换动量, 所以可以只考虑动量的传递, 这就使得看起来好像质点可以互相穿过, 而只是在边界处改变方向.

　　习题 5.2.1　考虑单位方体内的弹子球运动. 沿着一条轨道速度向量可有多少种方向?

　　习题 5.2.2　将单位方体内的弹子球运动化成环面上的自由质点运动并分解成环面上的平移.

为进一步学习而提出的问题

　　问题 5.2.3　将区间上具有不同质量的几个质点的运动描述成弹子球运动.

　　问题 5.2.4　描述函数 $\sin n + \cos \sqrt{2}n + \sin \sqrt{3}n$ 的值的分布.

第6章 保守系统

6.1 相体积的保持和回复性

我们将看到, 相体积的保持是一个很自然的性质, 比如, 由力学问题生成的系统就具有这个性质, 并且这个性质是导致非平凡回复性的一个直接原因.

6.1.1 体积保持的准则

迄今为止, 我们已考虑了动力系统的单个轨道的渐近行为. 第 4 章和第 5 章给出的一些基本例子展示了轨道的回复性: 所有轨道或者是周期的, 即恰好回到初始位置, 或者回到和初始位置任意接近的位置, 如圆周上的无理旋转、环面上的非周期平移, 或环面上的自由质点运动. 这类行为与我们在第 2 章和第 3 章中所观察到的多数现象有所不同. 在那里, 一个非周期轨被吸引到一个周期轨, 回复性只出现在周期轨上, 这种情况对所有的非线性例子和多数的线性例子都是很少见的.

理解这种区别的关键在于一种性质: 相体积保持. 这种性质不能通过观察单个轨道直接得到, 而需同时考虑大量初始条件的演化.

1. 相体积的保持

这个性质只是指定义了一个离散动力系统的映射 (或者在连续流的情形, 每个时间 t 映射) 保持相空间中集合的体积. 显而易见, 这种性质和前面几章中所考察的一些简单的行为是不一致的. 例如, 若 x 是映射 f 的一个压缩不动点 (或周期点), 那么 x 的一个充分小的球形邻域被 f(或 f 的迭代) 映到 x 的一个更小的球形邻域内, 所以球的体积缩小了. 由此可得体积保持的另一种叫法: 不可压缩性.

例 6.1.1 环面上的任意平移都是等距的, 它保持集合的大小和形状. 特别地, 任意矩形 Δ 的像还是矩形, 并且对应的边长相等, 所以矩形的面积没有改变. 由于任意一个 Riemann 可测集都可用矩形的有限并近似表示, 因此这类集合的体积也被保持.

例 6.1.2 考虑柱面上的线性扭转 (2.6.3 节): $T: S^1 \times [0,1] \to S^1 \times [0,1]$, $T(x,y) = (x+y,y)$, 其中 $x+y$ 是模 1 定义的. 很自然地, 可把它视为在 5.2.2 节中所讨论的二维环面上的自由质点运动的一个截面映射. 它不是等距的. 事实上, 矩形 Δ 的像变得倾斜了, 成为一个内角为 $\pi/4$ 和 $3\pi/4$ 的平行四边形 (见图 6.1.1). 然而, 单个轨道的动力性质可用等距来理解, 因为我们可以只考虑水平圆周, 在其上扭转是一个旋转. 当映射迭代时, 平行四边形 $f^n(\Delta)$ 变得越来越长, 因而更 "平".

所以矩形 Δ 的形状变得不可识别了. 但是因为平行四边形的底和高没有变, 所以矩形 $f(\Delta)$ (或 $f^n(\Delta)$, $n \in \mathbb{N}$) 的体积 (在这一情形下为面积) 没有变. 或者, 记面积 $(f(\Delta)) = \displaystyle\int_0^1 l(f(\Delta) \cap S^1 \times \{t\}) \, \mathrm{d}t$, 并且在每个圆周 $C_t = S^1 \times \{t\}$ 上映射 T 是一个旋转, 所以 $l(f(\Delta) \cap C_t) = l(\Delta \cap C_t)$, 积分得面积 $(f(\Delta)) =$ 面积 (Δ).

以上讨论对更复杂一些的集合也成立.

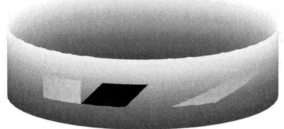

图 6.1.1　变形的平行四边形

2. 线性情形

前面的讨论当然是对特别情形而言, 我们需要一种更为系统的方法来检验体积是否被保持. 像通常在分析中一样, 我们给出相应于所要性质的一个无穷小条件. 由于这个条件基于对非线性对象的线性逼近, 因此先看一下线性映射是很有启示的. 而对线性映射而言, 可用基本的线性代数知识来得到答案. 如果 $\mathbb{R}^n$ 的一个线性映射在 Euclid 坐标下表示为矩阵 L, 那么标准单位方体 $\Delta = \{(x_1, \cdots, x_n) \mid 0 \leqslant x_i \leqslant 1\}$ 的像是一个体积为 $|\det L|$ 的平行 n 面体. 更一般地, 平行 n 面体 P 的像的体积和 P 本身的体积之比是 $|\det L|$. 用逼近的方法可得, 同样的性质对更一般的集合也成立. 因此, 线性映射保持体积当且仅当它可以表示为一个行列式等于 ± 1 的矩阵. 注意, 这个性质并不依赖于基的选择: 关于不同的基, 同一个映射可表示为矩阵 $L' = C^{-1}LC$, 其中 C 是一个可逆矩阵, 且 $\det L' = \det C^{-1} \det L \det C = \det L$, 或者, 注意到行列式的值等于特征值的乘积, 而特征值是共轭不变的.

3. 判别法则

现在考虑定义在 $x_0 \in \mathbb{R}^n$ 附近的 (非线性) 可微映射 f, 有 $f(x) = f(x_0) + Df_{x_0}(x - x_0) + R_{x_0}(x)$, 其中 Df_{x_0} 是 f 在 x_0 点的导数, 即由 f 的偏导数构成的矩阵在标准坐标下所表示的线性映射, $R_{x_0}(x) = o(\|x - x_0\|)$. 于是对任意取定的 $\varepsilon > 0$, 取以 x_0 为中心的充分小的平行 n 面体 Δ, 则它在 f 下的像位于平行 n 面体 $f(x_0) + (1 + \varepsilon)Df_{x_0}(\Delta - x_0)$ 之内, 且包含平行 n 面体 $f(x_0) + (1 - \varepsilon)Df_{x_0}(\Delta - x_0)$. 所以平行 n 面体的体积近似不变当且仅当 $|\det Df_{x_0}| = 1$. 有时称 Df 对应的行列

式为 f 的Jacobi 行列式, 记为 Jf.

现在容易得到相体积保持的判别法则.

命题 6.1.3 设 $O \subset \mathbb{R}^n$ 是开集. 可微映射 $f: O \to \mathbb{R}^n$ 保持体积当且仅当 $|Jf| = \pm 1$.

证明 若在某点 x_0, $|Jf| \neq 1$, 则由上面的讨论可知, 任意充分小的平行 n 面体的体积一定会改变. 另一方面, 若 $|Jf| = 1$, 用平行 n 面体的并逼近一个集合 A, 可以保证 A 的体积改变不会超过 ε. 由 ε 的任意性可得, 体积被保持. □

当然, 我们所得到的是众所周知的多变量微积分学中的变量变换公式的一种特殊情形. 如果把 f 看作一个变量变换并取特征函数 χ_A, 则

$$\mathrm{vol} f(A) = \int_{\mathbb{R}^n} \chi_{f(A)}(x) \, \mathrm{d}x = \int_{\mathbb{R}^n} \chi_A(y) \det\left(\frac{\partial f}{\partial y}\right)(y) \, \mathrm{d}y.$$

于是, 若 $\det \dfrac{\partial f}{\partial y} \equiv \pm 1$, 则 $\mathrm{vol}(f(A)) = \mathrm{vol}(A)$.

定义 6.1.4 设 $O \subset \mathbb{R}^n$ 是开集. 称可微映射 $f: O \to \mathbb{R}^n$ 是保定向的, 如果 $Jf > 0$.

4. 微分方程

现在考虑微分方程的情形. 为了找到 $\mathbb{R}^n$ 中系统 $\dot{x} = f(x)$ 的解 φ^t 不可压缩的条件 (如图 6.1.2), 考虑平行 n 面体的体积是如何被小的移位 $\varphi_{\Delta t}$ 改变的. 如前所述, 记 $\varphi_{\Delta t}(x) = x + \Delta t f(x) + R(x, \Delta t)$, 其中 $R(x, \Delta t) = o(\Delta t)$. 于是, 如果我们只对与 Δt 同阶的项感兴趣, 就只需要考虑映射 $\tilde{\varphi}(x) = x + \Delta t f(x)$ 的 Jacobi 行列式. 有

$$\frac{\partial \tilde{\varphi}_i(x)}{\partial x_j} = \delta_i^j + \Delta t \frac{\partial f_i}{\partial x_j},$$

其中 $(\delta_i^j)_{ij}$ 是单位矩阵.

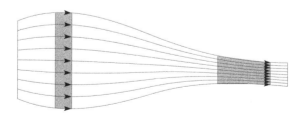

图 6.1.2 不可压缩性

对一个向量场 $u(x) = (u_1(x_1, \cdots, x_m), u_2(x_1, \cdots, x_m), \cdots, u_m(x_1, \cdots, x_m))$, 它的散度定义为

$$\mathrm{div}(u) = \frac{\partial u_1}{\partial x_1} + \frac{\partial u_2}{\partial x_2} + \cdots + \frac{\partial u_m}{\partial x_m}. \tag{6.1.1}$$

当我们寻找与 Δt 同阶的项时, 散度就会出现:

$$J\tilde{\varphi} = 1 + \Delta t \sum_{i=1}^{n} \frac{\partial f_i}{\partial x_i} + o(\Delta t) = 1 + \Delta t \mathrm{div} f + o(\Delta t).$$

对体积公式 $\mathrm{vol}(\varphi^t(A))$ 两边关于 t 在 $t = 0$ 处求导, 可得向量微积分学中的一个熟知的公式:

$$\frac{\mathrm{dvol}(\varphi^t(A))}{\mathrm{d}t}\Big|_{t=0} = \int_A \mathrm{div} f \, \mathrm{d}x.$$

命题 6.1.5　若 $\dot{x} = f(x)$, $\mathrm{div} f \equiv 0$, 则由向量场 f 生成的流保持相体积.

推论 6.2.3 应用这个命题为我们提供了保持体积的系统的一类重要例子.

6.1.2　Poincaré 回复定理

现在证明对相空间体积有限的动力系统而言, 保持体积蕴含着回复行为. 首先证明 Poincaré 的一个著名结论 [1] 的一种特殊情形. 假设映射定义在域上, 即定义在开集或开集的闭包上.

定理 6.1.6　设 X 是 $\mathbb{R}^n$ 或 $\mathbb{T}^n$ 中体积有限的域, $f : X \to X$ 是可微的保体积的可逆映射. 则对任意 $x \in X$ 和 $r > 0$, 都存在 $n \in \mathbb{N}$, 使得

$$f^n(B_r(x)) \cap B_r(x) \neq \varnothing. \tag{6.1.2}$$

证明　若存在 $x \in X$, $r > 0$, 使得对任意 $n \in \mathbb{N}$, $f^n(B_r(x)) \cap B_r(x) = \varnothing$, 则对所有 $n, k \in \mathbb{N}$, 由于 f^k 是可逆的, $f^{n+k}(B_r(x)) \cap f^k(B_r(x)) = \varnothing$. 于是 $B_r(x)$ 的所有的像是两两不交的, 且由于 f^k 保持体积, 故对任意 $n \in \mathbb{N}$, 有

$$\mathrm{vol}(X) \geqslant \mathrm{vol}\left(\bigcup_{k=0}^{n-1} f^k(B_r(x))\right) = \sum_{k=0}^{n-1} \mathrm{vol}(f^k(B_r(x))) = n\mathrm{vol}(B_r(x)).$$

所以 $\mathrm{vol}(X) = \infty$. 与 X 体积有限矛盾, 故原结论成立.　□

推论 6.1.7　设 X 是 $\mathbb{R}^n$ 或 $\mathbb{T}^n$ 中体积有限的域, $f : X \to X$ 是可微的保体积的可逆映射. 则对任意 $x \in X$, 存在点列 $y_k \in X$ 和序列 $m_k \to \infty$, 使得当 $k \to \infty$ 时, $y_k \to x$ 且 $f^{m_k}(y_k) \to x$.

证明　设 $m_0 = 1$. 归纳地定义 y_k 和 m_k. 对 $f^{-2m_{k-1}}$ 应用定理 6.1.6, 得到一个 $m \in \mathbb{N}$, 对这个 m, 存在一个 $y_k \in f^{-2mm_{k-1}}(B_{1/k}(x)) \cap B_{1/k}(x)$. 令 $m_k := 2mm_{k-1}$. 则 $m_k \to \infty$, $d(x, y_k) < 1/k$ 且 $d(x, f^{m_k}(y_k)) < 1/k$.　□

现在研究单个轨道的回复行为.

---

[1] 见 Henri Poincaré 获奖文集. Sur le problème des trois corps et les equations de la dynamique. *Acta Mathematica*, 1890, 13: 1–270.

定义 6.1.8　设 X 是度量空间, $f\colon X \to X$ 是连续映射. 点 $x \in X$ 称为关于 f 是正向回复的, 如果存在序列 $n_k \to \infty$, 使得 $f^{n_k}(x) \to x$. 如果 f 是可逆的, 且 x 关于 f^{-1} 是正向回复的, 则称 x 是负向回复的. 如果 x 既是正向回复的, 又是负向回复的, 则称 x 是回复的.

也可以用定义 4.3.18 中的 ω 极限集来描述回复性: 一个点是正向回复的当且仅当它在自己的 ω 极限集内. 一般地, 对一个保持体积的映射来说, 不能期望所有点都是回复点, 即使迄今为止我们所考虑的例子都是这样的, 比如圆周上的旋转、环面上的平移, 或是线性扭转. 在 6.2.2 节将考虑数学摆, 它在同宿圈上的轨道收敛到不稳定的平衡态, 因而不是回复的. 在第 7 章将考察轨道结构更为复杂的保持体积的系统, 它有多种类型的轨道并存, 其中包括不回复的轨道. 一般地, 我们只能断言, 在一个保持体积的系统中有多个回复轨道存在.

定理 6.1.9　设 X 是 $\mathbb{R}^n$ 或 $\mathbb{T}^n$ 中体积有限的闭域, $f\colon X \to X$ 是保持体积的可逆映射. 则 f 的回复点的集合在 X 中稠密.

证明　对给定的 $\varepsilon > 0$ 和 $N \in \mathbb{N}$, 点 $x \in X$ 称为是 (ε, N) 回复的, 如果存在 $n > N$, 使得 $d(f^n(x), x) < \varepsilon$. 由推论 6.1.7 知, 对任意 $\varepsilon > 0$ 和 $N \in \mathbb{N}$, (ε, N) 回复的轨道集合在 X 中稠密: 给定 $x \in X$, δ, $\varepsilon > 0$ 和 $N \in \mathbb{N}$, 取 k 使得 $d(y_k, x) < \delta$, $n_k > N$, 且 $d(y_k, x) + d(f^{n_k}(y_k), x) < \varepsilon$. 由 f 及其迭代的连续性知这个集合还是开集. 另一方面, x 是正向回复的当且仅当它对所有 $n, k \in \mathbb{N}$ 是 $(1/n, k)$ 回复的 (取 $n_k > k$ 使得 $d(f^{n_k}(x), x) < 1/k$, 从而得到当 $n_k \to \infty$ 时 $f^{n_k}(x) \to x$). 因此, 所有正向回复点的集合是稠密开子集 $(1/n, k)$ 回复点的集合的交集, 其中 $n, k \in \mathbb{N}$. 由 Baire 范畴定理 (引理 A.1.15) 知这个交集是稠密的. □

我们已经得到了正向回复点的集合的稠密性. 用同样的方法, 对 f^{-1} 考虑 $(2^{-k}, N)$ 回复点的集合, 可得负向回复点的集合的稠密性. 最后, 考虑 f 和 f^{-1} 的 $(2^{-k}, N)$ 回复点的集合, 这是一个开的稠密子集, 由引理 A.1.15 知, 对 $k, N \in \mathbb{N}$, (可数) 交集是稠密的, 于是得回复点的集合是稠密的.

6.1.3　回复的一致性

由定理 6.1.9 所建立的回复性在两个方面是不规则的: 第一, 正如我们已经见到的, 回复性在空间上是不一致的: 有些点是回复的, 而另一些点不回复; 第二, 关于点的大致返回的时刻所构成的集合没有任何说明. 加强回复性概念的一种途径是询问回复点关于回复时间的规则性 (或一致性). 迄今为止, 我们只能在一种情形, 即周期点的情形, 回答这个问题. 若 $x \in X$ 是最小周期为 n 的周期点, 则 x 的轨道 $\mathcal{O}(x) = \{x, f(x), \cdots, f^{n-1}(x)\}$ 是由 n 个点构成的有限集合 (因而是离散的), 且如果 r 充分小, 使得对所有 $k \neq l \in \{0, \cdots, n-1\}$, 有 $d(f^k(x), f^l(x)) > r$, 则对任意 $y \in \mathcal{O}(x)$, 由 $d(f^n(y), y) < r$ 可知 $f^n(y) = y$. 所以集合 $\{n \in \mathbb{Z} \mid d(f^n(y), y) < r\}$ 是

等差数列 $n\mathbb{Z}$.

等差数列的一个性质是: 若数列的公差是 n, 则数列和任意一个由多于 n 个的连续整数构成的集合必相交. 换句话说, 等差数列的所有间隙都有相同的长度. 放宽这个条件的一种方法是对所有的间隙长度强加一个界.

定义 6.1.10　$\mathbb{N}$ 或 $\mathbb{Z}$ 的子集 S 称为是连接的, 如果存在 $N \in \mathbb{N}$, 使得对所有 n, 有 $\{n+k \mid 1 \leqslant k \leqslant N\} \cap S \neq \varnothing$.

这个性质为研究非周期点的回复性的一致性提供了一种工具.

定义 6.1.11　设 X 是度量空间, $f: X \to X$ 是连续映射. 点 $x \in X$ 称为一致回复的, 如果对任意 $r > 0$, 集合 $\{n \mid d(x, f^n(x)) < r\}$ 是连接的, 即存在 $N = N(r)$, 使得任意 N 个相继的迭代 $f^{n+k}(x)$, $k = 0, \cdots, N-1$ 中至少有一个满足 $d(x, f^{n+k}(x)) < r$.

显然, 任意周期点都是一致回复的. 命题 4.1.1 的证明表明, 对无理旋转, 取 $N = \lfloor 1/r \rfloor + 1$ 即可证明一致回复性. 所以有

命题 6.1.12　对圆周上的旋转, 所有的点都是一致回复的.

虽然通过周期系统的例子可以说明, 即使所有点都是一致回复的, 系统也未必是极小的, 但是一致回复性和极小性之间有着紧密的联系.

定理 6.1.13　设 X 是紧致的, $f: X \to X$ 是同胚. 则一个点是一致回复的当且仅当它的轨道的闭包是一个紧致的极小集 (见定义 4.1.4).

证明　必要性. 设 x 是一致回复的, U 是 x 的一个邻域, U 的闭包紧致. 则 $R := \{n \in \mathbb{Z} \mid f^n(x) \in U\}$ 是连接的, 于是可以取 $N \in \mathbb{N}$, 使得在任意 N 个相继的迭代 $f^{n+k}(x)$, $k = 0, \cdots, N-1$ 中, 至少有一个 $f^{n+k}(x) \in U$. 于是 $\mathcal{O}(x) = \{f^n(x) \mid n \in \mathbb{Z}\} = \{f^{n+k}(x) \mid n \in R, 0 \leqslant k < N\} \subset \bigcup_{k=0}^{N-1} f^k(U) =: U_N$. 由于 U_N 的闭包是紧致的, 所以 $\mathcal{O}(x)$ 的闭包也紧致. 另外, 对任意 $y \in \overline{\mathcal{O}(x)}$, 有 $y \in \overline{U_N}$; 所以 $\mathcal{O}(y) \cap \overline{U} \neq \varnothing$. 由 U 的任意性知, $x \in \overline{\mathcal{O}(y)}$, 由此得 $\overline{\mathcal{O}(y)} = \overline{\mathcal{O}(x)}$.

充分性. 设 $\mathcal{O}(x)$ 是紧致的极小集, 取 x 的一个邻域 U. 由于 $\overline{\mathcal{O}(x)} \backslash \{f^n(U) \mid n \in \mathbb{Z}\}$ 是 $\mathcal{O}(x)$ 的闭的不变真子集, 由 $\mathcal{O}(x)$ 极小性知这必是一个空集. 这说明 $\overline{\mathcal{O}(x)} \subset \{f^n(U) \mid n \in \mathbb{Z}\}$, 由紧性的定义知, 存在一个有限子覆盖, 于是对某个 $N \in \mathbb{N}$ 和 $m \in \mathbb{Z}$, 有 $\mathcal{O}(x) \subset \overline{\mathcal{O}(x)} \subset f^m(U_N)$.

如前所述, 令 $R := \{n \in \mathbb{Z} \mid f^n(x) \in U\}$. 现在 $\mathcal{O}(x) \subset f^m(U_N)$, 于是对任意 $i \in \mathbb{Z}$, 存在 $y \in U$ 和非负整数 $k < N$, 使得 $f^i(x) = f^m(f^k(y))$. 于是 $f^{i-m-k}(x) \in U$, $i-m-k \in R$. 由于 m 是固定的, $0 \leqslant k < N$, 所以 R 是连结的 (相对稠密的). □

一致回复性说明轨道的闭包构成相空间的一个分割:

命题 6.1.14　设 X 是紧致的, $f: X \to X$ 是同胚. 则轨道的闭包构成 X 的一个紧集分割当且仅当每个点都是一致回复的.

证明 由定理 6.1.13 和习题 4.1.8 知, 所有点的一致回复性蕴含着任意两条轨道的闭包或者是不交的或者是相等的 (也是紧的). 反之, 任意两条轨道也只有不交或相等两种关系, 这蕴含了轨道闭包的极小性. 由紧性和定理 6.1.13 知, 所有轨道是一致回复的. □

线性扭转 (例 6.1.2) 很恰当地阐明了这个结论.

习题 6.1.1 证明: 圆周上的一个保向保体积 (即保长度) 的同胚是一个旋转.

习题 6.1.2 证明: 保体积的映射没有吸引不动点.

习题 6.1.3 设有扭转 $T: S^1 \times [0,1] \to S^1 \times [0,1]$, $T(x,y) = (x + f(y), y)$, 其中加法的定义是模 1 的, f 是可微的. 判断 T 是否保面积.

习题 6.1.4 判断由微分方程

$$\left(\begin{array}{c} \dot{x} \\ \dot{y} \end{array} \right) = \left(\begin{array}{c} y \\ -x \end{array} \right)$$

产生的流是否保面积.

习题 6.1.5 判断由微分方程

$$\left(\begin{array}{c} \dot{x} \\ \dot{y} \end{array} \right) = \left(\begin{array}{c} y \\ -\sin x \end{array} \right)$$

产生的流是否保面积.

习题 6.1.6 判断由微分方程

$$\left(\begin{array}{c} \dot{x} \\ \dot{y} \end{array} \right) = \left(\begin{array}{c} y \\ -y - \sin x \end{array} \right)$$

产生的流是否保面积.

习题 6.1.7 设 X 是 $\mathbb{R}^n$ 或 $\mathbb{T}^n$ 中体积有限的闭域, $f: X \to X$ 是可逆映射, 有一个吸引不动点. 证明: f 的回复点的集合在 X 中不稠密.

习题 6.1.8 举一个度量空间的例子, 它里边有可数个开的稠密子集, 且这些子集的交是空集.

习题 6.1.9 证明: 定理 6.1.9 的结论对一个有紧致闭包的开区域也成立.

为进一步学习而提出的问题

问题 6.1.10 设 X 是度量空间, $f: X \to X$ 是拓扑传递的. 证明: 轨道不稠密的点的集合是可数个无处稠密的集合的并.

问题 6.1.11 如果把一个区间表示成可数个闭集的并, 则这些闭集合中必有一个包含区间.

6.2 经典力学的 Newton 系统

力学系统可由微分方程来描述 (外力影响位移的二阶导数), 这一发现以及微积分的发展是人类思想上最深刻的一次革命, 并且对描述、预测和设计物理系统取得了过去三个世纪以来最惊人的成功. 我们将介绍描述和求解这类系统的一些方法.

在力学系统中, 一组数据, 比如它各部分的位置 (或位形, 可包括角度) 和速度, 在如下确定性原则的意义下完全描述了系统的状态: 一个力学系统现在的状态唯一地决定了它在将来的演变 (用我们的术语描述: 一个力学系统在它的状态空间定义了一个动力系统). 例如, 如果一个力学系统仅由一个质点构成, 那么它的状态由在 Euclid 空间中的位置 x 和速度 $v = \dot{x}$, 即 x 关于 t 的导数决定. 特别地, 如果全部演变都由这些数据决定, 即 x 是 t 的一个函数, 那么 x 的二阶导数 $\ddot{x}$ 也是 t 的函数. 所以, $\ddot{x}$ 是关于 t, x, 和 $v = \dot{x}$ 的函数: $\ddot{x} = f(t, x, \dot{x})$. 因此这个力学系统可以用微分方程来描述 (微分方程解的存在唯一性定理 (定理 9.4.1) 蕴含着确定性原理). 事实上, 一个力学系统的 "状态" 总是用位置和速度来描述, 因此, 根据微分方程理论, 一个力学系统产生的微分方程总是二阶的. 位置或位形的集合称为位形空间, 状态构成的空间称为状态空间或相空间[2].

本节是对力学系统的一个简介. 这是一个重要的课题, 把它放在这里是因为力学系统有两个方面会使得它们的动力行为比其他有同样多个变量的微分方程所确定的系统要简单: 一方面, 在保守系统中把轨道限制在能量面上有效地降低了方程的维数; 另一方面, 由摩擦所造成的能量损耗可使动力行为变得越来越简单.

我们从 Newton 方程及其基本性质入手, 利用数学摆来介绍一些力学思想. 我们还要讨论中心力问题 (和 Kepler 第二定律), 它是天体力学的核心, 从中将会得到研究动力行为的一些最重要的动机. 最后, 介绍 Lagrange 的力学方法, 它是和解决力学系统在相空间中的路径最优化问题的原则相关的.

6.2.1   Newton 方程

经典力学的中心法则是 Newton 定律: 外力作用在力学系统上, 如质点、刚体、行星等, 会引起速度的成比例的变化:

$$f = ma.$$

它描述的是, 一个质量为 m 的质点在 $\mathbb{R}^n$ 中运动, 在外力 f 的作用下, 会产生一个加速度 a. 它还可以用来描述有约束力的数学摆的运动.

1. 二阶微分方程

Newton 方程产生了一个二阶微分方程: 如果用 $x \in \mathbb{R}^n$ 表示质点的位置, 则加速度 $a := \ddot{x} = \mathrm{d}^2 x / \mathrm{d}t^2$. 如果力 f 仅是 x 的一个函数 (不计摩擦), 则得方程

---

[2] 也见 Poincaré 著 *Science and Hypothesis* 第六章: The Foundations of Science; Science and Hypothesis, The Value of Science, Science and Method. translated by George Bruce Halsted. Lancaster, PA: The Science Press, 1946.

$$m\frac{\mathrm{d}^2 x}{\mathrm{d}t^2} = f(x).$$

例 6.2.1 一个苹果从树上落下来, 所受的力是常力 —— 重力 mg(其中 g 大约等于 $10\mathrm{m/s}^2$ 或 $32\mathrm{ft/s}^2$), 因此, $\ddot{x} = -g$, 其中 x 表示高度 (假设苹果树的高度不足以使空气阻力产生影响).

积分两次得 $x(t) = -gt^2/2 + v(0)t + x(0)$.

例 6.2.2 (谐波振子) 一个物体附着在弹簧上, 离开平衡 (休止) 位置的距离为 x, 由 Hooke 定律, 物体所受的弹力为 $-kx$, 其中 k 为弹簧的弹性系数 (用来衡量弹簧的强度). 于是得 $\ddot{x} = -kx$.

通过基于经验的猜测与线性组合得到方程的解为 $x(t) = a\sin(\sqrt{k}t) + b\cos(\sqrt{k}t)$.

2. 化为一阶方程

一般地, 在研究此类二阶微分方程系统时, 通过额外定义一个独立的速度变量而将二阶方程化为一阶方程是有用的, 即设 $v := \dot{x} = (\mathrm{d}x/\mathrm{d}t) \in \mathbb{R}^n$. 则 $m\mathrm{d}^2 x/\mathrm{d}t^2 = f(x)$ 化为

$$\frac{\mathrm{d}}{\mathrm{d}t}x = v, \quad \frac{\mathrm{d}}{\mathrm{d}t}mv = f(x).$$

这是关于新变量 $\begin{pmatrix} x \\ v \end{pmatrix}$ 的一阶自治系统. 它的通解定义了 $\mathbb{R}^n \times \mathbb{R}^n$(或它的子集) 上的一个动力系统 (9.4.7 节). 这类方程有很多特殊的性质, 这些性质将它们与 $\mathbb{R}^{2n}$ 中一般的自治微分方程系统区别开来.

3. 体积保持

由于相关导数都是零, 所以由 Newton 方程所定义的 $\mathbb{R}^{2n}$ 中的向量场是无散的, 即散度为零 (见式 (6.1.1)).

由命题 6.1.5 知, Newton 系统保持相体积:

推论 6.2.3 Newton 系统保持在相空间中由 $\mathrm{d}x\,\mathrm{d}v$ 确定的体积.

4. 能量和动量

量 $p := mv$ 称为动量. $\frac{1}{2}m\langle v, v \rangle$ 称为动能.

若力 f 是一个梯度向量场 $f = -\nabla V := -(\partial V/\partial x_1, \cdots, \partial V/\partial x_m)$, 则

$$\frac{\mathrm{d}}{\mathrm{d}t}mv = -\nabla V. \tag{6.2.1}$$

函数 $V: \mathbb{R}^n \to \mathbb{R}$ 称为势能. 设总能量 $H = \frac{1}{2}m\langle v, v \rangle + V$, 则总能量是守恒的, 因为

$$\frac{\mathrm{d}H}{\mathrm{d}t} = \langle v, m\dot{v} \rangle + \frac{\mathrm{d}V}{\mathrm{d}t} = \langle v, m\dot{v} \rangle + \langle \dot{x}, \nabla V \rangle = \langle v, m\dot{v} + \nabla V \rangle = 0,$$

而沿着某条曲线导数为 0 的函数在该曲线上必为常数. 这是分析中一个简单且有用的原则, 这对连续时间的系统十分有用. 在受约束系统中, 能量也是守恒的 (虽然动量可能不守恒). 由于能量守恒, 因此称这类系统为保守系统.

　　5. 测地流

以上的全部讨论都可应用于自由质点运动, 即外力为零的情形. 在 Euclid 空间, 这类运动就是匀速直线运动. 在其他空间中, 运动还是匀速的, 但直线的概念必须推广到测地线. 所以称这种流为测地流. 例如, 球面上的测地线是大圆, 测地流是大圆上的匀速运动. 环面上的测地流是沿着直线投影的运动. 对 $\mathbb{R}^3$ 中的曲面, 用几何和物理的观点来看, 可以取曲面与由法向量和所要求的方向所张成的平面的交线为测地线. 这种几何直观符合以下事实: 因为质点所受的唯一的外力是将质点约束在曲面上的约束力, 而这个约束力沿任意切方向作用在质点上的合力为零, 所以沿测地线上的匀速运动的加速度垂直于曲面.

测地流在本书的其他地方也有出现, 如 5.2.2 节和 6.2.8 节.

6.2.2　数学摆

作为例子, 考虑一个钟摆运动. 设平面上有一个质点, 用绳子与一个固定点相连, 就像一个旧式座钟的钟摆 (如图 6.2.1).

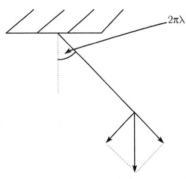

　　1. 模型

用 $2\pi x$ 表示摆线偏离垂线的夹角, 摆受到一个向下的重力 mg 的作用 (其中 m 是摆的质量, g 是重力加速度, $g = 9.81$ m/s^2). 则摆所受到的垂直于摆线的力为 $-mg\sin 2\pi x$, 它等于质量和加速度的乘积, 即 $m \cdot 2\pi L\ddot{x}$. 于是描述钟摆运动的微分方程为

图 6.2.1　数学摆

$$2\pi m L\ddot{x} + mg\sin 2\pi x = 0.$$

　　2. 无量纲化

通过无量纲化来简化微分方程通常是很有用的, 比如通过选取一个时间标度, 使得微分方程的系数变为无量纲的, 也可能减少系数个数. 实现这个目标的第一步是选取时间 T, 它的具体数值可在稍后确定, 但要使得当我们用无量纲时间 $\tau := t/T$ 来代替 t 时, x 关于 τ 的导数的系数变为 1. 由链式法则, $\mathrm{d}x/\mathrm{d}t = \mathrm{d}x/\mathrm{d}\tau\,\mathrm{d}\tau/\mathrm{d}t = (1/T)\mathrm{d}x/\mathrm{d}\tau$ 且 $\mathrm{d}^2x/\mathrm{d}t^2 = (1/T^2)\mathrm{d}^2x/\mathrm{d}\tau^2$. 所以微分方程化为

$$2\pi m L/T^2 \frac{\mathrm{d}^2 x}{\mathrm{d}\tau^2} + mg\sin 2\pi x = 0,$$

其中左端的两项都表示力, 如果用力 mg 去除, 就会变为无量纲方程

$$\frac{2\pi L}{gT^2}\frac{\mathrm{d}^2 x}{\mathrm{d}\tau^2} + \sin 2\pi x = 0. \tag{6.2.2}$$

如果 $\mathrm{d}^2 x/\mathrm{d}\tau^2$ 的阶为 1, 则令无量纲系数 $2\pi L/(gT^2)$ 也为 1. 因此取 $T = \sqrt{2\pi L/g}$, 得微分方程

$$\ddot{x} + \sin 2\pi x = 0,$$

这里 x 上的点表示关于 τ 的导数. 物理上 T 的取法是很自然的, 因为它恰是由线性化的数学摆所产生的谐波振荡的周期 (6.2.2.7 节).

3. 转化为一阶

这个方程等价于一阶系统

$$\dot{x} = v, \quad \dot{v} = -\sin 2\pi x, \tag{6.2.3}$$

其中 $x \in S^1$, $v \in \mathbb{R}$. 这个基本例子的特殊意义在于由角坐标 (不是速度!) 的周期性, 它的相空间是柱面 $S^1 \times \mathbb{R}$.

系统的总能量为 $H(x,v) = (1/2)v^2 - (1/2\pi)\cos 2\pi x$, 由于存在一个约束力, 所以验证能量守恒是很有用处的: $\mathrm{d}H/\mathrm{d}t = v\dot{v} + (1/2\pi)(2\pi)\sin 2\pi x \dot{x} = 0$. 所以轨道在等能量曲线 $H =$ 常数 上.

4. 轨道

对 $-1/2\pi < H < 1/2\pi$, 每条等能量线都是由与稳定平衡点 $(x,v) = (0,0)$ 附近的振动相对应的单个闭曲线构成的. 这些轨道和对应于围绕结点整圈重复旋转的高能量轨道被一个同宿圈(见定义 2.3.4) 分开, 而该同宿圈包含不稳定平衡点 $(x,v) = (1/2, 0)$, 其上的能量为 $H = 1/2\pi$(见图 6.2.2). 我们不会建议用祖父辈的老钟上的钟摆来验证这些同宿轨的存在性. 首先, 这些轨道非常不稳定 (由于摩擦, 虽然很小), 人们实际上看不到它们. 其次, 会把钟弄坏. 对于 $H > 1/2\pi$, 每条等能量

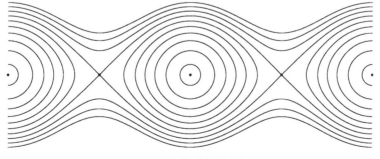

图 6.2.2 数学摆的相图

线由两条轨道构成, 对应于方向相反的旋转. 所以, 这个系统的几乎所有的轨道都是周期的, 但是它们属于两个不同的族. 低能量的轨道是环绕着平衡点 $(0,0)$ 的闭轨. 任意两个这样的轨道都可连续地形变到对方. 高能量轨道绕着圆柱面运动 (就像卷起来的宣传画上箍的橡皮筋), 且任意两个高能量轨道也能连续形变到对方. 但是任意低能量的轨道和高能量轨道之间不能进行连续的形变. 因此, 这两族轨道被同宿于不稳定平衡点 $(1/2,0)$ 的奇异轨道分开了.

5. 全局图像

定性地来看, 这种情形相当于将柱面弯成一个 U 形的管道 (就像洗涤槽下边的排水管), H 表示高度函数 (图 6.2.3). 这时等能量线是水平的薄片. 稳定平衡点 $(0,0)$ 对应于管道的最低点, 不稳定平衡点对应于管道的鞍点. $1/2\pi$ 以上的等能量曲线由鞍点以上的可自由滑动的闭曲线对构成, 但不能滑到鞍点以下. 低能量曲线在鞍点以下, 并且能缩减降低到最低点. 过鞍点的 8 字形等能量曲线根本不能移动. 总之, 相空间可分解成正则曲线和一条奇异的 8 字形曲线的并. 这个系统的任意时间 t 映射是在每一个这样的 (变了形的) 不变圆周之中作参数平移. 于是, 我们看到这些动力行为分解成了 (变形的) 圆周上的旋转. 这说明, 在简单的力学系统中, 圆周的旋转会自然地发生.

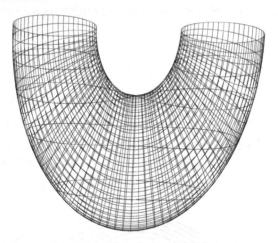

图 6.2.3　作为高度函数的能量

6. 可积性、不变的长度元素

将相空间分解成等能量曲线不仅有助于我们对系统有很好的定性的和直观的理解, 还提供了一种将精确解用初等函数通过积分、反演、代数运算所成的函数写下来的方法. 例如, 在这种情形下, 方程的解涉及到椭圆积分, 而椭圆积分不能直接用初等函数表示出来.

命题 6.2.4 提供了求解的一种途径. 为了简捷地描述它, 记相空间中的标准面积元素为 dHdl. 因为 H 是流不变的, dH 是流不变的, dl 是曲线 H =常数上的长度元素再除以 ‖∇H‖. 由式 (6.2.3), ‖∇H‖ 等于沿 H =常数的运动的速度, 所以 dl 也是流不变的. 因此, 流保持面积. 如 6.1 节所述, 流保持面积等价于向量场的散度为零, 这对所有的 Newton 系统都是一致的.

7. 线性化

这是一个了解线性化如何影响相图, 或经线性化后的系统对实际系统反映的准确性的好机会. 由于线性化是一个非线性系统在局部的线性逼近, 因此在平衡点附近最有意义. 这里考虑稳定平衡点附近的运动, 即小振动.

我们要将图像和微分方程

$$\dot{x} = v, \quad \dot{v} = -2\pi x$$

的显式解进行比较. 这个方程是将方程 (6.2.3) 的右端用它在 (0,0) 点的线性部分代替而得到的. 这是一个谐波振子(例 6.2.2).

谐波振子的总能量是 $H(x,v) = v^2/2 + \pi x^2$. 注意到 Hamilton 能量函数

$$H(x,v) = \frac{1}{2}v^2 - \frac{1}{2\pi}\cos 2\pi x$$

的二阶 Taylor 展开式是

$$\frac{1}{2}v^2 - \frac{1}{2\pi}\left(1 - \frac{1}{2}(2\pi x)^2\right) = \frac{1}{2}v^2 - \frac{1}{2\pi} + \pi x^2.$$

它和线性化系统的能量函数是一致的 (精确到加法常数 $-1/2\pi$, 这既不改变等值面, 也不改变导数). 谐波振子的等能量曲线是 $v^2/2 + \pi x^2 =$ 常数, 即中心在原点的椭圆. 从显式解

$$A\begin{pmatrix} \sin(\sqrt{2\pi}(t+c))/\sqrt{\pi} \\ \cos(\sqrt{2\pi}(t+c))\sqrt{2} \end{pmatrix}$$

看到, 所有的解都有相同的周期.

从定性上, 这个简单的相图看上去很像数学摆在原点附近摆动的相图, 因此线性化系统为之提供了一个合理的逼近. 但是, 它们之间存在着两个不同之处. 首先, 由于第二个平衡点和同宿圈的出现, 在远离原点处数学摆的相图和其线性化系统的相图有着本质的不同. 其次, 因为数学摆在其不稳定平衡点附近的速度很小, 所以相应于较大能量的围绕 (0,0) 的周期解就有更长的周期. 特别地, 非线性系统在 (0,0) 点附近的解没有常数周期, 即周期是依赖于振幅的, 这也正是影响钟摆设计的因素之一. 因此振幅必须保持常值 (或者给摆装上摆线夹板以避免对振幅的依赖).

注意到数学摆和谐波振子的相空间分解成了一些 (变形的) 不变圆周, 且动力系统的时间 1 映射的作用是将这些圆周上的点移动一个与其所处圆周相关的常量. 因此可以通过分别研究每个圆周上的旋转来得到时间 1 映射的定性描述 (4.1.1 节).

6.2.3　能量面上的不变体积

Newton 系统除了如我们刚才所见的保持相体积外, 还保持 Hamilton 能量函数 H 的等值面. 在 6.2.2.6 节已经看到, 在数学摆的情形, 流还保持等能量曲线上的长度参数. 这一结果可由运动方程 (6.2.3) 直接得到, 并可进而由它导出流保面积. 现在证明任意保持体积和某个函数的等值面的映射在该等值面上也是保体积的. 为了更清楚地理解这个性质, 首先研究二维的情形, 特别地, 它能说明我们的结论对数学摆成立.

命题 6.2.4　设 $f\colon \mathbb{R}^2 \to \mathbb{R}^2$ 保持面积, H 是不变函数, 即对任意 $p \in \mathbb{R}^2$, 有 $H(f(p)) = H(p)$. 则每一个非临界的, 即不含临界点的等值面都能分解成曲线 $c_z := \{p \mid H(p) = z\}$, 其中每条曲线都能参数化为 $c_z(t)$, 使得对某个只依赖于等值面的函数 s, $f(c_z(t)) = c_z(t + s(z))$. 换句话说, 关于这个参数, f 像平移一样作用在每条曲线上.

证明　将 c_z 参数化, 使得对所有 t, $\|c'_z(t)\| = \|DH_{c_z(t)}\|$. 考虑 c_z 在点 $p = c_z(t)$ 的单位切向量 v 和单位法向量 $w = DH/\|DH\|$. 则由 εv 和 εw 所张成的矩形 P 的面积是 ε^2. 如图 6.2.4 所示, 它在 f 下的像 $f(P)$ 的面积 (在一个小的, 当 $\varepsilon \longrightarrow 0$ 时趋于零的相对误差范围内) 等于在点 $f(p) = c_z(\tilde{t})$ 由 εv 和 εw 在 Df 下的像 $\varepsilon v'$ 和 $\varepsilon w'$ 所张成的平行四边形的面积. 将 $\varepsilon v'$ 作为平行四边形的底, 则 $\varepsilon w'$ 在 c_z 在 $f(P)$ 点的法向量上的投影的长度是它的高 δ. 由线性逼近得

$$H(p + \varepsilon w) \approx H(p) + \varepsilon \|DH_p\|,$$

$$H(f(p) + \varepsilon w') \approx H(f(p)) + \delta \|DH_{f(p)}\|.$$

图 6.2.4　等值集上的运动

由于 H 在 f 下不变, 所以约等式左端和右端第一项都相等. 所以 $\delta \approx \varepsilon \|DH_p\| / \|DH_{f(p)}\|$, $f(P)$ 的面积为 $\delta \varepsilon \|v'\| \approx \|v'\| \varepsilon^2 \|DH_p\| / \|DH_{f(p)}\|$. 又由于 f 保持面积,

所以 $f(P)$ 的面积为 ε^2. 这说明 $\|v'\|\|DH_{f(p)}\| = \|DH_{f(p)}\| = \|v\|\|DH_{f(p)}\|$(注意在最后一个式子里不含 ε, 所以是精确的). 如果取单位向量 $v = c_z'(t)/\|DH_p\|$, 则 $v' = Df(c_z'(t))/\|DH_p\|$, 且由于 $c_z' = \|DH\|$, 所以

$$\left\|c_z'(\tilde{t})\frac{\mathrm{d}\tilde{t}}{\mathrm{d}t}\right\| = \left\|\frac{\mathrm{d}}{\mathrm{d}t}c_z(\tilde{t})\right\| = \|Df(c_z'(t))\| = \|v'\|\|DH_p\|$$

$$= \|v\|\|DH_{f(p)}\| = \|c_z'(t)\|\|DH_{f(p)}\|/\|DH_p\| = \|c_z'(\tilde{t})\|.$$

这显然意味着 $\mathrm{d}\tilde{t}/\mathrm{d}t = 1$, 因而 $\tilde{t} = t + s(z)$, 其中 $s(z)$ 是只依赖于 z 的函数, 即只依赖于不变曲线. □

再次注意到, 这个描述恰好和数学摆的情形相吻合. 另一个共同的特征是这里的计算完全是局部的. 这说明我们所考虑的映射不必定义在整个 $\mathbb{R}^2$ 上, 所考虑的函数 H 也不必定义在整个相空间上. 如果加上适当的限制条件, 则我们的结论对 $\mathbb{R}^2$ 的一个开子集上的保持面积的映射和这个开集上的不变函数 H 也成立. 类似地, 还可将这个结论应用于柱面 $S^1 \times \mathbb{R}$ 上的映射上, 因为其上的局部计算恰如在 $\mathbb{R}^2$ 的子集中进行. 其几何解释为: 考虑一个流盒, 即过某局部截面的流在一小段时间内所扫过的区域. 当这个流盒随着流运动到等值线的密集处 (H 梯度很大处) 时, 则这些等值线将流盒向横截方向"挤压", 由于流保持面积, 所以流盒一定会被拉长 (见图 6.1.2). 这个拉长相应于在 H 的梯度很大的区域内增长的速度. 这个描述对高维情形也适用, 此时拉长相应于在等值面上体积的扩张.

定理 6.2.5 设 $f: \mathbb{R}^n \to \mathbb{R}^n$ 保持体积, H 是不变函数, 则在每个等值面上可定义一个在 f 下不变的体积函数 Ivol. 即如果对非临界等值面的任意一个开集 O, 定义 $\mathrm{Ivol}(O) := \displaystyle\int_O 1/\|\mathrm{grad}H\|$, 则对任意这样的 O, $\mathrm{Ivol}(O) = \mathrm{Ivol}(f(O))$.

证明 像前面一样, 取 H 的等值面 $A_h := \{p \mid H(p) = h\}$ 中的点 p (对 H 是非临界的) 和在 p 点与 A_h 相切的单位正交向量组 $v_1, \cdots, v_{n-1}$. 设 v_n 是 A_h 在 p 点的单位法向量 (与 $\mathrm{grad}H$ 同方向). 考虑由 $\varepsilon v_1, \cdots, \varepsilon v_n$ 张成的体积为 ε^n 的平行 n 面体 P, 并记由 $\varepsilon v_1, \cdots, \varepsilon v_{n-1}$ 张成的平行 $n-1$ 面体为 Q. 则 P 在 f 下的像 $f(P)$ 实质上是由 $\varepsilon Df v_1, \cdots, \varepsilon Df v_n$ 张成的平行 n 面体. 如果用 $\varepsilon Df v_n$ 在 A_h 在 $f(p)$ 处的法向量 v_n' 上的投影取代 $\varepsilon Df v_n$, 则该平行 n 面体的体积不变 (因为体积等于底面积乘高). 记这个投影的长度为 δ. 由线性逼近, 有

$$H(p + \varepsilon v_n) \approx H(p) + \varepsilon\|\mathrm{grad}H_p\|,$$

$$H(f(p) + v_n') \approx H(f(p)) + \delta\|\mathrm{grad}H_{f(p)}\|.$$

左端和右端第一项都相等, 于是 (在一个小的误差范围内) 有 $\delta = \varepsilon\|\mathrm{grad}H_p\|/\|\mathrm{grad}H_{f(p)}\|$. 由于 $f(P)$ 的体积 $\delta\mathrm{vol}(f(Q))$ 等于 P 的体积 $\varepsilon\mathrm{vol}(Q)$, 所以必有

$$\text{Ivol}(Q) = \frac{\text{vol}(Q)}{\|\text{grad}H_p\|} = \frac{\text{vol}(f(Q))}{\|\text{grad}H_{f(p)}\|} = \text{Ivol}(f(Q)).\qquad\square$$

6.2.4　运动常量

分析数学摆运动的关键在于它的总能量是守恒的, 即它是一个运动常量或一个初积分. 所以系统二维的相空间可分解成一维等能量曲线. 在每条这样的曲线上, 由于实质上在处理一阶自治微分方程, 所以解的行为只有几种简单的可能. 也就是说, 对于正规的等能量线, 即总能量的非临界值, 向量场不取零值. 所以如果一个解有界, 则这个解一定是周期的. 如果一个解无界, 则它将沿着某条特殊的非临界的等能量曲线趋于无穷. 正如我们在数学摆情形所见, 临界等能量线上的非常值解当时间趋于 $+\infty$ 和 $-\infty$ 时被渐近吸引到 (可能不同的) 常值解 (与 2.3 节中的讨论比较). 原则上, 一种病态的情形可能存在: 一个临界解不收敛到不动点, 而是在一个固定的解曲线附近游荡. 这种情形在自然的模型中不会出现. 所以对自由度为 1 的 Newton 系统, 上述的简单描述给出了轨道行为的一个相当完整的定性分析.

6.2.5　中心力

经典力学中的一个主要课题是天体力学, 即对行星围绕太阳, 或卫星围绕行星及类似的运动进行描述 (如图 6.2.5). 它的最简单的模型是: 两个自由运动的天体相互之间具有引力. 我们可以取系统的质心作为坐标原点, 或者假设其一 (太阳) 的质量比另一个大得多, 因而可看成是静止的 (或匀速运动的). 两种途径下, 都可以将第二个天体 (行星) 的位置表示为 $x \in \mathbb{R}^3 \setminus \{0\}$, 速度表示为 $v \in \mathbb{R}^3$. 重力场的势能为 $V(x) = -1/\|x\|$, 于是 Newton 方程变为

$$\ddot{x} = \nabla \frac{1}{\|x\|} = -\frac{x}{\|x\|^3}, \quad \text{或 } \dot{x} = v, \quad \dot{v} = -\frac{x}{\|x\|^3}.$$

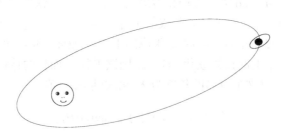

图 6.2.5　中心力

像通常一样, 动能是 $\langle v, v \rangle/2$. 于是总能量为 $E(x, v) = \langle v, v \rangle/2 - 1/\|x\|$. 因为方程具有式 (6.2.1) 的形式, 所以能量是守恒的. 这里还有其他的运动常量, 即角动量

$x \times v = (x_2 v_3 - x_3 v_2, x_3 v_1 - x_1 v_3, x_1 v_2 - x_2 v_1)$ 的分量. 为验证这一点, 注意到

$$
\begin{aligned}
\frac{\mathrm{d}}{\mathrm{d}t}(x_1 v_2 - x_2 v_1) &= \dot{x}_1 v_2 + x_1 \dot{v}_2 - \dot{x}_2 v_1 - x_2 \dot{v}_1 \\
&= v_1 v_2 - \frac{x_1 x_2}{\|x\|^3} - v_2 v_1 + \frac{x_2 x_1}{\|x\|^3} = 0
\end{aligned} \tag{6.2.4}
$$

即可 (见引理 6.2.6). 我们将通过解运动方程来描述系统的动力行为. 由于 $v \perp x \times v$, 所以运动是在正交于 $x \times v$ 的一个平面内. 所以对任意给定的方向 $x \times v$, 问题简化成了 $\mathbb{R}^2 \setminus \{0\}$ 中的一个问题, 即通过适当的坐标变换, 可使得 $x_3 = v_3 = 0$.

注意到 $x_1 v_2 - x_2 v_1$ 是以 $0, x, x+v$ 为顶点的三角形的面积的二倍, 因此, $x_1 v_2 - x_2 v_1$ 是 x 扫过的面积的导数的二倍. 这就是著名的 Kepler 第二定律: 太阳到行星之间的连线在相等的时间内扫过的面积相同 (如图 6.2.6). 若 $A := x_1 v_2 - x_2 v_1 \neq 0$, 则可以证明轨道在一个二次曲线上. 在解析几何中已知极坐标系下的二次曲线方程是 $r = ed/(1 + e\cos(\theta - \theta_0))$, 当离心率 $e \in (0, 1)$ 时是椭圆, $e = 1$ 时是抛物线, $e > 1$ 时是双曲线. 若记 $r = \|x\|$, 则

$$
\frac{\mathrm{d}}{\mathrm{d}t}\left(\frac{x_1}{r}\right) = \frac{v_1 r^2 - x_1 \langle x, v \rangle}{r^3} = -(x_1 v_2 - x_2 v_1)\frac{x_2}{r^3} = A\dot{v}_2,
$$

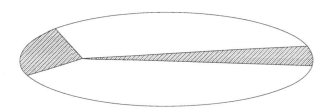

图 6.2.6 Kepler 第二定律

于是 $Av_2 = x_1/r + C$, $C \in \mathbb{R}$. 类似地, $Av_1 = -x_2/r - D$. 于是

$$
Cx_1 + Dx_2 + r = Ax_1 v_2 - \frac{x_1^2}{r} - Ax_2 v_1 - \frac{x_2^2}{r} + r = A(x_1 v_2 - x_2 v_1) = A^2,
$$

且在极坐标系下, $x_1 = r\cos\alpha$, $x_2 = r\sin\alpha$, 有

$$
\begin{aligned}
r(\alpha) &= \frac{rA^2}{r + Cx_1 + Dx_2} = \frac{A^2}{1 + C\cos\alpha + D\sin\alpha} \\
&= \frac{A^2}{1 + \sqrt{C^2 + D^2}\cos(\alpha - \beta)},
\end{aligned} \tag{6.2.5}
$$

其中 $\cos\beta = C/\sqrt{C^2 + D^2}$, $\sin\beta = D/\sqrt{C^2 + D^2}$, 即 β 使得 $r(\beta)$ 取到最小值 (近日角). 方程 (6.2.5) 是离心率为 $e = \sqrt{C^2 + D^2}$ 的二次曲线的方程, 其离心率由能

量 E 和角动量 A 的值确定

$$e^2 = C^2 + D^2 = \left(\frac{Av_2 - x_1}{r}\right)^2 + \left(\frac{Av_1 + x_2}{r}\right)^2$$

$$= \frac{x_1^2 + x_2^2}{r^2} + 2A^2 \frac{v_1^2 + v_2^2}{2} - 2A\frac{x_1 v_2 - x_2 v_1}{r} = 1 + 2EA^2. \tag{6.2.6}$$

所以当 $E < 0$ 时, 轨道是椭圆, $E > 0$ 时是双曲线, $E = 0$ 时是抛物线. 我们将用定性的术语强调中心力问题的解的两个主要性质. 所有的有界轨都是周期的 (椭圆轨). 所有的无界轨在正负两个方向都趋于无穷 (双曲线轨或抛物线轨). 这个简单的二分法是重力势场的一个特殊的性质, 即它依赖于在势能 V 中出现的 $r = \|x\|$ 的次数. 对 r 的其他的次数, 有界轨倾向于非周期的. 事实上, 作为广义相对论的结果, 对水星而言, 其势能中 r 的次数有细微的不同. 相应地, 它的近日角随时间的变化慢慢改变, 即它的轨道是个椭圆, 但不很封闭. 近日角的这种缓慢漂移称为进动. 事实上, 金星的干扰产生一些漂移, 它可以用 Newton 理论进行精确的计算. 然而, 在 19 世纪, 观察的精确性已经高得足以发现进一步的漂移: 在观察到的进动 (5.70″/年) 与用 Newton 引力计算出的由行星间相互作用导致的进动 (5.27″/年) 之间存在一个误差 (它的轨道比太阳系中其他行星的轨道更扁的事实对此有所帮助: 离心率是 0.2056, 近日点和远日点的距离分别为 $4.59 \cdot 10^7$ 千米和 $6.97 \cdot 10^7$ 千米). 广义相对论给出了详细而准确的更正[3].

6.2.6　谐波振子

中心力问题的一个简单例子由平面上的势 $V(x) = \|x\|^2$ 给出. 它的 Newton 方程是

$$\ddot{x} = -\nabla\|x\|^2 = -x,$$

且它的分量退耦成谐波振子. 所以方程的解是各自坐标下具有相同频率的互相独立的振动. 平面轨道是中心在原点的椭圆.

只有反比平方和平方势能才产生周期解. 这是 Newton 关于引力 (至少是近似地) 由反比平方势能给出的推论的一个组成部分.

6.2.7　球面摆

一个看起来简单的中心力系统是球面摆, 即将一个质点用杆与另一固定点相连, 它受到重力的作用 (见图 6.2.7). 如果像在 6.2.1.4 节那样利用势能 V, 我们很容易写出运动的方程. 势能是由质点相对于休止位置的高度 $U(x) = 1 - \sqrt{1 - x_1^2 - x_2^2}$

---

[3]Albert Einstein. Erklärung der Perihelbewegung des Merkur aus der allgemeinen Relativitätstheorie. *Sitzungsberichte der königlich preußischen Akademie der Wissenschaften* **XLVII**, 1915: 831–839.

决定的. 在这种情形下, 与能量无关的运动的另一积分是关于竖直轴的角动量, 即角动量的第三个坐标 (它涉及系统自然旋转的对称性). 为描述两个积分值已经确定的运动, 我们采用极坐标. 这符合旋转的对称性和力 $-\nabla U$ 指向原点的事实. 记 $x = (x_1, x_2) = (r\cos\theta, r\sin\theta)$.

图 6.2.7 球面摆

引理 6.2.6 在中心力场, 角动量不变.

证明 角动量定义为矢量积 $M := x \times \dot{x}$. 由乘积的求导法则, 以及在中心力场中 x 和 $\ddot{x}$ 共线的事实, 可得 $\dot{M} = \dot{x} \times \dot{x} + x \times \ddot{x} = x \times \ddot{x} = 0$. □

为了用极坐标表示角动量, 取径向单位向量 v_r 和垂直于 v_r 指向 θ 增加方向的角单位向量 v_θ 作为依赖于时间的基. 于是 $\dot{v}_r = \dot{\theta}v_\theta$, $\dot{v}_\theta = -\dot{\theta}v_r$, 因此 $\dot{x} = (\mathrm{d}/\mathrm{d}t)(\|x\|v_r) = \mathrm{d}\|x\|/\mathrm{d}t\, v_r + \|x\|\dot{v}_r = \dot{r}v_r + r\dot{\theta}v_\theta$, 所以角动量是

$$M = x \times \dot{x} = x \times \dot{r}v_r + x \times r\dot{\theta}v_\theta = r\dot{\theta}x \times v_\theta = r^2\dot{\theta}v_r \times v_\theta.$$

由引理 6.2.6, $r^2\dot{\theta}$ 是一个常数.

应用以上结果可建立运动的关于 r 但与 θ 无关的方程, 从而简化问题.

微分 $\dot{x} = \dot{r}v_r + r\dot{\theta}v_\theta$, 且利用 $\dot{v}_r = \dot{\theta}v_\theta$ 和 $\dot{v}_\theta = -\dot{\theta}v_r$, 得

$$-\frac{\partial U}{\partial r}v_r = -\nabla U = \ddot{x} = (\ddot{r} - r\dot{\theta})v_r + (2\dot{r}\dot{\theta} + r\ddot{\theta})v_\theta,$$

于是 $\ddot{r} - r\dot{\theta} = -\partial U/\partial r$, $2\dot{r}\dot{\theta} + r\ddot{\theta} = 0$. 将 $\dot{\theta} = \|M\|/r^2$(角动量) 代入, 得 $\ddot{r} = -\partial U/\partial r + \|M\|/r^3$, 得到的方程与 θ 无关. 由于 $U = 1 - \sqrt{1-r^2}$, 有 $\partial U/\partial r = r/\sqrt{1-r^2}$, 因此, $\ddot{r} = (\|M\|/r^3) - (r/\sqrt{1-r^2})$, 其中 $\|M\|$ 由初始条件决定.

这就是我们所求的运动的只与 r 有关的方程.

6.2.8 Lagrange 方程和变分法

利用

$$L(x,v) = \frac{1}{2}m\langle v,v\rangle - V(x), \tag{6.2.7}$$

Newton 方程 (6.2.1) 可化为

$$\frac{\mathrm{d}}{\mathrm{d}t}\frac{\partial L}{\partial v} = \frac{\partial L}{\partial x}. \tag{6.2.8}$$

称之为 Lagrange 方程或 Euler-Lagrange 方程. Lagrange 引入他的形式体系的原因之一是在考虑约束系统时, 利用 $f = ma$ 进行描述将变得非常困难. 例如, 三维的数学摆 (见 6.2.7 节) 是由一个质点用杆与固定点相连得到的, 因而质点被约束在一个球面上. 为了处理这个问题, 必须使用约束力的概念, 它是使得系统在任何时间都必须遵从约束的力. Lagrange 的方法极大地简化了这个问题, 因为它是不依赖于坐标的.

定理 6.2.7   设 L 是 $(x,v) \in \mathbb{R}^n \times \mathbb{R}^n$ 的光滑函数, $x, y \in \mathbb{R}^n$, $T > 0$, 在满足 $c(0) = x$, $c(T) = y$ 的参数化的光滑曲线 $c\colon [0,T] \to \mathbb{R}^n$ 上定义 Lagrange 作用泛函

$$F(c) := \int_0^T L(c(t), \dot{c}(t))\,\mathrm{d}t. \tag{6.2.9}$$

则曲线 c 是 F 的临界点当且仅当 c 满足式 (6.2.8).

证明   若 L 是 $(x,v) \in \mathbb{R}^n \times \mathbb{R}^n$ 的光滑函数, $x, y \in \mathbb{R}^n$, $T > 0$, 考虑满足 $c(0) = x$, $c(T) = y$ 的光滑曲线 $c\colon [0,T] \to \mathbb{R}^n$. 此时 Lagrange 作用泛函式 (6.2.9) 是良定的. 为了得到一条曲线 c, 使得 $F(c)$ 极小, 考虑曲线族 $c_s\colon [0,T] \to \mathbb{R}^n$, 它光滑依赖于 $s \in (-\varepsilon, \varepsilon)$, 使得 $c_0 = c$, 且 $c_s(0) = x$, $c_s(T) = y$. 则 $F(c_s)$ 是 s 的一个实值函数, 且如果 $F(c_0)$ 是极小的, 则 c 是 F 的临界点, 因为对任意这样的曲线 c_s, 分部积分得

$$\begin{aligned}
0 &= \frac{\mathrm{d}}{\mathrm{d}s}F(c_s)|_{s=0} = \frac{\mathrm{d}}{\mathrm{d}s}\Big|_{s=0} \int_0^T L(c_s(t), \dot{c}_s(t))\mathrm{d}t \\
&= \int_0^T \left(\frac{\partial L}{\partial x}\frac{\mathrm{d}c_s}{\mathrm{d}s}\Big|_{s=0} + \frac{\partial L}{\partial v}\frac{\mathrm{d}}{\mathrm{d}s}\Big|_{s=0}\dot{c}_s(t) \right)\mathrm{d}t \\
&= \left[\frac{\partial L}{\partial v}\frac{\mathrm{d}c_s}{\mathrm{d}s}\Big|_{s=0} \right]_0^T - \int_0^T \left(\frac{\mathrm{d}}{\mathrm{d}t}\frac{\partial L}{\partial v} - \frac{\partial L}{\partial x} \right)\frac{\mathrm{d}c_s}{\mathrm{d}s}\Big|_{s=0}\mathrm{d}t \\
&= -\int_0^T \left(\frac{\mathrm{d}}{\mathrm{d}t}\frac{\partial L}{\partial v} - \frac{\partial L}{\partial x} \right)\frac{\mathrm{d}c_s}{\mathrm{d}s}\Big|_{s=0}\mathrm{d}t,
\end{aligned}$$

在上式中利用了当 $t = 0$, T 时, $(\mathrm{d}c_s/\mathrm{d}s)|_{s=0} = 0$. 最后一个积分值为零, 且与 $\mathrm{d}c_s/\mathrm{d}s$ 沿 c_0 的值无关. 于是

$$\frac{\mathrm{d}}{\mathrm{d}t}\frac{\partial L}{\partial v} - \frac{\partial L}{\partial x} = 0,$$

因为否则的话, 将存在时间 $t \in (0, T)$, 使得在 $c_0(t)$ 上述表达式是非零的; 选取 c_s, 使得在 t 的一个小邻域外,

$$\frac{\mathrm{d}c_s}{\mathrm{d}s}(t) = \frac{\mathrm{d}}{\mathrm{d}t}\frac{\partial L}{\partial v}(c_0(t)) - \frac{\partial L}{\partial x}(c_0(t)) \quad \text{且} \frac{\mathrm{d}c_s}{\mathrm{d}s} = 0,$$

这将使得积分不为零, 从而与 c_0 是临界点矛盾.

因此, Lagrange 方程 (6.2.8) 是从沿着曲线的极小积分得到的, 且如果 L 如式 (6.2.7) 中选取, 则临界点恰好是 Newton 方程的解. □

于是, 解 Lagrange 方程 (6.2.8)—— 从而描述 Newton 系统 —— 就归结为解一个变分问题, 即寻找一个特定泛函的临界点. 这符合许多自然过程都在某种意义下为最优的启发性原则. 给出式 (6.2.8) 的自然作用泛函定义在无限维空间上. 这就导致了相当大的技术困难. 所以, 在这一部分我们不使用这种方法. 然而, 在 6.3 节中介绍的弹球运动的离散时间情形, 可考虑一个有限多个变量的泛函, 且可通过此变分法收集重要信息. 这个课题将在第 14 章中得到进一步的讨论.

考虑一个自由运动的质点, 使得相应的 Lagrange 方程不含相应于势能的项. Lagrange 方程 (6.2.8) 蕴含轨道将与能量相关的作用泛函极小化. 这也蕴含轨道上任意两点间的长度为最小 (如果这些点相隔不太远的话). 所以轨道是测地线, 即具有局部极小长度的曲线. 直观上, 它对应于一个自由质点将沿仅次于直线的最好路径运动, 而测地线则是弯曲空间中的 "直线". 相应的流称为测地流.

习题 6.2.1 一块小石子落入井中, 在一秒钟时碰到井底, 问井有多深?

习题 6.2.2 考虑一个只受重力而不受其他力的质点. 它的坐标 (x, y, z) 是时间的函数 (其中 z 表示高度), 建立它的 Newton 方程并解这个微分方程.

习题 6.2.3 一个足球被以竖直的初始速度 30 m/s 踢出后, 会飞多高?

习题 6.2.4 用类似于式 (6.2.4) 中的坐标进行计算, 证明引理 6.2.6.

习题 6.2.5 用初等球面几何描述球面 (即 $\mathbb{R}^3$ 中单位球面) 上的测地流的动力行为.

为进一步学习而提出的问题

问题 6.2.6 考虑由 $\mathbb{R}^3$ 中 n 个质点构成的系统, 其中每两个点之间的相互作用只与它们之间的距离有关, 即 $V(x) = \sum V_{ij}(\|x_i - x_j\|)$. 证明: 重心的速度坐标和角动量的坐标都是初积分 (即运动常量).

问题 6.2.7 (平面内的二体问题) 在平面上两个质点构成的系统中, 质点间的相互作用如上一习题. 证明: 四个积分 (能量、角动量及重心速度的坐标) 是互相独立的. 描述系统相对于重心的运动.

问题 6.2.8 用 6.2.2.6 节中描述的方法求数学摆运动的解.

问题 6.2.9 证明: 线性和反比平方的中心力是仅有的使所有轨道都是闭轨的情形.

6.3   弹子球：定义和例子

4.2.5 节中研究了一类既可看作是力学又可看作是光学的系统. 力学的模型是一个质点在一个限定的区域内运动并与墙面发生弹性碰撞. 所以这样的系统叫做弹子球流. 在 4.2.5 节中, 这一模型起因于区间上简单的两质点系统. 事实上, 在许多其他情形下也会产生弹子球流. 不管它们是否是由具体的模型得到的, 研究弹子球都有十分重要的意义, 原因在于：

在这个问题中, 动力行为中通常是很难对付的形式方面的问题几乎完全消失了, 只有我们感兴趣的定性问题需要考虑[4].

虽然它们是不易处理的动力系统复杂性的代表, 但详细研究它们还是可行的. 在 4.2.5 节中, 弹子球系统是由一条线段上的两个质点构成的物理系统产生的. 在 5.2.3 节中我们看到, 这对区间上任意多个质点的情形也成立.

本节和下节的主要目的是研究一类不同于 4.2.5 节和 5.2.3 节中所描述的那样的弹子球. 这里研究凸弹子球, 即弹子球的桌面有一个光滑的凸边界, 比如圆周或椭圆 (见图 2.2.2). 然而, 并非本节所谈的一切结论都依赖于凸性.

6.3.1   弹子球流

考虑一个质点 (或一束光线) 在平面上以 B 为边界的有界区域 D 内的运动. 在传统的弹子球游戏中, 这个区域是矩形, 在 4.2.5 节的例子中是三角形. 这个运动的轨道是 D 内的一个线段序列, 每两条相邻的线段有一个共同的边界点, 且在这点处, 两条线段和边界的切线所成的角相等, 即入射角等于反射角, 恰如镜面反射 (见图 6.3.1). 如果轨道遇到边界上的拐角, 则它终止于此 (因为在这点的反射没有定义). 我们可以想象成桌面在拐角处有袋子. 运动的速度是常量 (没有摩擦). 每条轨道完全决定于选定的初始位置和运动的初始方向, 也就是说, 系统的相空间是以 D 的内点为基点的所有具有固定长度 (例如, 单位长度) 的切向量和边界点处指向区域内部的向量的集合. 我们可以用基点的 Euclid 坐标 (x_1, x_2) 和方向向量的循环角坐标 α 来表示这样的向量.

6.3.2   弹子球映射

弹子球流是一个有连续时间参数的系统, 但是在反射发生的时刻会在方向上有一个不连续的变化. 这在 4.2.5.3 节中促使产生了多边形的弹子球的扩展结构. 对凸的弹子球, 这是不可能的, 此时用不同的描述方法会更好：忽略与边界的两次碰撞之间的时间段而采用离散的时间, 也就是说, 构造一个截面映射, 这个映射将一

---

[4] George David Birkhoff. *Dynamical Systems*. American Mathematical Society Colloquium Publications 9. American Mathematical Society, Providence, RI, 1966, Section VI.6, p. 170

个碰撞时的状态 (边界点及该处指向内部的向量) 映到由它所确定的下一个碰撞时的状态. 这并没有丢失信息, 因为两个相邻的碰撞点确定它们之间的直线段. 所以只需考虑边界点及该点处指向内部的向量, 并在这样的集合 C 上定义映射 ϕ, 将一个初值条件映到下一个碰撞点及反射的方向. 这种描述即使在边界有拐角的情形也是合理的, 只是在拐角处没有反射的定义.

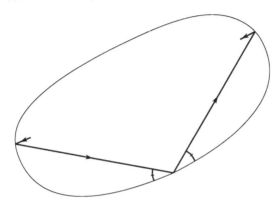

图 6.3.1　弹子球

映射 $\phi: C \to C$ 通常称为弹子球映射, 它可更详细地描述如下: 支点在 $p \in B$ 处的向量 $v \in C$ 确定了一条有向直线 l, 这条直线与边界 B 有两个交点 p 和 p'. 则 $\phi(v)$ 是一个支点在 p', 指向 l 关于 B 在 p' 点的切线的反射方向的向量. 相空间 C 中一个自然的坐标是 B 上的循环长度参数 $s \in [0, L)$ 和与正向切线方向所成的角 $\theta \in (0, \pi)$, 其中 L 是 B 的全长 (回忆在 2.6.2 节中将 L 和 0 等同起来就将区间变成了圆周). 所以相空间是一个柱面 (2.6.3 节). 注意到, 当 p 点不动而向量的角度增加时, p' 是单调增加的 (见图 6.3.2). 这说明柱面上定义的这样的映射具有扭转

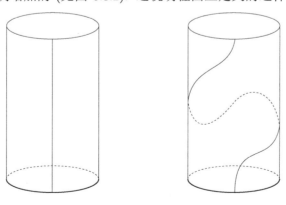

图 6.3.2　弹子球的相空间

性质, 这将在定义 14.2.1 中介绍. 例 6.1.2 是扭转的一种特殊情形.

　　柱面上的弹子球映射不能完整地描述弹子球流, 因为它没有给出两次碰撞之间的时间. 但是这可以按照两碰撞之间的线段的长度计算出来.

6.3.3　弹子球模型

　　在 4.2.5 节首次遇到了由线段上的两个质点构成的系统导出的弹子球系统. 本章的主题凸弹子球, 也是由其他问题的恰当模型导出的. 在 6.3 节的开始引用的 Birkhoff 的陈述是对以下模拟做出的. 考虑一个在凸曲面上自由运动的质点, 此质点不受外力的作用, 即质点只是被约束在曲面上, 且仅依靠本身的惯性运动. 它的一个 (昂贵的) 物理实现的方法可由具有曲面形状的一个洞给出, 这个洞静止于无重力的环境下. 一滴水银按描述的方式在这个洞里运动 (它被离心力约束在洞壁上). 描述这种约束与自由运动相混合的另一种方式是运动的加速度总是垂直于曲面 (因为作用在质点上仅有的力是约束力).

　　如果问题中的曲面是一个三维的椭球面, 且我们用使一个坐标轴变短的方法把它压平, 则当最短轴收缩到零长度时的极限动力行为与在所得到的椭圆形弹子球桌上的动力行为相同. 虽然这不是在任意的椭球面上的自由运动的确切的模型, 但椭圆形弹子球桌上的弹子球的动力行为与在椭球面上的自由质点运动的动力行为有许多相似之处, 而前者更容易描述. 在其他的弹子球桌上的弹子球和相应曲面上的自由质点运动之间也有相似之处. 弹子球模型带来的发现, 其在相应曲面上自由质点运动的类似结果也可能会随后证明.

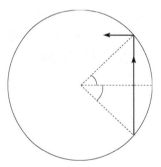

图 6.3.3　圆周上的弹子球映射

6.3.4　圆周

　　最简单的凸弹子球桌的边界是圆周 (如图 6.3.3). 令 D 是单位圆盘, 其边界是 $B = \{(x,y) \mid x^2 + y^2 = 1\}$. 弹子球映射可明确地表示为关于沿圆周的循环长度参数 s 和沿切线正方向的角 $\theta \in (0,\pi)$ 的表达式. 所以, 弹子球映射的相空间是柱面 $C = S^1 \times (0,\pi)$, s 在 C 中扮演角坐标的角色.

1. 弹子球映射

　　弹子球映射 ϕ 定义为 $(s',\theta') = (s + 2\theta, \theta)$, 于是角度 θ 是一个运动常量 (即沿每一条轨道是一个常量). 注意, 这本质上是例 6.1.2 里显示在图 6.1.1 中的线性扭转, 它也从 5.2.2 节中环面上的自由质点运动导出. 这意味着柱面 C 分解成了 ϕ 不变的圆周 $\theta = \theta_0$. 这个不变圆周上的动力行为是一个角度为 $2\theta_0$ 的旋转, 且对任何一个弹子球轨道, 相继与边界 B 碰撞的点就在

B 经 $2\theta_0$ 旋转的轨道上. 接下来, 若 θ_0 与 2π 是可公约的 (即 $\theta_0/\pi \in \mathbb{Q}$ 或 θ_0 是有理度数的), 则圆周上的弹子球是周期的, 轨道是星形的内接正多边形. 若 θ_0 与 2π 是不可公约的, 则由命题 4.1.1, 所有轨道在圆周上稠密 (见图 6.3.4).

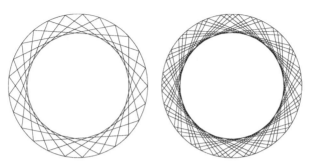

图 6.3.4 圆周上的弹子球映射的有理轨道和无理轨道段

2. 焦散曲线

不变圆周 $\theta = \theta_0$ 对应于所有与边界 $B = \{(x,y) \mid x^2 + y^2 = 1\}$ 成 θ_0 角的射线. 这些射线的并是平环 $\cos^2\theta < x^2 + y^2 < 1$. 它的内边界 $x^2 + y^2 = \cos^2\theta$ 称为关于不变圆周的焦散曲线. 这个平环的余集是所有这些射线的左半平面的交集. 焦散曲线是定义它的所有射线的包络, 即它是和射线族中每一条都相切的光滑曲线, 或者在这种情形下, 它具有如下性质: 若一条射线和它相切, 则这条射线在弹子球桌边界上的反射射线也和它相切.

焦散曲线的一个极端情形是圆形弹子球桌面的中心. 任意穿过中心的射线又被反射回来, 如果在某种程度上说这时有焦散曲线的话, 那它就是一个单点, 是一个焦点. 这提示我们将焦散曲线理解为不能很好聚焦的焦点的自然推广. 顺便指出, 在这种情形下, 柱面上的弹子球映射的不变圆周是 $\theta = \pi/2$, 由周期 2 轨道构成. 由弹子球映射的公式和几何解释, 这是显然的.

3. 变分法

这里, 我们最好注意到弹子球轨道相继在边界上碰撞的点之间的关系的另一种描述方式. 若给定轨道上的两点, 且知道中间点的大致位置, 则利用反射定律可确定中间点的准确位置 (若不知道中间点的大致位置, 就会有两种相反的位置选择). 描述在中间点处两条射线与切线所成的角相等的规则的另一种方式是: 中间点的选择使得得到的两条射线的长度和最小. 事实上, 如果角不相等, 则将点向较小的角的方向移动, 射线长度的和会变小. 注意, 这个结论并不依赖于圆周. 事实上, 这种在给定端点的情形下, 通过减小某种东西而寻找轨道的方法在 Lagrange 力学中已经用过了, 在那里是减小一个作用. 这不是巧合, 而是和弹子球的力学本质有关.

若把弹子球看成一个光学系统, 我们也可把变分法描述为 Fermat 原理: 光线沿着最短路径到达它的目标.

6.3.5 椭圆

考虑椭圆形区域 D, 其边界为

$$B = \left\{ (x,y) \ \middle| \ \frac{x^2}{a^2} + \frac{y^2}{b^2} = 1 \right\}.$$

1. 周期点

与圆周的情形不同, 椭圆形的弹子球运动没有由穿过中心的周期 2 轨道形成的不变圆周, 但是它在椭圆的对称轴上有两个特殊的周期 2 轨道. 这是仅有的与椭圆交成直角的两条直线. 长对称轴的端点是椭圆上距离最长的唯一点对. 类似地, 短对称轴的端点可描述成端点间距离的鞍点. 长轴的长度等于椭圆的直径, 即区域上两点间的距离的最大值. 短轴的长度等于椭圆的宽度, 定义为一个包含椭圆的带形区域 (介于两平行直线之间) 的宽度的最小值, 即椭圆形桌面可通过的最窄的通道的宽度.

2. 生成函数

这些特殊轨道的极值性质将再次出现并提出如下定义: 用弧长参数 s 将边界 B 参数化, 并考虑 B 上以 s 和 s' 为坐标的点 p 和 p'. 设 $H(s,s')$ 为 p 和 p' 之间的距离的相反数. H 称为弹子球的生成函数(且将在 6.4.2 节中讨论)(见图 6.3.5). 所以那条长的周期 2 轨道对应于 H 的极小值, 而短轨道对应于 H 的鞍点. 我们将看到, 任意凸弹子球至少有两个周期 2 轨道都可类似地描述成直径和宽度. 我们再次注意与 Lagrange 力学中变分法的相似性.

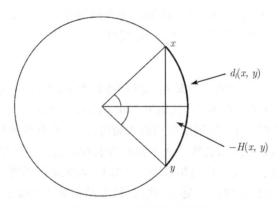

图 6.3.5   圆周的生成函数

顺便指出, 对圆周来说, 生成函数是 $H(s, s') = -2 \sin \frac{1}{2}(s' - s)$. 正如所期望的那样, 它有许多临界点, 即对应于所有的直径, 使得 $s' - s = \pi$ 的点 (s, s').

3. 焦散曲线

椭圆形的弹子球桌面有许多焦散曲线.

命题 6.3.1 每个较小的共焦椭圆(即有相同的焦点的椭圆) 都是焦散曲线.

证明 为了证明这一点, 考察图 6.3.6. 它展示了一个以 f_1 和 f_2 为焦点的椭圆形弹子球桌面, 一条和焦点间的连结线段不交的射线 $p_0 p_1$ 及它在弹子球映射下的像 $p_1 p_2$. 于是这两条射线在 p_1 点与切线所成的角相等, 同时, 射线 $f_1 p_1$ 和 $p_1 f_2$ 也是某条轨道的一部分, 它们在 p_1 点与切线所成的角也相等. 所以角 $p_0 p_1 f_1$ 和 $f_2 p_1 p_2$ 相等. 现在, 以 $p_0 p_1$ 为轴反射 $f_1 p_1$ 得 $f_1' p_1$, 以 $p_2 p_1$ 为轴反射 $f_2 p_1$ 得 $f_2' p_1$. 于是得到两个和原来研究的角相等的角. 于是三角形 $f_1 p_1 f_2'$ 是三角形 $f_1' p_1 f_2$ 绕 p_1 点旋转而得到的, 所以 $l(f_1 f_2') = l(f_1' f_2) =: L$.

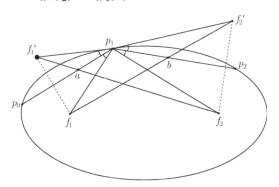

图 6.3.6 共焦椭圆是焦散曲线

现在知道, $p_0 p_1$ 是共焦椭圆在点 a 的切线, 因为 $a f_1'$ 在 $p_0 p_1$ 下的反射像是 $a f_1$, 而这仅对由 $l(f_2 x) + l(x f_1) = l(f_2 f_1') = L$ 所定义的包含 a 点的共焦椭圆的切线的反射成立. 类似地, b 也是同一个椭圆 $l(f_1 x) + l(x f_2) = l(f_1 f_2') = L$ 上的点. □

所以, 对应于与给定的共焦椭圆相切的射线族, 在弹子球的相空间 C 中有一族不变圆周. 这些圆周可参数化, 例如, 用相应的椭圆形焦散曲线的 (正的) 离心率.

这仅是一半的图像.

命题 6.3.2 相应于任意一条穿过两个焦点之间的射线有一条焦散曲线, 这条焦散曲线由有公共焦点的 (两支) 双曲线构成.

证明 与前面的证明几乎相同. 图 6.3.7 给出了进行同样构造所需要的图形. 注意通过绕 p_1 点旋转相应的三角形可得 $l(f_1 f_2') = l(f_1' f_2) =: \Delta$, 且 a 和 b 都是双曲线 $l(f_1 x) - l(f_2 x) = \pm \Delta$ 的切点 (这里 a 和 b 对应于相反的符号). □

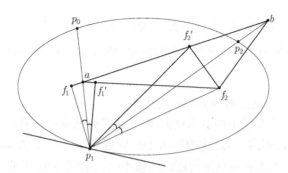

图 6.3.7   共焦双曲线是焦散曲线

　　相继的切点总是位于双曲线的不同的分支上 (见图 6.3.8). 相应地, 每一条焦散曲线在 C 中产生一对不变闭弧 (用相应双曲线的 (负) 离心率参数化), 且它们在弹子球映射的作用下互换. 这一不变集族与对应于正离心率的不变集族由对应于穿过焦点的射线族的曲线分离开来 (见图 6.3.9). 不包括在这个分类中的唯一的轨道是对应于椭圆短轴的周期 2 轨道.

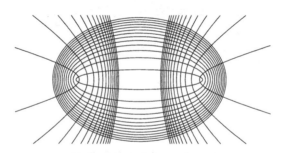

图 6.3.8   具有共焦椭圆和双曲线的椭圆弹子球

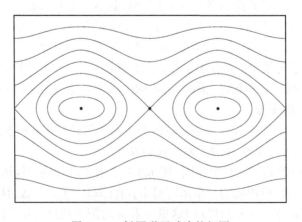

图 6.3.9   椭圆弹子球流的相图

4. 不变圆周

为了研究对应于一个共焦椭圆形焦散曲线的不变圆周上的运动, 我们利用以下事实: 如果用 $-\cos\theta$ 代替 θ 作为第二个坐标, 则弹子球映射保持面积 (命题 6.4.2). 由于不变圆周形成对应于椭圆形焦散曲线的一个族, 所以对应的离心率在这部分相空间上是一个不变函数. 正如命题 6.2.4 后面所解释的, 面积的保持和不变函数的存在允许我们按如下方式将这些曲线参数化: 沿每条曲线的运动 (在弹子球映射下) 是一个圆周的旋转. 所以, 这个集合上的弹子球的动力行为可被完全理解: 这个集合是两两不交的不变圆周的开集, 每个圆周的运动都是关于适当参数的旋转.

注 6.3.3 旋转数是变化的 (通过检验极端情形和通过连续性).

习题 6.3.1 描述矩形中的弹子球映射.

习题 6.3.2 描述直角三角形中的弹子球映射.

习题 6.3.3 描述介于两个同心圆之间的平环上的弹子球的运动.

习题 6.3.4 描述四分之一圆周 $\{(x, y) \in \mathbb{R}^2 \mid x > 0, y > 0, x^2 + y^2 \leqslant 1\}$ 上的弹子球的运动.

习题 6.3.5 证明: 通过椭圆的焦点的弹子球轨道在主轴上聚集 (因为相同的结论对反向轨道也成立, 故这些轨道形成穿过两个焦点的周期 2 轨道的一个异宿圈, 或者分界线).

为进一步学习而提出的问题

问题 6.3.6 寻找椭圆面内弹子球流的一个初积分, 它是坐标和速度的二次函数.

6.4 凸弹子球

对圆形和椭圆形桌面上的弹子球的研究说明, 当研究其他形状的弹子球桌面上的弹子球的时候应该寻求的几种特征, 例如周期点和焦散曲线, 并且为我们提供了几个概念, 以便进行研究. 例如, 我们将通过讨论相柱面上的弹子球映射的定性性质来研究某种程度的轨道结构, 这与只是直接就表面的几何进行推理很不一样. 关于这一点, 在研究椭圆形弹子球时没有对弹子球映射进行显式的描述, 已经有所预示, 在那里, 我们将相空间分解成易于逐个进行研究的不变集来描述映射的定性性质.

6.4.1 光滑凸性

我们想要研究的是在一个凸性比定义 2.2.13 中所定义的还要强的、边界为光滑闭曲线 B 的区域上的弹子球. 要求边界有非零曲率. 这个条件的一个等价描述是: 若将 B 用弧长参数化, 则二阶导数恒不为零.

这蕴含着定义 2.2.13 中的 (严格) 凸性, 即没有拐点, 从而没有 "内向凸出",

我们也有可作定义的性质：每条进入桌面的直线横截地 (以 $(0,\pi)$ 中的一个角) 进入和离开桌面且与边界有两个交点. 通常满足后一种几何假设且允许有零二阶导数的孤立点存在就足够了.

也有要求导数条件必须成立的情形, 我们把满足它的弹子球流称为*严格可微凸*的. 这是比定义 2.2.13 介绍的严格凸性更强的一种凸性的概念.

所以, 像圆周情形和椭圆情形一样, 相空间 C 是一个由边界上的参数 s(通常是弧长) 和角度 $\theta \in (0,\pi)$ 参数化的柱面.

6.4.2　生成函数

如圆周和椭圆的情形, 在边界 B 上, 取以 s 和 s' 为弧长坐标的两点 p 和 p', 定义函数 H, 令 $H(s,s')$ 是 p 和 p' 的 Euclid 距离的相反数. H 叫做弹子球的生成函数. 虽然通常不像圆周弹子球的情形有 H 的显式的表达式, 但可对它进行分析.

引理 6.4.1　设 θ' 是连结 p 和 p' 的线段与在 p' 点的切线的负方向所成的角, θ 是连结 p 和 p' 的线段与在 p 点的切线的正方向所成的角, 则 (见图 6.4.1)

$$\frac{\partial}{\partial s'}H(s,s') = -\cos\theta', \quad \frac{\partial}{\partial s}H(s,s') = \cos\theta. \tag{6.4.1}$$

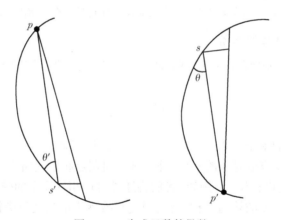

图 6.4.1　生成函数的导数

证明

$$\begin{aligned}
\frac{\partial}{\partial s'}H(s,s') &= -\frac{\mathrm{d}}{\mathrm{d}t}d(p,c(t)) = -\frac{\mathrm{d}}{\mathrm{d}t}\sqrt{\langle c(t)-p, c(t)-p\rangle} \\
&= -\frac{1}{2\sqrt{\langle c(t)-p, c(t)-p\rangle}}2\langle c'(t), c(t)-p\rangle = -\frac{\langle c(t)-p, c(t)-p\rangle}{\|c(t)-p\|}.
\end{aligned}$$

对 $t = s'$, 由于 c' 是单位向量, 所以最后一个表达式恰为 $-\cos\theta'$. 第二个方程同理可证.　　　　　　　　　　　　　　　　　　　　　　　　　　　□

生成函数可帮助我们判断边界上的一个点列何时位于一个轨道上. 任意两个

点当然位于同一轨道, 但是, 三个点就不总位于同一轨道上. 在同一轨道上的三个点可描述为某一特定泛函的临界点. 考虑 B 上弧长坐标分别为 s_{-1}, s_0 和 s_1 的三个点 p_{-1}, p_0 和 p_1. 若它们是某个弹子球轨道的一部分, 则由定义, 线段 $p_{-1}p_0$ 和 p_0p_1 与 p_0 点的切线所成的角相等, 由引理 6.4.1,

$$\frac{\mathrm{d}}{\mathrm{d}s}H(s_{-1},s) + \frac{\mathrm{d}}{\mathrm{d}s}H(s,s_1) = 0, \quad s = s_0, \tag{6.4.2}$$

即 p_0 是定义在边界的三元组上的泛函 $s \mapsto H(s_{-1},s) + H(s,s_1)$ 的一个临界点. 像 Lagrange 公式中一样, 这将动力系统的一个轨道段描述成定义在动力系统的 "潜在" 轨道段空间上的一个泛函的临界点. 重复这一过程可以得到对应于多个变量泛函的临界点的轨道段.

6.4.3 面积保持

生成函数的导数的显式表达式 (6.4.1) 对研究弹子球映射非常有用. 它说明, 如果用坐标 $r = -\cos\theta$ 代替 θ, 则弹子球映射在相柱面 C 中保持面积.

命题 6.4.2 在坐标 (s,r) 下, 弹子球映射 $\phi(s,r) = (S(s,r), R(s,r))$ 是保持面积和定向的 (见 6.1.1.3 节).

证明 简化式 (6.4.1), 得

$$\frac{\partial}{\partial s'}H(s,s') = r', \quad \frac{\partial}{\partial s}H(s,s') = -r, \tag{6.4.3}$$

其中 $r' = -\cos\theta'$. 定义 $\tilde{H}(s,r) := H(s, S(s,r))$. 则

$$\frac{\partial \tilde{H}}{\partial s} = \frac{\partial H}{\partial s} + \frac{\partial H}{\partial s'}\frac{\partial S}{\partial s} = -r + R\frac{\partial S}{\partial s},$$

$$\frac{\partial \tilde{H}}{\partial r} = \frac{\partial H}{\partial s'}\frac{\partial S}{\partial r} = R\frac{\partial S}{\partial r}.$$

于是通过按不同顺序计算 $\partial^2 \tilde{H}/\partial s\partial r$, 得

$$-1 + \frac{\partial R}{\partial r}\frac{\partial S}{\partial s} + R\frac{\partial^2 S}{\partial s\partial r} = \frac{\partial^2 \tilde{H}}{\partial s\partial r} = \frac{\partial^2 \tilde{H}}{\partial r\partial s} = \frac{\partial R}{\partial s}\frac{\partial S}{\partial r} + R\frac{\partial^2 S}{\partial r\partial s},$$

于是

$$\frac{\partial R}{\partial r}\frac{\partial S}{\partial s} - \frac{\partial R}{\partial s}\frac{\partial S}{\partial r} = 1.$$

这说明 ϕ 的 Jacobi 行列式等于 1, 所以 ϕ 保持面积和定向 (见命题 6.1.3 和定义 6.1.4). $\qquad\square$

6.4.4 弹子球映射的光滑性

方程 (6.4.3) 不仅对证明保持面积有用, 由于它们局部地确定了函数 S 和 R, 所以还可确切地描述动力系统. 它有多种用途, 首先是弹子球映射的光滑性:

命题 6.4.3   设曲线 B 是 C^k 的, 即它的 Euclid 坐标是弧长参数的 C^k 函数. 则对 $0 < r < 1$, 函数 S 和 R 是 C^{k-1} 的.

证明   对

$$0 = F(s, s', r, r') := \begin{pmatrix} \dfrac{\partial}{\partial s'} H(s, s') - r' \\ \dfrac{\partial}{\partial s} H(s, s') + r \end{pmatrix}.$$

应用隐函数定理 9.2.3. 定理的条件是满足的, 因为 F 关于 (s', r') 的全导数

$$\begin{pmatrix} \dfrac{\partial^2}{\partial s'^2} H(s, s') & -1 \\ \dfrac{\partial^2}{\partial s \partial s'} H(s, s') & 0 \end{pmatrix}$$

是可逆的: 从几何上看, 固定 s', 令 s 增加, 则 θ' 减小 (见图 6.4.2), 从而 r' 是减小的. 故

$$\frac{\partial^2}{\partial s \partial s'} H(s, s') = \frac{\partial r'}{\partial s} < 0. \tag{6.4.4}$$

因此, 它的行列式 $(\partial^2/\partial s \partial s')H(s, s') = \partial r'/\partial s$ 显然是非零的.

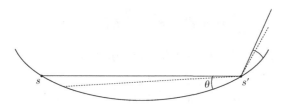

图 6.4.2 s' 是常数时 s 单增

若 B 是 C^k 的, 则生成函数也是 C^k 的, 由隐函数定理, 对 $0 < r < 1$, 函数 S 和 R 是 C^{k-1} 的.   □

6.4.5   凸弹子球的特殊周期 2 轨道

现在推广在椭圆弹子球运动中借助于对区域的直径和宽度的几何描述得到两条周期 2 轨道的方法 (见 6.3.5.1 节). 这里仅用到生成函数的一些知识. 直观上, 以下结果是显然的.

命题 6.4.4   设 D 是一个凸的有界区域, 它的边界 B 是 C^2 的, 有非零曲率. 则相应的弹子球映射至少有下述两个周期 2 轨道: 对其中一个轨道, 相应的两个边界上的点之间的距离是 D 的直径, 而对另一个轨道, 这个距离是 D 的宽度.

证明   在环面 $B \times B$ 上, 生成函数有定义、连续, 且在除对角线外的点是可微的. 由于在对角线上函数值为零, 在其余地方为负值, 所以函数在对角线外某点达

到最小值 d. 设 (s, s') 使得 $H(s, s') = d$. 由于 (s, s') 是临界点, 故由式 (6.4.1) 可知 $\theta = \theta' = \pi/2$, 于是得到了第一个周期 2 轨道 (顺便指出, 接下来的讨论只依赖于凸性, 且很容易推到 C^1 曲线上去). 现在考虑环面上的曲线 $(s, g(s))$, 其中 $s' = g(s)$ 是穿过 s 的使得 $\theta = -\theta'$ 的直线上除 s 以外的边界点的坐标 (这条直线是连结具有平行切线的两点的, 所以这样的直线的长度的极小值是区域的宽度, 见图 6.4.3). 在这条曲线上, H 有一个负的上界, 于是得到一个负的最大值 w. 用该连线和某个参考方向所成的角 α 将 s 和 s' 参数化. 于是 $\theta = -\theta'$ 蕴含着

$$\frac{\partial H(s(\alpha), s'(\alpha))}{\partial \alpha} = \frac{\partial H}{\partial s}\frac{\mathrm{d}s}{\mathrm{d}\alpha} + \frac{\partial H}{\partial s'}\frac{\mathrm{d}s'}{\mathrm{d}\alpha} = \cos\theta\left(\frac{\mathrm{d}s}{\mathrm{d}\alpha} + \frac{\mathrm{d}s'}{\mathrm{d}\alpha}\right).$$

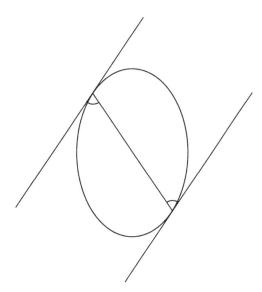

图 6.4.3 寻找宽度

若 s 是弧长参数, 则 $\mathrm{d}\alpha/\mathrm{d}s$ 是 B 在对应于 s 的点处的曲率, 故它是非零 (且有限) 的, 所以 $\mathrm{d}s/\mathrm{d}\alpha$ 是正的. 同理可得 $\mathrm{d}s'/\mathrm{d}\alpha$ 也是正的. 所以在 $H(s(\alpha), s'(\alpha))$ 的临界点处, 有 $\cos\theta = 0$. 于是存在一条直线使得 $\theta = \pi/2$, 这样就得到了第二个周期 2 轨道. □

和命题 6.4.4 中第一种轨道相似, 周期 3 轨道可以通过考虑具有最大周长的内接三角形构造出来. 类似的构造也适用于周期 4 的轨道. 对更大的周期, 有不同类型的轨道, 例如五边形和五角星形.

在更一般的情形下, 保持面积的扭转映射的轨道的结构将在 14.1 节中给出. 和第二类轨道类似的轨道也是存在的.

在椭圆 (当然, 还有圆周) 的情形, 所有周期大于 2 的轨道进入了对应于它们的不变圆周的连续族, 但这是很特殊的性质.

6.4.6　几何光学的反射方程

现在寻找凸弹子球中的焦散曲线. 回忆有些轨道族的包络和它们的反射射线族的包络是相同的. 现在更详细地定义它. 显然, 为了能够研究焦散曲线, 理解射线族的包络和反射射线族的包络之间的关系是很重要的. 或者, 换句话说, 在弹子球桌上给定一光滑弧段和一族与其相切的射线, 考虑在弹子球桌的边界上反射每条切射线而得到的所有弧段. 哪一弧段是反射射线族的包络? 当然, 为了得到焦散曲线, 新的包络必须是同一曲线的另一部分.

为了在这个问题上应用基本的微分几何, 需要定义一族参数化的射线的包络.

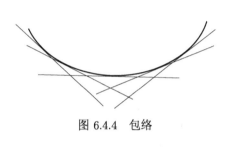

图 6.4.4　包络

为了将平面上的一族射线参数化, 取平面上被 $s \in (-\varepsilon, \varepsilon)$ 参数化的曲线 c 和一族也被 $s \in (-\varepsilon, \varepsilon)$ 参数化的单位向量 $v(\cdot)$. 记沿射线的参数为 t, 得一族射线的参数形式 $r(s, t) = c(s) + tv(s)$. 这族射线的包络是一条和每条射线只有一个交点 (且与射线相切, 见图 6.4.4) 的曲线, 于是, 对某个函数 f, 可将包络参数化为 $r(s, f(s))$. 与这些射线相切意味着

$$\frac{\mathrm{d}}{\mathrm{d}s} r(s, f(s)) = c'(s) + f'(s)v(s) + f(s)v'(s)$$

平行于 v, 即没有垂直于 v 的分量. 为了说明这点, 取垂直于 v 的向量 v'(因为 v 是一族单位向量). 若 $v' \neq 0$(为了包络的存在, 设射线不平行), 则相切的条件是

$$0 = \left\langle \frac{\mathrm{d}}{\mathrm{d}s} r(s, f(s)), v'(s) \right\rangle = \langle c'(s) + f'(s)v(s) + f(s)v'(s), v'(s) \rangle$$

$$= \langle c'(s) + f(s)v'(s), v'(s) \rangle = \langle c'(s), v'(s) \rangle + f(s)\langle v'(s), v'(s) \rangle. \tag{6.4.5}$$

于是 f 是唯一确定的:

$$f(s) = -\frac{\langle c'(s), v'(s) \rangle}{\langle v'(s), v'(s) \rangle}.$$

注意一种特殊情形, 若 c 是常数, 则 c 是射线族的焦点, 且事实上, 由以上公式, $f \equiv 0$ 也将焦点参数化: $r(s, f(s)) = r(s, 0) = c(s)$. 为了将射线族的包络与在弹子球桌的边界上反射的射线族的包络联系起来, 用这种方法将射线参数化且取 c 为边界上的这一段曲线来研究是很方便的. 它的优势在于反射射线族可用同一条曲线 c 参数化.

所以, 利用弧长参数 s 将弹子球桌边界曲线的一段进行参数化, 使得 $T := c'$ 是一个单位向量. 如果取 c 的指向弹子球桌内部的法向量 N, 则可通过 $T'(s) = \kappa(s)N(s)$ 定义 c 的曲率 κ. 顺便指出, 这蕴含着 $N'(s) = -\kappa(s)T(s)$. 由所有这些选择知, 对一个凸弹子球, 有 $\kappa \geqslant 0$. 若 $c''(s) \neq 0$, 则 $\kappa(s) > 0$. 特别地, 严格可微凸弹子球桌处处有非零边界曲率.

用

$$r(s,t) = c(s) + tv(s)$$

将一个射线族参数化, 其中 v 是指向内部的向量且与 $T(s)$ 成一个角 $\alpha(s) \in [0,\pi]$. 于是反射射线族可用

$$\bar{r}(s,t) = c(s) + t\bar{v}(s)$$

参数化, 其中 $\bar{v}$ 是指向内部的向量且与 $T(s)$ 成一个角 $\pi - \alpha(s)$. 边界上的反射对包络的影响可简明地描述为几何光学中的一个反射方程(见图 6.4.5).

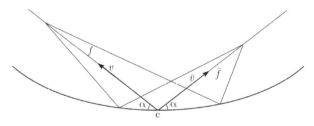

图 6.4.5 反射方程

定理 6.4.5 若 f 和 $\bar{f}$ 分别是这两族射线的包络, 则

$$\frac{1}{f} + \frac{1}{\bar{f}} = \frac{2\kappa}{\sin\alpha}.$$

证明 在表达式中消去变量 s, 得

$$v = \cos\alpha\, T + \sin\alpha\, N,$$
$$\bar{v} = -\cos\alpha\, T + \sin\alpha\, N.$$

微分得

$$\begin{aligned}
v' &= -\sin\alpha \cdot \alpha' T + \cos\alpha\, T' + \cos\alpha \cdot \alpha' N + \sin\alpha\, N' \\
&= -(\alpha' + \kappa)\sin\alpha\, T + (\alpha' + \kappa)\cos\alpha\, N, \\
\bar{v}' &= \sin\alpha \cdot \alpha' T - \cos\alpha\, T' + \cos\alpha \cdot \alpha' N + \sin\alpha\, N' \\
&= (\alpha' - \kappa)\sin\alpha\, T + (\alpha' - \kappa)\cos\alpha\, N.
\end{aligned}$$

于是

$$f = -\frac{\langle T, v' \rangle}{\langle v', v' \rangle} = -\frac{-(\alpha' + \kappa)\sin\alpha}{(\alpha' + \kappa)^2} = \frac{\sin\alpha}{\alpha' + \kappa}.$$

同样地, $\bar{f} = -\sin\alpha/(\alpha' - \kappa)$, 所以

$$\frac{1}{f} + \frac{1}{\bar{f}} = \frac{(\alpha' + \kappa) - (\alpha' - \kappa)}{\sin\alpha} = \frac{2\kappa}{\sin\alpha}. \qquad \square$$

这个结论对包络退化成一个点的极端情形仍然成立. 比如在圆形弹子球桌上, 一族穿过中心的射线又被反射回来穿过中心. 在这种情形下, $f = \bar{f} = \rho$, 即半径, 且 $\sin\alpha = 1$, 于是 $\kappa = 1/\rho$. 另一种极端情形是遇到圆形桌面的边界的平行直线束. 在这种情形下, 在反射方程中取 $1/f = 0$(取穿过中心的射线与边界的交点 p), 得 $\bar{f} = \rho/2$, 即这束直线 (大约) 聚焦在 p 和中心连线的中点处.

6.4.7   焦散曲线

现在用反射方程来研究焦散曲线. 我们已经看到, 对圆周和椭圆的情形, 焦散曲线有时与不变圆周相联系, 有时不是. 现在, 我们详细地定义焦散曲线, 并叙述不变圆周的概念.

定义 6.4.6　ϕ 的不变圆周 Γ 是 C 中的一个 ϕ 不变集, 它是从 B 到 $[0, \pi]$ 的一个连续函数 (除了 0 或 π 之外) 的图像. 焦散曲线是一条逐段光滑的曲线 γ, 它的所有的切线是弹子球轨道的一部分, 且使得弹子球轨道中的任一条射线定义了与 γ 相切的一条直线, 它在弹子球映射 ϕ 之下的像也是如此. 称一条焦散曲线来自于一个不变圆周, 如果定义它的射线族构成 ϕ 在 C 中的一个不变圆周. 称一条焦散曲线为凸的, 如果它是一条凸曲线.

焦散曲线不一定在弹子球桌面的内部 (椭圆弹子球桌面的双曲线就不是), 但这显然是凸焦散曲线的情形 (否则, 它们将会有不与弹子球桌相遇的切线).

一条凸焦散曲线来自于一个由它的切线定义的不变圆周, 也可将它描述如下: 所有这些射线的左半平面的交集或右半平面的交集是一个非空区域, 且这个区域的边界就是焦散曲线.

非凸焦散曲线是存在的, 且可能包含在弹子球桌内. 图 6.4.6 就是一个这样的例子. 它是通过扰动一个圆周弹子球且利用圆心是退化的焦散曲线得到的. 凸焦散曲线的存在性限制了弹子球桌面的几何性质.

定理 6.4.7　一个凸的、存在零曲率点的 C^2 的弹子球桌面没有凸的焦散曲线.

证明　为了证明这一点, 在图 6.4.7 中, 假设 γ 是一条凸的焦散曲线. 考虑和 γ 相切的有一个公共点 $p \in B$ 的两条射线, 且设其中一条射线是另一条射线在弹子球映射之下的像. 焦散曲线是由不变圆周定义的射线族和它们的像 (由不变性) 的

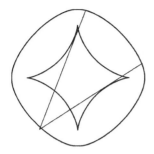

图 6.4.6　非凸的焦散曲线

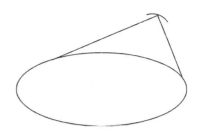

图 6.4.7　凸焦散曲线

包络. 于是, 若记 f_p 和 $\bar{f}_p$ 为从 p 到切点的距离, 则应用反射方程得

$$\frac{1}{f} + \frac{1}{\bar{f}} = \frac{2\kappa}{\sin\alpha},$$

其中 κ 是 B 在 p 点的曲率, α 是两条射线与 B 在 p 点的切线所成的角. 最后一个方程的左端是正的, 所以 $\kappa \neq 0$.　　　　　　　　　　　　　　　　　　□

这说明有零曲率边界点的弹子球 (仅仅凸的) 远不同于可积的弹子球流, 如椭圆形弹子球运动, 椭圆弹子球运动的相空间可分解为不变曲线, 每条不变曲线上的动力行为都很容易理解. 而这些弹子球运动在动力行为上可能复杂得多.

值得注意的是这是避免存在凸焦散曲线的唯一的方法. 一个严格可微凸的弹子球运动总是有无穷多条焦散曲线, 事实上, 它们构成一个非零测度集 [5].

6.4.8　张线法

另一方面, 同样的考虑使得我们能找出很多有凸焦散曲线的桌面. 事实上, 可以先画出一条凸曲线, 然后构造一族以这条曲线为焦散曲线的弹子球桌面. 为达到这个目的, 记图 6.4.7 中的焦散曲线上两切点之间的距离 (与 p 异侧的) 为 ℓ_p (如图 6.4.7), 则有

命题 6.4.8　$S(\gamma) := f_p + \bar{f}_p + \ell_p$ 与 p 无关.

证明　将上式右端对 B 上将 p 参数化的长度参数 s 微分. 记 γ 上的长度参数为 t, 并记在切点处的参数值为 t_p 和 $\bar{t}_p$, 则

$$\frac{\mathrm{d}}{\mathrm{d}s}f_p = \cos\alpha - \frac{\mathrm{d}}{\mathrm{d}s}t_p, \quad \frac{\mathrm{d}}{\mathrm{d}s}\bar{f}_p = -\cos\alpha + \frac{\mathrm{d}}{\mathrm{d}s}\bar{t}_p, \quad \frac{\mathrm{d}}{\mathrm{d}s}\ell_p = \frac{\mathrm{d}}{\mathrm{d}s}t_p - \frac{\mathrm{d}}{\mathrm{d}s}\bar{t}_p.$$

它们的和等于零.　　　　　　　　　　　　　　　　　　　　　　　　　　□

数 $L(\gamma) := S(\gamma) - l(\gamma)$ 称为焦散曲线 γ 的 Lazutkin 参数.

---

[5] 这与 KAM 理论有关. 见 Vladimir F Lazutkin. The Existence of a Caustics for a Billiard Problem in a Convex Domain. *Mathematics of the USSR. Isvestia*, 1973, 7: 185–214.

上一命题使得我们能够构造一个以给定凸曲线为焦散曲线的弹子球桌. 张线法就是利用一条长度 $S > l(\gamma)$ 的线圈绕曲线 γ, 用铅笔尖将线圈拉离曲线 γ(在图 6.4.7 内, 铅笔尖应在顶端). 将铅笔绕 γ 移动一周且同时绷紧线圈就得到了一个以 γ 为焦散曲线的弹子球桌 $(S(\gamma) = S)$. 取不同的 S 值可得不同的以 γ 为焦散曲线的弹子球桌 (Lazutkin 参数衡量线圈超出的长度). 这个过程的一个熟悉的情形是拉着一条绷紧的线圈绕一条直线段一周得到椭圆 (线段的端点是椭圆的焦点). 当然, 这不是一条光滑的凸焦散曲线. 用不同长度的线圈给出共焦的椭圆.

张线法使得我们能对同一条焦散曲线找到许多弹子球桌. 而不是一个弹子球桌有很多条焦散曲线. 事实上, 有一个 Birkhoff 提出的长期存在的未解决的问题: 假设一个弹子球桌的焦散曲线构成一个开集 (与孤立相反), 它一定是椭圆形桌吗?

习题 6.4.1　证明: 如果一个凸弹子球桌有两条正交的对称轴, 则弹子球映射有一条周期 4 轨道.

习题 6.4.2　将上一习题的结论推广到两条对称轴成 $2\pi/n$ 角的情形.

习题 6.4.3　对等边三角形、正方形、正五边形, 描述由张线法得到的弹子球桌.

习题 6.4.4　写出一个几个变量的泛函, 使得它的临界点是一个弹子球运动的周期轨.

习题 6.4.5　给出一个不是圆周的凸弹子球桌的例子, 它有一个连续的周期 2 轨道族.

为进一步学习而提出的问题

问题 6.4.6　给出一个不是圆周的弹子球桌的例子, 它有任意方向的周期 2 轨道.

问题 6.4.7　证明: 上一问题中的轨道族的包络定义了一条非凸的焦散曲线.

问题 6.4.8　利用 6.2.3 节的思想, 从弹子球流通过由边界定义的截面的流量来考虑, 证明: 弹子球映射保持面积. 通过一个曲面的流量是法速度的积分.

问题 6.4.9　构造一条光滑曲线, 使得如图 6.4.6 那样的星形线是它的非凸焦散曲线.

第7章　轨道结构复杂的简单系统

本章介绍一类例子丰富多样的性质, 这些性质是第 10 章中所概述的一般理论的一部分, 这些例子 (二次映射 f_4 除外) 都是双曲动力系统 (或符号动力系统) 的实例, 而这里导出的性质大多都是双曲动力系统和符号动力系统的共同性质.

7.1　周期点的增长

周期轨道是最为独特的特殊类型轨道. 迄今为止, 我们见过的映射仅含少量周期轨道, 或者如有理旋转那样仅含有周期轨道. 在这些基本的例子中, 不同的周期不出现在同一映射中. 甚至在迄今最复杂的情形, 周期轨道也依周期整齐的排列. 比如平面旋转的不变曲线、线性扭转、数学摆的时间 1 映射以及弹子球运动, 那里更为强调一致性而不是复杂性. 下面将首次遇到含有不同周期模式的例子. 在这些例子中, 当不同周期的周期点出现时, 希望对其计数.

定义 7.1.1　对于映射 $f: X \to X$, 用 $P_n(f)$ 表示 f 的具有周期 (不一定是最小周期)n 的周期点的个数, 即 f^n 的不动点的个数.

本节介绍动力系统许多新的例子. 现在从它们的周期轨道结构的角度对其进行介绍, 而其轨道结构的其他许多有趣的特征也将会适时出现.

7.1.1　线性扩张映射

考虑圆周上的不可逆映射 E_2, 由乘法记号表示为

$$E_2(z) = z^2, \quad |z| = 1,$$

由加法记号表示为

$$E_2(x) = 2x \pmod 1. \tag{7.1.1}$$

命题 7.1.2　$P_n(E_2) = 2^n - 1$ 且 E_2 的周期点在 S^1 中稠.

证明　若 $E_2^n(z) = z$, 则 $z^{2^n} = z$ 及 $z^{2^n-1} = 1$. 因此, 每一个 $2^n - 1$ 次单位根均为 E_2 的周期为 n 的周期点. 正好是 $2^n - 1$ 个, 而且它们等间距地一致分布于圆周上. 特别地, 当 n 越大时, 这些间距就越小 (见图 7.1.1).　□

由命题 7.1.2 可以看出, 周期点个数的渐近增长的一个自然度量是序列 $P_n(f)$ 的指数增长率 $p(f)$:

$$p(f) = \overline{\lim_{n \to \infty}} \frac{\log_+ P_n(f)}{n}, \qquad (7.1.2)$$

其中 $x \geqslant 1$ 时,$\log_+(x) = \log(x)$, 否则为 0. 特别地, 命题 7.1.2 表明 $p(E_2) = \overline{\lim}_{n\to\infty}(\log 2^n + \log(1 - 2^{-n}))/n = \log 2$.

映射

$$E_m : x \mapsto mx \pmod 1$$

是映射 E_2 的直接推广, 其中 m 是绝对值大于 1 的整数. 毫不奇怪, 这些映射的周期轨道也是稠密集. 除用 m 代替 2 外, 命题 7.1.2 的证明仍然一字不差地成立.

命题 7.1.3　$P_n(E_m) = |m^n - 1|$ 且 E_m 的周期点稠.

证明　$z = E_m^n(z) = z^{m^n}$ 有 $|m^n - 1|$ 个解. □ 也可见 7.1.3 节.

映射 E_m 的另一值得注意的性质是保持长度, 它类似于 6.1 节中讨论的保持相体积的性质. 自然, 任意弧的像的长度是增大的. 可是, 若考虑弧 Δ 在 E_m 下的完全原像, 立即看出, 它是由长度为 $l(\Delta)/|m|$ 的 $|m|$ 个弧组成, 并在圆周上等距分布. 6.1.2 节中的分析可推广到不可逆的保体积映射, 所以在此情形下, 回复点集也是稠密的.

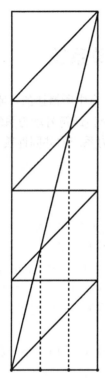

图 7.1.1　扩张映射的周期点

7.1.2　二次映射和拟二次映射

对 $\lambda \in \mathbb{R}$, 设 $f_\lambda : \mathbb{R} \to \mathbb{R}$, $f_\lambda(x) := \lambda x(1-x)$. 当 $0 \leqslant \lambda \leqslant 4$ 时, f_λ 把单位区间 $I = [0,1]$ 映射到自身. 称此族映射 f_λ 为二次映射族. 当 $\lambda \leqslant 3$ 时, 这族映射已在 2.5 节中详细讨论, 对这样的 λ, 系统的渐近行为相当简单而且随 λ 的变化仅有几次变动. 然而, 对于剩下的参数区间, 二次族表现出一系列令人昏眩的复杂且不同类型的行为, 且以万花筒般的速度改变 (见图 7.1.2 和第 11 章). 注意到 $P_n(f_\lambda) \leqslant 2^n$, 这是因为 f_λ 的 n 次迭代是 2^n 次的多项式, 因此, 方程 $(f_\lambda)^n(x) = x$ 至多有 2^n 个解. 我们可以期望在复平面上对大多数参数 λ 来说, 此方程正好有 2^n 个解. 但实数解不属于这种情形.

这里考虑大值参数即 $\lambda \geqslant 4$ 时的二次族的行为. 由于当 $\lambda > 4$ 时, 区间 $[0,1]$ 并不能保持, 所以在映射作用下仍停留在此区间的点的集合是很重要的.

当 $0 \leqslant \lambda \leqslant 3$ 时, 单位区间上二次族的行为已在 2.5 节中进行了分析, 它表现出简单的周期模式: 只有周期为 1 和 2 的点出现, 且它们的数目很少. 经过适当的努力可把此分析推广到 $\lambda = 1 + \sqrt{6}$ 的情形 (命题 11.2.1). 另一方面, 有

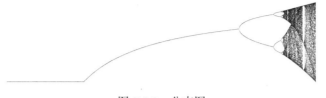

图 7.1.2　分支图

命题 7.1.4　$\lambda \geqslant 4$ 时, 有 $P_n(f_\lambda) = 2^n$.

证明　因为 $P_n(f_\lambda) \leqslant 2^n$, 仅证反过来不等式成立即可. 为此, 我们利用下述论断: 若 $f : \mathbb{R} \to \mathbb{R}$ 是连续映射且 $\Delta \subset [0,1]$ 是一个区间, f 把 Δ 一个端点映射到 0, 另一端点映射到 1, 则由介值定理知 f 在 Δ 上有不动点. 且 $[0,1] \subset [f_\lambda(0), f_\lambda(1/2)]$ 及 $[0,1] \subset [f_\lambda(1/2), f_\lambda(1)]$, 于是存在区间 $\Delta_0 \subset [0, 1/2]$ 和 $\Delta_1 \subset [1/2, 1]$, 它们在 f_λ 下的像正好都是 $[0,1]$, 这就得到了 f 的两个不动点. 非 0 的不动点在 Δ_1 的内部, 这是因为 Δ_1 的右端点是 1, 因此映射到 0, 从而另一端点映射到 1, 所以这两端点都不是不动点.

此外, Δ_0 和 Δ_1 在 f 下的原像分别由两个区间组成, 所以有四个区间在 f^2 下的像是 $[0,1]$, 并且每一区间均包含 f_λ^2 的一个不动点, 除 0 外的不动点都在相应的区间的内部, 所以这些不动点互不相同.

对 f_λ 的高次迭代重复上述讨论, 得到 2^n 个区间, 且每一区间在 f_λ^n 下的像都正好是 $[0,1]$. 因此, 每一区间至少包含一个不动点, 就得到 f_λ 的周期为 n 的 2^n 个不同轨道 (如图 7.1.3).　　　　　　□

上述对 $P_n(f_\lambda) \geqslant 2^n$ 的论证对满足以下条件的连续映射也适用: $f : [0,1] \to \mathbb{R}$, 其中 $f(0) = f(1) = 0$ 且存在一点 $c \in [0,1]$ 使得 $f(c) \geqslant 1$. 然而, 在更为一般的情形, 考虑那些在 f^n 的作用下包含 $[0,1]$ 而不是恰为 $[0,1]$ 的区间更为便利.

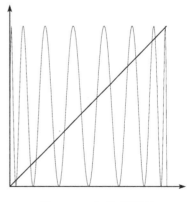

图 7.1.3　f_4 的周期点

在二次族的情形 (对 $\lambda > 4$) 中, 对上述讨论稍作改进就可说明其正好有 2^n 个周期点(而不利用 f^n 的次数是 2^n). 这对在 $[0,c]$ 上和在 $[c,1]$ 上均为单调的连续映射 f 也是成立的. 区间上的连续映射, 若在它的某内点的左边是递增的且在右边是递减的, 则称此映射为单峰的. 因此有

命题 7.1.5　若 $f\colon [0,1] \to \mathbb{R}$ 连续, $f(0) = f(1) = 0$, 且存在 $c \in [0,1]$ 使得 $f(c) > 1$, 则 $P_n(f) \geqslant 2^n$. 另外, 若 f 是单峰的且在 $f^{-1}((0,1))$ 的每一区间上是扩张的 (即 $|f(x) - f(y)| > |x - y|$), 则 $P_n(f) = 2^n$.

证明的核心是下述引理:

引理 7.1.6　用 $\mathcal{M}_k$ 表示满足以下条件的连续映射 $f\colon [0,1] \to \mathbb{R}$ 的集合. $f^{-1}((0,1)) = \bigcup_{i=1}^{k} I_i, I_i \subset [0,1]$ 为开区间, f 在 I_i 上单调且 $f(I_i) = (0,1)$. 则对 $f \in \mathcal{M}_k$ 和 $g \in \mathcal{M}_l$ 有 $f \circ g \in \mathcal{M}_{kl}$.

证明　若 $f \in \mathcal{M}_k$, $g \in \mathcal{M}_l$, 则 $f^{-1}((0,1)) = \bigcup_{i=1}^{k} I_i$, $g^{-1}(I_i) = \bigcup_{j=1}^{l} J_{ij}$, 其中 $\{J_{ij} | 1 \leqslant i \leqslant k,\ 1 \leqslant j \leqslant l\}$ 两两不交, 并且 $(f \circ g)^{-1}((0,1)) = \bigcup_{ij} J_{ij}$. 复合映射 $f \circ g$ 在 J_{ij} 上单调, 且 $f \circ g(J_{ij}) = (0,1)$. □

命题 7.1.5 的证明　由引理知, 对 $f \in \mathcal{M}_k, f^n \in \mathcal{M}_{k^n}$, 从而 $P_n(f) \geqslant k^n$. 若 f 在 $f^{-1}((0,1))$ 的每一区间上都是扩张的, 那么对 f 的迭代也如此. 这表明在每一此区间上, $f^n(x) = x$ 至多有一个解. 因此 $P_n(f) \leqslant k^n$. 证得等号. □

7.1.3　扩张映射和度

下面考虑扩张映射 E_m 的非线性推广. 对圆周映射用加法记号, 在此记号下, 映射的导数可用实值函数来表述.

定义 7.1.7　连续可微映射 $f\colon S^1 \to S^1$ 称为扩张映射, 如果对所有 $x \in S^1$, $|f'(x)| > 1$.

由于 f' 是连续的和周期的, $|f'|$ 可取到极小值且大于 1.

命题 4.3.1 给出了一个函数 $F\colon \mathbb{R} \to \mathbb{R}$ 满足 $[F(x)] = f([x])$ 和 $F(s+1) = F(s) + \deg(f)$, 其中 $\deg(f)$ 是 f 的度. 它有下面的简单性质:

引理 7.1.8　若 $f, g\colon S^1 \to S^1$ 连续, 那么 $\deg(g \circ f) = \deg(f) \deg(g)$, 特别地, $\deg(f^n) = \deg(f)^n$.

证明　若 F, G 分别为 f 和 g 的提升, 于是

$$G(s+k) = G(s+k-1) + \deg(g) = \cdots = G(s) + k\deg(g),$$

$$G(F(s+1)) = G(F(s) + \deg(f)) = G(F(s)) + \deg(g)\deg(f). \qquad \square$$

此性质可用来计算周期点的个数.

命题 7.1.9　若 $f\colon S^1 \to S^1$ 是扩张映射, 则 $|\deg(f)| > 1$, $P_n(f) = |\deg(f)^n - 1|$.

证明　对任意的提升 F, $|f'| > 1$ 蕴含着 $|F'| > 1$. 由中值定理 A.2.3 知, $|\deg(f)| = |F(x+1) - F(x)| > 1$. 由链式法则知, 扩张映射的迭代是扩张的, 由引理 7.1.8 知, 仅考虑 $n = 1$ 的情况即可. 取 f 的一个提升 F, 并且在区间 $[0,1]$ 上考虑. f 的不动点是满足 $F(x) - x \in \mathbb{Z}$ 的点 x 的投影. 函数 $g(x) := F(x) - x$ 满足

$g(1) = g(0) + \deg(f) - 1$, 由介值定理知, 至少有 $|\deg(f) - 1|$ 个点 x 满足 $g(x) \in \mathbb{Z}$. 若 $g(0) \in \mathbb{Z}$, 则有 $|\deg(f) - 1| + 1$ 个这样的点, 但 0 和 1 投射到 S^1 上的同一点. 现 $g'(x) \neq 0$, 所以 g 是严格单调的, 因此每一值至多取一次. 由此可得 f 在 S^1 上正好有 $|\deg(f) - 1|$ 个不动点. $\qquad\qquad\qquad\qquad\qquad\qquad\qquad\qquad\square$

特别地, 此命题得到了类似于关于 E_m 的命题 7.1.2 的结果.

类似于二次映射的讨论可知, $P_n(f) \geqslant |\deg(f)^n - 1|$ 对任意连续映射也是成立的. 但对度为 1 的映射来说是平凡的, 因为该断言此时言之无物. 事实上, 无理旋转没有不动点或周期点. 对度为 0 的映射仅可保证有一个不动点. 然而对 $|\deg(f)| > 1$ 的映射 f 来说, 由此结论可得周期点的个数的指数增长: $p(f) \geqslant \log_+(|\deg(f)|)$.

7.1.4 环面上的双曲线性映射

前面提到的例子都是一维的, 但是在那些例子中周期点的增长和分布模式也可在高维的情形观察到.

展现这一性质的简便的模型可由下述 $\mathbb{R}^2$ 上的线性映射得到:

$$L(x, y) = (2x + y, x + y) = \begin{pmatrix} 2 & 1 \\ 1 & 1 \end{pmatrix} \begin{pmatrix} x \\ y \end{pmatrix}.$$

如果两个向量 (x, y) 和 (x', y') 表示 $\mathbb{T}^2$ 上的同一元素, 即 $(x - x', y - y') \in \mathbb{Z}^2$, 则有 $L(x, y) - L(x', y') \in \mathbb{Z}^2$, 所以 $L(x, y)$ 和 $L(x', y')$ 也表示 $\mathbb{T}^2$ 上的同一元素. 因此由 L 定义了映射 $F_L : \mathbb{T}^2 \to \mathbb{T}^2$:

$$F_L(x, y) = (2x + y, x + y) \quad (\mathrm{mod}\ 1).$$

事实上, 若将环面看作加法群, 映射 F_L 是环面自同构. 因为矩阵 $\begin{pmatrix} 2 & 1 \\ 1 & 1 \end{pmatrix}$ 的行列式是 1, 所以 F_L 是可逆的且 L^{-1} 也是整数矩阵 $\left(\text{事实上}, \begin{pmatrix} 2 & 1 \\ 1 & 1 \end{pmatrix}^{-1} = \begin{pmatrix} 1 & -1 \\ -1 & 2 \end{pmatrix}\right)$.

于是由类似讨论可定义 $\mathbb{T}^2$ 上的映射 $F_{L^{-1}} = F_L^{-1}$. L 的特征值是

$$\lambda_1 = \frac{3 + \sqrt{5}}{2} > 1 \ \text{和} \ \lambda_1^{-1} = \lambda_2 = \frac{3 - \sqrt{5}}{2} < 1. \tag{7.1.3}$$

图 7.1.4 给出了 F_L 在基本正方形 $I = \{(x, y) | 0 \leqslant x < 1, \ 0 \leqslant y \leqslant 1\}$ 上如何作用. 带箭头的线表示特征方向. 对行列式是 ± 1 的任意矩阵 L, 映射 F_L 保持环面上的集合的面积.

命题 7.1.10 F_L 的周期点是稠密的而且 $P_n(F_L) = \lambda_1^n + \lambda_1^{-n} - 2$.

证明 为了得到稠密性, 我们证明具有有理坐标的点是周期点. 设 $x, y \in \mathbb{Q}$, 取相同的分母, 记 $x = s/q, y = t/q$, 其中 $s, t, q \in \mathbb{Z}$. 则 $F_L(s/q, t/q) = ((2s + t)/q,$

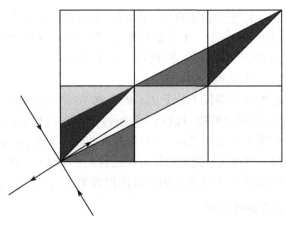

图 7.1.4   双曲环面映射

$(s+t)/q$ 仍是有理点且其坐标的分母也是 q. 但是 $\mathbb{T}^2$ 上仅有 q^2 个不同点的坐标可表示为分母为 q 的有理数, 而且所有的迭代 $F_L^n(s/q,t/q)$, $n = 0, 1, 2, \cdots$ 也都属于此有限集. 因此它们必然会重复, 即对某 $n, m \in \mathbb{Z}$, 有 $F_L^n(s/q,t/q) = F_L^m(s/q,t/q)$. 但由于 F_L 是可逆的, 所以 $F_L^{n-m}(s/q,t/q) = (s/q,t/q)$, 从而 $(s/q,t/q)$ 是周期点. 这就得到了稠密性 (与前面比较, 不是所有有理点都是 E_m 的周期点. 见习题 7.1.1).

下面证明 F_L 的周期点都是坐标为有理数的点. 记 $F_L^n(x,y) = (ax+by, \ cx+dy)$ $(\text{mod } 1)$, 其中 $a, b, c, d \in \mathbb{Z}$. 若 $F_L^n(x,y) = (x,y)$, 则存在 $k, l \in \mathbb{Z}$, 使得

$$ax + by = x + k, \quad cx + dy = y + l.$$

由于 1 不是 L^n 的特征值, 可解出

$$x = \frac{(d-1)k - bl}{(a-1)(d-1) - cb}, \qquad y = \frac{(a-1)l - ck}{(a-1)(d-1) - cb}.$$

因此, $x, y \in \mathbb{Q}$.

现在计算 $P_n(F_L)$. 映射

$$G = F_L^n - \text{Id}: (x,y) \mapsto ((a-1)x + by, \ cx + (d-1)y) \quad (\text{mod } 1)$$

是环面到自身的不可逆映射. 同前面一样, 若 $F_L^n(x,y) = (x,y)$, 则 $(a-1)x + by$ 和 $cx + (d-1)y$ 是整数, 因此 $G(x,y) = 0 \ (\text{mod } 1)$, 即 F_L^n 的不动点正好是点 $(0,0)$ 在 G 下的原像. 模 1 表明这些点正好是 $(L^n - \text{Id})([0,1) \times [0,1))$ 中的 $\mathbb{Z}^2$ 点. 下面证明它们的个数由 $(L^n - \text{Id})([0,1) \times [0,1))$ 的面积决定, 即 $|\det(L^n - \text{Id})| = |(\lambda_1^n - 1)(\lambda_1^{-n} - 1)| = \lambda_1^n + \lambda_1^{-n} - 2$. □

引理 7.1.11 顶点是整数的平行四边形的面积是它所包含的格点的个数, 其中边上的点按一半计算, 所有的顶点按一点计算.

证明 用 A 表示平行四边形的面积. 用前面描述的方式把此平行四边形所包含的格点的个数相加得到整数 N, 该整数不会因平行四边形的平移而改变.

现考虑平面的标准铺砌, 它是由这个平行四边形的边的整数倍的平移构成. 用 l 表示最长的对角线. 贴砖的面积反过来由正方形 $[0,n) \times [0,n)$, $n > 2l$ 中的砖的个数来决定, 在此正方形内的贴砖可以完全覆盖较小的正方形 $[l, n-l] \times [l, n-l]$, 因此, 其数量至少为

$$\frac{(n-2l)^2}{A} \geqslant \frac{n^2}{A}\left(1 - \frac{4l}{n}\right).$$

因为和原正方形相交的任意贴砖都包含在 $[-l, n+l] \times [-l, n+l]$ 中, 因此其数量最多为

$$\frac{(n+2l)^2}{A} = \frac{n^2}{A}\left(1 + \frac{4l}{n}\left(1 + \frac{l}{n}\right)\right) < \frac{n^2}{A}\left(1 + \frac{6l}{n}\right).$$

该正方形中的整数点数 n^2 不小于正方形内的贴砖所盖的点的个数, 不大于和正方形相交的贴砖所盖的点的个数. 因此,

$$N \cdot \frac{n^2}{A}\left(1 - \frac{4l}{n}\right) \leqslant n^2 \leqslant N \cdot \frac{n^2}{A}\left(1 + \frac{6l}{n}\right) \quad \text{和} \quad 1 - \frac{4l}{n} \leqslant \frac{A}{N} \leqslant 1 + \frac{6l}{n}$$

对所有的 $n > 2l$ 成立. 这表明 $N = A$. □

7.1.5 逆极限

到目前为止, 最接近 E_2 的可逆映射是由 $\begin{pmatrix} 2 & 1 \\ 1 & 1 \end{pmatrix}$ 诱导的环面自同构. 下面暂时偏离主题来描述 "使一个映射可逆" 的一般构造, 即由不可逆映射诱导可逆映射的标准方法. 克服不可逆的方法是用满足 $f(x_n) = x_{n+1}$ 的序列 $(x_n)_{n \in \mathbb{Z}}$ 代替原空间的点. 此方法明确列出完整的轨道, 从而解决了原像的不确定性. 事实上, 映射 $F((x_n)_{n \in \mathbb{Z}}) := (x_{n+1})_{n \in \mathbb{Z}}$ 显然可逆.

定义 7.1.12 设 X 是度量空间, $f: X \to X$ 连续, 那么逆极限定义为空间

$$X' := \{(x_n)_{n \in \mathbb{Z}} \mid x_n \in X \text{ 且 } f(x_n) = x_{n+1}, \, n \in \mathbb{Z}\}$$

及其上的映射 $F((x_n)_{n \in \mathbb{Z}}) := (x_{n+1})_{n \in \mathbb{Z}}$.

考虑 S^1 上的映射 $f = E_2$. 逆极限是空间

$$\mathbb{S} := \{(x_n)_{n \in \mathbb{Z}} \mid x_n \in X \text{ 且 } f(x_n) = x_{n+1}, \, n \in \mathbb{Z}\}$$

及其上的映射 $F((x_n)_{n \in \mathbb{Z}}) := (x_{n+1})_{n \in \mathbb{Z}} = (2x_n)_{n \in \mathbb{Z}} \pmod 1$, 称为螺线管.

和列出整个序列相比, 有更经济的方法来识别 $\mathbb{S}$ 中的点. 一旦给定一个初始值, 比如 x_0, 序列后面的值就 (由 $x_0 \in S^1$ 在 E_2 下的轨道) 唯一确定了. 为了找出此序列所有前面的元素, 只需 (递推地) 从每一步中的两个原像中取出一个. 对任意给定的 x_0, 这可以用单边 0-1 序列编码. 因为这些序列所成的空间 Ω_2 是一个

Canter 集 (7.3.5 节), 因此从局部来看, 螺线管 $\mathbb{S}$ 是区间 (S^1 中 x_0 附近的点) 和一个 Canter 集的乘积.

有一个漂亮的方法来显现逆极限的构造. 首先由 "初始条件" x_0 形成的圆周开始, 它们有 "两倍那么多" 的可能的原像 x_{-1}, 所以圆周就必须成为两倍, 如同橡皮筋绕在一卷报纸上那样. 但是它们又有两个二次原像, 继续下去, 就会每次加倍直到无穷. 这类似于 Cantor 三分集的构造, 在那里一个区间变为两个, 然后四个, 如此继续.

逆极限确定的几何实现将在 13.2 节中介绍, 并且描绘在图 13.2.1 中和本书的封面上. 这一图片是动力系统的丰富思想的代表, 且值得作为混沌动力系统的图标. 扩张映射 E_2 和螺线管, 以及马蹄和线性环面自同构, 是双曲动力系统的最易处理的代表. 同时, 这些映射也提供了对每一混沌动力系统的研究与描述所需的概念和技术的框架. 此框架在此章和下面章节中展开, 且在第 10 章中进一步描述.

习题 7.1.1　证明: 扩张映射 $E_m (|m| \geqslant 2)$ 的有理点是周期点的原像 ("最终周期").

习题 7.1.2　找出 E_m 中有理点是周期点的充要条件.

习题 7.1.3　对 $m < -1$ 时, 证明命题 7.1.3.

习题 7.1.4　对任意的 $n \in \mathbb{N}$ 以及任意的 $\lambda \geqslant 4$, 证明: 二次映射 f_λ 中含有一个周期点, 其最小周期 (定义2.2.6) 为 n.

习题 7.1.5　给出连续映射 $f: [0,1] \to \mathbb{R}$ 的例子, 其中 $f(0) = f(1) = 0$, 且存在 $c \in [0,1]$ 使得 $f(c) > 1$, 且 $P_n(f) > 2^n$.

习题 7.1.6　给出使得 $P_n(f) < 2^n$ 的光滑的单峰映射 f 的例子.

习题 7.1.7　证明: S^1 上的连续映射 f 可连续形变为 $E_{\deg(f)}$, 即存在连续映射 $F: [0,1] \times S^1 \to S^1$ 满足 $F(0, \cdot) = E_{\deg(f)}$ 和 $F(1, \cdot) = f$.

习题 7.1.8　证明: 具有不同度的映射之间不能彼此连续形变到对方, 即不存在连续映射 $F: [0,1] \times S^1 \to S^1$ 满足 $\deg(F(0, \cdot)) \neq \deg(F(1, \cdot))$.

习题 7.1.9　假设 $f: S^1 \to S^1$ 的度为2且0为吸引不动点. 证明: $P_n(f) > 2^n$.

习题 7.1.10　考虑 1.2.2 节、例 2.2.9 及 3.1.9 节中的 Fibonacci 序列, 证明: 取每一 Fibonacci 数中的末位数字得到的序列是周期的.

习题 7.1.11　对一个同胚实施逆极限构造, 并证明新系统与原系统自然等价.

为进一步学习而提出的问题

问题 7.1.12　证明: 7.1.5 节中的螺线管是连通的但不是道路连通的.

7.2　拓扑传递与混沌

我们将证明前面一节中考虑过的一些例子在定义 4.1.3 的意义下是拓扑传递的, 即它们有稠密轨道. 同时, 这些例子又存在无限多的周期点, 这使得它们和无理旋转以及第 4 章、第 5 章中其他的拓扑传递的例子不同. 在扩张映射以及环面双曲线性映射中, 我们甚至发现周期点集是稠密的, 这就意味着稠密性和周期轨道不可分割地相互交缠.

因此, 在这些例子中整体的轨道结构是相当复杂的, 稠密性和周期性的并存是轨道结构复杂性的本质特征. 这就导致了任意轨道对其初值的敏感依赖 (见定义 7.2.11 和定理 7.2.12), 而敏感依赖被看作是混沌的本质要素.

定义 7.2.1 称度量空间上的连续映射 $f: X \to X$ 是混沌的, 如果它是拓扑传递的且周期点稠密 [1].

圆周的旋转说明映射仅满足上述的一个条件时, 系统不会很复杂.

现在要说明扩张映射和双曲映射是混沌的. 事实上, 我们将证明更强的性质拓扑混合性 (见定义 7.2.5), 这在第 4 章和第 5 章中的极小系统的例子中没有涉及到. 在引入混合性之前, 先给出拓扑传递的另一定义.

7.2.1 判断拓扑传递的准则

我们已经由稠密轨道的存在性来定义了拓扑传递. 然而, 利用相空间的子集来给出拓扑传递的替代特征也是很有用的. 为了包含不可逆映射, 称序列 $(x_i)_{i\in\mathbb{Z}}$ 是 f 的轨道, 如果 $f(x_i) = x_{i+1}$, $i \in \mathbb{Z}$. 然而为了使记号更为熟悉, 简记为 $f^i(x)$, $i \in \mathbb{Z}$.

命题 7.2.2 设 X 是完备可分 (即存在可数稠密子集) 度量空间, 且不含孤立点. 若 $f: X \to X$ 是一个连续映射, 则下述四个条件等价:

(1) f 是拓扑传递的, 即它有一个稠密轨道;

(2) f 有一个稠密的正半轨;

(3) 若 $\varnothing \neq U, V \subset X$ 为开集, 则存在 $N \in \mathbb{Z}$ 使得 $f^N(U) \cap V \neq \varnothing$;

(4) 若 $\varnothing \neq U, V \subset X$ 为开集, 则存在 $N \in \mathbb{N}$ 使得 $f^N(U) \cap V \neq \varnothing$;

当然, 蕴含关系 (4) $\Rightarrow$ (3) 和 (2) $\Rightarrow$ (1) 是显然的. 为说明在其余的方向中哪些假设是所需要的, 我们由下面方式来证明命题 7.2.2.

引理 7.2.3 设 X 是度量空间, $f: X \to X$ 是一个连续映射, 则(1)蕴含(3); 若 X 不含孤立点, 则(1)蕴含(4); 若 X 可分, 则(3)蕴含(1), 并且(4)蕴含(2).

证明 设 f 是拓扑传递的, 并且假设点 $x \in X$ 的轨道是稠密的, 那么存在 $n \in \mathbb{Z}$ 使得 $f^n(x) \in U$, 并且存在 $m \in \mathbb{Z}$ 使得 $f^m(x) \in V$. 因此 $f^{m-n}(U) \cap V \neq \varnothing$. 这就蕴含 (3).

若可选 $m > n$, 则取 $N := m - n$ 即可得到 (4). 否则, 应用 X 无孤立点这一假设可知 $f^m(x)$ 不是孤立点, 所以存在 $n_k \in \mathbb{Z}$ 使得 $|n_k| \to \infty$, $f^{n_k}(x) \in V$, 并且当 $k \to \infty$ 时, $f^{n_k}(x) \to f^m(x)$. 实际上由假设知 $n_k \leqslant n$(否则就是第一种情形), 从

---

[1] 关于混沌没有一致公认的定义, 但此定义等价于文献中最常见的混沌定义, 由 Robert Devaney 提出.

而 $n_k \to -\infty$, 因此可从 n_k 中取 $m' < 2m - n$ 使得 $f^{m'}(x) \in f^{m-n}(U)$. 则 $x' := f^{n-m}(f^{m'}(x)) \in U$ 并且 $f^{2m-n-m'}(x') = f^m(x) \in V$, 由此可得 $f^N(U) \cap V \neq \varnothing$, 其中 $N := 2m - n - m' \in \mathbb{N}$. 因此, 若 X 不含孤立点, 则 (1) $\Rightarrow$ (4).

现设 X 可分且 (3) 和 (4) 之一成立. 下面用同一讨论同时证明 (3) 蕴含 (1) 和 (4) 蕴含 (2). 对可数稠密子集 $S \subset X$, 设 $U_1, U_2, \cdots$ 是以 S 中的点为中心, 半径是有理数的可数个球. 我们需要构造一个轨道或半轨使得其和每一个 U_n 都相交. 由 (3) 知, 存在 $N_1 \in \mathbb{Z}$ 使得 $f^{N_1}(U_1) \cap U_2 \neq \varnothing$. 若 (4) 成立, 则取 $N_1 \in \mathbb{N}$. 设 V_1 为半径不超过 $1/2$ 的开球, 且满足 $\overline{V}_1 \subset U_1 \cap f^{-N_1}(U_2)$ (见图 7.2.1). 存在 $N_2 \in \mathbb{Z}$ 使得 $f^{N_2}(V_1) \cap U_3$ 非空; 如果 (4) 成立, 可取 $N_2 \in \mathbb{N}$. 接着, 取 V_2 为半径不超过 $1/4$ 的开球使得 $\overline{V}_2 \subset V_1 \cap f^{-N_2}(U_3)$. 归纳地, 构造出一列开球 V_n 的套, 其半径至多为 2^{-n} 且满足 $\overline{V}_{n+1} \subset V_n \cap f^{-N_{n+1}}(U_{n+2})$. 这些球的中心形成了一个 Cauchy 序列, 其极限为 x, 而且 x 是 $V = \bigcap_{n=1}^{\infty} \overline{V}_n = \bigcap_{n=1}^{\infty} V_n$ 中的唯一点. 因此, 若 (4) 成立, 则对任意 $n \in \mathbb{N}$ 及任意的 $N_n \in \mathbb{N}$, 有 $f^{N_{n-1}}(x) \in U_n$.

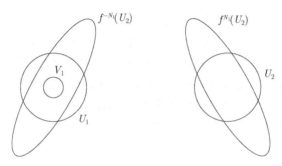

图 7.2.1 证明的结构

若 f 是不可逆的, 上面的步骤中可能出现所选的 N_n 为负值的情形: 取 i_k 使得 $N_{i_k} < 0$ 且 $N_{i_{k+1}} < N_{i_k}$. 对所有的 k. 取 $x_0 = x$ 和 $x_{N_{i_k}} \in U_{i_k+1}$. 再结合 $f(x_k) = x_{k+1}$, 这就定义了 x 的轨道. $\quad\square$

推论 7.2.4 无孤立点的完备可分度量空间上的连续开映射(定义A.1.16) f 是拓扑传递的当且仅当任意两个非空且开的 f 不变集都相交.

证明 设 $U, V \subset X$ 为开集, 因为 f 是开映射, 因此不变集合 $\tilde{U} := \bigcup_{n \in \mathbb{Z}} f^n(U)$ 和 $\tilde{V} := \bigcup_{n \in \mathbb{Z}} f^n(V)$ 是开集. 由假设知它们是相交的, 所以对某 $n, m \in \mathbb{Z}$, 有 $f^n(U) \cap f^m(V) \neq \varnothing$. 于是, $f^{n-m}(U) \cap V \neq \varnothing$, 由命题 7.2.2 知 f 是拓扑传递的. 反之是显然的: 一条稠密轨道可以 "访问" 每一个开集. $\quad\square$

7.2.2 拓扑混合

动力系统中有一性质显然蕴含上述准则, 事实上, 它比拓扑传递更强.

定义 7.2.5 连续映射 $f: X \to X$ 称为是拓扑混合的, 如果对任意非空开集 $U, V \subset X$, 存在 $N \in \mathbb{N}$ 使得 $f^n(U) \cap V \neq \varnothing$ 对任意的 $n > N$ 成立.

由命题 7.2.2 知每一拓扑混合映射都是拓扑传递的. 另一方面, 存在传递而非混合的简单例子. 任何平移 T_γ, 特别是圆周旋转, 都不是拓扑混合的. 这是因为平移保持由 $\mathbb{R}^n$ 上的标准 Euclid 度量诱导的环面上的自然度量, 以及下面的一般准则.

引理 7.2.6 等距映射都不是拓扑混合的.

证明 设 $f: X \to X$ 是一等距映射(即保持 X 上度量的映射). 取互不相同的点 $x, y, z \in X$, 设 $\delta := \min(d(x, y), d(y, z), d(z, x))/4$. 设 U, V_1, V_2 分别是以 x, y, z 为心的 δ 球. 由于 f 保持任何集合的直径, $f^n(U)$ 的直径至多是 2δ, 而任何两点 $p \in V_1$ 与 $q \in V_2$ 之间的距离都大于 2δ. 因此对任一 n, 或者 $f^n(U) \cap V_1 = \varnothing$, 或者 $f^n(U) \cap V_2 = \varnothing$. □

7.2.3 扩张映射

对于扩张映射, 我们将通过证明以下更强的结论来证明它们是拓扑混合的: 任意的开集在此映射某次迭代下的像包含 S^1. 对线性扩张映射 E_m 来说, 这是显然的: 任意开集包含形式为 $[l/|m|^k, (l+1)/|m|^k]$ 的区间, 其中 k, l 为整数且 $l \leqslant |m|^k$. 此区间在 E_m^k 下的像是 S^1.

命题 7.2.7 S^1 上的扩张映射是拓扑混合的.

证明 设 $f: S^1 \to S^1$ 对所有的 x 满足 $|f'(x)| \geqslant \lambda > 1$. 考虑 f 在 $\mathbb{R}$ 上的提升 F, 可见对 $x \in \mathbb{R}$, $|F'(x)| \geqslant \lambda$. 若 $[a, b] \subset \mathbb{R}$ 是一区间, 则由中值定理 A.2.3 知, 存在 $c \in (a, b)$ 使得 $|F(b) - F(a)| = |F'(c)(b-a)| \geqslant \lambda(b-a)$, 于是任意区间的长度在 F^n 下至少以因子 λ^n 增长. 因此, 对任意区间 I 存在 $n \in \mathbb{N}$ 使得 $F^n(I)$ 的长度大于 1. 所以在 f^n 的作用下 I 在 S^1 上的投影的像包含 S^1. 因 S^1 的任意开集都包含一个区间, 这就表明任意开集在 f 迭代下的像包含 S^1. □

推论 7.2.8 S^1 上的线性扩张映射是混沌的.

证明 由命题 7.2.7 知此映射是传递的, 且由命题 7.1.3 知周期点稠. □

利用定理 7.4.3 知, 非线性扩张映射也是混沌的 (定理 7.4.3 仅陈述了度为 2 的情况, 但对任意的扩张映射都成立).

7.2.4 环面上的双曲线性映射

由矩阵 $\begin{pmatrix} 2 & 1 \\ 1 & 1 \end{pmatrix}$ 给出的线性映射 L 诱导出的环面双曲线性映射 F_L 已在 7.1.4 节中介绍过. 关于第一个特征值的特征向量落在直线 $y = (\sqrt{5} - 1/2)x$ 上. 与之平行的直线构成的族在 L 下不变, 且 L 在这些直线上的作用是由因子 λ_1 给出的一致扩张. 类似地, 存在不变的压缩直线 $y = (-\sqrt{5} - 1/2)x + $ 常数的不变族.

命题 7.2.9　环面自同构 F_L 是拓扑混合的.

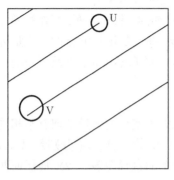

图 7.2.2　拓扑混合

证明　如图 7.2.2. 固定开集 $U, V \subset \mathbb{T}^2$. L 不变的直线族

$$y = \frac{\sqrt{5}-1}{2}x + 常数 \tag{7.2.1}$$

在 $\mathbb{T}^2$ 上的投影恰好是 F_L 不变的具有无理斜率 $\omega = (1, (\sqrt{5}-1)/2)$ 的线性流 T_ω^t 的轨道族. 由命题 5.1.3 知此流是极小的. 因此, 每一条直线的投影在环面上是处处稠密的, 于是 U 包含某条扩张直线的一段 J. 进而, 对任意的 $\varepsilon > 0$, 存在 $T = T(\varepsilon)$ 及某扩张直线上长为 T 的一段, 使得它与环面上任意 ε 球相交. 因为给定长度的所有线段都可通过平移互相得到, 所以这一性质对所有的线段都成立. 现取 ε 使得 V 包含 ε 球, 且取 $N \in \mathbb{N}$ 使得 $f^N(J)$ 的长度至少为 T. 则对 $n \geqslant N$ 有 $f^n(J) \cap V \neq \varnothing$. 因此, 对 $n \geqslant N$ 有 $f^n(U) \cap V \neq \varnothing$. □

推论 7.2.10　环面自同构 F_L 是混沌的.

证明　由命题 7.2.9 及命题 7.1.10 可得. □

7.2.5　混沌

在本节开头我们导向混沌映射的定义时, 说它蕴含了初值的敏感依赖. 现在通过定义与验证敏感依赖来证实这一断言.

定义 7.2.11　度量空间 X 上的映射 $f: X \to X$ 称为显示出初值敏感依赖性, 如果存在 $\Delta > 0$, Δ 称为**敏感常数**, 使得对任意 $x \in X$ 和 $\varepsilon > 0$, 存在 $y \in X$ 满足 $d(x, y) < \varepsilon$, 且对某 $N \in \mathbb{N}$, 有 $d(f^N(x), f^N(y)) \geqslant \Delta$.

这说明在动力系统的演化中初值 (x) 的微小改变 (ε) 都可能导致迭代结果产生巨大的差异 ($\Delta > 0$). 相应地, Δ 告诉我们误差的尺度. 假设让一个动力系统从状态 x 开始运行, 让它演化一段时间, 然后重做这一实验. 即使在亿万分之一英寸内重取 x, 这一细微的初始误差也将在有限的 (经常是相对短的) 时间内被放大成动力行为上的巨大差异. 也就是说, 我们会发现第二次做同一个实验时所得的结果和第一次迥然不同. 这也正是 Poincaré 在引用于 1.1.1 节中的那段话中的意思.

对线性扩张映射, 上述性质显然成立: 映射 E_m 的轨道的任意初始误差都会以指数速度增大 (每一迭代中以 $|m|$ 为因子) 直到它超过 $1/2|m|$. 特别地, $\delta = 1/2|m|$ 是一个敏感常数. 另一方面, 此性质对等距同构显然不成立. 因为在迭代过程中点之间的距离不变大.

值得注意的是定义中 Δ 不依赖于 x, 也不依赖于 ε, 仅与系统有关. 因此, 在任何地方的微小误差最终会导致尺度为 Δ 那么大的差异 [2].

定理 7.2.12　混沌映射蕴含初值敏感依赖, 由单个周期轨道构成的空间除外.

证明　当空间不是单个周期轨道时, 由周期点的稠密性知此系统存在两个不同的周期轨道. 由于它们没有交点, 所以存在周期点 p, q 使得 $\Delta := \min\{d(f^n(p),$ $f^m(q))|n, m \in \mathbb{Z}\}/8 > 0$(注意到 n 和 m 不一定相同). 现证明 Δ 是一个敏感常数.

若 $x \in X$, 上述两点中至少有一点的轨道与 x 的距离不小于 4Δ, 因为若这两条轨道与 x 的距离都小于 4Δ, 则它们相互之间的距离必小于 8Δ. 不妨设此点为 q.

取 $\varepsilon \in (0, \Delta)$. 由周期点的稠密性知, 存在周期点 $p \in B(x, \varepsilon)$, 设其周期为 n. 在前 n 次迭代中与 q 的距离都不超过 Δ 的点的集合

$$V := \bigcap_{i=0}^{n} f^{-i}(B(f^i(q), \Delta))$$

是 q 的开邻域. 由命题 7.2.2(不要求完备性的那个方向) 知, 存在 $k \in \mathbb{N}$ 使得 $f^k(B(x, \varepsilon)) \cap V \neq \varnothing$, 即存在 $y \in B(x, \varepsilon)$ 使得 $f^k(y) \in V$. 若 $j := \lfloor k/n \rfloor + 1$, 则 $k/n < j \leqslant (k/n) + 1$ 且

$$k = n \cdot \frac{k}{n} < nj \leqslant n\left(\frac{k}{n} + 1\right) = k + n.$$

若取 $N := nj$, 则有 $0 < N - k \leqslant n$. 因为 $f^N(p) = p$, 由三角不等式得

$$
\begin{aligned}
d(f^N(p), f^N(y)) &= d(p, f^N(y)) \\
&\geqslant d(x, f^{N-k}(q)) - d(f^{N-k}(q), f^N(y)) - d(p, x) \\
&\geqslant 4\Delta - \Delta - \Delta = 2\Delta, \quad\quad\quad\quad (7.2.2)
\end{aligned}
$$

这是因为 $p \in B(x, \varepsilon) \subset B(x, \Delta)$, 且由 V 的定义知

$$f^N(y) = f^{N-k}(f^k(y)) \in f^{N-k}(V) \subset B(f^{N-k}(q), \Delta).$$

又 p 和 y 都在 $B(x, \varepsilon)$ 中, 由式 (7.2.2) 知, $d(f^N(p), f^N(x)) \geqslant \Delta$ 或者 $d(f^N(y),$ $f^N(x)) \geqslant \Delta$. $\qquad\square$

注 7.2.13　存在敏感依赖但不是混沌的映射. 例如6.1.1节中的线性扭转. 此时, 对任意点 x, 有和它充分接近的点 (在通过点 x 的垂直线段上) 在足够多次的迭代后会远离 x, 其周期点集是第二个坐标为有理数的点构成的集合, 因此周期点稠. 另一方面, 显然映射不是拓扑传递的.

---

[2] 气象学家 Edward Lorentz 称此现象为"蝴蝶效应": 天气变化是一个混沌动力系统, 可以想象, 一只蝴蝶在里约热内卢扇动一下翅膀, 几天后可能引起东京的一场台风.

在没有周期点稠的假设下, 由拓扑混合就可以推出敏感依赖.

命题 7.2.14　 (空间不是独点集上的) 拓扑混合映射蕴含敏感依赖.

证明　取 $\Delta > 0$ 使得存在点 x_1, x_2 满足 $d(x_1, x_2) > 4\Delta$. 下面证明 Δ 是敏感常数.

令 $V_i = B_\Delta(x_i)$, $i = 1, 2$. 设 $x \in X$, U 是 x 的邻域. 由拓扑混合性知, 存在 $N_1, N_2 \in \mathbb{N}$, 使得对 $n \geqslant N_1$, 有 $f^n(U) \cap V_1 \neq \varnothing$, 对 $n \geqslant N_2$, 有 $f^n(U) \cap V_2 \neq \varnothing$. 对 $n \geqslant N := \max(N_1, N_2)$, 存在 $y_1, y_2 \in U$ 满足 $f^n(y_1) \in V_1$ 且 $f^n(y_2) \in V_2$. 因此 $d(f^n(y_1), f^n(y_2)) \geqslant 2\Delta$. 由三角不等式知, $d(f^n(y_1), f^n(x)) \geqslant \Delta$ 或 $d(f^n(y_2), f^n(x)) \geqslant \Delta$.　　　　　　　　　　　　□

习题 7.2.1　找出 E_2 的最大敏感常数.

习题 7.2.2　找出 7.2.4 节中 F_L 的敏感常数的上确界.

习题 7.2.3　证明: 对于拓扑混合映射, 小于空间 X 直径 $\sup\{d(x, y) \mid x, y \in X\}$ 的任意数都是敏感常数.

习题 7.2.4　对于在 6.1.1 节且在注 7.2.13 中提到过的线性扭转 $T: S^1 \times [0, 1] \to S^1 \times [0, 1]$, $T(x, y) = (x + y, y)$, 证明它有下述部分拓扑混合性质: 设 $U, V \subset S^1$ 为非空开集, 那么存在 $N(U, V) \in \mathbb{N}$ 使得对 $n \geqslant N$, 有 $T^n(U \times [0, 1]) \cap (V \times [0, 1]) \neq \varnothing$.

习题 7.2.5　证明: 紧空间中的敏感依赖性是拓扑不变的(见 7.3.6 节).

习题 7.2.6　证明: 对于 F_L 中的任意两个周期点, 异宿点集(见定义 2.3.4)是稠密的.

习题 7.2.7　考虑 2×2 阶整数矩阵 L, 它不含绝对值为 1 的特征值而且 $|\det L| > 1$. 证明: 由它诱导的不可逆双曲线性映射 $F_L: \mathbb{T}^2 \to \mathbb{T}^2$ 是拓扑混合的.

7.3　编　　码

研究复杂动力系统的最主要思想之一开始听起来也许奇怪, 它涉及舍去一些信息而仅是近似地跟踪轨道. 此思想就是把相空间分成有限多块并跟踪一条轨道到只确定在给定时间它处在哪一块的程度, 这有点像一个在欧洲的匆忙的旅行者的行程安排, 他决定在星期二所在的地方一定要是比利时. 更为技术性的类似是看一个手机迷的通话纪录, 跟踪在不同时间内所使用的当地的传输站.

在这些类似的情形中, 人们的确会丢失信息, 这是因为欧洲国家或手机信号站的序列不能精确确定旅行者在任意给定时刻的位置. 然而, 动力系统的轨道不能凭一时的兴趣而运动, 从而由动力系统的确定性可产生如此的效果: 这一类的完整巡游路线可能 (并且通常一定) 会给出一个点的轨道的所有信息. 这就是动力系统的编码过程.

7.3.1 线性扩张映射

7.1.1 节中的线性扩张映射

$$E_m : S^1 \to S^1, \quad E_m(x) = mx \pmod 1$$

是混沌的 (推论 7.2.8), 即稠密轨道 (命题
7.2.7) 与周期轨道的可数稠密集共存 (命
题 7.1.3). 因此, 轨道结构是复杂的而且
非常不一致的. 现从不同的观点来看这些
映射, 从而得到这些轨道结构的复杂程度
更为深刻的理解. 为了简化记号, 和以前
一样, 设 $m = 2$.

考虑二进制区间

$$\Delta_n^k := \left[\frac{k}{2^n}, \frac{k+1}{2^n} \right], \quad n = 1, \cdots,$$
$$k = 0, 1, \cdots, 2^n - 1.$$

图 7.3.1 对 $n = 2$ 时进行了描绘. 设 $x = 0.x_1 x_2 \cdots$ 为 $x \in [0,1]$ 的二进制表示. 则
$2x = x_1.x_2 x_3 \cdots = 0.x_2 x_3 \cdots (\mathrm{mod}\ 1)$. 因
此

$$E_2(x) = 0.x_2 x_3 \cdots \pmod 1. \quad (7.3.1)$$

这是第一个也是最简单的编码的例子, 我
们很快就要很详细地讨论.

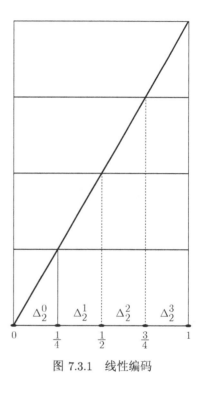

图 7.3.1　线性编码

7.3.2 编码的推断

我们简要地导出几个通过编码看得最为清楚的有关线性扩张映射的新事实.

1. 由编码来证明传递性

首先, 通过对在 E_2 的迭代下的轨道稠密的点的二进制表示的描述, 给出 E_2 拓
扑传递的另一证明. 对整数 k, $0 \leqslant k \leqslant 2^n - 1$. 设 $k_0 \cdots k_{n-1}$ 为 k 的二进制表示,
开始位置可能含有几个零. 则 $x \in \Delta_n^k$ 当且仅当 $x_i = k_i$, $i = 0, \cdots, n-1$. 从现在起
记 $\Delta_{k_0 \cdots k_{n-1}} := \Delta_n^k$. 现把从 0 到 $2^n - 1$ 的所有数的二进制表示 (必要时前面补充
0) 一个接一个地放置, 形成一个有限序列, 用 ω_n 表示. 也就是说, ω_n 是把长度为
n 的所有 2^n 个二进制序列连接起来而得到的序列. 对所有的 $n \in \mathbb{N}$, 得到 ω_n 后,
按顺序排放它们, 得到无限序列 ω, 考虑二进制表示为 $0. \omega$ 的数 x. 由构造知向左

移动 ω 同时删掉前面的数字, 便会在不同的时刻得到二进制表示下的任何 n 位数, 这表明在映射 E_2 迭代下 x 的轨道与每个区间 $\Delta_{k_0 \cdots k_{n-1}}$ 都相交, 因此是稠密的.

此构造可推广到 $m \geqslant 2$ 的情形. 当 $m \leqslant -2$ 时, 构造 E_m 的稠密轨道, 只需注意到 $E_m^2 = E_{m^2}$ 即可. 显然, 任意点在映射的平方的迭代下的轨道是在此映射迭代下的轨道的子集. 因此若前者稠密, 后者也是. 所以, 应用我们的构造于映射 E_{m^2}, 可得到 E_m 中有稠密轨道的点.

2. 异常的渐近行为

下面利用编码的方法证明对扩张映射来说, 除周期性和稠密轨道之外还有其他类型的轨道的渐近行为. 对 E_2 可构造这样的轨道, 但是最简单而漂亮的例子出现在映射 E_3 的情形.

命题 7.3.1　存在点 $x \in S^1$, 使得它在映射 E_3 (加法记号下) 下的轨道的闭包等同于标准 Cantor 三分集 K. 特别地, K 在 E_3 下不变并且含有一个稠密轨道.

证明　Cantor 三分集 K 可表示为单位区间上以 3 为基的表示中仅出现数字 0 和 2 的点构成的集合 (见 2.7.1 节). 类似于式 (7.3.1), 映射 E_3 可看作是基 3 表示下数字的左移位. 这表明 K 是 E_3 不变的. 下面只需证 K 中含有 E_3 的一个稠密轨道.

K 中的每一个点在基 3 表示下有唯一的一个不含 1 的表示. 设 $x \in K$, 且

$$0.x_1 x_2 x_3 \cdots \tag{7.3.2}$$

为 x 的这样一个表示. 令 $h(x)$ 为在基 2 表示下是

$$0.\frac{x_1}{2}\frac{x_2}{2}\frac{x_3}{2}\cdots$$

的数, 即用 1 代替式 (7.3.2) 中的 2 所得到的数. 因此我们构造了映射 $h: K \to [0,1]$, 它是连续的、非递减的 (即 $x > y$ 蕴含 $h(x) \geqslant h(y)$), 且除在二进制有理点处有两个原像之外是一一的 (参照 2.7.1 节与 4.4.1 节). 另外, 还有 $h \circ E_3 = E_2 \circ h$. 设 $D \subset [0,1]$ 为不含二进制有理点的稠密点集. 则 $h^{-1}(D)$ 在 K 中稠, 这是因为若 Δ 为开区间且满足 $\Delta \cap K \neq \varnothing$, 于是 $h(\Delta)$ 为非空的开、闭或半闭区间, 因此包含 D 中的点. 现取 $x \in [0,1]$ 使得它的 E_2 轨道是稠密的. 则点 $h^{-1}(x) \in K$ 的 E_3 轨道在 K 中稠. $\qquad \square$

3. 非回复点

另一有趣的例子是构造非回复点, 即构造点 x, 存在 x 的邻域 U, 使得 x 的所有迭代都不进入 U 中 (见定义 6.1.8). 事实上, 映射 E_2 的非回复点的集合是稠密的.

选出一个 0-1 序列 $(\omega_0, \cdots, \omega_{n-1})$, 若 $\omega_{n-1} = 1$ 时尾部加 0, 若 $\omega_{n-1} = 0$ 时则加 1. 称此无限序列为 ω. 设 x 是二进制表示为 $0.\omega$ 的数. 于是, x 位于区间 $\Delta_{\omega_0 \cdots \omega_{n-1}}$ 中且由构造知 $x \neq 0$. 另一方面, $E_2^n x = 0$ 因此, 对所有 $m \geqslant n$ 有 $E_2^m x = 0$, 所以 x 是非回复点.

至此, 我们已经知道 E_m 是混沌的和拓扑混合的, 它的周期轨道和非回复轨道是稠密的, 并且 E_3 中含有一个轨道, 它的闭包是 Cantor 集.

7.3.3 二维 Cantor 集

现在给出平面上的一个映射, 它很自然就引出了二维 Cantor 集(在问题 2.7.5 中提到过), 其中的坐标的三进制展开提供了动力系统所有信息. 这一马蹄映射在进一步研究中起到了核心的作用.

考虑由下述构造定义的单位正方形 $[0,1] \times [0,1]$ 上的映射：首先由线性变换 $(x,y) \mapsto \left(3x, \frac{y}{3}\right)$ 得到水平带, 它的左、右三分之一在接下来的变换下是刚性的. 固定左三分之一不变, 弯曲和拉伸中间的三分之一, 使得右三分之一完全落在原单位正方形的上三分之一中. 得到字母 "G" 的形状. 对位于单位正方形中且作用一次又回到单位正方形中的点, 映射的解析式如下：

$$(x,y) \mapsto \begin{cases} \left(3x, \dfrac{y}{3}\right), & \text{若 } x \leqslant \dfrac{1}{3}, \\ \left(3x-2, \dfrac{y+2}{3}\right), & \text{若 } x \geqslant \dfrac{2}{3}. \end{cases}$$

它的逆可写作

$$(x,y) \mapsto \begin{cases} \left(\dfrac{x}{3}, 3y\right), & \text{若 } y \leqslant \dfrac{1}{3}, \\ \left(\dfrac{x+2}{3}, 3y-2\right), & \text{若 } y \geqslant \dfrac{2}{3}. \end{cases}$$

从几何上看, 这个逆映射看起来像字母 "e" 逆时针旋转 $90°$ 后的形状.

为了让映射迭代, 我们使 x 坐标重复地以三倍增大, 迭代过程中, 总是假设得到的值或者至多 $\frac{1}{3}$, 或者至少 $\frac{2}{3}$, 也就是说, 三进制中第一位数是 0 或 2, 但不是 1(如果展开式不唯一, 可以选择一个使其满足要求). 和 2.7.1 节中 Cantor 三分集的构造相比较, 可以看到 x 坐标落在 Cantor 三分集 C 中. 当观察逆映射时可以同样地看到, 为了使所有原像有定义, y 坐标也必须落在 Cantor 集中. 于是在二维 Cantor 集 $C \times C$ 上映射的所有正向和负向迭代都是有意义的. 利用三进制展开式是给该系统进行编码的一个直接的方式. 对于点 (x,y), 映射作用一次使得 x 的三进制展开式左移一位后去掉首位数字, 同时使 y 的三进制展开式右移一位. 有一个自然的方式来填补由 y 坐标右移而空出的第一位数字的位置, 那就是用由 x 坐标左移并去掉的那个数字来填补. 这就保留了所有的信息, 使这一结果形象化的最好

的方式是将 y 坐标的展开式反向写出来并放在 x 坐标的展开式的前面. 这就给出了双向无穷的 0 和 2 的串 (注意数字 1 是不被允许的), 该串在映射作用下进行移位运动. 当然, 我们应当验证逆映射的作用是使字串向反方向移位.

7.3.4　序列空间

下面可以讨论一般的编码的概念了. 我们的意思是用从一特定 "字母表" (此处是符号 $0, \cdots, N-1$) 中选取的符号构成的序列 (未必是唯一的) 来表示离散动力系统的相空间或一个不变子集中的点. 因此要了解这些空间.

用 Ω_N^R 表示序列 $\omega = (\omega_i)_{i=0}^\infty$ 的空间, 其中分量 ω_i 是 0 到 $N-1$ 的整数. 定义度量

$$d_\lambda(\omega, \omega') := \sum_{i=0}^\infty \frac{\delta(\omega_i, \omega'_i)}{\lambda^i}, \tag{7.3.3}$$

其中 $\lambda > 2$, 且若 $k \neq l$ 时, $\delta(k, l) = 1$, 否则, $\delta(k, k) = 0$. 对所有的 $i \in \mathbb{Z}$ 相加就可类似定义双边序列的度量:

$$d_\lambda(\omega, \omega') := \sum_{i \in \mathbb{Z}} \frac{\delta(\omega_i, \omega'_i)}{\lambda^{|i|}}, \tag{7.3.4}$$

其中 $\lambda > 3$. 这表明若两个序列在原点附近很长的一段上的分量相同时, 它们就会很接近.

考虑如下定义的对称柱体

$$C_{\alpha_{1-n} \cdots \alpha_{n-1}} := \{\omega \in \Omega_N \mid \text{对} |i| < n, \ \omega_i = \alpha_i\}.$$

固定序列 $\alpha \in C_{\alpha_{1-n} \cdots \alpha_{n-1}}$. 若 $\omega \in C_{\alpha_{1-n} \cdots \alpha_{n-1}}$, 则

$$d_\lambda(\alpha, \omega) = \sum_{i \in \mathbb{Z}} \frac{\delta(\alpha_i, \omega_i)}{\lambda^{|i|}} = \sum_{|i| \geqslant n} \frac{\delta(\alpha_i, \omega_i)}{\lambda^{|i|}} \leqslant \sum_{|i| \geqslant n} \frac{1}{\lambda^{|i|}} = \frac{1}{\lambda^{n-1}} \frac{2}{\lambda - 1} < \frac{1}{\lambda^{n-1}}.$$

因此 $C_{\alpha_{1-n} \cdots \alpha_{n-1}} \subset B_{d_\lambda}(\alpha, \lambda^{1-n})$, 这是以 α 为心的 λ^{1-n} 球. 若 $\omega \notin C_{\alpha_{1-n} \cdots \alpha_{n-1}}$, 则因对某 $|i| < n$, $\omega_i \neq \alpha_i$, 有

$$d_\lambda(\alpha, \omega) = \sum_{i \in \mathbb{Z}} \frac{\delta(\alpha_i, \omega_i)}{\lambda^{|i|}} \geqslant \lambda^{1-n}.$$

从而 $\omega \notin B_{d_\lambda}(\alpha, \lambda^{1-n})$, 且上述对称柱体是以它中的任意点为心半径为 λ^{1-n} 的球:

$$C_{\alpha_{1-n} \cdots \alpha_{n-1}} = B_{d_\lambda}(\alpha, \lambda^{1-n}). \tag{7.3.5}$$

于是, Ω_N 中的球可通过一个包含初始串的特定对称串来描述.

对单边序列可类似讨论 (在式 (7.3.4) 中仅需要 $\lambda > 2$), λ^{1-n} 球可描述为由初始值向右延伸 n 步的特定柱体.

这些例子 (见式 (7.3.1)) 表明用序列表示相空间中的点, 使得此点的像的表示序列可由此点的表示的符号移位 (转移) 得到. 由此, 给定的变换对应于移位变换:

$$\sigma: \Omega_N \to \Omega_N, \quad (\sigma\omega)_i = \omega_{i+1},$$
$$\sigma^R: \Omega_N^R \to \Omega_N^R, \quad (\sigma^R\omega)_i = \omega_{i+1}. \tag{7.3.6}$$

我们常用 σ_N 表示 Ω_N 上的移位 σ, 类似地, 用 σ_N^R 表示 Ω_N^R 上的移位 σ^R. 对可逆离散时间系统, 任何编码都是向两个方向延伸得到的符号序列. 对不可逆系统, 就是单边序列. 7.3.7 节中将会把这些移位作为动力系统来研究.

源于编码的这些移位变换中有一类新的动力系统的组合模式. 它由特定的字符串可能或不可能出现来描述.

定义 7.3.2 设 $A = (a_{ij})_{i,j=0}^{N-1}$ 是 $N \times N$ 矩阵, 其中 a_{ij} 取 0 或 1(称这样的矩阵是 0-1 矩阵). 令

$$\Omega_A := \{\omega \in \Omega_N \mid \text{对} n \in \mathbb{Z}, \text{有} a_{\omega_n\omega_{n+1}} = 1\}. \tag{7.3.7}$$

空间 Ω_A 是闭的且转移不变的, 限制映射

$$\sigma_N|_{\Omega_A} =: \sigma_A$$

称为由 A 决定的拓扑 Markov 链.

这是有限型子转移的特殊情形.

7.3.5 编码

相空间中的给定点的序列表示称为该点的编码. 我们已有许多编码的例子: 圆周上的映射 E_m 可由字母 $\{0, \cdots, |m| - 1\}$ 构成的序列表示; 映射 E_3 在 Cantor 三分集 K 上的限制可由 0 和 1 的单边序列表示; 7.3.3 节中的三倍分马蹄可由 0 和 2 的双向无穷序列表示. 在前两种情形中我们均使用单边序列, 序列作为点的编码出现并且每一编码仅表示一点, 然而它们之间有一个重要的不同: 在第一种情况中, 对正数 m, 在基为 m 的表示下, 一点可能有 1 个或 2 个编码; 后一种情况中一点仅有 1 个编码.

这表明二进制序列的空间是一个 Cantor 集 (定义 2.7.4). 事实上, 这对其他序列空间也成立. 如图 7.3.2.

7.3.6 共轭和因子

这种情形可大致描述为移位 (Ω_2^R, σ^R) 在相差一连续坐标变换的意义下"包含"映射 f(在定理 4.3.20 中遇见过这种情形).

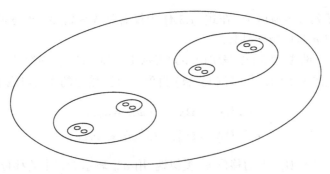

图 7.3.2　得到一个 Cantor 集

定义 7.3.3　设 $g: X \to X$, $f: Y \to Y$ 分别为度量空间 X 和 Y 上的映射, 存在连续满射 $h: X \to Y$ 满足 $h \circ g = f \circ h$. 则 f 称为半共轭或因子映射 h 下的 g 的因子. 若此 h 是同胚, 则称 f 和 g 是共轭的, h 称为一个共轭.

在 4.3.5 节中把圆周上的任意同胚和旋转联系到一起时这些概念就出现过. 共轭的概念是自然和决定性的; 两个共轭映射可由坐标的连续变换相互得到, 因此, 不依赖于坐标变换的所有性质是不变的. 比如, 每个周期的周期轨道的个数、敏感依赖性(习题 7.2.5)、拓扑传递、拓扑混合, 还有混沌. 这些性质称为是拓扑不变的. 在本书的后边将会介绍更重要的拓扑不变量, 如拓扑熵 (定义 8.2.1).

7.3.7　移位和拓扑 Markov 链的动力学

下面更细致地研究由式 (7.3.6) 和定义 7.3.2 引入的移位和拓扑 Markov 链的性质. 它们是重要的, 因为许多重要的动力系统可由移位或拓扑 Markov 链编码. 本节的结果可以立即应用于这类动力系统.

命题 7.3.4　移位映射 σ_N 和 σ_N^R 的周期点分别在 Ω_N 和 Ω_N^R 中稠, 相应地, $P_n(\sigma_N) = P_n(\sigma_N^R) = N^n$, 并且 σ_N 和 σ_N^R 是拓扑混合的.

证明　移位的周期轨道是周期序列, 即 $(\sigma_N)^m \omega = \omega$ 当且仅当 $\omega_{n+m} = \omega_n$ 对任意 $n \in \mathbb{Z}$ 成立. 因为任意开集包含一个球, 因此为了证明周期点稠, 仅证每一球 (对称柱体) 中存在一个周期点即可. 为了找出 $C_{\alpha_{-m}, \cdots, \alpha_m}$ 中的一个周期点, 取由 $\omega_n = \alpha_n$ 定义的序列 ω, 其中, 若 $|n'| \leqslant m$, 则 $n' = n \pmod{2m+1}$. 此序列在柱体 $C_{\alpha_{-m}, \cdots, \alpha_m}$ 中且其周期为 $2m+1$.

任意周期为 n 的周期序列 ω 由它的坐标 $\omega_0, \cdots, \omega_{n-1}$ 唯一确定. 共有 N^n 个不同的有限序列 $(\omega_0, \cdots, \omega_{n-1})$.

为证拓扑混合性, 我们证明 $\sigma_N^n(C_{\alpha_{-m}, \cdots, \alpha_m}) \cap C_{\beta_{-m}, \cdots, \beta_m} \neq \varnothing$, 其中 $n > 2m+1$, 比如说 $n = 2m + k + 1$ 对某一 $k > 0$ 成立. 考虑满足如下条件的任意序列 ω:

$$\omega_i = \alpha_i, \text{ 其中} |i| \leqslant m, \qquad \omega_i = \beta_{i-n}, \quad \text{其中 } i = m + k + 1, \cdots, 3m + k + 1.$$

易见 $\omega \in C_{\alpha_{-m},\cdots,\alpha_m}$ 而且 $\sigma_N^n(\omega) \in C_{\beta_{-m},\cdots,\beta_m}$.

对单边移位可类似讨论.   □

拓扑 Markov 链有一个很有用的几何表示. 当 $a_{ij} = 1$ 时, 用箭头连接 i 和 j, 这样就得到有 N 个顶点和数条有向边 Markov 图 G_A. 称 G_A 的有限或无限顶点序列为容许路径或容许序列, 如果序列中的两个相邻顶点可被有向箭头连接. Ω_A 中的点对应于 G_A 的标注出原点的双向无限路径; 拓扑 Markov 链 σ_A 的对应作用是把原点映到下一个顶点. 下述的简单的组合引理是研究拓扑 Markov 链的关键.

引理 7.3.5 对任意 $i,j \in \{0,1,\cdots,N-1\}$, 由 i 开始到 j 结束, 长为 $m+1$ 的容许路径的条数 N_{ij}^m 等于矩阵 A^m 的分量 a_{ij}^m 的值.

证明 对 m 进行归纳. 首先, 由图 G_A 的定义知 $N_{ij}^1 = a_{ij}$. 下证

$$N_{ij}^{m+1} = \sum_{k=0}^{N-1} N_{ik}^m a_{kj}. \tag{7.3.8}$$

取 $k \in \{0,\cdots,N-1\}$ 以及连接 i 与 k 的长为 $m+1$ 的容许路径. 它可延拓为一个连接 i 和 j (通过增加 j) 长为 $m+2$ 的容许路径当且仅当 $a_{kj} = 1$. 这就证明了式 (7.3.8). 现由归纳假设知, 对所有的 ij 有 $N_{ij}^m = a_{ij}^m$. 由式 (7.3.8) 就得到 $N_{ij}^{m+1} = a_{ij}^{m+1}$.   □

推论 7.3.6 $P_n(\sigma_A) = \text{tr} A^n$.

证明 任一标注出原点的长为 $m+1$ 的容许闭路径, 即始点与终点为 G_A 中同一顶点的路径, 生成了 σ_A 的周期为 m 的一个周期点.   □

因为绝对值最大的特征值决定了矩阵的迹, 所以它决定了指数增长率:

命题 7.3.7 $p(\sigma_A) = r(A)$, 其中 $r(A)$ 是谱半径.

证明 "$\leqslant$" 是显然的. 为证明 "$\geqslant$", 要避免项的抵消: 若 $\lambda_j = re^{2\pi i\varphi_j}(1 \leqslant j \leqslant k)$ 是绝对值最大的特征值, 则存在序列 $m_n \to \infty$, 使得对所有的 j, 有 $m_n\varphi_j \to 0$ (mod 1), (5.1 节, 环面平移的回复性), 所以 $\sum \lambda_i^{m_n} \sim r^{m_n}$.   □

例 7.3.8 图 7.3.3 的 Markov 图生成了三个不动点 $\bar{0}, \bar{1}$ 和 $\bar{4}$. $\overline{01}$ 和 $\overline{23}$ 给出了4个周期为2 的周期点. 由 $\overline{011}, \overline{001}, \overline{234}$ 得到周期为3的轨道.

可以根据拓扑 Markov 链所包含的不同的轨道的回复性质对其分类. 现着重研究有最强回复性质的拓扑 Markov 链.

定义 7.3.9 矩阵 A 称为是正的, 如果它的所有分量的值都是正的. 0-1 矩阵 A 称为是传递的, 如果对某一 $m \in \mathbb{N}$, A^m 是正的. 拓扑 Markov 链 σ_A 称为是传递的, 如果 A 是一个传递矩阵.

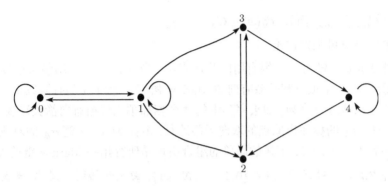

图 7.3.3　Markov 图

引理 7.3.10　若 A^m 是正的, 则对任意 $n \geqslant m$, A^n 也是正的.

证明　若对所有 i, j, $a_{ij}^n > 0$, 则对每一 j, 存在 k 使得 $a_{kj} = 1$. 否则, 对任意的 n 和 i, $a_{ij}^n = 0$. 现利用归纳法. 若对所有的 i, j, $a_{ij}^n > 0$, 则 $a_{ij}^{n+1} = \sum_{k=0}^{N-1} a_{ik}^n a_{kj} > 0$, 这是因为至少存在某个 k 使得 $a_{kj} = 1$. □

引理 7.3.11　若 A 是传递的且 $\alpha_{-k}, \cdots, \alpha_k$ 是容许的, 即对 $i = -k, \cdots, k-1$, $a_{\alpha_i \alpha_{i+1}} = 1$, 那么交集 $\Omega_A \cap C_{\alpha_{-k}, \cdots, \alpha_k} =: C_{\alpha_{-k}, \cdots, \alpha_k, A}$ 是非空的, 而且包含一个周期点.

证明　取 m 使得 $a_{\alpha_k, \alpha_{-k}}^m > 0$. 则可把序列 α 延拓为长为 $2k + m + 1$, 以 α_{-k} 开始和结束的容许序列. 周期地重复此序列, 得到 $C_{\alpha_{-k}, \cdots, \alpha_k, A}$ 的一个周期点. □

命题 7.3.12　若 A 是传递矩阵, 则拓扑 Markov 链 σ_A 是拓扑混合的, 并且其周期轨道在 Ω_A 中稠. 特别地, σ_A 是混沌的, 因此, σ_A 是初值敏感依赖的.

证明　由引理 7.3.11 知周期轨道的稠密性. 为证拓扑混合, 取开集 $U, V \subset \Omega_A$ 以及非空的对称柱形 $C_{\alpha_{-k}, \cdots, \alpha_k, A} \subset U$ 和 $C_{\beta_{-k}, \cdots, \beta_k, A} \subset V$. 仅证 $\sigma_A^n(C_{\alpha_{-k}, \cdots, \alpha_k, A}) \cap C_{\beta_{-k}, \cdots, \beta_k, A} \neq \varnothing$ 对充分大的 n 成立即可. 取 $n = 2k + 1 + m + l$, 其中 $l \geqslant 0$, m 如定义 7.3.9 中所示. 则由引理 7.3.10 知 $a_{\alpha_k \beta_{-k}}^{m+l} > 0$, 所以存在长为 $4k + 2 + m + l$ 的容许序列, 它的前 $2k + 1$ 个符号等同于 $\alpha_{-k}, \cdots, \alpha_k$, 最后 $2k + 1$ 个符号等于 $\beta_{-k}, \cdots, \beta_k$. 由引理 7.3.11, 此序列可延拓为 Ω_A 的周期元素, 且此元素属于 $\sigma_A^n(C_{\alpha_{-k}, \cdots, \alpha_k, A}) \cap C_{\beta_{-k}, \cdots, \beta_k, A}$. □

例 7.3.13　矩阵 $\begin{pmatrix} 1 & 1 \\ 0 & 1 \end{pmatrix}$ 不是传递的, 因为它的任意次幂都是上三角的, 因此不存在从 1 到 0 的路径. 事实上, 空间 Ω_A 是可数的且由两个不动点 $(\cdots, 0, \cdots, 0, \cdots)$ 和 $(\cdots, 1, \cdots, 1, \cdots)$, 以及一个连接两点的异宿轨道组成(到某一位置时全为 1, 以后都是 0 的序列).

例 7.3.14 对矩阵

$$\begin{pmatrix} 0 & 0 & 1 & 1 \\ 0 & 0 & 1 & 1 \\ 1 & 1 & 0 & 0 \\ 1 & 1 & 0 & 0 \end{pmatrix}$$

任一轨道的分量在第一组 $\{0,1\}$ 的值和第二组 $\{2,3\}$ 的值之间交错变化, 即奇偶性必须交错. 因此, 此矩阵的任意次幂的分量都不会全部是正的.

习题 7.3.1 证明: E_2 包含一个非周期的轨道, 其偶次迭代位于单位区间的左半部分.

习题 7.3.2 证明: E_2 包含不可数个轨道, 其长为10的轨道段至多有一点在单位区间的左半部分.

习题 7.3.3 证明: 在线性代数意义下共轭的线性映射在定义 7.3.3 下是拓扑共轭的.

习题 7.3.4 写出图 7.3.3 的 Markov 矩阵以及对周期不超过 3 的情形验证推论 7.3.6.

习题 7.3.5 考虑 Ω_N 上的度量

$$d'_\lambda(\alpha, \omega) := \sum_{i \in \mathbb{Z}} \frac{|\alpha_i - \omega_i|}{\lambda^{|i|}}. \tag{7.3.9}$$

证明: $\lambda > 2N - 1$ 时, 柱体 $C_{\alpha_{1-n} \cdots \alpha_{n-1}}$ 是度量 d'_λ 下的 λ^{1-n} 球.

习题 7.3.6 对 $\lambda > N$ 的单边移位验证上一习题.

习题 7.3.7 考虑 Ω_N 上的度量

$$d''_\lambda(\alpha, \omega) := \lambda^{- \max\{n \in \mathbb{N} \,|\, \alpha_i = \omega_i, |i| \leqslant n\}}, \tag{7.3.10}$$

并且 $d''_\lambda(\alpha, \alpha) = 0$. 证明: $C_{\alpha_{1-n} \cdots \alpha_{n-1}}$ 是度量 d''_λ 下的一个球.

习题 7.3.8 找出度量 d''_λ 下的传递的拓扑 Markov 链的敏感常数的上确界.

习题 7.3.9 找出度量 d'_λ 下的传递的拓扑 Markov 链的敏感常数的上确界.

习题 7.3.10 证明: $m < n$ 时, Ω_m 上的移位是 Ω_n 上的移位的因子.

习题 7.3.11 证明: $[0,1]$ 上的二次映射 f_4 不共轭于任意映射 f_λ, 其中 $\lambda \in [0, 4)$.

习题 7.3.12 证明: 由下述两个矩阵决定的拓扑 Markov 链是共轭的:

$$\begin{pmatrix} 1 & 1 \\ 1 & 0 \end{pmatrix}, \quad \begin{pmatrix} 1 & 1 & 0 \\ 0 & 0 & 1 \\ 1 & 1 & 0 \end{pmatrix}.$$

习题 7.3.13 找出两个状态(即有 2×2 矩阵 A)的传递的拓扑 Markov 链的 $p(\sigma_A)$ 的最小正值.

为进一步学习而提出的问题

问题 7.3.14 找出圆周上无理旋转 R_α 的所有因子.

问题 7.3.15 找出三个状态(即有 3×3 矩阵 A)的传递的拓扑 Markov 链的 $p(\sigma_A)$ 的最小正值.

7.4　更多的编码的例子

现在对我们熟悉的许多动力系统构造编码.

7.4.1　非线性扩张映射

圆周上的一般 (不一定是线性的) 扩张映射(见 7.1.3 节) 和序列空间的移位之间存在着对应. 其构造方法类似于 7.3.1 节中的构造. 在此需要多做一些工作, 但最后会得到一个漂亮的报偿: 我们得到由一个简单的不变量给出的一大类映射的完全分类.

为使记号简单起见, 考虑度为 2 的扩张映射 $f: S^1 \to S^1$. 由命题 7.1.9 知 f 仅有一个不动点 p(对度较高的映射可任取它的一个不动点). 因为 $\deg(f) = 2$, 所以恰好存在一点 $q \neq p$ 使得 $f(q) = p$. 点 p 和 q 把圆周分成了两个弧. 从 p 点开始正向的第一个弧用 Δ_0 表示, 第二个弧用 Δ_1 表示. 定义 $x \in S^1$ 的编码如下: x 由序列 $\omega \in \Omega_2^R$ 表示, 使得

$$f^n(x) \in \Delta_{\omega_n}. \tag{7.4.1}$$

除 $f^n(x) \in \{p, q\} = \Delta_0 \cap \Delta_1$ 之外, 此表示是唯一的. 唯一性不成立的点的情形类似于 E_2 的二进制有理点的情形. 设点 x 有一迭代属于 $\{p, q\}$. 则或者 $x = p$ 并且对所有 $n \in \mathbb{N}$, $f^n(x) = p$, 或者在序列迭代中 q 出现在 p 之前, 即对所有小于 k 的 n, $f^n(x) \notin \{p, q\}$, 接着 $f^k(x) = q$ 且 $f^{k+1}(x) = p$. 此时作如下约定, p 有两个编码, 全为 0 或全为 1, 且 q 有两个编码, $01111111\cdots$ 及 $1000000\cdots$, 任意满足 $f^k(x) = q$ 的点 x 有两个编码, 前 $k-1$ 数字由式 (7.4.1) 唯一确定, 后面的数字由 q 的编码确定.

事实上, 用另一种方法更好些:

命题 7.4.1　若 $f: S^1 \to S^1$ 是度为 2 的扩张映射, 则 f 是 Ω_2^R 上的 σ^R 的因子(见定义 7.3.3), 也就是说, 存在连续满射 $h: \Omega_2^R \to S^1$ 使得对 $n \in \mathbb{N}_0$, 有 $f^n(h(\omega)) \in \Delta_{\omega_n}$, 即 $h \circ \sigma^R = f \circ h$.

证明　由 h 的定义域是 Ω_2^R 知, 每一 0 和 1 的序列都为某一点的编码. 首先 f 分别把两个区间 Δ_0 和 Δ_1 映满 S^1 且几乎是单的, 仅在区间两个端点处, f 的取值相同. 如图 7.4.1. 设

$$\Delta_{00} \text{ 是} \Delta_0 \cap f^{-1}(\Delta_0) \text{ 的核心部分,}$$
$$\Delta_{01} \text{ 是} \Delta_0 \cap f^{-1}(\Delta_1) \text{ 的核心部分,}$$
$$\Delta_{10} \text{ 是} \Delta_1 \cap f^{-1}(\Delta_0) \text{ 的核心部分,}$$
$$\Delta_{11} \text{ 是} \Delta_1 \cap f^{-1}(\Delta_1) \text{ 的核心部分.}$$

此处用"核心部分"是因为每一个指定的交集均包含一个区间和一个孤立点 $(p$ 或 $q)$, 我们要去掉这一多余的点. f^2 分别把这四个区间映满 S^1, 并且仅在区间的端点处取值相等. 由定义知, Δ_{ij} 中的点以 ij 做为该点编码的前两个符号. 归纳地, 对任意的有限序列 $\omega_0, \cdots, \omega_{n-1}$, 构造区间

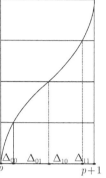

$$\Delta_{\omega_0, \cdots, \omega_{n-1}} := \Delta_{\omega_0} \cap f^{-1}(\Delta_{\omega_1}) \cap$$
$$\cdots \cap f^{1-n}(\Delta_{\omega_{n-1}}) \tag{7.4.2}$$

图 7.4.1 非线性编码

的核心部分, 它在 f^n 下映满 S^1, 且在区间的端点处取值相等. 现取任意的无限序列 $\omega = \omega_1, \cdots \in \Omega_2^R$. 闭区间套 $\Delta_{\omega_0, \cdots, \omega_{n-1}}$ 的交 $\bigcap_{n=1}^{\infty} \Delta_{\omega_0, \cdots, \omega_{n-1}}$ 非空, 且此交中的点的编码均为序列 ω.

到此为止, 我们仅利用到了 f 是度为 2 的单调映射这一事实. 为了证明 h 是良定的, 我们利用映射的扩张性质来验证 $\bigcap_{n=1}^{\infty} \Delta_{\omega_0, \cdots, \omega_{n-1}}$ 仅包含一点, 并由此得到与给定编码对应的点是唯一的.

若 $g: I \to S^1$ 是开区间 I 上的单射且其导数非负, 则由中值定理 A.2.3 知, $l(g(I)) = \int_I g'(x)\, \mathrm{d}x = g'(\xi) l(I)$, 对某一 $\xi \in I$ 成立. 因此, 存在 ξ_n 使得

$$1 = l(S^1) = \int_{\Delta_{\omega_0, \cdots, \omega_{n-1}}} (f^n)'(x)\, \mathrm{d}x = (f^n)'(\xi_n) \cdot l(\Delta_{\omega_0, \cdots, \omega_{n-1}}).$$

因为 f 是扩张的, 即对某一 $\lambda > 1$, $|(f^n)'| > \lambda^n$, 所以当 $n \to \infty$ 时, $l(\Delta_{\omega_0, \cdots, \omega_{n-1}}) < \lambda^{-n} \to 0$, 并且 $\bigcap_{n=1}^{\infty} \Delta_{\omega_0, \cdots, \omega_{n-1}}$ 仅包含一点 x_ω. 这就定义了满映射 $h: \Omega_2^R \to S^1$, $\omega \mapsto x_\omega$.

给予 Ω_2^R 上由式 (7.3.3) 定义的度量 d_4. 在 7.3.4 节中已证, 若 $\varepsilon = \lambda^{-n}$ 和 $\delta = 4^{-n}$, 则 $d(\omega, \omega') < \delta$ 蕴含对所有 $i < n$, $\omega_i = \omega_i'$, 从而 $|x_\omega - x_{\omega'}| \leqslant l(\Delta_{\omega_0, \cdots, \omega_{n-1}}) < \lambda^{-n} = \varepsilon$. 因此 h 是连续的.

由构造知 $h(\sigma^R(\omega)) = f(h(\omega))$ 是显然的. $\qquad\square$

7.4.2 通过编码来分类

命题 7.4.1 及其前面的讨论建立了单边 2 移位和 S^1 上的扩张映射 f 的一个半共轭, 即

命题 7.4.2 设 $f: S^1 \to S^1$ 是度为 2 的扩张映射. 则 f 是单边 2 移位 (Ω_2^R, σ_R) 在半共轭 $h: \Omega_2^R \to S^1$ 下的因子. 若 $h(\omega) = h(\omega') =: x$, 则存在 $n \in \mathbb{N}_0$ 使得 $f^n(x) \in \{p, q\}$, 其中 $p = f(p) = f(q)$, $q \neq p$.

以上命题的最后一句表明 h "非常接近" 于一个共轭: 仅有可数多个像点使得 h 不是一一的.

　　此编码的一个重要特征是其对所有的扩张映射都是以一致的方式得到的. 一一映射不成立的点可由其动力学得到, 即不动点及其原像. 这就得到了开始提到的报偿:

　　定理 7.4.3　若 $f, g: S^1 \to S^1$ 是度为 2 的扩张映射, 则 f 和 g 是拓扑共轭 的. 特别地, S^1 上度为 2 的扩张映射共轭于 E_2.

　　证明　对 f 和 g, 有半共轭 $h_f, h_g: \Omega_2^R \to S^1$. 对 $x \in S^1$, 考虑集合 $H_x := h_g(h_f^{-1}(\{x\}))$. 若 x 是 h_f 的单射点, 即 $h_f^{-1}(\{x\})$ 仅有一点组成, 则 H_x 也是. 若否, x 就是 f 的不动点在 f 的某次迭代下的原像, 并且 $h_f^{-1}(\{x\})$ 是在 h_g 下映射到一点的序列的集合. 因此, H_x 仅由一点 $h(x)$ 组成. 显然, 双射 $h: S^1 \to S^1$ 是一个共轭: $h \circ f = g \circ h$. 它是连续的, 这是因为 h_f 把开集映射到开集, 即任意序列以及充分接近于此序列的像包含一个小的区间. 交换 f 和 g 表明 h^{-1} 也是连续的.　　□

　　通过适当的编码, 这一结果对任意度都成立. 这是将某一类映射中的所有映射都和一个特定的模型建立共轭的第一个重要的共轭结果. Poincaré 分类定理 4.3.20 与它相近, 但要求附加条件 (比如, 二阶导数的存在性, 见 4.4.3 节) 以得到与旋转的共轭.

7.4.3　二次映射

　　对 $\lambda > 4$ 考虑二次映射

$$f: \mathbb{R} \to \mathbb{R}, \quad x \to \lambda x(1-x).$$

若 $x < 0$, 则 $f(x) < x$ 并且 $f'(x) > \lambda > 4$, 所以 $f^n(x) \to -\infty$. 当 $x > 1$ 时, $f(x) < 0$, 因此, $f^n(x) \to -\infty$. 因此轨道有界的点构成的集合是 $\bigcap_{n \in \mathbb{N}_0} f^{-n}([0, 1])$.

　　命题 7.4.4　若 $\lambda > 2 + \sqrt{5}$, $f: \mathbb{R} \to \mathbb{R}$, $x \to \lambda x(1-x)$, 则存在同胚 $h: \Omega_2^R \to \Lambda := \bigcap_{n \in \mathbb{N}_0} f^{-n}([0, 1])$ 使得 $h \circ \sigma^R = f \circ h$, 即 $f|_\Lambda$ 共轭于 2 移位.

　　证明　设

$$\Delta_0 = \left[0, \frac{1}{2} - \sqrt{\frac{1}{4} - \frac{1}{\lambda}}\right] \quad \text{和} \quad \Delta_1 = \left[\frac{1}{2} + \sqrt{\frac{1}{4} - \frac{1}{\lambda}}, 1\right].$$

通过解二次方程 $f(x) = 1$ 得到 $f^{-1}([0, 1]) = \Delta_0 \cup \Delta_1$. 类似地, $f^{-2}([0, 1]) = \Delta_{00} \cup \Delta_{01} \cup \Delta_{11} \cup \Delta_{10}$ 由四个区间组成, 如此下去. 考虑由 Δ_0 和 Δ_1 构成的 Λ 的分割. 这些片断互不重叠且在 $\Delta_0 \cup \Delta_1$ 上有

$$|f'(x)| = |\lambda(1-2x)| = 2\lambda\left|x - \frac{1}{2}\right| \geqslant 2\lambda\sqrt{\frac{1}{4} - \frac{1}{\lambda}}$$

$$= \sqrt{\lambda^2 - 4\lambda} > \sqrt{(2+\sqrt{5})^2 - 4(2+\sqrt{5})} = 1.$$

因此, 对任意序列 $\omega = (\omega_0, \omega_1, \cdots)$, 当 $N \to \infty$ 时, 交集

$$\bigcap_{n=0}^{N} f^{-n}(\Delta_{\omega_n})$$

的直径 (以指数的速度) 递减. 这表明对序列 $\omega = (\omega_0, \omega_1, \cdots)$, 交集

$$h(\{\omega\}) = \bigcap_{n \in \mathbb{N}_0} f^{-n}(\Delta_{\omega_n}) \tag{7.4.3}$$

恰由一点组成且这一映射 $h: \Omega_2^R \to \Lambda$ 是同胚. □

注 7.4.5 当 $\lambda > 4$ 时命题 7.4.4 仍然成立(命题11.4.1), 但命题 11.4.1 的证明远不如现在的结果直截了当. 在这两种情形中, 映射把一区间折叠并完全覆盖它自身, 称之为一维马蹄, 它和下一小节中见到的几何形状相似.

7.4.4 线性马蹄

现在描述 Smale 原来的 "马蹄", 它提供了完全编码的最好的例子之一 (在 7.3.3 节中构造了一个特殊情形, 在那里由三进制展开式提供了一个编码).

设 Δ 是 $\mathbb{R}^2$ 上的长方形且 $f: \Delta \to \mathbb{R}^2$ 是 Δ 到其像的微分同胚, 使得交集 $\Delta \cap f(\Delta)$ 由两个 "水平" 的长方形 Δ_0 和 Δ_1 组成, 且 f 在 $f^{-1}(\Delta)$ 的分支 $\Delta^i := f^{-1}(\Delta_i)$, $i = 0, 1$ 上的限制是双曲线性映射, 在垂直方向压缩在水平方向扩张. 这表明 Δ^0 和 Δ^1 是"竖直"的长方形. 取到此效果的一个最简单的方法是弯曲 Δ 成"马蹄", 或弯曲成一个永久磁铁的形状 (图 7.4.2), 但此方法会引起定向上的一些不方便. 另一方法从定向的观点来看比较好, 它是把 Δ 大致弯曲成夹纸的回形针形状 (图 7.4.3). 这是 7.3.3 节中的三倍分马蹄的一个版本, 它留出了一些附加的边缘. 若水平和垂直的长方形都严格地位于 Δ 中, 则 Δ 的最大不变子集 $\Lambda = \bigcap_{n=-\infty}^{\infty} f^{-n}(\Delta)$ 包含在 Δ 的内部.

命题 7.4.6 $f|_\Lambda$ 拓扑共轭于 σ_2.

证明 利用 Δ^0 和 Δ^1 作为编码构造中的 "块", 由正向的迭代开始. 交集 $\Delta \cap f(\Delta) \cap f^2(\Delta)$ 由四个窄的水平长方形组成: $\Delta_{ij} = \Delta_i \cap f(\Delta_j) = f(\Delta^i) \cap f^2(\Delta^j)$, $i, j \in \{0, 1\}$ (见图 7.4.2). 继续归纳, 可知 $\bigcap_{i=0}^{n} f^i(\Delta)$ 由 2^n 个窄的不交的水平的长方形组成, 其高度关于 n 以指数速度递减. 每一长方形的形式是 $\Delta_{\omega_1, \cdots, \omega_n} = \bigcap_{i=1}^{n} f^i(\Delta^{\omega_i})$, 其中对 $i = 1, \cdots, n$, $\omega_i \in \{0, 1\}$. 每一无限的交集 $\bigcap_{n=1}^{\infty} f^n(\Delta^{\omega_n})$, $\omega_n \in \{0, 1\}$ 是一水平线段, 且交集 $\bigcap_{n=1}^{\infty} f^n(\Delta)$ 是水平线段和竖直方向的 Cantor 集的积. 类似地, 可以定义和研究竖直长方形 $\Delta^{\omega_0, \cdots, \omega_{-n}} = \bigcap_{i=0}^{n} f^{-i}(\Delta^{\omega_{-i}})$, 竖直线段 $\bigcap_{n=0}^{\infty} f^{-n}(\Delta^{\omega_{-n}})$, 以及集合 $\bigcap_{n=0}^{\infty} f^{-n}(\Delta)$, 后者是竖直方向的线段和水平方向的 Cantor 集的积.

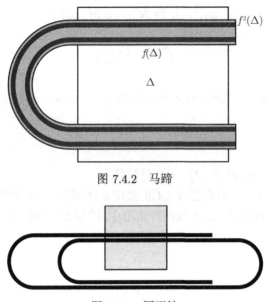

图 7.4.2　马蹄

图 7.4.3　回形针

所求的不变集 $\Lambda = \bigcap_{n=-\infty}^{\infty} f^{-n}(\Delta)$ 是两个 Cantor 集的积, 因此它是一个 Cantor 集(问题 2.7.5). 映射

$$h: \Omega_2 \to \Lambda, \quad h(\{\omega\}) = \bigcap_{n=-\infty}^{\infty} f^{-n}(\Delta^{\omega_n})$$

是移位 σ_2 和微分同胚 f 在 Λ 上的限制之间的共轭同胚.　　　　　　　　　　□

因为周期点和拓扑混合性是拓扑共轭不变的, 命题 7.4.6 和命题 7.3.4 立即给出 f 在 Λ 上的行为的丰富信息.

推论 7.4.7　f 的周期点在 Λ 中稠, $P_n(f|_\Lambda) = 2^n$, 且 f 在 Λ 上的限制是拓扑混合.

注 7.4.8　任何有完全编码的映射都定义在 Cantor 集上, 因为完全编码建立了相空间和序列空间之间的一个同胚, 而后者是一个 Cantor 集.

7.4.5　环面自同构的编码

编码的思想可应用于双曲环面自同构. 为了简化记号并且使得构造方法更为形象, 考虑标准的例子. 在我们的例子中, 这是第一个巧妙的编码, 虽然它从几何上是简单的. 10.3 节中所描述的构造, 动力学上的含意与这里得到的相类似, 但在那里几何上很复杂并且几乎总是出现分形.

定理 7.4.9　对于 7.1.4 节中的二维环面上的映射

$$F(x,y) = (2x + y, \, x + y) \pmod 1,$$

存在半共轭 $h: \Omega_A \to \mathbb{T}^2$ 满足

$$F \circ h = h \circ \sigma_5|_{\Omega_A},$$

其中

$$A = \begin{pmatrix} 1 & 1 & 0 & 1 & 0 \\ 1 & 1 & 0 & 1 & 0 \\ 1 & 1 & 0 & 1 & 0 \\ 0 & 0 & 1 & 0 & 1 \\ 0 & 0 & 1 & 0 & 1 \end{pmatrix}. \tag{7.4.4}$$

证明   从原点出发作两段特征直线, 直到它们相交充分多次, 且把环面分割成不交的长方形. 具体来说, 延长压缩直线在第四象限的线段直到它与扩张直线在第一象限的线段相交两次, 且与第三象限的相交一次 (见图 7.4.4). 所产生的位形把环面分成了两个长方形 $R^{(1)}$ 和 $R^{(2)}$. 平面位形的七个顶点中有三对是分别相同的, 所以环面上仅有四个不同点作为长方形的顶点, 它们是原点和三个相交点. 尽管 $R^{(1)}$ 和 $R^{(2)}$ 是相交的, 但是我们可以应用马蹄中的方法, 用 $R^{(1)}$ 和 $R^{(2)}$ 作为基本长方形. 扩张和压缩的特征方向相应地起着相当于 "水平" 和 "竖直" 方向的作用. 图 7.4.5 表明像集 $F(R^{(i)})$ $(i=1,2)$ 由若干全长的 "水平" 长方形组成. 边界的并 $\partial R^{(1)} \cup \partial R^{(2)}$ 由前面描述的原点出发的两条特征线段构成. 压缩线段的像仍是压缩线段的一部分. 因此, $R^{(1)}$ 和 $R^{(2)}$ 的像的 "竖直" 边必然 "停泊" 在压缩直线的某个部分, 这就是, 一旦有一个像 "进入" $R^{(1)}$ 或 $R^{(2)}$ 中, 它必然要拉得和它一样长. 配合压缩方向的情形, 我们看到 $F(R^{(1)})$ 由三个分支组成, 两个在 $R^{(1)}$ 中, 一个在 $R^{(2)}$ 中. $R^{(2)}$ 的像有两个分支, 分别位于 $R^{(1)}$ 和 $R^{(2)}$ 中 (见图 7.4.5). 由

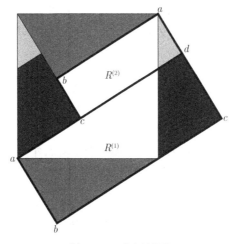

图 7.4.4   分割环面

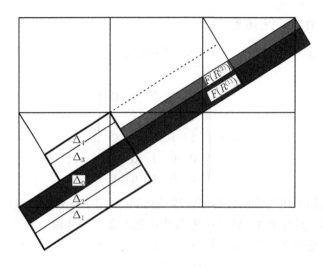

图 7.4.5　分割的图像

于 $F(R^{(1)})$ 有两个分支在 $R^{(1)}$ 中, 如果利用 $R^{(1)}$ 和 $R^{(2)}$ 构造编码, 会出现问题 (某些序列对应的不只一点), 所以利用 $\Delta_0, \Delta_1, \Delta_2, \Delta_3, \Delta_4$(或其原像) 作为编码构造中的块. 由 $\bigcap_{n=-\ell}^{k} F^{-n}(\Delta_{\omega_n})$ 恰好定义了一个长方形 $\Delta_{\omega_{-\ell}\cdots\omega_0,\omega_1\cdots\omega_k}$, 而不是几个 (类似于 7.3.1 节中扩张映射的情形, 需舍去多余的部分, 这一情形下是直线段). 由于 F 在竖直方向收缩, $\Delta_{\omega_{-\ell}\cdots\omega_0,\omega_1\cdots\omega_k}$ 的 "高度" 小于 $((3-\sqrt{5})/2)^{\ell}$, 又由于 F^{-1} 在水平方向收缩, $\Delta_{\omega_{-\ell}\cdots\omega_0,\omega_1\cdots\omega_k}$ 的 "宽度" 小于 $((3-\sqrt{5})/2)^k$. 当 $\ell \to \infty$, $k \to \infty$ 时, 它们趋于 0, 所以交集 $\bigcap_{n\in\mathbb{Z}} F^{-n}(\Delta_{\omega_n})$ 至多定义一点 $h(\omega)$. 另一方面, 因为前面描述的 "Markov" 性质, 即像贯穿长方形中而达到全长, 下述结论成立: 若 $\omega \in \Omega_5$ 并且对任意 $n \in \mathbb{Z}$, $F^{-1}(\Delta_{\omega_n})$ 和 $\Delta_{\omega_{n+1}}$ 有重叠部分, 则存在一点 $h(\omega)$ 属于 $\bigcap_{n\in\mathbb{Z}} F^{-n}(\Delta_{\omega_n})$. 因此我们定义了一个编码, 但是编码不是定义在 Ω_5 所有的序列上.

作为替代, 我们必须限制在 Ω_5 的子空间 Ω_A 上考虑. 它只包含任意两个相继分量都组成 "容许转移" 的那些序列, 这就是, 0, 1, 2 可被 0, 1, 或 3 跟随, 以及 3 和 4 可被 2 或 4 跟随. 这正好是式 (7.4.4) 给出的拓扑 Markov 链(定义 7.3.2). □

定理 7.4.10　σ_A 和 F 之间的半共轭在除不动点外的所有周期点上都是一一的. 非负向渐近趋于不动点的点的原像个数是有界的.

证明　下面仔细描述由半共轭引起的等同, 即环面的哪些点的原像多于一个. 首先, 拓扑 Markov 链 σ_A 显然有三个不动点, 即 0, 1, 和 4 的常序列, 而环面自同构 F 仅有一个不动点, 即原点. 易见, 这三个不动点都映射到原点. 正如在命题 7.1.10 看到的, $P_n(F) = \lambda_1^n + \lambda_1^{-n} - 2$, 相应地, $P_n(\sigma_A) = \mathrm{tr}A^n = \lambda_1^n + \lambda_1^{-n} = P_n(F) + 2$

(推论 7.3.6), 其中 $\lambda_1 = (3 + \sqrt{5})/2$ 是 2×2 矩阵 $\begin{pmatrix} 2 & 1 \\ 1 & 1 \end{pmatrix}$ 和式 (7.4.4) 中 5×5 矩阵的最大特征值. 为了说明特征值相同, 考虑矩阵 $A - \lambda\mathrm{Id}$, 前两列分别减去第四列, 第三列减去第五列, 第一行和第二行加到第四行, 第三行加到第五行:

$$\begin{pmatrix} 1-\lambda & 1 & 0 & 1 & 0 \\ 1 & 1-\lambda & 0 & 1 & 0 \\ 1 & 1 & -\lambda & 1 & 0 \\ 0 & 0 & 1 & -\lambda & 1 \\ 0 & 0 & 1 & 0 & 1-\lambda \end{pmatrix} \rightarrow \begin{pmatrix} -\lambda & 0 & 0 & 1 & 0 \\ 0 & -\lambda & 0 & 1 & 0 \\ 0 & 0 & -\lambda & 1 & 0 \\ \lambda & \lambda & 0 & -\lambda & 1 \\ 0 & 0 & \lambda & 0 & 1-\lambda \end{pmatrix}$$

$$\rightarrow \begin{pmatrix} -\lambda & 0 & 0 & 1 & 0 \\ 0 & -\lambda & 0 & 1 & 0 \\ 0 & 0 & -\lambda & 1 & 0 \\ 0 & 0 & 0 & 2-\lambda & 1 \\ 0 & 0 & 0 & 1 & 1-\lambda \end{pmatrix}.$$

此外, 我们可以看到, 对每一点 $q \in \mathbb{T}^2$, 若其正向和负向迭代均不落在边界 $\partial R^{(1)}$ 和 $\partial R^{(2)}$ 上, 则它有唯一原像, 反之亦然. 特别地, 非原点的周期点 (坐标是有理数) 也属于这一类. Ω_A 中点, 若其像或其像在 F 下的迭代落在这些边界上则属于如下三种类型, 这三种类型分别对应于穿过 0 点的稳定和不稳定流形且定义了长方形的部分边界的三个直线段. 此时序列依下述情形等同: 它们有一个由 0 或 4 组成的右端 (将来) 的无限长的尾巴, 而左端一致 —— 这对应于一个稳定边界段, 或者它们有一个由 0 和 1, 或 4 组成的左端 (过去) 的无限长的尾巴, 而右端一致 —— 这对应于一个不稳定边界段.

习题 7.4.1 证明: $\lambda \geqslant 1$ 时, 二次映射 f_λ 的任意有界的轨道都属于 $[0, 1]$.

习题 7.4.2 给出由式 (7.4.3) 定义了一个同胚的证明的细节.

习题 7.4.3 对 $\begin{pmatrix} 1 & 1 \\ 1 & 0 \end{pmatrix}$ 构造由两个正方形组成的 Markov 分割.

习题 7.4.4 对自同构 F_L, 其中 $L = \begin{pmatrix} 1 & 1 \\ 2 & 1 \end{pmatrix}$, 构造 Markov 分割并描述其相应的拓扑 Markov 链.

习题 7.4.5 给定一个 $n \times n$ 的 0-1 矩阵 A, 描述 $\mathbb{R}^2$ 中的 n 个长方形 $\Delta_1, \cdots, \Delta_n$ 以及映射 $f: \Delta := \bigcup_{i=1}^{n} \Delta_i \to \mathbb{R}^2$ 构成的系统, 使得 f 在其轨道都在 Δ 中的点的集合上的限制拓扑等价于拓扑 Markov 链 σ_A.

习题 7.4.6 验证在编码构造中舍去额外点的过程式 (7.4.2) 等同于取 $\Delta_{\omega_0, \cdots, \omega_{n-1}} = \overline{\bigcap_{i=0}^{n-1} \mathrm{int}(f^{-i}(\Delta_{\omega_i}))}$, 以及 $\{h(\omega)\} := \bigcap_{n \in \mathbb{N}} \Delta_{\omega_0, \cdots, \omega_{n-1}}$.

为进一步学习而提出的问题

　　问题 7.4.7　　验证对度为 2 的映射 f, 若其满足 $f' \geqslant 1$ 以及仅在有限多个点处 $f' = 1$, 定理 7.4.3 的断言依然成立.

　　问题 7.4.8　　对任意自同构

$$F_L : \mathbb{T}^2 \to \mathbb{T}^2, \quad x \mapsto Lx \pmod 1,$$

其中 L 是一 2×2 整数矩阵, 其行列式是 $+1$ 或 -1 且其特征值为不等于 ± 1 的实数, 验证定理 7.4.9 对某一 0-1 矩阵 A 成立.

7.5　一致分布

　　现在研究前面章节中在圆周旋转和环面平移中出现的轨道的一致分布的概念对于本章中的例子有何意义, 比如, 圆周的线性和非线性扩张映射、移位以及环面自同构.

7.5.1　唯一遍历失效

　　现在更仔细地研究线性扩张映射. 我们可以像式 (4.1.2) 中那样针对区间 $\Delta \subset S^1$ 定义渐近频率, 像式 (4.1.5) 中那样定义函数的 Birkhoff 平均. 命题 4.1.7 和定理 4.1.15 表明对于旋转来说, 这些频率一致收敛. 称之为唯一遍历(定义 4.1.18).

　　然而, 在现在的情形下, 这些表达式不一致收敛于常数, 即线性扩张映射不是唯一遍历的: 考虑仅在 0 点函数值为 0 的连续函数, 则不动点的 Birkhoff 平均是 0, 而其他周期点有非 0 的平均. 进而, 如同我们由编码可见有一些轨道, 它们出现在一个区间的平均频率的极限不存在. 对 E_2, 有唯一二进制表示的点 $x \in S^1$ 出现在区间 $[0, 1/2]$ 的平均频率等于前 n 个数中 0 所占的比例. 设 x 的二进制表示由全为 0 或全为 1 的块交错构成. 使得第 n 块的长度是前面所有块的总长度的 n 倍. 到第 n 个 0 构成的块 (即为第 $(2n-1)$ 块) 的末尾位置时, 0 所占的比例大于 $1 - 1/(2n-1)$. 但到第 n 个 1 构成的块 (第 $2n$ 块) 的末端位置时, 0 所占的比例小于 $1/2n$. 因此, x 的轨道的平均频率的极限点覆盖了整个区间 $[0, 1]$.

　　因此, 我们来研究另一模式的收敛.

7.5.2　平均收敛

　　前面的轨道的反例很特殊, 所以仍有希望得到如下结果: "大多数"轨道是一致分布的, 或者可以"平均"地来考虑收敛. 对非常一般的情形来说, 这的确是对的. 我们对映射 E_2 给一个明晰的证明.

　　命题 7.5.1　　若

$$\varphi(x) := \chi_{[0,1/2]} := \begin{cases} 1, & \text{若 } x \leqslant \frac{1}{2}, \\ 0, & \text{若 } x > \frac{1}{2} \end{cases}$$

是区间 $[0, 1/2]$ 的特征函数且

$$\mathcal{B}_n(\varphi)(x) := \frac{1}{n} \sum_{k=0}^{n-1} \varphi(E_2^k(x))$$

是其 Birkhoff 平均, 则 $\int_{S^1} |\mathcal{B}_n(\varphi)(x) - \int_{S^1} \varphi(t) \, \mathrm{d}t| \, \mathrm{d}x$ 收敛于 0.

注 7.5.2 我们可以对任意二进制区间来证明类似的结果, 再由线性组合和逼近可以得到等度分布.

证明 由 $x = 0.x_1 x_2 \cdots$ 的二进制表示知

$$\begin{aligned} n\mathcal{B}_n(\varphi)(x) &= F_{[0,1/2]}(x, n) \\ &:= \operatorname{card}\{k \mid 0 \leqslant k \leqslant n-1 \text{ 且 } E_2^k x \in [0, 1/2]\} \\ &= \sum_{k=0}^{n-1} 1 - x_k. \end{aligned}$$

因此, Birkhoff 平均在每一二进制区间

$$\Delta_n^i = \left[\frac{i}{2^n}, \frac{i+1}{2^n}\right], \quad i = 0, 1, \cdots, 2^n - 1$$

上是常数. 像以前注意到的一样, 它并不一致接近于任何常数. 事实上, 它取遍了所有的值 $i/n, i = 0, 1, \cdots, n$. 然而, 对大多数区间来说出现在 $[0, 1/2]$ 的平均频率接近于 $\ell([0, 1/2]) = 1/2$(见图 7.5.1). 为了证明此结论, 我们利用如下事实: 长为

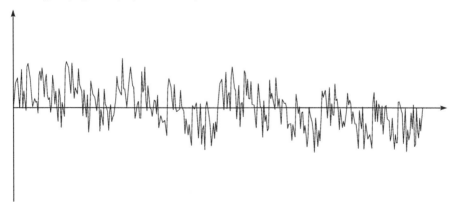

图 7.5.1 迭代 10 次以后的分布

n 且正好含 k 个 0 的 $0, 1$ 序列的数目 (这对应于平均频率 k/n) 是二项式系数

$$\binom{n}{k} = \frac{n!}{k!(n-k)!}.$$

相应地, 此序列的比例是 $\dbinom{n}{k} 2^{-n}$. 因此, 若 $\varepsilon > 0$, 则

$$\operatorname{card}\{i\colon |\mathcal{B}_n(\varphi)(x) - 1/2| < \varepsilon,\ x \in \Delta_n^i\} = \sum_{k=\lfloor(1/2-\varepsilon)n\rfloor+1}^{\lfloor(1/2+\varepsilon)n\rfloor} \binom{n}{k}, \qquad (7.5.1)$$

其中 $\lfloor \cdot \rfloor$ 表示其整数部分. 为了得到上式的下界, 我们估计余下的二项式系数的和的上界. 由于 $\dbinom{n}{k} = \dbinom{n}{n-k}$, 这一和等于

$$2 \sum_{k=0}^{\lfloor(1/2-\varepsilon)n\rfloor} \binom{n}{k}.$$

$k < n/2$ 时, 二项式系数关于 k 是递增的, 因为相邻两项的系数的比是 $(k+1)/(n-k)$. 因此和式的最大项是最后一项. 因为项数不超过 $n/2$, 所以有

$$2 \sum_{k=0}^{\lfloor(1/2-\varepsilon)n\rfloor} \binom{n}{k} \leqslant n \binom{n}{\lfloor(1/2-\varepsilon)n\rfloor} = n \binom{n}{\lfloor\alpha n\rfloor},$$

其中 $\alpha = (1/2) - \varepsilon$. 除以 2^n 得到 "坏" 序列所占的比例 $n \dbinom{n}{\lfloor\alpha n\rfloor} 2^{-n}$, 这表明我们需得到 $n \dbinom{n}{\lfloor\alpha n\rfloor} 2^{-n}$ 的一个上界.

利用经典的 Stirling 公式 $n! \asymp \sqrt{2\pi n}\, n^n \mathrm{e}^{-n}$, 其中, $f(n) \asymp g(n)$ 意味着 $\lim_{n\to\infty} f(n)/g(n) = 1$. 记 $l := \lfloor\alpha n\rfloor$, 就有

$$\binom{n}{\lfloor\alpha n\rfloor} = \frac{n!}{l!(n-l)!} \asymp \frac{n^n \mathrm{e}^{-n}\sqrt{2\pi n}}{l^l (n-l)^{n-l}\mathrm{e}^{-l}\mathrm{e}^{l-n}\sqrt{2\pi l}\sqrt{2\pi(n-l)}},$$

因此

$$n \binom{n}{\lfloor\alpha n\rfloor} 2^{-n} \asymp n \mathrm{e}^{n\log n - l\log l - (n-l)\log(n-l) - n\log 2}\sqrt{\frac{n}{2\pi l(n-l)}}. \qquad (7.5.2)$$

为了得到上式的上界, 考虑

$$n\log n - l\log l - (n-l)\log(n-l) - n\log 2$$
$$= (n-l)[\log n - \log(n-l) - \log 2] + l[\log n - \log l - \log 2]$$
$$= (n-l)\log\frac{n}{2(n-l)} + l\log\frac{n}{2l}$$

$$= (n - l) \log \left(1 + \frac{2l - n}{2(n - l)} \right) + l \log \left(1 + \frac{n - 2l}{2l} \right),$$

我们利用 $\log(1 + x) \leqslant x$ (因为对数函数是凸的), 事实上, 对给定的 $\varepsilon > 0$, 存在 $\delta > 0$, 使得当 $|x| > \varepsilon$ 时, $\log(1 + x) \leqslant x - \delta$. 因为对充分大的 n, 有 $2l = 2\lfloor \alpha n \rfloor = 2\lfloor n/2 - n\varepsilon \rfloor \asymp (1 - 2n)\varepsilon$, 得到 $2l - n/2(n - l) \asymp 2\varepsilon$ 和 $n - 2l/2l \asymp -2\varepsilon$, 所以

$$(n - l) \log \left(1 + \frac{2l - n}{2(n - l)} \right) + l \log \left(1 + \frac{n - 2l}{2l} \right)$$

$$\leqslant (n - l) \left(\frac{2l - n}{2(n - l)} - \delta \right) + l \left(\frac{n - 2l}{2l} - \delta \right) = -n\delta.$$

取 δ 充分小使得

$$2 \sum_{k=0}^{\lfloor (1/2 - \varepsilon)n \rfloor} \binom{n}{k} 2^{-n} \leqslant n e^{-n\delta} \sqrt{\frac{n}{2\pi \lfloor \alpha n \rfloor (n - \lfloor \alpha n \rfloor)}} =: \Delta(n, \varepsilon). \tag{7.5.3}$$

当 $n \to \infty$ 时, 它收敛于 0.

回到式 (7.5.1), 可以看到对任意固定的 $\varepsilon > 0$ 和充分大的 n, 使得二进制数字 0 的平均数和 $1/2$ 的距离小于 ε 的二进制区间所占的比例至少是 $1 - \Delta(n, \varepsilon)$, 从而它依指数收敛于 1. 因为每一区间有相同的长度, 当 $n \to \infty$ 时, 除在那些区间的总长度的和依指数收敛于 0 的区间外, 函数 $\mathcal{B}_n(\varphi)$ 接近于 $1/2$. 因为函数有界 (上界和下界), 这就蕴含它的平均偏差与 $1/2 = \ell([0, 1/2]) = \int_{S^1} \varphi(t) \, dt$ 相差为指数小. $\square$

决定性的一点是把对 "坏" 集合 (Birkhoff 平均偏离空间平均的点集) 的总长度的估计转变为区间的个数的组合计算. 这依赖于给定阶数的二进制区间有相同的长度这一事实. 这又反过来蕴含着 (但不归因于) 映射 E_2 在完全原像 (见 7.1.1 节) 的意义下保持长度.

7.5.3 逐点平均的收敛

平均的一致分布 (除长度很小的集合外, 对充分大的 n, Birkhoff 平均接近于空间平均) 和第 4 章中讨论过的原来的一致分布的概念有本质的区别, 在那里我们计算了单个点的 Birkhoff 平均. 我们自然会推测平均的一致分布蕴含 "大多数" 点的 Birkhoff 平均的收敛性. 问题是明确 "大多数" 的准确含义. 即使在刚讨论的最简单的情形中, 满足 Birkhoff 平均收敛于空间平均的点形成的集合 A 以及它的余集都是稠密的, 所以 A 的特征函数不是 Riemann 可积的, 并且 A 没有长度. 然而, 有一个在此意义下 "小" 的合适的概念.

定义 7.5.3 $\mathbb{R}$ 中的一个集合称为零集, 如果对任意 $\varepsilon > 0$, 可找到长度的总和不超过 ε 的若干开区间 (未必有限或两两不交), 使得该集合可以被这些开区间的

并覆盖. 如果一个性质对一个零集以外的所有点成立, 则称它几乎处处或对几乎所有的点成立.

零集的子集是零集. 零集的一个简单例子是有限集合. 甚至于可数集合仍是零集, 因为设它 (由可数的定义) 为序列 $(x_n)_{n \in \mathbb{N}}$, 则它可被长度为 $\varepsilon 2^{-n}$ 的区间 $(x_n - \varepsilon 2^{-n-1}, x_n + \varepsilon 2^{-n-1})$ 所覆盖, 这些区间长度之和是 ε. 这表明有理数 $\mathbb{Q}$ 以及 E_2 的周期点集均为零集. 零集的可数并 $\bigcup_{n \in \mathbb{N}} N_n$ 是零集: 用总长度之和不超过 $\varepsilon 2^{-n}$ 的区间覆盖 N_n 即可. Cantor 三分集也是零集, 因为对任意 $n \in \mathbb{N}$, 它可被长为 3^{-n} 的 2^n 个闭区间的并 C_n 覆盖 (见 2.7.1 节), 因此可被稍微长一点的 2^n 个开区间覆盖.

引理 7.5.4　不是单点集的区间不是零集.

证明　不是单点集的区间总包含不是单点集的闭区间, 所以仅证对闭区间成立即可. 考虑由开区间构成的闭区间 $[a, b]$ 的覆盖. 存在有限的子覆盖 (由紧性, 见定义 A.1.18). 考虑此覆盖中的区间的落在 (a, b) 内的端点, 我们把它们排列为 $x_0 := a < x_1 < x_2 < \cdots < x_k < b =: x_{k+1}$. 这样, $[a, b]$ 分成了 $k + 1$ 区间 $I_1 = [a, x_1)$, $I_2 = [x_1, x_2)$, $\cdots$, $I_{k+1} = [x_k, b]$ 的并. 每一区间 I_j 被上述的有限覆盖中的区间覆盖 m_j 次, 所以这些区间的长度之和至少为 $m_j(x_{j+1} - x_j) > x_{j+1} - x_j$. 因此, 有限覆盖的区间的长度之和, 甚至更进一步, 原来的覆盖的区间的长度之和至少是 $(b - x_k) + (x_k - x_{k-1}) + \cdots + (x_1 - a) = b - a$. $\qquad \square$

推论 7.5.5　零集的余集是稠密的.

证明　若否, 则零集包含一个不是单点集的区间. $\qquad \square$

定理 7.5.6　在命题7.5.1的条件下, $\mathcal{B}_n(\varphi)(x) \xrightarrow[n \to \infty]{} \int_{S^1} \varphi(t) \, \mathrm{d}t$ 几乎处处成立.

证明　满足收敛性的 x 构成的集合是

$$\left\{ x \mid \mathcal{B}_n(\varphi)(x) \to \frac{1}{2} \right\} = \bigcap_{m=1}^{\infty} \bigcup_{N \in \mathbb{N}} \bigcap_{n \geqslant N} \left\{ x \mid \left| \mathcal{B}_n(\varphi)(x) - \frac{1}{2} \right| < \frac{1}{m} \right\},$$

所以我们需要证明 ("坏") 集合

$$B := \left\{ x \mid \mathcal{B}_n(\varphi)(x) \nrightarrow \frac{1}{2} \right\} = \bigcup_{m=1}^{\infty} \bigcap_{N \in \mathbb{N}} \bigcup_{n \geqslant N} \left\{ x \mid \left| \mathcal{B}_n(\varphi)(x) - \frac{1}{2} \right| \geqslant \frac{1}{m} \right\}$$

是零集. 为此, 注意到

$$\{ x \mid |\mathcal{B}_n(\varphi)(x) - 1/2| \geqslant 1/m \}$$

可被长度之和至多为 $\Delta(n, 1/m)$ 的 (二进制) 区间覆盖, 其中 Δ 的定义见式 (7.5.3), 并且对给定的 m 来说, 它关于 n 是指数小的. 因此

$$\bigcup_{n \geqslant N} \{ x \mid |\mathcal{B}_n(\varphi)(x) - 1/2| \geqslant 1/m \}$$

可以被长度之和不超过 $\bar{\Delta}(N, 1/m) := \sum_{n \geqslant N} \Delta(n, 1/m)$ 的区间覆盖. 这一序列是几何收敛的 (见式 (7.5.3)), 所以 $\bar{\Delta}(N, 1/m) \xrightarrow[N \to \infty]{} 0$. 存在 N_0 使得 $\bar{\Delta}(N_0, 1/m) < \varepsilon 2^{-m}$, 因此 $\bigcap_{N \in \mathbb{N}} \bigcup_{n \geqslant N} \{x \mid |\mathcal{B}_n(\varphi)(x) - 1/2| \geqslant 1/m\}$ 可被长度之和不超过 $\varepsilon 2^{-m}$ 的区间的并覆盖. 这些覆盖的并给出了 B 的由长度之和不超过 ε 的区间构成的覆盖. □

7.5.4 大数定律

这两类一致分布, $\int_{S^1} |\mathcal{B}_n(\varphi)(x) - \int_{S^1} \varphi(t) \mathrm{d}t| \mathrm{d}x \to 0$ (命题 7.5.1) 和定理 7.5.6 分别称为弱和强的 "大数定律". 因为它们揭示了初始概率分布 (由连续函数 φ 表示) 在映射的重复作用下趋于一致分布这一事实. 即大数量的迭代倾向于使任何分布最终显得一致.

一致分布的这两个概念都比已经见到过的定理 4.1.15 中的无理旋转的强一致分布要弱, 且已得知后者和唯一遍历性 (定义 4.1.18) 有关. 类似地, 弱的和强的大数定律和 "遍历性" 这一概念有关, 在此, 我们不给出遍历的定义, 因为这要求对测度论很熟悉. 事实上, 由相关理论 (特别地, Birkhoff 遍历定理)知, 尽管从表面上看这两个一致分布的概念不同, 但是它们是等价的.

7.5.5 周期点的分布

由定理 7.5.6 的证明可得到轨道平均的另一重要的结论.

定理 7.5.7 对任意 $\varepsilon > 0$,

$$\frac{\mathrm{card}\{p \mid E_2^n(p) = p, \; |\lim_{m \to \infty} \mathcal{B}_m(\varphi)(p) - 1/2| \geqslant \varepsilon\}}{2^n - 1}$$

指数收敛于 0.

证明 变换 E_2 存在 $2^n - 1$ 个周期为 n 的周期点, 在每一二进制区间 Δ_n^i, $i = 0, \cdots, 2^n - 1$ 中含有一个, 其中 Δ_n^0 和 $\Delta_n^{2^n - 1}$ 都以 0 为其一个端点. 用 p_n^i 表示 Δ_n^i 中的 n 周期点. 因为 $\mathcal{B}_n$ 在 Δ_n^i 上是常数, 则在 $2^n - 1$ 个周期点中除占指数小比例的一部分点之外的所有点的值 $\mathcal{B}_n(p_n^i)$ 与 $1/2$ 的距离不超过 ε. 由于我们所取的是周期序列的平均, 因此对任意的 n 周期点 p, $\lim_{m \to \infty} \mathcal{B}_m(p) = \mathcal{B}_n(p)$. □

因为周期点所成的集是零集, 所以此结果不是定理 7.5.6 的推论. 它更像是周期点是 "一致分布" 的这一事实的自然结果.

习题 7.5.1 对映射 E_2, 证明: 具有渐近频率的点的集合是可数多个无处稠密的点集的并.

习题 7.5.2 对映射 E_3, 证明命题 7.5.1.

习题 7.5.3 对映射 E_m, 证明命题 7.5.1.

习题 7.5.4 对映射 E_3, 证明定理 7.5.6.

习题 7.5.5   对映射 E_m, 证明定理 7.5.6.

习题 7.5.6   对映射 E_m, 证明定理 7.5.7.

7.6 独立性, 熵, 混合性

轨道的分布性质的研究构成了动力系统的概率研究方法. 尤其是目前一些例子, 其收敛到平均时远远不是一致的, 甚至于在确定性动力系统中表现出随机性的特征. 下面更进一步地观察有此重要特征的动力系统.

7.6.1 掷硬币模型

现在从新的一种观点来看 7.3.1 节中扩张映射的编码构造. 把区间 $[0,1]$ 上的数的二进制表示看成是无限次掷硬币试验的结果的记录: 硬币落下后是正面朝上时, 记为 0, 反面朝上时记为 1. 如果硬币是均匀的, 即正面和反面是对称的, 我们的试验是独立的, 那么前 n 次试验中 $0,1$ 的任意序列的概率是 2^{-n}. 称在 n 次试验中出现的任意固定的由正面和反面组成的序列称为一个基本事件. 在任意 n 次试验中 (不一定是前 n 次甚至也不一定是连续的) 任意结果出现的概率是和给定结果相容的基本事件所有对应的二进制区间的总长. 因此, 7.5 节中关于长度的计算有一个概率的解释. 比如, 为了找出在 n 次试验中有 k 次反面的概率, 取在长为 n 的 $0,1$ 序列中恰含 k 个 1 的序列的个数. 它等于 $\binom{n}{k}$, 再除以 2^n. 类似地, 式 (7.5.1) 给出了反面出现的平均次数与 $1/2$ 的差别小于 ε 的试验的次数. 关于映射 E_2 的特征函数 φ 的 Birkhoff 平均的计算 (7.5 节) 可重新表述为给公平掷硬币模型中各种结果的概率的估计: 当试验次数趋于无穷时, 反面出现的平均次数和 $1/2$ 的差大于一个固定数的概率以指数的速度趋于 0.

7.3.5 节中解释了映射的编码如何生成序列空间的移位. 把单位区间分成左二分之一和右二分之一来对 E_2 编码正好与掷硬币试验的概型相对应, 它也发生在 $0,1$ 序列空间中.

7.6.2 Bernoulli 概型

一个更一般的具有几个可能结果的 (未必是同等可能的) 随机试验的概型仍可应用符号空间上的移位来描述. 基本事件的概率不一定相等. 这一空间的元素对应于无限次试验的可能结果. 移位变换对应于时间上向前一步. 这些概型中最简单的一类是平稳 Bernoulli 概型. 固定试验中 N 个符号 $0, \cdots, N-1$ 分别出现的概率 $p_0, \cdots, p_{N-1}$, 假设相继的试验是相互独立的, 即任意试验中一特定的结果出现的概率不依赖于前面的结果. 这表明任意结果的有限序列的概率是序列中的每一结果的概率的乘积.

考虑 $N = 2$ 的情形, 其中 $p := p_0 \neq p_1 = 1 - p$, 即掷不均匀的硬币, 根据 7.5 节中的计算, 任意基本事件中 0 出现 k 次以及 1 出现 $n - k$ 的概率等于 $\binom{n}{k} p^k (1-p)^{n-k}$. 因此, 若 φ 是第一项是 0 的序列的集合上的特征函数, 则 φ 的空间平均是 p, 且对大多数有限序列来说, 0 出现的比例大约是 p. 这一期望是把 7.5 节中的计算应用于这一新的情形得到的.

命题 7.6.1 对权重是 p 和 $1 - p$ 平稳 Bernoulli 概型, 当 $n \to \infty$ 时,

$$\text{概率} \left\{ i : \left| \mathcal{B}_n(\varphi)(x) - p \right| < \varepsilon, \ x \in \Delta^i n \right\} \to 1.$$

证明 类似于式 (7.5.1), 有概率

$$\left\{ i : \left| \mathcal{B}_n(\varphi)(x) - p \right| < \varepsilon, \ x \in \Delta_n^i \right\} = \sum_{k = \lfloor (p-\varepsilon)n \rfloor + 1}^{\lfloor (p+\varepsilon)n \rfloor} \binom{n}{k} p^k (1-p)^{n-k}. \tag{7.6.1}$$

为了找出下界, 我们估计余下的二项式系数的和, 其中一部分是

$$\sum_{k=0}^{\lfloor (p-\varepsilon)n \rfloor} \binom{n}{k} p^k (1-p)^{n-k},$$

由 $\lfloor (p+\varepsilon)n \rfloor + 1$ 开始的对应的和式的估计留给读者. 对足够大的 n, 最后一项是最大的, 因为从前一项到后一项需要乘以 $(n - k/k)(p/1 - p)$, 而当 $k < pn$ 时, 此式大于 1. 类似于 7.5 节, 就得到了上界

$$\sum_{k=0}^{\lfloor (p-\varepsilon)n \rfloor} \binom{n}{k} p^k (1-p)^{n-k} \leqslant (l+1) \binom{n}{l} p^l (1-p)^{n-l}$$

$$\asymp (l+1) e^{n \log n - l \log l - (n-l) \log (n-l)} \sqrt{\frac{n}{2\pi l (n-l)}} p^l (1-p)^{n-l}$$

$$= e^{n \log n - l \log l - (n-l) \log (n-l) + l \log p + (n-l) \log (1-p)} (l+1) \sqrt{\frac{n}{2\pi l (n-l)}} p^l (1-p)^{n-l}.$$

指数

$$(n-l)[\log n - \log (n-l) + \log (1-p)] + l[\log n - \log l + \log p]$$

$$= (n-l) \log \frac{n(1-p)}{n-l} + l \log \frac{np}{l}$$

$$= (n-l) \log \left(1 + \frac{n(1-p) - n + l}{n - l} \right) + l \log \left(1 + \frac{np - l}{l} \right).$$

可以再一次利用对数的凸性来估计: 对 $l = \lfloor (p - \varepsilon)n \rfloor$ 和 $\varepsilon > 0$, 存在 $\delta > 0$ 使得

$$(n - l) \log \left(1 + \frac{n(1-p) - n + l}{n - l} \right) + l \log \left(1 + \frac{np - l}{l} \right)$$

$$\leqslant (n - l) \left(\frac{n(1-p) - n + l}{n - l} - \delta \right) + l \left(\frac{np - l}{l} - \delta \right) = -n\delta.$$

因此指数是负的, 并且当 $n \to \infty$ 时, 上界依指数收敛于 0.

再结合和式的另一尾项的类似估计, 这就蕴含式 (7.6.1) 的右边如所说的那样收敛于 1. □

7.6.3　熵

对构成大部分可能结果的基本事件, 即出现的平均次数接近于空间平均的那些基本事件, 我们考虑的不是它们自身的概率, 而是某种特定的指数形式. 对任意上述的事件 C, C 的概率的对数除以 n 近似等于 $p \log p + (1 - p) \log(1 - p)$. 称此为概率分布 $(p, 1 - p)$ 的熵, 它与概型的随机性生成的不确定的程度紧密相连. 上述典型结果出现的概率的指数渐近是著名的 Shannon-MacMillan 定理的最基本的情形, 而该定理是信息理论的奠基石 [3].

7.6.4　区间上的 Bernoulli 测度

回到扩张映射 E_2, 我们可将基本事件的概率解释为相应的二进制区间的长度. 为区分起见, 称此为区间的 Bernoulli 测度. 例如, $[0, 1/4]$ 的测度是 $m_p([0, 1/4]) = p^2$ 以及 $m_p([1/4, 1/2]) = m_p([1/2, 3/4]) = p(1 - p)$, $m_p([3/4, 1]) = (1 - p)^2$. 很自然, 二进制区间的并的测度是这些区间的测度的和. 不难验证, 用二进制区间的并从外部和内部来逼近某一区间, 所得到的对应的测度的极限相等. 因此我们得到任意区间 I 的测度 $m_p(I)$, 以及它们有限并的测度. 如同在通常的积分定义中一样, 可以应用此测度来定义任意连续函数的积分 (事实上, 对其他一些函数也可定义, 比如, 有有限个间断点的函数). 类似于前面提到的, 零集是这样的集合, 对给定的 $\varepsilon > 0$, 存在由开区间构成的可数覆盖, 其 Bernoulli 测度之和小于 ε.

类似于定义 4.2.2, 用其分布函数 $\Psi_p(x) = m_p([0, x])$ 来表示上述测度是很便利的. 显然, $\Psi_p(0) = 0$, $\Psi_p(1) = 1$, 并且 Ψ_p 是非递减的. 事实上, 它是递增的, 因为每一二进制区间有正的测度并且在任意两个数之间存在一个二进制区间. 类似地, 对 $p \notin \{0, 1\}$, 它是连续的, 因为小的二进制区间的测度是很小的. 显然, $\Psi_{1/2}(x) = x$, 但是可以证明, 对 $p \neq 1/2$, 函数 Ψ_p 在许多点处不是可微分的. 然而, 它有自相似性质: $\Psi_p(x/2) = p\Psi(x)$. 图 7.6.1 给出了 $\Psi_{1/3}$ 和 $\Psi_{1/10}$ 的图.

---

[3] 参见 Karl Petersen. *Ergodic Theory* (Canbridge Studies in Advanced Mathematics 2. Canbridge: Cambridge University Press, 1983) 的定理 2.3.

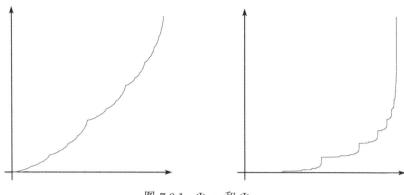

图 7.6.1 $\Psi_{1/3}$ 和 $\Psi_{1/10}$

7.6.5 混合

和拓扑混合是比拓扑传递的更强的性质类似, 也有一种比一致分布 (或大数定律) 更强的性质: 称为混合. 我们在圆周上的逐段连续映射的具体情形下来研究此概念.

为此由分布函数开始: 假设 $\Psi: [0,1] \to [0,1]$ 是连续非递减函数满足 $\Psi(0) = 0$ 并且定义了 $[a,b]$ 上的测度 $m([a,b]) := \Psi(b) - \Psi(a)$. 由可加性可得到区间的有限并的测度. 特别地, 如果用端点等置的 $[0,1]$ 来表示圆周, 则包含 0 的弧的测度定义为位于 0 的两测的那两段的测度的和. 开或半开弧的测度和它的闭包的测度相等.

考虑逐段连续, 逐段单调映射 $f: S^1 \to S^1$(或区间). 此概念在定义 4.2.2 中介绍过, 注意到 $m_f(I) := m(f^{-1}(I))$ 是良定的. 若 $m_f = m$, 称测度 m 在 f 下不变. 这与 6.2 节中的保持测度的情形不同, 注意到在那里 Newton 系统保持体积 (推论 6.2.3), 而体积是高维情形的自然测度.

定义 7.6.2 考虑逐段连续, 逐段单调映射 $f: S^1 \to S^1$ 且假设测度 m 在 f 下不变. 则 f 称为是混合的(关于 m), 若对任意两弧 Δ_1, Δ_2, 有 $m(\Delta_1 \cap f^{-n}(\Delta_2)) \xrightarrow[n\to\infty]{} m(\Delta_1) \cdot m(\Delta_2)$.

因为 $\Delta_1 \cap f^{-n}(\Delta_2)$ 是区间的有限并, 所以它的测度是良定的.

命题 7.6.3 若 f 关于测度 m 是混合的, 且测度 m 的分布函数是递增的, 则 f 是拓扑混合的.

证明 由 m 的假设可知每个区间有正的测度. 若 U, V 是开集, 则存在区间 $\Delta_1 \subset V, \Delta_2 \subset U$. 因为 f 关于 m 是混合的, 存在 $N \in \mathbb{N}$ 使得对所有 $n \geqslant N$, 有 $m(\Delta_1 \cap f^{-n}(\Delta_2)) > 0$, 所以 $\Delta_1 \cap f^{-n}(\Delta_2) \neq \varnothing$. 应用 f^n 得到对所有的 $n \geqslant N$, 有 $\Delta_1 \cap f^n(\Delta_2) \neq \varnothing$. 因此, 对 $n \geqslant N$, 有 $V \cap f^n(U) \neq \varnothing$. □

命题 7.6.4 7.6.4 节中的 S^1 上的 Bernoulli 测度 m_p 在 E_2 下不变, 且 E_2 关于 m_p 是混合的.

证明   为证不变性, 注意到任意弧可被相互不重叠的二进制区间的并任意接近. 因此, 仅需证二进制区间和它的原像的测度相等即可. 二进制区间 Δ 由二进制数的有限串 $0.x_1 x_2 \cdots x_n$ 决定, 且它的测度是 $m_p(\Delta) = \prod_{i=1}^{n}[(1-2p)x_i + p]$. Δ 的原像由两个二进制区间组成, 对应的二进制串是 $0.0x_1 x_2 \cdots x_n$ 和 $0.1x_1 x_2 \cdots x_n$, 它们的测度的和是

$$pm(\Delta) + (1-p)m(\Delta) = m(\Delta).$$

类似地, 混合性只需对二进制区间验证即可. 假设 Δ_1 和 Δ_2 分别是由串 $0.\alpha_1 \cdots \alpha_m$ 和 $0.\omega_1 \cdots \omega_r$ 给出的二进制区间. 则 $E_2^{-n}(\Delta_2)$ 是由串 $0.x_1 \cdots x_n \omega_1 \cdots \omega_r$ 决定的 2^n 个二进制区间的不交并, 其中 $x_1 \cdots x_n$ 取遍所有可能的组合. 若 $n > m$, 则 $\Delta_1 \cap E_2^{-n}(\Delta_2)$ 是所有可能的串 $0.\alpha_1 \cdots \alpha_m x_{m+1} \cdots x_n \omega_1 \cdots \omega_n$ 决定的二进制区间的不交并. 它的测度是

$$\sum_{x_1 \cdots x_n} \prod_{i=1}^{m}[(1-2p)\alpha_i + p] \prod_{j=1}^{n-m}[(1-2p)x_{m+i} + p] \prod_{k=1}^{r}[(1-2p)\omega_i + p]$$

$$= m_p(\Delta_1)m_p(\Delta_2) \sum_{x_1 \cdots x_n} \prod_{j=1}^{n-m}[(1-2p)x_{m+i} + p] = m_p(\Delta_1)m_p(\Delta_2).$$

因为最后的和式是由长为 $n-m$ 的串决定的所有二进制区间的测度的和, 因此就是圆周的测度 1. □

混沌系统的其他两个重要例子也是混合的: 双边移位和环面上的双曲线性自同构. 当然, 这个论断需要先有在这些系统中测度和混合的定义.

命题 7.6.5   带有 Bernoulli 测度的双边移位是混合的, 其中 Bernoulli 测度的定义类似于 7.6.4 节, 混合性要理解为用柱体代替定义 7.6.2 中的弧.

证明类似于 E_2 的情形, 留作练习 (习题 7.6.1).

命题 7.6.6   由矩阵 $\begin{pmatrix} 2 & 1 \\ 1 & 1 \end{pmatrix}$ 对应的线性映射 L 诱导的 $\mathbb{T}^2$ 上的双曲自同构 F 关于面积测度是混合的, 其中混合性理解为是用平行四边形代替定义 7.6.2 中的弧.

证明   因为 F 可逆, 我们可以用条件 $m(B \cap F^n(A)) \xrightarrow{n \to \infty} m(A) \cdot m(B)$ 代替条件 $m(\Delta_1 \cap F^{-n}(\Delta_2)) \xrightarrow{n \to \infty} m(\Delta_1) \cdot m(\Delta_2)$. 为了方便, 我们用特殊的平行四边形作为 "测试集合" 来代替情形 E_2 中的弧. 用边平行于特征方向的平行四边形 A 代替弧 A, 用 a_1 表示沿着扩张特征线方向的边的长度, 另一边长记为 a_2. 用带有两个长为 b_2 的竖直边, 两个平行于特征值 λ 大于 1 的特征方向的长为 b_1 的边的平行四边形代替弧 B, 且记扩张特征线方向与水平方向的夹角的余弦为 c. 现对足够大的 n, 考虑 $F^n(A)$, 其长为 a_1 的底边被映射到长为 $\lambda^n a_1$ 的线, 和 B 的竖直边大约交

$cb_2\lambda^n a_1$ 次, 这是因为交点是生成特征直线的线性流上的截面映射的像, 并且截面映射是无理旋转, 它有一致分布性质. 为了确定交集 $F^n(A) \cap B$ 的测度, 注意到 (至多除去贴近 B 的边的两个带状域以及不贯穿 B 的两段之外) 它由许多宽是 $\lambda^{-n} a_2$ 长是 b_1 的带组成, 这得到一个组合的面积 $(c\lambda^n a_1 b_2)(\lambda^{-n} a_2) b_1 = (a_1 a_2)(cb_1 b_2)$, 就是 $m(A)m(B)$ (见图 7.6.2). □

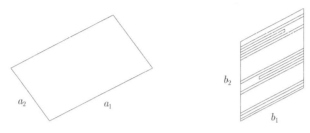

图 7.6.2 环面自同构的混合

上述讨论对任何线性环面自同构都成立.

命题 7.6.7 环面上的任意双曲线性自同构关于面积测度是混合的.

习题 7.6.1 证明: 两个符号的满移位关于任意的 Bernoulli 测度是混合的.

习题 7.6.2 估计命题 7.6.1 证明中的第二个尾项.

习题 7.6.3 证明: 若 $0 < p < q < 1$, 则存在集合 A 使得 A 关于 m_p 是零集并且它的余集关于 m_q 也是零集.

习题 7.6.4 对 Bernoulli 测度 m_p, 证明定理 7.5.6.

第 8 章 熵 和 混 沌

本章考虑混沌动力系统中两个相关的概念：熵和混沌，它们是重要的参量. 首先是集合的分形维数. 通过允许非整数值，它从拓扑概念的维数推广到了像 Cantor 集这样的集合上. 尽管所有的 Cantor 集是同胚的，但是它们看起来会厚一些或薄一些，取决于构造时所用的参数. 分形维数就是这些集合厚度的一个度量. 当所研究的 Cantor 集作为双曲动力系统的不变集时，它的维数和其他一些重要动力学意义下的量，特别是系统的收缩率和扩张率，有深刻的联系，这是一个活跃的研究课题，我们就 Smale 马蹄进行阐述.

另一概念是熵. 它是以指数的尺度来量度整体的轨道复杂性，且与周期点的增长率、收缩率、扩张率密切相关. 作为拓扑共轭不变量，它也提供了分辨两个动力系统不共轭的一种方法.

动力系统不变集的维数和熵的取值是相关的，而且在它们的定义中所使用的构造也是有关联的. 共同的根源是集合的容量这一概念，我们以它作为本章的开始.

8.1 紧空间的维数

8.1.1 容量

受体积概念的启发，在紧度量空间中引入 "大小" 或容量的概念. 假设 X 是度量为 d 的紧致空间. 集合 $E \subset X$ 称为是 r 稠密的，如果 $X \subset \bigcup_{x \in E} B_d(x, r)$，其中 $B_d(x, r)$ 表示度量 d 下以 x 为中心的 r 球 (见 2.6.1 节). 定义空间 (X, d) 的 r 容量为其 r 稠密集所含元素的最小个数 $S_d(r)$.

例如，若 $X = [0, 1]$，带有通常度量，则 $S_d(r)$ 大约是 $1/2r$，因为要取 $1/2r$ 个 r 球 (即区间) 来覆盖单位长度的话，取分别以 $ir(2 - r)$，$0 \leqslant i \leqslant \lfloor 1 + 1/2r \rfloor$ 为中心的 $\lfloor 2 + 1/2r \rfloor$ 个球即可. 另一例子，若 $X = [0, 1]^2$ 是单位正方形，则 $S_d(r)$ 大约是 r^{-2}. 因为至少要取 $1/\pi r^2$ 个 r 球来覆盖单位面积的区域，另一方面，以 (ir, jr) 为中心的 $(1 + 1/r)^2$ 个球就是一个覆盖. 类似地，对单位立方体来说，$(1 + 1/r)^3$ 个 r 球就足够了.

对带有通常度量的 Cantor 三分集的情形来说，如果我们作点弊，使用闭球的话，$S_d(3^{-i}) = 2^i$；否则，若用开球，则 $S_d((3 - 1/i)^{-i}) = 2^i$.

8.1.2 盒维数

容量的一个重要的方面是容量对 r 的依赖性 (即容量 $S_d(r)$ 随 r 的多少次方幂增长) 和维数之间的关系.

若 $X = [0,1]$, 则

$$\lim_{r \to 0} -\frac{\log S_d(r)}{\log r} \geqslant \lim_{r \to 0} -\frac{\log(1/2r)}{\log r} = \lim_{r \to 0} \frac{\log 2 + \log r}{\log r} = 1$$

以及

$$\lim_{r \to 0} -\frac{\log S_d(r)}{\log r} \leqslant \lim_{r \to 0} -\frac{\log\lfloor 2 + 1/2r \rfloor}{\log r} \leqslant \lim -\frac{\log(1/r)}{\log r} = 1,$$

所以 $\lim_{r \to 0} -\log S_d(r)/\log r = 1 = \dim X$. 若 $X = [0,1]^2$, 则 $\lim_{r \to 0} -\log S_d(r)/\log r = 2 = \dim X$; 若 $X = [0,1]^3$, 则 $\lim_{r \to 0} -\log S_d(r)/\log r = 3 = \dim X$. 这就表明 $\lim_{r \to 0} -\log S_d(r)/\log r$ 给出了一种维数的定义.

定义 8.1.1 如果 X 是全有界的度量空间(定义 A.1.20), 那么

$$\mathrm{bdim}(X) := \lim_{r \to 0} -\frac{\log S_d(r)}{\log r}$$

称为 X 的盒维数.

8.1.3 例子

让我们在不那么简单的空间中测试这个概念.

1. Cantor 三分集

若 C 是 Cantor 三分集, 则

$$\mathrm{bdim}(C) = \lim_{r \to 0} -\frac{\log S_d(r)}{\log r} = \lim_{n \to \infty} -\frac{\log 2^i}{\log 3^{-i}} = \frac{\log 2}{\log 3}.$$

如果每一步除去相对长度为 $1 - (2/\alpha)$ 的中间的区间来构造 C_α, 则 $\mathrm{bdim}(C_\alpha) = \log 2/\log \alpha$. 当 $\alpha \to 2$ 时 (即除去更小的区间), 上式递增趋于 1. 当 $\alpha \to \infty$(即除去更大的区间), 上式递减趋于 0. 因此, 如果在 Cantor 集的构造中, 在每一步迭代后剩余的区间的长度迅速递减时, 就得到较小的盒维数.

由此表明, 在同胚下集合的盒维数可能变化, 因为这些 Cantor 集两两同胚.

2. Sierpinski 地毯

类似地, 可以研究其他的 Cantor 型集. 比如, 2.7.2 节中的 Sierpinski 地毯. 对方形 Sierpinski 地毯, 像对 Cantor 三分集容量的计算那样作弊, 利用 (在特定步中以剩下的小立方体为中心的) 闭球作覆盖. 因此, $S_d(3^{-i}/\sqrt{2}) = 8^i$ 且

$$\mathrm{bdim}(S) = \lim_{n \to \infty} -\frac{\log 8^i}{\log 3^{-i}/\sqrt{2}} = \frac{\log 8}{\log 3} = \frac{3\log 2}{\log 3},$$

它是 Cantor 三分集的盒维数的 3 倍 (但仍比 2 小 0). 对三角形 Sierpinski 地毯, 类似可得其盒维数是 $\log 3/\log 2$.

3. Koch 雪花曲线

2.7.2 节中 Koch 雪花曲线 K 有 $S_d(3^{-i}) = 4^i$, 这可以通过中心落在第 i 个多边形的边上的 (闭) 球形成的覆盖得到, 因此

$$\mathrm{bdim}(K) = \lim_{n\to\infty} -\frac{\log 4^i}{\log 3^{-i}} = \frac{\log 4}{\log 3} = \frac{2\log 2}{\log 3},$$

它比 Sierpinski 地毯的维数要小, 这相应于这时的迭代看起来更 "薄" 一些. 然而, 注意到此维数大于 1, 所以它比曲线的维数要大. 所有这些例子的盒维数都不是整数, 即它们是分数的或 "分形的". 据此, 称这些集合为分形.

4. Smale 马蹄

在 Smale 马蹄 (7.4.4 节) 的构造中, 假设线性部分的扩张率是 $\lambda > 2$, 收缩率是 $\mu < 1/\lambda$ (不失一般性). 给定 $n \in \mathbb{N}$, 不变集 $\Lambda = \bigcap_{n=-\infty}^{\infty} f^{-n}(\Delta)$ 包含在 $\Lambda = \bigcap_{i=-n}^{n} f^{-i}(\Delta)$ 中, 而后者由 4^n 个边为 λ^{-n} 和 μ^n 的长方形组成, 因此就可以被边为 μ^n 的 $4^n/(\lambda^n\mu^n)$ 个正方形覆盖. 于是, $S_d(\mu^{-n}) \asymp 4^n/(\lambda^n\mu^n)$, 并且

$$\mathrm{bdim}(\Lambda) = \lim_{n\to\infty} -\frac{\log Sd(\mu^{-n})}{\log \mu^{-n}} = \lim_{n\to\infty} -\frac{n(\log 4 - \log\lambda - \log\mu)}{n\log\mu}$$
$$= 1 + \frac{\log 4 - \log\lambda}{-\log\mu}.$$

5. 序列空间

考虑带有 (7.3.4) 中度量 d_λ 的双边序列空间 Ω_N. 由 (7.3.5) 知, 存在 N^{2n-1} 个半径是 λ^{1-n} 的不交球构成的覆盖, 即柱体 $C_{\alpha_{1-n}\cdots\alpha_{n-1}} = \{\omega \in \Omega_N \mid \omega_i = \alpha_i,$ 其中 $|i| < n\}$. 因此 $S_{d_\lambda}(\lambda^{1-n}) = N^{2n-1}$, 盒维数是

$$\mathrm{bdim}(\Omega_N, d_\lambda) = \lim_{r\to 0} -\frac{\log S_d(r)}{\log r} = \lim_{n\to\infty} -\frac{\log N^{2n-1}}{\log \lambda^{1-n}}$$
$$= \lim_{n\to\infty} \frac{2n-1}{n-1}\frac{\log N}{\log\lambda} = 2\frac{\log N}{\log\lambda}.$$

类似于 Cantor 集的例子, 当 λ 递增时, 此盒维数是递减的. 它相应于对很大的 λ, 柱体的半径 (作为特定串的长度的函数) 会迅速递减.

8.1.4 对度量的依赖性

和容量相关的另一个问题是对给定的 r, $S_d(r)$ 对度量的依赖性. 如果用更大的度量 (有更细的分辨率) 代替原来的度量, 球就会变小, 因此 $S_d(r)$ 会增大. 此时

容量的变化率是度量的加细率的一种新的度量. 一个简单的例子是度量的缩放, 即乘以一个正因子 a. 显然, $S_{ad}(ar) = S_d(r)$, 并且

$$\lim_{r \to 0} -\frac{\log S_{ad}(r)}{\log r} = \lim_{r \to 0} -\frac{\log S_{ad}(ar)}{\log ar} = \lim_{r \to 0} -\frac{\log S_d(r)}{\log ar}$$
$$= \lim_{r \to 0} -\frac{\log S_d(r)}{\log a + \log r} = \lim_{r \to 0} -\frac{\log S_d(r)}{\log r}.$$

因此, 缩放不影响其盒维数. 然而, 对固定的 r 以及度量序列 d_i, 当 $i \to \infty$ 时, 可以研究 $S_{d_i}(r)$ 的渐近行为. 这在熵的研究中会涉及到.

习题 8.1.1 证明: 一个极小覆盖的基数和一个覆盖的极小基数不一定相同.

习题 8.1.2 计算 $\mathbb{Q} \cap [0,1]$ 的盒维数.

习题 8.1.3 证明: Smale马蹄的盒维数满足 $0 < \mathrm{bdim}(\Lambda) < 2$.

习题 8.1.4 对含有 3 个穿越的 S 形的马蹄, 计算其不变集的盒维数并证明它在 0 和 2 之间.

习题 8.1.5 找出 Ω_N 和 Ω_N^R 上度量为 d_λ'' 的维数.

习题 8.1.6 证明: 度量为 d_λ 的单边移位空间 Ω_N^R 的维数 $\mathrm{bdim}(\Omega_N^R, d_\lambda)$ 是 $\log N / \log \lambda$.

习题 8.1.7 证明: 三角形 Sierpinski 地毯的盒维数 $\log 3 / \log 2$.

习题 8.1.8 构造区间上 Cantor 集, 使其盒维数为 0 和 1.

习题 8.1.9 确定 $[0,1]$ 区间上二进制展式中无相继的 0 的点集的盒维数.

8.2 拓 扑 熵

8.2.1 复杂性的度量和不变性

我们在前面已经见过几种描述动力系统复杂性的指标: 拓扑传递性、极小性、周期点集的稠密性、混沌以及拓扑混合. 特别是拓扑混合, 揭示了不同轨道的缠结和分离. 这些都是复杂性的定性 ("是–否") 的度量. 到目前为止, 对复杂性的定量的度量仅仅是周期轨道的增长率. 尽管简单的有理旋转有无限个周期点, 混沌的例子却是有限个周期点的指数增长而与此不同.

1. 熵

比仅度量周期轨道的增长更进一步的是在某种意义下度量所有轨道的增长. 拓扑熵正是起这种作用的最重要的数字不变量, 它表示的是在精度充分小但有限的区分度下轨道段的个数的指数增长率. 在某种意义上, 拓扑熵是用一个确定的数值粗略但有启发性地描述轨道结构的整体指数复杂性. 实际上, 我们将看到, 在我们的例子中, 那些混沌的系统因为具有正熵而与众不同, 并且拓扑熵不小于周期轨道的增长率. 因此, 把熵看成是动力系统混沌程度的定量的度量是恰当的.

2. 不变量

此时给出研究动力系统不变量的另一动机也许是有益的. 不变量作为与动力系统相联系的量, 对于在共轭 (定义 7.3.3) 意义下等价的两个动力系统, 取值是一样的. 当遇到一个新的动力系统时, 我们会很自然地想知道它是否等价于已经研究过的某个系统, 那将会省去很多工作. 另一些时候, 我们会考虑某一动力系统族中的系统是否是两两等价的, 或者它能否被分割成等价类 (在拓扑共轭下). 在以上两种情况下, 我们都需要确定两个给定的动力系统之间是否存在一个共轭. 若经过许多尝试之后仍不能找到共轭, 显然就需要证明它们不共轭的方法. 不变性提供了这样一个途径: 若一系统是传递的, 另一系统不是, 则它们不能共轭. 若一圆周同胚的旋转数是 α, 另一个的旋转数是 $\beta \neq \pm\alpha$, 那么这两个系统不是拓扑共轭的. 类似地, 熵是一个有魅力的不变量 (推论 8.2.3), 但更重要的是它在实数上取值 (与 "是–否" 相对), 而因之给出了一个比传递、混沌等更细致地区分不同动力系统的方法. 另一方面, 它对更广泛的动力系统而不仅仅是圆周映射有定义.

8.2.2　熵的第一个定义

为定义熵, 我们对固定的 r 使度量以一种动态的显著的方式加细时来量度容量 $S_d(r)$ 的增长率. 这不同于盒维数的定义方式, 在那里, 我们在固定的度量下把容量看作 r 的函数来研究它的变化. 设 X 是距离函数为 d 的紧度量空间, $f\colon X \to X$ 是连续映射, 定义度量的递增序列 d_n^f, $n = 1, 2, \cdots$ 为 $d_1^f = d$,

$$d_n^f(x,y) = \max_{0 \leqslant i \leqslant n-1} d(f^i(x), f^i(y)). \tag{8.2.1}$$

换句话说, d_n^f 是轨道段 $\mathcal{O}_n(x) = \{x, \cdots, f^{n-1}x\}$ 和 $\mathcal{O}_n(y)$ 的距离. 用 $B_f(x, r, n)$ 表示开球 $\{y \in X \mid d_n^f(x, y) < r\}$.

定义 8.2.1　用 $S_d(f, r, n)$ 表示度量 d_n^f 下的 r 容量. 明确地说, 称集合 $E \subset X$ 关于度量 d_n^f 是 r 稠密的, 或 (n, r) 稠的, 若 $X \subset \bigcup_{x \in E} B_f(x, r, n)$. 于是 $S_d(f, r, n)$ 是 (n, r) 稠密集的最小基数. 这是初始条件的最小数目, 使得它们的轨道能在时间 n 内以精度 r 逼近任何初始条件的轨道. 考虑 $S_d(f, r, n)$ 的指数增长率

$$h_d(f, r) := \varlimsup_{n \to \infty} \frac{1}{n} \log S_d(f, r, n). \tag{8.2.2}$$

显然, $h_d(f, r)$ 关于 r 不是递减的, 所以定义

$$h_d(f) := \lim_{r \to 0} h_d(f, r). \tag{8.2.3}$$

称 $h(f) := h_{\text{top}}(f) := h_d(f)$ 为 f 的拓扑熵.

注意到我们取了两次极限, 先是关于 n, 再是关于 r, 其中重要的极限是关于 n 的极限, 这就是动力系统进入的地方. 事实上, 在许多重要情形中关于 r 的极限是平凡的, 因为 $h_d(f,r)$ 一开始就不依赖于 r(对充分小的 r).

我们也许会认为 $h_d(f)$ 依赖于度量 d 的选取. 事实并非如此, 只要改变为同胚的度量 (定义 A.1.17). 这也表明去掉式 (8.2.3) 中的度量标记是合理的.

命题 8.2.2 若 d' 是 X 中等价于 d 的度量, 则 $h_{d'}(f) = h_d(f)$.

证明 由假设知, 恒同映射 $\mathrm{Id}: (X,d) \to (X,d')$ 是同胚映射, 且由 X 的紧性知, 此映射及其逆映射都是一致连续的. 于是, 对任给的 $r > 0$, 存在 $\delta(r) > 0$ 使得若 $d'(x_1, x_2) < \delta$, 则 $d(x_1, x_2) < r$, 即在度量 d' 下的任意 δ 球包含在度量 d 下的 r 球中. 由式 (8.2.1) 知, 这对度量 d_n^f 和 d_n^f 也是成立的. 因此, 对任意的 n, 有 $S_{d'}(f, \delta, n) \geqslant S_d(f, r, n)$, 所以 $h_{d'}(f, \delta) \geqslant h_d(f, r)$, 且 $h_{d'}(f) \geqslant \lim_{\delta \to 0} h_{d'}(f, \delta) \geqslant \lim_{r \to 0} h_d(f, r) = h_d(f)$. 交换 d 和 d' 得到 $h_d(f) \geqslant h_{d'}(f)$, 进而得到等式. □

推论 8.2.3 拓扑熵是拓扑共轭不变量.

证明 设 $f: X \to X$, $g: Y \to Y$ 在同胚 $h: X \to Y$ 下是拓扑共轭的 (见定义 7.3.3). 对 X 上的固定的度量 d, 由 d 的拉回定义 Y 上的度量 d', 即 $d'(y_1, y_2) = d(h^{-1}(y_1), h^{-1}(y_2))$ (见 2.6.1 节). 则 h 是一个等距同构, 所以 $h_d(f) = h_{d'}(g)$. □

8.2.3 次指数增长

作为如何应用熵这个概念的第一个例子, 我们考虑相对简单的动力系统.

命题 8.2.4 压缩映射和等距同构的拓扑熵是零. 特别地, 环面上的任意平移 T_γ 或环面上的任意线性流 T_ω^t(见 5.1 节和 8.3.5 小节)都具有零熵.

证明 若 X 是紧度量空间, $f: X \to X$ 是 1-Lipschitz 的, 则对任意的 n, $d_n^f = d$. 因此, $S_n(f, r, n)$ 不依赖于 n. 所以 $h(f) = 0$. 等距流的情形和这些映射类似. □

这种没有任何增长的情形被排除于正熵的情形之外. 在这两种极端情形之间, 有许多情形是 "适中的", 即熵定义中这些量是次指数增长的. 下面给出线性扭转的例子 $T: S^1 \times [0,1] \to S^1 \times [0,1]$, $T(x,y) = (x+y, y)$(见 6.1.1 节). 此时, 我们可以给出 nr^2 个球的 d_n^f 的 r 稠密集, 它们的中心在水平面上以 r 为等间距分布以及在竖直面上以 nr 为等间距分布. 这些中心也是 $r/2$ 分离的.

8.2.4 由开覆盖定义的熵

拓扑熵不总是容易计算的, 有替代的定义会有所帮助, 这样, 若情形需要, 可以选择方便的一个 (这在命题 8.2.9 中就会出现).

有许多类似于 $S_d(f, r, n)$ 的量可以用于定义拓扑熵. 用 $D_d(f, r, n)$ 表示度量 d_n^f 下直径小于 r 且其并能够覆盖 X 的这些集合的最小个数.

引理 8.2.5 对任意 $r > 0$, $\tilde{h}_d(f,r) := \lim_{n\to\infty}(1/n)\log D_d(f,r,n)$ 存在.

证明 若 A 是 d_n^f 直径小于 r 的集合, B 是 d_m^f 直径小于 r 的集合, 则 $A \cap f^{-n}(B)$ 的 d_{m+n}^f 直径小于 r. 因此, 若 $\mathfrak{A}$ 为 X 的 $D_d(f,r,n)$ 个 d_n^f 直径小于 r 的集合构成的覆盖, $\mathfrak{B}$ 为 X 的 $D_d(f,r,m)$ 个 d_m^f 直径小于 r 的集合构成的覆盖, 则由集合 $A \cap f^{-n}(B)$ 构成的覆盖至多包含 $D_d(f,r,n) \cdot D_d(f,r,m)$ 个元素, 其中 $A \in \mathfrak{A}$, $B \in \mathfrak{B}$, 而且它是一个由 d_{m+n}^f 直径小于 r 的集合构成的覆盖. 因此, 对所有的 m, n, 有

$$D_d(f,r,m+n) \leqslant D_d(f,r,n) \cdot D_d(f,r,m).$$

令 $a_n = \log D_d(f,r,n)$, 这表明 $a_{m+n} \leqslant a_n + a_m$. 因此由引理 4.3.7 知, $\lim_{n\to\infty} a_n/n$ 存在. □

命题 8.2.6 若 $\underline{h}_d(f,r) := \underline{\lim}_{n\to\infty}(1/n)\log S_d(f,r,n)$, 则

$$\lim_{r\to 0}\tilde{h}_d(f,r) = \lim_{r\to 0}\underline{h}_d(f,r) = \lim_{r\to 0}h_d(f,r) = h(f). \tag{8.2.4}$$

证明 r 球的直径至多是 $2r$, 所以由 r 球构成的覆盖是由直径 $\leqslant 2r$ 的集合构成的覆盖, 即

$$D_d(f,2r,n) \leqslant S_d(f,r,n). \tag{8.2.5}$$

另一方面, 直径 $\leqslant r$ 的任意集合包含在以此集合中的点为心的 r 球中. 所以

$$S_d(f,r,n) \leqslant D_d(f,r,n). \tag{8.2.6}$$

因此

$$\tilde{h}_d(f,2r) \leqslant \underline{h}_d(f,r) \leqslant h_d(f,r) \leqslant \tilde{h}_d(f,r). \qquad □$$

8.2.5 由分离集定义的拓扑熵

另一个定义拓扑熵的方法是利用 X 中两两的 d_n^f 距离至少是 r 的点的集合的最大基数 $N_d(f,r,n)$. 称这样的点集是 (n,r) 分离的(见图 8.2.1). 这些点生成了在精度 r 下长度为 n 的轨道段的最大个数.

命题 8.2.7

$$h_{\text{top}}(f) = \lim_{r\to 0}\overline{\lim}_{n\to\infty}\frac{1}{n}\log N_d(f,r,n) = \lim_{r\to 0}\overline{\lim}_{n\to\infty}\frac{1}{n}\log N_d(f,r,n). \tag{8.2.7}$$

注 8.2.8 这验证了在本节开始给出的关于熵的字面的描述: 熵表示的是在充分小但有限的精度下轨道段的个数的指数增长率.

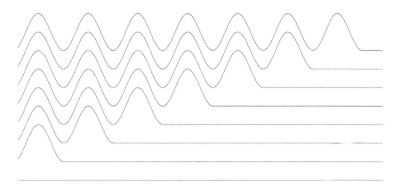

图 8.2.1　分离集

证明　最大 (n,r) 分离集是 (n,r) 稠密的, 即对任何这样的集, 以它中的点为心的 r 球覆盖 X, 否则, 可把不能覆盖住的点加入到此分离集中. 因此

$$S_d(f,r,n) \leqslant N_d(f,r,n). \tag{8.2.8}$$

另一方面, 任一 $r/2$ 球不能包含两个距离为 r 的点. 因此

$$N_d(f,r,n) \leqslant S_d\left(f,\frac{r}{2},n\right). \tag{8.2.9}$$

由式 (8.2.8) 和式 (8.2.9) 得到

$$\underline{h}_d(f,r) \leqslant \underline{\lim}_{n\to\infty}\frac{1}{n}\log N_d(f,r,n) \leqslant \overline{\lim}_{n\to\infty}\frac{1}{n}\log N_d(f,r,n) \leqslant h_d\left(f,\frac{r}{2}\right). \tag{8.2.10}$$

再由命题式 (8.2.6) 可得.　□

8.2.6　熵的一些性质

下面命题是拓扑熵的一些基本性质. 其证明显示了往复地从三个定义中的一个转换到另一个的用处.

命题 8.2.9　(1) 若 Λ 是 f 不变闭集, 则 $h_{\text{top}}(f|_\Lambda) \leqslant h_{\text{top}}(f)$;

(2) 若 $X = \bigcup_{i=1}^m \Lambda_i$, 其中 $\Lambda_i(i=1,\cdots,m)$ 是闭的 f 不变集, 则 $h_{\text{top}}(f) = \max\limits_{1\leqslant i\leqslant m} h_{\text{top}}(f|_{\Lambda_i})$;

(3) $h_{\text{top}}(f^m) = |m|h_{\text{top}}(f)$;

(4) 若 g 是 f 的因子, 则 $h_{\text{top}}(g) \leqslant h_{\text{top}}(f)$;

(5) $h_{\text{top}}(f\times g) = h_{\text{top}}(f)+h_{\text{top}}(g)$, 其中 $f\colon X\to X$, $g\colon Y\to Y$, 且 $f\times g\colon X\times Y\to X\times Y$ 定义为 $(f\times g)(x,y) = (f(x),g(y))$.

证明　论断 (1) 是显然的, 因为 X 的每一个由 d_n^f 直径小于 r 的集合构成的覆盖同时也是 Λ 的覆盖.

为了证明 (2), 注意到 $D_d(f, r, n) \leqslant \sum_{i=1}^{m} D_d(f|_{\Lambda_i}, r, n)$, 因为直径小于 r 的集合构成的 $\Lambda_1, \cdots, \Lambda_m$ 的覆盖的并是 X 的覆盖. 因此至少对某一 i, 有

$$D_d(f|_{\Lambda_i}, r, n) \geqslant \frac{1}{m} D_d(f, r, n).$$

因为仅存在有限个 i, 所以至少存在一个 i 使上式对无限个 n 成立. 对此 $i \in \{1, \cdots, m\}$, 有

$$\varlimsup_{n\to\infty} \frac{\log D_d(f|_{\Lambda_i}, r, n)}{n} \geqslant \varlimsup_{n\to\infty} \frac{\log D_d(f, r, n) - \log m}{n} = \tilde{h}_d(f, r).$$

再由 (1) 就证得 (2).

若 m 是正数时, 则由下面的两个注就可以得到 (3). 首先

$$d_n^{f^m}(x, y) = \max_{0\leqslant i\leqslant n-1} d(f^{im}(x), f^{im}(y)) \leqslant \max_{0\leqslant i\leqslant mn-1} d(f^i(x), f^i(y)) = d_{nm}^{f}(x, y),$$

所以任意 $d_n^{f^m} - r$ 球都包含一个 $d_{mn}^{f} - r$ 球, 于是

$$S_d(f^m, r, n) \leqslant S_d(f, r, mn). \tag{8.2.11}$$

因此, $h_{\text{top}}(f^m) \leqslant m h_{\text{top}}(f)$. 另一方面, 对任意 $r > 0$, 存在 $\delta(r) > 0$ 使得对所有的 $x \in X$, 有 $B(x, \delta(r)) \subset B_f(x, r, m)$. 因此

$$\begin{aligned} B_{f^m}(x, \delta(r), n) &= \bigcap_{i=0}^{n-1} f^{-im} B(f^{im}(x), \delta(r)) \\ &\subset \bigcap_{i=0}^{n-1} f^{-im} B_f(f^{im}(x), r, m) = B_f(x, r, mn). \end{aligned}$$

于是

$$S_d(f, r, mn) \leqslant S_d(f^m, \delta(r), n),$$

进而 $m h_{\text{top}}(f) \leqslant h_{\text{top}}(f^m)$. 如果 f 是可逆的, 则 $B_f(x, r, n) = B_{f^{-1}}(f^{n-1}(x), r, n)$ 且 $S_d(f, r, n) = S_d(f^{-1}, r, n)$. 所以 $h_{\text{top}}(f) = h_{\text{top}}(f^{-1})$.

若 m 是负的, 则由上述关于 $m > 0$ 及 $n = -1$ 的论断就可得 (3).

论断 (4) 涉及 $f: X \to X$, $g: Y \to Y$, $h: X \to Y$ 使得 $h \circ f = g \circ h$ 以及 $h(X) = Y$ (定义 7.3.3). 用 d_X, d_Y 分别表示 X 和 Y 上的距离函数.

h 是一致连续的, 所以对任意 $r > 0$, 存在 $\delta(r) > 0$ 使得若 $d_X(x_1, x_2) < \delta(r)$, 则 $d_Y(h(x_1), h(x_2)) < r$. 因此, 半径是 $\delta(r)$ 的 $(d_X)_n^f$ 球的像均包含在某一半径是 r 的 $(d_Y)_n^f$ 球中, 即

$$S_{d_X}(f, \delta(r), n) \geqslant S_{d_Y}(g, r, n).$$

取对数和极限即得 (4).

为证 (5), 利用 $X \times Y$ 中的积度量 $d((x_1, y_1), (x_2, y_2)) = \max(d_X(x_1, x_2), d_Y(y_1, y_2))$. 积度量中的球是 X 和 Y 中的球的积. 对度量 $d_n^{f \times g}$ 中的球也如此. 因此, $S_d(f \times g, r, n) \leqslant S_{d_X}(f, r, n) S_{d_Y}(g, r, n)$ 和 $h_{\text{top}}(f \times g) \leqslant h_{\text{top}}(f) + h_{\text{top}}(g)$ 成立. 另一方面, X 中 f 的任意 (n, r) 分离集以及 Y 中 g 的任意 (n, r) 分离集的积是 $f \times g$ 的 (n, r) 分离集. 所以

$$N_d(f \times g, r, n) \geqslant N_{d_X}(f, r, n) \times N_{d_Y}(g, r, n),$$

进而 $h_{\text{top}}(f \times g) \geqslant h_{\text{top}}(f) + h_{\text{top}}(g)$. $\square$

习题 8.2.1 计算 $[0, 1]$ 上的映射 $f(x) = x(1 - x)$ 的拓扑熵.

习题 8.2.2 计算线性马蹄的拓扑熵.

习题 8.2.3 设 $f: S^1 \to S^1$ 是无周期点的保向 C^2 微分同胚, 计算 $h_{\text{top}}(f)$.

习题 8.2.4 设 $f: \mathbb{T}^3 \to \mathbb{T}^3$, $f(x, y, z) = (x, x + y, y + z)$. 计算 $h_{\text{top}}(f)$.

习题 8.2.5 假设 $X = \bigcup_i X_i$ 是紧的, 映射 $f: X \to X$ 在每一 X_i 上是闭的, 且是 f 不变的. 证明: $h_{\text{top}}(f) = \sup h_{\text{top}}(f|_{X_i})$.

为进一步学习而提出的问题

问题 8.2.6 给定 $f: X \to X$, $g: Y \to Y$, 假设 $h \circ f = g \circ h$, 其中 $h: X \to Y$ 是连续满射, 且任意 $y \in Y$ 的原像个数有限, 证明: $h_{\text{top}}(f) = h_{\text{top}}(g)$.

8.3 应用和推广

8.3.1 扩张映射

扩张映射 E_m 代表了我们考察中真正复杂轨道结构首先出现的情形. 因为此结构的特征之一是周期轨道的指数增长 (命题 7.1.2), 很自然我们期望用来量度整体的指数轨道复杂性的拓扑熵也是正的.

命题 8.3.1 若 $m \in \mathbb{N}$, $|m| \geqslant 2$, 则 $h_{\text{top}}(E_m) = \log |m| = p(E_m)$.

证明 对映射 E_m, 事实上, 对任意的扩张映射, 两个点在迭代下的距离增大, 直到它大于依赖于此映射的某个常数为止 (对映射 E_m 来说是 $1/2|m|$). 为了简化记号, 假设 $m > 0$. 若 $d(x, y) < m^{-n}/2$, 则 $d_n^{E_m}(x, y) = d(E_m^{n-1}(x), E_m^{n-1}(y))$. 所以若 $d_n^{E_m}(x, y) \geqslant r$, 那么 $d(x, y) \geqslant rm^{-n}$. 取 $r = m^{-k}$, 这表明 $\{im^{-n-k} | i = 0, \cdots, m^{n+k} - 1\}$ 是满足两点之间的 $d_n^{E_m}$ 距离至少是 m^{-k} 的点的最大集合, 即

$$N_d(E_m, m^{-k}, n) = m^{n+k},$$

因此

$$h(E_m) = \lim_{k \to \infty} \varlimsup_{n \to \infty} \frac{\log N_d(E_m, m^{-k}, n)}{n} = \lim_{k \to \infty} \lim_{n \to \infty} \frac{n + k}{n} \log m = \log m.$$

$m < 0$ 的情形类似可得.   □

因为拓扑熵在拓扑共轭下不变 (推论 8.2.3), 以及任意度为 m 的扩张映射拓扑共轭于映射 E_m (定理 7.4.3), 再由命题 8.3.1 可得

推论 8.3.2   若 $f : S^1 \to S^1$ 是度为 m 的扩张映射, 则

$$h_{\text{top}}(f) = p(f) = \log|m|.$$

8.3.2   移位和拓扑 Markov 链

命题 8.3.3   对任意拓扑Markov链 σ_A, 有 $h_{\text{top}}(\sigma_A) = p(\sigma_A) = \log|\lambda_A^{\max}|$.

证明   类似于 7.3.4 节, 任意柱体

$$C_{\alpha_{-m}, \cdots, \alpha_{n+m}}^{-m, \cdots, n+m} := \{\omega \in \Omega_N | \omega_i = \alpha_i \text{ 对} -m \leqslant i \leqslant m+n\} \tag{8.3.1}$$

同时也是在与移位 σ_N 相联系的度量 $d_n^{\sigma_N}$ 下半径为 $r_m = \lambda^{-m}/2$ 且以其中每一点为中心的球 (因为 $\lambda > 3$). 因此, 任意两个半径为 r_m 的 $d_n^{\sigma_N}$ 球或者相同或者不交, 而且正好存在 N^{n+2m+1} 个形式为式 (8.3.1) 的不同的球. 所以 $S_{d_\lambda}(\sigma_N, r_m, n) = N^{n+2m+1}$, 进而

$$h(\sigma_N) = \lim_{m \to \infty} \lim_{n \to \infty} \frac{1}{n} \log N^{n+2m+1} = \log N.$$

类似地, 若 σ_A 是一个拓扑 Markov 链, 则 $S_d(\sigma_A, r_m, n)$ 是式 (8.3.1) 中的柱体与 Ω_A 的交非空的元素个数. 假设 A 的任一行至少含有一个 1. 因为从 i 开始到 j 结束的长为 n 的容许路径的条数是 A^n 的元素 a_{ij}^n(见引理 7.3.5). Ω_A 上秩为 $n+1$ 的非空柱体的个数 $\sum_{i,j=0}^{N-1} a_{ij}^n < C \cdot \|A^n\|$, 其中 C 为某常数. 另一方面, $\sum_{i,j=0}^{N-1} a_{ij}^n > c\|A^n\|$ 对另一常数 $c > 0$ 成立. 这是因为所有 a_{ij}^n 非负, 从而上式左边是 A^n 的范数 $\sum_{i,j=0}^{N-1} a_{ij}^n$, 它与通常范数等价, 这是因为 $\mathbb{R}^{N^2}$ 上的所有范数等价. 因此, 有

$$S_{d_\lambda}(\sigma_A, r_m, n) = \sum_{i,j=0}^{N-1} a_{ij}^{n+2m} \tag{8.3.2}$$

和

$$h(\sigma_A) = \lim_{m \to \infty} \overline{\lim_{n \to \infty}} \frac{1}{n} \log S_{d_\lambda}(\sigma_A, rm, n)$$

$$= \lim_{m \to \infty} \lim_{n \to \infty} \frac{1}{n} \log \|A^{n+2m}\| = \lim_{n \to \infty} \frac{1}{n} \log \|A^n\|$$

$$= \log r(A) = \log|\lambda_A^{\max}|, \tag{8.3.3}$$

其中 $r(A)$ 是矩阵 A 的谱半径 (定义 3.3.1). 由式 (8.3.3) 和命题 7.3.7, 命题得证. $\square$

8.3.3 双曲环面自同构

我们用编码及周期点增长率的知识来计算环面自同构的熵.

命题 8.3.4 若 $F_L\colon \mathbb{T}^2 \to \mathbb{T}^2$ 定义为 $F_L(x,y) = (2x+y, x+y) \pmod 1$, 则

$$h(F_L) = p(F_L) = \frac{3+\sqrt 5}{2}.$$

证明 在 7.4.5 节中证明了

$$F_L(x,y) = (2x+y, x+y) \pmod 1$$

是拓扑 Markov 链 σ_A 的因子, 其中

$$A = \begin{pmatrix} 1 & 1 & 0 & 1 & 0 \\ 1 & 1 & 0 & 1 & 0 \\ 1 & 1 & 0 & 1 & 0 \\ 0 & 0 & 1 & 0 & 1 \\ 0 & 0 & 1 & 0 & 1 \end{pmatrix},$$

并且 A 的最大特征值是 $\lambda_A^{\max} = (3+\sqrt 5)/2$. 由命题 8.2.9(4) 知

$$h(F_L) \leqslant h(\sigma_A) = \log \frac{3+\sqrt 5}{2}. \tag{8.3.4}$$

另一方面, 下面证明对任意 $n \in \mathbb{N}$, F_L 的 n 周期点集是 $(n, 1/4)$ 分离集. 这就表明 $N_d(F_L, 1/4, n) \geqslant P_n(F_L)$, 进而由命题 7.1.10 知

$$h(F_L) \geqslant p(F_L) = \log \frac{3+\sqrt 5}{2}.$$

由式 (8.3.4) 得结论成立.

若 p, q 是 n 周期点且 $d(p,q) < 1/4$, 那么就唯一地定义了一个极小矩形 R, 它以 p, s, q, t 为顶点, 且由穿过 p 和 q 的扩张线和收缩线相交而成 (见图 8.3.1). 在 F_L 作用下, ps 和 qt 以系数 $\lambda_1 = (3+\sqrt 5)/2 > 2$ 扩张, 而另两边以系数 λ_1^{-1} 收缩.

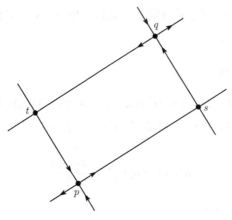

图 8.3.1　异宿点

　　这表明 $F_L^n(R) \neq R$, 因为 F_L^n 在 4 条边上扩张或收缩时, 不能保持四条边都不变. 类似地, $F_L^{-n}(R) \neq R$. 因此, 存在 $k \leqslant n$ 使得 $F_L^k(R)$ 不是极小矩形. 因为对角线小于 1/4 的矩形是极小的, 因而对最小的这样的 k, 有 $d(F_L^k(p), F_L^k(q)) > 1/4$. 因此周期是 n 的周期点形成了 $(n, 1/4)$ 分离集.　　　　　　　　　　　　　　□

　　注 8.3.5　对扩张映射 E_m 以及拓扑 Markov 链 σ_A 来说, 也可以类似证明对某 r_0, 周期点生成 (n, r_0) 分离集. 这使我们用统一的方法在所有三种情形导出不等式 $h_{\text{top}} \geqslant p$.

8.3.4　周期点和熵

　　我们的例子表明了一个重要的现象. 对具有复杂的指数增长的轨道结构的两个光滑例子, 即扩张映射 (命题 8.3.1) 和环面双曲自同构 (命题 8.3.4), 它们轨道指数增长的两个自然度量 —— 周期点的增长率 p 和拓扑熵 h_{top} 是一致的. 这是一种较为普遍的现象, 尽管不是绝对的. 这与局部双曲结构有关, 即这些例子中普遍存在拉伸和折叠 (这将在第 10 章中系统介绍). 拓扑 Markov 链的周期点增长率及其拓扑熵也是一致的 (命题 8.3.3). 在此可由双曲性来解释. 这是因为由命题 7.4.6 知, 拓扑 Markov 链拓扑共轭于某些光滑系统在具有双曲行为的特殊不变集上的限制.

8.3.5　流的拓扑熵

　　流 $\Phi = (\varphi^t)_{t \in \mathbb{R}}$ 的拓扑熵的定义完全平行于离散情形. 唯一不同的是式 (8.2.1) 中的度量由下述度量的非递减族类代替

$$d_T^\Phi(x, y) = \max_{0 \leqslant t \leqslant T} d(\varphi^t(x), \varphi^t(y)).$$

这些平行性中有一个类似于命题 8.2.9(3) 的特别有用的结论.

命题 8.3.6 $h_{\text{top}}(\Phi) = h_{\text{top}}(\varphi^1)$.

证明 若 $r > 0$, 由紧性及连续性知, 存在 $\delta(r) > 0$ 使得 $d(x, y) \leqslant \delta(r)$ 蕴含 $\max_{0 \leqslant t \leqslant 1} d(\varphi^t(x), \varphi^t(y)) < r$. 则度量 d_T^{Φ} 下的任意 r 球均包含度量 $d_{\lfloor T \rfloor}^{\varphi^1}$ 下的某一个 $\delta(r)$ 球. 另一方面, $d_n^{\Phi} \geqslant d_n^{\varphi^1}$. 由这两个注得到结论. $\square$

流的拓扑熵在流等价下是不变的, 即若两个流的对应时间 t 映射是拓扑共轭的, 且对所有的 t 有相同的共轭, 则它们的拓扑熵相等. 拓扑熵随时间变换 (定义 9.4.1) 而变化, 因此, 它在轨道等价 (允许时间变换的流等价) 下以相当复杂的方式变化. 可以证明, 无不动点的流在时间变换下保持零拓扑熵, 即 0 拓扑熵的流经时间变换后仍具 0 熵. 若映射或流的拓扑熵是零, 则熵定义中任何量的次指数渐近提供了研究轨道结构的复杂性的有用的洞察工具.

8.3.6 量度敏感依赖性的局部熵

本节的引言中提到过, 熵可以看作系统混沌程度的一个度量. 现我们说明熵如何提供了动力系统敏感依赖程度的定量度量. 为此介绍与之密切相关的概念局部熵, 一方面, 解释它是怎样量度敏感依赖的, 另一方面, 介绍它与拓扑熵的关系.

固定点 x, "微观的" ε 以及 "宏观的" r, 且以 $N_d(f, r, n, x, \varepsilon)$ 表示 $B_d(x, \varepsilon)$ 中两两的 d_n^f 距离至少是 r 的点的集合的最大基数. 此数目很大时, 必然蕴含初值的敏感依赖.

定义 8.3.7 若

$$h_{d,x,r}(f) := \lim_{\varepsilon \to 0} \overline{\lim_{n \to \infty}} \frac{1}{n} \log N_d(f, r, n, x, \varepsilon),$$

则

$$h_{d,x}(f) := \lim_{r \to 0} h_{d,x,r}(f)$$

称为是 f 在 x 的局部熵.

注 8.3.8 上述极限存在是因为它关于 ε 是递增的而关于 r 是递减的.

命题 8.3.9 $h_{d,x}(f) \leqslant h_{\text{top}}(f)$.

证明 拓扑熵对应于将 ε 固定于某个尺度使得 $B(x, \varepsilon)$ 是整个空间的情形. 因此, 在此意义下有强敏感依赖的任何点都会导致较大的拓扑熵. $\square$

另一方面, 它与 $h_d(f, r)$ 相关 (见式 (8.2.2)).

命题 8.3.10 对 $r > 0$, 存在 x 使得

$$h_{d,x,r}(f) \geqslant h_d(f, r).$$

证明 若 $S_d(f, r, n, x, \varepsilon)$ 是覆盖 $B_d(x, \varepsilon)$ 的 d_n^f-r 球的最小个数. 则存在 x 使得

$$S_d(f, r, n) \leqslant S_d(\varepsilon) S_d(f, r, n, x, \varepsilon), \tag{8.3.5}$$

这是因为可取此空间的半径为 ε 的 $S_d(\varepsilon)$ 个球构成的覆盖, 用 x_j 表示其中心, 则有

$$S_d(f,r,n) \leqslant \sum_{j=1}^{S_d(\varepsilon)} S_d(f,r,n,x_j,\varepsilon).$$

因此, 对 x_j 中的任一点 x,

$$S_d(f,r,n,x,\varepsilon) \geqslant \frac{S_d(f,r,n)}{S_d(\varepsilon)}.$$

对每一 n, 取 x_n 满足以上不等式, 当 $n \to \infty$ 时得到点 x_n 的一个序列. 取此序列的一个聚点 x, 考虑以 x 为心的 2ε 球, 有 $B_d(x_n,\varepsilon) \subset B_d(x,2\varepsilon)$ 对足够大的 n 成立, 因此

$$S_d(f,r,n,x,2\varepsilon) \geqslant \frac{S_d(f,r,n)}{S_d(\varepsilon)},$$

这就蕴含

$$\varlimsup_{n\to\infty} \frac{1}{n} \log S_d(f,r,n,x,2\varepsilon) \geqslant \varlimsup_{n\to\infty} \frac{1}{n} \log \left(\frac{(S_d(f,r,n))}{S_d(\varepsilon)} \right) = h_d(f,r).$$

类似前面的讨论, 用相应的 r 稠密点的个数代替 $S_d(f,r,n,x,2\varepsilon)$, 令 $\varepsilon \to 0$, 对所有的 r, 得到

$$h_{d,x,r}(f) \geqslant h_d(f,r). \qquad \square$$

注 8.3.11 因为 $h_d(f,r) \underset{r\to 0}{\longrightarrow} h(f)$, 这一命题表明存在着这样的点使得 $h_{d,x,r}(f)$ 任意接近于拓扑熵. 因此, 空间的局部熵的上确界就是拓扑熵, 并且拓扑熵的确可以量度初始值敏感依赖的程度.

习题 8.3.1 不借助拓扑共轭来证明推论8.3.2.

习题 8.3.2 构造不含周期点的正拓扑熵的映射.

习题 8.3.3 在紧度量空间上构造有无限拓扑熵的拓扑传递映射.

习题 8.3.4 证明: E_m 的局部熵和点的选取无关且和拓扑熵相等.

习题 8.3.5 证明: m 个符号的移位的局部熵与点的选取无关且和拓扑熵相等.

习题 8.3.6 证明: 由 $\begin{pmatrix} 2 & 1 \\ 1 & 1 \end{pmatrix}$ 诱导的环面自同构的局部熵与点的选取无关, 且和拓扑熵相等.

习题 8.3.7 考虑 $\mathbb{R}^2$ 上的闭单位圆盘及其上在极坐标下定义为 $f_\lambda(re^{i\theta}) = \lambda re^{2i\theta}$ 的映射 f_λ, 其中 $0 \leqslant \lambda \leqslant 1$. 证明: $h_{\mathrm{top}}(f_1) \geqslant \log 2$ 而且当 $\lambda < 1$ 时, $h_{\mathrm{top}}(f_\lambda) = 0$.

为进一步学习而提出的问题

问题 8.3.8 对任意流 φ^t, 证明: $h_{\mathrm{top}}(\varphi^t) = |t|h_{\mathrm{top}}(\varphi^1)$.

问题 8.3.9 给出一个局部熵不是常数的拓扑传递映射的例子.

第二部分
动力系统发展概述

　　本书的这一部分通过介绍动力系统研究的几个分支, 将前面教程的主题与结果予以发展. 其内容的展示对教程部分有所依赖与涉及, 但它作为精选的对当代成果的仔细描述也独立成篇. 主题的选择考虑到了前面教程的内容, 以及在文献中这些结果被理解的程度.

　　从第 10 章开始, 我们采用的论述方式与前面的教程相比, 技术化的成分大幅减少, 许多结果都给出了证明的要点, 但并不是所有那些标识为证明的论证都如教程部分那样完整和自封闭. 焦点在于解释证明的思想是如何阐述与使用的. 很多参考文献也在书中给出.

　　这一部分的各章之间在很大程度上是互相独立的, 读者可根据需要按任意顺序选取.

第9章　作为工具的简单动力系统

9.1　引　　言

9.1.1　压缩映射原理的应用

在第 7 章给出并在 8.3 节重论过的具有复杂轨道结构的那些简单动力系统是双曲系统的代表. 双曲系统的许多核心理论都是 (或多或少地) 通过压缩映射原理得到的. 压缩映射原理最初出现在第 2 章作为具有简单动力行为的例子里. 虽然在 2.5 节已经用它作为告诉我们许多其他动力系统性质的工具, 但在双曲动力系统中无所不在的角色促使它们的应用更彻底地展现. 所以, 本章的主题就是介绍压缩映射原理的运用, 即运用对辅助空间中一类特定的简单动力系统的洞察来解说分析以及 (复杂的) 动力系统. 由于这些结果相当重要, 我们要花一些时间介绍, 尤其是当它出现于微分方程的基本理论中时. 本章将继续采用与教程部分同样的证明标准.

就像前面的章节一样, 这一自身就具有重要意义的进展也隐含了实用性. 本章得到的结论对动力系统的研究十分重要. 微分方程解的存在唯一性定理的重要性自不必说, 在这里介绍的所有其他结果也在我们的发展部分具有地位, 并且是动力系统的标准工具. 本章并不囊括压缩映射原理的所有应用, 有些在其他地方介绍, 比如 Anosov 封闭引理 (定理 10.2.2), 就是借助由压缩映射原理得到的双曲不动点定理 9.5.4 而证得的. 稳定流形定理 9.5.2 是本章最重要的例子, 我们将突出介绍.

9.1.2　简介

首先导出分析中的两个重要结果: 反函数定理和隐函数定理. 从后者可以直接得到压缩映射原理本身的新的性质: 压缩映射的不动点对压缩映射的光滑依赖性. 这些结果的第一个而且是直接的应用是 9.3 节中横截不动点保持性的证明, 在那里将证明, 对映射在不动点处的线性部分加以简单的条件就可保证当映射受到扰动时, 不动点仍然保持. 这类似于压缩映射的情况 (命题 2.2.20), 并在很大程度上就是线性化的精神所在 (在 2.1 节、第 3 章的开头及 6.2.2.7 节讨论过). 在这些最初的应用中, 压缩映射所定义的空间和提出问题的空间是一致的. 然而, 压缩映射原理在微分方程解的存在唯一性问题 (9.4 节) 和稳定流形定理 (9.5 节) 中的应用, 就如同它在其他分析学中的重要应用一样, 常常要把问题转化为寻求函数空间中的不动点问题, 且这些函数空间是无穷维的, 而不是 Euclid 空间.

9.1.3　压缩映射原理应用情境的构作

这里的共同特点是将压缩映射原理应用于辅助空间. 建立这样的空间所需要的机敏程度随问题而变. Picard 迭代 (9.4 节) 是一个直接的应用, 尽管问题中的空间不再像以前的应用那么简单. 当然这也是最古老的例子. 反函数定理 9.2.2 证明的第一步需要有更多的创造力, 虽然它与 Newton 法接近. 横截不动点保持性 (命题 9.3.1) 的证明中第一步的动机并不像这样明显, 但它显示的某些特点却是压缩映射原理在动力系统中的其他应用所共有的. 其关键在于把横截性和接近性 (扰动充分小) 结合起来, 即由横截性产生一个可逆映射, 而其逆映射与由扰动而产生的强压缩映射复合 (之所以这样做的窍门是, 我们想要的对象就是所得的压缩映射的不动点).

除了 Picard 迭代, 本章中所有关于压缩映射原理的应用都依赖于线性化, 这也是光滑动力系统中的一个典型应用.

9.2　Euclid 空间中的隐函数和反函数定理

9.2.1　反函数定理

反函数定理是说, 如果一个可微映射在某点具有可逆的导数, 那么这个映射在该点附近也可逆. 这个结果和线性化相关: 如果假设线性部分具有某种定性 ("有-无") 的性质 (可逆性), 则非线性映射本身也具有这种性质 —— 至少在一个邻域内是这样的 (如图 9.2.1). 实直线上的情形是微积分中所熟知的:

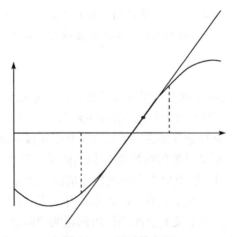

图 9.2.1　反函数定理

定理 9.2.1 设 $I \subset \mathbb{R}$ 是一个开区间, 函数 $f: I \to \mathbb{R}$ 可微. 若 $a \in I$ 使得 $f'(a) \neq 0$ 且 f' 在 a 点连续, 则 f 在 a 点的一个邻域 U 上可逆且 $(f^{-1})'(y) = 1/f'(x)$, 其中 $y = f(x)$.

通常, 人们认为可逆性比较简单而导数公式较困难, 基本的可逆实函数的计算实例是由公式给出的, 其可逆性比较明显. 然而, 这一结果的主要内容是在没有任何附加信息的情况下, 仅从映射在一点的线性部分来判断可逆性. 在这种情况下, 导数公式是一段容易的后奏曲. 我们甚至可以比较容易地得到高阶的导数. 这一结果在 $\mathbb{R}^n$ 中也同样简单, 我们首先给出单变量这一简单情形的证明.

证明 对给定的 y, 需要从方程 $f(x) = y$ 中解出 x, 即寻求 $F_y(x) := y - f(x)$ 的一个根. 为此, 首先构造一个适当的压缩映射.

空间. 压缩映射作用的空间是实直线.

定义压缩映射. 2.2.8 节中的 Newton 法提示我们取一个初始的猜测值 x(此时 y 是固定不变的), 并通过反复应用映射

$$F_y(x) = x - \frac{F_y(x)}{F_y'(x)} = x + \frac{y - f(x)}{f'(x)}$$

来改进猜测. 为了验证以上映射是压缩的, 需要取 f 的二阶导数并进行估计, 但并没有假设二阶导数的存在性. 方便的办法是代之以考虑 I 上的映射 (如图 9.2.2)

$$\varphi_y(x) := x + \frac{y - f(x)}{f'(a)}.$$

因为 $\varphi_y(x) = x$ 当且仅当 $f(x) = y$, 所以这个映射的不动点就是我们所要求的问题的解.

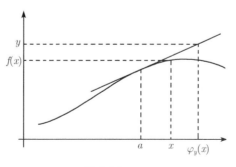

图 9.2.2 φ_y

压缩性质. 现在来证明 φ_y 在某个闭子集 O 上是压缩的. 如是, 则由压缩映射原理可得 φ_y 有唯一的不动点, 从而存在唯一的 x, 使得 $f(x) = y$.

为此, 令 $A := f'(a)$, $\alpha = |A|/2$. 由 f' 在 a 点的连续性, 存在 $\varepsilon > 0$ 使得 $W := (a - \varepsilon, a + \varepsilon) \subset I$, 且对 W 的闭包 $\overline{W}$ 中的任意 x, 有 $|f'(x) - A| < \alpha$.

为了证明 φ_y 在 $\overline{W}$ 上是压缩的, 注意到若 $x \in \overline{W}$, 则

$$|\varphi_y'(x)| = \left| 1 - \frac{f'(x)}{A} \right| = \left| \frac{A - f'(x)}{A} \right| < \frac{\alpha}{|A|} = \frac{1}{2}.$$

应用命题 2.2.3 得, 对任意 $x, x' \in W$, 有 $|\varphi_y(x) - \varphi_y(x')| \leqslant |x - x'|/2$.

还需证明对与 $b := f(a)$ 充分接近的 y, 有 $\varphi_y(\overline{W}) \subset \overline{W}$. 令 $\delta = A\varepsilon/2$, $V = (b - \delta, b + \delta)$. 则对 $y \in V$, 有

$$|\varphi_y(a) - a| = \left| a + \frac{y - f(a)}{A} - a \right| = \left| \frac{y - b}{A} \right| < \left| \frac{\delta}{A} \right| = \frac{\varepsilon}{2}.$$

于是, 若 $x \in \overline{W}$, 则

$$|\varphi_y(x) - a| \leqslant |\varphi_y(x) - \varphi_y(a)| + |\varphi_y(a) - a| < \frac{x - a}{2} + \frac{\varepsilon}{2} \leqslant \varepsilon.$$

所以 $\varphi_y(x) \in W$.

对 $y \in V$, 将命题 2.2.21 应用于 $\varphi_y: \overline{W} \to \overline{W}$, 就得到连续依赖于 y 的不动点 $g(y) \in W$.

下面证明反函数是可微的. 对 $y = f(x) \in V$, 我们来证明 $g'(y)$ 存在且等于 $B := f'(g(y))$ 的倒数.

令 $U := g(V) = W \cap f^{-1}(V)$ (在 f 下的原像), 则 U 是开集. 取 $y + k = f(x + h) \in V$. 则

$$\frac{|h|}{2} \geqslant |\varphi_y(x + h) - \varphi_y(x)| = \left| h + \frac{f(x) - f(x + h)}{A} \right| = \left| h - \frac{k}{A} \right| \geqslant |h| - \left| \frac{k}{A} \right|,$$

所以

$$\frac{|h|}{2} \leqslant \left| \frac{k}{A} \right| < \frac{|k|}{\alpha} \quad \text{且} \quad \frac{1}{|k|} < \frac{2}{\alpha|h|}.$$

由于 $g(y + k) - g(y) - k/B = h - k/B = -(f(x + h) - f(x) - Bh)/B$, 所以有

$$\frac{|g(y + k) - g(y) - k/B|}{|k|} < \frac{2}{|B|\alpha} \frac{|f(x + h) - f(x) - Bh|}{|h|} \xrightarrow[|h| \leqslant 2|k|/\alpha \to 0]{} 0,$$

这说明 $g'(y) = 1/B = 1/f'(g(y))$.

最后, 设 $f \in C^r$. 我们归纳地证明 $g \in C^r$. 为此, 假设对某个 $k < r$ (从 $k = 0$ 开始归纳), $g \in C^k$. 则 $f'(g(y)) \in C^k$, 从而它的倒数 $g' \in C^k$. 于是 $g \in C^{k+1}$. □

现在对以上讨论加以修改以适于 $\mathbb{R}^n$:

定理 9.2.2(反函数定理) 设 $O \subset \mathbb{R}^m$ 是开集, $f : O \to \mathbb{R}^m$ 可微, Df 在点 $a \in O$ 可逆且在 a 点连续. 则存在 a 点的邻域 $U \subset O$ 和 $b := f(a) \in \mathbb{R}^m$ 点的邻域 V, 使得 f 是 U 到 V 的一个双射 (即 f 在 U 上是一对一的且 $f(U) = V$). f 的逆 $g : V \to U$ 可微且满足 $Dg(y) = (Df(g(y)))^{-1}$. 进而, 若 f 在 U 上是 C^r 的 (即 f 的直到 r 的阶偏导数存在且连续), 则它的逆也是 C^r 的.

证明 证明实际上和前面一样. 只需用线性映射代替导数, 用范数代替某些绝对值.

空间. 压缩映射作用于 $\mathbb{R}^m$.

映射. 对任意给定的 $y \in \mathbb{R}^m$, 考虑 O 上的映射

$$\varphi_y(x) := x + Df(a)^{-1}(y - f(x)).$$

注意 $\varphi_y(x) = x$ 当且仅当 $f(x) = y$, 所以我们试图找到 φ_y 的唯一的不动点. 需要找到一个集合 W, 使得 φ_y 在 W 上是压缩的.

压缩性质. 令 $A := Df(a)$, $\alpha < \|A^{-1}\|^{-1}/2$, 由于 Df 在 a 点是连续的, 故可取 $\varepsilon > 0$, 使得对 $W := B(a, \varepsilon)$ 的闭包中的任意 x, 有 $\|Df(x) - A\| < \alpha$. 为了证明 φ_y 是压缩的, 注意到对 $x \in W$,

$$\|D\varphi_y(x)\| = \|\mathrm{Id} - A^{-1}Df(x)\| = \|A^{-1}(A - Df(x))\| < \|A^{-1}\|\alpha =: \lambda < \frac{1}{2}.$$

由推论 2.2.15, 对 $x, x' \in W$, 有 $\|\varphi_y(x) - \varphi_y(x')\| \leqslant \lambda\|x - x'\|$. 所以, 由命题 2.2.20, 存在 b 的邻域 V, 使得对所有 $y \in V$, φ_y 在 $\overline{W}$ 上是压缩的, 因而存在唯一的不动点 $g(y) \in W$ (它连续依赖于 y). $U := g(V) = W \cap f^{-1}(V)$ 是开集.

因为 $Df(x)$ 的行列式连续依赖于 Df, 所以作为 x 的函数它在 a 点连续. 于是, 必要的话可将 V 取得小些 (从而 U 也小些), 使得我们可以假设在 U 上有 $\det Df \neq 0$, 从而在 U 上 $Df(x)$ 是可逆的.

对 $y = f(x) \in V$ 我们来证明 $Dg(y)$ 存在且等于 $B := Df(g(y))$ 的逆. 取 $y + k = f(x + h) \in V$. 则

$$\frac{\|h\|}{2} \geqslant \|\varphi_y(x + h) - \varphi_y(x)\| = \|h + A^{-1}(f(x) - f(x + h))\|$$
$$= \|h - A^{-1}k\| \geqslant \|h\| - \|A^{-1}\|\|k\|, \tag{9.2.1}$$

于是

$$\frac{\|k\|}{\alpha} > \|A^{-1}\|\|k\| \geqslant \frac{\|h\|}{2} \qquad 且 \qquad \frac{1}{\|k\|} < \frac{2}{\alpha\|h\|}.$$

由于 $g(y + k) - g(y) - B^{-1}k = h - B^{-1}k = -B^{-1}(f(x + h) - f(x) - Bh)$, 所以有

$$\frac{\|g(y + k) - g(y) - B^{-1}k\|}{\|k\|} < \frac{\|B^{-1}\|}{\alpha/2} \frac{\|f(x + h) - f(x) - Bh\|}{\|h\|} \xrightarrow[\|h\| \leqslant 2\|k\|/\alpha \to 0]{} 0,$$

这说明 $Dg(y) = B^{-1}$.

最后, 设 $f \in C^r$, 且对某个 $k < r$, $g \in C^k$. 则 $Df(g(y)) \in C^k$, 由矩阵的逆的公式 (A^{-1} 的各个分量是由 A 的分量形成的多项式除以 $\det A \neq 0$ 得到的), 其逆 $Dg \in C^k$. 于是 $g \in C^{k+1}$. 　　　　　　　　　　　　　　□

9.2.2　隐函数定理

与反函数定理密切相关的一个结果是隐函数定理. 它可由反函数定理很容易地得到, 所以是压缩映射原理的一个间接应用. 另外, 在下一小节将看到, 由隐函数定理可立即得到关于压缩映射原理自身的更多信息, 即压缩映射不动点对压缩映射的依赖性 (见图 2.2.3).

像反函数定理一样, 隐函数定理也将一个映射的线性部分的信息传递到这个映射本身. 先考虑线性映射情形的隐函数定理. 设 $A: \mathbb{R}^n \times \mathbb{R}^m \to \mathbb{R}^n$ 是一个线性映射, 记为 $A = (A_1, A_2)$, 其中 $A_1: \mathbb{R}^n \to \mathbb{R}^n$ 和 $A_2: \mathbb{R}^m \to \mathbb{R}^n$ 是线性的. 取 $k \in \mathbb{R}^m$, 寻找 $h \in \mathbb{R}^n$, 使得 $A(h, k) = 0$. 为找到上式成立的条件, 将上式改写为 $A_1 h + A_2 k = 0$, 于是得到, 若 A_1 是可逆的, 则

$$A(h, k) = 0 \Leftrightarrow h = -(A_1)^{-1} A_2 k. \tag{9.2.2}$$

我们可将上式理解为方程 $A(h, k) = 0$ 隐性地定义了一个映射 $h = Lk$, 使得 $A(Lk, k) = 0$. 隐函数定理说明, 如果上式对一个映射的线性部分成立, 那么它对这个映射本身也成立: 在某些关于 A_1 的可逆性的假设下, 方程 $f(x, y) = 0$ 隐性地定义了一个映射 $x = g(y)$, 使得 $f(g(y), y) = 0$. 为了对映射 $f: \mathbb{R}^n \times \mathbb{R}^m \to \mathbb{R}^n$ 陈述那些假设, 像上面那样, 记 $Df = (D_1 f, D_2 f)$, 其中 $D_1 f: \mathbb{R}^n \to \mathbb{R}^n$, $D_2 f: \mathbb{R}^m \to \mathbb{R}^n$.

于是隐函数定理告诉我们, 如果一个方程对某个给定的参数值有解, 那么它对附近的参数值也有解.

定理 9.2.3(隐函数定理)　设 $O \subset \mathbb{R}^n \times \mathbb{R}^m$ 是开集, $f: O \to \mathbb{R}^n$ 是一个 C^r 映射. 若存在一点 $(a, b) \in O$, 使得 $f(a, b) = 0$ 且 $D_1 f(a, b)$ 是可逆的, 则存在 (a, b) 的开邻域 $U \subset O$ 和 b 的开邻域 $V \subset \mathbb{R}^m$, 使得对任意 $y \in V$, 存在唯一的 $x =: g(y) \in \mathbb{R}^n$, 满足 $(x, y) \in U$ 且 $f(x, y) = 0$. 另外, g 是 C^r 的, 且 $Dg(b) = -(D_1 f(a, b))^{-1} D_2 f(a, b)$ (如图 9.2.3).

证明　$F(x, y) := (f(x, y), y): O \to \mathbb{R}^n \times \mathbb{R}^m$ 是 C^r 的, 且如果 $A = Df(a, b)$, 则由链式法则可得 $DF(a, b)(h, k) = (A(h, k), k)$. 若它为零, 则必有 $k = 0$, $A(h, k) = 0$. 进而, 由式 (9.2.2) 可得, $(h, k) = 0$. 这说明 DF 是可逆的, 且由反函数定理 9.2.2 可得, 存在 (a, b) 的开邻域 $U \subset O$ 和 $(0, b)$ 的开邻域 $W \subset \mathbb{R}^n \times \mathbb{R}^m$, 使得 $F: U \to W$ 是可逆的, 其逆 $G = F^{-1}: W \to U$ 是 C^r 的. 于是, 对任意 $y \in V := \{y \in \mathbb{R}^m \mid (0, y) \in W\}$, 存在 $x =: g(y) \in \mathbb{R}^n$, 使得 $(x, y) \in U$ 且 $F(x, y) = (0, y)$, 即

$f(x, y) = 0.$

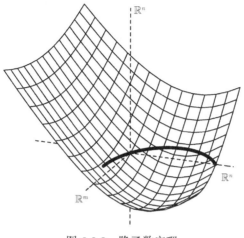

图 9.2.3   隐函数定理

现有 $(g(y), y) = (x, y) = G(0, y)$, 且 g 是 C^r 的. 为了找到 $Dg(b)$, 令 $\gamma(y) := (g(y), y)$. 则 $f(\gamma(y)) \equiv 0$, 且由链式法则可得, $Df(\gamma(y))D\gamma(y) = 0$. 对 $y = b$, 它给出 $D_1 f(a, b)Dg(b) + D_2 f(a, b) = Df(a, b)D\gamma(b) = 0$. 证毕.   □

9.2.3   光滑压缩映射原理

回到动力系统, 我们将隐函数 g 的光滑性应用到压缩映射原理上以证明压缩映射的不动点光滑依赖于压缩映射本身 (见图 2.2.3). 为了表示这一点, 我们将压缩映射写为带有参数的映射.

定理 9.2.4   设 $f: \mathbb{R}^n \times \mathbb{R}^m \to \mathbb{R}^n$ 是 C^r 的, 且存在 $\lambda < 1$, 使得对任意 $x, x' \in X$, $d(f(x, y), f(x', y)) \leqslant \lambda d(x, x')$. 则对任意 $y \in Y$, 映射 $x \mapsto f(x, y)$ 有唯一不动点 $g(y)$ 且 g 是 C^r 的.

证明   由压缩映射原理知不动点 $g(y)$ 存在. 记 $F(x, y) := f(x, y) - x$, 则 $F(x, y)$ 是 C^r 的且满足隐函数定理 9.2.3 的假设: 它在点 $(a, b) = (g(y), y)$ (y 可任意选取) 的值为零, 且对 $v \neq 0$, $\|D_1 Fv\| = \|D_1 fv - v\| \geqslant \|v\| - \|D_1 fv\| \geqslant (1 - \lambda)\|v\| > 0$, 所以 $D_1 F$ 可逆. 进而 $g \in C^r$.   □

注 9.2.5   可用 $A \times O$ 代替域 $\mathbb{R}^n \times \mathbb{R}^m$, 其中 $O \subset \mathbb{R}^m$ 是开集, A 是某个开集的闭包 (我们需要一个闭集以应用压缩映射原理, 而且这个闭集应具有很好的性质, 使得在其上可微分 r 次).

注 9.2.6   设 f_λ 光滑依赖于 λ, 且 $f := f_0$, 如命题 2.2.20 所示. 证明存在光滑映射族 $\lambda \mapsto x_\lambda$, 其中 x_0 如命题 2.2.20 中所示且 $f_\lambda(x_\lambda) = x_\lambda$.

9.3　横截不动点的保持性

压缩映射的不动点同时显示了两类稳定性：它作为吸引不动点是渐近稳定的；命题 2.2.20 和命题 2.6.14(还有定理 9.2.4) 表明它在映射的扰动下是稳定的, 也就是说, 映射经扰动后在附近仍有唯一的不动点. 这是局部动力系统的一个非常重要的稳固性质, 下面用压缩映射原理来描述一个使得类似结论成立的一般条件. 这是压缩映射原理和隐函数定理在动力系统中应用的一个直观且简单的例证, 这里的压缩映射原理应用于同一空间中的导出系统.

回忆两个 C^1 映射 f 和 g 是 C^1 接近的, 如果 $|f - g| + \|Df - Dg\|$ 一致地小.

命题 9.3.1　设 p 是 C^1 映射 f 的周期为 m 的周期点, 且 1 不是微分 Df_p^m 的特征值 (在这种情形下, 称 p 为横截周期点), 则对 C^1 接近于 f 的任意映射 g, 在 p 点附近存在唯一的周期为 m 的周期点.

注意, 在一维的情形, 关于导数的假设就是导数值不为 1. 因此, 在 2.3.2 节关于分支的例子中 (见图 2.3.2), 当与对角线相切, 即映射的导数值为 1 时, 不动点出现或者消失. 图 9.3.1 说明了这一点. 指向右方的轴表示自变量, 竖直轴表示“输出值”, 指向背面的轴表示映射随之变化的参数. 平面表示对应于不同参数的对角线, 扰动映射的图像构成一个曲面, 这个曲面与对角面交于一族不动点.

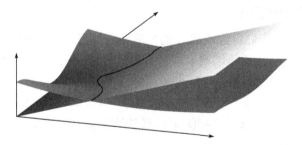

图 9.3.1　不动点的稳固性

证明　空间. 在 p 点的邻域内定义一个压缩映射.

映射. 在 p 点附近引进以 p 为原点的局部坐标系. 在此坐标系下, Df_0^m 成为一个矩阵. 由于 1 不是它的特征值, 所以由反函数定理 9.2.2, 在这个坐标系下局部定义的映射 $F = f^m -$ Id 是局部可逆的. 令 g 是 C^1 接近于 f 的一个映射. 在 0 点附近, 可记 $g^m = f^m - H$, 其中 H 及其导数都很小. 由方程 $x = g^m(x) = (f^m - H)(x) = (F + \text{Id} - H)(x)$ 或 $(F - H)(x) = 0$ 或

$$x = F^{-1}H(x),$$

可得 g^m 的一个不动点.

压缩性质. 由于 F^{-1} 的微分有界且 H 的导数很小, 可以证明 $F^{-1}H$ 是压缩映射. 更确切地, 令 $\|\cdot\|_0$ 表示 C^0 范数, $\|dF^{-1}\|_0 = L$, 且

$$\max\left(\|H\|_0, \|dH\|_0\right) < \varepsilon.$$

则对任意接近 0 的 x, y, 由于 $F(0) = 0$, 所以 $\|F^{-1}H(x) - F^{-1}H(y)\| \leqslant \varepsilon L \|x - y\|$ 且 $\|F^{-1}H(0)\| < L\|H(0)\| \leqslant \varepsilon L$, 所以 $\|F^{-1}H(x)\| < \|F^{-1}H(x) - F^{-1}H(0)\| + \|F^{-1}H(0)\| < \varepsilon L\|x\| + \varepsilon L$. 于是, 若 $\varepsilon \leqslant (R/L(1+R))$, 则圆盘 $X = \{x \mid \|x\| \leqslant R\}$ 被映射 $F^{-1}H$ 映入它自身且映射 $F^{-1}H\colon X \to X$ 是压缩的. 由压缩映射原理, $F^{-1}H$ 在 X 中存在唯一不动点, 这就是 g^m 在 0 附近的唯一的不动点. $\qquad\square$

注 9.3.2 易证横截不动点是孤立的.

注 9.3.3 若 f 是 C^1 映射, 具有双曲不动点 p, 即 $Df|_p$ 没有在单位圆周上的特征值, 且 g 充分 C^1 接近于 f, 则 g 在 p 点附近有唯一的不动点, 且这个不动点是 g 的双曲不动点. 定理 9.5.4 给出了 "附近" 的量化描述.

9.4 微分方程的解

微分方程是动力系统问题出现的一个自然的背景, 且它也出现于其他一些重要学科. 微分方程在科学中应用的基础是它们以一种确定的方式描述一个系统. 这意味着对任意给定的初始条件, 方程有解, 这个解描述了由初始条件所确定的系统状态的向前演化. 另外, 确定性还要求解是唯一的 —— 如果解不唯一, 则初始条件就不能唯一地确定解的演化, 因而这个模型没有预测的价值.

下面只验证解的存在唯一性这一基本事实本身. 在这里, 作为压缩映射原理的另一应用导出这一结果是饶有趣味的, 尽管我们也可以在以后需要时简单地承认它. 以这种方式得到的解的存在性的优点是, 压缩映射的不动点对压缩本身的光滑依赖性, 有着关于微分方程的解在初始值变化时行为的优美而实用的蕴含: 初始条件的小的改变只引起方程的解的微小变化.

9.4.1 一致的情形

压缩映射原理在这里的应用称为 Picard 迭代. 这是我们第一次在函数空间中应用压缩映射原理. 它的思想是将微分方程的初值问题转化为积分方程, 然后对作为候补解的连续函数积分. 这一运算是一个压缩映射, 从而可以逐步改进我们对解的猜测.

定理 9.4.1 设 $f\colon \mathbb{R} \times \mathbb{R}^n \to \mathbb{R}^n$ 是连续函数, 关于 $y \in \mathbb{R}^n$ 是 Lipschitz 连续的且有 Lipschitz 常数 M. 则对任意给定的 $(a, b) \in \mathbb{R} \times \mathbb{R}^n$ 和 $\delta < 1/M$, 微分方程 $\dot{y} = f(t, y)$ 有唯一的解 $\varphi_{a,b}\colon (a - \delta, a + \delta) \to \mathbb{R}^n$, 满足 $\varphi_{a,b}(a) = b$.

证明　空间. 我们应用的压缩映射将定义在连续函数 (候补解) 空间上. 特别地, 由关于 f 的假设可得, 对任意 $t \in \mathbb{R}$, $y, y' \in \mathbb{R}^n$, 有 $\|f(t,y') - f(t,y)\| \leqslant M\|y' - y\|$. 考虑连续函数 $\varphi : [a-\delta, a+\delta] \to \mathbb{R}^n$ 的集合, 且令 $\|\varphi\| := \max_{|t-a| \leqslant \delta} \|\varphi(t)\|$. 由定理 A.1.13, 这是一个完备度量空间.

映射. 如下定义 Picard 算子:

$$\mathcal{P}_{a,b}(\varphi)(t) := b + \int_a^t f(x, \varphi(x))\,\mathrm{d}x,$$

并对其应用压缩映射原理.

压缩性质. 注意

$$\|\mathcal{P}_{a,b}(\varphi_1) - \mathcal{P}_{a,b}(\varphi_2)\| = \max_{|t-a| \leqslant \delta} \left\| \int_a^t f(x, \varphi_1(x)) - f(x, \varphi_2(x))\,\mathrm{d}x \right\| \leqslant M\delta\|\varphi_1 - \varphi_2\|,$$

即 $\mathcal{P}_{a,b}$ 是一个压缩映射, 因而有唯一的不动点. 接下来还需证明 $\mathcal{P}_{a,b}$ 的不动点是方程 $\dot{y} = f(t,y)$ 的满足 $\varphi(a) = b$ 的解 (且反之亦真). 为此, 对不动点条件 $\varphi_{a,b}(t) = b + \int_a^t f(x, \varphi_{a,b}(x))\,\mathrm{d}x$ 关于 t 求导, 由微积分基本定理得 $\dot{\varphi}_{a,b}(t) = f(t, \varphi_{a,b}(t))$. 显然, $\mathcal{P}_{a,b}$ 的不动点 $\varphi_{a,b}$ 满足 $\varphi_{a,b}(a) = b$. 反之, 为了证明方程的解是 $\mathcal{P}_{a,b}$ 的不动点, 将解代入不动点条件中, 并注意到被积函数是 $\dot{\varphi}$, 由微积分基本定理即可得到该解是不动点. 于是由不动点的存在唯一性就给出解的存在唯一性. □

事实上, 将这里所得的局部解拼在一起可知, 解对所有的时间都有定义 (命题 9.4.7).

例 9.4.2　对微分方程 $\dot{y} = y$, $y(0) = 1$, 可明确地执行这一迭代过程: 令 $y_0(x) = 1$ 作为初始猜测. 则 $y_1(x) = 1 + \int_0^x y(x)\,\mathrm{d}x = 1 + \int_0^x \mathrm{d}x = 1 + x$, $y_2(x) = 1 + \int_0^x 1 + x\,\mathrm{d}x = 1 + x + x^2/2$. 归纳地, $y_k(x) = \sum_{n=0}^k x^n/n!$, 于是 $y(x) = \sum_{n=0}^{\infty} x^n/n! = \mathrm{e}^x$.

Picard 发明这一方法时还没有压缩映射原理. 通过验证误差迅速减小, 这种逐次逼近法得以执行.

9.4.2　不一致的情形

可能会出现这样的情况, 微分方程的右端函数的 Lipschitz 常数依赖于 t, 且右端函数并非对所有的时间 t 和整个 $\mathbb{R}^n$ 有定义. 在这种情形下, 也有一个类似于定理 9.4.1 的结论, 但是必须注意, 此时方程的解不能离开右端函数的定义域.

定理 9.4.3　设 $I \subset \mathbb{R}$ 是开区间, $O \subset \mathbb{R}^n$ 是开集, $f : I \times O \to \mathbb{R}^n$ 是连续函数, 且对任意 $t \in I$, f 关于 $y \in O$ 是 M-Lipschitz 连续的. 则对任意 $(a,b) \in I \times O$, 存在 $\delta > 0$, 使得方程 $\dot{y} = f(t,y)$ 存在唯一解 $\varphi_{a,b} : (a-\delta, a+\delta) \to \mathbb{R}^n$, 满足 $\varphi_{a,b}(a) = b$.

证明 空间. 关于 f 的假设意味着 $\|f(t, y') - f(t, y)\| \leqslant M\|y' - y\|$ 对任意 $t \in I, y, y' \in O$ 成立. 取 O 的一个有界闭子集 K 和包含 a 的闭区间 $I' \subset I$. 设 $B > \sup_{t \in I', x \in K} \|f(t, x)\|$, 取 $\delta \in (0, 1/M)$ 使得 $[a - \delta, a + \delta] \subset I'$ 且球形域 $B(b, B\delta)$ 包含于 K. 考虑使得 $\|\varphi - b\| < B\delta$ 的连续函数 $\varphi\colon [a - \delta, a + \delta] \to O$ 构成的集合 $\mathcal{C}$, 同样地, 其中 $\|\varphi\| := \max_{|t - a| \leqslant \delta} \|\varphi(t)\|$. $\mathcal{C}$ 是 $[a - \delta, a + \delta]$ 上所有连续函数 (具有如上范数) 构成的完备度量空间的一个闭子集, 因而 $\mathcal{C}$ 也是完备的.

映射. Picard 算子定义为

$$\mathcal{P}_{a,b}(\varphi)(t) := b + \int_a^t f(x, \varphi(x))\,\mathrm{d}x.$$

则 $\|\mathcal{P}_{a,b}(\varphi) - b\| \leqslant \max_{|t-a| \leqslant \delta} \left\| \int_a^t f(x, \varphi(x))\,\mathrm{d}x \right\| < B\delta$, 于是对 $\varphi \in \mathcal{C}$, 有 $\mathcal{P}_{a,b}(\varphi) \in \mathcal{C}$, 即 $\mathcal{P}_{a,b}$ 有意义.

压缩性质. 由于

$$\|\mathcal{P}_{a,b}(\varphi) - \mathcal{P}_{a,b}(\varphi')\| = \max_{|t-a| \leqslant \delta} \left\| \int_a^t f(x, \varphi(x)) - f(x, \varphi'(x))\,\mathrm{d}x \right\| \leqslant M\delta\|\varphi - \varphi'\|,$$

所以 $\mathcal{P}_{a,b}$ 是 $\mathcal{C}$ 上的压缩映射, 因而有唯一的不动点. 和前面一样, $\mathcal{P}_{a,b}$ 的不动点对应着方程的解. $\qquad\square$

注 9.4.4 注意, 在这里我们只得到局部解, 全局解可通过将局部解拼在一起得到. 由唯一性, 任意两个局部解在它们定义域的交上都是一致的. 事实上, 解的延拓所遇到的唯一的障碍是解有可能达到 O 的边界, 若超出 O 的边界, 常微分方程就没有意义了. 我们将在 9.4.6 和 9.4.7 节给出详细阐述.

9.4.3 连续依赖性

由于 $\mathcal{P}_{a,b}$ 连续依赖于 a 和 b 且对与 b 充分接近的 b', $\mathcal{P}_{a,b'}(\mathcal{C}) \subset \mathcal{C}$, 所以由命题 2.6.14, 微分方程的解连续依赖于初值 b.

命题 9.4.5 在定理 9.4.3 的假设下, 微分方程的解连续依赖于初始值, 即对任意 $\varepsilon > 0$, 存在 $\eta > 0$, 使得当 $\|b' - b\| < \eta$ 时, $\max_{|t-a| \leqslant \delta} \|\varphi_{a,b'}(t) - \varphi_{a,b}(t)\| < \varepsilon$.

证明 显然, 为了保证 $\varphi_{a,b'}$ 对 $|t - a| < \delta$ 有定义, 需要取 η, 使得当 $\|b' - b\| < \eta$ 时, $B(b', B\delta) \subset K$ (见定理 9.4.3 证明的开始). 若能取到这样的 η, 则命题的结论 (可能对更小的 η) 就是压缩映射的不动点对参数的连续依赖性的重新陈述, 这里的范数是 $\|\varphi\| := \max_{|t-a| \leqslant \delta} \|\varphi(t)\|$. $\qquad\square$

9.4.4 光滑依赖性

映射 $\mathcal{P}\colon \mathcal{C} \times \mathbb{R} \times O \to \mathcal{C}$ 映入了使微分有定义 (定义 A.2.1) 的线性空间. 它线性 (因而光滑) 依赖于 $b \in O$, 且对 $\varphi \in \mathcal{C}$ 的依赖是通过 f 实现的, 因而像 f 一样光

滑. 为了说明如何看出这点, 考虑 $\mathcal{P}_{a,b}$ 的微分. 由中值定理得

$$
\begin{aligned}
\mathcal{P}_{a,b}(\varphi)(t) - \mathcal{P}_{a,b}(\psi)(t) &= \int_a^t f(x, \varphi(x))\,\mathrm{d}x - \int_a^t f(x, \psi(x))\,\mathrm{d}x \\
&= \int_a^t f(x, \varphi(x)) - f(x, \psi(x))\,\mathrm{d}x \\
&= \int_a^t (\partial f/\partial y)(x, c_x)(\varphi(x) - \psi(x))\,\mathrm{d}x \\
&\approx \int_a^t (\partial f/\partial y)(x, \varphi(x))(\varphi(x) - \psi(x))\,\mathrm{d}x.
\end{aligned}
$$

于是微分由 $D\mathcal{P}_{a,b}(\varphi)(\eta)(t) = \int_a^t (\partial f/\partial y)(x, \varphi(x))\eta(x)\,\mathrm{d}x$ 定义.

推论 2.2.15 蕴含着:

命题 9.4.6　在命题 9.4.5 中, 如果 f 是 C^r 的, 则方程的解是 C^{r+1} 的且 C^r 依赖于初始值 b, 即 $b \mapsto \varphi_{a,b}(a + t)$ 对所有 $t \in (-\delta, \delta)$ 都是 C^r 映射.

由微分方程知, 只要 y 和 f 是 C^k 的, 则 $\dot{y}$ 是 C^k 的, 由此可归纳地得到方程的解是 C^{r+1} 的.

9.4.5　不存在性和不唯一性

为了说明存在唯一性定理中假设的必要性, 考虑图 9.4.1. 它表明对方程 $t\dot{x} = 2x$, 它的通解为 $x = ct^2$, 当初始条件为 $a = b = 0$ 时, 唯一性不成立, 而当初始条件为 $a = 0, b \neq 0$ 时, 存在性不成立. 图的右半部分表明, 即使 $f(t, x)$ 对所有的 t 都有定义, 方程的解也未必能延拓到所有的 t 上: 方程 $\dot{x} = x^2$ 的解 $x = -1/(t + c)$ 对有限的 t 有奇点. 解的存在性仅用微分方程右端函数的连续性就可证明. 而解不唯一的可能性表明, 如果不满足 Lipschitz 条件, 就不能期望解对初值的连续依赖性.

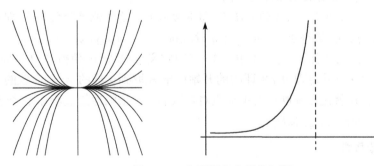

图 9.4.1　有关微分方程的问题

9.4.6 解的延拓

鉴于在 3.2.6 节所见到的以及由命题 9.4.11 所证明了的事实, 我们仅限于考虑形如 $\dot{x} = f(x)$ 的方程, 即方程的右端函数与时间无关 (称这类方程为自治微分方程, 它的右端称为生成流的向量场). 从物理上看, 这反映了我们假设的固有自然法则. 我们不愿总是担心解只定义于某些时间的可能性, 而且通常不用为此担心.

命题 9.4.7 若 f 定义在整个 $\mathbb{R}^n$ 上且是 Lipschitz 连续的, 则方程 $\dot{x} = f(x)$ 的解对所有 t 都有定义.

证明 由定理 9.4.1, 对任意初始条件 $y(0) = b$, 存在解 $\varphi_{0,b}: [-\delta, \delta] \to \mathbb{R}^n$, 满足 $\varphi_{0,b}(0) = b$. 对初始条件 $\varphi_{0,b}(\delta) =: b'$, 在 $[0, 2\delta]$ 上存在解 $\varphi_{\delta, \varphi_b(\delta)}$ (见图 9.4.2), 即

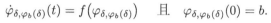

$$\dot{\varphi}_{\delta, \varphi_b(\delta)}(t) = f(\varphi_{\delta, \varphi_b(\delta)}) \quad 且 \quad \varphi_{\delta, \varphi_b(\delta)}(0) = b.$$

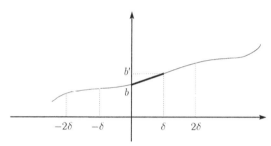

图 9.4.2 解的延拓

同时, $\dot{\varphi}_{0,b}(t) = f(\varphi_{0,b})$ 且 $\varphi_{0,b}(0) = b$, 所以, 由唯一性, 对 $t \in [0, \delta]$, $\varphi_{\delta, \varphi_b(\delta)}(t) = \varphi_{0,b}(t)$. 所以在 $[-\delta, 2\delta]$ 上, 方程有唯一的解. 类似地, 从 $-\delta$ 延拓可得定义在 $[-2\delta, 2\delta]$ 上的一个解, 这个解又可延拓到 $[-3\delta, 3\delta]$ 上, 等等. 于是解对所有时间都有定义, 这与初始条件无关. □

应用命题 9.4.5 大约 T/δ 次, 得到

命题 9.4.8 在任意有限的时间内, 微分方程的解连续依赖于初始值, 即对任意给定的 $T, \varepsilon > 0$, 存在 $\delta > 0$, 使得若 $\|b' - b\| < \delta$, 则 $\max_{|t-a| \leqslant T} \|\varphi_{a,b'}(t) - \varphi_{a,b}(t)\| < \varepsilon$.

9.4.7 流

现在研究由微分方程的解引起的映射. 第一个引理阐明了解在一个给定长度的时间段内的演化不依赖于初始时间. 于是可得结论: 这些演化确定了一个可逆可微映射的单参数群.

引理 9.4.9 对任意时间 t, 命题 9.4.6 中的映射 $\phi_a^t : b \mapsto \varphi_{a,b}(a + t)$ 定义在整个 $\mathbb{R}^n$ 上, 且如果 f 是 C^r 的, 则 ϕ_a^t 也是 C^r 的, 它还与 a 无关.

证明　命题 9.4.7 说明对任意 t, ϕ_a^t 定义在整个 $\mathbb{R}^n$ 上, 命题 9.4.6 说明 ϕ_a^t 与 f 同样光滑.

给定 $a, a' \in \mathbb{R}$ 和 $b \in \mathbb{R}^n$, 考虑微分方程的满足 $\varphi_{a,b}(a) = b$ 和 $\varphi_{a',b}(a') = b$ 的解 $\varphi_{a,b}$ 和 $\varphi_{a',b}$. 则 $\phi_a^t(b) = \varphi_{a,b}(a+t)$, $\phi_{a'}^t(b) = \varphi_{a',b}(a'+t)$. 下面证明它们是相同的. 若定义 $\psi_1(t) := \varphi_{a,b}(t+a)$, $\psi_2(t) := \varphi_{a',b}(t+a')$, 则

$$\dot{\psi}_1(t) = f(\psi_1(t)), \quad \psi_1(0) = b, \quad \dot{\psi}_2(t) = f(\psi_2(t)), \quad \psi_2(0) = b.$$

由唯一性, $\phi_{a'}^t(b) = \varphi_{a',b}(t+a') = \psi_2(t) = \psi_1(t) = \varphi_{a,b}(a+t) = \phi_a^t(b)$. □

从现在起, 我们将省略下标 a, 记 $\phi^t(b) = \varphi_{a,b}(a+t)$ (且默认 $a = 0$).

定义 9.4.10　使得 $(t, x) \mapsto \phi^t(x)$ 为 C^r 映射的映射族 $(\phi^t)_{t \in \mathbb{R}}$ 称为一个 C^r 流, 如果对任意 $s, t \in \mathbb{R}$, $\phi^{s+t} = \phi^s \circ \phi^t$.

在我们的情形下, "群性质" 成立:

命题 9.4.11　微分方程 $\dot{x} = f(x)$, 其中 $f: \mathbb{R}^n \to \mathbb{R}^n$ 是 C^r 函数, $\|Df\|$ 有界, 在 $\mathbb{R}^n$ 上定义了一个 C^r 流.

证明　给定 $t \in \mathbb{R}$, 函数 $\psi_1(s) := \varphi_{0,b}(s+t)$ 和 $\psi_2(s) := \varphi_{0,\varphi_{0,b}(t)}(s)$ 是微分方程的解, 满足 $\psi_2(0) = \varphi_{0,\varphi_{0,b}(t)}(0) = \varphi_{0,b}(t) = \psi_1(0)$, 于是由唯一性, $\psi_1 = \psi_2$. 由此

$$\phi^s \circ \phi^t(b) = \phi^s(\varphi_{0,b}(t)) = \varphi_{0,\varphi_{0,b}(t)}(s) = \varphi_{0,b}(s+t) = \phi^{s+t}(b).$$

特别地, 取 $s = -t$ 就得到 ϕ^t 是可逆的, 其逆为 ϕ^{-t}. 于是这些映射 ϕ^t 是 C^r 微分同胚. □

光滑流的概念是连续时间动力系统理论的核心, 它是动力学和微分方程之间的桥梁. 应用这个概念, 可以将动力系统描述为对 (离散的或连续的) 单参数变换群的渐近行为的研究.

2.4.1 节给出了由直线上的微分方程 $\dot{x} = f(x)$, 其中 f 是 Lipschitz 连续函数, 生成的流的动力行为的完整描述: 不动点的集合是闭的, 在每一个余区间上, 流是单调的, 所有轨道渐近趋于一个端点, 且在负时间方向渐近趋于另一个端点.

若只改变右端函数的大小而不改变正负号, 则轨道不发生变化, 只是沿着轨道的速度改变了.

定义 9.4.12　设 a 为一个连续的无处为零的纯量函数, 则称由方程 $\dot{x} = f(x)$ 和 $\dot{x} = a(x)f(x)$ 生成的流为通过时间变换相关的.

9.5　双　曲　性

本节从一个很好的实例开始, 它直接涉及将非线性映射的定性性质, 用与之密切相关的线性部分的相应性质来描述.

9.5.1　双曲不动点

回忆在 3.1 节中对 $\mathbb{R}^2$ 上的一个双曲线性映射的动力行为的描述. $\mathbb{R}^2$ 上的双曲线性映射是其一个特征值 $\lambda \in (-1, 1)$, 而另一个特征值 μ 位于 $[-1, 1]$ 之外的线性映射. 于是, λ 的非零特征向量 v 在 $\mathbb{R}^2$ 中张成一条过原点的直线 E^s, 同样, 从 μ 的特征向量 w 得到直线 E^u.

这两条直线是重建线性映射的动力行为的主要构件. 在 E^s 上, 映射是一个线性压缩, 在 E^u 上, 映射的逆是一个压缩. 两条直线以外的点的轨道都位于渐近于稳定直线和不稳定直线的曲线上.

现在考虑有一个不动点 x_0 的可微映射 $f : \mathbb{R}^2 \to \mathbb{R}^2$, 其微分 $Df(x_0)$ 是一个双曲线性映射. 非同寻常的是, 线性映射 $Df(x_0)$ 的压缩与扩张直线, 在映射 f 本身有确切的对应, 只是我们得到的是曲线 W^s 和 W^u 而不是直线. 这两条曲线都是不变的, 即 $f(W^s) = W^s$, $f(W^u) = W^u$, 且 f 在 W^s 上是压缩的, f^{-1} 在 W^u 上是压缩的 (见图 9.5.1). 严格地说, 这种说法并不完全准确, 但是它在不动点的一个邻域内是成立的. 为了不必担心邻域的大小, 我们证明一个表达稍微有些不同的陈述 (定理 9.5.2). 这个陈述仅包含了我们所说的事实的一半, 即只包含了压缩曲线, 但将它应用于逆映射就可得到 f 的扩张曲线.

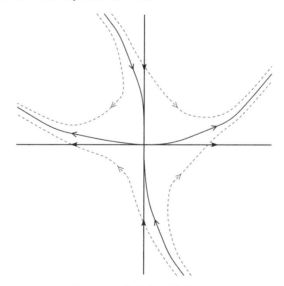

图 9.5.1　稳定和不稳定流形

还需注意, 双曲线性映射的压缩直线 E^s 恰为那些相继的像形成一个有界序列, 即正半轨有界的点的集合. 类似地, 一个具有双曲不动点(即映射在该点的微分为双曲线性映射的不动点) 的映射有一条过此不动点的光滑曲线, 它恰由经迭代后仍停留在不动点充分近处的点构成. 我们将对 $\mathbb{R}^2$ 中的映射证明这个结论, 但是不难看到, 通过对等号重新解释, 同样的讨论对高维情形也成立. 正如 9.4 节, 其中的证明是压缩映射原理在适当构造的 "无限维" 度量空间中的一个完美应用.

9.5.2　稳定流形定理

称满足 $|D\varphi| \leqslant \gamma$ 的 C^1 函数 $\varphi\colon \{0\} \times \mathbb{R} \to \mathbb{R} \times \{0\}$ (即 x 是 y 的函数) 的图像 $c \subset \mathbb{R}^2$ 为一条竖直 γ 曲线. 当 φ 是 y 关于 x 的函数时, 称之为水平 γ 曲线. 对于我们所要考虑的问题, 以下结论很有用处.

引理 9.5.1　设 $A\colon \mathbb{R}^2 \to \mathbb{R}^2$ 是由矩阵 $\begin{pmatrix} \kappa_u & 0 \\ 0 & \kappa_s \end{pmatrix}$ 确定的线性映射, 这里 $0 < \kappa_s < \kappa_u$. 则对任意 $\gamma > 0$ 和 $\varepsilon < (\kappa_u - \kappa_s)/(\gamma + 2 + (1/\gamma))$, 以及满足 $\|Df - A\| \leqslant \varepsilon$ 的任意 C^1 映射 $f\colon \mathbb{R}^2 \to \mathbb{R}^2$, f 的逆保持竖直 γ 曲线, 即 γ 曲线在 f 下的原像还是 γ 曲线 (如图 9.5.2).

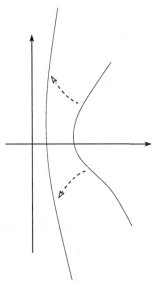

图 9.5.2　竖直 γ 曲线的保持

证明　在这个证明中, 为方便起见, 使用 $\mathbb{R}^2$ 上的范数 $\|(x, y)\| := |x| + |y|$, 并记 $f(x, y) = (f_1(x, y), f_2(x, y))$, $D_1 := \partial/\partial x$, $D_2 := \partial/\partial y$.

我们需要证明对 γ 曲线 $x = c(y)$, 可以从方程

$$f_1(x, y) = c(f_2(x, y)) \quad \text{或} \quad 0 = F(x, y) := f_1(x, y) - c(f_2(x, y))$$

中解出满足 $|Dg| \leqslant \gamma$ 的隐函数 $x = g(y)$. 由于 γ 曲线的原像集非空, 所以存在点 (a, b), 使得 $F(a, b) = 0$. 下面验证 $D_1 F \neq 0$. 注意到 $|D_1 f_2| < \varepsilon$, $|D_2 f_1| < \varepsilon$ 且

$$|D_1 f_1| \geqslant \kappa_u - |D_1 f_1 - \kappa_u| \geqslant \kappa_u - \varepsilon. \tag{9.5.1}$$

所以

$$|D_1 F| = |D_1 f_1 - Dc \circ f_2 \, D_1 f_2| \geqslant \kappa_u - (1+\gamma)\varepsilon > 0.$$

于是, 可以至少在局部解出一个隐函数 $x = g(y)$. 为了估计 g 的导数, 注意

$$|D_2 F| = |D_2 f_1 - Dc \circ f_2 \, D_2 f_2| \leqslant \gamma(\kappa_s + \varepsilon) + \varepsilon = \gamma\kappa_s + (1+\gamma)\varepsilon.$$

于是 $|Dg| < \gamma$, 事实上

$$|Dg| = \left| -\frac{D_2 F}{D_1 F} \right| \leqslant \frac{\gamma\kappa_s + (1+\gamma)\varepsilon}{\kappa_u - (1+\gamma)\varepsilon} < \gamma$$

(为了验证最后一个不等式, 去分母, 除以 γ 并利用 $(1+\gamma)(1+1/\gamma)\varepsilon < \kappa_u - \kappa_s$).

剩下的需要证明 g 不只是局部的, 而是定义在整个 $\mathbb{R}$ 上. 为此, 注意到 $|D_2 f_2| \leqslant \kappa_s + \varepsilon$, 即 f^{-1} 在竖直的方向将曲线拉长了. 具体地, 任取 $y \in \mathbb{R}$. 需证明 γ 曲线的原像包含一点 (x, y). 考虑曲线 c 在从 a 到 $a + (y - b)$ 这段区间上的图像. 原像的 y 坐标从 b 延伸到 $b + (y - b)/(\kappa_s + \varepsilon)$ 且包含 y. 所以, 在这种情形下, 我们得到一个全局定义且导数满足右端估计式的隐函数. □

注意 $\gamma + 2 + (1/\gamma) \geqslant 4$, 所以当然要求 $\varepsilon < (\kappa_u - \kappa_s)/4$.

现在可以证明关于稳定曲线的结论.

定理 9.5.2 (稳定流形定理) 设 $A \colon \mathbb{R}^2 \to \mathbb{R}^2$ 是由矩阵 $\begin{pmatrix} \kappa_u & 0 \\ 0 & \kappa_s \end{pmatrix}$ 确定的线性映射, 满足 $0 < \kappa_s < 1 < \kappa_u$. 则存在 $\varepsilon > 0$, 使得对任意满足 $\|Df - A\| \leqslant \varepsilon$ 的 C^r 映射 $f \colon \mathbb{R}^2 \to \mathbb{R}^2$, 那些具有有界正半轨的点的集合是 y 的一个 C^r 函数的图像 (如图 9.5.3).

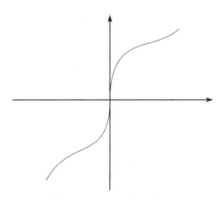

图 9.5.3 一个稳定流形

证明　空间. 将压缩映射定义在由有界序列 $(x_n)_{n\in\mathbb{N}_0}$ 构成的空间 l^∞ 上, 并取上确界范数 $\|(x_n)_{n\in\mathbb{N}_0}\|_\infty = \sup_{n\in\mathbb{N}_0} |x_n|$(由定理 A.1.14, 这是一个完备度量空间).

　　映射. 取 $\varepsilon > 0$, 使得当 x 和 y 交换角色时, 可将引理 9.5.1 应用于 f^{-1} 和 A^{-1}, 即 ε 充分小, 使得对某个 γ, f 保持水平 γ 曲线. 对给定的 $y\in\mathbb{R}$, 考虑直线 $L_y := \{(x,y)\mid x\in\mathbb{R}\}$(这是水平 γ 曲线) 的相继像 $f^n(L_y)$. 对任意给定的 $x\in\mathbb{R}$ 和 $n\in\mathbb{N}$, 存在唯一的 $z\in\mathbb{R}$, 使得 $(x,z)\in f^n(L_y)$, 从而取与 x 对应的 $x'\in\mathbb{R}$ 使得对某一 $y'\in\mathbb{R}$, 有 $(x',y')\in f^{n-1}(L_y)$ 且 $f(x',y')=(x,z)$ 将 x 与 $x'\in\mathbb{R}$ 对应起来. 于是定义映射 $\mathcal{F}_y\colon l^\infty\to l^\infty$, $\mathcal{F}_y((x_n)_{n\in\mathbb{N}_0})=(x'_n)_{n\in\mathbb{N}_0}$ (见图 9.5.4).

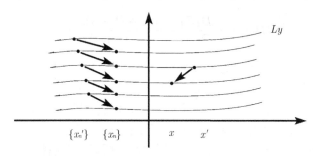

图 9.5.4　定理 9.5.2 的证明

　　压缩性质. 每一有界序列 $\{x_n\}$, 通过加上满足 $(x_n,y_n)\in f^n(L_y)$ 的 y 坐标 y_n, 都对应于平面中一个有界点列. 映射 $\mathcal{F}_y$ 反映了 f 在这样的点列上的作用 (除去第一个分量, 再重新标记其余分量). 这说明 $\mathcal{F}$ 的不动点是以 y 为初始 y 坐标的点在 f 作用下轨道点列的 x 坐标序列. 反之, 每一个有界的半轨道都产生这样一个 $\mathcal{F}_y$ 的不动点. 因为由式 (9.5.1), f 对 x 坐标是扩张的, $\mathcal{F}_y$ 是一个压缩映射; l^∞ 序列间的对应分量之间的差距会至少以 $1/(k_u-\varepsilon)<1$ 的因子缩小, 从而 l^∞ 序列之间的差距在上确界范数意义下也是如此. 因此, 存在唯一的连续依赖于 $y\in\mathbb{R}$ 的不动点 $(g(y),y)$.

　　于是, 连续函数 $g(y)$ 的图像即是具有有界正半轨的点的集合.

　　由于 l^∞ 是一个赋范线性空间, 所以我们可在上面讨论微分 (定义 A.2.1), 并且由于 f 及曲线 $f^n(L_y)$ 是 C^r 的 (经过推导, 但我们在此不给出细节) 可得, $\mathcal{F}$: $((x_n)_{n\in\mathbb{N}_0},y)\mapsto \mathcal{F}_y((x_n)_{n\in\mathbb{N}_0})$ 是 C^r 的, 从而由定理 9.2.4, g 也是 C^r 的. □

9.5.3　局部化

　　我们简单说明一下定理 9.5.2 所述事实是如何同前面线性化的描述联系起来的. 设 $f\colon\mathbb{R}^2\to\mathbb{R}^2$ 有一个不动点 p, 使得 $Df(p)$ 是双曲线性映射. 作坐标变换, 用 $(x,y)-p$ 代替 (x,y), 就将不动点移到了原点. 现在, $Df(p)$ 是双曲线性映射, 虽然它可能不是对角形的. 若进行坐标变换将 $Df(p)$ 对角化, 则得 $Df(0) = A =$

$\begin{pmatrix} \lambda & 0 \\ 0 & \mu \end{pmatrix}$. 若 f 是连续可微的, 则由定义, 对原点附近的 q, 有 $\|Df(q) - A\| < \varepsilon$. 现在可构造一个全局定义的映射, 使它在不动点附近与原映射一致, 且在各处都与该导数接近. 于是应用这个结果, 至少在原点附近得到一条压缩曲线 C. 类似地, 考虑 f 的逆映射可得扩张曲线. 易证 $\bigcup_{n \in \mathbb{N}} f^{-n}(C)$ 是一条简单曲线, 即自身不交的曲线.

9.5.4　双曲不动点定理

注意到在定理 9.5.2 中, 原点是 A 的横截不动点, 因此由命题 9.3.1, 不动点被保持. 这种保持的性质也可从这里的讨论得到. 因为 f 是 C^1 接近于 A 的, 所以双曲性也保持. 这就给出了双曲不动点定理:

定理 9.5.3　若 p 是 C^1 映射 f 的双曲 m 周期点, 则对与 f C^1 充分接近的任意映射 g, 存在 p 附近的唯一的 m 周期点, 且这个周期点是双曲的.

下列 "全局化" 的叙述也是很有用的:

定理 9.5.4　设 $0 < \kappa_s < 1 < \kappa_u$, $A: \mathbb{R}^n \to \mathbb{R}^n$ 是一个线性映射, 使得 $A|_{\mathbb{R}^m \times \{0\}}$ 是 κ_s 压缩的, $A^{-1}|_{\{0\} \times \mathbb{R}^{n-m}}$ 是 $1/\kappa_u$ 压缩的. 若映射 $F: \mathbb{R}^n \to \mathbb{R}^n$ 使得 $f := F - A$ 有界且 $\mathrm{Lip}(f) \leqslant \varepsilon := \min\{1 - \kappa_s, 1 - \kappa_u^{-1}\}$ (见定义 2.2.1), 则 F 具有唯一的不动点 p, 满足 $\|p\| < \|F(0)\| / (\varepsilon - \mathrm{Lip}(f))$.

注 9.5.5　显然, p 是 F 的双曲不动点.

仅利用此处的方法 (稳定叶片或压缩映射原理) 就可将定理 9.5.3 加强以得到一个局部的共轭. 这是结构稳定性的一个简单实例 (亦见 10.2.6 节), 而关于结构稳定性, 定理 7.4.3 已经给出过一个引人注目的例子.

定理 9.5.6(Hartman-Grobman 定理)[1]　设 $U \subset \mathbb{R}^n$ 是开集, $f: U \to \mathbb{R}^n$ 连续可微, $O \in U$ 是 f 的双曲不动点. 则存在 O 的邻域 $V \subset U$ 和从 V 到 $\mathbb{R}^n$ 内的同胚 h, 使得在 V 上, $f = h^{-1} \circ Df_0 \circ h$.

事实上, f 在 O 点附近的拓扑特征已经由 f 在稳定和不稳定流形上的定向以及它们的维数所决定, 类似于定理 7.4.3, 它没有接近性的假设.

定理 9.5.7　设 $f: U \to \mathbb{R}^n$, $g: V \to \mathbb{R}^n$ 分别有双曲不动点 $p \in U$ 和 $q \in V$, 且 $\dim E^+(Df_p) = \dim E^+(Dg_q)$, $\dim E^-(Df_p) = \dim E^-(Dg_q)$, $\mathrm{sign} \det Df_p|_{E^+(Df_p)}$ $= \mathrm{sign} \det Dg_q|_{E^+(Dg_q)}$, $\mathrm{sign} \det Df_p|_{E^-(Df_p)} = \mathrm{sign} \det Dg_q|_{E^-(Dg_q)}$. 则存在邻域 $U_1 \subset U$ 和 $V_1 \subset V$ 及同胚 $h: U_1 \to V_1$, 使得 $h \circ f = g \circ h$.

通过一个局部化的过程, 下列结论等价于定理 9.5.6. 我们把它作为双曲不动点定理 9.5.4 的一个应用.

---

[1] 有关该定理的直接证明可参见 Katok A, Hasselblatt B. *Introduction to the Modern Theory of Dynamical Systems*. Cambridge: Cambridge University Press, 1995. 这里我们可以从定理 9.5.8 得到.

定理 9.5.8 设 $0 < \kappa_s < 1 < \kappa_u$, $A: \mathbb{R}^n \to \mathbb{R}^n$ 是一个线性映射, 使得 $A|_{\mathbb{R}^m \times \{0\}}$ 是 κ_s 压缩的, $A^{-1}|_{\{0\} \times \mathbb{R}^{n-m}}$ 是 $1/\kappa_u$ 压缩的. 设 F 是一个映射, 使得 $f := F - A$ 有界且 $\mathrm{Lip}(f) \leqslant \varepsilon := \min\{\|A^{-1}\|^{-1}, 1 - \kappa_s, 1 - \kappa_u^{-1}\}$. 则存在 $\mathbb{R}^n$ 上的唯一的同胚 H, 使得 $h := H - \mathrm{Id}$ 有界且 $H \circ A \circ H^{-1} = F$.

证明　因为 $y = F(x) \Leftrightarrow x = A^{-1}(y - f(x))$ 且右端关于 x 是连续的和压缩的, 所以假设 $\mathrm{Lip}(f) \leqslant \|A^{-1}\|^{-1}$ 保证了 F 是一个同胚, 因此它唯一地确定了 x.

引进 $G = A + g$, 其中 g 是有界的且 $\mathrm{Lip}(g) \leqslant \varepsilon$, 可以使得我们的证明更对称, 这样做是很有用处的. 首先需要证明存在 $\mathbb{R}^n$ 上的唯一的连续有界映射 h, 使得

$$F \circ (\mathrm{Id} + h) = (\mathrm{Id} + h) \circ G, \tag{9.5.2}$$

或者等价地,

$$A \circ h \circ G^{-1} + f \circ (\mathrm{Id} + h) \circ G^{-1} + A \circ G^{-1} - \mathrm{Id} = h.$$

为此, 考虑 $\mathbb{R}^n$ 到 $\mathbb{R}^n$ 的有界连续映射的空间 E, 这个空间可以分解成到 $\mathbb{R}^m \times \{0\}$ 的有界连续映射的空间 E_s 和到 $\{0\} \times \mathbb{R}^{n-m}$ 的有界连续映射的空间 E_u. 定义映射 $\mathcal{A}: E \to E$ 和 $\mathcal{F}: E \to E$ 为

$$\mathcal{A}(h) := A \circ h \circ G^{-1}, \qquad \mathcal{F}(h) := f \circ (\mathrm{Id} + h) \circ G^{-1} + A \circ G^{-1} - \mathrm{Id}.$$

则 $\mathcal{A}$ 保持 E_s 和 E_u, 且 $\mathcal{A}|_{E_s}$ 是 κ_s 压缩的, $\mathcal{A}^{-1}|_{E_u}$ 是 κ_u^{-1} 压缩的. 由于 $\mathrm{Lip}(\mathcal{F}) \leqslant \mathrm{Lip}(f)$, 所以双曲不动点定理 9.5.4 表明, $\mathcal{A} + \mathcal{F}$ 在 E 中有唯一的不动点. 这就得到了 h.

还需证明 H 是一个同胚. 这是前面提到的对称性起作用的地方. 由此存在 $\bar{h}$, 使得

$$G \circ (\mathrm{Id} + \bar{h}) = (\mathrm{Id} + \bar{h}) \circ F.$$

将上式与式 (9.5.2) 按两种不同的方式结合起来, 得到以下两关系式

$$G \circ (\mathrm{Id} + \bar{h}) \circ (\mathrm{Id} + h) = (\mathrm{Id} + \bar{h}) \circ (\mathrm{Id} + h) \circ G,$$

$$F \circ (\mathrm{Id} + h) \circ (\mathrm{Id} + \bar{h}) = (\mathrm{Id} + h) \circ (\mathrm{Id} + \bar{h}) \circ F,$$

其中每一个都与式 (9.5.2) 类型相同. 由于已经得到了共轭映射的唯一性, 且 Id 是 F 与 F 及 G 与 G 之间的共轭映射, 所以有

$$(\mathrm{Id} + \bar{h}) \circ (\mathrm{Id} + h) = (\mathrm{Id} + h) \circ (\mathrm{Id} + \bar{h}) = \mathrm{Id},$$

这就证明了 $H = \mathrm{Id} + h$ 是一个同胚. □

第 10 章　双曲动力系统

我们在前面看到了许多具有复杂动力行为的例子, 本章则综合导致这些行为产生的基本共同结构. 动力系统产生混沌现象的本质在于拉伸 (导致轨道分离) 和折叠 (以产生回复性并保持与紧性兼容) 的组合. 我们将详细描述这一概念并给出一些重要的一般结果. 本章用到的事实和思想在动力系统的诸多方面都有应用, 且贯穿于本书剩余的章节. 本章省略的证明可在 *Introduction to the Modern Theory of Dynamical Systems* 一书中查到.

10.1　双　曲　集

为了从以前所举的例子中得到有意义的特征, 我们需要分别对可逆情形和不可逆情形进行讨论.

10.1.1　定义

双曲集是一个不变集, 在其上每一点 x 处的导数的作用都类似于双曲不动点处导数的作用: 存在互余子空间 E_x^u 和 E_x^s (扩张的或 "不稳定的" 和压缩的或 "稳定的"), 使得 $Df^{-1}(x)$ 在 E_x^u (其像为 $E_{f^{-1}(x)}^u$) 上是 κ 压缩的 (定义 2.2.1), $Df|_x$ 在 E_x^s 上是 κ 压缩的, 其中 $\kappa < 1$ 且与 x 无关. 事实上, 可用类似于定义 2.6.11 中的最终压缩代替压缩, 这使得定义中的条件更容易验证.

定义 10.1.1　设 U 是开集, f 是定义在 U 上的映射, Λ 是一个紧的不变集, 即 $f(\Lambda) = \Lambda$, 且 f 在 Λ 上可逆. 称 Λ 是双曲集, 如果对任意 $x \in \Lambda$, 存在子空间 E_x^u 和 E_x^s, 使得任意向量 v 可唯一分解成 $v = v^u + v^s$, 其中 $v^u \in E_x^u$, $v^s \in E_x^s$, 且存在 $C > 0$ 和 $\kappa < 1$, 使得对任意 $x \in \Lambda$ 和 $n \in \mathbb{N}$, 有 $\|Df^{-n}(x)|_{E_x^u}\| \leqslant C\kappa^n$, $\|Df^n(x)|_{E_x^s}\| \leqslant C\kappa^n$.

7.1.4 节中环面上的双曲线性映射是这种情形的一个例子. 集合 Λ 是整个环面, 扩张和压缩子空间分别平行于扩张和压缩特征线. 常数 κ 是两个特征值中较小的一个.

另一类可逆的例子以 7.3.3 节中的三倍分马蹄和 7.4.4 节中的一般线性马蹄为代表. 在那里构造的不变集 Λ 是双曲集. 扩张子空间是水平直线, 压缩子空间是竖直直线. 常数 κ 由马蹄映射的扩张和压缩率决定. 对三倍分马蹄来说, $\kappa = 1/3$.

我们可以利用可逆性来定义扩张方向. 但对不可逆映射来说就不那么简单了, 除非映射在所有的方向上都是扩张的. 由于我们给过的不可逆扩张映射的例子都是一维的, 故其扩张方向也就自然给定了.

定义 10.1.2　设 U 是开集, f 是定义在 U 上的映射. 称一个紧不变集 Λ 为双曲排斥子, 如果存在 $\kappa > 1$, 使得对任意 $x \in \Lambda$ 和向量 v, 有 $\|Df^n(x)v\| \geqslant C\kappa^n\|v\|$.

7.1.1 节中圆周上的线性扩张映射 E_m 对 $\Lambda = S^1$ ($\kappa = |m|$) 具有这个性质, 非线性扩张映射 (定义 7.1.7) 也是如此. 由紧性, 对任意 $x \in S^1$, $|f'(x)| > 1$ 的假设蕴含着存在 $\kappa > 1$, 使得对任意 $x \in S^1$, $|f'(x)| \geqslant \kappa$. 在所有这些情形, 可取 $C = 1$.

对 $\lambda > 4$, 2.5 和 7.1.2 节二次映射由命题 7.4.4 给出的不变集 $\bigcap_{n \in \mathbb{N}_0} f_\lambda^{-n}([0,1])$ 是一个双曲排斥子 (命题 11.4.1). 这对 $4 < \lambda \leqslant 2 + \sqrt{5}$ 来说并不像在命题 7.4.4 中那样容易验证. 并且, 在这里也不能取定义 10.1.2 中的 $C = 1$, 除非改变度量.

定义 10.1.3　设 Λ 是 f 在 U 上的双曲集. 如果存在 Λ 的开邻域 V, 使得 $\Lambda = \Lambda_V^f := \bigcap_{n \in \mathbb{Z}} f^n(\overline{V})$, 则称 Λ 是局部极大的、孤立的或基本的.

这个假设是自然且普遍的, 今后遇到的很多情形都直接给出或隐含此假设.

10.1.2　锥判别法

现在给出双曲集的另一特征, 它的条件更易显示双曲集在小扰动下仍保持稳定的特性, 且通常更容易检验. 一个典型的例子是 Lorentz 吸引子存在性 (定理 13.3.3) 的证明.

定义 10.1.4　$p \in \mathbb{R}^n$ 点处的标准水平 γ 锥定义为

$$H_p^\gamma = \{(u,v) \in T_p\mathbb{R}^n \mid \|v\| \leqslant \gamma\|u\|\}.$$

p 点处的标准竖直 γ 锥 定义为

$$V_p^\gamma = \{(u,v) \in T_p\mathbb{R}^n \mid \|u\| \leqslant \gamma\|v\|\}.$$

更一般地, $\mathbb{R}^n$ 中的锥 K 定义为标准锥在可逆线性映射之下的像.

我们举一些例子来描绘锥的图形. 当维数 $n = 2$ 时, 所有的锥看起来都是类似的. 图 10.1.1 中的阴影部分描绘的就是一个水平锥 $|x_2| \leqslant \gamma|x_1|$. 它的余集的闭包 $|x_1| \leqslant |x_2|/\gamma$ 是一个竖直锥, 三维时的类似情形则如图 10.1.2 中所示. 当维数 $n = 3$ 时, 令 $u = x_1$, $v = (x_2, x_3)$, 则 $\sqrt{x_2^2 + x_3^2} \leqslant \gamma|x_1|$, 显然是一个锥. 同样, 在这里锥的余集的闭包仍是一个锥. 于是, 令 $u = (x_2, x_3)$, $v = x_1$, 则 $|x_1| \leqslant \sqrt{x_2^2 + x_3^2}/\gamma$ 给出一个看起来与冰淇淋的锥状托不相像的锥.

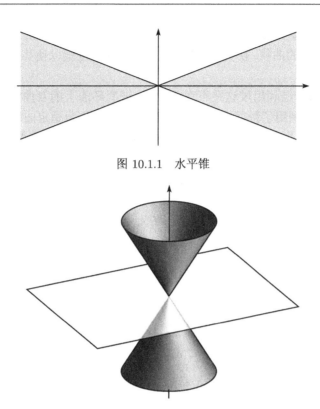

图 10.1.1　水平锥

图 10.1.2　竖直锥

我们用锥场来表示一个将每点 $p \in \mathbb{R}^n$ 映成在 p 点的一个锥 K_p 的映射. 微分同胚 $f: \mathbb{R}^n \to \mathbb{R}^n$ 通过

$$(f_*K)_p := Df_{f^{-1}(p)}\left(K_{f^{-1}(p)}\right)$$

自然作用于锥场上.

定理 10.1.5　紧 f 不变集 Λ 是双曲的当且仅当存在 $\lambda < 1 < \mu$, 使得在每点 $x \in \Lambda$, 存在互余子空间 S_x 和 T_x (一般不是 Df 不变的), 一族水平锥 $H_x \supset S_x$ 和一族竖直锥 $V_x \supset T_x$, 满足分解的性质, 且使得

$$Df_x H_x \subset \mathrm{int}H_{f(x)}, \quad Df_x^{-1}V_{f(x)} \subset \mathrm{int}V_x,$$

对 $\xi \in H_x$, $\|Df_x\xi\| \geqslant \mu\|\xi\|$; 对 $\xi \in V_{f(x)}$, $\|Df_x^{-1}\xi\| \geqslant \lambda^{-1}\|\xi\|$.

10.1.3　稳定流形

定理 9.5.2 利用压缩映射原理证明了对应于在微分下扩张和压缩的子空间 E^u 和 E^s, 存在在映射下扩张和压缩的曲线. 定理 9.5.2 仅对双曲不动点证明了这些,我们可将此结论应用于辅助空间上, 从而证明对双曲集上每一点, 不管它是不是不动点, 都存在这样的曲线. 换言之, 我们可以修改证明过程以使其对非不动点的整条轨道都行之有效.

我们在前面曾经利用过这些不变曲线. 在证明环面上的双曲线性映射是混合的时 (命题 7.2.9) 利用了特征线的平移, 而这些特征线恰为稳定曲线和不稳定曲线. 对一般的双曲系统也可用相同的方式刻画, 此时这些线有一些轻微的 "摇摆". 应用定理 9.5.2 的证明方法可得

定理 10.1.6(双曲集的稳定和不稳定流形定理)　设 Λ 是 U 上的 C^1 微分同胚 f 的一个双曲集, 使得在 Λ 上, Df 依 $\mu > 1$ 在 E^u 上扩张, 而依 $\lambda < 1$ 在 E^s 上压缩. 则对任意 $x \in \Lambda$, 存在一对 C^1 嵌入 (定义 A.2.5) 盘 $W^s(x)$ 和 $W^u(x)$, 分别称为 x 点的局部稳定流形和局部不稳定流形, 使得

(1) $E^s(x)$ 与 $W^s(x)$ 切于 x 点, $E^u(x)$ 与 $W^u(x)$ 切于 x 点;

(2) $f(W^s(x)) \subset W^s(f(x))$, $f^{-1}(W^u(x)) \subset W^u(f^{-1}(x))$;

(3) 对任意 $\delta > 0$, 存在 $C(\delta)$, 使得对 $n \in \mathbb{N}$,

$$\mathrm{dist}(f^n(x), f^n(y)) < C(\delta)(\lambda + \delta)^n \mathrm{dist}(x, y), \qquad y \in W^s(x),$$
$$\mathrm{dist}(f^{-n}(x), f^{-n}(y)) < C(\delta)(\mu - \delta)^{-n} \mathrm{dist}(x, y), \quad y \in W^u(x).$$

(4) 存在 $\beta > 0$ 和一族包含以 $x \in \Lambda$ 为心以 β 为半径的球的邻域 O_x, 使得

$$W^s(x) = \{y \mid f^n(y) \in O_{f^n(x)}, n \in \mathbb{N}\},$$

$$W^u(x) = \{y \mid f^{-n}(y) \in O_{f^{-n}(x)}, n \in \mathbb{N}\}.$$

这也蕴含着全局的稳定和不稳定流形

$$\widetilde{W}^s(x) = \bigcup_{n=0}^{\infty} f^{-n}(W^s(f^n(x))),$$

$$\widetilde{W}^u(x) = \bigcup_{n=0}^{\infty} f^n(W^u(f^{-n}(x)))$$

的定义与局部稳定和不稳定流形的选取无关, 且可拓扑地刻画如下:

$$\widetilde{W}^s(x) = \{y \in U \mid \mathrm{dist}(f^n(x), f^n(y)) \to 0, n \to \infty\},$$

$$\widetilde{W}^u(x) = \{y \in U \mid \mathrm{dist}(f^{-n}(x), f^{-n}(y)) \to 0, n \to \infty\}.$$

以下有用的事实很容易证明.

命题 10.1.7　记 $\widetilde{W}^s(x)$ 和 $\widetilde{W}^u(x)$ 中的 ε 球为 $W_\varepsilon^s(x)$ 和 $W_\varepsilon^u(x)$. 则存在 $\varepsilon > 0$, 使得对任意 $x, y \in \Lambda$, 交集 $W_\varepsilon^s(x) \cap W_\varepsilon^u(y)$ 中至多含有一点 $[x, y]$, 并且存在 $\delta > 0$ 使得对 $x, y \in \Lambda$, 只要 $d(x, y) < \delta$, 就有 $W_\varepsilon^s(x) \cap W_\varepsilon^u(y) \neq \varnothing$.

证明 "环面自同构是拓扑混合的" 所进行的讨论同时也证明了如下事实: 如果全局稳定与不稳定叶片在双曲集中稠密, 则双曲集是拓扑混合的 (由命题 7.2.14, 也是混沌的). 反之也成立.

命题 10.1.8 若 Λ 是 f 的一个紧的局部极大双曲集, $f: \Lambda \to \Lambda$ 是拓扑混合的, 则存在 $N \in \mathbb{N}$, 使得对 $x, y \in \Lambda$ 和 $n \geqslant N$, 有 $f^n(W^u(x)) \cap W^s(y) \neq \varnothing$.

这一乏味的结论可以推得许多重要的动力学结果, 定理 10.2.8 就是其中的一个. 敏感依赖性是混沌的一个要素, 定理 10.1.6 就蕴含了敏感依赖性. 而且, 它给出了一个更强的性质. 敏感依赖性是说邻近的轨道可能分离开来, 而定理 10.1.6 给出的对局部双曲结构的描述说明邻近的轨道必须(在未来或过去) 分离开来 —— 双曲点附近的局部图形表明, 由于非零不稳定或稳定分支的存在, 将导致双曲点附近的点在未来或在过去分离开来, 且通常是两者并存. 而这种性质在动力系统的研究中扮演着重要的角色.

定义 10.1.9 同胚 (连续映射) $f: X \to X$ 称为是可扩的, 如果存在常数 $\delta > 0$, 使得若对所有 $n \in \mathbb{Z}$ $(n \in \mathbb{N}_0)$, $d(f^n(x), f^n(y)) < \delta$, 则 $x = y$. δ 称为可扩常数.

极大可扩常数有时也称为动力系统的可扩常数. 由紧性, 可扩性质并不依赖于与给定拓扑相容的度量的选择, 因此, 它是拓扑共轭不变的. 然而, 可扩常数依赖于度量的选择.

推论 10.1.10 微分同胚在双曲集上的限制是可扩的.

证明 若对 $n \in \mathbb{Z}$, 有 $\mathrm{dist}(f^n(x), f^n(y)) < \beta$, 则对 $n \in \mathbb{Z}$, 有 $f^n(y) \in O_{f^n(x)}$, 且由定理 10.1.6(4), $y \in W^s(x) \cap W^u(x) = \{x\}$. □

在我们给出的双曲动力系统的例子中, 拓扑熵也是周期轨的指数增长率. 这对所有的双曲系统来说都是事实, 用可扩性可解释其部分原因: 可扩性使得周期轨分离开来, 于是周期轨的集合可作为熵的定义中的分离集. 在 10.2.4 节中还将讨论这个问题.

10.1.4 压缩映射原理

压缩映射原理 (命题 2.6.10) 是一般双曲理论最基本的工具. 它是构造稳定和不稳定流形的基础, 无论使用 9.5 节的证明或其他证明. 仅是稳定和不稳定流形的重要性就将压缩映射原理置于非常重要的地位. 另外, 压缩映射原理其他的直接或间接应用遍布双曲理论的各个角落. 比如在第 9 章, 它用于构造一个具有如下两个性质的映射: 所期望的目标是映射的不动点, 映射是压缩的.

压缩性是由定义 10.1.1 中压缩/扩张的假设得到的. 这种方法在多数情形具有一些共同特征, 一个有用的捷径来自双曲不动点定理 9.5.4, 它是一个由双曲性得到压缩性的一劳永逸的工具. 这样, 很多证明是通过建立辅助空间上一个双曲的而不是压缩的映射而得到. 之所以这样是因为双曲映射较压缩映射更易于直接建立. 定理 10.2.2 的证明正是这样一种情形.

10.2   轨道结构和轨道增长

10.2.1   周期点的稠密性, 封闭引理

周期点的稠密性 (命题 7.1.2、命题 7.1.3、命题 7.1.10 和推论 7.4.7) 不仅是我们所举的例子的共同特征, 而且是双曲动力系统的内在本质.

周期点的稠密性可由 Anosov 封闭引理得到. 而封闭引理连同与之密切相关的跟踪性和碎轨连接定理, 以及不变流形、编码和压缩映射原理, 形成了一套强有力的工具. 应用这套工具可非常详细地刻画轨道结构及有关统计行为和结构稳定性的基本结论.

我们给出封闭引理及其证明, 以阐明如何在一个具体的情境下应用双曲不动点定理 9.5.4 (且因此间接应用压缩映射原理).

定义 10.2.1   设 (X, d) 是度量空间, $U \subset X$ 是开集, $f : U \to X$. 对 $a \in \mathbb{Z} \cup \{-\infty\}$ 和 $b \in \mathbb{Z} \cup \{\infty\}$, 称序列 $\{x_n\}_{a < n < b} \subset U$ 为 f 的 ε 轨 或 ε 伪轨, 如果只要 $a < n$, $n + 1 < b$, 就有 $d(x_{n+1}, f(x_n)) < \varepsilon$. 进一步, 如果 $-\infty < a < b < \infty$ 且 $x_{b-1} = x_{a+1}$, 则称 $\{x_n\}$ 为 f 的周期 ε 轨.

定理 10.2.2(Anosov 封闭引理)   设 Λ 是 U 上的映射 f 的一个双曲集. 则存在邻域 $V \supset \Lambda$ 和 C, $\varepsilon_0 > 0$, 使得对 $\varepsilon < \varepsilon_0$ 和任意周期 ε 轨 $(x_0, \cdots, x_m) \subset V$, 存在一点 $y \in U$, 满足 $f^m(y) = y$ 且 $\mathrm{dist}(f^k(y), x_k) < C\varepsilon$, $k = 0, \cdots, m - 1$.

注 10.2.3 ε 周期轨的一种特殊情形是满足 $\mathrm{dist}(f^m(x_0), x_0) < \varepsilon$ 的轨道段 $x_0, f(x_0), \cdots, f^{m-1}(x_0)$. 因此, Anosov 封闭引理蕴含着在双曲集中几乎返回的轨道段附近有一个紧密跟随它的周期轨. 何时会产生周期点的稠密性的另一种精确方法如下.

定义 10.2.4   集合 $\{x \mid$ 对任意 $\varepsilon > 0$, 存在一个包含 x 的周期 ε 轨$\}$ 称为链回复集.

Anosov 封闭引理表明链回复集中的周期点是稠密的.

若 V 是 Λ 的一个开邻域, 则 V 中的任意周期点都包含在 Λ_V^f 中. 若 V 充分小且 Λ 是局部极大的, 则这些轨道都在 Λ 内. 在这种情形, 封闭引理产生一个周期点 $y \in \Lambda$. 特别地, 拓扑传递性蕴含着周期点的稠密性, 进而蕴含着双曲集是混沌的.

定理 10.2.2 的证明   对每个 x_k, 存在一个邻域 V_k, 使得 f 在 V_k 上是如下定义的双曲线性映射的一个小扰动, $f_k(u, v) = (A_k u + \alpha_k(u, v), B_k v + \beta_k(u, v))$, 其中 $\|\alpha_k\|$, $\|\beta_k\|$, $\|D\alpha_k\|$ 和 $\|D\beta_k\|$ 对所有 k 来说以 $C_1\varepsilon$ 为界, $C_1 > 0$. 我们不假设原点是 f_k 的不动点.

序列 $(u_k, v_k) \in V_k$, $k = 0, \cdots, m-1$ 是周期轨当且仅当

$$(u,v) := ((u_0, v_0),\ (u_1, v_1), \cdots,\ (u_{m-1}, v_{m-1}))$$

$$= (f_{m-1}(u_{m-1}, v_{m-1}),\ f_0(u_0, v_0), \cdots,\ f_{m-2}(u_{m-2}, v_{m-2})) =: F(u, v).$$

所以需要找到 F 的一个不动点. 用范数 $\|(x_0, x_1, \cdots, x_{m-1})\| := \max_{0 \leqslant i \leqslant m-1} \|x_i\|$ 将 F 改写为 "线性部分加一个小的余项":

$$F(u, v) = L(u, v) + S(u, v),$$

其中

$$S((u_0, v_0), (u_1, v_1), \cdots, (u_{m-1}, v_{m-1}))$$

$$:= ((\alpha_{m-1}(u_{m-1}, v_{m-1}), \beta_{m-1}(u_{m-1}, v_{m-1})), \cdots, (\alpha_{m-2}(u_{m-2}, v_{m-2}),$$

$$\beta_{m-2}(u_{m-2}, v_{m-2}))),$$

$$L((u_0, v_0), (u_1, v_1), \cdots, (u_{m-1}, v_{m-1}))$$

$$:= ((A_{m-1}u_{m-1}, B_{m-1}v_{m-1}), (A_0 u_0, B_0 v_0), \cdots, (A_{m-2}u_{m-2}, B_{m-2}v_{m-2})).$$

L 是双曲的, 它在子空间 $((u_0, 0), (u_1, 0), \cdots, (u_{m-1}, 0))$ 上是扩张的, 在子空间 $((0, v_0), (0, v_1), \cdots, (0, v_{m-1}))$ 上是压缩的. 由于对某个 $C_3 = C_3(f, \Lambda) > 0$, $\|S(u, v) - S(u', v')\| \leqslant C_3 \cdot \varepsilon \cdot \|(u, v) - (u', v')\|$, 所以可利用双曲不动点定理 9.5.4 来得到伪轨附近的闭轨. $\qquad \square$

Anosov 封闭引理导致了大量的周期点的产生, 对这一课题将进一步研究. 我们首先给出一些在不同方面更强的相关结论.

10.2.2 跟踪引理

加强 Anosov 封闭引理的一个直接方法是去掉周期性的要求, 用一条真正的轨道去逼近一个伪轨.

定义 10.2.5 设 (X, d) 是度量空间, $U \subset X$ 是开集, $f: U \to X$. 对 $a \in \mathbb{Z} \cup \{-\infty\}$ 和 $b \in \mathbb{Z} \cup \{\infty\}$, 伪轨 $\{x_n\}_{a < n < b} \subset U$ 称为被 $x \in U$ 的轨道 $\mathcal{O}(x)$ δ 跟踪, 如果对所有 $a < n < b$, 有 $d(x_n, f^n(x)) < \delta$.

定理 10.2.6(跟踪引理) 设 f 是一个微分同胚, Λ 是它的紧双曲集. 则存在 Λ 的邻域 $U(\Lambda)$, 使得对任意 $\delta > 0$, 存在 $\varepsilon > 0$, 使得 $U(\Lambda)$ 中每条 ε 轨都被 f 的一条轨道 δ 跟踪.

可用类似于 Anosov 封闭引理 (定理 10.2.2) 的证明方法, 通过考虑 $\mathbb{R}^n$ 上一个接近双曲线性映射的映射序列来证明跟踪引理. 虽然引理没有断言周期伪轨的跟踪轨是周期的, 但可通过周期伪轨构造一个循环伪轨, 利用跟踪性和可扩性即可得到这个附加信息. 所以跟踪引理确实是封闭引理的一种强化.

跟踪引理对双曲集的数值计算来说是一个好的信息. 敏感依赖性 (甚至可扩性) 表明对一条特殊轨道的计算是无望的, 因为由它的动力性质知, 与真正轨道的舍入误差将指数倍的增长. 但跟踪性又保证了计算得到的伪轨一定与双曲集中某条轨道相对应.

由于这种数值计算的目的是为了得到在某些问题中双曲集 (典型地, 如奇异吸引子) 的有用的图形表示, 所以这里还遗留着一个实质性的问题, 就是虽然跟踪性告诉我们每条伪轨都代表一条真正的轨道, 但并不能保证这些真正的轨道具有典型意义. 线性扩张映射 E_2 可以说明这一点, 此时电脑中二进制表示的重复加倍将所有的计算轨道吸引到原点, 从而实际上得不到任何东西. 所以即使没有舍入误差, 也不清楚如何确信找到了某些典型的轨道. 这个问题的一个令人安心的答案由接下来将要介绍的 SRB 测度理论给出, 它蕴含着几乎所有的初始选择都给出一条典型的轨道.

10.2.3　碎轨 (specification)

我们可将跟踪引理作为设计 (描绘) 轨道的一种工具. 通过适当的选择, 可以利用敏感依赖性来放大伪轨中的 ε 偏差以得到具有所期望类型的宏观效果, 再利用跟踪性造出真实的轨道以实现这些效果. 从这一观点来看, 存在一个允许我们设计具有显著特征的轨道的漂亮方法. 从本质上说可以取任何由 (有限) 轨道段组成的有限集合, 将其按与之贴近的真正轨道的某些特殊时间段编织起来. 这条真正轨道可取成周期的. 这一细致的工具可与可扩性一起用来得到双曲集的大多数拓扑和统计的轨道结构.

定义 10.2.7　设 $f\colon X \to X$ 是集合 X 的一个双射. 一个碎轨 $S = (\tau, P)$ 由有限集合 τ 和映射 P 构成, 其中 $\tau = \{I_1, \cdots, I_m\}$ 是有限区间 $I_i = [a_i, b_i] \subset \mathbb{Z}$ 的集合, $P\colon T(\tau) := \bigcup_{i=1}^m I_i \to X$ 是一个映射, 使得对 $t_1, t_2 \in I \in \tau$, 有 $f^{t_2-t_1}(P(t_1)) = P(t_2)$. 称 S 为 n 间隔的, 如果对所有 $i \in \{1, \cdots, m\}$, $a_{i+1} > b_i + n$. 这样的 n 的最小值称为 S 的间隙. 我们说 S 参数化了 f 的轨道段 $\{P_I \mid I \in \tau\}$ 的集合.

令 $T(S) := T(\tau)$, $L(S) := L(\tau) := b_m - a_1$. 设 (X, d) 是一个度量空间, 称 S 被 $x \in X$ ε 跟踪, 如果对任意的 $n \in T(S)$, $d(f^n(x), P(n)) < \varepsilon$.

所以一个碎轨是 f 的轨道段 $P|_{I_i}$ 的参数化的并.

若 (X, d) 是度量空间, $f\colon X \to X$ 是同胚, 则 f 称为具有碎轨连接性质, 如果对任意 $\varepsilon > 0$, 存在 $M = M_\varepsilon \in \mathbb{N}$, 使得任意 M 间隔的碎轨 S 被某个 $x \in X$ ε 跟踪, 且使得对任意 $q \geqslant M + L(S)$, 存在一个周期 q 轨道 ε 跟踪 S.

定理 10.2.8(碎轨连接定理)　设 Λ 是微分同胚 f 的一个拓扑混合的紧局部极大双曲集. 则 $f|_\Lambda$ 具有碎轨连接性质.

定理的证明主要依赖于命题 10.1.8. 从第一个轨道段开始, 记它的终点为 x, 第二个轨道段的起点为 y. 应用命题 10.1.8, 考虑充分小的不变流形, 由它们的交点可以定义轨道段的第二次逼近. 所要求的过渡时间仅依赖于所要求的接近程度. 因为交点在 $W^u(x)$ 内, 所以它非常接近第一个轨道段. 又因为在 $W^s(y)$ 内, 所以也非常接近第二个轨道段. 用同样的方法处理第三个轨道段, 前面逼近的点几乎不变, 积累的总误差以 一个几何级数为界.

注 10.2.9 在这个定理的证明中, 混合性是不可或缺的. 事实上, 容易验证碎轨连接性质蕴含着 $f|_\Lambda$ 是拓扑混合的. 然而, 这个条件并不像看起来那样有限制性. 谱分解 (定理 10.3.6) 说明, 不失一般性, 定理基本上是成立的.

10.2.4 周期轨的增长

在所举的例子中稠密性给出了周期点的丰富程度的一个定性表示, 我们还要给出这种程度的一个定性的尺度. 我们发现周期点的个数是呈指数增长的 (命题 7.1.10、命题 7.1.12、命题 7.1.13 和推论 7.4.7) 且具有特定的增长率. 这是双曲动力系统共有的两个特征. 特定的增长率可借助编码得到, 且它们与拓扑熵是一致的 (第 8 章). 这说明周期点的增长是双曲动力系统中动力行为复杂性的一个重要测量标准.

命题 10.2.10 对紧度量空间上的可扩同胚 f 来说, $p(f) \leqslant h_{\text{top}}(f)$.

证明 设 δ_0 是可扩常数, 则对任意 $n \in \mathbb{N}$, $\text{Fix}(f^n)$ 是 (n, δ_0) 分离的, 因为若 $x \neq y \in \text{Fix}(f^n)$ 且 $\delta := \max\{d(f^i(x), f^i(y)) \mid 0 \leqslant i < n\}$, 则对 $i \in \mathbb{Z}$, $d(f^i(x), f^i(y)) \leqslant \delta$, 因此 $\delta > \delta_0$. 于是对 $\varepsilon < \delta_0$, $P_n(f) \leqslant N(f, \varepsilon, n)$, 断言成立. □

反之, 碎轨连接性质使得用周期轨道集模拟分离集成为可能, 这就产生了相反的不等式.

定理 10.2.11 对紧度量空间上具有碎轨连接性质的可扩同胚 f 来说, $p(f) = h_{\text{top}}(f)$.

证明 (n, ε) 分离集 E_n 中的任一元素可被一个周期为 $n + M_{\varepsilon/2}$ 的周期点 $\varepsilon/2$ 跟踪. 由度量 d_n^f 下的三角不等式知, 这些周期点是不同的. 所以, 存在至少 $\text{card}(E_n)$ 个周期为 $n + M_{\varepsilon/2}$ 的不同的周期点, 因此, $P_{n+M_{\varepsilon/2}}(f) \geqslant N(f, \varepsilon, n)$, 这蕴含着 $p(f) \geqslant h_{\text{top}}(f)$. □

微分同胚的局部极大双曲集提供了一个具有碎轨连接性质的可扩映射的重要例子. 其他一些重要的映射类也具有碎轨连接性质. 值得注意的是, 传递的拓扑 Markov 链和一些更一般类型的符号系统, 如商有限型系统[1], 是可扩的, 且具有碎轨连接性质.

---

[1] 原文为 sofic system. sofic 一词为 Benjamin werss 所创, 指有限型子移位系统的连续因子. 它的英语发音与希伯莱语 "有限" (sofit) 及希腊语 "智慧" (sophic) 相近.—— 译者注

在这个证明中, 碎轨连接性质的应用没有得到完全的发挥, 我们还可以应用它得到一个更精细的结果:

定理 10.2.12　设 X 是紧度量空间, $f: X \to X$ 是具有碎轨连接性质的可扩同胚. 则存在 $c_1, c_2 > 0$, 使得对任意 $n \in \mathbb{N}$,

$$c_1 e^{nh_{\mathrm{top}}(f)} \leqslant P_n(f) \leqslant c_2 e^{nh_{\mathrm{top}}(f)}.$$

编码给出了一个更强的结果, 因为由推论 7.3.6, 拓扑 Markov 链的周期轨是以 λ^n+ 小的指数 增长的 (然而, 对连续时间系统, 编码不像这样有用).

10.2.5　跟踪定理

碎轨连接定理改进了跟踪引理, 给出了产生特殊类型的轨道的最精确的工具, 跟踪引理还可在不同的方面进行改进, 以给出对轨道结构的全局控制. 跟踪定理鲜明的特征是它说明相关的跟踪轨道族可以像双曲集上整个轨道结构一样复杂.

定理 10.2.13(跟踪定理)　设 M 是一个 Riemann 流形, d 是自然的距离函数, $U \subset M$ 是开集, $f: U \to M$ 是微分同胚, $\Lambda \subset U$ 是 f 的一个紧双曲集. 则存在邻域 $U(\Lambda) \supset \Lambda$ 和 $\varepsilon_0, \delta_0 > 0$, 使得对任意 $\delta > 0$, 存在 $\varepsilon > 0$, 具有如下性质: 若 $f': U(\Lambda) \to M$ 是在 C^1 拓扑下与 f ε_0 接近的 C^2 微分同胚. Y 是一个拓扑空间, $g: Y \to Y$ 是同胚, $\alpha \in C^0(Y, U(\Lambda))$, $d_{C^0}(\alpha g, f'\alpha) := \sup_{y \in Y} d(\alpha g(y), f'\alpha(y)) < \varepsilon$, 则存在 $\beta \in C^0(Y, U(\Lambda))$, 使得 $\beta g = f'\beta$ 且 $d_{C^0}(\alpha, \beta) < \delta$.

另外, β 是局部唯一的, 即若 $\overline{\beta}g = f'\overline{\beta}$ 且 $d_{C^0}(\alpha, \overline{\beta}) < \delta_0$, 则 $\overline{\beta} = \beta$.

注 10.2.14　(1) 没有对 Λ 作局部极大性的要求.

(2) 为了得到跟踪引理, 取 $Y = (\mathbb{Z}, 离散拓扑)$, $f' = f$, $\varepsilon_0 = 0$, $g(n) = n + 1$ 且用 $\{x_n\}_{n \in \mathbb{Z}} \subset U(\Lambda)$ 代替 $\alpha \in C^0(Y, U(\Lambda))$, 用 $\{f^n(x)\}_{n \in \mathbb{Z}} \subset U(\Lambda)$ 代替 "$\beta \in C^0(Y, U(\Lambda))$ 使得 $\beta g = f'\beta$", 则对所有 $n \in \mathbb{Z}$, $d(x_n, f^n(x)) < \delta$.

(3) 封闭引理是对应于 $f' = f$, $Y = \mathbb{Z}/n\mathbb{Z}$, $g(k) = k + 1 \pmod{n}$ 的另一种特殊情形.

10.2.6　稳定性和分类

一个光滑动力系统称为是 C^1 结构稳定的, 如果它的任意 C^1 小扰动都与它拓扑共轭.

乍看起来会很自然地相信当有有限多个 (双曲) 周期点时, 系统才有可能是结构稳定的. 对每个周期点的确定的扰动程度, 可以应用命题 9.3.1 得到. 那么最小的扰动程度将保持所有这些轨道. 而对有无限多个周期点的情形, 这种方法将不再适用, 因为这时扰动值可能会变得任意的小. 然而, 定理 7.4.3 表明扩张圆周映射是结构稳定的. 事实上, 这是一个惊人的发现, 因为即使双曲动力系统具有无限多个周期点, 它的轨道结构的缠绕还是使得它在整体上都是很稳固的.

结构稳定性对所有的双曲动力系统都成立, 它是双曲动力系统的一个特殊特征, 也是研究双曲动力系统的最主要的动机之一. 它自动为双曲动力系统提供了丰富的例子, 即原有例子的扰动. 在 7.4.4 节构造马蹄时的线性性假设是非实质性的. 非线性马蹄确切地表现出了同样的动力行为. 它们在很多实际的应用中会很自然地出现, 这一点将在第 12 章进行描述.

在跟踪性和结构稳定性之间存在紧密的联系. 结构稳定性 (及共轭同胚对于扰动的连续依赖性) 当然蕴含着扰动轨道被不扰动轨道跟踪. 相反, 动力系统的扰动轨道是原系统的 ε 轨道. 由于扰动轨道被不扰动轨道跟踪, 所以扰动轨道与跟踪它们的不扰动轨道之间的对应给出了共轭的候选者. 用这种方法, 跟踪定理可用来证明双曲集的结构稳定性.

定理 10.2.15(双曲集的强结构稳定性) 设 $\Lambda \subset M$ 是微分同胚 $f: U \to M$ 的一个双曲集. 则对 Λ 的任意开邻域 $V \subset U$ 和任意 $\delta > 0$, 存在 $\varepsilon > 0$, 使得若 $f': U \to M$ 且 $d_{C^1}(f|_V, f') < \varepsilon$, 则存在 f' 的双曲集 $\Lambda' = f'(\Lambda') \subset V$ 和满足 $d_{C^0}(\mathrm{Id}, h) + d_{C^0}(\mathrm{Id}, h^{-1}) < \delta$ 的同胚 $h: \Lambda' \to \Lambda$, 使得 $h \circ f'|_{\Lambda'} = f|_\Lambda \circ h$. 另外, 当 δ 充分小时, h 是唯一的.

注 10.2.16 定理 10.2.15 的证明应用定理 10.2.13, 定理 10.2.13 对 C^2 映射的情形已在前面给出. 还可直接或通过强化跟踪定理来证明 C^1 映射的结构稳定性.

证明 我们将三次应用跟踪定理 10.2.13. 首先, 如下应用跟踪定理. 取 $\delta_0 < \delta$, $\varepsilon < \delta_0/2$, $Y = \Lambda$, 包含映射 $\alpha = \mathrm{Id}|_\Lambda$ 和 $g = f$ 来得到一个唯一的 $\beta: \Lambda \to U(\Lambda)$, 使得 $\beta \circ f = f' \circ \beta$. 双曲性的锥判别法表明距离双曲集充分近的轨道一定是双曲的, 即 $\Lambda' := \beta(\Lambda)$ 是双曲的.

为了证明 β 是双射, 我们以另一种方式应用跟踪定理: 取 ε 如前, $Y = \Lambda'$, 包含映射 $\alpha' = \mathrm{Id}|_{\Lambda'}$ 和 $g = f'$ 来得到一个映射 h, 使得 $h \circ f' = f \circ h$. 必须记住, 在跟踪定理中, 如果 ε 取得充分小, 则可用 f' 代替 f. 这一点很重要. 我们断言, $h \circ \beta = \mathrm{Id}$ 且因此 $h = \beta^{-1}$ 是一个同胚.

将定理中的唯一性部分应用于 "$f = f'$" 的情形. 此时, 平凡地有 $\alpha \circ f = f \circ \alpha$, 同时由上所述可得 $\bar\beta \circ f = f \circ \bar\beta$, 其中 $\bar\beta := h \circ \beta$.

由于 $d_{C^0}(\alpha, \bar\beta) = d_{C^0}(\mathrm{Id}, h \circ \beta) \leqslant d_{C^0}(\mathrm{Id}, \mathrm{Id} \circ \beta) + d_{C^0}(\mathrm{Id} \circ \beta, h \circ \beta) = d_{C^0}(\mathrm{Id}, \beta) + d_{C^0}(\mathrm{Id}, h) < \delta_0$, 所以跟踪定理中的唯一性结论蕴含着 $\bar\beta = \alpha = \mathrm{Id}|_\Lambda$, 这正是我们所要证的. $\square$

20 世纪动力系统一个著名的成果是证明了 C^1 结构稳定的系统恰为双曲动力系统, 即 C^1 结构稳定性等价于双曲性 [2]. 相应的 C^2 结构稳定性的课题还是一个

---

[2]Joel Robbin. A structural stability theorem. *Annals of Mathematics*, 1971, 94(2): 447–493; R Clark Robinson. Structural stability of C^1 diffeomorphisms. *Journal of Differential Equations*, 1976, 22(1): 28–73; Ricardo Mañé. A proof of the C^1 stability conjecture. *Publications Mathématiques de l'Institut des Hautes Études Scientifiques*, 1988, 66: 161–210.

未解决的问题.

　　寻求分类是一个极高的目标, 但是这对双曲动力系统的一些重要集合已经做到. 第一个例子是定理 7.4.3, 它表明圆周上的扩张映射等价于度相同的线性扩张映射. 一个重要的例子是, 如果双曲集是一个环面, 那么它上面的映射等价于一个线性环面映射. 这个线性环面映射也能被类似于度的整体信息来确定. 扩张映射 E_m 的度是 m, 映射 F_L 的类似于度的量 [3] 是矩阵 L.

　　分类的进一步的例子是低维动力系统的双曲吸引子.

10.3　编码和混合

10.3.1　编码

　　我们所举的例子和符号系统之间的密切关系 (7.3.1 节、命题 7.4.2、命题 7.4.4、命题 7.4.6 和推论 7.4.10) 源自于双曲动力系统的首要特征之一, 即可借助拓扑 Markov 链作为模型, 除了要作一些在分割的边界重叠处进行调整那种 "会计簿记 (bookkeeping)" 的例行工作外. 这种编码用到了双曲集的 Markov 分割. 这是一个由仅在边界处重叠的闭子集构成的有限分割, 并且具有 "Markov" 性质, 即若 U, V, W 是分割中的闭子集, 且 $f(U) \cap V \neq \varnothing \neq f(V) \cap W$, 则 $f^2(U) \cap W \neq \varnothing$. 实质上正是这个性质使得关于这个分割可能的路线所定义的符号系统成为一个拓扑 Markov 链. Markov 性质产生于几何事实 $f(U) \cap V \neq \varnothing$ 蕴含 "$f(U)$ 穿过 V".

　　我们用 int_Λ 和 ∂_Λ 分别表示 Λ 的内部和边界.

　　定义 10.3.1　设 Λ 是一个紧的局部极大的双曲集, 取 ε, δ 和 $[x, y]$ 如命题 10.1.7 所示, 且令 $\eta = \varepsilon$. 称 $R \subset \Lambda$ 为矩形, 如果 R 的直径小于 $\eta/10$ 且只要 $x, y \in R$, 就有 $[x, y] \in R$. 若 $R = \overline{\mathrm{int}_\Lambda R}$ 则称 R 是*正规矩形*. 对 $x \in R$, $i = u, s$, 记 $W_R^i(x) := W_\eta^i(x) \cap R$, 且令 $\partial^s R := \{x \in R \mid x \notin \mathrm{int}_{\Lambda \cap W_\eta^u(x)} W_R^u(x)\}$, $\partial^u R := \{x \in R \mid x \notin \mathrm{int}_{\Lambda \cap W_\eta^s(x)} W_R^s(x)\}$.

　　Λ 的一个Markov分割是指一个由正规矩形组成的 Λ 的有限覆盖 $\mathcal{R} = \{R_0, \cdots, R_{m-1}\}$, 使得

　　(1) $\mathrm{int} R_i \cap \mathrm{int} R_j = \varnothing$, $i \neq j$;

　　(2) 若 $x \in \mathrm{int} R_i$, $f(x) \in \mathrm{int} R_j$, 则 $W_{R_j}^u(f(x)) \subset f(W_{R_i}^u(x))$ 且 $f(W_{R_i}^s(x)) \subset W_{R_j}^s(f(x))$.

　　名词 "矩形" 是自然且恰当的, 但是 Markov 分割的元素很少像我们以前所讲的例子那样简单. 一般地, 包括对三维或更高维环面上的自同构, Markov 分割具有

---

　　[3] 可见于 Katok 和 Hasselblatt 的专著 *Introduction to the Modern Theory of Dynamical Systems* 第 330, 587 页.

带有分形边界的复杂的几何结构.

下面的引理很有用.

引理 10.3.2 若 R 是一个矩形, 则 $\partial_\Lambda R = \partial^s R \cup \partial^u R$.

证明 $x \in \mathrm{int}_\Lambda R \Rightarrow x \in \mathrm{int}_{\Lambda \cap W_\eta^u(x)}(R \cap W_\eta^u(x) \cap \Lambda) = \mathrm{int}_{\Lambda \cap W_\eta^u(x)} W_R^u(x)$, 这是由于 R 是 x 在 Λ 中的邻域. 所以 $\partial^s R \subset \partial_\Lambda R$. 类似地, $\partial^u R \subset \partial_\Lambda R$. 若 $x \in (\mathrm{int}_{\Lambda \cap W_\eta^s(x)} W_R^s(x)) \cap (\mathrm{int}_{\Lambda \cap W_\eta^u(x)} W_R^u(x))$, 则由 $[\cdot, \cdot]$ 的连续性, 存在 x 在 Λ 中的邻域 U, 使得对任意 $y \in U$, 有 $[x, y], [y, x] \in R$, 且因此 $y' := [[y, x], [x, y]] \in R \cap W_\eta^s(x) \cap W_\eta^u(y) \subset W_\eta^s(x) \cap W_\eta^u(y) \subset \{y\}$, 所以 $x \in \mathrm{int}_\Lambda R$. $\qquad\square$

定理 10.3.3 一个紧的局部极大双曲集有直径任意小的 Markov 分割.

证明思路 首先取小的 $\delta > 0$, 取 ε 如定理 10.2.13 所示, 取 $\gamma < \varepsilon/2$ 使得当 $d(x, y) < \gamma$ 时, $d(f(x), f(y)) < \varepsilon/2$, 以及双曲集 Λ 中的 γ 稠密集 $P := \{p_0, \cdots, p_{N-1}\}$. 则 $\Omega(P) := \{\omega \in \Omega_N \mid d(f(p_{\omega_i}), p_{\omega_{i+1}}) < \varepsilon\}$ 是一个拓扑 Markov 链. 对任意从 $\Omega(P)$ 中出发的 ε 轨, 存在唯一的 $\beta(\omega) \in \Lambda$ δ 跟踪 $\alpha(\omega) := \{p_{\omega_i}\}_{i \in \mathbb{Z}}$. 可以证明 β 是满射且连续. 下面将 $[\cdot, \cdot]$ 推广到 ε 轨. 对任意满足 $\omega_0 = \omega_0'$ 的 $\omega, \omega' \in \Omega(P)$, 令

$$[\omega, \omega']_i = \begin{cases} \omega_i, & i \geqslant 0, \\ \omega_i', & i \leqslant 0. \end{cases}$$

则 $[\cdot, \cdot]$ 和 β 是可交换的, 即 $\beta([\omega, \omega']) \in W_{2\delta}^s(\beta(\omega)) \cap W_{2\delta}^u(\beta(\omega')) = \{[\beta(\omega), \beta(\omega')]\}$.

于是, 由于对 $x = \beta(\omega), y = \beta(\omega') \in R_i'$, 有 $[\omega, \omega']_0 = i$ 且因此 $[x, y] = [\beta(\omega), \beta(\omega')] = \beta([\omega, \omega']) \in R_i'$, 故 $R_i' := \{\beta(\omega) \mid \omega_0 = i\}$ 是一个矩形. 不难得到定义 10.3.1(2). 为了得到 Markov 分割, 还需要内部两两不交的矩形. 为此, 我们修改这些矩形.

对 $x \in \Lambda$, 令 $\mathcal{R}(x)$ 表示 $\mathcal{R}'$ 中包含点 x 的矩形的集合, $\mathcal{R}^*(x)$ 表示 $\mathcal{R}'$ 中与 $\mathcal{R}'(x)$ 中某个矩形相交的矩形的集合. 则 $A := \{x \in \Lambda \mid$ 对任意 i, $W_\eta^s(x) \cap \partial^s R_i' = \varnothing, W_\eta^u(x) \cap \partial^u R_i' = \varnothing\}$ 是开集且稠密. 若 $R_i' \cap R_j' \neq \varnothing$, 则将 R_j' 如下切割成四个小矩形:

$$R(i, j, su) := R_i' \cap R_j',$$
$$R(i, j, 0u) := \{x \in R_j' \mid W_{R_i'}^s(x) \cap R_j' = \varnothing, W_{R_i'}^u(x) \cap R_j' \neq \varnothing\},$$
$$R(i, j, s0) := \{x \in R_j' \mid W_{R_i'}^s(x) \cap R_j' \neq \varnothing, W_{R_i'}^u(x) \cap R_j' = \varnothing\},$$
$$R(i, j, 00) := \{x \in R_j' \mid W_{R_i'}^s(x) \cap R_j' = \varnothing, W_{R_i'}^u(x) \cap R_j' = \varnothing\},$$

且对 $x \in A$, 令 $R(x) := \bigcap\{\mathrm{int}_\Lambda R(i, j, q) \mid x \in R_i', R_i' \cap R_j' \neq \varnothing, x \in R(i, j, q), q \in \{su, 0u, s0, 00\}\}$. 则 $\overline{R(x)}$ 是覆盖 $R_i' \cap A$ 的矩形且 $R(x)$ 是有限多个两两不交的开

矩形, 于是

$$\mathcal{R} := \{\overline{R(x)} \mid x \in A\} =: \{R_0, \cdots, R_{m-1}\}$$

是由 Λ 的内部两两不交的正规矩形构成的有限覆盖. 可以证明这就是我们所要找的 Markov 分割. □

我们需要的结果是存在紧的局部极大集和拓扑 Markov 链之间的一个半共轭:

定理 10.3.4　若 Λ 是一个紧的局部极大的双曲集, $\mathcal{R} = \{R_1, \cdots, R_m\}$ 是直径充分小的 Markov 分割, 且

$$A_{ij} := \begin{cases} 1, & \text{若 } R_i \cap f^{-1}(R_j) \neq \varnothing, \\ 0, & \text{其他.} \end{cases}$$

则 $f|_\Lambda$ 是拓扑 Markov 链 (Ω_A, σ_A) 的一个拓扑因子. 半共轭 $h: \Omega_A \to \Lambda$ 在 $h^{-1}(\Lambda')$ 上是单射, 其中 $\Lambda' := \Lambda \setminus \bigcup_{i \in \mathbb{Z}} f^i(\partial^s \mathcal{R} \cup \partial^u \mathcal{R})$, $\partial^s \mathcal{R} := \bigcup_{R \in \mathcal{R}} \partial^s R$, $\partial^u \mathcal{R} := \bigcup_{R \in \mathcal{R}} \partial^u R$.

证明　对 $\omega \in \Omega_A$, 定义 $h(\omega) = \bigcap_{i \in \mathbb{Z}} f^{-i}(R_{\omega_i})$. 我们主要是想利用 Markov 性质, 通过验证有限交性质来证明交集非空. 由可扩性, 交集中至多含有一个点. h 连续, 且由于 $h(\Omega_A)$ 是包含 Λ' 的紧集, 故 h 是一个满射. 显然, $h \circ \sigma_A = f \circ h$, 且任意 $x \in \Lambda'$ 有唯一的原像. □

10.3.2　拓扑混合和谱分解

由命题 7.2.7(线性扩张映射)、命题 7.2.9(环面自同构)、推论 7.4.7(马蹄)、定理 7.4.3(非线性扩张映射) 和命题 7.3.4(二次映射) 提供的例子不仅是拓扑传递的, 而且是拓扑混合的.

命题 7.3.12 说明一个传递的拓扑 Markov 链是拓扑混合的. 然而, 一个拓扑 Markov 链即使没有传递的转移矩阵, 也可能是传递的. 问题是可能存在有关一个集合的像覆盖其他集合的像的次数的限制. 然而一个拓扑传递的拓扑 Markov 链常常通过一个拓扑混合的返回映射置换有限多个片段. 下面给出一个简短的解释. 设 A 是一个 0-1 $m \times m$ 矩阵, 其中每行和每列中都至少有一个 1. 若 $i \in \{0, \cdots, m-1\}$, 则 $\Omega_{A,i} = \{\omega \in \Omega_A \mid \omega_0 = i\} \neq \varnothing$. 若存在 $\omega \in \Omega_A$ 至少包含符号 i 两次, 则称 i 是基本的. 两个基本的符号 i 和 j 是等价的, 如果存在 $\omega, \omega' \in \Omega_A$, $k_1 < k_2$, $l_1 < l_2$, 使得 $\omega_{k_1} = \omega'_{l_2} = i$, $\omega_{k_2} = \omega'_{l_1} = j$. 这是一个等价关系. 若 σ_A 有一条稠密的正半轨, 则所有的符号都是基本的和等价的. 设 N 是圈 (以同一个符号为起点和终点的序列) 长的最大公因数, 且认为两个由长度为 N 的倍数的路径连结起来的符号是等价的. 令 $\Lambda_1, \cdots, \Lambda_N = \Lambda_0$ 是等价类. 可以证明 $(\sigma_A)^N$ 在每个 Λ_i 上的限制是拓扑混合的.

即使没有拓扑传递性, 也可借助编码对双曲集进行类似的分解. 下面说明如何直接得到分解. 在二次映射和马蹄的情形, 幸运的是, 它们是拓扑混合的. 但这对扩张映射和线性环面映射则非偶然. 之所以会这样是因为圆周和环面没有非平凡的紧集分割. 基于同样的原因, 任意连通的双曲集是拓扑混合的.

在分解成混合片段之前先做一个修正. 一个双曲集可能包含一个吸引不动点、一个排斥不动点和一个异宿轨 (定义 2.3.4). 这和传递性是不相容的, 且因此我们必须摒弃那些以这种方式游荡的点.

定义 10.3.5 点 $x \in X$ 关于映射 $f: X \to X$ 是非游荡的, 如果对任意开集 $U \ni x$, 存在 $N > 0$, 使得 $f^N(U) \cap U \neq \varnothing$. f 的所有非游荡点的集合记为 $NW(f)$.

于是, 谱分解实际上是将一个紧的局部极大双曲集的非游荡集分解成有限多个分支, 在每个分支上, f 的适当的迭代是拓扑混合的.

定理 10.3.6(谱分解) 设 M 是一个 Riemann 流形, $U \subset M$ 是开集, $f: U \to M$ 是微分同胚, $\Lambda \subset U$ 是 f 的一个紧的局部极大双曲集. 则存在不交闭集 $\Lambda_1, \cdots, \Lambda_m$ 和 $\{1, \cdots, m\}$ 的一个重排 σ, 使得 $NW(f|_\Lambda) = \bigcup_{i=1}^m \Lambda_i$, $f(\Lambda_i) = \Lambda_{\sigma(i)}$, 且当 $\sigma^k(i) = i$ 时, $f^k|_{\Lambda_i}$ 是拓扑混合的.

定理的证明用到了 $\mathrm{Per}(f|_\Lambda)$ 上的一个等价关系, 这个等价关系是如下定义的: $x \sim y$ 当且仅当 $W^u(x) \cap W^s(y) \neq \varnothing$, $W^s(x) \cap W^u(y) \neq \varnothing$ 且两个交集至少在一点横截相交. Λ_i 就是等价类的闭包.

10.4 统 计 性 质

对双曲动力系统来说, 拓扑性质和统计性质之间的相互作用是很重要的. 7.5 节和 7.6 节曾列出过与研究双曲系统的统计性质有关的特征和概念, 即非唯一遍历性 (7.5.1 节)、一致分布/ 遍历性 (命题 7.5.1、定理 7.5.6 和 7.5.4 节) 和混合性 (命题 7.6.6 和命题 7.6.7).

10.4.1 扩张映射, 直接方法的困难

S^1 上的非线性扩张映射是具有统计分析的某些一般特征的模型.

定理 7.5.6 说明, 对 S^1 上的二倍映射 E_2 来说, 连续函数 φ 的 Birkhoff 平均 $\mathcal{B}_n(\varphi)(x)$ 几乎处处收敛到 $\int_{S^1} \varphi(t) \, \mathrm{d}t$. 对任意的扩张映射 (甚至度为 2), 虽然它们不保持长度, 我们也想得到类似的结论. 在 7.6.4 节中, 轨道有一个有偏移但连贯的渐近分布, 我们将像在那里建议的那样寻找加权等度分布. 理想的情况是存在一个连续函数 $g: [0,1] \to [0,1]$, 使得区间 I 的 "加权长度" $\int_I g(x) \, \mathrm{d}x$ 在扩张映射下不变 (参见 A.3.2 节). 因为一个度为 2 的非线性扩张映射与 E_2 拓扑共轭 (定理 7.4.3),

所以有一个很明显的方法来定义这样的函数. 若 h 是共轭同胚, 则 $h \circ f = E_2 \circ h$, 于是由条件 $\int_a^b g(x)\,\mathrm{d}x = h(b) - h(a)$, 应该能够定义一个密度函数 g. 但这种方法是行不通的, 因为共轭 h 看起来更像图 7.6.1 中所示的分布函数. 它远不是可微的, 不像连续函数 g 的表达式 $\int_a^b g(x)\,\mathrm{d}x$ 那样. 所以通过这种途径得不到密度函数. 这是一个微妙的问题, 但它与以下基本事实有关: 如果 f 在不动点处的导数不是 2, 即与 E_2 在该点处的导数不一致, 则共轭不可能是可微的.

虽然构造一个不变密度函数并不容易, 但是这样的密度函数确实存在, 并且可要求它具有一致分布性. 对非线性扩张映射, 尤其是当度为 2 时, 一致分布性 (原则上) 可通过如命题 7.1.6 的证明中概率方法的讨论来建立.

这是相当复杂的, 虽然我们可建立起比简单的一致分布更强的统计性质. 对后一个目的, 最合适的工具是 Birkhoff 遍历定理[4], 它从在测度论的框架下定义的遍历性产生了一致分布性 (测度论在本书中并未涉及). 然而, 当测度论可以应用时, 检验对不变测度的遍历性是相对容易的.

当前讨论的结论是, 扩张映射具有一个不变密度, 在这个不变密度下, 几乎所有的点都是一致分布的.

10.4.2   不变测度的丰富性

为了说明在双曲动力系统中唯一遍历性不成立, 用纯定性性质来描述它是很有用的. 我们用不变测度来表达.

定义 10.4.1   设 X 是紧度量空间, $f\colon X \to X$ 连续. f 的一个不变积分是指定义在 X 的连续函数空间上的非零实值线性映射 $\mathcal{I}\colon C(X) \to \mathbb{R}$, 它在一致收敛拓扑下连续 (即若一致地有 $\phi_n \to \phi$, 则有 $\mathcal{I}(\phi_n) \to \mathcal{I}(\phi)$), 且是 f 不变的, 即对任意 $\phi \in C(X)$, $\mathcal{I}(\phi \circ f) = \mathcal{I}(\phi)$. 若 $\mathcal{I}(1) = 1$, 则不变积分也称为不变测度或不变概率.

在 11.4.3.2 节 (还有 A.3.2 节) 有一个简单的例子, 在那里, 不变积分由 $\mathcal{I}(\phi) := \int \phi \rho \,\mathrm{d}x$ 给出, 其中 ρ 是一个适当的函数. 可以这样表示的函数称为绝对连续的.

命题 10.4.2   变换 f 是唯一遍历的当且仅当它恰有一个不变测度.

利用这个结果, 在 7.5.1 节中表述的唯一遍历性的失败归咎为几个不变测度的存在. 事实上, 双曲动力系统具有很多不变测度. 这是显然的, 因为存在许多周期点 (命题 7.1.2、命题 7.1.3、命题 7.1.10 及推论 7.4.7), 且每个周期轨 $\mathcal{O}(x) = \{x, f(x), \cdots, f^{n-1}(x)\}$ 都对应有一个不变测度 $\mathcal{I}$, 定义为 $\mathcal{I}(\phi) = \sum_{i=0}^{n-1} \phi(f^i(x))/n$. 当然, 这些测度不是绝对连续的.

---

[4]Katok and Hasselblatt. *Introduction to the Modern Theory of Dynamical Systems.* 定理 4.1.2.

有多种途径可以从以上得到的不变测度得到新的不变测度. 最基本的方法是凸组合: 如果 $\mathcal{I}$ 和 $\mathcal{J}$ 是两个不变测度, $a, b \geqslant 0$, $a + b = 1$, 则 $a\mathcal{I} + b\mathcal{J}$ 也是一个不变测度. 换句话说, 不变测度空间是凸的 (定义 2.2.13). 特别地, "周期测度"的有限凸组合都是不变测度.

虽然不是很显然, 但不变测度的空间还是紧的[5]. 所以, 每个不变测度序列 $(\mathcal{I}_i)_{i \in \mathbb{N}}$ 都有一个收敛子列, 它的极限定义了一个新的不变测度. 将这个极限过程应用于周期测度集上, 就会产生大量的不变测度. 碎轨连接定理提供了一种以极特殊的方式设计周期轨的方法, 从而也使得它可用来构造具有特殊性质的不变测度, 比如 Gibbs 测度.

10.4.3　等度分布性

在跟踪性的讨论中 (10.2.2 节) 已经指出, 跟踪性并不能保证计算轨道是典型的. 虽然二倍映射是一个自然的映射, 但它也相当特别, 因为所有二进制有理数都在一个测度为零的点集中, 这一点集的所有点的轨道在区间上都不是一致分布的. 除非像这样的特殊情形使得样本取自零集, 否则一致分布性可以保证几乎所有随机选取的轨道都是典型的.

1. 绝对连续的不变测度

7.4.6 节中关于二倍映射的讨论给出了一个具有复杂分布函数的一致渐近分布的例子. 等度分布的这个推广了的概念对一般的双曲系统很合适, 且在 A.3 节中也已经给出了一个适当的框架. 一类新例子的集合来源于二次族, 它对许多参数值都具有一个绝对连续的不变测度 (11.4 节). 这就导致了加权等度分布, 因为存在一个恰当的密度函数来反映它, 所以它是比一致渐近分布稍强一些的分布. 值得再次强调的是, 和非唯一遍历性 (反映了一个相当不纯一的轨道结构) 结合起来后, 反映了很复杂的渐近行为的一个方面. 另外, 我们再列出等度分布已经出现过的一些地方: 命题 7.5.1、定理 7.5.6、7.5.4 节、命题 7.6.6 及命题 7.6.7.

2. 吸引子上的绝对连续测度

第 13 章介绍 (奇异) 吸引子. 对此等度分布的问题是一个相当重要的问题. 然而, 它们必须经过小心处理. 在某种意义下, 轨道应该在吸引子上一致分布, 且由于在相空间中吸引子往往是零集, 故这就要求对等度分布的概念做一个重大的调整.

为形象化起见, 我们可以以图 13.2.1 中所示的螺线管为一个模型. 在问题中的映射下, 吸引子内的点会被拉开, 而吸引子外的点向吸引子靠近. 由于吸引子上轨道的一致分布性必然意味着吸引子外的某种条件下的一致分布, 故给出类似于以上

---

[5] 这可由泛函分析中的 Alaoglu 定理得到.

的定义的一种自然方式是看吸引子上的测度 [6], 即作用于仅在吸引子上有定义的连续函数上的测度. 密度 (对加权等度分布) 应该仅定义在吸引子上, 即我们想找吸引子上的绝对连续测度 (见 A.3 节). 为了得到等度分布性, 我们希望它是遍历的.

要解决的问题是: 在不知道积分是什么含义的情形下, 寻求一个形如 $\mathcal{I}(\phi) := \int \phi g \, dx$ 的泛函. 毕竟, 整个吸引子是一个零集. 但是, 考虑到螺线管, 我们可赋予积分某种意义, 因为吸引子局部上是光滑曲线 (不稳定流形) 的堆积, 且沿着任意一段这样的曲线积分都是没有问题的, 即使在 $\mathbb{R}^3$ 中它是一个零集. 为了介绍得更明白, 我们描述如何在一个特定的不稳定叶片上作考虑. 因为即使是在吸引子内, 这些也都是零集, 所以必须先进行某种正规化. 为此, 在一个特定的不稳定叶中取区间 I, 且设 I_n 是中心在 I 内, 半径为 $1/n$ 的圆盘的并, 即环绕 I 的半径为 $1/n$ 的管. 我们的测度要求的性质是在吸引子上存在一个函数 g, 使得对任意这样的区间和任意连续函数 ϕ, 有 $\lim_{n\to\infty} \mathcal{I}(\phi\chi_{I_n})/\mathcal{I}(\chi_{I_n}) = \int_I \phi g \, dx$, 其中, dx 表示 I 上的弧长.

这解释了吸引子上的在不稳定流形上绝对连续的遍历不变测度意味着什么, 以及为什么寻找这样的测度是自然的. 于是我们知道有了这样的测度就会产生吸引子上几乎所有的轨道的 (加权) 等度分布 ("几乎所有"有意义, 因为零集在光滑曲线上有意义).

3. Sinai-Ruelle-Bowen 测度

这个测度称为 "Sinai-Ruelle-Bowen 测度" (或 SRB 测度). 迄今为止对它的描述还遗留着一个实际问题. 我们没有对奇异吸引子进行分析的描述. 它们作为计算机图形出现, 而该图形或多或少是由随机的轨道得到的. 但是, 由于吸引子是零集, 所以可能的情形是, 计算机所描绘的轨道并不位于吸引子上. 前面的论述对这点还没有涉及. 我们需要将逼近吸引子的轨道的渐近性与吸引子上轨道的渐近性联系起来. 螺线管仍是一个完美的例证. 吸引子附近的点 x 一定位于吸引子中某点 p 的稳定叶中, 因为 (在这种情形下) 每个角度为常数的薄片都是一个稳定叶. 它在映射作用下的运动可分解为朝向吸引子的运动和点 p 的运动, 后者决定整个稳定片的运动. 这意味着一旦 x 的迭代离吸引子充分近, 它们就会和相应的 p 的迭代不能区分. 如果它们在吸引子上是一致分布的, 则 x 的轨道反映了 SRB 测度的密度.

我们想要推出螺线管映射的几乎所有邻近轨道最终都看似如上所描述的等度分布. 被排除在外的集合是由坏点构成的 SRB 测度的零集中的点 p 的稳定流形中点 x 的集合. 由零集 (在吸引子中一小段曲线上) 的定义, 这样的 p 的集合可由可数多个长度之和任意小的区间覆盖. 这些危险区间的所有点的稳定片之并是实心环

上的"楔状物"的一个可数族, 它们与前述的矩形非常接近 [7]. 每一个这样的"楔子"在 $\mathbb{R}^3$ 中的体积都和其基区间与稳定片的面积之积相一致. 所以, 这些"楔状物"的体积和任意小, 并且这个邻域中的非典型点构成 $\mathbb{R}^3$ 中一个零集.

双曲动力系统中的一个重要结论是双曲吸引子有一个 Sinai-Ruelle-Bowen 测度. 正如以上所解释的, 这意味着除去一个零集之外, 吸引子域中每一个点的轨道都是依对应的密度一致分布的. 这就保证了"奇异吸引子"的数值模拟产生一个表明真正吸引子以及关于它的一切的图形. Sinai-Ruelle-Bowen 测度也称为"物理上可观察的测度."

10.5 非一致双曲动力系统

双曲动力系统理论以其反映复杂轨道结构的结论之强而著称, 结论的强劲, 以及与所能得到结果比较相对容易, 均归结于自始至终都在应用的双曲假设上的一致性.

正如在迄今为止的例子中一样, 现实生活中系统轨道的复杂性在很大程度上来自于拉伸和折叠的组合. 然而, 折叠并不总是像接下来的几章中我们将要看到的那样整齐. 为了拓宽双曲理论的应用范围, 它已经被推广到如下情形: 系统的每个点都通过导数受到双曲的作用, 但是压缩率和扩张率在不同的点之间发生变化, 不再具有一致性. 和已列出的理论相比, 非一致双曲动力系统的理论更多地依赖于测度理论. 我们仅通过即将出现的例子来介绍它并记下其一些基本特征.

不变方向 E^u 和 E^s 可能在一个零集上没有定义且不必连续依赖于点, 且它们之间的夹角也没有下界. 稳定和不稳定流形存在, 但是由于这个定理的证明是局部的, 邻域的大小没有一致性, 叶的大小也不一致, 它们之间的角也没有好的控制. 在一致双曲的情形, 以线性环面自同构为例, 沿着不稳定曲线段, 稳定曲线排成一行形状一致的叶. 而非一致双曲的情形可以想象成由一族穿过不稳定曲线上一个 Cantor 集 (但不必是零集) 的由稳定片段所组成的"栅栏", 其空隙包含着由许多更短更蜿蜒曲折的片段组成的类似的栅, 如此继续.

由于测渡论的原因, 系统的随机行为很有趣, 如二次映射和吸引子. 对吸引子来说, 我们尤其热衷于建立 Sinai-Ruelle-Bowen 测度的存在性 (和唯一性), 以使数值刻画有根有据.

---

[7] 我们有过形变不影响性质的保证, 但这里略去了用到稳定叶层的绝对连续性的重大技术要点.

第11章 二次映射

11.1 预备知识

11.1.1 二次映射族中简单和复杂的动力行为

在 2.5 节中, 二次映射族提供了一个区间上非单调映射的例子, 它有着可用通俗语言描述的简单的渐近行为. 这种简单行为发生在参数取 $0 \leqslant \lambda \leqslant 3$ 时. 我们可将同样的分析推广到稍大一些的参数值. 在下一节将详细描述这种推广的第一步 (虽然没有完整的证明), 并说明在下一个重要分支 (倍周期) 级流 (cascade) 之后将会产生什么样的现象. 在复杂性逐渐增加的过程中, 如果在所有渐近行为都是周期的意义下来看 (虽然具有不同周期的轨道数在增加), 映射的动力行为仍可看成是简单的. 然而, 这一现象将在参数超过 $\lambda_\infty \approx 3.58$ 时终结.

对较大的 λ, 映射 f_λ 的拓扑熵是正的, 且它的全局动力行为越来越复杂. 特别地, 拓扑熵随着 λ 的增大而增大, 并且具有非 2 方幂周期的周期点开始出现. 当 $\lambda = 1 + \sqrt{8}$ 时, 周期为 3 的周期轨道首次出现 (见图 11.1.1). 从此, 所有周期的周期点同时并存 (命题 11.3.8). 然而, 随着 λ 的增大, 渐近行为中的一致程度极不规则地发生着变化. 相应地, 大量周期轨的并存对多数 (并非所有) 初始条件来说并不排除简单的周期渐近行为. 当 $3.8284 \approx 1 + \sqrt{8} \leqslant \lambda \leqslant 3.841499008$ 时 [1], 对随机

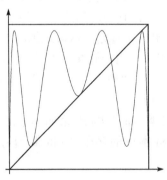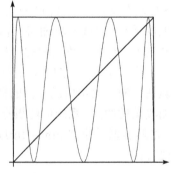

图 11.1.1 映射 $f_{1+\sqrt{8}}^3$ 和 f_4^3

---

[1] 这个参数有一个根式表示, 它比我们将在晚些时候给出的如下参数更为复杂: $\lambda = 1 + \sqrt{52800 - 3900z + 285z^2 + 15\sqrt{201}z(20 + z)}/120$, 其中 $z = \sqrt[3]{460 + 60\sqrt{201}}$. 这归功于 Sharon Chuba 和 Andrew Scherer.

选取的初始条件, 映射的迭代渐近地表现出周期为 3 的周期行为 (见图 11.2.3). 另一方面, 对其他参数值, 比如, $\lambda = 4$, 渐近行为是一致分布的 (具有一个密度函数), 这类似于线性扩张映射的情形 (见 11.4.3 节).

人们对二次映射族和类似的一维映射族进行了大量的研究, 以识别其动力行为的可能类型, 并确定各种类型是如何在参数空间上出现的. 一些结构特征反映了动力系统理论中的一般性质和结果 (双曲性、结构稳定性、Markov 分割、绝对连续不变测度的存在性), 而另一些结构特征 (如 Sharkovsky 周期序 (定理 11.3.9)、揉 (kneading)理论) 是一维动力系统所特有的. 在研究中所用的方法来源于一般动力学, 比如基于双曲性的不动点方法、一维系统的方法 (介值定理、畸变估计), 以及解析函数或多项式的特殊性质. 所有这些使得二次映射族成为展示动力系统中各种不同证明方法的一个极好的平台, 并且还可以看作是一些看似简单实则困难的问题的模型.

作为这些深入而卓越的工作的结果, 人们已对二次映射族 (有时称为实二次映射族) 的主要结构特征有了一个全面深入的理解.

11.1.2 吸引周期轨

从命题 11.2.1 开始, 我们将描述二次映射族的第一个分支, 它引起了不同的渐近性的出现. 对周期轨道的检测和分类是需要详细计算的, 同时一些简单的拓扑事实也会加强我们对所得结果之本质的认识. 本节给出关于吸引周期点的存在性的一些基本的全局信息 [2].

区间 I 到它自身的连续映射 f 的 m 周期点 x_0 称为吸引的, 如果存在 $\varepsilon > 0$, 使得对满足 $|x - x_0| < \varepsilon$ 的所有 x, 当 $n \to \infty$ 时, $|f^n(x) - f^n(x_0)| \to 0$. 等价地, x_0 是 f^m 的吸引不动点 (定义 2.2.22). 周期轨 $\{x_0, f(x_0), \cdots, f^{m-1}(x_0)\}$ 称为吸引的, 如果其中有一点 (从而所有的点) 是吸引的.

设 $f: I \to I$ 可微, x_0 是它的 m 周期点. 若 $|(f^m)'(x_0)| < 1$, 则 x_0 是吸引的 (命题 2.2.17); 若 $|(f^m)'(x_0)| > 1$, 则 x_0 不是吸引的. 若 $|(f^m)'(x_0)| = 1$, 则 x_0 可能是吸引的也可能不是吸引的.

定义 11.1.1　吸引周期轨 $\mathcal{O} = \{x_0, f(x_0), \cdots, f^{m-1}(x_0)\}$ 的 吸引域 是指这样的点 x 的集合: 存在某个 k, 使得当 $n \to \infty$ 时, $|f^n(x) - f^{n+k}(x_0)| \to 0$.

轨道 $\mathcal{O}$ 的吸引域是由与其上某点的渐近行为相同的点构成的. 周期轨上这样的点是唯一的, 因为周期轨上的任意不同两点不会彼此靠近. 因此可以讨论吸引域中每一点的相.

---

[2] 最初的倍周期问题被 Myrberg 作为 1950 和 1960 年代的一系列文章中的一部分而研究, 例如, Pekka Juhana Myrberg. Iteration der reellen polynome zweiten grades. II. *Annales Academiæ Scientiarum FennicæMathematica Ser. A*, 1959, I 268.

定义 11.1.2　周期点 x_0 的直接吸引域是指包含 x_0 的极大区间 J, 使得对任意 $x \in J$, 当 $n \to \infty$ 时, $|f^n(x) - f^n(x_0)| \to 0$. 周期轨的直接吸引域是轨道上所有点的直接吸引域的并.

注 11.1.3　吸引域和直接吸引域是开集.

引理 11.1.4　设 $I = [a, b]$, $f: I \to I$ 是凹的二次可微映射, 使得 $f(a) = f(b) = a$. 则任意周期轨的直接吸引域都包含一个临界点.

证明　若 $f'(a) \leqslant 1$, 则由凹性, 当 $x > a$ 时, $f'(x) < 1$, 因此, 当 $x > a$ 时, $f(x) < x$, 于是 I 就是 a 的直接吸引域. 故对于这种情形, 结论成立. 以下假设 $f'(a) > 1$.

设 J 是吸引的 m 周期点 x_0 的直接吸引域, $c < d$ 是它的端点. 于是由介值定理, $f^m(J)$ 是一个区间且此区间包含点 x_0. 由于区间 $J \cup f^m(J)$ 属于 x_0 的直接吸引域, 故 $f^m(J) \subset J$.

若引理结论不真, 即每个 $f^i(J)$ $(0 \leqslant i \leqslant m - 1)$ 都不包含 f 的临界点, 则 f^m 在 J 上单调. 我们将由此得出矛盾.

首先考虑区间端点的像中有一个是 I 的一个端点的情形. 由于 $f(b) = a$, 不失一般性, 可设这个端点为 a. 用 x_0 的迭代像代替 x_0, 则可假设 a 是 J 的一个端点, 即 $c = a$.

由于 a 是不动点, 故 $f'(a) > 1$ 蕴含着 $(f^m)'(a) > 1$, 所以 $(f^m)'$ 在 $[a, d]$ 上是正的, 且由于存在吸引不动点 x_0, 故 $(f^m)'$ 在 $[a, d]$ 上是递减的 (这里用到了链式法则和 f^m 在 $[a, d]$ 上的单调性). 所以 $0 < (f^m)'(d) < (f^m)'(x_0) < 1$, 于是 f^m 在 $[x_0, d]$ 上是压缩的, 且由于 $[a, d]$ 不包含 f 的临界点, 故 $d < b$. 于是对充分小的 $\varepsilon > 0$, f 在 $[x_0, d + \varepsilon]$ 上是压缩的, 与 J 是极大区间矛盾.

于是, c 和 d 的像都不是区间 I 的端点. 因为 c 和 d 都不在吸引域内, 所以 $f^m(J) \subset J$ 蕴含着 $f^m(J) = J$. 因此 c 和 d 是周期为 m 或 $2m$ 的周期点. 由于 f^m (从而 f^{2m}) 的导数在 J 上是常号的且 f 是凹的, 所以由链式法则, f^m 和 f^{2m} 的导数在 J 上是单调的 (它们是常号单调函数的产物). 因为 $f^m(J) = J$, 所以 $(f^m)'$ (和 $(f^{2m})'$) 在 J 上的平均值是 ± 1, 所以它在某个端点处的值的绝对值小于 1, 且 c 和 d 中至少有一点是 f 的吸引周期点. 因为这点的直接吸引域与 x_0 的直接吸引域 J 发生了重叠, 所以这是不可能的.　□

命题 11.1.5　设 $I = [a, b]$, $f: I \to I$ 是凹的二次可微映射, $f(a) = f(b) = a$. 则 f 最多有一条吸引周期轨.

证明　不同周期轨的直接吸引域互不相交. 由于 f 有一个临界点, 所以由命题 11.1.4 可得此命题.　□

推论 11.1.6　二次映射 f_λ 最多有一条吸引周期轨.

有人也许会问当存在周期吸引轨时, 其吸引域之外将会是什么情形. 以后我们将看到, 在正负两个方向上都不变的剩余的集合 R 上的动力行为仍可能是很复杂的. 这一集合被称作万有排斥子 (因为它是极大的排斥集, 见 Katok A and Hasselblatt B. *Introduction to the Modern Theory of Dynamical Systems*. Cambridge University Press, 1995: 519).

以下重要事实对更一般的情形也成立, 但我们仅对二次映射族来叙述它.

定理 11.1.7　若二次映射 f_λ 有吸引周期点, 则万有排斥子是无处稠密的零集.

因此, 在拓扑和概率的意义下, 许多点都被吸引到单个的周期轨.

Markov 模型 (定义 7.3.2) 很好地描述了二次映射在万有排斥子上的限制的内部结构.

定理 11.1.8　具有吸引周期点的二次映射在万有排斥子上的限制与一个单边拓扑Markov 链 (定义 7.3.2) 拓扑共轭.

以上两个定理都是由万有排斥子的双曲性 (定义 10.1.2) 得来的. 于是可以得到如下术语:

定义 11.1.9　具有吸引周期点的二次映射称为双曲的二次映射.

注 11.1.10　由于吸引周期点的存在性是一个开的条件, 所以使得二次映射是双曲的参数的集合是开集.

有了以上讨论的引导, 以下问题变得自然而有意义.

问题　使得 f_λ 是双曲二次映射 (即 f_λ 有一个吸引周期轨) 的 λ 的集合有多大? 特别地, 它稠密吗? 它的余集是零集吗?

后两个问题已经有了答案. 20 世纪 80 年代初, Michael Jakobson 得出了最后一个问题的否定答案, 90 年代末, Gregorz Swiatek 和他的合作者得出另一个问题的肯定答案. 他们的卓越工作代表了当时一维动力系统研究的顶峰. 另外, 他们还建立了一维实动力系统中动力行为的两个重要的范例, 我们将称之为 "双曲性" 和 "随机性".

在讲述这段历史之前, 首先看一下当 $\lambda = 3$ 时出现第一个重要分支以后动力行为的发展, 其主要特征是倍周期相继出现.

11.2　第一分支之后简单动力行为的发展

11.2.1　第一次倍周期

对 $\lambda = 3$ 之后的下一个参数区间, 所有轨道都渐近趋于一个周期轨而不是不动点.

命题 11.2.1   当 $3 < \lambda \leqslant 1 + \sqrt{6}$ 时, $[0,1]$ 上的映射族 $f_\lambda(x) = \lambda x(1-x)$ 的除 $0, x_\lambda$ 以及它们的原像之外的所有轨道都渐近趋于唯一的一个周期为 2 的轨道.

证明概要   和以前的情形 (命题 2.5.2) 不同, 在这里并不证明整个定理, 而只是计算出周期点并考察它们的稳定性. 整体的动力行为可以用和以前类似的方法阐明, 只是论证太长. 为了证明存在周期 2 轨道, 我们来寻找 f_λ^2 的不动点. 解四次方程

$$x = f_\lambda^2(x) = f_\lambda(f_\lambda(x)) = \lambda(\lambda x(1-x))(1 - \lambda x(1-x)).$$

首先, 用 $f_\lambda(x) - x$ 去除 $f_\lambda^2(x) - x$ 来摒弃 f_λ 的不动点:

$$\frac{f_\lambda^2(x) - x}{f_\lambda(x) - x} = \frac{\lambda^2 x(1-x)(1 - \lambda x(1-x)) - x}{\lambda x(1-x) - x} = -(\lambda x)^2 + (\lambda + 1)\lambda x - (\lambda + 1).$$

这是关于 λx 的一个二次方程, 其根为

$$\lambda x = \frac{-(\lambda+1) \pm \sqrt{(\lambda+1)^2 - 4(\lambda+1)}}{-2},$$

于是存在两个周期为 2 的点:

$$x_{\lambda,\pm} = \frac{\lambda + 1 \pm \sqrt{(\lambda+1)(\lambda-3)}}{2\lambda}. \tag{11.2.1}$$

注意这个显式解的一些特征. 当 $\lambda < 3$ 时, 方程没有实数解, 且 $x_{3,\pm} = 2/3 = x_3$. 所以当 λ 增至超过 3 时, 这两个周期点从非零不动点 $x_\lambda = (\lambda-1)/\lambda$ 分裂开来. 它们与 x_λ 之间的距离为

$$x_{\lambda,\pm} - x_\lambda = \frac{\lambda + 1 \pm \sqrt{(\lambda+1)(\lambda-3)} - 2(\lambda-1)}{2\lambda}$$
$$= \frac{3 - \lambda \pm \sqrt{(\lambda+1)(\lambda-3)}}{2\lambda} \approx \frac{3-\lambda}{6} \pm \frac{\sqrt{4(\lambda-3)}}{6} \approx \pm\frac{\sqrt{\lambda-3}}{3}. \tag{11.2.2}$$

这就是分支图中出现抛物线的原因 (见图 11.2.3).

轨道结构的这种定性变化是一个分支, 它和 2.3.2 节中所描述的分支有所不同. 在这种情形下, 轨道结构从具有两个不动点, 而其他所有的轨道都渐近趋于其中之一, 变为具有两个不动点和一个周期 2 轨道.

若 $\lambda > 3$, 则 $|f_\lambda'(x_\lambda)| = \lambda|1 - 2x_\lambda| = |2 - \lambda| > 1$, 于是当 λ 超过恰导致产生两个周期点的参数值时, 非零不动点变得排斥了. 这种特殊类型的转变被称为倍周期分支. 理解这种类型的转变的一个直觉的方法是注意到当 $\lambda < 3$ 时, 不动点附近的所有点都被吸引到它 (在每次迭代后转变方向). 当 λ 稍大于 3 时, 附近的点是排斥的, 而远处的点仍试图逼近不动点. 因此, 在不动点的每一边都必须存在一个点来将这两种行为分开. 这两个点形成了吸引周期轨.

当 $\lambda < 1+\sqrt{6}$ 时, 周期轨是吸引的. 为了证明这点, 计算 f_λ 在 $x_{\lambda,\pm}$ 点的导数. 将式 (11.2.1) 给出的 $x_{\lambda,\pm}$ 代入 $f'_\lambda(x) = \lambda(1-2x)$, 得

$$f'_\lambda(x_{\lambda,\pm}) = \lambda\left(1 - \frac{\lambda+1\pm\sqrt{(\lambda+1)(\lambda-3)}}{\lambda}\right) = -1 \pm \sqrt{(\lambda+1)(\lambda-3)},$$

且 $(f^2_\lambda)'$ 是这两个数的乘积: $(f^2_\lambda)'(x_{\lambda,\pm}) = 1 - (\lambda+1)(\lambda-3)$. 当 $\lambda = 3$ 时, $(f^2_\lambda)'(x_{\lambda,\pm}) = 1$. 当 λ 增至方程 $(\lambda+1)(\lambda-3) = 2$ 的正解 $\lambda = 1+\sqrt{6}$ 时, $(f^2_\lambda)'(x_{\lambda,\pm})$ 减小到 -1. 所以, 当 $3 < \lambda < 1+\sqrt{6}$ 时, 周期 2 轨道是吸引的.

当 $\lambda = 1+\sqrt{6}$ 时, 所有的非不动点轨道仍收敛于周期 2 轨道 $x_{1+\sqrt{6},\pm} = (\sqrt{2}+\sqrt{3}\pm 1)/(\sqrt{2}+2\sqrt{3})$, 但此时的收敛速度是次指数的. 见图 11.2.1 或图 11.2.2. □

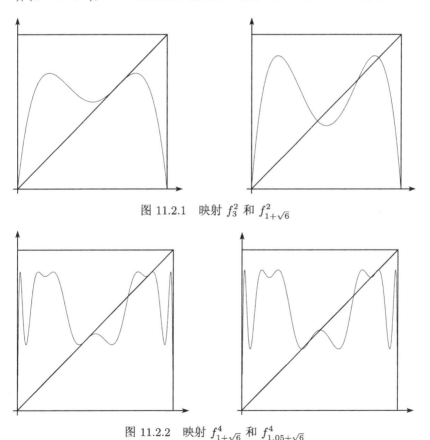

图 11.2.1　映射 f^2_3 和 $f^2_{1+\sqrt{6}}$

图 11.2.2　映射 $f^4_{1+\sqrt{6}}$ 和 $f^4_{1.05+\sqrt{6}}$

下面描述当 $3 < \lambda \leqslant 1+\sqrt{6}$ 时的吸引域. 除了它自身, 不稳定的不动点 x_λ 还有一个原像

$$x_{\lambda,1} := 1 - x_\lambda = 1/\lambda,$$

$x_{\lambda,1}$ 又有两个原像

$$x_{\lambda,2}^{\pm} := 1/2 \pm \sqrt{\lambda^2 - 4}/2\lambda.$$

由这些点的顺序, 直接观察得 $x_{\lambda,\pm}$ 的直接吸引域分别是

$$(x_\lambda, x_{\lambda,2}^+) \quad \text{和} \quad I_1(\lambda) := (x_{\lambda,1}, x_\lambda). \tag{11.2.3}$$

不稳定的不动点 x_λ 的进一步的原像构成了两个分别收敛于端点 0 和 1 的序列. 这些原像将稳定的周期 2 轨道的吸引域划分成可数多个互不相交的区间. 对映射 f_λ^2, 它的两个稳定不动点中每一个点的吸引域都由可数多个不交区间构成, 这些区间交替出现在直接吸引域的两侧.

使得进一步进行这种分析成为可能的是, 如果 $3 < \lambda < 1 + \sqrt{6}$ 时的 f_λ^2 限制在两个吸引不动点中的任一个的吸引域上, 可得到一个定性性质类似于原映射 f_λ 当 $\lambda < 3$ 时在整个区间 $[0,1]$ 上的性质的映射. 这个映射具有唯一的临界点, 在一端点处有一个排斥不动点, 在另一端点处有那个点的原像, 还有一个具有负导数的吸引不动点.

当参数增大时, 这一新映射的吸引不动点在倍周期分支中变成排斥的. 超过那个分支之后, 可将 $f_\lambda^4 = (f_\lambda^2)^2$ 限制在不稳定不动点的原像和不动点本身之间的区间 $I_2(\lambda)$ 上 (对应于 $f_\lambda^2|_{I_1(\lambda)}$ 的区间 $I_1(\lambda)$). 这个过程可持续继续下去.

这是重整化思想的起源.

11.2.2　倍周期的级流

事实上, 以上过程可以迭代. 以上所描述的定性的相似性允许我们利用映射 $f_\lambda^{2^{n-1}}$ 归纳地定义 $I_n(\lambda)$, 并在这个区间上考察 $f_\lambda^{2^n}$ 的稳定不动点的倍周期分支. 这不是平凡的, 但也不是专门针对二次映射族的. 使重整化成为可能的关键因素是具有负的 Schwarz 导数, 这个导数定义为

$$Sf := \frac{f'''}{f'} + \frac{3}{2}\left(\frac{f''}{f'}\right)^2. \tag{11.2.4}$$

这个性质是被复合所保持的. 加上这个条件使得迭代不会在远离临界点的地方有几乎平的片. 分析地说, 它是用来控制映射之下的畸变的.

在讨论一般情形之前, 首先描述在特殊情形下的结果. 下一定理给出了在倍周期级流中轨道结构的定性刻画.

定理 11.2.2　*存在参数值的单调序列 $\lambda_1 = 3, \lambda_2 = 1 + \sqrt{6}, \lambda_3, \cdots$, 使得对 $\lambda_n < \lambda \leqslant \lambda_{n+1}$, 二次映射 f_λ 具有一条周期为 2^n 的吸引周期轨 $\mathcal{O}_n(\lambda)$, 两个排斥不动点 0 和 x_λ, 以及对每个 $k = 1, 2, \cdots, n-1$, 存在一条周期为 2^k 的周期轨 $\mathcal{O}_k(\lambda)$.*

轨道 $O(\lambda)$ 的吸引域稠密且恰由这些周期轨及它们的原像之外的所有点构成. 轨道 $O_n(\lambda)$ 在 $\lambda = \lambda_n$ 发生了一个倍周期分支 [3].

在发生倍周期的过程中, 新生的 2^{n+1} 周期吸引轨中的点成对出现在周期 2^n 轨中的点的周围, 于是, 不同周期轨上的点的顺序容易描述: 11, 1212, 14241424, 1848284818482848, 等等.

令人惊奇的是, 到目前为止我们所遇到的那些有意义的参数值都可写成一致的形式: 在 $\lambda = 1 + \sqrt{0}$, 出现一个非零不动点, 在 $\lambda = 1 + \sqrt{1}$, 它的 "方向" 发生变化 (导数变成负的), 在 $\lambda = 1 + \sqrt{4}$, 出现周期 2 轨道, 以及在 $\lambda = 1 + \sqrt{6}$, 出现周期 4 轨道. 在 $\lambda = 1 + \sqrt{8}$, 首先出现了一条周期 3 轨道, 且事实上, 所有周期都出现了 (命题 11.3.8). 最后, 对 $\lambda = 1 + \sqrt{9}$, 得到了极大的复杂性 (7.1.2 节). 另外, 当 $(f_\lambda^2)'(x_{\lambda,\pm}) = 1 - (\lambda+1)(\lambda-3)$ 是零, 即当 $(\lambda+1)(\lambda-3) = 1$ 或 $\lambda = 1 + \sqrt{5}$ 时, 稳定周期 2 轨道上的导数改变符号. 在图 11.2.3 中, 用竖直点线标示出了这些特殊的参数值 $1 + \sqrt{n}$, $n = 0, 1, 4, 5, 6, 8, 9$. 不稳定点用虚线表示. 同时, 具有给定周期的另外的点稍后也会出现. 一个有趣的例子是当 $\lambda = 1 + \sqrt{4 + \sqrt[3]{108}} = 1 + \sqrt{4 + 3\sqrt[3]{4}}$ 时, 第二个周期 4 轨道会出现, 在图 11.2.3 中, 用一个小对勾在 x 轴上表示出了这个参数值 [4]. 为了验证在 $\lambda = 1 + \sqrt{8}$ 会出现一条周期 3 轨道, 利用如下事实: 若 $g_\alpha(x) := \alpha - x^2$ 且 $h_\lambda = \lambda(x - 1/2)$, 则 $h_\lambda(f_\lambda(x)) = g_\alpha(h_\lambda(x))$, 其中 $\alpha = (\lambda^2/4) - (\lambda/2)$ (习题 2.5.2). 由于对 $\lambda = 1 + \sqrt{n}$, 有 $\alpha = (n-1)/4$, 于是问题化为当 $\alpha = 7/4$ 时 $g_\alpha(x) = \alpha - x^2$ 中会出现周期 3 轨道. 事实上, $g_{7/4}^3(x) - x$ 有五个根, 其中有三个也是 $(g_{7/4}^3)'(x) - 1$ 的根: 可验证 $64 \cdot (g_{7/4}^3(x) - x) = (g_{7/4}(x) - x)(1 - 18x - 4x^2 + 8x^3)^2$ 和 $64 \cdot ((g_{7/4}^3)'(x) - 1) = -(8 - 3x - 22x^2 + 4x^3 + 8x^4)(1 - 18x - 4x^2 + 8x^3)$.

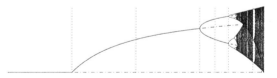

图 11.2.3　作为 λ 的函数的不动点和周期点

无穷多个倍周期的出现还能从比二次映射族更一般的情形得到 (见 11.3.2 节), 而讨论该类问题的更一般的方法要基于揉理论 [5]. 单调性 (即当参数增大时, 周期不会从 2^k 返回到 2^{k-1}) 是一个微妙的问题, 一般要用负的 Schwarz 导数式 (11.2.4) 来讨论. 并且导致整个级流只出现一次, 且两个分支不会发生在同一时刻. 然而, 这些

[3] Welington de Melo and Sebastian van Strien. *One-Dimensional Dynamics*. Berlin: Springer-Verlag, 1993.

[4] 这归功于 An Nguyen.

[5] 一个详细描述和相关文献参见 Katok and Hasselblatt 的著作 *Introduction to the Modern Theory of Dynamical Systems*. Cambridge: Cambridge University Press, 1995.

特征并不是局限在二次映射族上的, 它们要求所讨论的映射族具有更特殊的结构.

11.3　复杂性的起源

11.3.1　Feigenbaum 万有性

倍周期的级流在 20 世纪 60 年代早期就被发现了. 在 1975 年的一个学术会议上, Steven Smale 提出关于倍周期是如何积累直到一个最终参数的这个问题是有意义的. 于是, Mitchell Feigenbaum 用数值方法发现, 在二次映射族中, 相继的倍周期分支出现的速度有一个常规的模式 [6]. 特别地, 相邻两个分支之间的距离最终依几何级数减小. 正如数值计算所显示的, 后来的证明也表明, $\delta := \lim_{n\to\infty}(\lambda_n - \lambda_{n-1})/(\lambda_{n+1} - \lambda_n)$ 存在. 事实上, Feigenbaum 得到了很精确的值, 他发现 $\delta \approx 4.6992016090$.

这是一个很有趣的开始, 更有趣的是, 倍周期的级流对所有单参数单峰映射族附近的映射都会出现, 并且, 像二次映射的情形一样, 分支参数序列产生了一个最终几何级数. 真正令人惊奇的是, 它的发生遵循相同的极限比率. 也就是说, 从二次映射族得到的这一特别数值与映射的具体结构毫无关系, 而是关于映射的这种一般形状的内在特征. 这里有一个 Feigenbaum 观察到的结果的大致描述, 它们在后来都被严格证明了 [7].

下面考虑在倍周期级流的最后的映射 f_{λ_∞}. 它的平方在区间 $[1 - x_{\lambda_\infty}, x_{\lambda_\infty}]$ 上的限制 (除了变得上下颠倒外) 是与 f_{λ_∞} 同类型的, 它固定一个端点, 这个端点是另一个端点的像, 它是单峰的, 且在一个倍周期级流的末端. 事实上, f 和这个限制映射是拓扑共轭的 (定义 7.3.3), 即它们仅相差一个连续的变量变换. Feigenbaum 怀疑它们是否有着更紧密的联系, 也就是相差一个线性的变量变换. 事实并非如此, 但是 Feigenbaum 发现了一些有用的东西. 为了更简易地描述它, 可作变量变换, 以使得二次映射族在对称区间上具有 $f(x) = \alpha - x^2$ 的形式 (练习 2.5.2). 因此, 存在一个正不动点, 且 0 是其临界点. Feigenbaum 发现存在唯一的一个偶解析映射 g, 这个映射线性地关联于它的平方的一个限制映射. 这意味着存在唯一的实数 α (约为 -2.5), 使得 $\alpha g^2(x/\alpha) = g(x)$. 我们可通过解幂级数中的系数近似得到 g. 事实上, $g(x) \approx 1 - 1.52763x^2 + 0.10481x^4 - 0.0267057x^6 + \cdots$.

如何得到这个不同的自相似映射呢? 它是如下定义的重整化算子

$$\mathcal{R}f(x) = \alpha f^2(x\alpha)$$

---

[6]Mitchell J Feigenbaum. Quantitative universality for a class of nonlinear transformations. *Journal of Statistical Physics*, 1978, 19(1): 25–52.

[7]Oscar Lanford III. A computer-assisted proof of the feigenbaum conjectures. *Bulletin of the American Mathematical Society* (N.S.), 1982, 6(3): 427–434.

的唯一的不动点, 其中 x 介于 f 的正不动点 x_f 和 $-x_f$ 之间. 在这里, 假设 f 是一个偶函数, 满足 $f(0) = 1$ 和 $\alpha = 1/f^2(0) = 1/f(1)$(我们不用为这是一个无限维的函数空间而担心).

研究这个算子导致了我们对倍周期分支出现速度的了解. 自相似映射 g 是算子 $\mathcal{R}$ 的一个双曲不动点. 另外, $\mathcal{R}$ 在 g 点的微分具有一个一维特征子空间, 其对应的特征值为 $\delta \approx 4.69920166$, 且存在不变的余子空间, 在其上, $\mathcal{R}$ 的微分是压缩的. 像通常具有双曲不动点的情形一样 (9.5 节), $\mathcal{R}$ 的微分的压缩空间对应于一个由在 $\mathcal{R}$ 的迭代下正向渐近趋于 g 的函数构成的曲面, 即稳定流形. 它可描述为其临界点的轨道与 g 的临界点的轨道有相同顺序的映射的集合. 事实上, S 是由临界点是 2^n 周期点的函数构成的曲面 S_n 的极限. 注意 $\mathcal{R}(S_{n+1}) = S_n$. 这意味着对很大的 n, S_n 和 S 之间的距离约为 $1/\delta^n$, 这是因为 δ 是在 $\mathcal{R}$ 下 S_n 被 "推离" S 的速率 (见图 11.3.1).

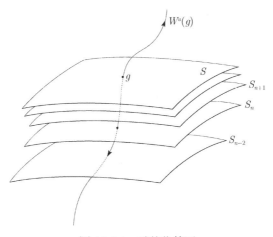

图 11.3.1   重整化算子

在 9.5 节中描述的方法说明了如何得到一个包含 g 的单参数函数族: 对任意穿过 S 与 g 接近的单参数函数族, 定义 $\tilde{\mathcal{R}}(f_\lambda) := \mathcal{R}(f_{\lambda/\delta})$. 这在一维方向上将 $\mathcal{R}$ 下的拉伸通过 δ "正规化" 了. 作为结果, 存在这个调整算子的一个不动点, 它给出了一个包含 g 的 $\mathcal{R}$ 不变单参数族.

上面的描述就是说在单参数族中相邻的倍周期分支之间的距离可以通过这样的重整化进行比较. 因为我们从万有性方面描述过极限行为, 任意倍周期的级流发生的方式是相邻的倍周期分支以 $1/\delta$ 的渐近速率出现.

11.3.2   2 的方幂的出现

对前面讨论中断言的验证需要艰难地分析. 而要证明还有一些基本特征更具有

普遍性, 则只需要介值定理. 现在证明, 2 的方幂在二次映射族中出现的顺序是它在任意族中可能出现的唯一的顺序.

定义 11.3.1　考虑区间 I 上的连续映射 $f: I \to I$. 称区间 $J \subset I$ (在 f 下)*覆盖* (或 f 覆盖)$K \subset I$, 如果 $K \subset f(J)$, 记这种情形为 $J \to K$. 若考虑 I 的子区间的有限集合, 则以这些区间为顶点, 并由 f 覆盖关系确定箭头指向的图称为相应的 Markov 图.

若 $J \to K$, 则覆盖以明显的方式发生:

引理 11.3.2　*若 J, K 是区间, K 是闭的, 且 $J \to K$, 则存在区间 $L \subset J$, 使得 $f(L) = K$.*

证明　记 $K = [a, b]$, $c := \max f^{-1}(\{a\})$. 若 $d := \min((c, \infty) \cap f^{-1}(\{b\}))$ 有定义, 则取 $L = [c, d]$. 否则, 取 $L = [c', d']$, 其中 $c' := \max((-\infty, c) \cap f^{-1}(\{b\}))$, $d' := \min((c', \infty) \cap f^{-1}(\{a\}))$. □

于是, 如果 $J \to K$, 则存在内部两两不交的区间 $L_1, \cdots, L_k \subset J$, 使得 $f(L_i) = K$. 若 k 是这样的子区间 L_i 的个数的最大值, 有时也记 $J \rightrightarrows K$ (带有 k 个箭头). 这些 L_i 称为相应于 $J \to K$ 的*满分支*. 注意, K 在 J 中的原像可能包含无穷多个区间, 虽然由紧性它只有有限多个满分支.

下面两个引理给出了这种覆盖关系和周期点之间的联系.

引理 11.3.3　*若 $J \to J$, 则 f 有一个不动点 $x \in J$.*

证明　若 $J = [a, b]$, 则 $J \to J$ 蕴含着存在 $c, d \in J$ 满足 $f(c) = a \leqslant c$ 和 $f(d) = b \geqslant d$. 由介值定理, $f(x) - x$ 在 J 中有一个零点. □

引理 11.3.4　*若 $I_0 \to I_1 \to I_2 \to \cdots \to I_n$, 则 $\bigcap_{i=0}^n f^{-i}(I_i)$ 包含区间 Δ_n, 使得 $f^n(\Delta_n) = I_n$.*

证明　令 $\Delta_0 = I_n$ 并递归地取关于 $I_{n-i} \to \Delta_{i-1}$ 的满分支 $\Delta_i \subset I_{n-i}$. □

由引理 11.3.3, 得

推论 11.3.5　*若 $I_0 \to I_1 \to I_2 \to \cdots \to I_{n-1} \to I_0$, 则存在 $x \in \mathrm{Fix} f^n$, 使得对 $0 \leqslant i < n$, $f^i(x) \in I_i$.*

引理 11.3.6(Barton-Burns)　*若 f 有一个非不动点的周期点, 则它有一个周期为 2 的非不动周期点.*

证明　下证若 $x \neq f^2(x)$ 的周期为 p, 则 f 具有周期小于 p 的非不动周期点.

考虑区间 $I_1, \cdots, I_{p-1}$, 它们的端点是 x 的相邻迭代. 对每个 $i \in \{1, \cdots, p-1\}$, 由于端点不是周期为 2 的, 所以存在 $j \neq i$, 使得 $I_i \to I_j$. 于是, 在 Markov 图中存在一个非平凡的圈, 这个圈经过 $k \leqslant p - 1$ 个区间. 由推论 11.3.5, 存在一个非不动点的 k 周期点. □

这蕴含着 2 的方幂以递增的顺序出现.

定理 11.3.7 设 $f: I \to I$ 是闭区间上的连续映射且具有一个周期为 2^n 的周期点, 则对所有 $m \leqslant n$, f 具有周期为 2^m 的周期点.

证明 若 $m = 0$, 利用引理 11.3.3; 否则, 对 f, f^2, $\cdots$, $f^{2^{n-2}}$ 应用引理 11.3.6. $\qquad\square$

11.3.3 进一步的周期强迫关系

有一个很好的补充结论也具有历史意义, 因为发表这个结论的论文将 "混沌" 这个术语介绍给了广大读者 [8].

命题 11.3.8 若 $f: I \to I$ 是闭区间上的连续映射且有一个周期为 3 的周期点, 则 f 具有所有周期的周期点.

证明 将周期 3 轨道上的点排列起来记为 $\{x_1 < x_2 < x_3\}$. 考虑区间 $I_1 = [x_1, x_2]$ 和 $I_2 = [x_2, x_3]$. 设 $f(x_2) = x_3$. 则 $f^2(x_2) = x_1$ 且因此 I_2 覆盖 I_1 和 I_2, I_1 覆盖 I_2. 若 $f(x_2) = x_1$, 则将 I_1 和 I_2 重新编号可得同样的结论. 于是, 关于 I_1, I_2 的 Markov 图包含图

$$I_1 \rightleftarrows I_2 \circlearrowleft \tag{11.3.1}$$

且对任意 $n \in \mathbb{N}$, 有一个圈 $I_1 \to I_2 \to I_2 \to \cdots \to I_2 \to I_1$ (I_2 出现 $n-1$ 次), 由推论 11.3.5, 这个圈给出了一个周期为 n 的周期点, 它显然不能有更小的周期. $\qquad\square$

这个结论是一个很早就发现了的更一般结果的特殊情形:

定理 11.3.9(Sharkovsky 定理)[9] 若 $I \subset \mathbb{R}$ 是一个闭区间, $f: I \to I$ 连续, 具有一个周期为 p 的周期点, 且 $q \triangleleft p$, 则 f 具有周期为 q 的周期点. 其中 "$\triangleleft$" 如下定义:

$$1 \triangleleft 2 \triangleleft 2^2 \triangleleft 2^3 \triangleleft \cdots \triangleleft 2^m \triangleleft \cdots \triangleleft 2^k(2n-1) \triangleleft \cdots \triangleleft 2^k \cdot 3 \triangleleft \cdots \triangleleft 2 \cdot 3 \triangleleft \cdots \triangleleft$$
$$2n-1 \triangleleft \cdots \triangleleft 9 \triangleleft 7 \triangleleft 5 \triangleleft 3.$$

---

[8] 该文章是 Tien-Yien Li and James A Yorke. Period three implies chaos. *American Mathematical Monthly*, 1975, 82(10): 985–992. 更早出现并详细应用, 但未必确定的混沌见于文章 Norbert Wiener. The homogeneous Chaos. *American Journal of Mathematics*, 1938, 60(4): 897–936 和 Norbert Wiener and Aurel Wintner. The discrete chaos. *American Journal of Mathematics*, 1943, 65(2): 279–298. 科学家们更喜欢看的文章是 Robert M May. Biological populations with non-overlapping generations: stable point, stable cycles and chaos. *Science*, 1974, 186: 645–647 或 Simple mathematical models with very complicated dynamics. *Nature*, 1976, 261: 459–467. 该作者强调 Yorke 对炒热这个词的贡献.

[9] Alexander N Sharkovsky. Coexistence of cycles of a continuous map of the line into itself. *Ukrainskiĭ Matematicheskiĭ Zhurnal*, 1964, 16(1): 61–71; 英译文: *International Journal of Bifurcation and Chaos in Applied Sciences and Engineering*, 1995, 5(5): 1263–1273; On cycles and structure of a continuous map. *Ukrainskiĭ Matematicheskiĭ Zhurnal*, 1965, 17(3): 104–111.

　　这两种特殊情形 (定理 11.3.7 和命题 11.3.8) 包含了 Sharkovsky 定理证明中的主要因素. 我们可以更深入地研究这个主题: 除 3 以外, 并非任意一个单独周期的出现就可蕴含其他所有周期都存在, 比如, 可以证明, 若 $f: [0,1] \to [0,1]$ 有周期轨 $\{x_1 < x_2 < x_3 < x_4\}$ 使得当 $i < 4$ 时, $f(x_i) = x_{i+1}$, $f(x_4) = x_1$, 则 f 具有所有周期的周期点. 这就导致了对周期轨的哪种"模式"会迫使其他周期轨存在进行研究.

11.3.4　Feigenbaum-Misiurewicz 吸引子

　　我们希望倍周期级流末端的映射 f_{λ_∞} 在某种意义下具有很大程度的自相似性. Feigenbaum 万有性的讨论说明, 在重整化下它在某种本质的意义下不变. 现在, 我们用一种明显的方式来建立动力系统的一些重要自相似性.

　　我们将通过两种方式来做这件事情. 首先, 简短地描述 f_{λ_∞} 的周期点相对于其他周期点的位置. 然后再描述在一个不含周期点的重要不变集上的动力行为.

　　1. 周期点的组合模式

　　周期点的组合模式在定理 11.2.2 后面已提到过: 11, 1212, 14241424, 1848284818482848, 等等. 另外, 还可确定每条这样的轨道的顺序. 例如, 周期 4 轨道自然有左半部分和右半部分, 且这两部分在 f_{λ_∞} 作用下互相交换, 这是因为它们被周期 2 轨道上的两个点"拖着走". 类似地, 任意周期 2^n 点的左半部分和右半部分也在 f_{λ_∞} 作用下互相交换. 当描述周期 8 轨道的左半部分如何被 $f_{\lambda_\infty}^2$ 映到它自身, 或如何被 f_{λ_∞} 映成右半部分时, 自相似性开始出现. 由于周期 4 轨道上左边的两个点相对应的两个"片"是被这两个点"拖着走"的, 所以周期 8 轨道被映到两个"片"中. 特别地, 如果根据点在区间的位置给它们编号: $x_1, \cdots, x_8$, 则 $f_{\lambda_\infty}(\{x_1, x_2\}) = \{x_i, x_{i+1}\}$(其中 $i = 5$ 或 $i = 7$) 是 5 还是 7 是由周期 4 轨道决定的.

　　于是, 这些周期 2^n 轨道对不同的 n 是规则地盘绕着, 每一轨道在"片"中的映射可以递归地通过周期为其一半的轨道的组合予以跟踪. 这是呈现自相似性的一个方面.

　　2. Feigenbaum-Misiurewicz 吸引子

　　f_{λ_∞} 中的自相似动力行为在问题 4.1.15 中已抽象地给出, 且可用如下熟悉的术语来描述.

　　定义 11.3.10　令 Ω_2^R 表示在 7.3.4 节中所定义的单边 0-1 序列的空间. Ω_2^R 上如下定义的映射 $A: \Omega_2^R \to \Omega_2^R$:

$$(A\omega)_i = \begin{cases} 1 - \omega_i, & \text{若对所有 } j < i, \omega_j = 1, \\ \omega_i, & \text{其他} \end{cases}$$

称为二进制加法器.

定理 11.3.11　映射 f_{λ_∞} 有一个由周期为 2^n, $n=0,1,2,\cdots$ 的孤立的排斥周期轨 ($n=0$ 时为两个, 其他周期时为一个) 和一个Cantor 集 S 构成的闭不变集, 且系统在 S 上的限制拓扑共轭于二进制加法器.

而且, S 恰为周期点集的聚点的集合. S 还是任意非最终周期点 (最终周期点即指某个周期点的原像点) 的 ω 极限集 (定义 4.3.18).

证明概要　前面关于周期点的组合分析的一种等价描述是: 在由周期 2^{n+1} 轨道定义的区间中, 没有一个包含周期 2^n 点的区间可以 f_{λ_∞} 覆盖一个包含周期 2^{n-1} 点的区间. 我们利用这种描述来构造 S.

首先考虑端点为周期 2 点的区间 I, 令 $\mathcal{S}^0$ 是 $I \to I$ 的一个满分支. 存在两个端点在周期 4 轨道上且包含一个周期 2 点的区间, I_1 在左边, I_2 在右边. 令 $\mathcal{S}^1$ 是 $I_1 \to I_2 \to I_1$ 的满分支和 $I_2 \to I_1 \to I_2$ 的满分支的并. 则 $\mathcal{S}^1$ 和不动点之间有正距离. $\mathcal{S}^2$ 可类似地得到, 在周期 8 轨道上, 可得到四个区间, 相应于这四个区间的长度为 4 的圈的满分支的并就是 $\mathcal{S}^2$. 于是 $\mathcal{S}^2$ 与周期为 1 和周期为 2 的点就分离开来. 类似地可得到由与周期直到 2^{n-1} 的点分开的 2^{n-1} 个区间构成的集合 $\mathcal{S}^n$. 接下来, 令 S 是 $\bigcup_{m=1}^\infty \bigcap_{n=m}^\infty \mathcal{S}^n$ 的边界, 即 S 是周期点的集合的闭包中的非周期点. 记 $\mathcal{S}^n$ 中的最左边区间的右端点为 y_n, 且令 $S^n = \{x \in S \mid x \leqslant y_n\}$.

定义 $h\colon S \to \Omega_2^R$, 使得 $h(S^n) = \{\omega \in \Omega_2^R \mid \omega_1 = \cdots = \omega_n = 1\}$, $h \circ f_{\lambda_\infty} = A \circ h$. 则 h 是连续满射, 即加法器 A 是 $f_{\lambda_\infty}|_S$ 的因子. 在这种意义下, A 在 Ω_2^R 上的动力行为包含在 f_{λ_∞} 在 S 上的动力行为中. 另外, 在如上构造中区间长度趋于 0, 这蕴含着 h 是单射. □

在定理 11.3.11 的引导下, 很自然地会注意到二进制加法器的内在动力行为.

命题 11.3.12　二进制加法器是唯一遍历的.

证明　二进制加法器 A 的相空间具有嵌套结构. 在第 n 步, 存在 2^n 个被称为秩为 n 的柱形的不交 Cantor 子集, 这些柱形是既开且闭的, 且在动力系统下循环交替. 每个在给定秩的柱形上取常值的函数都是连续的, 且任意连续函数是在特定秩的柱形上取常值的函数的一致极限. 对在秩为 n 的柱形上为常数的函数 ϕ, 有

$$\text{常数} = \frac{1}{2^n} \sum_{i=0}^{2^n-1} \phi \circ A^i = \lim_{N \to \infty} \frac{1}{N} \sum_{i=0}^{N} \phi \circ A^i.$$

通过用柱形上取常值的函数得到的任意函数的一致逼近, 就可得到平均的一致收敛. □

于是, 加法器和圆周上的无理旋转有一些共同的特征. 在某种意义下, 它甚至更简单 (小片真正地而不是近似地返回, 恰如圆周上的小区间), 但是它的唯一遍历性并不"完美", 因为其偶数次迭代都不是唯一遍历的.

以下事实说明, 在某种意义下, 二进制加法器是区间映射的相对简单的非周期回复行为的唯一模型 [10].

定理 11.3.13　设 f 是区间上具有零拓扑熵的连续自映射, S 是 f 不变闭集, 其上没有周期点且有一条稠密轨道 (即拓扑传递的, 定义 4.1.3). 则 f 在 S 上的限制拓扑共轭于二进制加法器.

11.4　双曲行为和随机行为

现在换个角度来研究二次映射, 我们不再通过轨道的组合特征, 而是通过稳定性和不稳定性来研究它的行为. 这使得我们回到 11.1.2 节提出的问题上.

11.4.1　双曲 Cantor 排斥子

命题 7.4.4 对所有 $\lambda > 4$ 都成立. 较早时候做出的假设 $\lambda > 2 + \sqrt{5}$ 使得证明在我们的背景下是可能的. 对剩余的值, 讨论变得更复杂且要用到 Schwarz 导数式 (11.2.4) 为负的这一性质. 所以, 事实上, 有

命题 11.4.1　存在一个同胚 $h: \Omega_2^R \to \Lambda := \bigcap_{n \in \mathbb{N}_0} f^{-n}([0,1])$, 使得 $h \circ \sigma^R = f \circ h$, 其中 $f: \mathbb{R} \to \mathbb{R}$, $x \to \lambda x(1-x)$, $\lambda > 4$.

事实上, 命题 7.4.4 的证明表明集合 Λ 是一个双曲排斥子 (定义 10.1.2).

在讨论二次映射的可能行为时, 这是一个有益的模型. 对参数 $\lambda < \lambda_\infty$, 渐近性是直接的: 轨道被吸引到周期最大的那条 2^n 周期轨. 在前一节, 我们用周期点 (都是排斥的) 和自相似不变集 S 描述了 f_{λ_∞} 的动力行为.

剩下的还需要研究 λ 介于 λ_∞ 和 4 之间的情形. 这需要超出本书范围的复杂的分析, 但分析的结论可很好地描述出来. 我们从描述两种主要行为类型中的一种开始.

首先给出复杂性逐渐增加的一般描述.

定理 11.4.2 [11]　映射 f_λ 的拓扑熵是非减的, 当 $\lambda \leqslant \lambda_\infty$ 时是零, 当 $\lambda > \lambda_\infty$ 时是正的.

这蕴含着 [12]

推论 11.4.3　当 $\lambda > \lambda_\infty$ 时, 映射 f_λ 有无穷多个周期不是 2 的方幂的周期点.

---

[10] 其证明包含在 Katok and Hasselblatt. *Introduction to the Modern Theory of Dynamical Systems*. Cambridge: Cambridge University Press, 1995 的定理 15.4.2 的证明中.

[11] Welington de Melo and Sebastian van Strien. *One-dimensional Dynamics*. Berlin: Springer-Verlag, 1993.

[12] 正熵意味着 (一维) 马蹄的存在性, 这也意味着推论成立. 见 Katok and Hasselblatt. *Introduction to the Modern Theory of Dynamical Systems* 推论 15.2.4.

11.4.2 周期吸引子和 Markov 排斥子

从 11.1.2 节知道, 双曲二次映射是所有的回复性产生在周期轨和一个 Cantor 不变集上的映射, 该 Cantor 集为一零集 (定义 5.7.3) 且可能为空集. 系统只存在一条吸引周期轨, 且对 $\lambda < 4$, 任意双曲映射都有一条这样的轨道. Cantor 集之外的每条轨道都正向渐近趋于这条轨道. Cantor 集是一个双曲排斥子 (定义 10.1.2) 且当 $\lambda > \lambda_\infty$ 时非空.

在这种双曲的情形, 一个直接的数值探测仅显示出吸引周期轨. 虽然 Cantor 集上的动力行为很复杂, 但因为它是一个零集, 所以会被计算机遗漏掉. 即使数值计算的值在 Cantor 集内, 一般的舍入误差也将迫使计算轨道离开它并产生一条趋向于周期轨的轨道.

定理 11.4.4 (Graczyk-Swiatek)[13] 使得 f_λ 双曲的 $\lambda \in [0, 4]$ 的集合是开且稠的.

这个定理的难点在于稠密性, 因为开性几乎可直接从双曲性的定义中得到. 这个结论阐明了在此情况下数学证明的威力超过了数值计算, 因为这个参数集在分支图 (图 11.2.3) 中并不明显, 只有一些窗口 (竖条) 是可见的, 其中的原因是双重的. 除了最小的周期, 这些窗口中的任何一个都很窄. 周期相当大的轨道不仅含有足够多的点进入阴影部分, 它还使计算机花费更多的迭代次数以接近轨道.

然而, 分支图表明存在另一个重要的参数集.

11.4.3 随机行为

这里可能存在一类不同于我们刚刚讨论过的类型的复杂的行为, 即区间上的复杂行为和等度分布并存的类型. 图形的总体复杂性是惊人的. 然而许多现象在非常特殊的情形下才会出现. 这里仍然存在一类非一致双曲的行为, 由于其在一个不是零集的参数集中出现以及它自身的内在结构, 所以这类行为显得尤为重要.

1. 帐篷映射

为了介绍这种行为, 首先考虑如下模型, 其中 $g\colon [0, 1] \to [0, 1]$ 是 "帐篷" 映射

$$g(x) = \begin{cases} 2x, & 0 \leqslant x \leqslant 1/2, \\ 2 - 2x, & 1/2 \leqslant x \leqslant 1. \end{cases}$$

显然 (见 7.1.1 节), 这个映射在如下意义下是保测的: 对任意区间 $I \subset [0, 1]$, $g^{-1}(I)$ 的测度与 I 的测度一致 (在这里, 如定义 4.2.2, 区间的不交并的测度定义为它们的长度之和). 除了在右半个区间上上下颠倒, 帐篷映射看起来恰如扩张映射. 事实上,

---

[13]Jacek Graczyk and Grzegorz Swiatek. Generic hyperbolicity in the logistic family. *Annals of Mathematics*, 1997, 146 (1): 1–52.

可从证明二倍映射的轨道的等度分布性 (定理 7.5.6) 的讨论中得到帐篷映射轨道的等度分布性. 这产生了相当程度的动力行为的复杂性, 但是, 与以上讨论的双曲行为不同的是, 这种复杂性分布在整个区间上.

2. Chebyshev-von Neumann-Ulam 映射

因为帐篷映射 g 通过 $h(x) = \sin^2(\pi x/2)$ 拓扑共轭于二次映射 $f_4\colon x \mapsto 4x(1-x)$, 所以前面的结论是和二次映射族有关的. 映射 f_4 是二次 Chebyshev 多项式. Pafnutij L Chebyshev 意识到了共轭性, 但是并没有像 John von Neumann 和 Stanislav Ulam 一样考虑它的动力学的含义. 这就是有时称 f_4 为 von Neumann-Ulam 映射的原因.

从 f_4 的表达式可以看出, 它是能够产生具有真正 "随机" 行为的映射的最简单的代数公式 (没有取绝对值, 模 1 的过程, 或其他的数学手段). 它与帐篷映射的共轭只是一个三角等式, 这并不意味着 f_4 在同样的意义下保测. 然而, 由在坐标变换 h 下的轻微变形, 存在一个正 "密度" 函数 $\rho\colon [0,1] \to \mathbb{R}$(在这种情形下是由 $\pi\rho(x) = 1/\sqrt{x(1-x)}$ 给出的), 使得 f_4 保持由定义 4.2.2 给出的通过取区间长度为 $l_\rho(I) := \displaystyle\int_I \rho(x)\,\mathrm{d}x$ 得到的测度. 这是我们作为具有加权一致分布或随机性(见 A.3 节) 的第一个非平凡的例子. 它蕴含着关于轨道落在区间的左半部分或右半部分中的信息, 有 (借助于帐篷映射, 它实质上与 E_2 相同) 与 7.5.1 节中投掷硬币相同的统计复杂性. 一方面, 它给出了大数定律的各种形式. 另一方面, 它也意味着存在着根本没有长期平均的点, 就如 7.5.1 节中所描述的那样 [14].

为了对二次映射进行分类, 我们允许密度是非负的, 并且不要求零点的集合是一个零集.

3. 随机性的机制

二次映射的临界点 $1/2$(此点处的导数为零) 的出现是局部扩张性的一个明显的障碍, 而局部扩张性对双曲排斥子和随机行为都是必要的. 在双曲的情形, 这个点只是被吸引域吸收, 因而对与这个点及其原像均不交的排斥子不产生影响. 对 Chebyshev-von Neumann-Ulam 映射, 临界点被映为零点, 而零点是扩张不动点. 于是临界点附近的点(即使是回复点) 在回到具有很小的导数的区域之前有充足的时间恢复局部扩张性. 这种方法可被逐渐推广和调整以产生具有随机行为的更大的参数集.

4. Ruelle 映射

当临界点的迭代是一个排斥周期点时, 就出现了 Chebyshev-von Neumann-

---

[14] 这也被 Edward Lorentz 得到, 他用二次映射作为天气预报的一个模型, 得到的结论是一个 "气候" 不是自动存在的, 这里的 "气候" 可以理解为天气数据的长时间的平均值.

Ulam 情形的最直接的推广. 这个参数集是可数的, 且不变密度是逐段光滑的.

5. Misiurewicz 映射

使前面的条件发生作用的是临界点不是回复的. Misiurewicz 利用这点构造了第一个产生随机行为的参数的不可数集 (虽然仍是零集). Misiurewicz 的条件是临界点不是回复的, 即 $1/2$ 的 ω 极限集不包含 $1/2$. 在这种情形下, 临界点的 ω 极限集是一个双曲排斥子, 且仍存在一个不变密度, 它在区间的一个可数集上是光滑的, 而可能在一个 Cantor 集上是不连续的. Misiurewicz 情形的随机性的基本原因仍然类似于 Chebyshev-von Neumann-Ulam 情形: 靠近临界点的任意回复点在排斥 ω 极限集附近游荡时, 有足够的时间恢复扩张性.

6. Jakobson-Collet-Eckmann 映射

为了生成一个具有随机行为的不是零集的参数集, 我们需要考虑临界点返回到与它任意接近位置的情形. 在这种情况下的随机性模型是由 Collet 和 Eckmann 给出的, 然而是 Jakobson 在他 1980 年的里程碑式的工作[15]中证明了随机行为在一个非零集上出现, 并且实际上在参数接近于 4 以及 Ruelle 和 Misiurewicz 的值的参数中十分"普遍".

Jakobson-Collet-Eckmann 方法允许临界点返回它附近, 但是返回频率非常低, 使得在两次返回之间充分接近返回 (但不能接近到具有在上一圈中几乎消除了的导数的程度) 的点重新恢复足够的扩张性. 一个复杂的归纳过程表明, 对足够多的点, 扩张性胜过了由返回引起的偶尔的压缩性.

最重要的发现是归功于 Jakobson 的参数排除法, 它控制了如下的参数值: 这些参数值使得临界点的一个充分接近的偶然的返回产生了吸引周期轨并永远锁定这一吸引过程. 这一方法的核心是一个估计, 估计什么时候这种情况会发生, 经过多次迭代之后, 相应的临界点的迭代如此之快以至于使锁定这一返回过程出现的"危险地带"一闪而过.

在 Jakobson-Collet-Eckmann 的情形下, 不变密度趋于极度不连续, 但是在帐篷映射中看到的定性特征依然存在.

---

[15]Michael V Jakobson. Absolutely continuous invariant measures for one-parameter families of one-dimensional maps. *Communications in Mathematical Physics*, 1981, 81(1): 39–88.

第12章 同 宿 结

本教程中对复杂动力系统的研究大部分是通过例子得到的, 其中的一个原因是这是一个以自然方式引入重要概念的行之有效的途径, 而另一个原因是那些例子几乎完全代表了产生混沌现象的范围. 现在, 我们再回到马蹄上, 并说明为什么这个看似特殊的例子是导致某些轨道产生混沌行为的一个重要机制. 特别地, 我们将说明马蹄是如何在一个现实系统中出现并如此频繁出现的, 还将描述在解决动力系统中的基本问题时, 它是如何被当作一个重要工具使用的. 首先介绍产生马蹄的主要途径, 然后列出这种情景在实际问题中出现的几种不同的方式.

12.1 非线性马蹄

在 7.4.4 节对马蹄的讨论中, 线性性的假设为我们提供了方便, 但在 10.2.6 节中提到马蹄时, 线性性不是实质性的. 下面介绍非线性马蹄.

在任意维的情形定义马蹄是既容易又有用的, 但是如下几个原因使我们把注意力集中在了平面情形. 首先, 平面情形更容易刻画; 其次, 在动力系统理论的发展过程中, 平面情形起着主导作用; 最后, 在二维的情形, 考虑整个系统的拓扑熵时, 仅考虑它在马蹄上的限制即可.

在定义中, 我们用到了 $\mathbb{R}^2$ 中的坐标投影 $\pi_1 : (x, y) \mapsto x$ 和 $\pi_2 : (x, y) \mapsto y$.

定义 12.1.1 设 $U \subset \mathbb{R}^2$ 是开集, 称矩形 $\Delta = D_1 \times D_2 \subset U \subset \mathbb{R}^2$ (其中 D_1 和 D_2 为区间) 是微分同胚 $f : U \to \mathbb{R}^2$ 的一个马蹄, 如果 $\Delta \cap f(\Delta)$ 至少包含两个连通分支 Δ_0 和 Δ_1, 使得若记 $\Delta_i = f(\Delta_i')$, $i = 0, 1$, $\Delta' = \Delta_0 \cup \Delta_1$, 则

(1) $\pi_2(\Delta_i') = D_2$;

(2) 对任意 $z \in \Delta_i'$, $\pi_1|_{f(\Delta_i' \cap (D_1 \times \pi_2(z)))}$ 是到 D_1 上的一个双射;

(3) $\pi_2(\Delta') \subset \operatorname{int} D_2$, $\pi_1(f^{-1}(\Delta')) \subset \operatorname{int} D_1$;

(4) $D(f|_{f^{-1}(\Delta')})$ 保持并扩张 $f^{-1}(\Delta')$ 上的一个水平锥族;

(5) $D(f^{-1}|_{\Delta'})$ 保持并扩张 Δ' 上的一个竖直锥族 (定义 10.1.4).

在图 12.1.1 中, Δ_0 和 Δ_1 是构成 $\Delta \cap f(\Delta)$ 的两个浅阴影的水平矩形. 它们的原像是贯穿 Δ 的竖直矩形. 这是第一条的内容. 第二条的要求是说这些矩形水平贯穿 Δ, 且没有太多的扭动. 第三个要求是这些带形离开矩形的上下边界一定距离, 且它们的原像离开矩形的左右边界一定距离. 换句话说, 在每个方向都有空余的空

间, 这在讨论其在扰动下的稳定性时是有用的. 最后两个要求是水平扩张和竖直压缩, 以及要求几乎水平的线仍保持几乎水平, 几乎竖直的线仍保持几乎竖直.

这个定义的要求较为宽松, 且具有小扰动下保持不变的性质: 马蹄形如图 12.1.1 所示, 但是允许有轻微的变形以及扩张和压缩率的小的变化. 在 12.3 节我们将看到这种马蹄如何自然地出现. 由结构稳定性 (10.2.6 节), 线性马蹄和它的一个小扰动的动力行为在相差一个使点的位置少许改动的共轭同胚的意义下是一致的. 这也就意味着对线性马蹄成立的有关轨道结构的结果对其小扰动也自然成立 (命题 7.4.6 中的编码、推论 7.4.7 中周期轨的增长、稠密性和传递性).

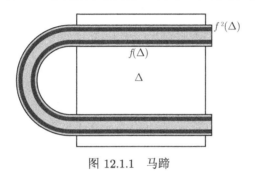

图 12.1.1 马蹄

12.2 同 宿 点

现在描述一种情景和它的一些显著特征, 这可以解释为什么马蹄普遍存在.

作为开始, 取线性双曲映射 $A: \mathbb{R}^2 \to \mathbb{R}^2$, $A(x,y) = (2x, y/2)$ (见图 12.2.1). y 轴是由正向渐近趋于原点的点构成的, x 轴是由负向渐近趋于原点的点构成的, 其他所有的点沿双曲线 $xy =$ 常值运动.

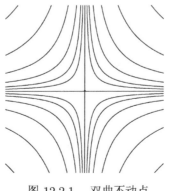

图 12.2.1 双曲不动点

　　现在考虑一个在原点的一个邻域内与 A 很近的非线性同胚 f. 由稳定流形定理 (定理 9.5.2), 存在一条由渐近趋于 0 点的点构成的稳定曲线 (代替 A 的 y 轴) 和一条由负向渐近趋于 0 点的点构成的不稳定曲线. 这种描述蕴含着两条曲线都是不变的. 再者, 每一条这样的曲线都不能自交. 如果稳定曲线自交了, 则产生的圈的像将趋近于 0, 这意味着 0 点附近渐近趋于 0 的点集不是一条曲线, 与定理 9.5.2 矛盾.

　　假设在远离原点的地方, 非线性性使得这两条曲线足够弯曲, 在 p 点相交并形成一个非零角 (见图 12.2.2). 这样的点 p 称为不动点 0 的横截同宿点. 它是像定义 2.3.4 中那样的同宿点, 这种情形对应于与 6.2.2 节中一样的打破同宿圈 (将图 6.2.2、图 4.3.3 与图 12.2.2 进行比较).

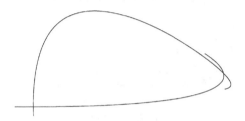

图 12.2.2　横截同宿点

　　很合理地, 我们会问怎么知道这种假设可以实现. 一种方法是将上述描述作稍许改变, 从定义在 0 点小邻域上的 A 出发, 延拓其定义使过 0 点的水平和竖直线段的像和原像以要求的方式运动. 另一方面, 存在一个具有所期望的性质的平面上的 (保面积) 显式映射:

$$\begin{pmatrix} x \\ y \end{pmatrix} \mapsto \begin{pmatrix} 3(x + (x-y)^2) \\ \dfrac{1}{3}(y + (x-y)^2) \end{pmatrix}.$$

这个 Cremona 映射[1] 是可逆的. 事实上, 它的逆映射同样简单:

$$\begin{pmatrix} x \\ y \end{pmatrix} \mapsto \begin{pmatrix} \dfrac{x}{3} - \left(3y - \dfrac{x}{3}\right)^2 \\ 3y - \left(3y - \dfrac{x}{3}\right)^2 \end{pmatrix}.$$

最后, 如刚才提到过的, 这一特别图像在各种实际问题中都会自然呈现, 虽然会有轻微的不同: 在简化的问题中, 两条曲线在第一象限弯曲成一个光滑圈, 当把这个问题扰动成一个实际问题时, 就会产生一个非零的交角. 椭圆弹子球桌面的变形就是一个这样的例子, 数学摆 (6.2.2 节) 的时间 1 映射的扰动也会变成这样.

---

[1] 这个映射是 Alex Dragt 引入的.

由此造成的复杂性沿同宿点 p 的轨道 $\mathcal{O}(p)$ 开始显现出来. 由于 p 位于稳定曲线和不稳定曲线上, 故它的轨道上每一点都是如此. 所以, 所有这些点都是同宿点. 由于 f 是微分同胚, 所以交角总是非零的. 这些点沿着两条曲线在 0 点聚集.

$\mathcal{O}(p)$ 上任意两个相邻点都定义了一个由一段稳定曲线和一段不稳定曲线作为边界形成的圈. 当这些圈在正向时间 (从上面) 向 0 点靠近时, 它们在竖直方向压缩了, 在水平方向拉伸了. 由于不稳定曲线不能自交, 所以这些越来越长的 "波瓣" 就越来越靠近不稳定曲线, 如图 12.2.3. 当这些圈在负向时间内向 0 靠近时, 其拉伸和压缩的情况正好相反. 图 12.2.3 给出了完整的刻画. 从图中可以看到, 这产生了 "第二代" 同宿点, 且递归地出现了更高的复杂程度.

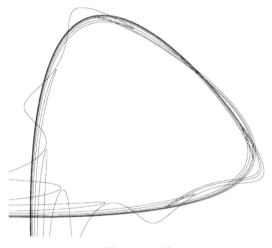

图 12.2.3 结

产生于横截异宿点的异宿结也有类似的复杂性并且也是不断地出现. 例如, 在扭转映射的不稳定区域内就会出现异宿结 (推论 14.3.3). 然而, 有时横截异宿点的出现并不会引起太多的回复性. 在一个几乎垂直但不很垂直地站立着的环面上的高度函数的梯度流就是这种情形[2]. 在这种情形下, 并没有出现明显的复杂性. 在异宿圈的情形会出现结. 由于与同宿结基本上是相似的, 所以这里不讨论异宿结.

12.3 马蹄的出现

现在证明, 不变曲线的拉伸和折叠将一个矩形拉伸和折叠成马蹄.

定理 12.3.1(Birkhoff-Smale) 设 $U \subset \mathbb{R}^2$ 是 0 点的一个邻域, $f\colon U \to \mathbb{R}^2$ 是嵌入映射 (定义 A.2.5), 它有双曲不动点 0 及横截同宿点 p. 则在 0 点的一个任意

---

[2] 参见 Katok, Hasselblatt. *Introduction to the Modern Theory of Dynamical Systems*, 1.6 节.

小邻域内存在 f 的某个迭代的马蹄.

注 12.3.2　这是一个著名的结论, 它说明任意双曲不动点都可被"远处"的环境影响, 使得附近的动力行为具有马蹄的复杂性.

证明　图 12.3.1 说明了整个事件. 若在第一象限取一个小矩形, 使它有两条边刚刚超出不变曲线, 则结的拉伸和折叠将矩形拉开并在几次迭代之后引起交叠. 图示说明结论在几何直观上是正确的, 且 f 的迭代造成了我们想要的水平的拉伸和竖直的压缩.

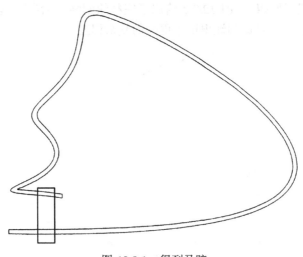

图 12.3.1　得到马蹄

为了使概念更简单, 假设在 0 点附近不变曲线与坐标轴一致 (这点可通过坐标变换实现). 然后取矩形 $\Delta = D_1 \times D_2$, 其中 D_1 和 D_2 是内部包含 0 点的小区间段. 在图 12.3.1 中, 取 D_1 的左端点和 D_2 的下端点非常接近 0.

在 D_1 的内部存在一个原像 $p' = f^{-n}(p)$, 且过 p' 点的稳定曲线在 p' 附近的部分是几乎垂直的. 它附近的不稳定圈的片段接近于水平. 一方面, 对任意 $n \in \mathbb{N}$, 原点包含在 $f^n(\Delta) \cap \Delta$ 的一个分支 Δ_0 内. 另一方面, 若取 n 充分大, 则将存在第二分支 Δ_1 满足定义 12.1.1 的前三个条件.

定义 12.1.1 中扩张和压缩的条件被满足显然没问题, 因为 f 的需要产生正确的几何性质的多数应用都在 0 点的附近, 且因此拉伸和压缩几乎和线性部分完全一样. 若需要, 可缩短 D_1 和 D_2 以增加 f 的迭代数. 通过这些增加的迭代就可产生一致的形变. 　　　　　　　　□

在现实情形下, 很少次数的迭代 (阶为 10) 就足够了, 它们可以产生极大的拉伸和压缩. 事实上, 在图 12.3.1 中, 我们看到了大量的直接拉伸. 由于稳定方向上的压缩率, 其结果是拉长了的矩形看起来像一条曲线.

图 12.3.2 展示了在 0 的一个邻域内得到的 Cremona 映射的一个很匀称的马蹄.

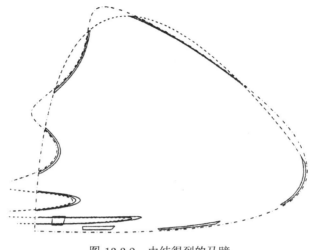

图 13.3.2　由结得到的马蹄

12.4　马蹄的重要性

12.4.1　从结到马蹄

同宿结是 Poincaré 在他三体问题的工作中首先注意到的, 这给出了在太阳系中可能真的存在复杂动力行为的第一个昭示. 后来, 他如下描述了这种情形:

"当我们试图描绘由这两条曲线及它们的无限多个交点 (每个交点对应一个双向渐近解) 构成的图形时, 这些交点形成了一类具有无限多个网眼的格栅结构. 这两条曲线中的每一条都不必再切割它自身, 但为了无限次的切割格栅上的网眼, 它必须以一种非常复杂的方式弯回它自身.

这个图形的复杂性是惊人的, 我甚至不想尝试描绘它. 在没有一致积分的地方, 没有什么东西更适合于为我们提供三体问题和一般动力系统中所有问题的复杂性本质了 [3]."

数十年以后, Birkhoff 证明了在这种情形下, 不动点附近存在许多周期点. 第二次世界大战期间, Mary Lucy Cartwright 和 Edensor Littlewood 在 Poincaré 工作的基础上, 分析了参数调节至正常范围之外的雷达电流, 显示出被称为张弛震

---

[3] 在 Jules Henri Poincaré. *Les méthodes nouvelles de la mécanique céleste*. Paris, 1892–1899 的第 33 章 §396; 英译文: *New Methods of Celestial Mechanics*. edited by Daniel Goroff. History of Modern Physics and Astronomy **13**. American Institute of Physics. New York, 1993.

荡 (relaxation oscillations) 的闪烁不定的控制光束 [4]. 20 世纪 40 年代, Norman Levinson 分析了 van der Pol 方程 (与真空管有关) 并发现了无穷多个周期解 (结合结构稳定性)[5]. 大约在 1960 年, 他的工作引起了 Steven Smale 的注意, 后者在 20 世纪 60 年代从这项工作中得到了如图 12.1.1 所示的马蹄的几何图形并证明了定理 12.3.1[6]. 虽然马蹄在高维的情形会发生, 但其全部历史在二维情形就演示出来了.

需要强调的是, 从结得到的马蹄是一个零集, 于是, 在这样的动力系统中复杂性的出现可限制在一个我们通常会忽略的集合上. 换句话说, 结并没有保证复杂轨道在一个给定系统中处处存在. 它们的重要性在于提供了这种复杂性的可能, 也在于它们尽管有限但却会在很长的时间内影响其他轨道.

12.4.2　在应用中马蹄的普遍存在性

马蹄出现在许多应用中. 直接源于科学问题的许多动力系统都有一个横截同宿点, 因此包含一个马蹄. 另外, 对任意给定的具有同宿结的动力系统, 其充分小的扰动也有同宿结, 因此也包含一个马蹄. 这当然蕴含着现实的重要性, 因为它意味着一旦模型和现实之间的差别充分的小, 模型中的马蹄就对应着现实中的马蹄. 这就是所有稳固或 (结构) 稳定现象的重要性. 除了与特殊例子的扰动有关之外, 横截同宿点的稳固性也表明了在所有的动力系统中, 具有同宿结的相当普遍.

我们再强调一次, 每个这样的情形都直接给出了动力系统轨道复杂性的很强的近在手边的结论. 例如, 它有正的拓扑熵、依周期呈指数增长的周期点, 且包含一个拓扑 Markov 链作为它的子系统. 当然, 由马蹄得到的复杂性可能只限于某一个区域, 也可能只在一个零集上才成立. 然而, 单单具有指数的轨道复杂性的可能性一事本身就很有意义(并且排除了系统可积的情形). 另外, 即使马蹄是一个零集, 但其中的轨道仍将拖着一些其他轨道相当长的一段时间, 从而得到对初始值的敏感性以及有限时间段内复杂行为的其他特征. 在二次映射族中, 正的拓扑熵可归因于

---

[4]Mary Lucy Cartwright. Forced oscillations in nonlinear systems, Contributions to the theory of nonlinear oscillations. *Annals of Mathematics Studies*, 20. Princeton, NJ: Princeton University Press, 1950: 149–241; Mary Lucy Cartwright and John Edensor Littlewood. On non-linear differential equations of the second order. I. the equation $\ddot{y}-k(1-y^2)\dot{y}+y=b\lambda k\cos(\lambda t+a)$, k large. *Journal of the London Mathematical Society*, 1945, 20: 180–189; John Edensor Littlewood. On non-linear differential equations of the second order. IV. the general equation $\ddot{y}+kf(y)\dot{y}+g(y)=bkp(\phi)$, $\phi=t+\alpha$. *Acta Mathematica*, 1957, 98: 1–110.

[5]Norman Levinson. A second order differential equation with singular solutions. *Annals of Mathematics*, 1949, 50(2): 127–153.

[6]Steven Smale. A structurally stable differentiable homeomorphism with an infinite number of periodic points, Qualitative methods in the theory of non-linear vibrations (*Proc. Internat. Sympos. Non-Linear Vibrations, Vol. II, 1961*). Izdat. Akad. Nauk Ukrain. SSR, Kiev, 1963: 365–366; Diffeomorphisms with many periodic points, Differential and combinatorial topology (*A Symposium in Honor of Marston Morse*). edited by Stewart S Cairns. Princeton, NJ: Princeton University Press, 1965: 63–80.

(一维) 马蹄, 但它可能被限制在一个由吸引所有其他点的周期点构成的零集上. 另一种极端情形是双曲环面自同构, 其中马蹄很多, 但是任意可数个马蹄的集合都是零集, 而指数的轨道复杂性充满了整个环面.

这里有几个具体的结出现的例子. 在扭转映射 (定义 14.2.1) 中通常存在同宿结 (因而马蹄), 而扭转映射 在多种动力问题如弹子球、天体力学, 以及粒子加速器的设计的研究中都会产生. 带电粒子 (来自太阳风) 在地球磁场中运动的 Størmer 问题也展示出具有同宿结 [7]. 这被认为是 "Størmer 问题不可解决" 的原因. 在流体力学的迁移现象中也包含异宿结, 这些异宿结是由两个双曲点的稳定曲线和不稳定曲线相互交叉形成的. 在这些模型中, 那些远离结的区域 (类似于在图 12.2.3 的左边界之外看到的区域) 的波瓣的羽毛状物看起来和在实验中拍下的湍流尾流的照片惊人的相似 [8]. 这是马蹄上的轨道对周围的点的状态产生显著影响的例子.

天体力学是以马蹄作为解决基本的数学和物理学问题的工具的一个重要例子. 直到 1960 年, 天文学家还普遍假设在诸如太阳系的 n 体问题中, 如果没有外界的影响, 那么不能捕获任何东西. 特别地, 人们想当然地认为在正负时间内的长期行为具有对称性. 一个天体如果没有无界的正向轨道, 也就不可能有无界的负向轨道. 换句话说, 太阳系不能抓住另一个天体 (如果将所有的天体作为质点). 反之, 这将意味着如果我们相信地球一直都在太阳系中, 那么如果没有外界的影响, 它就不可能从中逃逸出来. 在研究三体问题时, Alekseev 制造了一个马蹄并证明它的出现产生了捕获的可能性, 从而使人们改变了以前的观念 [9]. 这是纯粹的复杂性的可能性就具有决定意义的一个例子, 即使它被限制在一个零集上, 也就是说, 即使它的结论发生的概率可能为零.

结通过马蹄造成轨道复杂性的一个距今更近的应用是 Knieper 和 Weiss 的一个结果, 这个结果是, 椭球上的测地流(它是完全可积的, 因此具有非常小的轨道复杂性) 对椭球的一些任意小的变形有同宿结(因而有马蹄、正拓扑熵、闭测地线的指数增长等) [10]. 人们就零集上的复杂性和普遍的复杂性之间的区别提出了一个至今

---

[7] Alex J Dragt and John M Finn. Insolubility of trapped particle motion in a magnetic dipole field. *J. Geophys. Res.*, 1976, 81: 2327–2340.

[8] Vered Rom-Kedar, Leonard A and Stephen Wiggins. An analytical study of transport, mixing and chaos in an unsteady vortical flow. *Journal of Fluid Mechanics*, 1990, 214: 347–394.

[9] Vladimir Mihkaĭlovich Alekseev. On the possibility of capture in the three-body problem with a negative value for the total energy constant. *Akademiya Nauk SSSR i Moskovskoe Matematicheskoe Obshchestvo. Uspekhi Matematicheskikh Nauk*, 1969, 24(1): 185–186.

[10] Gerhard Knieper and Howard Weiss. A surface with positive curvature and positive topological entropy. *Journal of Differential Geometry*, 1994, 39(2): 229–249; see also Gabriel P Paternain. Real analytic convex surfaces with positive topological entropy and rigid body dynamics. *Manuscripta Mathematica*, 1993, 78(4): 397–402 and Victor J Donnay. *Transverse Homoclinic Connections for Geodesic Flows, Hamiltonian Dynamical Systems (Cincinnati, OH, 1992)*. IMA Volues in Mathematics and its Applications 63. New York: Springer, 1995: 115–125.

尚未解决的问题: 能否构造这样一个扰动, 使得它不仅有正的拓扑熵, 即极大可能的轨道复杂性可由指数行为刻画, 而且有衡量平均轨道复杂性的正的度量熵或 测度熵?

12.4.3　平面混沌来自马蹄

我们以一个最令人惊奇的结果来结束本节. 如果一个平面系统有正的拓扑熵, 那么这个熵源于马蹄 [11].

定理 12.4.1　曲面微分同胚的拓扑熵可以用系统在马蹄上的限制的拓扑熵任意逼近.

在这种意义下, 马蹄是平面上混沌的唯一需要的机制. 这是在二维情形对指数复杂映射的动力系统得以很好理解的一条途径.

这个事实有助于控制扰动下的熵的行为.

定理 12.4.2　作为曲面微分同胚构成的空间上的函数, 熵映射在 C^1 拓扑 (A.2.2 节) 下是下半连续的.

证明　定理的一个等价表述是: 对任意曲面微分同胚 f 和任意 $\varepsilon > 0$, 存在 $\delta > 0$, 使得若 $d(f,g) < \delta$ (在 C^1 度量下), 则 $h_{\text{top}}(g) \geqslant h_{\text{top}}(f) - \varepsilon$.

为了证明结论, 任取这样一个 f.若 $h_{\text{top}}(f) = 0$, 则无需证明. 否则, 存在 f 的马蹄 Λ, 满足 $h_{\text{top}}(f|_\Lambda) \geqslant h_{\text{top}}(f) - \varepsilon$. 取 $\delta > 0$, 使得 (利用马蹄的结构稳定性) 任意满足 $d(f,g) < \delta$ 的 g 都有一个与 Λ 拓扑共轭的马蹄 Λ'. 于是它的熵与 Λ 的一致, 进而 $h_{\text{top}}(g) \geqslant h_{\text{top}}(g|_{\Lambda'}) = h_{\text{top}}(f|_\Lambda) \geqslant h_{\text{top}}(f) - \varepsilon$.　□

对区间上的连续映射有一个类似的结论 [12], 但习题 8.3.7 说明在其他情形这个结论不成立. 上半连续性可以对维数不加限制而得到, 但它对光滑性的要求是一个非常微妙的问题: 它对 C^∞ 映射成立 [13], 其证明依赖于一个很精细的估计 [14], 这个估计在有限可微的情形不成立. 在这些情形, 人们只能对上半连续不成立的程度给出一些控制.

---

[11] Katok A. Nonuniform hyperbolicity and structure of smooth dynamical systems. *Proceedings of the International Congress of Mathematicians, Warszawa*, 1983, 2: 1245–1254. 另见 Katok and Hasselblatt. *Introduction to the Modern Theory of Dynamical Systems*. Cambridge: Cambridge University Press, 1995 的补充内容.

[12] Michał Misiurewicz. Horseshoes for continuous mappings of an interval, *Dynamical Systems (Bressanone, 1978)*. Liguori, Naples, 1980: 125–135.

[13] Sheldon Newhouse. Continuity properties of entropy. *Annals of Mathematics*, 1989, 129(2): 215–235.

[14] Yosef Yomdin. Volume growth and entropy. *Israel Journal of Mathematics*, 1987, 57: 285–300.

12.5 探寻同宿结: Poincaré-Melnikov 方法

前一节说明了横截同宿点和随之而有的结对数学和科学的应用有着重要的意义. 所以, 用来探测横截同宿点存在性的方法也就显得尤为重要. 如果在同宿点的角很小, 那么仅用数值计算不可能给出明确的结论, 这是因为节的全部网都被挤压成了双曲点的局部稳定和不稳定叶片的一个窄小的邻域, 从而计算机图形很难探测到. 另外, 数值图像不能作为这种现象出现的证明.

为了解释 Poincaré-Melnikov 方法, 考虑平面上由微分方程 $\dot{x} = f(x)$ 定义的、在 0 点具有一个双曲鞍点和一个同宿圈 $\Gamma := \{\varphi^t(q) | t \in \mathbb{R}\} \cup \{0\}$ 的流 φ^t. Poincaré-Melnikov 方法将探测在扰动下横截同宿点的出现的情况 [15]. 于是, 将原来的流扰动成流 φ_ε^t, 它是由 $\dot{x} = f(x) + \varepsilon g_t(x)$ 定义的, 其中假设 g_t 关于 t 是周期的, 且为简便计, 设 $g_t(0) = 0$. 具体的例子是椭圆弹子球流的变形和前面提到的 Knieper 和 Weiss 的工作.

我们需要研究 φ_ε^t 在 0 点的稳定曲线 W_ε^s 和相应的不稳定曲线 W_ε^u. 这两条曲线上的轨道分别具有形式 $\varphi^t(q) + \varepsilon q^s(t) + O(\varepsilon^2)$ $(t \geq 0)$ 和 $\varphi^t(q) + \varepsilon q^u(t) + O(\varepsilon^2)$ $(t \leq 0)$, 其中

$$\dot{q}^s(t) = Df(\varphi^t(q))q^s(t) + g_t(\varphi^t(q)), \quad t \geq 0,$$
$$\dot{q}^u(t) = Df(\varphi^t(q))q^u(t) + g_t(\varphi^t(q)), \quad t \leq 0$$

(线性流). 在点 q 附近 W_ε^s 和 W_ε^u 之间的 (精确到 ε^2 的) 距离 $d(q)$ 由 $\varepsilon(q^u(0) - q^s(0))$ 在法向 Jf 上的投影给出, 于是 $d(q) = \varepsilon(q^u(0) - q^s(0))Jf(q)/\|f(q)\|$. 由于 q^u 和 q^s 可由线性化的流得到, 所以这个差也是如此. Γ 上的 Melnikov 函数是如下定义的

$$M(q) = \int_{-\infty}^{\infty} g_t(\varphi^t(q))Jf(\varphi^t(q))\, \mathrm{d}t.$$

注意, 这个积分仅用关于未经扰动的流和它的扰动项的信息进行计算.

定理 12.5.1 若 Melnikov 函数沿 Γ 有简单零点, 则对所有充分小的 $\varepsilon \neq 0$, 都存在 φ_ε^t 的横截同宿点. 若在 0 点以外 $M \neq 0$, 则 $W_\varepsilon^s \cap W_\varepsilon^u = \{0\}$.

在一些重要条件下这一分划是指数形式的小的, 它引起的困难在 20 年前就为人所知 [16] 且一直被人们所努力解决 [17].

---

[15] Melnikov V K. On the stability of the center for time-periodic perturbations. *Trudy Moskovskogo Matematičeskogo Obščestva*, 1963, 12: 3–52; *Transactions of the Moscow Mathematical Society*, 12: 1–57.

[16] Jan A Sanders. *A Note on the Validity of Melnikov's Method*. Report 139. Wiskundig Seminarium. Vrije Universiteit Amsterdam.

[17] 参见 Vasily G Gelfreich. A proof of the exponentially small transversality of the separatrices for the standard Map. *Communications in Mathematical Physics*, 1999, 201(1): 155–216.

12.6   同 宿 切

在 $\mathbb{R}^2$ 上的具有与双曲不动点 p 相关的同宿结的单参数微分同胚族 f_ε 中, 可能发生这样的情况, 对 $\varepsilon = 0$, 稳定结的一个 "舌状物" 与不稳定叶切于一点 q, 称为同宿切. 可能 q 是它们的 "第一个" 交点, 且对正 ε 或负 ε 根本没有结. 也可能 q 是从横截同宿点产生的高阶交点, 这一同宿点对所有的小 ε 都持续地存在. 不管是那种情况, 这种情形都是产生额外动力复杂性的一种机制. 注意, 在考察这种情形时研究了双曲性, 而与此同时, 我们离开了以前几节中讨论的一致双曲的环境, 这是因为一个瞬时同宿切产生了一个全局分支, 这与双曲集的结构稳定性是不相容的. 因此我们将技巧进一步推进, 但在这样做时, 我们强烈地依赖于潜在的双曲性.

假设同宿切是一般类型的. 特别地, 假设在切点 q 附近有一个局部坐标系, 在这个坐标系下, $W^s(p)$ 被表示为 x 轴, $W^u(p)$ 的方程为 $y = \varepsilon - x^2$.

额外动力复杂性的根源是额外的马蹄.

命题 12.6.1   若 $\mathbb{R}^2$ 上的单参数微分同胚族 f_ε 在 p 点是体积压缩的 (即 $|\det Df_\varepsilon(p)| < 1$) 且当 $\varepsilon = 0$ 时有一个一般类型的同宿切, 则当 $\varepsilon > 0$ 时会出现一个额外的马蹄.

图 12.6.1 展示了一个切分支以及必要的矩形和矩形的像, 由这个图, 命题的结论是显然的.

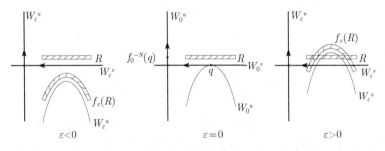

图 12.6.1   同宿切

通过产生更多的马蹄, 这种现象可增加与前面表述的结的网中同种类型的更大程度的动力复杂性. 然而, 还存在具有完全不同的本质的结果. 这些恰在分支之前出现.

定理 12.6.2 (Newhouse 现象)[18]   若 $\mathbb{R}^2$ 上的单参数微分同胚族 f_ε 在 p 点是体积压缩的 (即 $|\det Df_\varepsilon(p)| < 1$) 且当 $\varepsilon = 0$ 时有一个一般类型的同宿切, 则对一个小 $\varepsilon < 0$ 的剩余集, 存在无穷多个吸引周期轨 (渊).

---

[18]Sheldon Newhouse. Diffeomorphisms with infinitely many sinks. *Topology*, 1974, 13: 9–18.

剩余集是可数多个开且稠的集合的交集 (由引理 A.1.15, 这蕴含着稠密性).

在这一点上, 很显然, 每个一般同宿切都是动力复杂性的根源, 也是动力行为产生重大变化的根源. 类似于 (事实上, 因为) 同宿结的情形, 同宿切不会独自出现. 通过在结中观察高阶交点可以看到, 许多小的扰动也一定有同宿切.

命题 12.6.3 若 $\mathbb{R}^2$ 上的单参数微分同胚族 f_ε 当 $\varepsilon = 0$ 时有一个一般类型的同宿切, 则存在序列 $\varepsilon_n \to 0$, 使得对所有 $n \in \mathbb{N}$, f_{ε_n} 在 $q_n \to q$ 有一个同宿切.

人们应当记住所有这些同宿切中大部分是从高阶的 "舌状物" 得到的, 从而其影响在空间上高度集中且与微分同胚的高次迭代相关联. 从而复杂性被加到小尺度的空间和大跨度的时间域上. 如果考虑马蹄的产生使熵增大, 则显然地, 熵的连续性 (可见前面的定理 12.4.2 和其后的上半连续性) 要求这些变化大多应当是这种类型, 以限制轨道复杂性的累积. 于是, 在这些同宿切分支序列中所有的高阶迭代的小马蹄的出现都影响着轨道的复杂性和熵. 对每个参数值而言, 其大量的轨道复杂性都可以借助前面提到的一致双曲动力系统的通有性质来理解.

第13章 奇异吸引子

奇异吸引子是动力系统的一个热门课题. 它们是具有复杂几何结构的吸引子, 特别地, 不是简单的曲线或曲面类型的吸引子. 一个适当的方法是, 在研究奇异吸引子之前, 考察一下几何结构相对简单的吸引子. 由此, 我们将通过一个重要而明晰的模型开始研究奇异吸引子.

某种类型的双曲性是奇异吸引子的一个典型特征, 但是, 即使是对最常见的例子的研究也十分困难, 因为这些吸引子的双曲性与第 10 章所讨论的一致双曲性相比有较弱的形式. 这种双曲性足以导致巨大的复杂性, 但还未达到可以直接应用第 10 章中的工具的程度. 它常常类似于随机二次映射 (Jakobson-Collet-Eckmann 的情形, 见 11.4.3.6 节) 中出现的非一致双曲行为, 而且, 实际上这些映射既用于作为模型又用来作为以扰动法构造一些常见奇异吸引子的基础. 而这里我们只考虑 Lorentz 吸引子, 这里的困难又是另外一种不同的类型, 可以描述为 "具有奇异性的一致双曲性". Lorentz 吸引子的存在性的证明是在连续数学中借助计算机辅助证明的最引人瞩目的例子之一.

13.1 平凡的吸引子

在此处并不是所有的吸引子对我们来说都是奇异的. 最简单的是吸引不动点, 这已经在定义 2.2.22 中正式介绍过. 这里给出吸引不动点的一个等价定义, 它更便于推广.

定义 13.1.1 度量空间上的映射 $f: X \to X$ 的不动点 p 称为吸引不动点, 如果存在 p 的邻域 U 使得 $f(U) \subset U$ 且 $\bigcap_{n \in \mathbb{N}} f^n(U) = \{p\}$.

另一个平凡的吸引子是极限环, 如 2.4.3 节所见. 定义它为满足如下性质的周期点 p, 即它有一个邻域使得其中每一点都正向渐近于 $\mathcal{O}(p)$. 类似于定义 13.1.1, 我们可以给出如下定义.

定义 13.1.2 流 ϕ^t 的周期点 p 称为一个吸引周期点 (或极限环), 如果存在 $\mathcal{O}(p)$ 的邻域 U 使得对 $t \geqslant 0$ 有 $\phi^t(U) \subset U$ 且 $\bigcap_{t \geqslant 0} \phi^t(U) = \mathcal{O}(p)$.

这些定义中引人注意的特征是它们不需要 "渐近于" 的概念, 当渐近的目标不只是一个点时它有点难于捉摸.

假设 p 是流 ϕ^t 的吸引周期点, 考虑映射 $f(x) = \phi^1(x)$. 那么 p 在流作用下的轨道是在 f 的迭代下对点吸引的一个集合. 为使这更精确一些, 我们修改定义 13.1.2.

实际上, 可以把 $\mathcal{O}(p)$ 替换成任何一个集合来确定这个集合是否是吸引的.

定义 13.1.3 假设 $f: X \to X$ 是一个映射. 紧集 $A \subset X$ 称为 f 的一个吸引子, 如果存在 A 的邻域 U 使得 $f(U) \subset U$ 且 $\bigcap_{n \in \mathbb{N}} f^n(U) = A$. 通常要求 A 没有真子集具有这样的性质.

A 是 "最小的", 即没有吸引的真子集这一要求在下面例子的情形中起着作用. 图 13.1.1 给出了一个动力系统, 集合 $A = \{(x, 0) \in \mathbb{R}^2 | x \in [0, 1]\}$ 满足定义 13.1.3 要求的大多数性质, 但是它包含着吸引子 $(-1, 0)$ 和 $(1, 0)$. 因此这种情况下不能称 A 为一个吸引子.

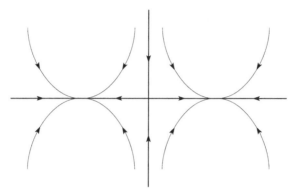

图 13.1.1 非吸引子

一个稍复杂但仍简单的例子可以构造如下：考虑具有一个吸引不动点的圆周映射 f_1. 假设该点为 0, 如果 f_2 是 $\mathbb{T}^2$ 上的任一映射, 比如平移或双曲自同构, 那么映射 $f: \mathbb{T}^3 \to \mathbb{T}^3, f(x, y, z) = (f_1(x), f_2(y, z))$ 有一个吸引的二维环面 $\{0\} \times \mathbb{T}^2$.

吸引不动点、极限环和吸引周期轨都是吸引子的例子, 就像这里的吸引曲面一样. 然而, 还有大量其他的例子. 那些不再有像这样简单结构的例子被冠之以 "奇异" 吸引子的名字.

13.2 螺 线 管

奇异吸引子大量存在于动力学的应用中所产生的系统. 这些吸引子很难有效地进行分析, 因此首先察看一个模型的情况是有用的.

我们描述一个由 Smale 在 20 世纪 60 年代给出的一类例子中的一个. 它被称为 Smale 吸引子或螺线管, 其构造可想象为类似于对折橡皮圈.

考虑实心环 $M := S^1 \times D^2$, 此处的 D^2 是 $\mathbb{R}^2$ 中的单位圆盘. 它看起来就像一个面包圈. 在它上面定义坐标 (φ, x, y) 使得 $\varphi \in S^1$ 且 $(x, y) \in D^2$, 即 $x^2 + y^2 \leqslant 1$. 用这些坐标我们可以通过对折并将厚度收缩为原来的五分之一来定义一个映射.

命题 13.2.1　映射

$$f : M \to M := S^1 \times D^2, \quad f(\varphi, x, y) = \left(2\varphi, \frac{1}{5}x + \frac{1}{2}\cos\varphi, \frac{1}{5}y + \frac{1}{2}\sin\varphi\right)$$

是良定的且是单射.

证明　映射是良定的, 即 $f(M) \subset M$, 因为

$$\left(\frac{1}{5}x + \frac{1}{2}\cos\varphi\right)^2 + \left(\frac{1}{5}y + \frac{1}{2}\sin\varphi\right)^2$$
$$= \frac{1}{25}(x^2 + y^2) + \frac{1}{5}(x\cos\varphi + y\sin\varphi) + \frac{1}{4}(\cos^2\varphi + \sin^2\varphi)$$
$$\leqslant \frac{1}{25} + \frac{2}{5} + \frac{1}{4} < 1.$$

实际上, $f(M)$ 包含在 M 的内部.

f 是单射并不奇怪, 因为我们只是把厚度缩小了很多. 假设 $f(\varphi_1, x_1, y_1) = f(\varphi_2, x_2, y_2)$. 那么

$$2\varphi_1 = 2\varphi_2 \pmod{2\pi},$$
$$\frac{1}{5}x_1 + \frac{1}{2}\cos\varphi_1 = \frac{1}{5}x_2 + \frac{1}{2}\cos\varphi_2,$$
$$\frac{1}{5}y_1 + \frac{1}{2}\sin\varphi_1 = \frac{1}{5}y_2 + \frac{1}{2}\sin\varphi_2.$$

如果 $\varphi_1 = \varphi_2$, 含三角函数的项就消去了, 因此 $x_1 = x_2$ 且 $y_1 = y_2$. 如果 $\varphi_1 = \varphi_2 + \pi$, 那么

$$\frac{1}{5}x_1 + \frac{1}{2}\cos\varphi_1 = \frac{1}{5}x_2 - \frac{1}{2}\cos\varphi_1,$$
$$\frac{1}{5}y_1 + \frac{1}{2}\sin\varphi_1 = \frac{1}{5}y_2 + \frac{1}{2}\sin\varphi_1,$$

或者

$$\frac{1}{5}(x_2 - x_1) = \cos\varphi_1 \quad \text{且} \quad \frac{1}{5}(y_2 - y_1) = \sin\varphi_1,$$

这就意味着

$$(x_2 - x_1)^2 + (y_2 - y_1)^2 = 25.$$

由于左边最多是 8, 这是不可能的. □

一个比用因子 5 更为缓和一点的收缩也是可以做到的. 同样的讨论, 只要应用 $x\cos\varphi + y\sin\varphi \leqslant x + y \leqslant \sqrt{2}$, 就可以证明

$$f : M \to M := S^1 \times D^2, \quad f(\varphi, x, y) = \left(2\varphi, \frac{1}{3}x + \frac{1}{2}\cos\varphi, \frac{1}{3}y + \frac{1}{2}\sin\varphi\right)$$

是良定的且是单射.

像集 $f(M)$ 与 M 的任一个横截面 $C = \{\theta\} \times D^2$ 交于两个互不相交的半径为 1/5 的圆盘, 如图 13.2.1 所示. 实际上, $C \bigcap f(M) = f(C_1) \bigcup f(C_2)$, 此处的 C_1 和 C_2 是横截面. 在迭代下这一图像在更小尺度下重复.

明显地, $f^2(M) \subset f(M)$, 而且 $C \bigcap f^2(M) = f(C_1 \bigcap f(M)) \bigcup f(C_2 \bigcap f(M))$, 此处的 C_1 和 C_2 如前面所述. 因此 $C \bigcap f^2(M)$ 由四个小圆盘构成, $f(C_1)$ 和 $f(C_2)$ 中分别有两个 (如图 13.2.1), 且 $f^2(M)$ 围绕着 M 转了四圈. 从图像上看我们把橡皮圈又对折了一次.

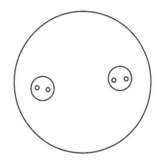

图 13.2.1 Smale 吸引子和横截

如此重复下去, $C \bigcap f^{l+1}(M)$ 由 2^{l+1} 个圆盘构成, 每两个包含于 $C \bigcap f^l(M)$ 的一个圆盘中.

这里发生的事情从几何上看类似于经常在海边小镇上见到的太妃糖机. 这些机器不断地拉长和折叠太妃糖 (由糖蜜或糖构成), 这一拉长和再折叠的过程就产生了显著的直线型纤维结构 —— 它显然不是曲线或曲面. 还有许多其他的情况应用类似的技术制造特殊的材料, 其中之一就是日本剑的制造, 要通过不断地折叠和压平一片钢条以得到高度均匀的分子结构. 小于 1 厘米厚的一条钢折叠二十次得到的各层的厚度小于 2^{-20} 厘米 $< 10^{-6}$ 厘米 =10 纳米, 大约一个原子的大小. 这一拉伸和折叠的过程也十分类似于 7.4.4 节中马蹄的构造.

这两个现实生活中的例子与对应的模型的情况所不同之处在于我们的模型会失掉一些体积. 在 Smale 吸引子中, 两个方向减少为原来的五分之一而另一个方向仅是原来的两倍, 每次迭代总体积减少到不足原来的十分之一. 在马蹄中, 我们丢弃了在矩形外面的部分而使体积有所损失. 然而太妃糖和剑的例子却是拉伸和折叠在现实生活中的例证, 拉伸和折叠共同导致了我们在第 7 章中看到的复杂动力学以及 Smale 吸引子的类似的复杂性. 而体积的流失则是吸引子的本质特征, 正如我们可以从定义 13.1.3 看到的一样.

Smale 吸引子是一个双曲吸引子: 拉伸是一致的 (各处因子都是 2), 这是因为我们在角坐标上设定了常数扩张. 这样导致了如第 10 章所讨论的完全复杂性, 从而使得动力系统行为最为紊乱. 这也恰好使得我们可以相对容易地用第 10 章中的方法对整体吸引子进行研究.

和逆极限构造 (定义 7.1.12) 的直接关系如下:

命题 13.2.2　Smale 吸引子是圆周二倍映射 E_2 的逆极限.

因为双曲吸引子更易处理, 术语 "奇异" 吸引子则赋予与双曲吸引子复杂程度相当但扩张率没有一致下界的吸引子. 接下来考虑这种类型中的一个著名例子.

13.3　Lorentz 吸引子

1961 年, 气象学家 Edward Norton Lorentz 利用新型电子计算机, 根据表述温度和气压、气压和风速等之间的关系准则研究了一个天气模型. 有一次他想将以前运行过的程序作进一步运算, 为了节约时间, 他没有重头开始, 而是在程序运行中键入了一个数字. 但是, 新的结果并不是旧结果的重现, 而是与之大相径庭. 他意识到计算中所用的是六位小数, 但根据上次打印的结果而输入的只有三位小数, 于是这千分之几的微小差别迅速积累成大的误差.

到 1963 年, Lorentz 已经从根本上把用于大气科学的热对流模型简化为微分方程

$$\dot{x} = \sigma(y - x),$$
$$\dot{y} = rx - y - xz,$$
$$\dot{z} = xy - bz, \tag{13.3.1}$$

此处 $\sigma, r, b > 0 \left(\text{他很快就选出 } \sigma = 10, b = \dfrac{8}{3}, r = 28 \text{ 作为仔细研究的特殊数值}\right)$.
同样的方程曾经出现在各种其他模型之中. 它们恰好可以描述迪纳摩 (现代发电机的前身) 的模型, 而且该模型所显示的方向反转, 被认为有可能解释在地质时期地球的磁场偶尔发生反转的现象. 紊乱运动的水轮可提供一个力学上的实现[1].

这些微分方程的解的定性行为非常强烈地依赖于参数值. 现在可以很容易地进行数值检验 (达到人们确信数值模拟可以给出一个完全而准确的图形的程度), 但是来自于常微分方程的标准方法使 Lorentz 能够对这些常微分方程进行更深入的分析.

13.3.1　$r < 1$ 的情形

最简单的情形出现在 $r < 1$ 的情形:

---

[1] Steven Strogatz. *Nolinear Dynamics and Chaos*. Addison-Wesley, 1994: 302.

命题 13.3.1 对 $r < 1$, Lorentz 方程式 (13.3.1) 的所有解当 $t \to \infty$ 时都趋向于原点.

证明 首先, 对于 $r < 1$ 原点是唯一的不动点: 由式 (13.3.1) 我们看到 $\dot{x} = 0$ 蕴含着 $x = y$, $0 = \dot{z} = xy - bz = x^2 - bz$ 给出 $z \geqslant 0$, 因此 $r - 1 - z < 0$. 结合 $0 = \dot{y} = rx - y - xz = x(r - 1 - z)$ 就给出了 $x = 0$, 因此 $y = 0$ 且 (由 $\dot{z} = 0$)$z = 0$.

虽然这对证明是不必要的, 我们仍注意到当 $r < 1$ 时, 式 (13.3.1) 的线性化

$$\begin{pmatrix} \dot{x} \\ \dot{y} \\ \dot{z} \end{pmatrix} = \begin{pmatrix} \sigma(y - x) \\ rx - y \\ -bz \end{pmatrix} = \begin{pmatrix} -\sigma & \sigma & 0 \\ r & -1 & 0 \\ 0 & 0 & -b \end{pmatrix} \begin{pmatrix} x \\ y \\ z \end{pmatrix} \tag{13.3.2}$$

仅有负特征值. 这就意味着原点是一个吸引子.

为了说明它是一个大范围吸引子, 我们利用一个 Lyapunov 函数. 这是一个沿轨道递减的正函数. 对于给定的系统构造一个这样的函数是一种艺术. 这里用 $L(x, y, z) := \dfrac{x^2}{\sigma} + y^2 + z^2$, 它的等值集是中心在原点的椭球面. 那么 L 沿每一个轨道递减. 由链式法则

$$\begin{aligned} \dot{L} &= \frac{\mathrm{d}}{\mathrm{d}t}\left(\frac{x^2}{\sigma} + y^2 + z^2\right) = \frac{2x\dot{x}}{\sigma} + 2y\dot{y} + 2z\dot{z} \\ &= 2x(y - x) + 2y(rx - y - xz) + 2z(xy - bz) \\ &= 2(r + 1)xy - 2x^2 - 2y^2 - 2bz^2 \\ &= -2\left(x - \frac{r + 1}{2}y\right)^2 - 2\left(1 - \left(\frac{r + 1}{2}\right)^2\right)y^2 - 2bz^2, \end{aligned}$$

它是非正的且它等于零当且仅当每一项都是零, 这就蕴含着 $y = z = 0$(从后两项可知), 那么由第一项可知 $x = 0$. 因此 L 沿每一轨道递减, 这就意味着轨道不断地进入到越来越小的椭球, 即它们趋近原点 O.

L 沿每一个轨道递减并不能足以说明它收敛于 O. 但它必定收敛于 O, 因为对每一个轨道一定有 $\dot{L} \to 0$ (由于 L 有下界), 由上面就可以得到 $(x, y, z) \to O$. 因此 O 是一个大范围吸引子. □

回顾一下上面的讨论可以发现, 对于 $r = 1$ 的情形, 定性行为很大程度上是相同的. 对 Lyapunov 函数的分析变得更复杂一些, 因为 $\left(1 - \left(\dfrac{r + 1}{2}\right)^2\right)y^2$ 项没有了, 但这种复杂性还在常微分方程的标准处理方法的范围内.

13.3.2 $r > 1$ 的情形

当 $r > 1$ 时, 另外两个平衡点出现. $\dot{x} = 0$ 仍然蕴含着 $x = y$. 由式 (13.3.1) 我们看到 $0 = \dot{y} = rx - y - xz = x(r - 1 - z)$ 可以给出或者 $x = 0$(因此 $y = 0$

且 $z = 0$, 因为 $0 = \dot{z} = xy - bz = -bz$) 或者 $z = r - 1$. 前一种情形给出了已知的平衡点也就是原点. 情形 $z = r - 1$ 再结合 $0 = \dot{z} = xy - bx = x^2 - bz$ 就给出 $x^2 - b(r - 1) = 0$, 即 $x = \pm\sqrt{b(r - 1)}$. 这就给出了两个新平衡点, $(x_0, y_0, z_0) = (\sqrt{b(r-1)}, \sqrt{b(r-1)}, r - 1)$ 和 $(-\sqrt{b(r-1)}, -\sqrt{b(r-1)}, r - 1)$, 且 $r \to 1^+$ 时, 它们趋向于 0. 因此 $r = 1$ 是一个分支值 (逼近率是平方根型的, 这对应于我们在式 (11.2.2) 和图 11.2.3 所见到的二次函数族的倍周期分支).

命题 13.3.2 如果 $\sigma > b + 1$ 且 $1 < r < \dfrac{\sigma(\sigma + b + 3)}{\sigma - b - 1}$, 那么平衡点 $(\pm\sqrt{b(r-1)}, \pm\sqrt{b(r-1)}, r - 1)$ 是稳定的.

证明梗概 为了在这些平衡点进行线性化式 (13.3.1), 令 $\xi := x - x_0, \eta := y - y_0$ 且 $\mu := z - z_0$. 那么

$$
\begin{aligned}
\dot{\xi} &= \sigma(x_0 + \xi - y_0 - \eta) = [\sigma(x_0 - y_0)] + \sigma(\xi - \eta), \\
\dot{\eta} &= r(x_0 + \xi) - y_0 - \eta - (x_0 + \xi)(z_0 + \mu) \\
&= [rx_0 - y_0 - x_0 z_0] + r\xi - \eta - (x_0\mu + z_0\xi + \xi\mu), \\
\dot{\mu} &= (x_0 + \xi)(y_0 + \eta) - b(z_0 + \mu) = [x_0 y_0 - bz_0] + x_0\eta + y_0\xi + \xi\eta - b\mu.
\end{aligned}
$$

方括号项为零. 去掉关于 ξ, η, μ 的非线性项且由 $x_0 = y_0$ 和 $z_0 = r - 1$ 就有

$$
\begin{pmatrix} \dot{\xi} \\ \dot{\eta} \\ \dot{\mu} \end{pmatrix} = \begin{pmatrix} \sigma(\xi - \eta) \\ r\xi - \eta - x_0\mu - z_0\xi \\ x_0\eta + y_0\xi - b\mu \end{pmatrix} = \begin{pmatrix} \sigma(\xi - \eta) \\ \xi - \eta - x_0\mu \\ x_0\xi + x_0\eta - b\mu \end{pmatrix} = \begin{pmatrix} \sigma & -\sigma & 0 \\ 1 & -1 & -x_0 \\ x_0 & x_0 & -b \end{pmatrix} \begin{pmatrix} \xi \\ \eta \\ \mu \end{pmatrix}.
$$

最后矩阵的特征多项式是

$$
\lambda^3 + (b + 1 - \sigma)\lambda^2 + b(\sigma + r)\lambda - 2\sigma b(r - 1).
$$

当 $1 < r < \dfrac{\sigma(\sigma + b + 3)}{\sigma - b - 1}$ 时, 可以验证它的解有负实部. □

在这一参数范围内, 还有两个不稳定的周期解分别逐渐汇合成两个平衡点, $(\sqrt{b(r-1)}, \sqrt{b(r-1)}, r - 1)$ 和 $(-\sqrt{b(r-1)}, -\sqrt{b(r-1)}, r - 1)$, 此处 $r = \dfrac{\sigma(\sigma + b + 3)}{\sigma - b - 1}$.

13.3.3　$r > \dfrac{\sigma(\sigma + b + 3)}{\sigma - b - 1}$ 的情形

这是事情变得有意思的情形. 已经看到, 当 $r > 1$ 时, 原点不再是稳定的, 这是因为式 (13.3.2) 中的线性矩阵的特征多项式是 $(b + \lambda)[\lambda^2 + \lambda(\sigma + 1) + \sigma(1 - r)]$, 它的根是 $-b < 0$ 和 $1/2[-\sigma - 1 \pm \sqrt{(\sigma + 1)^2 - 4\sigma(1 - r)}]$, 后面两根只有当 $r < 1$ 时才都是负的. 进而, 有两个不稳定的不动点, 但是不稳定的周期解已经消失了. Lorentz

对此时可能没有稳定周期解这一结论给出了一个似乎合理的讨论. 同时不难看出, 解不能增长得太快, 而实际上是有界的.

在这个时候, 我们可以相信动力行为应当是复杂的. 一些轨道陷入到一个没有稳定平衡点和极限环的紧区域. 紧性使得轨道必须聚集到某处. Lorentz 决定把注意力集中到特殊的参数值

$$\sigma = 10, \quad b = \frac{8}{3}, \quad r = 28 > 10\frac{47}{19} = 10\frac{10 + \frac{8}{3} + 3}{10 - \frac{8}{3} - 1} = \sigma\frac{\sigma + b + 3}{\sigma - b - 1},$$

并借助于计算出的图像. 图 13.3.1 展示的就是几十年来广为人知的 Lorentz 吸引子. 将近有四十年的时间, 技术上难以克服的困难一直阻碍着对确实存在吸引子这一事实的证明. 直到现在, 当我们正在写这本书时, 才有了对吸引子存在性的最终证明.

图 13.3.1   Lorentz 吸引子

13.3.4   Tucker 定理

对于 "经典的" 参数值证明 Lorentz 系统确实存在吸引子, 需要数学理论和严密计算复杂精巧的揉合. Warwick Tucker 研究出一种计算一大类常微分方程的精确解的算法, 它建立在分割程序之上且应用了有向舍入的区间运算.

这给出了一个超出了吸引子的存在性的重要结论.

定理 13.3.3   Lorentz 方程对于参数 $\sigma = 10, b = \frac{8}{3}, r = 28$ 有一个吸引子,

而且吸引子是稳固的, 即在小的参数改变下是保持的, 同时它支持唯一的 "SRB测度" (见 10.4.3.3 节).

实质上, 这就意味着数值计算所显示的确实是吸引子. 更确切地说, 这就意味着存在一个不变测度 (10.4.3.3 节) 定义在吸引子上 (这意味着它对在吸引子上取值为零的连续函数赋值为零), 关于它几乎每一个始于吸引子的一个邻域内的轨道都是一致分布的: 任何连续函数的时间平均都等于由不变测度所决定的空间平均. 因此, 这就被称作 "物理上可观察的" 密度. 这两个附带的结论说明不仅存在某一吸引子而且是在物理上有意义的 (稳定的) 和可观测的.

我们较详细地给出证明的轮廓.

证明梗概[2]　　证明的第一步是标准的, 并且早在之前的尝试中作为出发点被采用过. 明智地在平面 $z = r-1$ 上取一个矩形 S, 并且考虑 Lorentz 流到这一矩形的返回映射 R. 特别地, 矩形应包含 $(0, 0, r-1)$, 且使平衡点 $(\sqrt{b(r-1)}, \sqrt{b(r-1)}, r-1)$ 和 $(-\sqrt{b(r-1)}, -\sqrt{b(r-1)}, r-1)$ 为两个边的中点. Lorentz 流围绕着这些点涡旋而动, 从上面穿过矩形. 除了穿过 $(0, 0, r-1)$ 且与含平衡点的边平行的直线 Γ 外, 返回映射 R 在 S 上有定义. Γ 上的点被吸引到原点. 这就是返回映射没有定义在 Γ 上的原因, 而且这也是用数值方法解决吸引子存在性失败的原因: 由于在靠近 Γ 的地方返回时间可以任意长, 人们不能控制 Lorentz 方程数值解的误差.

到 S 的返回映射的一个已知的特征是它把 $S \setminus \Gamma$ 映到 S 中的两个三角形区域, 它们中的每一个都像图 13.3.2 所显示的那样穿过 Γ. 这两个三角形的顶端与 Γ 对应[3]. 因此曲线 Γ 为轨道分离提供了机会, 使得返回映射无需有大的导数. 这就是在本章开始时提到的 "奇异性".

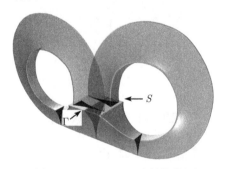

图 13.3.2　Lorentz 映射的截面

[2]Warwick Tucker. The Lorentz attractor exists. *Comptes Rendus des Séances de l'Académie des Sciences*. Série I. Mathématique, 1999, 328(12): 1197-1202; A rigorous ODE solver and smale's 4th problem. *Foundations of Computational Mathematics*, 2002, 2(1): 53-117.
[3] 这里指通过返回映射给出的对应.—— 译者注

确立了这些之后, 运用标准的推理路线, 并在一些特定的方面加上一些和缓的假设, 使得 R 将 $S \setminus \Gamma$ 映到 S. 称作 "几何 Lorentz 吸引子", 由此可以建立吸引子的存在性. 然而还不清楚这些假设是否成立, 也就是说, 这样得到的吸引子是否就是 Lorentz 吸引子. 这是提及非双曲的程度在这里比较和缓的一个好时机. 一致双曲吸引子, 例如 Smale 吸引子, 是结构稳定的, 然而, 对于 Lorentz 或几何吸引子的情况却并非如此, 这是因为在原点的奇异性. 但是这种结构稳定性的丧失是温和的. 系统附近存在不只一个共轭类, 但是这些共轭类可以形成一个双参数族. 这比一般的情形显著地和缓, 那里可能存在无穷多个模式的共轭, 或者更糟, 共轭类可能非常不规则.

Tucker 的方法是如何分析特定吸引子的一个很好的例子. 他结合分析和数值方法, 使用数值方法处理吸引子的大部分, 而用分析方法处理所有的数值逼近方法都难以奏效的奇异性. 根据这种方法他确立了如下三个事实:

首先, 存在一个紧集 $N \subset S$ 使得 $N \setminus \Gamma$ 是严格 R 不变的, 即 $R(N \setminus \Gamma) \subset \text{int}(N)$. 这就建立了 Lorentz 流的一个吸引子 $\mathcal{L}$ 的存在性, 它与 S 相交于 $\Lambda := \bigcap_{n=0}^{\infty} R^n(N)$.

为了确定此吸引子如所预期的那样不平凡, 他给出另外两个事实. 存在 R 不变锥场, 也就是说, 如果 $C(x)$ 是张成 $10°$ 的扇区, 中心在一个接近于 Λ 的曲线上, 那么 $DR(x)C(x) \subset C(R(x))$(见定义 10.1.4). 最后, 锥中的向量在 DR 的迭代下最终是扩张的. 特别地, 存在 $C > 0$ 和 $\lambda > \sqrt[20]{2}$, 使得对某一 $x \in N$, 如果 v 是 $C(x)$ 中的一个向量, 那么 $\|DR^n(x)v\| \geqslant C\lambda^n\|v\|$ 对所有的 $n \in \mathbb{N}$ 成立. 这两个关于锥场的事实类似于螺线圈中中心在角度方向的锥场的性质, 那里映射的双曲性就蕴含着这些性质. 此处的这两个性质证明了双曲行为 (由定理 10.1.5). 顺便提一下, Tucker 注意到, 在锥扩张性质中的正常数 C 不能是 1, 也就是说, 这些锥中的向量可能在最初几步收缩. 这是当时没有预期到的.

这些性质的证明结合了两个互补的方法, 其中之一是正规形式理论. 在一个小方体中, 中心在原点 (平衡点), 存在一个几乎线性的解析坐标变换, 把 Lorentz 方程的形式化为 $\dot{v} = Av + F(v)$, 此处的 A 是对角的, 且 F 对于 $\|v\|$ 是 20 阶的. 特别地, 在一个大小是 r 的方体上, 有 $\|F\| \leqslant \dfrac{7 \cdot 10^{-9} r^{20}}{1 - 3r}$. 这就意味着在小方体上, 新的坐标表示非常接近于线性. 在同一方体上, 坐标变换的非线性部分被 $\dfrac{r^2}{2}$ 所控制.

坐标变换及这个不寻常的估计由 Poincaré 的方法得到. 大体上, 人们可以用新的坐标表示和坐标变换的 (系数待定的)Taylor 级数写出变量代换的方程. 如果希望从正规形式中消除直到 20 阶的非线性项, 那么坐标变换的 Taylor 系数可以明确地由 Lorentz 流的 Taylor 系数给出, 所出现的系数的形式为 $\dfrac{1}{n_1\lambda_1 + n_2\lambda_2 + n_3\lambda_3}$, 此处的 λ_i 是 Lorentz 流在 0 点的特征值且 $n_i \in \mathbb{N}$. 对大的 n_i, 这些分式有具体的上界, 从而可以用数值方法来检查剩下的 (有限但是很多种) 情形.

第二个要点是严格的轨道的数值计算, 这里用 (在每一个坐标下) 区间运算来完成. 完成第一步积分之后, 计算值含有误差: 积分方法的误差再加上舍入误差的上界是知道的. 从计算值上加和减这些误差就得到包含真实值的区间端点. 然后从这些端点再积分一步, 在这一步中, 较小的结果减少了而较大地增加了一个这样的有界误差. 每一步如此重复, 最终得到一个区间 (或平行六面体), 它一定包含真正的值. Lorentz 流的偏导数的确切值可以由 Lorentz 方程直接得到且随时间的演化可用同样的方法而求出. 这些被用到锥估计中.

这种方法碰到的一个困扰前面所有努力的问题是确立 Lorentz 吸引子的真实性: 在计算接近原点的轨道时, 返回的时间变得任意大, 误差变得不可控制. 这就使得正规形式理论在这里起着决定性的作用. 对进入 0 的固定邻域的一个轨道, 它可以精确地控制轨道离开小邻域的方式.

因此, 轨道被用一种组合的方法来跟踪: 在小邻域外面环绕原点时, 它们通过区间运算由数值积分给出; 当轨道进入小邻域时, 我们采用正规形式理论所提供的转移映射作通过这一邻域的直接变换.   □

第14章 变分法，扭转映射和闭测地线

在这一章我们离开到目前为止在本概述中仍处于主导地位的双曲动力系统这一领域，而叙述变分法在动力系统中的一些令人印象深刻同时又易于想象的应用。变分法首先在第 6 章中提到，和 Lagrange 形式及特殊的弹子球有关。我们从扭转映射的研究开始，这包括凸区域内的弹子球作为一个特例，并提供应用变分法的一个理想环境，而这归因于相空间相对简单的结构。Aubry-Mather 理论建立了具有一维映射的轨道特征的所有种类的运动的存在性，这些一维映射的旋转数与系统的扭转量是一致的。这些运动可以被看作不变曲线的"踪迹"或"魅线"。于是我们既得到有序痕迹的保留，又看到混沌现象的呈现，由于缺少纯粹的不变曲线、周期轨和类 Cantor 集之间的相互影响不但产生了同宿结和异宿结而且产生了更难理解的复杂行为，并且给出了目前的方法无法解决的典型行为方式的严格描述。

我们继而给出一些包含很少动力学假设，但运用了深入的拓扑知识的结果，并且以一个动力系统在几何中最引人瞩目的应用作为结束，即二维球面上对每一个 Riemann 度量都存在无限多条闭测地线。

14.1 变分法和弹子球的 Birkhoff 周期轨

14.1.1 周期状态和作用泛函

在 6.4.5 节中，通过寻找与生成函数相关联的且定义在"潜在轨道"空间上的泛函的临界点，对凸弹子球运动构造了两个特殊的周期 2 轨道。对于那个特别简单的例子的情况，"潜在轨道"是周期 2 状态，也就是说，它们是边界上的点对，而泛函用来表示连结这两点的弦的长度。这一类方法称为变分法，在这一节中它被用来寻找许多具有特殊性质的周期轨，特别地，任何预期周期的周期轨。现在，我们依照 Birkhoff 最初的方法，描述在弹子球情形的基本结果，这里几何图像可以很好地帮助我们想象这些情景。在下一节中，我们给出更一般的背景，将弹子球作为它的特殊情形，在更高的技术层面之上解释关于周期点存在的结果，且把这一方法推广到比周期点更一般的情形。

令 $p, q \in \mathbb{N}$ 互素。不失一般性，假设 $q > 0$ 和 $1 \leqslant p \leqslant q-1$。对凸弹子球运动，寻找周期为 q 的特殊的周期轨，它们绕球桌迂回旋转了 p 圈，其方式为每一个轨道正好沿正 (逆时针) 方向移动 p 步。也就是说，限制到这样一个轨道的弹子球映射的

行为就像由角 $\dfrac{2\pi p}{q}$ 所决定的旋转 $R_{\frac{p}{q}}$. 这样的轨道称为 (p, q) 型 Birkhoff 周期轨.

现在简要叙述对任何 $q > 0$ 和 $1 \leqslant p \leqslant q - 1$, 构造至少有两个不同的 (p, q) 型 Birkhoff 周期轨. 这总共会给出无限多个有任意长的周期的不同的周期轨. 位势轨道空间 $C_{p,q}$ 自然地就会是 (p, q) 周期状态空间. 它可以想象成内接于球桌中的一个 q 边形 (一般地自交), 带有一个标定的顶点和连结间隔为 p 的顶点的边. 标定的顶点 x_0 对应于开始计数的起点; 然后依环向顺序 $x_1, \cdots, x_{q-1}$ 是其他顶点. 周期地扩展这一序列, 也就是说, 如果 $0 \leqslant k \leqslant q - 1$ 且 $l \in \mathbb{Z}$, 定义 $x_{k+lq} = x_k$. 变分问题的函数 $A_{p,q}$ 是上述多边形的总长或周长, 即从 x_0 连结到 x_p, 再连结到 x_{2p}, 如此下去, 直到 $x_{qp} = x_0$. 现在应用由 (6.4.1) 给定的生成函数 (距离的负数) 作为弹子球映射的表示. 令 $s_0, s_1, \cdots, s_{q-1}$ 表示对应于 $x_0, x_p, \cdots, x_{p(q-1)}$ 的长度参数值. 那么

$$A_{p,q}(x_0, x_1, \cdots, x_{q-1}) = -(H(s_0, s_1) + H(s_1, s_2) + \cdots + H(s_{q-1}, s_0)).$$

这个函数的负值经常称作作用泛函. 方程 (6.4.2) 说明三个相继的顶点形成一个轨道段当且仅当 $A_{p,q}$ 对中间位置的顶点的偏导数为零. 因此, 函数 $A_{p,q}$ 在空间 $C_{p,q}$ 上的临界点正好是对应于 (p, q) 型 Birkhoff 周期轨的位形.

14.1.2　两个 Birkhoff 周期轨的存在性

剩下来证明对于周长函数 $A_{p,q}$ 至少存在两个临界点 (如图 14.1.1). 在 2 周期轨的情形, 对应于 $p = 1, q = 2$, 这两个临界点对应于直径和宽度 (见 6.4.5 节). 第一个轨道可以由函数 $A_{p,q}$ 的最大值对应的位形得到. 由于空间 $C_{p,q}$ 不紧, 需要讨论证明这样一个最大值可以达到. 这可以通过一种可以预料的方式做到: 空间 $C_{p,q}$ 可以扩展到 q 个点的空间的自然闭包, 即加入那些顺序不严格的位形: 多个相继点可以重叠. 这一空间是紧致的, 函数 $A_{p,q}$ 自然地扩展到它上面, 且可以达到它的最大值. 现在只需证明最大长度不能在添加的退化位形上达到. 对于 3 周期轨的情形几乎立即可以得到, 对于周期 4 的情形, 也可以用初等的方式得到, 但对于更长的轨道需要仔细考虑, 我们在下一节概述这一论证, 那里处理的问题有更大的一般性. 想法是对任何退化的位形在扩展空间内存在一个扰动使得多边形更长, 实际上使它 "减少退化", 即更少的顶点重叠. 详细情形见下面的定理 14.2.5.

如果已经发现了周长函数 $A_{p,q}$ 的一个最大值点, 我们立即注意同样的位形可以通过沿着轨道移动标记点给出 q 个不同的最大值点. 这一观察对于第二个 (p, q) 型 Birkhoff 周期轨的构造是关键, 它基于极小极大或山路原理. 这一名称暗示了论证所依据的形象: 为了通过山脉中两座山峰间的山脊且使高度下降最少, 必须通过一个鞍点或山口. 通过改变在这一图景中表示高度的泛函的符号 (从而还原成这一

泛函构造中初始的生成函数) 得到一个使登山者冒险较小的版本：为了从一个山谷到另外一个且使高度上升最少, 不得不横穿一个山口.

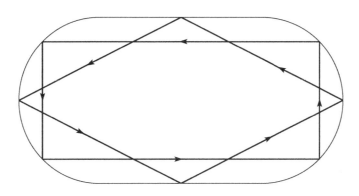

图 14.1.1 两条 Birkhoff 轨道

对于弹子球运动, 类似山路的讨论这样起作用. 令 $x = (x_0, x_1, \cdots, x_{q-1}) \in C_{p,q}$ 是一个使得 $A_{p,q}$ 达到最大值的位形. 考虑 $C_{p,q}$ 中连结 x 和 $x' = (x_1, \cdots, x_{q-1}, x_0)$ 的光滑路径 $x(t) = (x_0(t), x_1(t), \cdots, x_{q-1}(t)), 0 \leqslant t \leqslant 1$, 使得对所有的 $i = 0, \cdots, q-1$, $x_i(t)$ 在 x_i 和 x_{i+1} 之间. 在这样一个路径上, 泛函 $A_{p,q}$ 或者是常数 (那么容易得到每一个位形 $x(t)$ 生成一个不同的 (p,q) 型 Birkhoff 周期轨), 或者更可能的是, 它达到一个极小值, 严格小于在 x 和 x' 的值. 而且一个简单的微分运算说明, 如果这样的一个值在如上所述的所有可能的轨道类型上是最大的, 那么它必对应于泛函 $A_{p,q}$ 的一个临界点 (山口, 如图 14.1.2). 剩下需要讨论的问题是其极小值达到它的最大可能值的路径的存在性. 到目前为止这是整个的讨论最精巧的部分, 虽然它直观地看起来是十分令人信服的, 即移动所有的最大位形比让其中一些固定不动更有利 (见图 14.1.3).

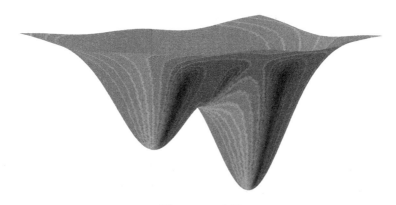

图 14.1.2 山路

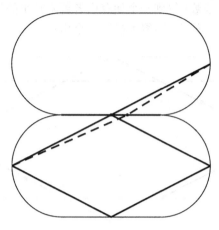

图 14.1.3　极小极大轨道

14.1.3　带形提升

我们对弹子球系统的另一种描述是：将不再用简单闭曲线, 即 S^1 的参数, 而是用周期为 1 的周期曲线来参数化边界. 于是, 当然地, 每一个“物理的”边界点都对应于无穷多个参数值, 它们之间可以相互进行整数平移. 它们称为这一点的提升, 并且所有可以投射到一个给定点 $(s, r) \in C$ 的点 $(x, y) \in S := \mathbb{R} \times (-1, 1)$ 都称为 (s, r) 的提升. 这正好对应于一个边界圆周的“展开”, 它是 2.6.2 节所描述的过程的逆 (并且存在一个对应于命题 4.3.1 的提升). 弹子球映射仍然可以确切地描述成这样一个模型：给定一个参数 $x \in \mathbb{R}$ 和一个角 y, 在球桌上找到对应的射线. 它决定了一个新的点和角 (换句话说, 找到 C 中的点 (s, y), 使得 (x, y) 模 1 投射到它并取它作为弹子球映射 ϕ 下的像). 对这一新点, 取最小的可能参数值 $x' > x$(或者对于结果点 (s', y'), 取一个点 (x', y'), 这里 $x' = s'(\bmod 1)$) 按这一方法, 我们得到了一个连续映射 (对一个固定的 s, 令 $y \to 0$ 即可见). 对这一新映射 $\Phi : S \to S$, 它关于 s 是周期的, 称为 ϕ 的提升, 我们很容易通过对所有的边界数据模 1 就可以重现 ϕ.

14.2　扭转映射的 Birkhoff 周期轨和 Aubry-Mather 理论

14.2.1　扭转映射

任何柱面映射都可以通过完全类似于上面所描述的弹子球映射的方式被提升到带域 $\mathbb{R} \times (-1, 1)$. 为了区分映射和它的提升, 总是记柱面上的柱坐标为 s, 而带域上的第一个作标为 x.

定义 14.2.1　开柱面 $C = S^1 \times (-1,1)$ 上的微分同胚 $\phi : C \to C$ 称为扭转映射, 如果

(1) 它是保向的并且在如下意义下保持边界分支, 存在 $\varepsilon > 0$ 使得如果 $(x,y) \in S^1 \times (-1, \varepsilon - 1)$ 那么 $\phi(x,y) \in S^1 \times (-1, 0)$, 且.

(2) $\dfrac{\partial}{\partial y} \Phi_1(x,y) > 0$, 此处 $\Phi = (\Phi_1, \Phi_2)$ 是 ϕ 到 $S = \mathbb{R} \times (0,1)$ 的提升 (见图 14.2.1).

(3) 映射 ϕ 可以延拓成闭柱面 $S^1 \times [-1,1]$ 上的一个同胚 $\bar{\phi}$(不必光滑).

ϕ 称为可微扭转, 如果对 $\varepsilon > 0$ 存在 $\delta > 0$ 在 $C_\varepsilon := S^1 \times [\varepsilon - 1, 1 - \varepsilon]$ 上满足 $\dfrac{\partial}{\partial y} \Phi_1(x,y) > \delta$.

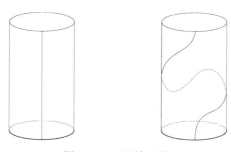

图 14.2.1　扭转映射

定义中最后一个条件不是本质的. 然而它可以简化某些要考虑的问题, 就像下面生成函数的定义. 进而, 它有助于量化扭转映射中呈现的"扭转量". 同胚 $\bar{\phi}$ 在 "底部" 圆周 $S^1 \times \{-1\}$ 的限制有一个相差一个整数定义的旋转数 (定义 4.3.6). 固定带有旋转数 ρ_- 的这一限制的提升就定义了唯一的提升 $\bar{\phi}$, 这一提升限制到 "顶部" 圆周 $S^1 \times \{1\}$ 具有一个唯一定义的旋转数 ρ_+. 如果选取不同的原始提升, 则区间 $[\rho_-, \rho_+]$ 也会改变, 但是仅相差一个整数平移. 称这一区间为扭转映射 ϕ 的扭转区间. 依同样的方法, 这一用于扭转映射的概念可以对任何闭圆柱面上保持边界分支的同胚给出.

基本几何、式 (6.4.4) 和命题 6.4.2 蕴含着

命题 14.2.2　开柱面 $C = S^1 \times (-1,1)$ 上的弹子球映射 $\phi : C \to C$ 是一个保面积的可微扭转映射, 且具有如下附加的性质, 即任一提升 Φ 满足 $\Phi_1(x,y) \xrightarrow{y \to -1} x$ 和 $\Phi_1(x,y) \xrightarrow{y \to 1} x + 1$. 因此, 任何弹子球映射的扭转区间都是 $[0,1]$.

14.2.2　扭转映射的生成函数

保面积扭转映射具有弹子球映射的大部分本质特征. 我们通过如下描述开始说明这一点, 即每一个保面积可微扭转映射都能通过一个形如 (6.4.3) 的生成函数

表示. 为了避免处理可能发生的柱面区域重叠及面积计算加倍的情况, 我们对提升来描述生成函数.

　　令 $\Phi(x,y) = (x',y')$. 固定 x 和 x', 考虑由坐标 x' 对应的竖直线段, x 对应的竖直线段在 Φ 下的像, 以及在底部连结上面两个曲线底端的水平线段所围成的"三角形". 令 $H(x,x')$ 表示这一区域的面积 (见图 14.2.2). 那么

$$\frac{\partial}{\partial s'} H(x,x') = y'.$$

应用 Φ^{-1} 并用保面积就得到

$$\frac{\partial}{\partial s} H(x,x') = -y.$$

然而, 此函数的定义并不需要可微扭转的条件, 它用以保证二阶偏导数 $\dfrac{\partial^2 H}{\partial s^2}$ 和 $\dfrac{\partial^2 H}{\partial s'^2}$ 存在. 另一方面, 扭转条件保证了混合偏导数 $\dfrac{\partial^2 H}{\partial s^2 \partial s'^2} = -\dfrac{\partial y}{\partial s'}$ 存在且是非正的. 对于可微扭转映射来说它是负的.

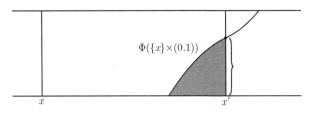

图 14.2.2　生成函数

　　生成函数明显地在相差一个加法常数的情况下是唯一定义的. 另一种构造它的方法如下: 由扭转条件, y 和 y' 是由 x 和 x' 唯一定义的. 可微扭转条件意味着如果对一对值 (x,x') 定义了 $y(x,x')$ 和 $y'(x,x')$, 那么它们在这对值的一个邻域内有定义并且可微. 为了局部地找到 H, 必须考虑已知的恰当条件 $\dfrac{\partial y}{\partial x'} = \dfrac{\partial y'}{\partial x}$. 这需要一点计算以说明这一恰当条件等价于保面积. 因此, 生成函数 H 局部地定义到相差一个加法常数, 并且它可以通过粘合局部定义并调整常数延拓到所有的允许对 (x,x'). 我们希望 $H(x+1,x'+1) - H(x,x')$ 是一个常数, 并且 Φ 保持带域这一事实蕴涵这一常数为零.

　　对于弹子球映射已知的重要的定性性质可以推广到保面积可微扭转映射. 应用这一概念的明显优点是它覆盖了许多其他的重要情况, 比如周期强迫振子, 一般保面积映射中多数椭圆点的邻域具有两个自由度的 Hamilton 系统的小扰动, 以及外弹子球运动. 一个外弹子球映射定义在一个凸曲线外面的点上, 通过画一条切线并将点移动到反向对应点 (与切点的距离相等). 如图 14.2.3. 从本质上看, 考虑直

接的弹子球映射或把它们看作扭转映射之间的差别就类似于经典力学中 Lagrange 和 Hamilton 表示之间的差别, 并且, 实际上构成了这一对偶的离散时间版本的特殊例子. 一般地, Hamilton 方法通过考虑相空间的动力系统而不特别区分位置和动量使得问题的动力学性质 (本书所用的意义下) 更加明显. Lagrange 方法分离位形空间并且把相空间的坐标分成位置和动量 (或速度), 这有时是有用的, 因为它为方法和结果提供了很好的几何直观.

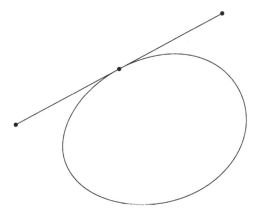

图 14.2.3　外弹子球

14.2.3　Birkhoff 周期轨

弹子球的 Birkhoff 周期轨出现在前一节中. 现在我们在扭转映射的背景下讨论它们.

定义 14.2.3　给定扭转映射 ϕ 及它的提升 Φ, 点 $w \in C$ 称为 (p,q) 型 Birkhoff 周期点, 进而它的轨道称为 (p,q) 型 Birkhoff 周期轨, 如果对 w 的一个提升 $z \in S$ 存在 S 中的一个序列 $((x_n, y_n))_{n \in \mathbb{Z}}$, 使得

(1) $(x_0, y_0) = z$;

(2) $x_{n+1} > x_n (n \in \mathbb{N})$;

(3) $(x_{n+q}, y_{n+q}) = (x_n + 1, y_n)$;

(4) $(x_{n+p}, y_{n+p}) = \Phi(x_n, y_n)$.

注 14.2.4　序列 (x_n, y_n) 并不按照从 (x, y) 到 $\Phi(x, y)$ 所诱导的 "动力学顺序" 将轨道参数化, 而是按它投射到 S^1 上的 "几何顺序" (见 14.1.1 节). 实际上, 这一顺序与圆周上的有理旋转 $R_{\frac{p}{q}}$ 的迭代顺序一致. 另外, (p,q) 型 Birkhoff 周期轨到圆周的投影是一个有限集, 并且由 Φ 所诱导的映射可以逐段线性地延拓成圆周上的同胚.

现在对 14.1.1 节中一开始所阐述的 Birkhoff 周期轨的存在性 (最小作用) 给出更技术化的讨论, 包括解释为什么最小值可以在 (p, q) 状态空间内部达到.

定理 14.2.5　令 $\phi : S \to S$ 是一个可微扭转映射. 如果 $p, q \in \mathbb{N}$ 是互素的并且 $\dfrac{p}{q}$ 属于 ϕ 的扭转区间, 那么对于 ϕ 存在 (p, q) 型 Birkhoff 周期轨.

证明　取 ϕ 的提升 Φ 使得 $\dfrac{p}{q}$ 在这个提升的扭转区间里. 记 Φ 在 "底端" $\mathbb{R} \times \{-1\}$ 和 "顶部" $\mathbb{R} \times \{1\}$ 的限制分别为 Φ_- 和 Φ_+. 为了找到 Birkhoff 周期轨, 我们把它们的 x 坐标的序列作为定义在 $\mathbb{R}$ 中的点列空间上某个适当的作用的整体最小值点. 作为轨道的 x 坐标的合理备选, 考虑如下空间 Σ. 首先, 令 $\widetilde{\Sigma}$ 表示实数的非减序列 $(x_n)_{n \in \mathbb{Z}}$ 的集合, 使得

$$x_{n+q} = x_n + 1 \tag{14.2.1}$$

且

$$\Phi(x_n \times [\varepsilon - 1, 1 - \varepsilon]) \cap (x_{n+p} \times [\varepsilon - 1, 1 - \varepsilon]) \neq \varnothing, \tag{14.2.2}$$

此处的 $\varepsilon > 0$ 如下: 由于 $\dfrac{p}{q}$ 属于 Φ 的扭转区间, 存在 $\delta \in (0, 1)$ 使得 $x_{k+1} \leqslant \Phi_-(x_k) + \delta (k = 0, 1, \cdots, q - 1)$ 蕴含 $x_q < x_0 + p$, 并且类似地, 如果 $x_{k+1} \geqslant \Phi_+(x_k) - \delta(k = 0, 1, \cdots, q - 1)$, 那么 $x_q > x_0 + p$. 取 $\varepsilon > 0$ 使得

$$\bigcup_{i=0}^{q-1} \Phi^i(\mathbb{R} \times ((-1, \varepsilon - 1] \cup [1 - \varepsilon, 1))) \subset \mathbb{R} \times ((-1, \delta - 1] \cup [1 - \delta, 1)).$$

称这些序列为 (p, q) 型有序状态.

因此, 对 S 中的 x 坐标满足式 (14.2.1) 和式 (14.2.2) 的任何轨道, 其 y 坐标在 $(\varepsilon - 1, 1 - \varepsilon)$ 中. 在 $\widetilde{\Sigma}$ 上定义一个等价关系 $\sim$, 即 $x \sim x'$, 如果 $x_i - x_i' = k$ 对所有的 i 和某一固定的 $k \in \mathbb{Z}$ 成立. 令 $\Sigma := \widetilde{\Sigma} / \sim$ 表示所有等价类的集合.

条件式 (14.2.1) 是周期性, 又由于 $\dfrac{p}{q}$ 属于 Φ 的扭转区间, 条件式 (14.2.2) 保证了存在点 (x_n, y_n) 使得 $\Phi(x_n, y_n) = (x_{n+p}, y_{n+p})$ 对某一 y_{n+p} 成立. 满足式 (14.2.1) 和式 (14.2.2) 的序列通常不是一个轨道的 x 投影, 但是我们将找到一个序列确实如此, 并且对应的轨道正是所期望的 (p, q) 型 Birkhoff 周期轨.

由式 (14.2.1), 每一个序列仅有 q 个 "独立变量" $x_0, \cdots, x_{q-1}$, 那就是说, $\widetilde{\Sigma}$ 自然地嵌入到 $\mathbb{R}^q$ 中. 归纳地, 应用条件式 (14.2.2) 说明对任何 $x \in \widetilde{\Sigma}$, 可知 $\{x_n - x_0\}_{n=0}^{q-1}$ 是有界的, 因此 Σ 是 $\mathbb{R}^q / \mathbb{Z} \sim \mathbb{R}^{q-1} \times S^1$ 的闭有界的, 从而是紧的子集.

定义 Σ 上的作用泛函

$$L(s) := \sum_{n=0}^{q-1} H(x_n, x_{n+p}),$$

这里的 H 是生成函数. 由于 p 和 q 是互素的, 由式 (14.2.1) 得到对任何 $j \in \mathbb{Z}$ 有 $L(s) = \sum_{n=0}^{q-1} H(x_j, x_{j+np})$. 由于 L 在整数平移下是不变的, 它在紧集 Σ 上有定义, 因此达到最大值和最小值, 但有可能在边界上. 我们证明最小值就对应于 (p,q) 型 Birkhoff 周期轨, 并推出它不可能在边界上达到.

考虑任何序列 $x \in \Sigma$. 由式 (14.2.1) 知它不是常数. 因此, 对任何 $m \in \mathbb{Z}$, 存在 $n \in \mathbb{Z}$ 和 $k \geqslant 0$ 使得 $n \leqslant m \leqslant n+k$ 且 $x_{n-1} < x_n = \cdots = x_{n+k} < x_{n+k+1}$(如果 $k > 0$, 那么 x 是 $\widetilde{\Sigma}$ 的边界点). 通过如下方式定义 $h_1(x, x')$ 和 $h_2(x, x')$,

$$\Phi(x, h_2(x, x')) = (x', h_1(x, x')). \tag{14.2.3}$$

由于 x 是非减的, 扭转条件 (定义 14.2.1(2)) 蕴含

$$\varepsilon - 1 \leqslant h_1(x_{n+k-p}, x_{n+k}) \leqslant \cdots \leqslant h_1(x_{n-p}, x_n) \leqslant 1 - \varepsilon,$$

$$\varepsilon - 1 \leqslant h_2(x_n, x_{n+p}) \leqslant \cdots \leqslant h_2(x_{n+k}, x_{n+k+p}) \leqslant 1 - \varepsilon,$$

因此, 或者

$$h_2(x_n, x_{n+p}) < h_1(x_{n-p}, x_n) \tag{14.2.4}$$

或者

$$h_1(x_{n+k-p}, x_{n+k}) < h_2(x_{n+k}, x_{n+k+p}) \tag{14.2.5}$$

或者

$$h_1(x_{n+l-p}, x_{n+l}) = h_2(x_{n+l}, x_{n+l+p}), \quad l \in \{0, \cdots, k\}. \tag{14.2.6}$$

对式 (14.2.4) 情形, 注意, 考虑 $s = x_n$ 作为一个独立变量并让其他所有的 x_i 固定, 有

$$\frac{\mathrm{d}}{\mathrm{d}s}\Big|_{s=x_n} L(x) = \frac{\mathrm{d}}{\mathrm{d}s}\Big|_{s=x_n} \sum_{i=0}^{q-1} H(x_i, x_{i+p}) = \frac{\mathrm{d}}{\mathrm{d}s}\Big|_{s=x_n} (H(x_{n-p}, s) + H(s, x_{n+p}))$$

$$= h_1(x_{n-p}, x_n) - h_2(x_n, x_{n+p}) > 0,$$

并由式 (14.2.4), 可以稍微减小 x_n, 从而 $L(x)$ 也变小, 但不离开 Σ, 因此 x_n 不是最小值点. 对情形式 (14.2.5), 类似地置 $s = x_{n+k}$, 得到 $\frac{\mathrm{d}}{\mathrm{d}s}|_{s=x_{n+k}} L(x) < 0$, 因此由式 (14.2.5), 可以稍微增加一点 x_{n+k}, 从而 $L(x)$ 稍微减少, 而不离开 Σ, 因此 s 不是最小值点. 因此, 如果 $x = (x_m)_{m \in \mathbb{Z}}$ 是最小值点, 那么对所有的 $m \in \mathbb{Z}$, 由上面的分析得到式 (14.2.6). 因此

$$h_1(x_{m-p}, x_m) = h_2(x_m, x_{m+p}), \quad \text{对所有的 } m \in \mathbb{Z}. \tag{14.2.7}$$

置 $(s_n, y_n) = (x_n, h_1(x_{n-p}, x_n))$, 现在就得到了一个周期轨.

现在对所有的 $n \in \mathbb{Z}$, $y_n \in (\varepsilon - 1, 1 - \varepsilon)$, 由于对任何 $n \in \mathbb{Z}$ 有 $y_n \leqslant \varepsilon - 1$ 蕴含着对所有的 $n \in \mathbb{Z}$ 都有 $y_n < \delta$, 由 δ 的选取, 这与式 (14.2.1) 和式 (14.2.2) 矛盾. 因此, 为了证明 (x_n, y_n) 是 (p, q) 型 Birkhoff 周期轨且 s 不在 Σ 的边界上, 只需证明 $s_n = x_n$ 是严格增的.

假设 $s_n = s_{n+1}$. 如果必要, 通过选取一个不同的 n, 可以假设或者 $s_{n-1} < s_n$ 或者 $s_{n+1} < s_{n+2}$ (由于 s 不是常数). 那么由于 s 是非减的, 扭转条件和式 (14.2.7) 给出 $y_{n+1} = h_1(s_{n-p+1}, s_{n+1}) \leqslant h_1(s_{n-p}, s_{n+1}) \leqslant h_1(s_{n-p}, s_n) = y_n = h_2(s_n, s_{n+p}) \leqslant h_2(s_n, s_{n+p+1}) = y_{n+1}$ 且至少有一个不等式是严格的, 这是荒谬的.

因此找到了一个 (p, q) 型 Birkhoff 周期轨, 使得它的 x 坐标序列是 L 在 Σ 内部的整体最小值点. $\qquad\qquad\square$

第二个 (极小极大) Birkhoff 周期轨的构造应用的是山路原理的一个版本, 该原理应用于同样的泛函, 但状态空间限制这些状态, 它们位于定义最大 Birkhoff 周期轨的状态和它的转移状态之间. 对于在本章剩余部分非周期轨的讨论, 只有 Birkhoff 周期轨的存在性是实质的.

14.2.4　保序轨道

在这一节, 我们证明扭转映射的任何保序轨道形成 Lipschitz 函数图像的一部分, 其中 Lipschitz 常数在 S 中的任何闭圆环上的取值有界. 就像在 14.2.1 节中一样, 我们经常运用提升.

定义 14.2.6　(对照定义14.2.3) 考虑扭转微分同胚 $\phi : C \to C$. ϕ 的一个轨道段 (或轨道)$\{(x_m, y_m), \cdots, (x_n, y_n)\}$, $-\infty \leqslant m < n \leqslant \infty$, 它可以是一个方向或两个方向无限的, 称作是定序的或保序的, 如果当 $i \neq j$ 和 $(i, j) \neq (n, m)$ 时, $x_i \neq x_j$, 并且 ϕ 保持 x 坐标的循环顺序, 即对 $i, j, k < n$, 如果 x_i, x_j, x_k 是正向顺序的(关于 S^1 所取定向), 那么 $x_{i+1}, x_{j+1}, x_{k+1}$ 有同样的顺序.

引理 14.2.7　设 $\Phi : \mathbb{R} \times (-1, 1) \to \mathbb{R} \times (-1, 1)$ 是扭转微分同胚 $\phi : C \to C$ 的提升(不必保面积). 如果对 $i = -1, 0, 1$, 有 $(x_i, y_i) = F^i(x_0, y_0)$, $(x_i', y_i') = F^i(x_0', y_0')$ 以及 $x_i' > x_i$, 那么存在 $M \in \mathbb{R}$ 使得 $|y_0' - y_0| < M|x_0' - x_0|$. M 可以在 C 中任何一个闭圆环上一致地选取.

证明　首先假设 $y_0' < y_0$. 如果 $(\tilde{x}, \tilde{y}) = \Phi(x_0', y_0)$, 那么由扭转条件就有

$$\tilde{x} > x_1' + c(y_0 - y_0'),$$

其中 c 在 C 中的任何一个闭圆环上有正下界. 另一方面, ϕ 的可微性意味着存在常数 L(在 C 中的紧圆环上有界) 使得

$$x_1' > x_1 > \tilde{x} - L(x_0' - x_0).$$

取 $M = Lc^{-1}$ 就得到断言. 如果 $y_0' > y_0$, 用 ϕ^{-1} 代替 ϕ 重复同样的讨论. $\qquad\square$

推论 14.2.8　考虑保面积扭转映射 $\phi : C \to C$ 和 ϕ 的包含于 C 上一个闭圆环的保序轨道段 $\{(x_m, y_m), \cdots, (x_n, y_n)\}$, $-\infty \leqslant m < n \leqslant \infty$. 那么对所有满足 $m < i, j < n$ 的 i, j, 有 $|y_i - y_j| < M|x_i - x_j|$.

证明　对三元组 $(i-1, i, i+1)$ 和 $(j-1, j, j+1)$ 应用引理 14.2.7. $\qquad\square$

这一推论说明, 一个保序轨道的闭包 E 包含在一个 Lipschitz 函数 $\varphi : S^1 \to (-1, 1)$ 的图像中. 注意 $\phi|_E$ 投射成 E 到 S^1 的投影的一个同胚, 我们也可以在那个集合的间隙上线性地延拓而得到一个圆周同胚. 因此可以定义一个保序轨道的旋转数为这一诱导的圆周同胚的旋转数. 因此, 圆环上的扭转映射的保序轨道内在的动力行为本质上是一维的. 现在我们将看到对一个扭转映射在扭转区中的每一个旋转数, 都有一些这样的一维动力系统在这个扭转映射中展现.

14.2.5　Aubry-Mather 集

我们的下一个目标是说明扭转区间中的每一个无理数都是一个保序轨道的旋转数. 进一步将看到, 这样的轨道不像 Birkhoff 周期轨那样是孤立的, 对每一个旋转数存在许多这样的轨道. 这样的轨道的构造可以通过一个十分复杂的应用于适当的无限维空间的变分方法而得到. 这是一个复杂但十分有效的方法, 进一步研究可以产生许多额外信息, 包括保序轨道和其他更复杂的轨道类型. 然而值得注意的是, 经过非常简单的连续性的讨论导出具有无理旋转数的保序轨可以作为 Birkhoff 周期轨的极限. 因此, 本节剩下的结果 (除了定理 14.2.15) 不直接用保面积而只用 Birkhoff 周期轨的存在性 (在弱一点的假设下可以证明).

定义 14.2.9　令 $\phi : C \to C$ 是一个扭转映射. 一个闭不变集 $E \subset C$ 称为保序集, 如果它可被一一地投射到圆周的子集并且 ϕ 保持 E 上的循环顺序. 一个Aubry-Mather集是一个极小的保序不变集合且一一地投射到 S^1 上的一个Cantor集.

保序集中的任何一个轨道都是保序轨. Aubry-Mather 集的投射的余集是圆周上可数个区间的并. 称这些区间为 Aubry-Mather 集的间隙. 每一区间端点是 Aubry-Mather 集中的点的投射, 也称它们为端点. 由推论 14.2.8 立即有

推论 14.2.10　设 $\phi : C \to C$ 是一个扭转微分同胚, A 是 ϕ 的一个 Aubry-Mather 集. 那么存在一个Lipschitz连续函数 $\varphi : S^1 \to (-1, 1)$, 它的图包含 A.

证明　推论 14.2.8 给出了定义在 A 到 S^1 的投影上的一个函数, 将其在 Cantor 集的间隙线性地延拓, 就给出了具有同一 Lipschitz 常数的函数. $\qquad\square$

定义 Aubry-Mather 集或不变圆周的旋转数为它的任何轨道的旋转数, 就像 14.2.4 节末定义的那样. 现在可以证明扭转映射理论中的一个中心结果.

定理 14.2.11　设 $\phi : C \to C$ 是一个保面积可微扭转映射. 对来自于 ϕ 的扭转区间的任何无理数 α, 存在一个具有旋转数 α 的Aubry-Mather集 A 或者一个具

有旋转数 α 不变圆周 graph(φ), 此处的 φ 是一个 Lipschitz 函数.

证明　设 $\dfrac{p_n}{q_n}$ 是逼近 α 的由最简分式给出的有理数序列.应用定理 14.2.5 并任取 (p_n, q_n) 型 Birkhoff 周期轨 w_n. 根据推论 14.2.8, 可以构造一个 Lipschitz 函数 $\varphi_n : S^1 \to (-1, 1)$, 它的图像包含 w_n. 由得到式 (14.2.2) 的类似讨论, 我们发现, 所有这样的轨道都包含在 C 的一个闭圆环里, 因此 Lipschitz 常数的选取可以不依赖于 n. 利用这一等度连续函数族的准紧性 (Arzelá-Ascoli 定理), 不失一般性, 可以假设这些函数收敛到一个 Lipschitz 函数 φ. φ 的图不一定是 ϕ 不变的, 但是它总可以包含一个按如下方法得到的闭的 ϕ 不变集 A. φ_n 的定义域包含着 (p_n, q_n) 型 Birkhoff 周期轨到 S^1 的投影. 这些 (p_n, q_n) 型 Birkhoff 周期轨是 C 中闭的 ϕ 不变子集, 因此在 Hausdorff 度量 (见定义 A.1.28) 拓扑下, 它们有一个聚点 $A \subset C$. 集合 A 明显地属于 φ 的图像, 并且由引理 A.1.27, 它是 ϕ 不变的. 并且 ϕ 保持 A 的循环顺序 (因为这对 Birkhoff 周期轨 w_n 是成立的, 并且这是一个闭性质). 如果记 ϕ_n 为 ϕ 的从 (p_n, q_n) 型 Birkhoff 周期轨到 S^1 的投射在 S^1 中的延拓, ϕ_α 为 $\phi|_A$ 到 S^1 的投射的延拓, 那么一致地有 $\phi_n \to \phi_\alpha$. 因此, 由旋转数在 C^0 拓扑 (命题 4.4.5) 下的连续性, A 的旋转数是 α. 现在考虑 ϕ_α 的极小集. 由命题 4.3.19 的二分性, 它或者是整个圆周或者是一个不变 Cantor 集. 在后一情形这一 Cantor 集在 Id$\times\varphi$ 下的像就是具有旋转数 α 的 Aubry-Mather 集.　　　　　　　　　　□

注 14.2.12　定理 14.2.11 所得到的 Aubry-Mather 集可以是 ϕ 的一个不变圆周的子集. 然而, 当映射和不变圆周都是 C^2 的时候, 映射在不变圆周的限制是圆周的一个 C^2 微分同胚, 同时由 Denjoy 定理(见 4.4.3 节)可知它是拓扑传递的. 因此, 对于存在于不变圆周上的一个 Aubry-Mather 集或者映射, 或者圆周, 或者它们两个同时不具有 C^2 性质. Michael Herman 发现了一个异常的构造, 他设法使一个 Denjoy 型非传递 $C^{2-\varepsilon}(\varepsilon > 0)$ 圆周微分同胚的例子嵌入 $C^{3-\varepsilon}$ 保面积可微扭转映射, 从而经由这一明显的构造得到了一个额外的导数. 然而还不知道是否一个 C^3 微分同胚可以具有带 Aubry-Mather 集的不变圆周.

(p_n, q_n) 型 Birkhoff 周期轨的 Hausdorff 极限可以比一个 Aubry-Mather 集大, 尽管它总是保序集合. 如果它不是一个极小集合, 那么包含一个同宿到 Aubry-Mather 集的轨道集合. 通过取 Birkhoff 极小极大周期轨的 Hausdorff 极限并仔细地应用一些变分估计, 可以证明这样的轨道总是存在的.

用在 Hausdorff 度量下收敛的任意不变保序集代替前面讨论中的 Birkhoff 周期轨 w_n, 可以得到如下命题:

命题 14.2.13　保序不变集的旋转数在 Hausdorff 度量拓扑(见定义 4.1.25)下是连续的.

进而, 这蕴含着

推论 14.2.14 保序轨道的旋转数是初始条件的一个连续函数.

证明 令 $x_n \to x$ 是具有保序轨道的点的收敛序列. 不失一般性, 可以假设 x_n 的轨道的旋转数 α_n 收敛. 考虑 x_n 的轨道的集合. 由 Hausdorff 度量拓扑的紧致性 (见引理 A.1.26), 它包含着一个收敛到一个保序集合的子序列且该保序集合包含着 x 的轨道的闭包. 因此由命题 14.2.13, x_n 的轨道的旋转数的极限是 x 的轨道的旋转数. □

现在可以证明, 对任何无理数, 存在最多一个不变圆周以它为旋转数.

定理 14.2.15 设 $\phi : C \to C$ 是一个保面积扭转映射并且 α 是扭转区间内的一个无理数. 那么 ϕ 最多有一个旋转数为 α 形式为 $\mathrm{graph}(\varphi)$ 的不变圆周. 如果存在这样的不变圆周, 那么在这圆周外 ϕ 没有以 α 为旋转数的 Aubry-Mather 集, 因此最多有一个这样的 Aubry-Mather 集.

注 14.2.16 实际上, 一个扭转映射可能有多个具有同一有理旋转数的不变圆周. 这种情况出现在椭圆弹子球运动中 (见图 6.3.9), 那里异宿环的两个分支形成一对具有旋转数 $\frac{1}{2}$ 的不变圆周. 数学摆 (6.2.2 节) 的时间 t 映射 (充分小的 t) 显示了旋转数为零的类似现象.

引理 14.2.17 假设 ϕ 具有一个旋转数为 α(形式为 $\mathrm{graph}(\varphi)$) 的不变圆周 R. 那么每一个闭包与 R 不交的保序轨道的旋转数不同于 α.

证明 圆周 R 将圆柱面 C 分成上下两个分支. 假设 x 是 $C \setminus R$ 的上面分支中的一点, 它的轨道是保序的且与 R 有正距离. 那么 ϕ 在 x 的轨道上的限制投影到圆周 S^1 上成为一个子集 E 的映射. 我们想把它延拓成 S^1 上的一个映射 ϕ_2, 它严格地位于由 $\phi|_R$ 诱导的映射 ϕ_1 的前面 (定义 4.4.6 意义下), 即 $\phi_1 \prec \phi_2$. 这一关系在 E 上已经成立, 因此只需要小心地从 E 延拓. 延拓到 E 的闭包上不会改变严格不等式, 这是由于我们有扭转条件和 x 的轨道与 R 有正距离的假设. 为了在 $\bar{E}$ 的余区间上定义 ϕ_2, 记其中一个余区间的端点为 x_1 和 x_2, 并且令 $\delta := \min\{\phi_2(x_1) - \phi_1(x_1), \phi_2(x_2) - \phi_1(x_2)\}$. 令 $\phi_2(tx_1 + (1-t)x_2) = \max\{t\phi_2(x_1) + (1-t)\phi_2(x_2), \delta + \phi_1(tx_1 + (1-t)x_2)\}$. 那么 ϕ_2 是单调的并且 $\phi_1 \prec \phi_2$. 从而, 由命题 4.4.9 可知 ϕ_2 的旋转数比 α 大. 同样, 在 $C \setminus R$ 的下面的分支中也不可能有旋转数为 α 的保序轨道. □

定理 14.2.15 的证明 假设存在旋转数为 α 的两个不变圆周. 它们的交是不变的, 因此, 如果它们中至少有一个是传递的, 那么它们是不交的, 由引理这是不可能的. 否则的话, 相交部分包含一个共同的 Aubry-Mather 集 A, 并且两个圆周形成了两个不同函数 φ_1 和 φ_2 的图像, 它们在 A 的投影上一致. $\max(\varphi_1, \varphi_2)$ 和 $\min(\varphi_1, \varphi_2)$ 的图像都是不变的, 于是两个图像之间的区域也是不变的. 但是, 后一区域必然有无限多个连通分支, 这是由于它投射到 Aubry-Mather 集的投影的非回复余区间. 因此得到一个开圆盘, 它的像两两不交, 由保域性这是不可能的 (见 Poincaré 回复定理 6.1.6). 这里用了旋转数的无理性, 不然可能有有限多个连通分支在 ϕ 作用下互相交换.

引理也说明了以 α 为旋转数的不变圆周外面不可能有以 α 为旋转数的 Aubry-Mather 集.　　　　　　　　　　　　　　　　　　　　　　□

注 14.2.18　如果不存在旋转数为 α 的不变圆周, 则可能有许多以该数为旋转数的Aubry-Mather集. 实际上, 经常存在这样集合的多参数族 [1].

14.2.6　同宿和异宿轨道

现在转变处理过程, 用无理数来逼近有理数, 并且为了构造具有有理旋转数的非周期轨, 考虑相应的 Aubry-Mather 集的极限.

命题 14.2.19　设 $\phi: C \to C$ 是一个保面积扭转映射, 并且 $\dfrac{p}{q}$ 是扭转区间内的一个有理数. 那么存在一个具有旋转数为 $\dfrac{p}{q}$ 保序的闭的 ϕ 不变集, 该不变集或者是一个由周期轨构成的不变圆周或者包含着非周期点, 而且在后一情形每个余区间的两个端点是非周期的.

证明　设 $(\alpha_n)_{n \in \mathbb{N}}$ 是扭转区间内逼近 $\dfrac{p}{q}$ 的无理数序列. 考虑相应的具有旋转数 α_n 的不变极小保序集 A_n. 不失一般性, 可以假设在 Hausdorff 度量拓扑下当 $n \to \infty$ 时 A_n 收敛到一个集合 A. 明显地, A 是 ϕ 不变的和保序的. 如果无限多个 A_n 是圆周, 那么 A 也是圆周, 并且由旋转数的连续性, ϕ 在这一圆周上的限制具有旋转数 $\dfrac{p}{q}$. 由具有有理旋转数的圆周的分类 (见命题 4.3.12), 这种情况下命题成立. 因此可以假设所有的 A_n 是 Aubry-Mather 集. 为了理解 A 的动力学性态, 考虑间隙, 即 A 在 S^1 的投影在 S^1 中的余区间. 每一个这样的间隙 $G \subset S^1$ 有确定的长度 $l(G)$, 我们想证明这样的间隙的两个端点不是周期的.

A 的间隙 G 是对应的 A_n 的间隙 G_n 在 Hausdorff 度量下的极限. 记 ϕ_n 为从 $\phi|_{A_n}$ 到 S^1 的投射延拓而成的圆周同胚, ϕ_0 为对应于 $\phi|_A$ 的同样的延拓. 由于 ϕ_n 具有无理旋转数, 在 ϕ_n 的迭代下间隙 G_n 的像互不相交, 因此 $\Sigma_{m \in \mathbb{N}} l(f_n^m(G_n)) \leqslant 1$. 如果 G 的两个端点是周期的, 那么间隙 G 是周期的, 即 $\Sigma_{n \in \mathbb{N}} l(\phi_0(G))$ 发散, 但是 $l(\phi_n^m G_n) \to l(\phi_0^m G)$ 对所有的 $m \in \mathbb{N}$ 成立, 这就得出矛盾. 因此 G 的端点之一是非周期的.

间隙 G 的另一个端点必定也是非周期的, 因为否则 $\phi_0^q(G)$ 是与 G 非平凡地相交且与 G 不相等的间隙.　　　　　　　　　　　　　　　　　　□

因此, 在一般情形下我们可以描述仅包含有限多个周期轨的不变集的结构:

---

[1]John Mather. More denjoy minimal sets for area preserving diffeomorphisms. *Commentarii Mathematici Helvetici*, 1985, 60(4): 508-557.

推论 14.2.20 如果一个旋转数为 $\dfrac{p}{q}$ 的闭的保序的 ϕ 不变集 A 只包含有限多个周期轨, 那么存在一个按如下方式异宿连接的完备集: 如果 $\gamma_1, \cdots, \gamma_s$ 表示 A 中的周期轨, 并且已经按照所诱导的圆周的循环顺序排好了序, 那么存在异宿轨 $\sigma_1, \cdots, \sigma_n$, 使得或者

$$\gamma_1 = \omega(\sigma_s) = \alpha(\sigma_1),$$
$$\gamma_2 = \omega(\sigma_1) = \alpha(\sigma_2),$$
$$\cdots\cdots\cdots$$
$$\gamma_s = \omega(\sigma_{s-1}) = \alpha(\sigma_s),$$

或者只需把 α 和 ω 交换则同样的情形成立. 这里的 α 和 ω 表示一个轨道的 α 和 ω 极限集 (见定义 4.3.18). 如果 $s = 1$, 当然 σ_1 是一个同宿轨.

14.3 不变圆周和不稳定区域

14.3.1 不变圆周的大范围结构

前一节中我们遇到了扭转映射的不变曲线, 它作为 Birkhoff 周期轨的极限出现, 且因此是 Lipschitz 映射 $S^1 \to [-1, 1]$ 的图像. 这样一个圆周的存在性是一个 Cantor 集状的 Aubry-Mather 集的存在性的替代情形. 虽然一般情况下这两种可能性并不互相排斥, 但它们经常如此, 即如果圆周具有稠密轨时. 当然, 不变圆周和 Aubry-Mather 集间最根本的差别在于前者分割相空间. 由于边界分支是被保持的, 从不变圆周一侧出发的任何轨道永远停留在该侧. 因此, 甚至单一的不变圆周的存在都提供了关于所有轨道的重大信息. 自然要问是否存在其他非 Lipschitz 图像的分离相空间的不变集. 这样的集合可能出现在某些周期轨周围, 就像我们已经在椭圆弹子球运动中所看到的那样, 一对不变曲线围绕着稳定 2 周期轨, 它对应于作为焦散曲线的双曲线 (6.3.5.3 节). 然而, 如果仅考虑那种使两个边界分支位于不同的片中的分离柱面的集合, 那么 Birkhoff 的如下经典结果说明这一情形只发生于当不变曲线作为 Lipschitz 图像出现时.

定理 14.3.1 [2] 如果 U 是可微扭转映射 ϕ 的一个开不变集, 它包含"底部" $S^1 \times \{-1\}$ 的一个邻域并且具有连通的边界, 那么 U 的边界是一个 Lipschitz 函数的图像.

一个扭转映射在不变圆周的并上的动力学性质依据圆周映射的动力学 (4.3 节) 得到了比较好的理解. 因此我们需要理解在不变圆周的并之外发生了什么.

首先考虑一个简单的例子. 对于椭圆弹子球运动, 对除了 $\dfrac{1}{2}$ 之外的任何数恰好存在一个以其为旋转数的不变圆周, 这样的圆周对应于作为焦散曲线的共焦椭圆.

---

[2]Katok and Hasselblatt. *Introduction to the Modern Theory of Dynamical Systems.* Theorem 13.2.13.

对于旋转数 $\frac{1}{2}$, 存在两个不变圆周对应于穿过焦点的轨道: 在相空间的图像 (图 6.3.9), 它们表示为周期为 2(较大的轴或直径) 的双曲轨的分界线的上下分支. 剩下的轨道盘旋围绕着周期为 2 的椭圆轨道 (较小的轴), 对应着作为焦散曲线的双曲线. 这样一个图像只是一种可能, 因为具有有理旋转数的不变圆周不一定是唯一的. 由定理 14.2.15, 最多存在一个以给定的无理数为旋转数的不变圆周, 因此这样的不变圆周由旋转数规定顺序. 每一个圆周完全包含在其他任何一个圆周的余集的一个分支中. 进一步地, 一个不变圆周序列的极限是一个不变圆周, 并且旋转数在不变圆周集合上是连续的.

14.3.2   不稳定区域

于是, 不变圆周的旋转数集的每一个余区间 $[a, b]$ 产生了唯一一个区域, 它的边界分支是具有旋转数 a 和 b 的互不相交的不变圆周. 这样的一个区域称作不稳定区域.

我们证明了存在没有散焦曲线的弹子球映射 (定理 6.4.7), 因此没有不变圆周. 对这样一个映射整个圆柱面是一个单一的不稳定区域, 因此, 对每一个 0 和 1 间的无理数, 存在一个无处稠的 Aubry-Mather 集.

一个简单的坐标变换可以让我们考虑扭转映射到一个不稳定区域的限制, 它可以看作一个扭转映射且其扭转区间是两个边界不变圆周的旋转数之间的区间. 因此, 对任何那个区间的有理 (相应地, 无理) 数, 在不稳定区域内存在相应的 Birkhoff 周期轨 (相应地, Aubry-Mather 集). 这里没有不变圆周形式的 "障碍" 来阻止轨道在区域内游荡, 特别地, 在边界分支之间跳跃.

1. 超乎理解的困难

不稳定区域中的动力性质是复杂的. 许多特殊轨道可以对所有情形或在 "典型" 条件下被发现, 并且存在许多关于大多数轨道行为的似乎合理的猜测 ("大多数" 可能意味覆盖一个开稠集的轨道或者一个零集的余集). 看起来甚至在最乐观的预期下典型轨道的严格分析也超出了目前可应用或可想象的方法. 这一问题的困难性可能超过了一些有着巨额悬赏标签的著名问题 (例如三维拓扑中的 Poincaré 猜测 [3]), 并且在 21 世纪不会有可以期待的实质性进展.

2. 熵和马蹄

不允许指数增长给扭转映射动力学加上了严格的限制.

定理 14.3.2 [4]   一个具有零拓扑熵的扭转映射对扭转区间内的任何数都有不

---

[3] 该猜测现已被解决. —— 译者注

[4] Sigurd B Angenent. A remark on the topological entropy and invariant circles of an are a preserving twistmap // *Twist Mappings and Their Applications*. New York: Spring-Verlag, 1992: 1–5.

变圆周存在. 特别地, 没有不稳定区域.

应用定理 12.4.1 可以得到

推论 14.3.3 对任何 C^2 扭转微分同胚和任何不稳定区域, 存在一个马蹄, 因此, 在那个区域中存在一个具有横截同宿点的双曲周期点.

因此, 所有与保面积相容, 且在第 12 章中所讨论的复杂性出现在所有不稳定区域.

3. 由变分方法得到的特殊轨道

对扭转映射的变分法的进一步发展包括如下内容, 即对定义在经过仔细而精巧的构造的状态空间上适当构造的作用泛函的临界点的研究, 而这些状态满足一些条件以排除像有序轨道那样的简单解. 这一方法已经被 John Mather 发展得相当深刻.

这种方法导出从不稳定区域的一个边界分支到另外一个分支的沿每个方向的轨道, 即同宿和异宿于边界分支的轨道, 以及依指定的方式在边界分支之间振动的轨道. 进而, 存在异宿于具有不同旋转数的 Aubry-Mather 集的轨道以及依指定的方式游荡于这些集合的不同集类之间的更复杂的轨道. 并且所有这些丰富性仅覆盖了一个可以期望的常常是在度量 (一个零集) 和拓扑 (无处稠) 意义下很稀薄的集合.

4. 典型情形的复杂性

Birkhoff 周期轨的行为有很多动力学上的限制. 例如, 最大轨道不可能是椭圆的, 即有一对共轭复特征值. 这样的轨道如果非退化就是双曲的, 轨道上的不同点之间典型地具有异宿结. 于是, 在此情况下正熵的性质导致经常出现的马蹄结构以非常特殊的形式展现 (定理 12.3.1).

极小极大 Birkhoff 周期轨通常是椭圆的. 这里有一个广泛存在的错觉, 它特别地存在于经常处理可产生扭转或类似映射的模型的科学家或工程师当中, 即不考虑退化情形 (二重特征值 1), 这些轨道总是椭圆的. 事实并非如此. 极小极大轨道可以是双曲的但具有负特征值, 就像在 "体育场" 里 (如图 14.1.3 所示) 弹子球运动这个著名的例子中那样 [5]. 尽管如此, 极小极大轨道的椭圆性仍是一个普遍的现象, 例如, 它出现在对可积扭转映射 $f(x, y) = (x + g(y), y)$ 的小扰动中. 椭圆周期轨典型地导致了相对稳定的岛屿, 这归因于如下事实, 即在这样一个轨道附近的周期映射在适当选取的坐标下成为一个扭转映射, 并且实际上有围绕着这些轨道的不变曲线 (想象对那个小扭转映射在不稳定区域里有什么发生, 然后试着在你的想象中迭代这一图像). 因此, 这些岛屿至少被排除在整体复杂性的表演之外, 这是因为, 例

---

[5]Katok and Hasselblatt. *Introduction to the Modern Theory of Dynamical Systems.* 9.2 节.

如, 上面所描述的由变分法构造的轨道以及异宿结, 所有的这些丰富的动力行为都在岛屿之外.

5. 和平共存的不可能问题

因此, 不稳定区域中一个 "典型" 的保面积扭转映射的轨道图景出现了. 存在椭圆周期点, 它们被相对稳定的岛屿围绕着, 轨道不能从那里逃脱, 也存在具有同宿和异宿结的双曲周期点及以多种方式体现双曲行为的其他轨道. 上面指出的超出理解的困难的一系列问题涉及各种类型轨道的普遍性及它们被迫共存的机制. 这里有一个例子:

(1) 椭圆岛屿的并会 (或典型地) 是稠密的吗?

(2) 椭圆岛屿的并的余集会 (或典型地) 是一个零集吗?

(3) 双曲 Birkhoff 周期轨的稳定流形的闭包 (或典型地, 或通常在自然的非退化假设下) 会包含一个开集吗?

(4) 前面一条中的闭包的并 (或典型地, 或通常地) 会是一个零测集吗?

(5) 一个 C^2 保面积扭转映射的 Kolmogorov 熵 (或典型地) 会是正的吗?

14.4　柱面映射的周期点

14.4.1　具有弱扭转条件的柱面映射

前一节所列出的理论的一部分结果可以推广到具有稍弱一点的类扭转性质的映射. 这一部分涉及周期增长的无限多个周期点的存在性. 这一方向的一个经典结果比扭转映射理论还要早很多. 这一结果被 Poincaré 在他去世前不久就一些特殊的情形阐述并证明. Birkhoff 认识到了这些结果在经典力学和几何学的许多问题中的重要性并给出了一个严格的证明.

回顾一下在 14.2.1 节中对闭柱面上任意保持边界分支的同胚定义的扭转区间的概念. 本节总假定有保持边界分支这一条件而不再重述.

定理 14.4.1(Poincaré 最后的几何定理)[6]　设 f 是一个闭柱面上的保面积同胚, 它的扭转区间的内部包含着零点. 那么 f 在柱面内有一个不动点.

把这一定理应用到一个映射迭代的适当选取的扩张, 我们得到关于周期轨的存在的一个陈述, 它具有某些 Birkhoff 周期轨的特征, 虽然不一定是保序的.

推论 14.4.2　设 p 和 q 是互素的整数, $q > 0$, 并且 f 是一个闭柱面上的保面积同胚, 它的扭转区间的内部包含着 $\frac{p}{q}$. 则 f 具有一个周期为 q 的周期点 (s, y), 使得对 f 的某一提升 F 和点 (s, y) 的任一提升 (x, y), 有 $F^q(x, y) = (x + p, q)$.

---

[6]George David Birkhoff. *Dynamical Systems*. American Mathematical Society Colloquium Publications 9.

当然, 在圆柱面内没有任何控制时, 14.2 节中的极限过程不会奏效, 因此, 对于无理旋转数, 这一结果没有自然的推广.

在 20 世纪 80 年代, John Franks 应用比边界分支的旋转数位于 $\frac{p}{q}$ 的两侧弱得多的性质推广了上一结果. 实际上, 他的条件是可以想象的最弱的类扭转条件. 虽然 Franks 还假设了一种比保面积更弱一点的回复性质, 但是我们仍保留前一假设.

定理 14.4.3   令 p 和 q 是互素的整数, $q > 0$, 并且 f 是一个闭柱面上的保面积同胚, F 是 f 的一个提升. 假设存在万有覆盖上的点 u 和 v, 使得

$$\underline{\lim}_{n\to\infty} \frac{F^n(u) - u}{n} \leqslant \frac{p}{q} \leqslant \overline{\lim}_{n\to\infty} \frac{F^n(v) - v}{n}. \tag{14.4.1}$$

那么 f 具有一个周期为 q 的周期点, 使得那个点的任何提升 w 满足 $F^q(w) = w + (0, p)$.

问题 4.3.8 的解决用到了一个比式 (14.4.1) 强但类型相似的条件.

如果 u, v 为万有覆盖上的点且

$$\underline{\lim}_{n\to\infty} \frac{F^n(u) - u}{n} < \overline{\lim}_{n\to\infty} \frac{F^n(v) - v}{n}. \tag{14.4.2}$$

那么存在无限多个不同的有理数满足式 (14.4.1), 因此 f 有无限多个不同的周期轨.

14.4.2 没有扭转的周期点

于是, 仅有有限个 (或没有) 周期点意味着式 (14.4.2) 不成立. 这等价于环面内所有的点有同样的旋转数, 即

$$\lim_{n\to\infty} \frac{F^n(v) - v}{n}$$

对万有覆盖上的每一点 v 存在并且不依赖于 v(实际上, 对 v 的不依赖性可直接由对所有的 v 的存在性得到). 于是可以称之为 f 的旋转数. 如果它是无理的, 则根本就没有周期点; 如果它是有理的, 将定理 14.4.3 应用到边界圆周上, 即可得到存在至少一个周期轨, 但 Franks 对上一结论作了显著的改进:

定理 14.4.4   闭环面上具有有理旋转数的保面积同胚在内部有无限多个周期点.

所以, 仅有有限个周期点就会迫使产生无理旋转数, 因此根本就不会有周期点, 这就导致了 Franks 理论的最终结论.

定理 14.4.5[7]   如果闭环面上的保面积和边界分支的同胚至少具有一个 (不动点或) 周期点, 那么在内部有无限多个周期点.

---

[7]John Franks. Geodesics on S^2 and periodic points of annulus homeomorphisms. *Inventions Mathematicae*, 1992, 108(2): 403-418.

这是证明二维球面上存在无限多条闭测地线的主要动力学要素, 这将在下节中讨论.

在定理 14.4.4 中没有保证存在周期任意高的周期点, 这是由于恒同映射仅具有不动点. 结果, 这是一个仅有的例外: 任何其他映射都具有最小周期任意高的周期点 [8].

定理 14.4.4 的证明梗概   首先假设只存在有限多个周期点. 通过取迭代可以使所有这些周期点成为不动点并且旋转数等于零. 去掉这些点, 得到了一个有限亏格的非紧曲面 S 和它的一个没有不动点的保面积同胚. 应用低维拓扑中的一个重要工具, 曲面同胚关于同伦的分类 (归功于 William Thurston), 我们可以通过另外一个迭代确保这一同胚可以同伦于恒同映射, 即它可以连续地 (在曲面内) 形变为恒同映射. 现在把这一 (去掉不动点的) 同胚提升到 S 的万有覆盖空间 (看起来与带形区域十分不同). 我们可以在这一情境下考虑旋转数, 并且可以证明它为零. 这就允许我们对这一映射构造一个扰动, 使得它在内部有周期点且旋转数为零. 这与由 Michael Handel 得到的深刻结果矛盾, 该结果说明, 在没有不动点的情况下, 任何周期点必有非零旋转数.   □

14.5   球面上的测地线

1.3.3 节中提出了在 (变形的) 球面上寻找闭测地线的问题. 换一个角度, 可以考虑粒子被限制在凹陷的球面 (的表面) 上并且运动不受任何外力 (6.2.8 节). 一个特殊的问题就是是否存在无限多个不同方式的周期运动. 这种情况已经被承认了相当长的时间, 但仅在不久前才在完全一般的情况下被证明. 证明中涉及来自于微分几何、变分学、低维拓扑和动力系统等技术的独特融合. 尽管在这里不能给出证明, 我们可以给出多种动力学要素如何起作用的思想.

首先对测地线问题给一个快速的历史回顾. 至少一个闭测地线的存在对球面已经不具有特殊性 (它对任何紧 Riemann 流形成立). 它基于另外一个版本的山路的讨论, 对于球面的情形它是这样起作用的. 考虑 "锚泊" 于某一特殊点且覆盖整个球面的单参数闭曲线族 (即一个从 $[0,1] \times [0,1]$ 到 S^2 的光滑满射, 它把正方形的边界映到一个点). 在每一个这样的族中存在一条最长的曲线. 显然, 这样一条最长的曲线的长度有正下界, 且它不依赖于曲线族. 如果存在一个族, 其最长曲线的长度达到了对所有的曲线族来说的最小值, 那么由测地线的变分表达这一最长曲线是一条闭测地线. 这一族存在性的讨论基于一个一般的讨论, 表明对所有族的下界同对族的某个特定集合上的下界一样. 而这一族的集合的构造, 要在某个使最大长度泛函仍然连续的拓扑下成为紧集.

---

[8]Patrice Le Calvez. 私人通信. 未发表.

一个稍微精细一点的事实是存在一条简单闭测地线, 即它不自交. 它仍然可以经过变分讨论产生, 即通过寻找适当的由简单闭曲线组成的空间上的长度泛函的临界点而得到.

一个更深刻也更特殊的结果为 Lazar A Lyusternik 和 Shnirelman G 通过变分方法而证得.

定理 14.5.1[9]　　在二维球面上至少存在三条不同的简单闭测地线.

1930 年的基础性文章在西方曾经可得到的仅是严重删节的译文, 其他的证明后来由多位数学家发表.

Lyusternik-Shnirelman 定理用了一个相当粗糙但不寻常的拓扑空间的不变量, 称作 Lyusternik-Shnirelman 类. 它仅仅是空间可以被分解成可收缩的子集, 即可以 (在其自身内) 连续地形变到一点的子集的最小个数. 与变分问题的联系是对于可以定义微分, 因此, 函数的临界点的概念是有意义的 (甚至是无限维的) 空间, Lyusternik-Shnirelman 类给出了任何可微函数的临界点个数的一个下界.

在测地线问题中, 应用这一准则的空间是从 (参数化的) 简单闭曲线组成的空间构作出来的. 泛函与长度有关, 且临界点条件保证这一曲线是由长度参数参数化的闭测地线. 证明的拓扑部分是为了证明这一空间的 Lyusternik-Shnirelman 类是 3, 这自然地不依赖于度量.

从如下意义上说, Lyusternik-Shnirelman 的结果是最优的, 即存在有不多于三个简单闭测地线的度量. 三维椭球面就是一个例子.

甚至在 Lyusternik-Shnirelman 的工作之前, Birkhoff 就提出了一个寻找无限多个闭测地线地方法. 它应用了简单闭测地线的存在性, Birkhoff 并不知道这一结果在完全一般的情形下成立, 虽然他发现了上面提到的给出一条闭测地线的极小极大的论证法. 由 Jordan 曲线定理, 一个简单闭测地线把球面分成两个连通分支, 称为南半球和北半球. 测地线本身将被称为赤道. 考虑球面上基点在赤道上指向北半球 (任一个半球被选作"北半球"均可) 的单位切向量的集合. 这些向量的集合 S 由圆周 (赤道) 乘以区间 ($(0, \pi)$ 中的角度) 以参数化, 因此是一个开的圆柱面. 这些向量中的每一个都唯一地决定了一条测地线. 如果这一条开始进入北半球的测地线, 离

[9]Lazar A Lyusternik and lev G Shnirelman.　Sur le problème de trois géodesiques fermées sur les surface de genre 0. *Comptes Rendus des Séances de l'Académie des Sciences. Série I. Mathématique*, 1929, 189: 269-271; Topological methods in variational problems. *Proceedings of the Institute of Mathematics and Mechanics*, 1930; Topological methods in variational problems and their application to the differential geometry of surfaces. *Akademiya Nauk SSSR i Moskovskoe Matematicheskoe Obshchestvo*. Uspekhi Matematicheskikh nauk 2, 1947, 1(17): 166-217. 唯一的英文文章是 Lazar A Lyusternik. The topology of the calculus of variations in the large. *Trudy Mat. Inst. Steklov*, 1947, 19; 翻译: *Translations of Mathematical Monographs* 16. American Mathematical Society, 1966.

开北半球又从南面到达赤道, 那么它决定了一个同类型的新向量. 这就定义了一个从 S 的子集 R 到 S 的映射. 这一映射的周期点对应于闭测地线, 并且不同的周期轨产生不同的闭测地线. 如果 $R = S$, 关于延拓截面映射到开柱面 S 的边界的问题就出现了. 如果这样一个延拓是可能的, 那么明显的对称性说明这一映射在两个边界分支上是互逆的. 因此, 它的扭转区间包含零点. 现在有两种对立的情形: 一个可能是这一区间有正的长度, 那么由定理 14.4.1 就得到无限多个周期轨, 因此有无限多条闭测地线 (这一结论就是 Birkhoff 对于 Poincaré 最后几何定理的兴趣的主要原因之一); 另外一种可能是边界分支上的旋转数等于零. 这就是麻烦持续了 60 年的地方.

在截面映射定义在开柱面 S 上且可以连续地延拓到闭柱面的情形下, Franks 的结果 —— 定理 14.4.3 和定理 14.4.4 结束了无限多条不同闭周期轨的存在性的证明.

剩下的情形由 Victor Bangert 所解决, 部分地基于他较早时和 Wilhelm Klingenberg 合作的工作. 有两个问题需要考虑. 如果映射定义在开柱面但不能延拓到边界, 那么沿着初始的简单闭测地线就没有 "共轭点". 大致地说, 附近的测地线发散. 这意味着有一个长度泛函的特殊结构, 它使产生无限多条闭测地线的变分处理方法得以应用. 如果截面映射没被定义, 那么 Bangert 证明存在另外一个没有共轭点的简单闭测地线, 且将这一问题转化为前一种情况.

这些考虑的最后成果是下面著名的结论:

定理 14.5.2   在任何光滑球面上都存在无限多条闭测地线.

第15章 动力学，数论和 Diophantus 逼近

回溯到 Dirichlet, Jacobi, Kronecker 和 Weyl 的工作，一些数论中的问题可以看作现代动力学的重要源泉之一. 卓有成效的相互作用使得在两个方向都有发展：动力学方法常常为解析数论的问题提供新的有时甚至是出乎意料的工具；另一方面，代数数论提供的工具对于研究某些动力系统模型比用一般的分析、拓扑和几何方法更为深刻.

这一章前四节的内容是经典的，并着意展示对数论的一致分布和 Diophantus 逼近问题的动力学处理的有效性. 通过这一途径，双曲几何的非凡作用变得明显. 最后一部分中对解析数论的动力学方法的最重要的成就之一做了简单介绍：关于三个变量的二次型的小值问题的 Oppenheim 猜测的证明.

15.1 多项式的分数部分的一致分布

本节要描述如何用一般的动力学的论证对一些特殊的动力系统确立一致分布的结论 (唯一遍历性, 见 4.1.4 节), 这些特殊的动力系统被用来解决引论 (1.3.5 节) 中的数论问题及其推广. 唯一遍历性 (定义 4.1.18) 对特殊序列的一致分布的确立是根本的, 因为一个给定的序列相应于动力系统的一个特殊的轨道. 在一个零集之外收敛并不足够, 因为那一特别的轨道可能会落在这个异常的零集中.

15.1.1 二次多项式和二维环面的仿射映射

首先回到最初在 1.3.5 节中介绍的序列 $x_n = n^2\sqrt{2}$ 的小数点前最后一位数字的分布问题. $\sqrt{2}$ 除了是无理数之外没有什么特别的, 因此, 我们对任何无理数 α 考虑序列 αn^2. 为了处理最后一个数字的问题, 需要考虑序列 $\dfrac{\alpha n^2}{10}$ 的小数部分的第一个数字. 与本书前面所讨论的其他序列不同, 这样的序列不能作为一维映射的相继迭代出现, 而且不能自然地修改成这样一个数列. 然而, 这里有一个方法可以绕过这一困难. 构造一个高维动力系统, 把问题中的序列作为对一个特殊初始条件的连续迭代的坐标 (或者更一般地, 一个函数的值) 的序列. 对我们的问题来说, 这一适当的动力系统是如下二维环面的仿射映射

$$A_{\frac{\alpha}{5}}(x, y) = \left(x + \frac{\alpha}{5}, y + x\right) \pmod 1.$$

这一映射在如下意义下是 "可积" 的, 即它的迭代由一个封闭的公式

$$A_{\frac{\alpha}{5}}^n(x,y) = \left(x + n\frac{\alpha}{5}, y + nx + n(n-1)\frac{\alpha}{10}\right) \quad (\text{mod } 1)$$

给出. 由 4.1.1 节, x 坐标序列是我们熟悉的, 而 y 坐标序列包含我们需要的二次项. 为了去掉我们不需要的线性项, 取 $x = \frac{\alpha}{10}$ 和 $y = 0$.

根据 4.2.2 节的讨论我们知道, 为了确立序列 αn^2 的最后数字的一致分布性, 只需证明对任何十进制区间 $\Delta_k = \left[\frac{k}{10}, \frac{k+1}{10}\right], k = 0, 1, \cdots, 9$, 特征函数 χ_{Δ_k} 的 Birkhoff 平均

$$\frac{1}{n}\sum_{i=0}^{n}\chi_{\Delta_k} \circ A_{\frac{\alpha}{5}}^i$$

一致收敛到 $\frac{1}{10}$. 同样地, 这些特征函数除了是 Riemann 可积的之外没什么特别的 (见 4.1.5 节).

对于这些 Riemann 可积的函数建立 Birkhoff 平均的一致收敛性有两个主要方法: 第一个方法是由 Hermann Weyl 在 1916 年引入的, 它是在 4.1.6 节中对圆周旋转和在 5.1.6 节中对环面平移所用的 Kronecker-Weyl 方法的加细, 涉及直接用比 4.1.6 节中简单的等比级数的求和更复杂的计算来对特征 $\exp 2\pi i(kx + ly), k, l \in \mathbb{Z}$ 估计 Birkhoff 平均, Weyl 计算的表达式是三角和的一个特例, 而三角和在解析数论中扮演着突出的角色; 其次, Weierstrass 定理确立了对所有连续函数的一致收敛性 (唯一遍历性, 见定义 4.1.18), 而且用如同 4.1.6 节的标准论证可以推广到 Riemann 可积函数. 这一方法的重要威力在于对特定的函数类可以建立 Birkhoff 平均的收敛速度.

15.1.2　遍历性和唯一遍历性

我们讨论一个更为定性的方法, 由 Hillel Furstenberg 在 1960 年左右提出. 群虽然没有提供任何关于 Birkhoff 平均的收敛速度的估计, 但是它不依赖于三角和这种技巧性的运算, 从而可更广泛地应用. 关键点是唯一遍历性 (连续函数的平均一致收敛) 和一个零集 (见 7.5.3 节) 外的平均的收敛这一更弱的性质等价于某种纯粹的定性性质.

对于唯一遍历性的情形, 对应的定性性质是不变测度或积分 (定义 10.4.1 和命题 10.4.2)的唯一性. 对于零集外的平均收敛的情形, 对应的定性性质称作遍历性. 对于保体积变换 f 的情形, 遍历性意味着每一个 "合乎常理的" f 不变集或者是零集或者是零集的余集, 或者等价地, 每一个 "合乎常理的" f 不变函数在一个零集外是常数. 两种情况的 "合乎常理的" 一词严格的定义需要可测性的概念, 这在本书中除了零集的概念之外没有讨论.

第二种证明多项式一致分布的方法是基于对一类称为群扩张的映射的唯一遍历性的一般判断准则, 这里对一个特殊情况给出陈述.

命题 15.1.1 令 f 是环面 $\mathbb{T}^k$ 的连续的保体积的唯一遍历映射, $\phi : \mathbb{T}^k \to S^1$ 连续. 如果映射 $f_\phi : \mathbb{T}^{k+1} \to \mathbb{T}^{k+1}$, 定义为

$$f_\phi(x, y) = (f(x), y + \phi(x))$$

是遍历的, 那么它是唯一遍历的.

证明梗概 我们将利用唯一遍历性与不变积分唯一性的等价性, 以及由遍历分解得到的不变积分的某些性质.

由于映射 f_ϕ (关于环面 $\mathbb{T}^{k+1}$ 上的通常的体积测度) 是遍历的, 一个零集外的每一个轨道都是一致分布的. 但由于体积关于任何平移, 特别是 "垂直" 平移 $(x, y) \to (x, y + \beta)$ 是不变的, 又 f_ϕ 和垂直平移可交换, 由此可得一致分布的轨道集合 A 在垂直平移下也是不变的, 因此由整个圆周 $x =$ 常数构成, 称这样的一个集合是饱和的. 集合 A 不是一个零集, 这是因为它的余集是一个零集 (两个零集的并是一个零集, 且整个环面不是零集).

现在假设 f_ϕ 不是唯一遍历的. 这就意味着至少存在一个不同于由标准体积生成的不变积分, 因此 (由遍历分解) 存在另外一个渐近一致分布. 新的渐近一致分布的点集与标准体积的渐近一致分布的点集是不交的, 因此包含在由圆周 $x =$ 常数构成的一个零集之中. 把这一不变积分投到 x 坐标, 得到 f 的一个不变积分, 由假设是唯一的, 因此与标准的相同. 这就给出了一个矛盾: 关于环面 $\mathbb{T}^{k+1}$ 上通常的体积测度一致分布的所有的点的集合 A 关于第二个不变积分是零集, 但是后者又投射到 $\mathbb{T}^k$ 上的标准积分, 因此饱和的集合 A 投射到一个零集. □

15.1.3 二次一致分布

根据这些已掌握的知识证明二次等度分布并不困难.

命题 15.1.2 $\mathbb{T}^2$ 上的映射 $A_\beta(x, y) = (x + \beta, y + x) \pmod 1$ 是唯一遍历的.

证明 这一映射具有命题 15.1.1 讨论过的形式, 在那里取 $f = R_\beta$. 因此只需证明遍历性, 即任何 "合乎常理的" 不变函数在一个零集外为常数. 只需考虑 L^2 函数, 它的 Fourier 级数展开是唯一的且明确定义的, 虽然它可能在一些点不收敛. 检验没有不变的非常值函数归结为写出这样一个函数 Fourier 系数的方程, 而该方程蕴含只有一个系数不为零. 特别地, 假设 g 是一个不变的 L^2 函数. 那么根据 Fourier 级数

$$\sum_{m,n} a_{m+n\,n} e^{2\pi i m x} e^{2\pi i n y} = \sum_{m,n} a_{mn} e^{2\pi i m x} e^{2\pi i n y} = g(x, y)$$

$$= g(A_\beta(x, y)) = g(x + \beta, y + x) = \sum_{m,n} a_{mn} e^{2\pi i m (x+\beta)} e^{2\pi i n (y+x)},$$

有 $a_{m+n\,n} = a_{mn}\mathrm{e}^{2\pi\mathrm{i}m\beta}$ 对所有的 $m, n \in \mathbb{Z}$ 成立. 这就蕴含着 $|a_{m+kn\,n}| = |a_{mn}|$ 对所有的 $m, n, k \in \mathbb{Z}$ 成立. L^2 函数的 Fourier 系数为平方可加的, 于是 $\lim_{l\to\infty} a_{ln} = 0$ 且 $a_{mn} = 0$, 对一切 $m, n \in \mathbb{Z} \setminus \{0\}$ 成立 (因为 $\beta \notin \mathbb{Q}$, 所以 $\mathrm{e}^{2\pi\mathrm{i}m\beta} \neq 1$ 对 $m \neq 0$ 成立). 如果 $m = 0$, 则 $a_{m+n\,n} = a_{mn}\mathrm{e}^{2\pi\mathrm{i}m\beta}$ 给出 $a_{0n} = a_{nn} = 0$ 对 $n \neq 0$ 成立. 如果 $n = 0$, 那么由 $a_{m+n\,n} = a_{mn}\mathrm{e}^{2\pi\mathrm{i}m\beta}$ 可得 $a_{m0} = a_{m0}\mathrm{e}^{2\pi\mathrm{i}m\beta}$, 这蕴含着 $a_{m0} = 0$ 对 $m \neq 0$ 成立. 因此除非 $m = n = 0$, $a_{mn} = 0$. □

推论 15.1.3　如果 $\alpha \notin \mathbb{Q}$, 那么 αn^2 的最后数字的序列是一致分布的.

证明　由于 $A_{\frac{\alpha}{5}}^n(x, y) = \left(x + n\dfrac{\alpha}{5}, y + nx + n(n-1)\dfrac{\alpha}{10}\right) \pmod 1$ 且 $A_{\frac{\alpha}{5}}$ 是唯一遍历的, 则每一个轨道是一致分布的. 对 $x = \dfrac{\alpha}{10}$ 和 $y = 0$, 这蕴含着 $y + nx + n(n-1)\dfrac{\alpha}{10} = \dfrac{\alpha n^2}{10}$ 在单位区间上是一致分布的, 特别地, 这一序列的小数点后第一位数字也是一致分布的. □

15.1.4　多项式的一致分布

上面描述的方法可以用来归纳地证明如下结论:

命题 15.1.4　如果 α 是无理数, 那么如下定义的映射 $A_{k,\alpha} : \mathbb{T}^{k+1} \to \mathbb{T}^{k+1}$:

$$A_{k,\alpha}(x_0, x_1, \cdots, x_k) = (x_0 + \alpha, x_1 + x_0, \cdots, x_k + x_{k-1}) \pmod 1$$

是唯一遍历的.

对方幂为 $k + 1$ 且首项系数是无理数的多项式 P, 可以找到 α 和初始条件 $x_0, x_1, \cdots, x_k$ 满足 $A_{k,\alpha}^n(x_0, x_1, \cdots, x_k)$ 的最后坐标是 $P(n)$. 这可以通过首先找到迭代 $A_{k,\alpha}^n$ 的封闭公式, 然后解一组线性方程而得到. 注意到具有有理系数多项式的小数部分的周期性, 就得到多项式的等度分布定理.

定理 15.1.5　对于至少具有一个无理系数的多项式, $P(n)$ 的值的小数部分是一致分布的.

由于一个实数的小数点前 k 位数字正好是被 10^k 除之后小数点后 k 位数字, 由这一定理就得到

推论 15.1.6　若 P 是一个至少具有一个无理系数的多项式, 则数 $(P(n))_{n\in\mathbb{N}}$ 的小数点前 k 位数字是一致分布的.

15.2　连分数和有理逼近

就像在命题 6.1.12 所见, 圆周旋转 R_α 的所有轨道是 (一致) 回复的. 考虑经过 0 点的轨道, 这意味着对充分大的 $n \in \mathbb{N}$, αn 可以任意接近整数, 或者说, 适当地选取 $m, n \in \mathbb{N}$, $|\alpha n - m|$ 可以任意小.

15.2.1 最佳逼近

为了对此更细致地定量分析, 我们可以问当 n, m 多大时才能达到 $|\alpha n - m| < \varepsilon$. 稍微变通一下, 在给定 n 的界下, 取最小值 $\min_{m \in \mathbb{Z}} |\alpha n - m|$. 对于有理数 α, 这是一个有限的问题, 在目前的内容下我们不感兴趣. 因此假设 $\alpha \notin \mathbb{Q}$, 且暂时假定 $0 < \alpha < 1$.

定义 15.2.1 一个有理数 $\dfrac{p}{q}$ 称为是无理数 α 的一个最佳有理逼近, 或者简单地说最佳逼近, 如果 $q > 0$ 且当 $n, m \in \mathbb{Z}$ 和 $|n| \leqslant q$ 时, 有 $|q\alpha - p| \leqslant |n\alpha - m|$.

显然, 这意味着 p 和 q 是互素的. 由无理旋转的拓扑传递性可知, 对任意给定的无理数, 存在无限多个不同的最佳逼近.

现在通过耐心地跟踪 αn 和整数接近的程度 (以及这些整数是什么) 来寻找解决最佳逼近问题的方法. 特别地, 记下那些使得 αn 比任何 $\alpha i, i < n$ 都接近于整数的 $n \in \mathbb{N}$. 为了做到这些, 我们努力探寻出一种递归的模式. 从动力系统的观点来看, 我们观察在旋转 R_α 的迭代下 0 点的轨道返回到离 0 点多近的地方并记录最接近的返回.

记第一个这样的整数为 a_1, 它由 $a_1\alpha < 1 < (a_1 + 1)\alpha$ 决定, 即由 $a_1\alpha$ 比 α 更接近于 $\mathbb{Z}$ 决定. 这就意味着 $a_1 = \left\lfloor \dfrac{1}{\alpha} \right\rfloor$, 此处 $\lfloor \cdot \rfloor$ 表示整数部分. 按照用有理数逼近 α 的思想, 这就对应于 $a_1\alpha \approx 1$ 或 $\alpha \approx \dfrac{1}{a_1}$. 为了方便下一步, 我们想象这是一个好的逼近, 也就是说, 误差 $\delta := 1 - a_1\alpha < \alpha$ 是小的.

下一个逼近的整数 $n \in \mathbb{N}$ 是第一个满足 $n\alpha$ 与某一整数误差小于 δ 的正整数. 想象 δ 很小, 注意到过了前面 a_1 步后接下来的 a_1 步中的数 $i\alpha, a_1 < i \leqslant 2a_1$ 正好位于 1 和 2 之间, 且在这一过程的末尾, 有 $2a_1\alpha = 2(1 - \delta) = 2 - 2\delta$. 于是我们比以前又落后了一个 δ.

令 a_2 是满足 $n\delta < \alpha$ 的最大整数 n, 即 $a_2 = \left\lfloor \dfrac{\alpha}{\delta} \right\rfloor$. 那么 $0 < \delta_1 := \alpha - a_2\delta < \delta$, 而且 $a_1a_2\alpha$ "落在整数后面" 的程度已接近于 α (确切地, $\alpha - \delta_1$). 因此, $(a_1a_2 + 1)\alpha$ 比它前面所有的 $i\alpha$ 更接近于一个整数 (特别地, 就是 a_2), 这是因为 $(a_1a_2 + 1)\alpha - a_2 = \alpha - a_2(1 - a_1\alpha) = \alpha - a_2\delta = \delta_1 < \delta$. 注意, 对应的有理逼近是 $(a_1a_2 + 1)\alpha \approx a_2$ 或

$$\alpha \approx \frac{a_2}{a_1a_2 + 1} = \cfrac{1}{a_1 + \cfrac{1}{a_2}}.$$

为了得出选择 a_2 的方式, 注意 $\alpha_2 := \dfrac{\delta}{\alpha} = \dfrac{1 - a_1\alpha}{\alpha} = \dfrac{1}{\alpha} - a_1 = \left\{ \dfrac{1}{\alpha} \right\}$, 此处 $\{\cdot\}$ 现在表示小数部分, 因此 $a_2 = \left\lfloor \dfrac{1}{\alpha_2} \right\rfloor$.

15.2.2   连分数表示

前面的方案给出了无理数的最佳有理逼近的一个算法和任何实数的最佳连分数表示.

定理 15.2.2   任给 $\alpha \in \mathbb{R} \setminus \mathbb{Q}$, 递归地定义 $(a_i)_{i=0}^{\infty}$ 和 $(\alpha_i)_{i=1}^{\infty}$ 为

$$a_0 := \lfloor \alpha \rfloor, \alpha_1 := \{\alpha\}, \quad a_i := \left\lfloor \frac{1}{\alpha_i} \right\rfloor, \quad \alpha_{i+1} := \left\{ \frac{1}{\alpha_i} \right\}$$

且令

$$a_0 + \cfrac{1}{a_1 + \cfrac{1}{\ddots + \cfrac{1}{a_n}}} =: \frac{p_n}{q_n},$$

为使 $q_n > 0$ 的最简分式 (它们称为渐近分数). 则

$$\alpha = a_0 + \cfrac{1}{a_1 + \cfrac{1}{a_2 + \cdots}} := \lim_{n \to \infty} a_0 + \cfrac{1}{a_1 + \cfrac{1}{\ddots + \cfrac{1}{a_n}}}.$$

如果 $\alpha \in \mathbb{Q}$, 则上面的递归过程当对某一 i 有 $\alpha_{i+1} = 0$ 时就终止, 且

$$\alpha = a_0 + \cfrac{1}{a_1 + \cfrac{1}{\ddots + \cfrac{1}{a_i}}}.$$

序列 p_n 和 q_n 满足两步递推公式

$$x_{n+1} = x_{n-1} + a_{n+1} x_n,$$

及初始条件 $p_0 = a_0, p_1 = a_0 a_1 + 1, q_0 = 1, q_1 = a_0; p_{n+1} q_n - p_n q_{n+1} = (-1)^n$. 最后, 每一个无理数的最佳有理逼近是一个渐近分数且每一个渐近分数都是一个最佳逼近.

注 15.2.3   稍加考虑就可以知道, 一个数的连分数表示是唯一的. 为了和实数的十进制展开进行对比, 有一些情况需要说明. 十进制展开不总是唯一的. 连分数用的是无界整数序列, 而十进制展开用的是单个数字. 有理和无理可以用十进制展开进行区分 (周期的或非周期的), 但这一区分在每一种情况下都只有给出完全的展开才能作出. 与之对比, 一个数是有理数当且仅当连分数展开终止. 如果是这种情况, 它明显地是一个有限层连分数展开.

这些 a_i 起作用的证明 给定连分数展开式, 容易检验, a_i 由前面所描述的过程决定: 如果

$$\alpha = a_0 + \cfrac{1}{a_1 + \cfrac{1}{a_2 + \cdots}},$$

那么 $\lfloor \alpha \rfloor = a_0$ 且有 $\alpha_1 := \alpha - a_0 = \{\alpha\}$, 得到

$$\frac{1}{\alpha_1} = a_1 + \cfrac{1}{a_2 + \cfrac{1}{a_3 + \cdots}},$$

因此 $a_1 = \left\lfloor \dfrac{1}{\alpha_1} \right\rfloor$ 且

$$\alpha_2 := \left\{ \frac{1}{\alpha_1} \right\} = \frac{1}{\alpha_1} - a_1 = \cfrac{1}{a_2 + \cfrac{1}{a_3 + \cdots}}.$$

于是 $a_2 = \left\lfloor \dfrac{1}{\alpha_2} \right\rfloor$, 依此类推.   □

注 15.2.4 注意 $\dfrac{p_n}{q_n}$ 交替地比 α 大或比 α 小. 这可以由最佳逼近的讨论看出, 或者由增加一项于有限连分数逼近而获得的交替作用看出.

例 15.2.5 对于 p_n 和 q_n 的两步递归, 蕴含着 Fibonacci 数 $(b_n)_{n \in \mathbb{N}} = (1, 1, 2, 3, 5, 8, \cdots)$ 产生黄金分割

$$\cfrac{1}{1 + \cfrac{1}{1 + \cfrac{1}{1 + \cdots}}} = \frac{\sqrt{5} - 1}{2}$$

的渐近分数 $1, 2, \dfrac{3}{2}, \dfrac{5}{3}, \dfrac{8}{5}, \cdots$.

例 15.2.6 考虑简单的连分数

$$x = \cfrac{1}{2 + \cfrac{1}{2 + \cfrac{1}{2 + \cdots}}},$$

它是二次方程 $\dfrac{1}{x} = x + 2$ 的正根. 因此 $x^2 + 2x - 1 = 0$ 且 $x = \sqrt{2} - 1$. 前一例也可以类似处理.

这些例子提示了一个很好的推广. 假设连分数展开是最终周期的, 即有限项之后是周期的. 那么它可以表示成一个有理系数的二次方程的根. 可以证明它的逆也成立. 因此, 一个实数具有最终周期的连分数展开当且仅当这个数是一个二次无理数, 即它具有形式 $a + \sqrt{b}$, 此处 a 和 b 是有理数.

15.2.3 逼近速度和动力学

有另外一个自然的方法来测量一个无理数 α 的有理逼近 $\frac{p}{q}$ 的质量, 即把差 $\alpha - \frac{p}{q}$ 的绝对值和给定的分母 q 的函数进行对比. 自然地, 渐近分数在这种考虑下引起了我们的注意.

命题 15.2.7 如果 $\alpha \notin \mathbb{Q}$ 且 $n \in \mathbb{N}$, 那么

$$\left| \alpha - \frac{p_n}{q_n} \right| < \frac{1}{a_{n+1} q_n^2} \leqslant \frac{1}{q_n^2}.$$

证明 渐近分数围绕着 α 振动, 因此, 定理 15.2.2 给出

$$\left| \alpha - \frac{p_n}{q_n} \right| < \left| \frac{p_{n+1}}{q_{n+1}} - \frac{p_n}{q_n} \right| = \frac{|p_{n+1} q_n - p_n q_{n+1}|}{q_n q_{n+1}} = \frac{1}{q_n q_{n+1}} \leqslant \frac{1}{a_{n+1} q_n^2}. \tag{15.2.1}$$

$\square$

还可以证明

$$\left| \alpha - \frac{p_n}{q_n} \right| > \frac{1}{(a_{n+1} + 2) q_n^2}, \tag{15.2.2}$$

这就给出了 a_n 的大小和实际误差间的紧密联系. 一个稍微更精细点的论证能够改进命题 15.2.7 而得到 $\left| \alpha - \frac{p_n}{q_n} \right| < \frac{1}{2q_n^2}$ 无限次发生. 这一估计对两个连续的 n 总是成立的. 这是相当精确的, 对互素的 p 和 q, 仅当 $\frac{p}{q}$ 是 α 的渐近分数时, 不等式

$$\left| \alpha - \frac{p}{q} \right| < \frac{1}{2q^2}$$

才成立. 最精确的可能的结果是对无限多 (p, q), 有 $\left| \alpha - \frac{p}{q} \right| \leqslant \frac{1}{\sqrt{5} q^2}$. 黄金分割的连分数

$$\cfrac{1}{1 + \cfrac{1}{1 + \cfrac{1}{1 + \cdots}}}$$

就满足这一上界.

因此, 平方反比逼近速度是最快的速度, 而且都能达到对于一个给定的数, 为了找到最快的逼近, 必须察看渐近分数而且也只有察看它们: 很明显地, 由式 (15.2.1) 和式 (15.2.2) 可明显看到序列 a_n 的增长性质本质上决定了对 α 的有理逼近的速度.

现在察看一个特别快的逼近会是怎样出现的. 例如, 可以想象第一个误差 δ 与 α 相比较是十分小的. 当然这就意味着 $\alpha \approx \frac{1}{a_1}$ 是一个非常好的逼近 $\left(误差是 \frac{\delta}{a_1}\right)$.

这时所出现的是我们所希望的情形. 一个后果是 $a_2 = \left\lfloor \dfrac{\alpha}{\delta} \right\rfloor$ 非常大. 因此, 连分数展开中项 a_i 的大小是前一步逼近质量的一个度量 (实际上, 这直接关系到下一个 q_n, 它比目前的一个大得相当多, 也就是说, 一个好的逼近意味着需要花费长的时间来对它进行改进). 有关这一现象的一个著名的具体例子是 $\dfrac{p_3}{q_3} = \dfrac{355}{133}$ 是 π 的一个极好的有理逼近, 这在中国古代就已经知道. 它准确到六位小数, 因为在这一过程中, a_4 在如此早的时候变得超乎预料的大: 它是 292. 相应地, q_4 跳到很大的值 33102.

这样的快速逼近影响到由 α 确定的圆周旋转动力系统. 再次考虑第一个例子并将它投射到圆周 $\mathbb{R}/\mathbb{Z}$, 取 $a_1 = 5, \delta \approx 10^{-6}\alpha$. 跟踪 0 点的轨道, 发现前 5 次迭代 (在 δ 误差下) 均匀分布于整个圆周. 前 500 000 次迭代落在前 5 次迭代处长为 $\dfrac{1}{10}$ 的区间内, 因此存在 5 个长为 $\dfrac{1}{10}$ 的区间, 没有一个包含前五十万次迭代中的任何一个. 但这与一致分布性 (命题 4.1.7) 并不矛盾, 因为即使在很粗略的尺度上, 也需要经过巨大数量的迭代来使分布变得均衡. 在有理逼近过程中的任何层次都可能出现迭代点接近的情况, 这种可能性意味着相对快速的逼近会以我们不希望的方式影响动力行为. 这导致了Liouville 现象. 这种影响的一个方面是由快速逼近的角度决定的圆周旋转从某种意义上说远没有那些具有相对温和的连分数分母的角度的旋转那么稳固.

15.2.4 Diophantus 逼近的度量理论

到目前为止, 所涉及的逼近问题的类型都是查询由渐近分数逼近的可能速度或者一个特殊无理数的逼近速度. 度量数论提出的是一个相关的相反类型的问题: 给定一个特定的逼近速度, 有多少个数展现这一速度? 这被证明对动力系统来说是一个重要问题. 如果 $r : \mathbb{N} \to (0, \infty)$ 是一个非增 "速度" 函数, 那么 $\alpha \in \mathbb{R}$ 被称为是 r 逼近的, 如果 $|q\alpha - p| \leqslant r(|q|)$ 对无限多个 $(p, q) \in \mathbb{Z} \times \mathbb{N}$ 成立.

幂反比率对数论和许多有理逼近的应用都特别重要.

定义 15.2.8 对一个数 $\alpha \in \mathbb{R}$ 的具有指数 $\beta \geqslant 0$ 和常数 $C > 0$ 的 Diophantus 条件是

$$\left| \alpha - \frac{p}{q} \right| \geqslant \frac{C}{q^{2+\beta}}$$

对所有的 $p, q \in \mathbb{Z}, q \neq 0$ 成立, 也就是说, α 不是对某一 $C > 0$, $\dfrac{C}{x^{1+\beta}}$ 可逼近的. 记所有这样数的集合为 $D_{\beta,C}$. 数 α 称 Diophantus 数, 如果对某一 $\beta, C > 0$ 满足 Diophantus 条件, 反之就称为 Liouville 数, 即存在序列 $p_n, q_n \in \mathbb{Z}$ 使得

$$\left| \alpha - \frac{p_n}{q_n} \right| = O(q_n^{-\gamma})$$

对所有 $\gamma > 0$ 成立.

每一个 $D_{\beta,C}$ 是闭的且无处稠, 但是在某种不同的意义下大多数的数都满足具有任何正指数 β 和依赖于 β 的常数的 Diophantus 条件: $\bigcap_{\beta>0} \bigcup_C D_{\beta,C}$ 的余集是一个零集.

有关允许特定逼近速度的集合大小的确切结果属于 Alexander Ya Khinchine[1]. 如果级数 $\sum_{n=1}^{\infty} r(n)$ 收敛, 那么 r 可逼近的数的集合是一个零集. 它的逆更困难一些, 但也是对的: 如果此级数发散, 那么仅有一个零集中的数不是 r 可逼近的.

15.3　Gauss 映射

Khinchine 定理的证明用了一种典型而精巧的来自实分析的方法: 直接考察允许 (或不允许) 特定逼近速度的数集的结构, 并构造适当的覆盖. 这种方法对于建立各种类型的数的最佳逼近速度是十分有效的. 一个有关有理逼近的更详尽的研究是探查特别快或不是那么快的 "最好" 逼近每隔多久发生一次, 也就是说, 想知道 a_n 的各种类型的数的分布, 特别地, 这样的分布的一些渐近统计性质.

15.3.1　连分数展开的编码

回顾一下十进制展开 (或者更一般地, 关于基 m 的展开) 的数字分布与线性扩张映射 E_{10} (或 E_m) 的渐近行为有关. 类似地, 连分数展开自然与如下映射的迭代有关.

定义 15.3.1　映射 $G : [0,1] \to [0,1]$, 定义作 $x \mapsto \left\{\dfrac{1}{x}\right\}$ (小数部分), 称作 Gauss 映射 (如图 15.3.1).

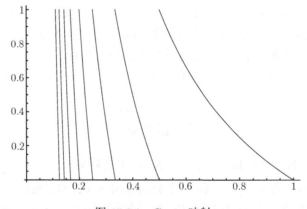

图 15.3.1　Gauss 映射

[1] Alexander Ya Khinchine. Einige Sätze über Kettenbrüche. *mit Anwendungen auf die Theorie der diophantischen Approximationen, Mathematische Annalen*, 1924, 92: 115–125.

这一映射有跳跃不连续点 $\dfrac{1}{i}, i \in \mathbb{N}$ 及没有右极限的不连续点 0. 投射到圆周 $S^1 = \mathbb{R}/\mathbb{Z}$ 将使 0 以外的点变得连续, 但是作为动力系统, 这一映射定义在区间上是最自然的.

如果 $x \in (0,1]$, 则 x 的连分数展开的第一项 a_1 是 i 当且仅当 $\dfrac{1}{i+1} < x \leqslant \dfrac{1}{i}$. 类似地, 第二项 a_2 是 i 当且仅当 $\dfrac{1}{i+1} < G(x) \leqslant \dfrac{1}{i}$, 等等. 因此, x 的连分数展开中的 a_n 的分布与迭代 $G^n(x)$ 在半开区间 $\left(\dfrac{1}{i+1}, \dfrac{1}{i}\right], i \in \mathbb{N}$ 中的分布一致.

Gauss 映射是不连续的, 而且在零点是一种严重类型的不连续性, 除了不连续点, 它几乎是扩张的. 实际上, G^2 是扩张的, 因为导数的最小值大于 1. 因此毫不奇怪 Gauss 映射具有前面几章见到的一些与双曲 (特别地, 扩张) 行为相关的性质. 它与唯一遍历相去甚远: 有许多不变积分和渐近分布, 周期轨是稠密的 (它们是某种特殊类型的二次无理数), 以及多种类型的轨道行为的可能性.

15.3.2 一致分布

对于 Gauss 映射, 与我们的讨论相关的最重要的事实是存在由稠密性得到的加权一致分布, 和许多二次映射 (11.4.3.2 节)、扩张或帐篷映射 (分别见定理 7.5.6 和 11.4.3 节) 非常相像.

命题 15.3.2 Gauss 映射保持具有密度 $\dfrac{1}{1+x}$ 的测度.

证明 区间 $[a,b]$ 的测度是

$$\int_a^b \frac{1}{1+x}\mathrm{d}x = \log(b+1) - \log(a+1).$$

注意 $a = \left\{\dfrac{1}{x}\right\}$ 当且仅当 $\dfrac{1}{x} = a + n$ 对某一 $n \in \mathbb{N}$ 成立, 就得到 a 的原像, 而且对 b 也类似. 因此, $G^{-1}([a,b])$ 的测度是如下加权长度的和

$$\begin{aligned}
\sum_{n \in \mathbb{N}} \int_{\frac{1}{b+n}}^{\frac{1}{a+n}} \frac{1}{1+x}\mathrm{d}x &= \sum_{n \in \mathbb{N}} \log\left(1 + \frac{1}{a+n}\right) - \log\left(1 + \frac{1}{b+n}\right) \\
&= \sum_{n \in \mathbb{N}} \log(a+n+1) - \log(a+n) - \log(b+n+1) + \log(b+n) \\
&= \log(b+1) - \log(a+1)
\end{aligned}$$

(伸缩和). 这就证明了结论. □

实际上, 再经过适当进一步地努力, 可以证明

命题 15.3.3 Gauss 映射是遍历的.

推论 15.3.4 具有有界连分数系数的 $\alpha \in [0,1]$ 的集合是一个零集.

证明　由于 $a_i = \left\lfloor \dfrac{1}{G^{i-1}(\alpha)} \right\rfloor$, 这是一个在 Gauss 映射下轨道不接近 0 点的点的集合, 因此不是一致分布的. 从而这是一个零集. □

命题 15.3.5　对几乎每一个数 (见定义 7.5.3), 连分数的系数分布如下: 数 $n \in \mathbb{N}$ 作为连分数的系数出现的渐近频率为

$$\frac{\log\left(1+\dfrac{1}{n}\right) - \log\left(1+\dfrac{1}{n+1}\right)}{\log 2}. \tag{15.3.1}$$

证明梗概　Gauss 映射关于由密度 $\dfrac{1}{1+x}$ 给出的测度是遍历的. 因此, Gauss 映射的轨道关于密度 $\dfrac{1}{1+x}$ 是一致分布的, 所以 $a_i = \left\lfloor \dfrac{1}{G^{i-1}(\alpha)} \right\rfloor = n$ 的概率等于

$$\frac{1}{n+1} < G^{i-1}(\alpha) \leqslant \frac{1}{n}$$

的概率, 它是 $\dfrac{\displaystyle\int_{\frac{1}{n+1}}^{\frac{1}{n}} \frac{1}{1+x}\mathrm{d}x}{\log 2}$, 此处 $\log 2 = \displaystyle\int_0^1 \frac{1}{1+x}\mathrm{d}x$ 是规范化常数. 这一积分给出式 (15.3.1). □

15.3.3　Gauss 映射和圆周旋转的诱导映射

现在对 Gauss 映射给出一个不同的解释, 它是对动力系统研究的富有成效的方法的一个实例. 有时来自于某一类的动力系统可以看作带有自然的 ("大范围的") 动力系统的某一特定空间中的元素. 也就是说, 在这一类中存在一个合理定义的作用, 而且关于这一作用的轨道的渐近行为通常揭示了系统在对应初始条件下的基本属性. 通常涉及的大范围动力系统都冠以颇有启发性的名字 "重整化". 我们将通过手边的例子说明这一方法, 而不是像通常那样给这一术语一个纯理论的解释.

把实数 $\alpha, 0 < \alpha < 1$ 和旋转 R_α 等同起来. 在 0 点把圆周切开, 可以把旋转表示成如下半开区间 $[0,1)$ 上的映射:

$$R_\alpha(x) = \begin{cases} x+\alpha, & \text{如果 } 0 \leqslant x < 1-\alpha, \\ x+\alpha-1, & \text{如果 } 1-\alpha \leqslant x < 1. \end{cases}$$

从几何上, 这可以看作交换两个区间 $[0, 1-\alpha)$ 和 $[1-\alpha, 1)$. 现在考虑区间 $[0, \alpha)$ 上的首次返回映射. 立即发现, 这一映射相当于交换两个区间 $[0, \beta)$ 和 $[\beta, \alpha)$, 此处 $\beta = \{n\alpha\}$ 并且 n 由不等式 $(n-1)\alpha < 1 \leqslant n\alpha$ 确定, 即 $n = \left\lfloor \dfrac{1}{\alpha} \right\rfloor + 1$, 因此 $\beta = \left\lfloor \dfrac{1}{\alpha} \right\rfloor \alpha + \alpha - 1$.

现在考虑上面的交换作为旋转的表示. 当然, 需要把区间 $[0, \alpha)$ 正规化成长度为 1 的区间. 这使诱导映射表示由 $1 - \dfrac{\beta}{\alpha} = 1 - \left\lfloor \dfrac{1}{\alpha} \right\rfloor + 1 + \dfrac{1}{\alpha} = \left\{ \dfrac{1}{\alpha} \right\} = G(\alpha)$ 决定的旋转.

于是, Gauss 映射的迭代对应于相继取首次返回映射的过程. 由于在递减区间上取首次返回映射的运算明显是传递的, 我们可以把迭代看作在特别选取得越来越小的区间上取首次返回映射 (这些区间的长度很容易计算并且与连分数展开有紧密地联系), 并且把这些 "重整化" 成单位长度. 这一过程显示了原来旋转的微观行为, 因此, Gauss 映射的动力行为说明了诱导映射的性质.

例如, 如果 α 是有理数, 那么 $G(\alpha)$ 的某一迭代等于 0, 之后这一过程结束: 诱导映射是恒同的, 这是说明原来映射是周期的另外一个简单方法.

如果 α 是二次无理的, 对应的 Gauss 映射的轨道是最终周期的, 因此诱导过程展现了自相似性: 从有限步后诱导过程是周期的, 因此, 在某种意义上任何层次的微观结构同宏观结构是一样的.

最后, 对于一个典型的 α (零集之外的), Gauss 映射的轨道关于密度 $\dfrac{1}{1+x}$ 是一致分布的. 因此, 诱导的旋转按照同样的密度分布, 并且不同层次的微观的结构以相当随机的方式改变.

在 11.3.1 节已经遇到过不同类型的重整化过程. 主要的不同是那里的辅助动力系统在双曲不动点的一个邻域内选取, 因此没有展现很多的回复性. 实际上, 单个的映射的重整化将使得它更类似于具有一个 Feigenbaum-Misiurewicz 型吸引子的映射.

15.4 齐次动力系统, 几何和数论

一类自然的动力系统来自于下面的一般代数结构. 令 G 是一个局部紧群, $H \subset G$ 是一个闭子群, $M = H \backslash G$ 是左齐次空间, 此时它有自然的局部紧拓扑. 有时对于非紧的 G 和 H, 齐次空间也可以是紧的, 这类似于 Abel 群 $G = \mathbb{R}^n, H = \mathbb{Z}^n$ 的情形. 由于群中的左乘和右乘是交换的, G 对它自己的右平移作用可投射到 M. 这一作用在 G 的子群 Λ 上的限制称作一个(右) 齐次作用; 如果 Λ 是一个单参数子群, 它的作用称作一个(右) 齐次流. 自然地, 通过考虑右齐次空间和左作用, 可以定义左齐次作用, 毫不奇怪, 某种齐次作用在数论、几何和动力系统间的交叉起着中心的作用.

15.4.1 模曲面, 测地线和极限圆流

我们开始叙述一个著名的齐次作用, 它与连分数和有理逼近有着紧密的联系.

从双曲几何的观点来看, 这一作用是一个特殊的常负曲率曲面上的测地流. 相应地, 我们先从一些几何上的准备开始.

1. 上半平面

考虑上半复平面, 它由具有正虚部的点定义: $\mathbb{H} := \{(x + \mathrm{i}y) \in \mathbb{C} | y > 0\}$. 在它上面定义一个非 Euclid 距离, 令在点 $(x, y) \in \mathbb{H}$ 处的向量 v 的长度为 $\dfrac{\|v\|}{y}$. 等价地, $\mathbb{H}$ 中曲线的长度为 $\displaystyle\int \dfrac{1}{y}(\mathrm{d}x + \mathrm{d}y)$, 沿曲线取积分. 这定义了双曲度量.

测地线容易描述: 每一个测地线或者是垂直的直线 $\{(x + \mathrm{i}y) | y > 0\}$, 或者是端点是实数, 即在 x 轴上的半圆.

测地流如通常一样定义在 $\mathbb{H}$ 的单位切向量空间 $S\mathbb{H}$ 上. 不像球面或环面, 它们的测地流在前面已经遇到过 (1.3.3 节和 5.2.2 节, 类似于 Euclid 平面), 这一空间非常 "大", 它是非紧的且具有无限体积. 然而 Euclid 几何和非 Euclid 几何中的测地流的行为有很大的差别. 为了得到小一点的空间, 以后将进行类似于 2.6.4 节的构造, 那里的环面是通过等化 $\mathbb{R}^2$ 中经过整数平移可以重合的点而得到的.

2. Möbius 变换

群 SL$(2, \mathbb{R})$ 通过分式线性变换等距而传递地作用在 $\mathbb{H}$ 上, 经常称作 Möbius 变换:

$$f_g(z) = \frac{az + b}{cz + d}, \quad z \in \mathbb{H}, \quad g = \begin{pmatrix} a & b \\ c & d \end{pmatrix} \in \mathrm{SL}(2, \mathbb{R}),$$

核为 $\mathbb{Z}_2 = \{\pm\mathrm{Id}\} \subset \mathrm{SL}(2, \mathbb{R})$. 这些变换保持目前已有的结构: 保持双曲度量 (即长度和角度) 且 (因此) 把测地线映成测地线. 因子群 $G = \mathrm{PSL}(2, \mathbb{R}) = \mathrm{SL}(2, \mathbb{R})/\mathbb{Z}_2 \simeq \mathrm{SO}(1, 2)^0$ 有效地作用在 $\mathbb{H}$ 上, 并且点 $z_0 = i \in \mathbb{H}$ 的迷向子群是 $C = \mathrm{PSO}(2) = \mathrm{SO}(2)/\mathbb{Z}_2$. 因此 $\mathbb{H}$ 可以看作和 G/C 等同.

作用在 $\mathbb{H}$ 上的 $\mathrm{PSL}_2(\mathbb{R})$ 的微分定义了在 $S\mathbb{H}$ 上的一个传递的自由作用, 因此后者可通过固定任何单位切向量到 $\mathbb{H}$ 作为群中的恒同元素而等同于 G. 为方便, 可在点 i 取向上的垂直向量达此目的.

3. Fuchs 群和常负曲率曲面

任何 Gauss 曲率为常数 -1 的光滑曲面 M 的形式是 $M = \Gamma \backslash \mathbb{H} = \Gamma \backslash G/C$, 此处, Γ 是 G 的某一离散子群 (这样的群称作 Fuchs 群), 是无挠的. 因此, 单位切向量丛 SM 是左齐次空间 $\Gamma \backslash S\mathbb{H} = \Gamma \backslash G$. 由 M 上的 Riemann 度量构成的体积形式诱导了 SM 上的 G 不变测度, 称为 Liouville 测度, 而且明显地与 $\Gamma \backslash G$ 上的正规 Haar 测度相同. 特别地, 一个曲面 $M = \Gamma \backslash \mathbb{H}$ 是有限面积的当且仅当 Γ 是 G 中的一个格 (即 $SM = \Gamma \backslash G$ 是有限体积的).

4. 模曲面

现在考虑一个特殊的 Fuchs 群, 它与 Euclid 空间中的整数平移的格很相近. 它是模群 PSL(2, ℤ), 由变换

$$z \mapsto \frac{az+b}{cz+d}, \quad a,b,c,d \in \mathbb{Z}, \quad \text{且} \quad ad - bc = 1 \tag{15.4.1}$$

构成.

在 2.6.4 节中, 环面由把基本域 $[0,1] \times [0,1]$ 的对边粘在一起得到. 在这里一个方便的基本域是

$$\left\{ x + iy \mid |x| \leqslant \frac{1}{2}, \ x^2 + y^2 \geqslant 1 \right\},$$

它由射线 $\left\{ \frac{1}{2} + iy \mid y \geqslant \frac{\sqrt{3}}{2} \right\}$ 和 $\left\{ -\frac{1}{2} + iy \mid y \geqslant \frac{\sqrt{3}}{2} \right\}$ 以及单位圆周上的连通弧段 $\{ x + iy \mid -1 \leqslant 2x \leqslant 1, y = \sqrt{1-x^2} \}$ 围成. 在环面的情形, 把矩形的两个竖直边等化, 这是因为由 $(1,0)$ 确定的平移把左边映到右边. 类似地, 围成双曲基本域的两条竖直射线由同样的平移等化, 该平移可由式 (15.4.1) 中令 $a = b = d = 1, c = 0$ 得到. 进一步, 半弧由映射 $z \mapsto -\frac{1}{z}$ 等化 $\Big($ 在式 (15.4.1) 中, 由 $a = -b = c = 1, d = 0$ 得到 $\Big)$, 它的作用就像弧上一面对称的镜子. 可以把等化的作用想象成将该区域像卷报纸一样绕虚轴卷起, 并把两边粘起来, 然后像拉拉锁一样把底部的半弧封闭. 从拓扑上看得到的结果是底部封闭的半圆柱. 而从几何上看, 底部的外面看起来更像伪球面: 沿着以竖直直线表示的测地线, 截口的长度以指数递减. 这些测地线在非 Euclid 几何意义下是平行的: 它们中的任何两条间的距离都以指数递减.

这一模曲面上的测地流可以被描述为其在区域内沿一个测地线运动直到遇到边界, 然后从对应的边界点回到区域. 对于竖直线段, 这将是 "对面的" 点, 测地线以同一方向继续. 碰到圆弧后从 $x + iy$ 跳到 $-x + iy$ 且在边界上保角. (如图 15.4.1).

测地流有一个截面, 它的返回映射与 Gauss 映射有紧密的联系 (定义 15.3.1). 那么并不奇怪, 有理逼近的性质与模面上的测地流的性质有紧密的联系.

在 15.4.1.2 节中叙述的 SⅢ 和 PSL(2, ℝ) 的等价性可以将测地流与 PSL(2, ℝ) 上由对角矩阵子群生成的右齐次流等同起来. 我们将在 15.4.4 节中简短地提一下测地流的动力学性质.

5. 极限圆流

在 PSL(2, ℤ) \ PSL(2, ℝ) 上 (或者等价地, 在模曲面的单位切从上) 存在另外一个齐次流, 若从在数论中应用的角度考虑, 它比测地流更为重要, 并且与后面有着紧密的联系. 它是由单参数群

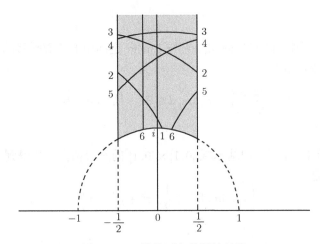

图 15.4.1　模曲面上的测地射线

$$\begin{pmatrix} 1 & t \\ 0 & 1 \end{pmatrix}, \quad t \in \mathbb{R}$$

定义的右齐次流, 称作模曲面上的极限圆流[2]. 实际上, 极限圆流的轨道正好是测地流的不稳定流形. 在关于极限圆流的问题和数论的 Riemann 假设之间有着引人瞩目的联系.

对我们的考虑来说, 很有必要指出极限圆流与测地流的动力学行为 (见 15.4.4 节) 是非常不同的. 存在闭轨的单参数族, 表现为基本域中的水平线段及这些点处方向向上的竖直切向量和它们在测地流下的像. 而每一个其他的轨道是稠密的, 实际上关于 Liouville 测度是一致分布的. 因此图像更接近于唯一遍历性而不是复杂的双曲性的行为 [3].

15.4.2　格空间

模曲面构造的一个自然的推广在齐次动力学于数论的应用中起着重要作用, 它是通过齐次空间 $\Omega_k := \mathrm{SL}(k,\mathbb{Z}) \backslash \mathrm{SL}(k,\mathbb{R})$ 表示的. 在 $\mathbb{R}^k$ 上标准的 $\mathrm{SL}(k,\mathbb{Z})$ 右作用保持格 $\mathbb{Z}^k \subset \mathbb{R}^k$ 不变, 并且给定任何 $g \in G$, 格 $g\mathbb{Z}^k$ 是幺模的, 即它的基本集是单位体积的. 另外, $\mathbb{R}^k$ 中的任何幺模格 Λ 都具有形式 $\mathbb{Z}^k g$, 这里 $g \in G$. 因此空间 Ω_k 可以看作 $\mathbb{R}^k$ 中所有的幺模格的集合的空间, 并且明显地这一等化把 $\mathrm{SL}(k,\mathbb{R})$ 在 $\mathrm{SL}(k,\mathbb{Z}) \backslash \mathrm{SL}(k,\mathbb{R})$ 上的右作用变成格上的线性作用: 对一个格 $\Lambda \subset \mathbb{R}^k$, 有 $g\Lambda = \{gx : x \in \Lambda\}$.

---

[2] 名称来自于极限圆或极限环, 它是双曲平面上当中心沿测地线运动到无穷所得的圆周的极限. 极限圆可以看作水平直线和与实直线相切的圆周. 从几何上看, 极限圆流可以看作单位向量沿垂直于它的两个极限圆周之一的运动.

[3] 对一个 Fuchs 群 Γ, 如果 $\Gamma \backslash \mathrm{PSL}(2,\mathbb{R})$ 是紧致的, 对应的极限圆流实际上是唯一遍历的.

因此, 特别地, 对于模曲面的单位切向量从自然地等同于 Euclid 平面上的所有格的空间, 因此给出了 Euclid 几何和非 Euclid 几何间的一个基本联系. 类似于模曲面的情形, 齐次空间 Ω_k 不是紧的, 但具有在 G 的作用下左平移不变的有限体积. 上面所描述的可以想象的模曲面上的那个无限"尖顶"可以被更为复杂的渐近几何体所代替.

联系数论和齐次作用理论间的主要纽带是如下的 Mahler 准则, 它给出了对这一渐近几何体的某种掌握:

定理 15.4.1 一个格序列 $g_i\mathrm{SL}(k,\mathbb{Z})$ 在 Ω_k 中趋向于无穷当且仅当存在序列 $\{x_i \in \mathbb{Z}^k \setminus \{0\}\}$ 满足 $g_i(x_i) \to 0$ 当 $i \to \infty$ 时成立. 等价地, 固定 $\mathbb{R}^k$ 上的一个范数且定义在 Ω_k 上的一个函数

$$\delta(\Lambda) := \max_{x \in \Lambda \setminus \{0\}} \|x\|. \tag{15.4.2}$$

那么 Ω_k 的一个子集 K 是有界的当且仅当 δ 在 K 上的限制有大于零的界.

$\mathrm{SL}(k,\mathbb{R})$ 及其子群在 $\mathbb{R}^k$ 中的格空间 Ω_k 上的右齐次作用对于齐次动力系统在数论中的应用非常重要.

15.4.3 格上的不定二次型

现在考虑一个数论模型, 在它里边这些作用会出现, 并且在下一节中将简要地描述动力学方法在经典数论问题中的应用的最引人瞩目的成果之一. 令 $Q(x)$ 是一个 k 个变量的齐次多项式 (例如, 一个二次型), 并且假设我们想研究使得 $Q(x)$ 取值很小的非零整数向量 x. 记 H 为 Q 在 $\mathrm{SL}(k,\mathbb{R})$ 中的稳定子 (即 $H = \{g \in \mathrm{SL}(k,\mathbb{R}) : Q(gx) = Q(x)$ 对所有 $x \in \mathbb{R}^k$ 成立$\}$). 由此可以陈述如下基本引理:

引理 15.4.2 存在非零整数向量序列 x_n 使得 $Q(x_n) \to 0$ 当且仅当存在序列 $h_n \in H$ 使得 $\delta(h_n\mathbb{Z}^k) \to 0$.

在 Mahler 的准则中, 后一个条件相当于说轨道 $H\mathbb{Z}^k$ 在 Ω_k 中无界. 这展示了数论对研究 Ω_k 上的各种轨道的长期行为的特殊的重要性.

考虑 k 个变量的实二次型和它们在整数点的值. 自然地, 如果这样一个二次型 Q 是正定或负定的, 集合 $Q(\mathbb{Z}^k \setminus \{0\})$ 与零点的某一邻域的交集是空集. 现在取一个不定形式且称它为有理的, 如果它是一个具有有理系数的形式的倍数, 否则就称为无理的. 对 $k = 2, 3, 4$, 很容易构造在非零整数点不取很小的数值的有理形式 [4]. 因此一个自然的假设就是这一形式是无理的.

---

[4] 然而, 由 Meyer 定理 (见 Cassels J W S. *An Introduction to Diophantine Approximation*. Cambridge Tracts in Mathematics and Mathematical Physics 45. New York: Cambridge University Press, 1957), 如果 Q 是一个非退化的 $k \geqslant 5$ 个变量的有理不定二次型, 那么 Q 非平凡地在 $\mathbb{Z}$ 上取零, 即存在非零整数向量 x 满足 $Q(x) = 0$.

15.4.4　两个变量的二次型

对于 $k = 2$ 的情形, 不定式十分特殊. 我们把注意力集中在特殊但有代表性的情形, 即形式为 $Q_\lambda(x_1, x_2) := x_1^2 - \lambda x_2^2$, 这里 $\lambda > 0$. 注意到 $x_1^2 - \lambda x_2^2 = (x_1 - \sqrt{\lambda} x_2)(x_1 + \sqrt{\lambda} x_2)$, 并且假定 x_1 和 x_2 是同号的整数 (不失一般性, 可以假定它们是正的), 第二个因子必定是大的. 因此, 为了使乘积很小, 第一个因子相对于 $(\max(x_1, x_2))^{-1}$ 要小. 也就是说, 有正整数序列 p_n 和 $q_n, n \in \mathbb{N}$ 满足

$$\lim_{n \to \infty} q_n^2 \left| \sqrt{\lambda} - \frac{p_n}{q_n} \right| = 0.$$

由式 (15.2.1) 和式 (15.2.2), 这一条件等价于数 $\sqrt{\lambda}$ 的连分数展开系数 a_n 的无界性. 如果这些系数是最终周期的, 那么如我们所知, $\sqrt{\lambda}$ 是二次无理数并且 λ 也是这样. 但是存在不可数多个其他有界型数 (虽然依旧是一个零集), 即具有有界连分数展开.

注意, 从动力系统上看, 这样数的特征是在 Gauss 映射下的轨道离零点的距离有正下界, 或等价地说, 它们在半开区间 $(0, 1]$ 内具有紧闭包. $\mathrm{SL}(2, \mathbb{R})$ 中的形式 Q_λ 的稳定子是一个单参数双曲子群, 因此共轭于一个对角子群, 且它的作用共轭于模曲面上的测地流. 这一流具有第 10 章中讨论的双曲行为的所有特征, 而且与 Gauss 映射的性质非常相似. 特别地, 典型轨道是一致分布的, 因此无界, 然而仍然存在丰富的有界轨道的集合. Mahler 准则涉及的是具有特殊初始条件 (标准格 $\mathbb{Z}^2$) 的轨道的有界或无界性, 但是一个适当的坐标变换把这些变成关于具有不同种类初始条件的测地流 (或者对角子群的左齐次作用) 的相关问题. 实际上, 如果考虑任意的不定二次型而不是特殊形式 Q_λ, 这些初始条件的集合会变成完备的. 就像前面一样, 其对应可以清晰地描述. 因此, 可以将在整数向量上取任意小正值的二次型刻画为在此对应下映到模曲面上具有无界测地线的单位切向量的那些二次型.

15.5　三个变量的二次型

在高维时的情形会相当不同.

15.5.1　Oppenheim 猜测

1986 年, Gregory A Margulis[5] 证明了如下结果, 解决了 Oppenheim 提出的长达 60 年之久的一个猜测.

---

[5] Margulis G A. Formes quadratriques indéfinite et flots unipotents sur les espaces homogènes. *C.R. Acad. Sci. Paris Sér. I Math.*, 1987, 304(10): 249–253; Margulis G A. Indefinite quadratic forms and unipotent flows on homogeneous spaces. *Dynamical Systems and Ergodic Theory* (Warsaw, 1986), PWN, Warsaw, 1989: 399–409.

定理 15.5.1 令 Q 是一个 $k \geqslant 3$ 个变量的实的不定的非退化无理二次型[6]. 那么对任意给定的 $\varepsilon > 0$, 存在一个整数向量 $x \in \mathbb{Z}^k \setminus \{0\}$ 使得 $|Q(x)| < \varepsilon$.

对于 $k \geqslant 21$, 这一结果于 20 世纪 50 年代用解析数论的方法得到证明[7]. 特别地, 已经知道这一猜测对于某一 k_0 的正确性蕴含着对所有的 $k \geqslant k_0$ 的正确性, 也就是说, 定理 15.5.1 归结为 $k = 3$ 的情形.

重要的发现在 50 年代由 Cassels 和 Swinnerton-Dyer 隐含地给出, 后来由 Raghunathan 明确地给出 (这激发了后者的著名猜测). 他断言定理 15.5.1 等价于一个特别的齐次作用的动力系统的某种表达.

15.5.2 动力学方法和 Margulis 定理

这一最终被 Margulis 证明的问题表述如下:

定理 15.5.2 令 Q 是一个三个变量的实的不定的非退化二次型, 并且令 H_Q 是 Q 在 $\mathrm{SL}(3, \mathbb{R})$ 中的稳定子. 那么 H_Q 在 Ω_3 中的右齐次作用的具有紧闭包的任何轨道 $H_Q \Lambda$ 都是紧致的, 此处 Λ 是 $\mathbb{R}^3$ 的一个格.

将定理 15.5.1 归结到定理 15.5.2 的简化梗概 可以应用引理 15.4.2 和来自李群的格理论的某些内容来证明. 实际上, 假设对某一 $\varepsilon > 0$, 有 $\inf_{x \in \mathbb{Z}^3 \setminus \{0\}} \geqslant \varepsilon$. 那么由引理 15.4.2, $H_Q \mathbb{Z}^3$ 的轨道在 $\mathbb{R}^3$ 的幺模的空间 Ω_3 内是无界的. 因此, 由定理 15.5.2 知它是紧致的. 但是, 由于这一轨道可以等同于 $H_Q / H_Q \cap \mathrm{SL}(3, \mathbb{Z})$, 这就说明 $H_Q \cap \mathrm{SL}(3, \mathbb{Z})$ 是 H_Q 中的余紧格 (一个具有紧齐次空间的离散子群). 因此, 由 Borel 稠密性定理, 它是 Zariski 稠密的. 不难证明, 后者等价于 H_Q 是定义在 $\mathbb{Q}$ 上的, 继而它又等价于 Q 与具有有理系数的形式成比例[8]. □

15.5.3 幂单作用的动力学的刚性

Margulis 的结果是为理解一类特殊齐次作用的动力学和统计学性质而取得的大量进展的一部分, 在 15.4.1.5 节中描述的极限圆流给出了这些齐次作用最简单例子. 类似于前一节, 我们考虑左齐次空间 $\Gamma \setminus G$ 上的右齐次作用, 此处 G 是一个连通的李群, Γ 是一个格, 即 G 的一个离散子群使得齐次空间具有在群 G 的右作用下不变的有限体积. 如果齐次空间是紧致的, 后一个条件明显地被满足, 但在许多情形下, 包括最有趣的一些情形 (例如 Ω_k), 事实并非如此.

极限圆流限定性的局部特征是它的幂单性. 这意味着在一个适当的 (移动) 坐标系下, 变换的导数看起来像特征值都等于 1 的线性映射 (对于特殊情形的极限圆

---

[6] Oppenheim 的原始猜测假定 $k \geqslant 5$, 后来由 Davenport 扩展到 $k \geqslant 3$.

[7] 这一问题的历史见 Margulis G A. Oppenheim conjecture // *Fields Medallists' Lectures*. River Edge, NJ: World Science Publishing, 1997: 272–327.

[8] 详细的讨论可见于 Alexander N Starkov. *Dynamical Systems on Homogeneous Spaces*. Providence, RI: American Mathematical Society, 2000.

流, 相应的映射只有一个大小为 3 的 Jordan 块). 20 世纪 70 年代由 Furstenberg, Dani 和其他一些人证明了极限圆流具有某种刚性性质, 这些研究开始于余紧情形的唯一遍历性. 这引导 Raghunathan 在 70 年代后期给出了一个更一般的猜测, 由幂单元素生成的齐次作用的任何轨道闭包在自然的意义下是代数的, 即它是一个闭子群的单陪集的投影.

最初的进展是对极限圆流和更一般的与某种双曲或部分双曲作用有紧密关系的幂单作用得到的. 这样的幂单子群被冠名为通常的极限球面. 由于错综复杂的双曲作用为极限球面作用提供了重整化, 这一联系对于研究轨道闭包和不变测度有极大帮助. 20 世纪 80 年代早期, Marina Ratner 通过对极限圆流建立刚性性质的一套引人瞩目的漂亮结论得到了远远超出唯一遍历性的结果. 1986 年, Margulis 对一类包含 H_Q 生成的子群 (见下面) 的非极限圆幂单子群证明了 Raghunathan 猜测. 最后, 在 1990 年, Ratner 证明了完全一般的 Raghunathan 猜测 [9] 和关于不变测度的相应的结果 [10].

定理 15.5.2 证明梗概　　由幺模坐标变换, 任何三个变量的不定二次型可以变成形式 $\pm Q_0$, 此处

$$Q_0(x_1, x_2, x_3) = 2x_1 x_2 + x_3.$$

因此群 H_Q 同构于群 H_{Q_0}, 它包含着幂单的单参数子群

$$\begin{pmatrix} 1 & t & 0 \\ 0 & 1 & 0 \\ 0 & 0 & 1 \end{pmatrix}, \quad t \in \mathbb{R},$$

并且实际上很容易证明它由幂单子群生成. 由 Margulis 的结果或 Ratner 的更一般的定理, H_Q 在 Ω_3 中的轨道的闭包一定是 $\mathrm{SL}(3, \mathbb{Z})$ 的真闭子群 H 的一个齐次空间, 这里明显地有 $H_Q \subset H$. 由于在 H_{Q_0} 和 $\mathrm{SL}(3, \mathbb{Z})$ 之间 (因此在 H_{Q_0} 和 $\mathrm{SL}(3, \mathbb{Z})$ 之间) 没有中间子群, 有 $H = H_Q$. 因此该作用在轨道的闭包上是传递的并且轨道是紧致的.　　　　　　　　　　　　　　　　　　　　　□

---

[9] Marina Ratner. Raghunathan's topoloqical conjecture and distributions of unipotent flows. *Duke Math.J.*, 1991, 63(1): 235–280.

[10] Marina Ratner. On Raghunathan's measure conjecture. *Ann.of Math.*, 1991, 134(3): 545–607.

参 考 读 物

同 类 读 物

有几本流行的书是本书很好的补充. 一本着眼于应用而且写得很好的书是

Steven H Strogatz. *Nonlinear Dynamics and Chaos*. Addison-Wesley, Reading, MA, 1994.

下面两本书对增长的复杂性采用了从一维到二维再到更高维的不同的方法予以处理:

Robert Devaney. *An Introduction to Chaotic Dynamical Systems*. Addison-Wesley, Reading, MA, 1989.

Robert Devaney. *A First Course in Chaotic Dynamical Systems*. Addison-Wesley, Reading, MA, 1992.

这两本书还介绍了复杂动力系统的入门知识 (如 Julia 集等).

进一步的读物

有很多书提供了动力系统更深入的介绍, 适于继续学习. 自然地, 这基于更广更深的数学背景知识, 对此我们有下述建议:

在本书的基础上继续学习动力系统, 最自然的是采用我们的书

Anatole Katok and Boris Hasselblatt. *Introduction to the Modern Theory of Dynamical Systems*. New York: Cambridge University Press, 1995.

这本书是自封闭的, 且对动力系统知识有着详尽的阐述和讲解.

动力系统的几何理论在下述著作中作了极好的处理

Clark Robinson. *Dynamical Systems, stability, Symbolic Dynamics, and Chaos*. second edition. Boca Raton, FL: CRC Press, 1999.

我们推荐几本涉及动力系统一些重要领域的著作. 精通微分方程理论对学习连续动力系统、力学及其应用很有帮助. 从动力系统的观点处理微分方程的经典书籍是

Vladimir I Arnold. *Geometrical Methods in the Theory of Ordinary Differential Equations*. New York-Berlin: Springer-verlag, 1983.

我们还要推荐他的一本关于力学的著作, 这本书强调几何性、整体性和结构性:

Vladimir I Arnold. *Mathematical Methods of Classical Mechanics*. New York: Springer-verlag, 1989.

有关低维动力系统权威性的书可见

Welington de Melo and Sebastian van Strien. *One-Dimensional Dynamics*. Berlin: Springer-verlag, 1993.

一本有关遍历理论的好的有启发性的书是

Karl Petersen. *Ergodic Theory*. Cambridge: Cambridge University Press, 1983; 1989.

符号动力系统及其重要应用很好地体现于

Douglas Lind and Brian Marcus. *An Introduction to symbolic Dynamics and Coding*. Cambridge: Cambridge University Press, 1995.

对于那些寻求内容更广, 材料更新, 水平更高的动力系统介绍书籍的读者, 这里有两部特别重要的书. 第一部来自于 1999 年夏天在西雅图举办的一个以系列讲座和讲解性发言为主的针对学生和专家的研讨会. 此书是由讲义、综述以及论文组成, 且会非常重要.

Anatole Katok, Rafawl de la Llave, Yakov Pesin and Howard Weiss (eds.). *Smooth Ergodic Theory and Its Applications*. Proceeding of Symposia in Pure Mathematics 69, Summer Research Institute, Seattle, WA, 1999; Providence, RI: American Mathematical Society, 2001.

第二部书是由综述文章组成的, 其内容相互联系且覆盖动力系统许多研究方向. 它是动力系统手册系列的一部, 而该手册将至少有四卷:

Boris Hasselblatt and Anatole Katok(eds.). *Handbook of Dynamical Systems*. vol 1A. Amsterdam: Elsevier, 2002; vol 1B, Amsterdam: Elsevier.

背景知识读物

动力系统基于几个广阔的领域所提供的数学背景. 读者在读本书时可能想寻找合适的参考书, 而且, 进一步的学习可能需要遵循我们对进一步读物的建议. 在我们的书 *Introduction to the Modern Theory of Dynamical Systems* 的附录中有对动力系统的研究所需的大量背景知识的简要介绍.

对本书所涉及的知识程度而言, 以下三本书非常有用

Jerrold E Marsden and Michael J Hoffman. *Elementary Classical Analysis*. New York: W. H. Freeman, 1993.

Charles C Pugh. *Real Mathematical Analysis*. New York: Springer-Verlag, 2002.

Walter Rudin. *Principles of Mathematical Analysis*. New York-Auckland-Dusseldorf: McGraw-Hill, 1976.

在众多常微分方程入门的书中, 下面这本书非常适合作为学习动力系统的准备用书:

Vladimir I Arnold. *Ordinary Differential Equations*. Berlin: Springer-verlag, 1992.

统计性质 (遍历理论) 的学习要求有测度论和泛函分析的背景. 下面是两本经典的教材, 它们还包含有对动力系统研究有用的其他内容:

Halsey L Royden. *Real Analysis*. New York: Macmillan, 1988.

Walter Rudin. *Real and Complex Analysis*. New York: McGraw-Hill, 1987.

一本内容更为丰富的测度论教材是

Paul R Halmos. *Measure Theory*. New York: Springer-Verlag, 1974.

光滑动力系统还要求拓扑和几何的背景知识. 我们推荐如下两本书:

John W Milnor. *Topology from the Differentiable Viewpoint*. Princeton, NJ: Princeton University Press, 1997.

James R Munkres. *Elementary Differential Topology*. Annals of Mathematics Studies 54. Princeton, NJ: Princeton University Press, 1966.

附 录 A

A.1 度 量 空 间

许多有趣的动力系统并非自然地"存在"于 Euclid 空间, 在很多情形下, 将辅助空间考虑在内有助于动力系统的研究. 一般情况下, 我们应用度量空间.

A.1.1 定义

定义 A.1.1 设 X 是一个集合, $d: X \times X \to \mathbb{R}$ 称为 X 上的一个度量或距离函数, 如果

(1) $d(x,y) = d(y,x)$ (对称性);

(2) $d(x,y) = 0 \Leftrightarrow x = y$ (非负性);

(3) $d(x,y) + d(y,z) \geqslant d(x,z)$ (三角不等式).

若 d 是一个度量, 则称 (X, d) 为一个度量空间.

注 A.1.2 在 (3) 中取 $z = x$, 再利用 (1) 和 (2), 可证明 $d(x,y) \geqslant 0$.

注 A.1.3 度量空间的子集本身也是度量空间, 其上的度量可采用原空间上的度量 (这个度量也称为诱导度量).

以下概念是 Euclid 空间中类似概念的推广.

定义 A.1.4 集合 $B(x,r) := \{y \in X \mid d(x,y) < r\}$ 称为以 x 为心的(开) r 球. 称集合 $A \subset X$ 是有界的, 如果它包含在一个球内.

集合 $O \subset X$ 称为是开的, 如果对任意 $x \in O$, 存在 $r > 0$, 使得 $B(x,r) \subset O$ (这直接蕴含着开集的任意并仍是开集). 集合 S 的内部 $\text{int} S$ 是所有包含在 S 中的开集的并. 等价地, S 的内部就是所有这样的点的集合: $x \in S$ 且存在 $r > 0$, 使得 $B(x,r) \subset S$. 若 $x \in X, O$ 是包含 x 的一个开集, 则称 O 是 x 的一个邻域. 点 $x \in X$ 称为集合 $S \subset X$ 的边界点, 如果对 x 的任意邻域 U, 都有 $U \cap S \neq \varnothing, U \setminus S \neq \varnothing$. S 的所有边界点的集合 ∂A 称为 S 的边界.

设 $A \subset X$, 集合 $\overline{A} := \{x \in X \mid$ 对任意 $r > 0, B(x,r) \cap A \neq \varnothing\}$ 称为 A 的闭包. A 称为是闭的, 如果 $\overline{A} = A$; 集合 $A \subset X$ 称为是稠密的, 如果 $\overline{A} = X$; 称为是 ε 稠密的, 如果 $X \subset \bigcup\{B(x,\varepsilon) \mid x \in A\}$; 称一个集合是无处稠密的, 如果它的闭包的内部是空集 (即不包含非空开集). 有限集合是无处稠密的, 但 $\mathbb{Q}$ 和区间则不是. 称 X 中的序列 $(x_n)_{n \in \mathbb{N}}$ 收敛到 $x \in X$, 如果对任意 $\varepsilon > 0$, 存在 $N \in \mathbb{N}$, 使得当 $n \geqslant N$ 时, 有 $d(x_n, x) < \varepsilon$.

易见, 一个集合是闭集的充要条件是它的余集是开集 (所以任意闭集的交还是闭集). 定义闭集的另一种途径是借助于聚点.

定义 A.1.5 点 x 称为集合 A 的一个聚点, 如果任意球 $B(x, \varepsilon)$ 都与 $A \setminus \{x\}$ 相交. 集合 A 的所有聚点构成的集合称为 A 的导集, 记为 A'. 集合 A 是闭的, 如果 $A' \subset A$, A 的闭包 $\overline{A}$ 是 $\overline{A} = A \cup A'$. 集合 A 称为完全集, 如果 $A' = A$, 即不丢失任何点 (所有的聚点都在 A 中), 也没有任何额外的 (孤立) 点.

注意, $x \in A'$ 当且仅当存在 A 中不包含 x 的点列收敛于 x.

例 A.1.6 完全集是闭集. $\mathbb{R}$ 是完全集, 区间 $[0, 1]$、$\mathbb{R}^n$ 中的闭球、S^1 和 Cantor 三分集(见 A.1.7 节) 也都是完全集. 但是 $\mathbb{Z}$ 或 $\mathbb{R}^n$ 的有限子集 (它们没有聚点)、有理数集 $\mathbb{Q}$(它们有无理聚点) 都不是完全集.

在实直线上, 有限集是无处稠密的, 但有理数集 $\mathbb{Q}$ 和区间并非如此. Cantor 三分集是无处稠密的, 因为它是闭集且其内部是空集 (不包含区间).

这里有定理 A.1.38 的一个有趣的、恰当的特殊情形:

命题 A.1.7 $\mathbb{R}$ 中所有有界的、完全的、无处稠密的集合都同胚于 Cantor 三分集.

定义 A.1.8 度量空间 X 称为是连通的, 如果它不能表示为两个非空开集的不交并. 如果对任意两点 $x_1, x_2 \in X$, 存在不交开集 $O_1, O_2 \subset X$ 分别包含 x_1, x_2 且 $X = O_1 \cup O_2$, 则称 X 是完全不连通的.

$\mathbb{R}$ 或 $\mathbb{R}$ 中的任意区间、$\mathbb{R}^n$ 和 $\mathbb{R}^n$ 中的任意开球, 以及 $\mathbb{R}^2$ 中的圆周都是连通的. 完全不连通集的例子有 $\mathbb{R}$ 的至少包含两个元素的有限子集和有理数集, 事实上, $\mathbb{R}$ 的任意可数子集都是完全不连通集. Cantor 三分集是一个不可数的完全不连通集.

A.1.2 完备性

一个重要的性质将实数系统与有理数区分开来, 这个性质称为完备性, 它反映了实直线 "没有洞" 的事实, 而不像有理数一样. 下面给出这种性质的几种等价描述, 不同的描述可应用于不同情境.

(1) 若一个非减实数序列有上界, 则该数列收敛;

(2) 若 $\mathbb{R}$ 的子集有上界, 则它有一个最小的上界;

(3) Cauchy 实数序列收敛.

序列 $(a_n)_{n \in \mathbb{N}}$ 称为 Cauchy 序列, 如果对任意 $\varepsilon > 0$, 存在 $n \in \mathbb{N}$, 对任意 $n, m \geqslant N$, 有 $|a_n - a_m| < \varepsilon$.

完备性的前两种描述 (通过应用上界和非减的概念) 涉及实数的序, 但最后一种并非如此, 因而它常被用来定义度量空间的完备性.

定义 A.1.9   序列 $(x_i)_{i \in \mathbb{N}}$ 称为 Cauchy 列, 如果对任意 $\varepsilon > 0$, 存在 $N \in \mathbb{N}$, 使得对任意 $i, j \geqslant N$, $d(x_i, x_j) < \varepsilon$. 度量空间 X 称为完备的, 如果它的任意 Cauchy 列收敛.

例 A.1.10   例如, 当取通常的度量 $d(x, y) = |x - y|$ 时, $\mathbb{R}$ 是完备的, 而开区间不完备 (端点是 "缺失的"). 然而, 如果在开区间 $(-\pi/2, \pi/2)$ 上定义度量 $d_*(x, y) = |\tan x - \tan y|$, 则这个度量空间是完备的. 在这种情形下, 区间的端点不再是 "缺失的", 因为在这个度量下端点附近的距离被拉长了, 看似收敛于端点的序列不再是 Cauchy 列.

注 A.1.11   这是度量的拉回的一个例子. 若 (Y, d) 是一个度量空间, $h \colon X \to Y$ 是单射, 则 $d_*(x, y) := d(h(x), h(y))$ 定义了 X 上的一个度量. 在例 A.1.10 中, 取 $X = (-\pi/2, \pi/2)$, $Y = \mathbb{R}$, $h = \tan$.

引理 A.1.12   完备度量空间 X 的闭子集 Y 也是完备度量空间.

证明   因为 Y 中的 Cauchy 列也是 X 中的 Cauchy 列, 所以它收敛于某点 $x \in X$. 又因为 Y 是闭集, 所以 $x \in Y$. □

一个重要的例子是连续函数空间 (定义 A.1.16).

定理 A.1.13   空间

$$\mathcal{C}([0, 1], \mathbb{R}^n) := \{f \colon [0, 1] \to \mathbb{R}^n \mid f\text{是连续的}\}$$

在由范数 $\|f\| := \max_{x \in [0,1]} \|f(x)\|$ 导出的度量下是完备度量空间 (见 A.1.5 节).

证明   设 $(f_n)_{n \in \mathbb{N}}$ 是 $\mathcal{C}([0, 1], \mathbb{R}^n)$ 中的一个 Cauchy 列. 则易见对任意 $x \in [0, 1]$, $(f_n(x))_{n \in \mathbb{N}}$ 是 $\mathbb{R}^n$ 中的一个 Cauchy 列. 所以由 $\mathbb{R}^n$ 的完备性知, $f(x) := \lim_{n \to \infty} f_n(x)$ 有定义. 下面证明 f_n 一致收敛于 f (从而易得 $f \in C([0, 1], \mathbb{R}^n)$). 对任意固定 $\varepsilon > 0$, 取 $N \in \mathbb{N}$, 使得当 $k, l \geqslant N$ 时, $\|f_k - f_l\| < \varepsilon/2$. 下面固定 $k \geqslant N$, 对任意 $x \in [0, 1]$, 取 N_x, 使得 $l \geqslant N_x \Rightarrow \|f_l(x) - f(x)\| < \varepsilon/2$. 若取 $l \geqslant N$, 则有 $\|f_k(x) - f(x)\| \leqslant \|f_k(x) - f_l(x)\| + \|f_l(x) - f(x)\| < \varepsilon$. 由于 k 的取法与 x 无关, 所以这就证明了断言的正确性. □

类似地, 可以证明有界序列空间的完备性.

定理 A.1.14   有界序列 $(x_n)_{n \in \mathbb{N}_0}$ 构成的空间 l^∞ 在上确界范数 $\|(x_n)_{n \in \mathbb{N}_0}\|_\infty := \sup_{n \in \mathbb{N}_0} |x_n|$ 下是完备的.

证明   证明类似于上一定理, 只不过这里的定义域是 $\mathbb{N}$ 而不是 $[0, 1]$ (有界性的假设使得范数有定义, 而对 $[0, 1]$ 上的连续函数来说有界性自然成立). □

定理 A.1.15 (Baire 范畴定理)   在完备度量空间中, 可数多个开稠集合的交集是稠密的.

证明   若 $\{O_i\}_{i \in \mathbb{N}}$ 是 X 中的开稠集合列, $\varnothing \neq B_0 \subset X$ 是开集, 则归纳地取半径至多为 ε/i 的球 B_{i+1}, 使得 $\overline{B}_{i+1} \subset O_{i+1} \cap B_i$. 于是, 这些球的中心构成一个

Cauchy 列, 由完备性, 这个 Cauchy 列是收敛的. 因此 $\varnothing \neq \bigcap_i \overline{B_i} \subset B_0 \cap \bigcap_i O_i$. □

A.1.3 连续性

定义 A.1.16 设 (X, d), (Y, d') 是度量空间. 映射 $f: X \to Y$ 称为等距映射, 如果对任意 $x, y \in X$, $d'(f(x), f(y)) = d(x, y)$. 称它在 $x \in X$ 点是连续的, 如果对任意 $\varepsilon > 0$, 存在 $\delta > 0$, 使得 $f(B(x, \delta)) \subset B(f(x), \varepsilon)$, 或者等价地, 如果 $d(x, y) < \delta$ 蕴含 $d'(f(x), f(y)) < \varepsilon$. f 称为连续的, 如果对任意 $x \in X$, f 在 x 连续. 连续性的一个等价刻画是开集的原像是开集. f 称为一致连续的, 如果 δ 的选取不依赖于 x, 即对任意 $\varepsilon > 0$, 存在 $\delta > 0$, 使得对任意 $x, y \in X$, 只要 $d(x, y) < \delta$, 就有 $d'(f(x), f(y)) < \varepsilon$. f 称为开映射, 如果它将开集映成开集.

一个具有连续逆映射的连续双射 (一对一的在上映射) 称为同胚. 映射 $f: X \to Y$ 称为 Lipschitz 连续的(或 Lipschitz 的), 且具有 Lipschitz 常数 C, 或称 C-Lipschitz 的, 如果 $d'(f(x), f(y)) \leqslant C d(x, y)$. 一个映射称为压缩映射 (或更确切地, λ 压缩映射), 如果它是 Lipschitz 连续的, 且 Lipschitz 常数 $\lambda < 1$.

连续性并不蕴含开集的像是开集. 例如, 映射 x^2 将 $(-1, 1)$ 或 $\mathbb{R}$ 映成的集合不是开集.

人们可用多种方式来刻画度量的相似性或等价性, 其中最简单的一种是将空间 X 及其上不同的度量看作两个度量空间, 然后将 X 上的恒同映射看作这两个度量空间之间的映射.

定义 A.1.17 称两个度量为等距的, 如果赋予这两个度量的空间之间的恒同映射是等距的. 两个度量称为一致等价的(有时称为等价的), 如果恒同映射和它的逆都是 Lipschitz 映射. 两个度量称为同胚的(有时也称为等价的), 如果恒同映射是同胚.

A.1.4 紧致性

度量空间中重要的一类是紧致度量空间.

定义 A.1.18 度量空间 (X, d) 称为紧致的, 如果 X 的任意开覆盖都有有限子覆盖, 即如果只要 $\{O_i \mid i \in I\}$ 是 X 的开集构成的集合, 其指标集是 I, 使得 $X \subset \bigcup_{i \in I} O_i$, 就存在有限子集合 $\{O_{i_1}, O_{i_2}, \cdots, O_{i_n}\}$, 使得 $X \subset \bigcup_{l=1}^n O_{i_l}$.

命题 A.1.19 紧致集合是有界闭集.

证明 设 X 是度量空间, $C \subset X$ 是紧致的. 若 $x \notin C$, 则集合 $O_n := \{y \in X \mid d(x, y) > 1/n\}$ 是 $X \setminus \{x\}$ 的, 因而也是 C 的开覆盖. 因此, 存在 $\{O_n\}_{n \in \mathbb{N}}$ 的有限子覆盖 $\mathcal{O}$. 令 $n_0 := \max\{n \in \mathbb{N} \mid O_n \in \mathcal{O}\}$. 则对任意 $y \in C$, $d(x, y) > 1/n_0$, 因此 $x \notin \overline{C}$. 这证明了 $\overline{C} \subset C$, 即 C 是闭集.

因为 $\{B(x, r) \mid r > 0\}$ 有有限子覆盖, 所以 C 是有界的. □

Heine-Borel 定理说明, 在 Euclid 空间中, 一个集合是紧致的当且仅当它是有界闭的. 然而, 在一些重要的度量空间中, 有界闭集可能不是紧致的. 于是, 紧致性的定义描述了一般度量空间中一个十分有用的性质. 事实上, 这个定义用到度量仅仅是因为它与开集有关.

给定度量之后, 紧致性等价于完备性和全有界性:

定义 A.1.20 一个度量空间称为全有界的, 如果对任意 $r > 0$, 存在有限集 C, 使得以 C 中的点为心的 r 球覆盖全空间.

命题 A.1.21 紧致集合是全有界的.

证明 若 C 是紧致的, $r > 0$, 则 $\{B(x, r) \mid x \in C\}$ 具有有限子覆盖. $\square$

命题 A.1.22 若 (X, d) 和 (Y, d') 是度量空间, X 是紧致的, $f: X \to Y$ 是连续映射, 则 f 是一致连续的且 $f(X) \subset Y$ 是紧致的, 因此是有界闭的. 特别地, 当 $Y = \mathbb{R}$ 时, f 可达到最大值和最小值.

上述命题的最后一个结论是紧致空间的一些最常用的事实之一, 即紧致集合上的连续实值函数可取到最小值与最大值.

证明 对任意 $\varepsilon > 0$, 存在 $\delta = \delta(x, \varepsilon) > 0$, 使得当 $d(x, y) < \delta$ 时, $d'(f(x), f(y)) < \varepsilon/2$. 显然开球族 $\{B(x, \delta(x, \varepsilon)/2) : x \in X\}$ 覆盖了 X, 于是, 由 X 的紧性, 存在由球 $B(x_i, \delta(x_i, \varepsilon)/2)$ 构成的有限子覆盖. 令 $\delta_0 = (1/2) \min\{\delta(x_i, \varepsilon)\}$.

若 $x, y \in X$ 满足 $d(x, y) < \delta_0$, 则存在某个 x_i, 使得 $d(x, x_i) < \delta_0 < \delta(x_i, \varepsilon)$, 由三角不等式, $d(y, x_i) \leqslant d(x, x_i) + d(x, y) < \delta_0 + \delta_0 \leqslant \delta(x_i, \varepsilon)$. 这两个事实蕴含着 $d'(f(x), f(y)) \leqslant d'(f(x), f(x_i)) + d'(f(y), f(x_i)) < \varepsilon/2 + \varepsilon/2 = \varepsilon$. 这就证明了一致连续性.

为了证明 $f(X) \subset Y$ 是紧致的, 考虑 $f(X)$ 的任意开覆盖 $f(X) \subset \bigcup_{i \in I} O_i$. 于是集合 $f^{-1}(O_i) = \{x \mid f(x) \in O_i\}$ 覆盖 X, 因此存在有限子覆盖 $X \subset \bigcup_{l=1}^{n} f^{-1}(O_{i_l})$. 所以 $f(X) \subset \bigcup_{l=1}^{n} O_{i_l}$. $\square$

命题 A.1.23 设 $\{C_i \mid i \in I\}$ 是度量空间 X 中的紧致集族, 使得对任意有限子族 $\{C_{i_l} \mid 1 \leqslant l \leqslant n\}$, $\bigcap_{l=1}^{n} C_{i_l} \neq \varnothing$. 则 $\bigcap_{i \in I} C_i \neq \varnothing$.

证明 用反证法证明. 设 $\{C_i \mid i \in I\}$ 是紧致集族, 满足 $\bigcap_{i \in I} C_i = \varnothing$. 对 $i \in I$, 令 $O_i = C_1 \setminus C_i$. 则 $\bigcap_{i \in I} C_i = \varnothing$ 蕴含着 $\bigcup_{i \in I} O_i = C_1$, 即 O_i 形成紧集 C_1 的一个开覆盖. 因此存在有限子覆盖 $\bigcup_{l=1}^{n} O_{i_l} = C_1$. 这蕴含着 $\bigcap_{l=1}^{n} C_{i_l} = \varnothing$. $\square$

命题 A.1.24 (1) 紧致集合的闭子集是紧致的;

(2) 紧致集合的交集是紧致的;

(3) 紧致空间之间的连续双射是同胚;

(4) 紧致集合中的序列有收敛子列.

证明 (1) 设 $C \subset X$ 是紧致空间的闭子集且 $\bigcup_{i \in I} O_i$ 是 C 的一个开覆盖. 若设 $O = X \setminus C$, 则 $X = O \cup C \subset O \cup \bigcup_{i \in I} O_i$ 是 X 的一个开覆盖, 因此有有限子覆

盖 $O \cup \bigcup_{l=1}^{n} O_{i_l}$. 由于 $O \cap C = \varnothing$, 故得到 C 的有限子覆盖 $\bigcup_{l=1}^{n} O_{i_l}$.

(2) 紧致集合的交集是闭子集的交集, 因此是这些紧致集合中的任意一个的闭子集. 由 (1), 它是紧致的.

(3) 需要证明开集的像是开集. 利用双射的性质, 注意开集 O 的像的余集是 O 的余集 O^c 的像. O^c 是紧致空间的闭子集, 因此是紧致的, 因此它的像是紧致的, 故而是闭的. 因此它的余集, 即 O 的像, 是开集.

(4) 给定一个序列 $(a_n)_{n \in \mathbb{N}}$, 对 $n \in \mathbb{N}$, 令 $A_n := \{a_i \mid i \geqslant n\}$. 则闭包 $\overline{A_n}$ 满足命题 A.1.23 的假设, 故存在 $a_0 \in \bigcap_{n \in \mathbb{N}} \overline{A_n}$. 这意味着对任意 $k \in \mathbb{N}$, 存在 $n_k > n_{k-1}$, 使得 $a_{n_k} \in B(a_0, 1/k)$, 即 $a_{n_k} \to a_0$. □

Hausdorff 度量给出了度量空间的一个有趣的例子.

定义 A.1.25 若 (X, d) 是一个紧致度量空间, $K(X)$ 表示 X 的闭子集族, 则 $K(X)$ 上的 Hausdorff 度量 d_H 定义为

$$d_H(A, B) := \sup_{a \in A} d(a, B) + \sup_{b \in B} d(b, A),$$

其中 $d(x, Y) := \inf_{y \in Y} d(x, y)$, $Y \subset X$.

由 d_H 的构造知它是对称的, 且两个集合间的 Hausdorff 距离为零当且仅当这两个集合是一致的 (在这里用到的集合都是闭的, 因而是紧的, 因此, "上确界" 实际上就是 "最大值"). 验证三角不等式需要多做一些工作. 为了证明 $d_H(A, B) \leqslant d_H(A, C) + d_H(C, B)$, 注意到对 $a \in A$, $b \in B$, $c \in C$, 有 $d(a, b) \leqslant d(a, c) + d(c, b)$. 于是对 b 取下确界就可得到对 $a \in A$ 和 $c \in C$, 有 $d(a, B) \leqslant d(a, c) + d(c, B)$. 所以 $d(a, B) \leqslant d(a, C) + \sup_{c \in C} d(c, B)$, $\sup_{a \in A} d(a, B) \leqslant \sup_{a \in A} d(a, C) + \sup_{c \in C} d(c, B)$. 类似地, 可以得到 $\sup_{b \in B} d(b, A) \leqslant \sup_{b \in B} d(b, C) + \sup_{c \in C} d(c, A)$. 后两个不等式相加就得到了三角不等式.

引理 A.1.26 紧致度量空间的闭子集族上的 Hausdorff 度量定义了一个紧拓扑.

证明 需要验证全有界性和完备性. 取有限的 $\varepsilon/2$ 网 N. 则任意闭集 $A \subset X$ 都可被中心在 N 中的点的某些 ε 球的并所覆盖. 且这些球的并的闭包与 A 之间的 Hausdorff 距离至多为 ε. 由于这样的集合个数是有限的, 所以就证明了这个度量是全有界的. 为了证明完备性, 考虑闭集 $A_n \subset X$ 的 Cauchy 列 (关于 Hausdorff 度量). 若令 $A := \bigcap_{k \in \mathbb{N}} \overline{\bigcup_{n \geqslant k} A_n}$, 则易证 $d(A_n, A) \to 0$. □

紧致度量空间 X 的任意同胚诱导出带有 Hausdorff 度量的 X 的闭子集族的一个自然的同胚, 于是有

引理 A.1.27 紧致度量空间上的同胚 f 的不变闭子集构成的集合关于 Hausdorff 度量是闭的.

证明   这个集合恰好是诱导同胚的不动点集, 因此是闭的.   □

定义 A.1.28   度量空间 (X, d) 称为局部紧致的, 如果 X 中每一点都有一个邻域, 它的闭包是紧的. (X, d) 称为可分的, 如果它包含一个可数稠密子集 (如 $\mathbb{R}$ 中的有理数集).

A.1.5   范数定义的 $\mathbb{R}^n$ 中的度量

在 Euclid 空间 $\mathbb{R}^n$ 中存在一类特殊的度量, 这类度量是平移不变的.

定义 A.1.29   线性空间上的函数 N 称为范数, 如果

(1) $N(\lambda x) = |\lambda| N(x)$, $\lambda \in \mathbb{R}$ (齐性);

(2) $N(x) \geqslant 0$, $N(x) = 0 \Leftrightarrow x = 0$ (非负性);

(3) $N(x + y) \leqslant N(x) + N(y)$ (凸性).

一个具有范数的线性空间称为赋范线性空间.

任意一个范数均可决定一个度量, 其距离函数定义为 $d(x, y) = N(x - y)$. 对这样定义的度量, 其非负性可由范数的非负性直接得到, 对称性在范数的齐性中取 $\lambda = -1$ 可得, 三角不等式由凸性得到. 由定义, 在这个度量下, 平移 $T_v: x \to x + v$ 是等距变换. 另外, 中心对称 $x \to -x$ 是一个等距变换, 相似变换 $x \to \lambda x$ 将距离变为 $|\lambda|$ 倍 (称最后一个性质为度量的相似性).

例 A.1.30 $\mathbb{R}^n$ 上的最大值距离定义为

$$d(x, y) = \max_{1 \leqslant i \leqslant n} |x_i - y_i|. \tag{A.1.1}$$

当然, 如最大值度量 (A.1.1) 一样, 标准 Euclid 度量也是平移不变的 ('它还是旋转不变的, 这里不作要求).

例 A.1.31   区间 $[0, 1]$ 上的连续函数构成的空间 $C([0, 1])$ 是线性的, 具有范数 $\|f\| := \max\{|f(x)| \mid x \in [0, 1]\}$.

以下命题说明了为什么范数是动力系统中的一个有用的工具.

命题 A.1.32 $\mathbb{R}^n$ 中所有由范数定义的度量都是一致等价的.

证明   首先, 由于一致等价的性质是传递的, 所以只需证明由范数确定的度量等价于标准 Euclid 度量.

其次, 由于平移是等距变换, 所以只需考虑点到原点的距离, 即可直接考虑范数.

再次, 由齐性, 只需考虑 Euclid 范数为 1 的向量的范数, 即考虑单位球面上的点.

由于其他范数关于 Euclid 度量是凸的, 因而是连续的函数, 再由圆周的紧性可得它是有上界的. 它还可以在单位球面上取到最小值. 最小值不可能为零, 否则将导致存在一个范数为零的非零向量. 因此范数的比率介于两个正常数之间.   □

A.1.6 积空间

环面是圆周的积这种构造表明了考虑一般度量空间的乘积是很有用的. 为了定义两个度量空间 (X, d_X) 和 (Y, d_Y) 的乘积, 我们需要定义笛卡儿积 $X \times Y$ 上的一个度量, 比如

$$d_{X \times Y}((x_1, y_1), (x_2, y_2)) := \sqrt{(d_X(x_1, x_2))^2 + (d_Y(y_1, y_2))^2}.$$

可以像验证 $\mathbb{R}^2$ 上的 Euclid 范数定义的度量一样验证上式定义了一个度量.

在积空间上还可以定义其他的等价度量. 其中两个比较自然的是

$$d'_{X \times Y}((x_1, y_1), (x_2, y_2)) := d_X(x_1, x_2) + d_Y(y_1, y_2)$$

和

$$d''_{X \times Y}((x_1, y_1), (x_2, y_2)) := \max(d_X(x_1, x_2), d_Y(y_1, y_2)).$$

证明这些度量是两两一致等价的类似于证明由 Euclid 范数、范数 $\|(x, y)\|_1 := |x| + |y|$, 以及最大值范数 $\|(x, y)\|_\infty := \max(|x|, |y|)$ 定义的度量是两两等价的 (命题 A.1.32). 事实上, 后者可由前者得到.

对于有限多个空间 (X_i, d_{X_i}) $(i = 1, \cdots, n)$ 的乘积, 可在积空间上如下定义几种一致等价的度量: 在 $\mathbb{R}^n$ 上取定范数 $\| \cdot \|$, 对任意两点 $(x_1, x_2, \cdots, x_n)$ 和 $(x'_1, x'_2, \cdots, x'_n)$, 定义它们之间的距离为 $\mathbb{R}^n$ 上以 $d_{X_i}(x_i, x'_i)$ 作为分量的向量的范数. 由 $\mathbb{R}^n$ 上任意两个范数的一致等价性 (命题 A.1.32), 可以得到这样定义的度量的一致等价性.

我们还会遇到无穷多个度量空间的乘积的情形 (通常情况下是同一个度量空间无穷多次自乘). 在集合 X 的无穷笛卡儿积中每个元素是由它的分量决定的, 就是说, 将这些 X 赋以指标 i (i 取自指标集 I), 于是, 乘积集合中每个元素的第 i 个分量相当于对 i 取了 X 中一个元素. 进而可以把无穷乘积空间 $\prod_{i \in I} X =: X^I$ 看作定义于 I 上取值于 X 的全体映射形成的集合.

与有限乘积的情形不同, 我们必须小心地选择无穷乘积空间上的积度量. 不仅要注意到收敛问题, 还要考虑到不同的选择可能会得到不等价的度量, 甚至不同胚的度量. 为了定义积度量, 假设 I 是可数的. 当 $I = \mathbb{N}$ 时, 若 X 上的度量是有界的, 即可以假定对任意 $x, y \in X$, 有 $d(x, y) \leqslant 1$, 则可以如下定义一些同胚的度量

$$d_\lambda(x, y) := \sum_{i=1}^\infty \frac{d(x_i, y_i)}{\lambda^{|i|}}. \tag{A.1.2}$$

对任意 $\lambda > 1$, 通过与相应的几何级数进行比较, 可得这个级数是收敛的.

若 $I = \mathbb{Z}$, 则做同样的定义, 只是求和运算是在 $\mathbb{Z}$ 上进行的 (这就是在 (A.1.2) 中写成 $|i|$ 的原因).

定理 A.1.33 (Tychonoff)   紧致空间的乘积仍是紧致的.

作为一种特殊情形, 对单位区间 $X = [0,1]$ 进行如上的构造. 这样得到的积空间称为 Hilbert 方体. 这是考虑元素在单位区间内的所有序列构成的集合的一种新途径.

A.1.7 序列空间

我们将对在 2.7.1 节引进的 Cantor 三分集进行推广, 以定义一类更一般的度量空间. 有关这类度量空间的重要例子有很多.

定义 A.1.34   Cantor 集是同胚于 Cantor 三分集的度量空间.

一个自然且重要的例子是元素为 0 或 1 的序列 $\omega = (\omega_i)_{i=0}^\infty$ 构成的空间 Ω_2^R. 由于这个集合是可数多个包含两个元素的集合 $\{0,1\}$ 的乘积 $\{0,1\}^{\aleph_0}$, 故可赋予它积度量. 若不计常数倍, 则在 $\{0,1\}$ 上只存在一个度量, 定义为 $d(0,1) = 1$. 参照 (A.1.2), 可赋予 Ω_2^R 如下的积度量

$$d(\omega,\omega') := \sum_{i=0}^\infty \frac{d(\omega_i,\omega_i')}{3^{i+1}}.$$

命题 A.1.35   空间 $\Omega_2^R = \{0,1\}^{\aleph_0}$ 在赋以积度量 $d(\omega,\omega') := \sum_{i=0}^\infty d(\omega_i,\omega_i')/3^{i+1}$ 后是一个 Cantor 集.

为了证明这个命题, 需要建立 Cantor 三分集 C 和 Ω_2^R 之间的一个同胚.

引理 A.1.36   Cantor 三分集 C 和 Ω_2^R 之间如下定义的一一对应: $x = 0.\alpha_1\alpha_2\alpha_3\cdots = \sum_{i=1}^\infty (\alpha_i/3^i) \in C$ ($\alpha_i \neq 1$) 对应于 $f(x) := \{\alpha_i/2\}_{i=0}^\infty$ 是一个同胚.

证明   若 $x = 0.\,\alpha_0\alpha_1\alpha_2\cdots = \sum_{i=0}^\infty (\alpha_i/3^{i+1})$ ($\alpha_i \neq 1$) 和 $y = 0.\,\beta_0\beta_1\beta_2\cdots = \sum_{i=0}^\infty (\beta_i/3^{i+1})$ ($\beta_i \neq 1$) 都属于 C, 则

$$d(x,y) = |x-y| = \left| \sum_{i=0}^\infty \frac{\alpha_i}{3^{i+1}} - \sum_{i=0}^\infty \frac{\beta_i}{3^{i+1}} \right|$$

$$= \left| \sum_{i=0}^\infty \frac{\alpha_i - \beta_i}{3^{i+1}} \right| \leqslant \sum_{i=0}^\infty \frac{|\alpha_i - \beta_i|}{3^{i+1}} = 2d(f(x),f(y)).$$

令 $\alpha = f(x)$, $\beta = f(y)$. 则 $d(f^{-1}(\alpha), f^{-1}(\beta)) = d(x,y) \leqslant 2d(\alpha,\beta)$, 因此 f^{-1} 是 Lipschitz 连续的, 其 Lipschitz 常数为 2.

若 $\omega, \omega' \in \Omega_2^R$ 是两个序列, 满足 $d(\omega,\omega') \geqslant 3^{-n}$, 则对某个 $i \leqslant n$, $\omega_i \neq \omega_i'$, 因为否则的话, 有

$$d(\omega,\omega') \leqslant \sum_{i=n+1}^\infty 3^{-i-1} = \frac{3^{-n-2}}{1-\frac{1}{3}} = \frac{3^{-n-1}}{2} < 3^{-n}.$$

因此, $f^{-1}(\omega)$ 和 $f^{-1}(\omega')$ 在某第 $i \leqslant n$ 个分量上不同. 因为这两个点位于 C_{n+1} 的不同的片段内, 所以这蕴含着 $d(f^{-1}(\omega), f^{-1}(\omega')) \geqslant 3^{-(n+1)}$. 取 $x = f^{-1}(\omega)$, $x' = f^{-1}(\omega')$, 得 $d(x, x') < 3^{-(n+1)} \Rightarrow d(f(x), f(y)) < 3^{-n}$. 这表明 f 也是 Lipschitz 连续的.

这就说明 Ω_2^R 是紧致的和完全不连通的. 另外, 注意到 Ω_2^R 中的每个序列都可用 Ω_2^R 中的不同序列通过仅改变很远处的元素任意逼近. 因此 Ω_2^R 中的每个点都是聚点, 从而 Ω_2^R 是一个完全集. □

命题 A.1.37 Cantor 集是紧致的、完全不连通的、完全的.

易见具有积度量的空间 $\Omega_2 = \{0, 1\}^{\mathbb{Z}}$ 同胚于 Ω_2^R, 因此它也是一个 Cantor 集. 为证明这一点, 令

$$a: \mathbb{Z} \to \mathbb{N}_0, \quad n \mapsto \begin{cases} 2n, & \text{若 } n \geqslant 0, \\ 1 - 2n, & \text{若 } n < 0, \end{cases}$$

$f: \Omega_2^R \to \Omega_2, \omega \mapsto \omega \circ a = (\cdots \omega_3 \omega_1 \omega_0 \omega_2 \omega_4 \cdots)$. 赋予 Ω_2 和 Ω_2^R (A.1.2) 中任意两个积度量. 因为序列 α, α' 距离很近当且仅当它们在最初相当长的一段上分量是一致的, 于是, 相应的序列 $\omega = f(\alpha)$ 和 $\omega' = f(\alpha')$ 在 0 分量附近相当长的一段上是一致的, 因此它们的距离也很近. 从而 f 是两个紧空间之间的连续双射, 由命题 A.1.24, f 是同胚 (易见 f^{-1} 是连续的).

A.1.8 Cantor 集的一般性质

定理 A.1.38 完全的、完全不连通的紧度量空间是 Cantor 集.

我们已经看到, 序列空间是完全的和紧致的, 易见在一般情况下, 它们是完全不连通的: 若 $\alpha \neq \beta$ 是两个序列, 则对某个下标 i, $\alpha_i \neq \beta_i$. 满足 $\omega_i = \alpha_i$ 的序列 ω 构成的集合是开集, 满足 $\omega_i = \beta_i$ 的序列的集合也有类似的性质. 但这些集合两两不交且它们的并是全空间.

推论 A.1.39 直线上的任意非空的、完全的、有界的、无处稠密的集合是 Cantor 集.

证明 由 Heine-Borel 定理($\mathbb{R}^n$ 的有界闭子集是紧的), 直线上的有界完全的集合是紧致的. 由完全性知, 这个集合包含多于一个的元素. 如果它不是完全不连通的, 则它必有一个包含多于一个点的连通分支, 因此包含一个非平凡区间, 这与无处稠密相矛盾. □

A.1.9 二进制整数

在整数群 $\mathbb{Z}$ 上定义如下度量 $d_2 : d_2(n, n) = 0$, 当 $n \neq m$ 时, $d_2(m, n) = \|m - n\|_2$, 其中

$$\|n\|_2 = 2^{-k}, \quad n = 2^k l, \ l \text{ 是奇数}.$$

$\mathbb{Z}$ 关于这个度量的完备化称为二进制整数群, 通常记为 $\mathbb{Z}_2$. 它是一个紧拓扑群.

A.2 可 微 性

A.2.1 导数

一个映射称为可微的, 如果它有一个很好的线性近似. 我们要求对每点都存在一个线性变换, 作为至该点的距离的函数, 它与映射之间的误差小于线性函数.

定义 A.2.1 设 V, W 是赋范线性空间, $U \subset V$ 是开集, $x \in U$. 映射 $f: U \to W$ 称为在 x 点是可微的, 如果存在线性映射 $A: V \to W$, 使得

$$\lim_{h \to 0} \frac{\|f(x+h) - f(x) - Ah\|}{\|h\|} = 0.$$

在这种情形下, A 称为 f 在 x 点的导数 (或微分), 并记 $Df(x) := A$.

若 $f: \mathbb{R}^n \to \mathbb{R}^m$ 在 x 点可微, 则 $Df(x)$ 是在 x 点的偏导数矩阵 (见 2.2.4.1 节), 但所有偏导数都存在并不蕴含可微性.

A.2.2 C^r 拓扑

函数序列 $f_n(x) := \sin(nx)/n$ 一致收敛到 0, 但是它的导数序列并非如此. 所以, 如果我们想保证一个函数序列的导数序列的收敛性, 就必须明确地要求它. 而 C^1 拓扑的引入则为刻画这一问题提供了一个很好的方式. 在具有有界导数的有界函数空间上定义度量

$$d(f, g) := \max(\sup_x d(f(x), g(x)), \sup_x d(Df(x), Dg(x))).$$

则 $d(f_n, g) \to 0$ 意味着一致地有 $f_n \to g$ 和 $Df_n \to Dg$. 类似地, C^r 拓扑是由如下度量定义的:

$$d(f, g) := \max_{0 \leqslant i \leqslant r} \sup_x d(D^i f(x) D^i g(x)).$$

定理 A.2.2 由取值在完备空间中的有界连续函数的全体构成的空间在赋予一致收敛的度量后是完备的. 类似地, 由具有有界导数 (且函数值在完备空间中) 的有界函数构成的空间在 C^1 拓扑下是完备的. 对 C^r 拓扑也有类似的结论.

这推广了定理 A.1.13 和定理 A.1.14 的结果, 并且也是这些拓扑的很好的应用.

A.2.3 中值定理和 Taylor 余项

中值定理是微分运算中的一个基本而重要的结论. 它将导数和函数在区间上的行为联系了起来.

定理 A.2.3 若 $f\colon [a,b]\to\mathbb{R}$ 在 $[a,b]$ 上连续, f 在 (a,b) 内可微, 则存在点 $x\in(a,b)$, 使得 $f(b)-f(a)=(b-a)f'(x)$.

证明 设 $g(t):=t(f(b)-f(a))-f(t)(b-a)$, 则 g 在 $[a,b]$ 上连续, 在 (a,b) 内可微, 且 $g(a)=af(b)-bf(a)=g(b)$. 若 g 是常数, 则无需再证. 若否, 则由连续性, 存在某点 $x\in(a,b)$, 使得 g 在 x 点取到极值 $g(x)$. 又 g 在 x 点可微, 所以 $0=g'(x)=f(b)-f(a)-f'(x)(b-a)$. □

我们用这个结论的一种更复杂的叙述来证明 Taylor 展开式的正确性.

定理 A.2.4 若 $f\colon (a,b)\to\mathbb{R}$ 具有直到 $k+1$ 阶的导数, $x_0\in(a,b)$, 则对任意 $x\in(a,b)$, 存在介于 x 和 x_0 之间的 c, 使得

$$f(x)=\sum_{i=0}^{k}\frac{f^{(i)}(x_0)}{i!}(x-x_0)^i+\frac{f^{(k+1)}(c)}{(k+1)!}(x-x_0)^{k+1},$$

其中 $f^{(i)}$ 表示 f 的 i 阶导数.

证明 在 $[a,b]$ 上, 设 $f_k(x):=\sum_{i=0}^{k}f^{(i)}(x_0)(x-x_0)^i/i!$, $z:=(f(x)-f_k(x))/(x-x_0)^{k+1}$, $g(t):=f(t)-f_k(t)-z(t-x_0)^{k+1}$.

我们将证明对介于 x 和 x_0 之间的某个 c , $g^{(k+1)}(c)=0$. 由于 $g^{(k+1)}(t)=f^{(k+1)}(t)-(k+1)!z$, 故 $g^{(k+1)}(c)=0$ 蕴含着 $f^{(k+1)}(c)=(k+1)!z$, 而这正是我们所需要的.

由定义, 对 $0\leqslant i\leqslant k$, $f^{(i)}(x_0)=f_k^{(i)}(x_0)$, 故 $g^{(i)}(x_0)=0$. 再结合 $g(x)=0$ (由 z 的选取), 就得出存在介于 x 和 x_0 之间的 c_1 , 使得 $g'(c_1)=0$. 结合 $g'(x_0)=0$, 得到介于 c_1 和 x_0 之间 c_2 , 使得 $g''(c_2)=0$. 将上述过程重复 k 次就得到我们想要的 c. □

A.2.4 微分同胚和嵌入

一个可微的可逆映射的逆映射未必是可微的, 例如 x^3. 由于一个映射具有可微的逆映射非常有用, 所以这类映射有一个专门的名称: 一个具有可微逆映射的可微映射称为微分同胚.

就我们的目的而言, 将这个概念推广到非满的映射上去是很有用的. 我们希望这类映射包括诸如从单位圆盘到 $\mathbb{R}^3$ 的映射 $(x,y)\mapsto(x,y,x^2+y^2)$ 这样的映射, 而不包括从 $\mathbb{R}$ 到环面的映射 $t\mapsto(t,\pi t)\pmod 1$ (见 2.6.4 节) 这样的映射, 因为它的 "逆" 不连续.

定义 A.2.5 设 $U\subset\mathbb{R}^n$. 映射 $f\colon U\to\mathbb{R}^m$ 称为嵌入, 如果 f 可微, 它在每点的导数的秩为 n, 且 $f\colon U\to f(U)$ 是一个同胚.

在这个定义中, 可以用相应维数的环面、柱面或球面代替任何一个或两个 Euclid 空间.

A.3 度量空间中的 Riemann 积分

与 "测度" 有关的积分的概念在本书中多次出现.

A.3.1 Riemann 积分

与空间及其子集或相关空间如球面、柱面和环面上的长度、面积或体积有关的 Riemann 积分的概念是一个基本概念. 一个重要的问题是, 什么样的函数是 Riemann 可积的? 从应用上和与下和给出的标准定义中可以看到, 有界性显然是必要的. 类似地, 函数必须具有紧支撑, 也就是说, 它在一个紧集之外的函数值为零. 如果空间本身是紧致的, 比如闭区间、矩形、球面或环面, 那么这种限制就不存在了. 在这样的假设下, 任何一个连续函数都是可积的. 然而, 一些重要的可积函数却是不连续的. 首先, 区间、矩形和其他 "好的" 集合的特征函数的积分根据维数的不同分别等于区间的长度、矩形的面积或体积.

人们已经证明可积性存在一个强有力的充要条件.

定理 A.3.1 (Lebesgue)   定义在 Euclid 空间的有限区域、球面、环面或类似的紧致可微流形上的函数是 Riemann 可积的当且仅当它是有界的, 并且它的不连续点构成的集合是一个零集.

证明的主要思想是将零集定义 (定义 7.5.3) 中的可数多个集合与上和及下和中的有限多个矩形联系起来. 证明的方法是注意到由 f 至少变化 ε 的点的附近的点构成的集合可以被可数多个体积之和任意小的矩形所覆盖, 因此, 由紧致性导致了存在一个可作为一个合理分割的一部分的有限子覆盖 [1].

将这个准则应用于紧集 A 的特征函数 (其不连续点恰为 A 的边界点), 立即得到如下结果.

推论 A.3.2   对紧集 A 来说, 长度、面积或体积有定义当且仅当 A 的边界是一个零集.

当然, 这立刻可以推广到闭包紧致的集合上去.

A.3.2 加权积分

Riemann 积分的一个自然推广是关于一个非负密度 ρ 的加权积分, 它可通过用 ρ 乘以被积函数而简化为标准情形. 自然地, 为了使这个过程可行, 函数 ρ 本身必须是 Riemann 可积的. 由以下事实可知, 这也是充分的.

命题 A.3.3   Riemann 可积函数的和、积以及一致极限仍是 Riemann 可积的. 另外, 线性组合 (或极限) 的积分等于相应的积分的线性组合 (或极限).

---

[1] 参见 Jerrold E Marsden and Michael J Hoffman. *Elementary Classical Analysis*. New York: W. H. Freeman, 1993.

积分的概念可推广到上述内容之外的更多情形. 大多数微积分和初等实分析教材都处理了函数的定义域不紧致 (比如定义在实直线上的 $f(x) = 1/(1 + x^2) + x^2$, 或者函数无界 (比如定义在区间 $(0, 1)$ 上的函数 $f(x) = \log x$), 或者两者兼而有之的情形 (这在现实生活中经常出现). 在这些情形下用自然的逼近的方法可以定义一种积分的概念: 广义积分.

A.3.3 直线上的 Riemann-Stieltjes 积分

Bernoulli 测度 (7.6.4 节) 给出了这样一种情形: 积分可自然地定义, 但不能归结到以上所描述的任何一种情形. 由于零集可能具有正的 Bernoulli 测度 (称为测度的奇点), 故关于任意非对称的 Bernoulli 测度的积分不能归结为关于某个密度的 Riemann 积分. 然而, 关于 Bernoulli 测度的积分依然可用如下熟悉的过程来定义: 将 $[0, 1]$ 分割成小区间, 求上下 Riemann 和, 然后取当最长的分割区间的长度趋于零时的共同极限.

这种类型的一般构造称为 Riemann-Stieltjes 积分. 它适用于定义在区间 $I \subset \mathbb{R}$ 上的函数, 依赖于区间 I 上的一个分布函数 F. 这是一个单调有界且左连续的函数, 即对单增序列 $x_n \in I$, 有 $\lim_{n \to \infty} F(x_n) = F(\lim_{n \to \infty} x_n)$.

首先考虑 F 连续的情形, 这在动力系统的研究中并不是一个严格的限制. 定义区间 $[a, b] \subset I$ 的测度 为 $F(b) - F(a)$. 用这个测度代替区间长度, 定义一个函数关于 I 的一个有限分割的上下 Riemann 和. 在这种情形下, 闭区间、开区间或半开区间之间没有什么区别.

一般情况下, 即如果 F 有不连续点, 首先考虑 F 在其端点连续的区间, 如上面一样定义区间的测度. 为了避免在 Riemann 和的定义中产生歧义, 在分割时必须将分点取在 F 的连续点. 这是因为不连续点的集合不是零集: 任意这样的点 x 的测度由分布函数在 x 点的跃度给出. 任意连续函数在这种意义下的可积性 (即对任意分割列, 当分割区间的最大长度趋于零时, 上下 Riemann 和的极限相同) 的证明实际上类似于标准的 Riemann 积分情形的证明.

分布函数构造法提供了处理一维情形的积分的一般方法. 事实上, 可将它推广到整条直线或半直线上. 特别地, 它还顾及到 "合乎情理的" 无界密度函数的情形, 表现为如 11.4.3 节中所讨论的二次映射的不变测度.

A.3.4 作为正泛函的积分

在对双曲系统和奇怪吸引子的讨论中, 我们遇到了一维以外的情形. 在那里, 存在一个渐近分布函数, 但是不能将它归结为关于一个密度的积分. 另外, 本书中考虑的一些自然的系统, 如符号系统, 它们作用的空间与 Euclid 空间大不相同. 本节余下的部分将描述度量空间中的积分的一般框架, 它包括了所有这些情形. 事实上, 我们所描述的是从对连续函数定义的积分过渡到一些 "好的" 集合的测度, 然后再将这一过程反方向进行, 如同在 4.1.4 节和 4.1.6 节对圆周上一致分布的描述.

定义 A.3.4　设 X 是紧致度量空间. Riesz 积分是定义在连续实值函数空间 $C(X)$ 上的非零线性泛函 $\mathcal{I}$, 它在一致拓扑下是连续的, 且是非负的, 即如果 $f \geqslant 0$, 则 $\mathcal{I}(f) \geqslant 0$.

加权 Riemann 积分 $\mathcal{I}(f) = \int \rho f \, dx$, 以及任意 Riemann-Stieltjes 积分都满足这些条件.

只有特征函数 χ_A 连续 (即 A 既开又闭) 时其 Riesz 积分才有定义. 这在序列空间的柱集情形确实如此, 但在连通空间中是不可能的. 下面将把 Riesz 积分的定义推广到某些特征函数上去, 然后再利用逼近性推广到更多的其他函数上.

定义 A.3.5　对函数 $f: X \to \mathbb{R}$, 上积分定义为

$$\mathcal{I}^+(f) := \inf\{\mathcal{I}(g) \mid g \in C(X),\ g \geqslant f\}.$$

类似地, 下积分定义为

$$\mathcal{I}^-(f) := \sup\{\mathcal{I}(g) \mid g \in C(X),\ g \leqslant f\}.$$

函数 f 是可积的, 如果 $\mathcal{I}^+(f) = \mathcal{I}^-(f)$. 在这种情形下, 其共同值记为 $\mathcal{I}(f)$.

显然, 可积函数的线性组合还是可积的. 不很显然但是也不难验证, 两个可积函数的乘积还是可积的. 可积函数的一致极限也是可积的. 下面的命题表明在特征函数中可积函数是非常多的.

命题 A.3.6　若 $x \in X$, 则除可数多个 r 的值外, 以 x 为心的闭和开 r 球上的特征函数是可积的.

定义 A.3.7　一个集合称为关于 $\mathcal{I}$ 是 (Riemann) 可测的, 如果其特征函数是可积的. 此时, $\mathcal{I}(\chi_A)$ 称为 A 的测度.

命题 A.3.8　可测集的任意有限并或有限交还是可测的.

注 A.3.9　在这个定义中有一个很明显的缺陷, 这在标准 Riemann 积分中并不明显. 即一些相当 "好" 的集合不可测. 最简单的例子是 δ 测度: 对给定的点 $x_0 \in X$, $\delta_{x_0}(f) = f(x_0)$. 它显然是一个 Riesz 积分, 且由于它作用在于 x_0 处取零值的任意函数上等于零, 故该测度 "集中" 在 x_0 点. 然而, 由定义可知单点集 $\{x_0\}$ 是不可测的. 避免出现这一问题的方法是推广可积和可测的概念. 这就导致了 Lebesgue 积分理论.

A.3.5　分割和 Riemann 和

现在说明如何用类似于通过分割成矩形而后作 Riemann 和来构造标准 Riemann 积分的过程重新构造 Riesz 积分.

定义 A.3.10 给定 Riesz 积分 $\mathcal{I}$, X 的可测分割是指将 X 分解成有限多个可测集. 一个可测分割的细度是指同一个元素中两点之间距离的上确界.

命题 A.3.11 对任意 ε, 存在一个细度小于 ε 的可测分割.

证明 由命题 A.3.6, 对任意点, 存在一个以该点为心的半径小于 $\varepsilon/3$ 的球, 它的特征函数是可测的. 取由这样的球 $B_1, \cdots, B_n$ 构成的有限覆盖, 并令 $C_k = B_k \setminus \bigcup_{i=1}^{k-1} B_i$, $k = 1, \cdots, n$. 则集合 $C_1, \cdots, C_n$ 即为所要求的分割.

给定 X 上一个有界函数 f 以及 X 的可测分割 $\xi = (C_1, \cdots, C_n)$, 定义上下 Riemann 和 分别如下:

$$U(f,\xi) := \sum_{i=1}^{n} \text{measure}(C_i) \sup\{f(x) \mid x \in C_i\}$$

和

$$L(f,\xi) := \sum_{i=1}^{n} \text{measure}(C_i) \inf\{f(x) \mid x \in C_i\}. \qquad \square$$

定理 A.3.12 若 f 是可积的, ξ_m 是细度趋于零的分割列, 则

$$\lim_{m \to \infty} U(f,\xi_m) = \lim_{m \to \infty} L(f,\xi_m) = \mathcal{I}(f).$$

证明 首先考虑连续函数 f, 并令 $\varepsilon > 0$. 由于 f 是一致连续的, 故存在 $N \in \mathbb{N}$, 使得对任意 $m > N$ 和分割 ξ_m 的任意元素 C, $\sup\{f(x) \mid x \in C\} - \inf\{f(x) \mid x \in C\} < \varepsilon$. 由于测度具有可加性, 所以这蕴含着 $U(f,\xi_m) - L(f,\xi_m) < \varepsilon$.

对任意 Riemann 可积函数 f, 存在连续函数 f^+ 和 f_-, 使得 $f_- \leqslant f \leqslant f^+$, $(f^+) - (f_-) < \varepsilon$. 将前面的讨论应用于这些函数得到想要的结果. $\qquad \square$

A.3.6 一般 Riemann 积分

最后证明通过定义在某个集族上的测度以及 Riemann 和构造来产生一个 Riesz 积分. 类似于标准的 Riemann 积分的构造, 称这些集合为 "矩形". 假设一个给定的矩形族上带有一个测度, 该测度在每一个矩形上有定义. 我们考虑的是一个紧致度量空间 X.

充分性. 整个空间是一个矩形.

加细. 任意给定 $\varepsilon > 0$, 一个矩形可被分割成有限多个矩形, 每一个这样的矩形都在某个 ε 球内.

交. 两个矩形的交集还是矩形.

可加性. 若将矩形 R 分割成矩形 $R_i(i=1, \cdots, k)$, 则

$$\text{measure}(R) = \sum_{i=1}^{k} \text{measure}(R_i).$$

设 f 是定义在有界矩形 A 上的有界实值函数. 对任意分割 $\mathcal{R} = \{R_1, \cdots, R_k\}$ (即 $A = \bigcup_{i=1}^{k} R_i$), 定义上和为

$$U(f, \mathcal{R}) := \sum_{i=1}^{k} \operatorname{measure}(R_i) \sup\{f(x) \mid x \in R_i\},$$

下和为

$$L(f, \mathcal{R}) := \sum_{i=1}^{k} \operatorname{measure}(R_i) \inf\{f(x) | x \in R_i\}.$$

引理 A.3.13   如果 $\mathcal{R}$ 和 $\mathcal{R}'$ 为两个分割, 则 $L(f, \mathcal{R}') \leqslant U(f, \mathcal{R})$.

证明   如果 $\mathcal{R} = \mathcal{R}'$, 则结论显然成立. 否则, 应用共同的加细 $\overline{\mathcal{R}} := \{R \cap R' | R \in \mathcal{R}, \ R' \in \mathcal{R}'\}$. 这是由矩形构成的分割, 容易由可加性验证

$$L(f, \mathcal{R}') \leqslant L(f, \overline{\mathcal{R}}) \leqslant U(f, \overline{\mathcal{R}}) \leqslant U(f, \mathcal{R}). \qquad \square$$

这个引理意味着

$$\overline{\int}_A f := \inf_{\mathcal{R}} U(f, \mathcal{R}) \quad \text{和} \quad \underline{\int}_A f := \sup_{\mathcal{R}} L(f, \mathcal{R})$$

有意义且是有限的, 另外, $\overline{\int}_A f \geqslant \underline{\int}_A f$.

定义 A.3.14   在一个矩形上定义的函数 f 称为在 A 上 Riemann 可积, 如果 $\overline{\int}_A f = \underline{\int}_A f$. 在此情形下, 称 $\int_A f := \underline{\int}_A f$ 为 f 在 A 上的 Riemann 积分.

利用上面的加细性质, 类似于定理 A.3.12 的讨论, 可以证明连续函数是 Riemann 可积的, 并且定义于 $C(X)$ 上的 Riemann 积分就是如定义 A.3.4 那样的 Riesz 积分.

附录 B 提示和答案

习题 1.2.5 $kT = -\log 2$, 这里 $\log$ 是自然对数.

习题 1.3.3 七步. 第六步与 Heron 的初始猜测相当接近.

习题 1.3.8 习题 1.1.5, 解 $\cos x = x$; 习题 1.1.8, 求 $\sqrt{5}$; 习题 1.1.9, 解 $\sin x = x$.

习题 1.3.23 因为最后两个数字所形成的序列有周期 20, 所以只要用 2^{20} 不断地乘以 8 直到 008 再次出现. 计算中截去前面的数字会有帮助.

习题 2.2.6 对图 2.3.2 中中间的图像应用图解计算 (注释 2.3.3 和图 2.3.1).

习题 2.2.7 后面两个.

习题 2.2.11 应用三角不等式将问题简化为考虑零矩阵的连续性, 然后应用习题 2.2.9.

问题 2.2.12 考虑一个以原点为中心且带有一个小窄缝的平环 (一个看起来像字母 C 的区域) 并应用极坐标压缩极径和极角.

问题 2.2.13 证明 $d(f(x), x)$ 的极小值存在且一定取在不动点处.

问题 2.2.14 $f(x) = x + \mathrm{e}^{-x}$.

习题 2.3.4 在 E 的余区间上定义映射使得每个点都向右侧移动.

问题 2.3.5 在 E 的余区间上像上一问题一样构造映射, 但是需更加小心: 首先, 使得函数在每一个这样的区间上无穷可微且其与恒同的差的所有导数在两个端点处为零; 其次, 当区间变得更小时控制这些导数. 换句话说, 使得表示你的映射和恒同的偏差的函数在集合 E 附近非常 "平".

习题 2.4.2 分离变量并积分可得 $s = k - 1$.

习题 2.4.3 这样的例子一定使 f 不再满足 Lipschitz 条件. 取 $\dot{x} = \sqrt{x}$, $x(t) = \frac{1}{4}t^2$.

习题 2.4.4 $\dot{x} = x^2$.

问题 2.4.7 到一个截面的返回映射在 0 附近看起来像 $x \to x - x^3$.

习题 2.5.1 证明 f_λ^2 在该区间上的凸性, 从而通过在 x_λ 的导数给出导数的界.

习题 2.6.1 如果 $y \in B(x, r)$, 证明 $B(y, r - d(x, y)) \subset B(x, r)$.

习题 2.6.8 见引理 A.1.12.

问题 2.6.9 由紧性, $d(x, f(x))$ 在某点 R_0 处达到最小值. 利用假设证明最小值为 0 及不动点的唯一性. 收敛性: 对 $x \in X$, 序列 $(f^n(x)_{n \in \mathbb{N}})$ 有一个聚点 x'. 证明 $f(x')$ 也是一个聚点且 $x' \neq x_0$ 与 $d(f^n(x), x_0)$ 关于 n 单减的事实矛盾.

问题 2.7.5 证明映射 $0.\alpha_1\alpha_2\alpha_3\cdots \mapsto (0.\alpha_1\alpha_3\cdots, 0.\alpha_2\alpha_4,\cdots)$ 是一个同胚, 这里所有的表示式是三进制的, 所有 $\alpha_i \in \{0,2\}$.

问题 2.7.6 参见 4.4.1 节.

问题 2.7.7 构造单位区间到自身的一个同胚将 C' 映到 C 上, 这可通过对余区间保序地匹配得到, 匹配时每次可取最长的可用的区间.

习题 3.1.4 解具有形式 $x\lambda^n + yn\lambda^n$.

习题 3.1.5 记所求的数为 a_n. 由地砖的形状得 $a_n = a_{n-1} + 2a_{n-2}$.

习题 3.2.3 在极坐标下重写方程, 分离变量.

习题 3.3.2 应用命题 A.1.32.

习题 3.3.3 应用命题 3.3.3 和命题 A.1.32.

习题 3.3.5 考虑特征值的绝对值. 它们的和至少是 2.7, 于是, 如果每一个都不超过 1, 则积至少是 0.7.

问题 3.3.6 应用 Jordan 标准型.

问题 3.3.7 首先考虑 Jordan 块.

习题 4.1.5 证明从某一天日出和月出的时间差到下一天的变化为常值. 于是该差的演化可表示为一个旋转的轨道. 可以推断出这一旋转一定是无理的.

习题 4.1.6 用 $\mathbb{Z}$ 作为空间.

习题 4.1.7 考虑空间 $\{-1,1\} \cup \left\{\dfrac{1}{n}-1 \,\middle|\, n \in \mathbb{N}\right\} \cup \left\{1-\dfrac{1}{n} \,\middle|\, n \in \mathbb{N}\right\}$ 并调整上一题的解法.

习题 4.1.9 时间平均收敛到不动点处的值.

习题 4.1.11 292. 见命题 15.2.7.

问题 4.1.14 时间平均收敛到 0 点的值.

习题 4.2.5 角度等于 $1/\gamma$.

习题 4.2.10 区分有理和无理的情况. 在前一情形有有限多个非常亮的点而后一情形是一个圆周.

习题 4.3.1 如果 a 是一个整数或者整数的一半.

习题 4.3.4 F 是一个保向同胚的提升, 因为 $F(0) = 0, \rho(F) = 0$.

习题 4.3.5 注意对同胚的讨论仅用到了连续性和单调性.

习题 4.3.6 改变符号.

习题 4.3.7 应用引理 4.3.7.

问题 4.3.8 如果存在一点, 相应的 $\overline{\lim}$ 和 $\underline{\lim}$ 不一致, 选取它们之间的一个有理数并确定一个相应的周期点.

问题 4.3.9 考虑相邻不动点之间的区间, 如果所有点都是稳定或半稳定的, 则得到矛盾.

问题 4.4.5　是. 如果 $\{O_1, O_2\}$ 是 $A_{p/q}$ 的不交开覆盖, 证明可以假定 $\overline{O}_1 \cap \overline{O}_2 = \varnothing$. 应用紧性的讨论得到矛盾.

习题 5.1.2　或者其中至少有一个是完全平方数, 或者它们的比是完全平方数的比. 通过讨论非零系数的个数的不同情形证明此结论.

习题 5.1.5　应用中国余数定理.

习题 5.1.7　如果 Γ 的所有元素在 $\mathbb{R}$ 上线性无关, 即 Γ 位于一条直线上, 通过一个坐标变换由习题 4.2.8 可得结论. 否则, Γ 包含两个线性无关向量. 考虑由这些向量生成的格得到的 Γ 的因子. 这是 $\mathbb{T}^2$ 的闭子群. 应用上一习题对这样的子群分类.

问题 5.1.9　$\mathbb{R}^k \times \mathbb{Z}^l$, 这里 $0 \leqslant k + l \leqslant n, k < n$.

问题 5.1.11　$\mathbb{Z}_2$ 有一个 Cantor 型的结构. 在第 n 层有 2^n 个集合 (如果两个元素的差是 2 的倍数则它们位于同一集合中). 一致分布性意味着访问这些集合的渐近频率都相等.

习题 5.2.1　8 种, 如果初始方向不平行于一个面.

习题 5.2.2　考虑由方体 I 过原点的三个面上的反射生成的八个元素的群 S. 单位方体在该群下的轨道覆盖了一个两倍大小且中心位于原点的方体. 应用该群得到一个部分扩展. 则 I 中的任意弹子球轨道展开成通过等置对边的点对而由 S 得到的环面中的一个平行运动.

习题 6.1.3　是.

习题 6.1.9　应用 Baire 范畴定理在区域内的闭球内寻找回复点.

问题 6.2.6　应用比 (6.2.4) 中的坐标计算更复杂的方法, 或者应用当坐标系统是平移 (有助于应用重心) 或 (对角动量) 旋转时势能不变的事实.

问题 6.2.7　相对于重心的运动看起来像两个互相独立的中心力问题, 于是轨道是椭圆.

问题 6.2.9　在 Arnold V I. *Mathematical Methods of Classical Mechanics*. Berlin: Springer, 1980 中有概述.

习题 6.3.3　分别考虑撞到和不撞到内圆周的轨道. 两部分都分割成不变圆周.

习题 6.3.4　考虑由坐标轴上的反射生成的扩展.

问题 6.3.6　寻找在碰撞下不变的自由质点运动的三个积分 (两个速度分量加上关于原点的角动量) 的平方的一个组合.

习题 6.4.3　它们由相应数目的相等椭圆弧形成.

习题 6.4.4　$H(S, S_2) + \cdots + H(S_n, S_1)$.

习题 6.4.5　扰动圆周的一小段弧.

问题 6.4.6　这样的曲线称为有等宽弧. 它们可以通过将一条有固定长度的线段绕在该线段上移动的点旋转而得到.

问题 6.4.9   应用一个修正版本的张线法.

习题 7.1.2   它可以写作 p/q, 其中 m 和 q 互素.

习题 7.1.4   考虑提升、线性插值 ("直线变形") 和投射.

习题 7.1.5   如果 0 是一个吸引不动点, 则

$$x_0 := \ \sup\{x \in [0,1] : f(y) \leqslant y, \ y \in [0, x]\}$$

是一个额外的不动点.

习题 7.1.9   参见习题 7.1.5 的提示.

习题 7.2.1   1/4.

习题 7.2.7   考虑两种情况: (i) 两个特征值的绝对值都大于 1; (ii) 一个特征值的绝对值小于 1. 在情形 (i), 映射在一个适当的范数下是扩张的, 像命题 7.2.7 那样进行讨论; 在情形 (ii), 像命题 7.2.9 那样进行讨论.

习题 7.3.4

$$\begin{pmatrix} 1 & 1 & 0 & 0 & 0 \\ 1 & 1 & 1 & 1 & 0 \\ 0 & 0 & 0 & 1 & 0 \\ 0 & 0 & 1 & 0 & 1 \\ 0 & 0 & 1 & 0 & 1 \end{pmatrix}.$$

习题 7.3.8   1.

习题 7.3.11   考虑 0 的二次原像.

习题 7.3.13 $\dfrac{1 + \sqrt{5}}{2}$.

习题 7.3.14   每一个因子由映射 E_n 给出.

问题 7.3.15   由

$$A = \begin{pmatrix} 0 & 1 & 0 \\ 1 & 0 & 1 \\ 1 & 0 & 0 \end{pmatrix}$$

即可得到.

问题 7.4.8   对角化矩阵, 延长特征直线直到它们相交充分多次, 迭代这样得到的分割, 取连通分支. 作为例子考虑 $\begin{pmatrix} 13 & 8 \\ 8 & 5 \end{pmatrix} = \begin{pmatrix} 2 & 1 \\ 1 & 1 \end{pmatrix}^3$ 是有启发性的.

习题 7.5.2   相应的关键公式包括带有阶乘的表达式. 整个项数依三次方增长, 而不是二次方. 像以前那样找最大的 "坏" 项并用 Stirling 估计阶乘. 界依指数减少, 于是项数的任意多项式增长数的和依指数减少, 类似于 (7.5.3).

习题 7.6.1　对于单边移位, 对于 E_2 的半共轭是可逆的当且仅当一个零集, 所以剩下的证明就一样了. 对于双边移位, 只需考虑带有正指标的柱体, 这等同于考虑一个单边移位.

习题 7.6.3　如果 ε 充分小, 关于 p 的和式 (7.6.1) 和关于 q 的类似和式对应于不交的集合.

习题 8.1.2　1.

习题 8.1.5　利用柱体就是球这一事实构造一个极小覆盖, 利用 d_λ'' 是一个超度量, 即任一三角形至少有两个等边, 这一事实证明用柱体覆盖是最优的.

习题 8.1.8　像 Cantor 三分集那样构造. 对盒维数 0, 取出中间相对长度为 $1 - (1/2^n)$ 的区间, 对盒维数 1 用 $1/2^n$.

习题 8.1.9　$\dfrac{\log \dfrac{1+\sqrt{5}}{2}}{\log 2}$.

习题 8.2.1　0.

习题 8.2.2　$\log 2$.

习题 8.2.3　$h_{\text{top}}(f) = 0$. 应用具有无理旋转数的半共轭, 并证明对每一 $\varepsilon > 0$, 游荡区间所增加的 (n, ε) 分离点的个数是有界的.

习题 8.2.4　$h_{\text{top}}(f) = 0$. (n, ε) 分离集只是依 n 的平方增长.

习题 8.3.3　考虑以整数为指标集的可数多个单位区间的直积, 例如 Hilbert 方体. 可以给定一个度量使它为紧空间. 于是, H 上的移位映射是拓扑传递的并且有无限拓扑熵.

一个更简单但不拓扑传递的例子是移位空间 Ω_N, $N = 2, 3, \cdots$ 的一个不交并, 每一空间上的度量为 d_2 乘以 2^{-N}, 并且添加上一点 p 使得空间紧致, 于是, 对 $x \in \Omega_N$, p 和 x 间的距离等于 $10/2^N$.

问题 8.3.8　对于整数 t, 结论直接由命题 8.3.6 和命题 8.2.9(3) 得到. 后一命题直接意味着对有理数 t 等式成立. 对无理数 t 应用有理数逼近及命题 8.3.6 中的讨论得到双向不等式.

解　　答

习题 1.2.3　见例 2.2.9.

习题 1.2.4　称这和为 x_n 并将其写下, 在下一行再写一遍但向右 "平移". 将对应的项相加得到 $2x_n = x_n - 1 + b_{n+1} + b_n$, 从而 $x_n = b_{n+2} - 1$.

习题 1.2.6　见命题 2.5.1.

习题 1.2.20　1/3. 证明 $a_n + 2a_{n+1}$ 与 n 无关.

习题 1.3.1 $(1,4) \mapsto (5/2, 8/5) \mapsto (41/20, 80/41) \mapsto ((41^2 + 40^2)/41 \cdot 40, 41 \cdot 160/(41^2 + 40^2))$.

习题 1.3.6 见 2.2.8 节.

习题 1.3.9 $(n+10)^2 = n^2 + 20n + 100 = n^2 \pmod{10}$.

习题 1.3.10 $(10-n)^2 = 100 - 10n + n^2 \equiv n^2 \pmod{10}$.

习题 1.3.11 $a_{10q-n} - a_n = (10q - n)^2 p/q - n^2 p/q = 10(10pq - 2np)$ 是 10 的倍数.

习题 1.3.19 见命题 2.2.27.

习题 1.3.20 见命题 2.2.27.

习题 1.3.24 $2^{n+50} + 2^n = 2^n(2^{50} + 1) = 2^n(\cdots 625)$, 如果 $n \geqslant 3$, 它是 125 与 8 的倍数, 所以是 1000 的倍数.

习题 2.1.1 $y_{i+1} = x_{i+1} - (b/1 - k) = kx_i + b - (b/1 - k) = k(y_i + (b/1 - k)) + b - (b/1 - k) = ky_i$.

习题 2.2.1 在弧度制下反复计算 $\sin x$, 由于 $|\sin x| = \sin |x| < |x|$, 序列 $a_n := \sin^n |x|$ 单减. 由于它以 0 为界, 它必然收敛 (A.1.2 节) 到一个不动点 (见 (2.3.1)), 且一定是 0. 由于 $\sin x$ 在 0 点的导数为 1, 该映射不是一个压缩映射并且相继项的比值趋近于 1. 所以收敛不是依指数速度的.

如果应用角度制, 则计算 $\sin(\pi x/180)$, 由命题 2.2.3 知, 它是一个压缩映射, 并且相继项的比值 (很快地) 单增趋于 $a := \pi/180$. 为达到因数 10^{-10}, 需要 $-10/\lg a < 6$ 步.

习题 2.2.2 对任意 $a > 1/4$, 函数 $\sqrt{x}$ 在 $[a, \infty)$ 上是一个压缩映射且以 1 为不动点, 从而 1 也是任意这样序列的极限. 由于导数 $1/2\sqrt{x}$ 在 $x = 1$ 处为 $1/2$, 所以在每一步和 1 的差都大约减半. 于是, 如果从某个适当大小的数开始, 经过某 k 步之后这个差值对于计算器来说就非常小了 (对于约为 2^l 那么大的数要经过 $k + l$ 步).

习题 2.2.3 由于不能在 $(0, 1]$ 上应用压缩映射原理, 我们通过取倒数将问题化为前一情形: 如果初始值为 x, 则 $\sqrt[2^n]{x} = 1/\sqrt[2^n]{1/x}$ 大致就像 $\sqrt[2^n]{1/x}$ 那样接近于 1. 于是有依指数的收敛, 并且一个大约为 2^{-l} 的初始值在 $k + l$ 步之后它的二进制前 k 位就固定了.

习题 2.2.4 对 $x, y \in [-\lambda/2, \lambda/2]$, 有 $|x^2 - y^2| = |x - y||x + y| \leqslant \lambda |x - y|$.

习题 2.2.5 每一个夏季数量增至三倍, 接着在前一个夏季存活的所有北极鼠死去. 于是, $b_{n+1} = 3b_n - b_{n-1}$. 除以 b_n 给出

$$a_n := \frac{b_{n+1}}{b_n} = \frac{3b_n - b_{n-1}}{b_n} = 3 - \frac{1}{a_{n-1}} =: g(a_{n-1}).$$

现在 $g(2) = 5/2 > 2$, $g(4) = 11/4 < 4$, 且 g 是单增的, 于是 $g([2,4]) \subset [2,4]$. 在这个区间上, $g'(x) = 1/x^2 \leqslant 1/4 < 1$, 所以 g 是一个压缩映射且有唯一不动点 $\omega \in [2,4]$. 实际上, $\omega = 3 + 1/\omega$, 于是 $\omega = (3 + \sqrt{5})/2$.

习题 2.3.2 第二次迭代 f^2 是一个不减的映射. 于是周期只能是 1 或 2. 另外, 映射 $f(x) = -x$ 有 2 周期点.

习题 2.5.3 由介值定理, $f(x) - x$ 具有一个零点且为不增的, 于是零点的集合是一个单点或一个区间.

习题 2.6.2 如果 $x \in \bigcup_{\alpha \in A} O_\alpha$, 则存在 $\alpha \in A$ 使得 $x \in O_\alpha$, 于是存在 $r > 0$ 使得 $B(x,r) \subset O_\alpha \subset \bigcup_{\alpha \in A} O_\alpha$. 下面利用闭集为开集的余集即可.

习题 2.6.3 $\{n \in \mathbb{Z} \mid d(n,0) < 1\} = \{0\}$ 和 $\{n \in \mathbb{Z} \mid d(n,0) \leqslant 1\} = \{-1,0,1\}$. 都是既开又闭的: 由习题 2.6.1, $\{n \in \mathbb{Z} \mid d(n,0) < 1\}$ 是开的, 于是每一点是开的, 进而由习题 2.6.2, $\mathbb{Z}$ 的每一子集都是开的. 于是每一个集合也是闭的, 因为其余集是开集.

习题 2.6.4 由习题 2.6.1, 对任意 m, $\{n \in \mathbb{Z} \mid d(n,m) < 1\} = \{m\}$ 为开的, 于是由习题 2.6.2, $\mathbb{Z}$ 的每一子集为开集.

习题 2.6.5 由定义 A.1.4 和习题 2.6.2, 任意集合内部为开集. 为证 $\overline{\overline{A}} \subset \overline{A}$, 取 $x \in \overline{\overline{A}}$ 以及 $r > 0$. 则由定义 A.1.4, 存在 $y \in B(x,r/2) \cap \overline{A}$ 以及 $z \in B(y,r/2) \cap A$. 于是由定义 A.1.4, $z \in A \cap B(x,r)$, $x \in \overline{A}$.

习题 2.6.6 由定义 A.1.4 得 ∂S 是 $\overline{S} \setminus \operatorname{int} S$, 为闭的. 如果 S 为开的, $x \in \partial S$, $r > 0$, 则 $B(x,r) \cap S \neq \varnothing$ 且 $x \notin \operatorname{int} \partial S$, 因为由定义 A.1.4 $S \cap \partial S = \varnothing$. 再结合下面这些结论: 边界是闭的且其边界也是其余集, 开集, 的边界.

习题 2.6.7 $\mathbb{R}$ 是完备的 (基本性质之一), $\mathbb{Q}$ 不是完备的, 因为习题 1.1.8 中的序列是一个有理 Cauchy 序列但不 (在 $\mathbb{Q}$ 中) 收敛. 由习题 2.6.8, $\mathbb{Z}$ 和 $[0,1]$ 都是完备的 (对 $\mathbb{Z}$, 这可以由 Cauchy 序列是最终常值的这一简单事实得到).

习题 2.7.1 利用习题 2.6.8.

习题 3.1.2 $0 = \langle Av, w \rangle - \langle v, Aw \rangle = (\lambda - \mu)\langle v, w \rangle$.

习题 3.2.1 (a) 扩张结点, (b) 鞍点, (c) 扩张焦点, (d) 退化扩张节点.

习题 3.3.1 特征多项式为 (a) $-\lambda((3 - \lambda)(-3 - \lambda) + 8) + (2(-3 - \lambda) + 8) + 2(4 - 2(3 - \lambda)) = -\lambda(\lambda^2 - 1) + 2\lambda - 2 = (\lambda - 1)[-\lambda(\lambda + 1) + 2] = (1 - \lambda)[\lambda^2 + \lambda - 2 = (1 - \lambda)(\lambda - 1)(\lambda + 2)$; (b) $(-1 - \lambda)[(-1 - \lambda)^2 - 1] + 2(-1 - \lambda) = -(1 + \lambda)[(1 + \lambda)^2 + 1]$; (c) $(2 - \lambda)[(1 + \lambda)^2(2 - \lambda) + (2 - \lambda)] = (2 - \lambda)^2[(1 - \lambda)^2 + 1]$.

习题 4.1.8 任意两个这样集合的交集是一个不变闭集且是这两个集合中每一个的子集.

习题 4.1.10 设 $X = \{z \in \mathbb{C} \mid |z| \in \{1,2\}\}$ 且对某一 $\alpha \in \mathbb{R} \setminus \mathbb{Q}$, $f(z) = \mathrm{e}^{2\pi i \alpha}$.

问题 4.1.15 对于拓扑传递性, 只需证 1 在轨道闭包中. 每一 $g \in \mathbb{Z}_2 \setminus \mathbb{Z}_2^+$ 是奇整数的一个极限. 对奇数 m 和 $n \in \mathbb{N}$, 存在 $k \in \mathbb{N}$ 使得 $mk = 1 \pmod{2^n}$.

习题 4.2.8 如果 Γ 的正元素的下界是一个正数 a, 则群中的任意元素均为 a 的倍数. 否则, 则在 Γ 中既存在任意接近于零的正数, 又存在任意接近于零的负数, 于是 Γ 是稠密的.

习题 4.3.3 $F(x+1) - F(x) = 1/2(\sin(x+1) - \sin x)$. 这是一个非常值的连续函数, F 不是任何圆周映射的提升.

问题 4.4.4 由单调性得交集为一区间. 为证明它非空, 注意到 $\rho_{0,b} = 0$ 且 $\rho_{1,b} = 1$, 并应用连续性. 为得到有正的长度, 注意到可以应用命题 4.4.10, 因为 $f_{a,b}$ 是一个整函数.

问题 4.4.6 像在命题 4.4.13 的证明中那样应用命题 4.4.9 和命题 4.4.10.

习题 5.1.1 否则, $\sqrt{3}$ 是 1 和 $\sqrt{5}$ 的一个有理组合. 等式两边平方可得 3 是无理数.

习题 6.1.1 方向和长度的保持性意味着 $f(x) - f(0) =$ 长度 $([f(0), f(x)]) =$ 长度 $([0, x]) = x - 0$, 于是 $f(x) = x + f(0)$.

习题 6.1.8 考虑 $\mathbb{Q}$ 和 $\{O_q := \mathbb{Q} \setminus \{q\} \mid q \in \mathbb{Q}\}$.

问题 6.1.10 由定义, 其轨道与任给开集相交的点的集合为开的, 又因为这一集合包含任意稠密轨, 它是稠密的. 通过取以一条稠密轨道上的点为中心且具有理半径的球的可数集的交, 可以看到其轨道与所有这样的球相交 (从而稠密) 的点的集合是可数多个开稠集合的交. 结论可以通过取余集得到.

习题 6.2.5 Lagrange 方程关于在大圆内的反射不变. 于是它们的解 (即测地线) 在如下意义下是不变的, 即一条测地线在反射下仍为测地线. 如果初始条件与一个大圆相切, 则 Lagrange 方程解的唯一性迫使大圆为测地线. 由于任一切向量均与某一大圆相切, 它们是仅有的测地线. 于是测地流是周期的.

习题 6.4.1 依反时针方向连结对称轴与球桌的交点. 这一图形在两个对称下都不变, 于是在与球桌的每一个交点处入射角等于反射角.

习题 7.1.4 每一个周期点通过它对 Δ_0 或 Δ_1 访问的序列唯一定义 (给以编码). 反之, 每一长度为 n 的 0-1 序列正好产生一个周期 n 轨道. 特别地, 如果这样一个序列不再具有更小的周期, 则对应的周期轨的周期恰为 n.

习题 7.1.10 像 3.1.9 节中那样描述递推关系并将之投射到环面 $\mathbb{R}^2/(10\mathbb{Z})^2$, 即模 10. 或换一种方式, 考虑环面上 $(1/10, 1/10)$ 的轨道. 周期是什么? 这是应用如下事实的一个细致的方法, 即 Fibonacci 数的最后一个数字由前两个数的最后数字唯一决定.

习题 7.2.6 设 $p \in U$, $q \in V$ 为周期点 (应用命题 7.1.10) 且 n 为它们的公共周期. 第一族线中过点 p 的线是稠密的, 第二族线中过点 q 的线也一样. 于是每一条线与另外一条交于一个稠密点集, 它们是异宿的.

习题 7.3.2 证明一个二进制展开式的集合 $0, a_1, a_2, \cdots$, 其中当 i 不是 20 的倍数时 $a_i = 1$, 是不可数的.

习题 7.3.12 画出

$$\begin{pmatrix} 1 & 1 \\ 1 & 0 \end{pmatrix}$$

的 Markov 图. 接着将箭头看作点, 并画出可显示在第一个图中哪些箭头可以紧跟着另外哪些箭头的 Markov 图. 与

$$\begin{pmatrix} 1 & 1 & 0 \\ 0 & 0 & 1 \\ 1 & 1 & 0 \end{pmatrix}$$

的 Markov 图比较.

习题 7.4.1 $[0,1]$ 外面的每一点的第二次迭代都是负值. 任何负值点都趋于 $-\infty$.

习题 7.4.3 验证

$$\begin{pmatrix} 2 & 1 \\ 1 & 1 \end{pmatrix} = \begin{pmatrix} 1 & 1 \\ 1 & 0 \end{pmatrix}^2,$$

并检验图 7.4.4 中的分割为

$$\begin{pmatrix} 1 & 1 \\ 1 & 0 \end{pmatrix}$$

的一个 Markov 分割.

习题 7.4.7 假设半共轭不是双射, 我们得到一个区间的像是一个单点. 那么这一区间的任意迭代的像也是一个单点. 应用中值定理可以证明 f 的提升使任意区间的长度增加. 由紧性存在一个最长的区间映到一个点, 矛盾.

习题 8.1.1 区间 $[0,3]$ 可以被两个半径为 1 的球覆盖, 例如, 中心在 $2/3$ 和 $8/3$ 的球, 然而, 由中心在 $1/2, 3/2$ 和 $5/2$, 半径为 1 的球作成的覆盖是极小的.

习题 8.1.3 $\log \mu < \log 4 + \log \mu < \log 4 - \log \lambda < \log 4 - \log 2 = \log 2 < -\log \mu$.

习题 8.3.2 考虑具有正熵的任意映射 f 和一个无理旋转 R_α 的直积. 由命题 8.2.9(5), $h_{\text{top}}(f \times R_\alpha) = h_{\text{top}}(f) + h_{\text{top}}(R_\alpha) = h_{\text{top}}(f) > 0$.

索　引

A

鞍点 (saddle), 79, 85

鞍点–结点型分支 (saddle-node bifurcation), 46

B

半共轭 (semiconjugacy), 205, 216

半稳定 (semistable), 46, 124

包络 (envelope), 182

保守的 (conservative), 158

保向的 (orientation-preserving), 118

北极鼠 (lemmings), 42

倍周期分支 (period doubling bifurcation), 290

倍周期 (period doubling), 286, 290, 292

闭包 (closure), 372

闭测地线 (closed geodesics), 21, 312, 348

闭集 (closed set), 372

边界 (boundary), 372

编码 (coding), 200, 201, 204, 205, 212–214, 241, 275, 278

遍历性 (ergodicity), 223, 282

捕获 (capture), 312

不变测度 (invariant measure), 282, 283, 287

不变量 (invariants), 234

不变密度 (invariant density), 282

不变圆周 (invariant circle), 177, 184, 342, 344

不动点 (fixed point), 32

不减 (nondecreasing), 43

不可压缩性 (incompressibility), 149, 151

不稳定区域 (region of instability), 342

不增 (nonincreasing), 43

C

参数排除法 (parameter exclusion method), 303

测地流 (geodesic flow), 147, 158, 169, 312, 362, 366

测地线 (geodesic), 21

测度 (measure), 386

超吸引 (superattracting), 41

充满空间的曲线 (space-filling curve), 69

稠密的 (dense), 372

初积分 (first integral), 164

传递矩阵 (transitive matrix), 207

次可加性 (subadditivity), 119, 140

D

大数定律 (law of large numbers), 223, 302

单峰的 (unimodal), 189

单减 (decreasing), 43

单增 (increasing), 43

弹子球流 (billiard flow), 111, 170

弹子球映射 (billiard map), 171

等度分布 (equidistribution), 97, 283

等价度量 (equivalent metric), 375

等距 (isometric), 59, 149, 197, 375

递推 (recursion), 81, 82

动量 (momentum), 157

动能 (kinetic energy), 157

度量空间 (metric space), 372

度量 (metric), 59, 93, 204, 372

度 (degree), 117, 190

对初值的光滑依赖性 (smooth dependence on initial conditions), 257

对分搜索 (binary search), 19

对角化 (diagonalization), 72

对踵之兔 (rabbits, antipodal), 4

多项式的数字 (digits of polynomials), 23

多项式的一致分布 (uniform distribution of polynomials), 352

E

二次等度分布 (equidistribution of squares), 351

二次型 (quadratic form), 365, 367, 368

二次一致分布 (uniform distribution of squares), 351

二次映射族 (quadratic family), 54, 188, 211, 286, 303

二进制整数 (dyadic integers), 104, 382

F

反函数定理 (Inverse-Function Theorem), 251

反射方程 (mirror equation), 183

返回映射 (return map), 52, 108, 170

范数 (norm), 75, 89, 378

放射性物质的衰减 (radioactive decay), 8

放缩 (scaling), 73

非游荡的 (nonwandering), 281

分布函数 (distribution function), 105, 226, 385

分类 (classification), 211

分形 (fractals), 231

分支 (bifurcation), 46, 292

符号动力系统 (symbolic dynamic), 25

G

格 (lattice), 364, 367

根空间 (root space), 88, 90

跟踪定理 (Shadowing Theorem), 276

跟踪引理 (Shadowing Lemma), 273

跟踪 (shadowing), 273, 283

共焦双曲线 (confocal hyperbola), 175

共焦椭圆 (confocal ellipse), 175

共轭 (conjugacy), 128, 206, 212, 234

广义特征空间 (generalized eigenspace), 88, 90

广义相对论 (general relativity), 165

轨道 (orbit), 32

H

盒维数 (box dimension), 231, 232

横截周期点 (transverse periodic point), 254

蝴蝶 (butterfly), 11, 199

滑动分组码 (sliding block codes), 25

环面 (torus), 115

环面上的线性流 (linear flow on the torus), 107, 115

环面自同构 (torus automorphism), 191, 198, 214, 229, 241, 271

环面 (torus), 62, 107, 113, 137, 146, 158, 214

回复的 (recurrent), 153

回复性 (recurrence), 92, 130, 149

混合 (mixing), 227, 228

混沌的 (chaotic), 195, 197–199, 208

混沌 (chaos), 195, 206, 297, 328

J

基本集 (basic set), 268

基本域 (fundamental domain), 115, 137

积度量 (product metric), 379

积分 (integral), 164

极限环 (limit cycle), 10, 52, 317

极限圆流 (horocycle flow), 364

极限圆 (horocycle), 364

极小的 (minimal), 95, 103, 108, 109

极小极大 (minimax), 329

极小性 (minimality), 95, 103, 108, 138, 140, 142, 146

几何光学 (geometric optics), 183

几乎处处 (almost everywhere), 222

加法器 (adding machine), 104, 299

剑 (sword), 320

渐近分布 (asymptotic distribution), 105

渐近分数 (convergents), 354

降到一阶 (reduction to first order), 81, 157, 159

焦点 (focus), 78, 85

焦散曲线 (caustic), 173, 175, 182, 184

角动量 (angular momentum), 167

截面映射 (section map), 170

结点 (node), 76, 84

结构稳定性 (structural stability), 265, 276, 277, 287

介值定理 (Intermediate-Value Theorem), 43, 44

紧致的 (compact), 375, 381

进动 (precession), 166

近日角 (perihelion angle), 165

局部化 (localization), 264

局部极大双曲集 (locally maximal hyperbolic set), 268

局部紧致的 (locally compact), 378

局部熵 (local entropy), 243

矩形 (rectangle), 278

矩阵的范数 (norm of a metric), 35, 43, 88

矩阵指数 (matrix exponential), 86

聚点 (convergence), 373

聚焦 (focussing), 173

距离函数 (distance function), 59, 372

绝对连续 (absolute continuity), 282, 283

K

开的 (open), 372

开映射 (open map), 375

可测的 (measurable), 386

可测分割 (measurable partition), 387

可分的 (separable), 378

可积的 (integrable), 384

可积扭转 (integrable twist), 147

可扩性 (expansivity), 271, 274

空间平均 (space average), 101

宽度 (width), 174, 180

扩展 (unfolding), 112

扩张映射 (expanding map), 187, 190, 197, 201, 202, 210, 212, 218, 239, 240, 278, 281

扩张子空间 (expanding subspace), 91

L

拉回 (pull back), 374

类周期的 (quasiperiodic), 92

连分数 (continued fraction), 96

连接的 (syndetic), 154

连通的 (connected), 373

连续函数空间 (space of continuous functions), 374, 378

连续函数 (continuous function), 374, 378

连续性 (continuity), 59, 375

链回复集 (chain recurrence), 272

邻域 (neighborhood), 372

零集 (null set), 221, 283, 289, 384

流等价 (flow equivalence), 243

流盒 (flow box), 163

流量 (flux), 186

流 (flow), 51, 260

龙虾 (lobters), 6

螺线管 (solenoid), 193, 283, 318

M

马蹄 (horseshoe), 203, 213, 232, 267, 277,
　　305, 307, 311–313, 315, 320, 343, 344
敏感依赖 (sensitive dependence), 198, 200,
　　206, 208, 243, 271
魔鬼阶梯 (devil's staircase), 67, 129, 133

N

内部 (interior), 372
逆极限 (inverse limit), 193, 194, 321
扭转区间 (twist interval), 332, 345
扭转映射 (twist map), 147, 312, 331
扭转 (twist), 171

P

排斥不动点 (repelling fixed point), 45
抛物型的线性映射 (parabolic linear map),
　　74
频率锁定 (frequency locking), 134
频率 (frequency), 96, 98, 106, 139
平方根 (square root), 18
平衡点 (equilibrium), 47
铺砌 (tiling), 112
谱半径 (spectral radius), 87, 207
谱分解 (spectral decomposition), 281
谱 (spectrum), 87

Q

齐次空间 (homogeneous space), 361
齐次作用 (homogeneous action), 361
气候 (climate), 302
嵌入 (embedding), 385
强迫振子 (forced oscillator), 333
切变的线性映射 (shear linear map), 74
球面摆 (spherical pendulum), 108, 166
球面 (sphere), 158
球 (ball), 59
曲率 (curvature), 183

全有界 (totally bounded), 376
群 (group), 103, 138

R

容量 (capacity), 230, 234
容许的 (admissible), 207
揉理论 (kneading theory), 287, 293

S

三角不等式 (triangle inequality), 59, 372,
　　378
三角多项式 (trigonometric polynomial),
　　102, 144
散度 (divergence), 151
山路 (mountain pass), 329
商有限型系统 (sofic system), 275
生成函数 (generating function), 174,
　　178, 180, 332, 333
生命游戏 (game of life), 24
时间变换 (time change), 260
时间平均 (time average), 101
势能 (potential energy), 157, 166
适配的度量 (adapted metric), 64
适配的范数 (adapted norm), 91
适配的内积 (adapted inner product), 91
收敛 (convergence), 59, 372
数学摆 (mathematical pendulum), 116,
　　153, 161
双曲不动点定理 (Hyperbolic Fixed-Point
　　Theorem), 265, 271
双曲不动点 (hyperbolic fixed point), 261
双曲动力系统 (hyperbolic dynamical sys-
　　tems), 276
双曲度量 (hyperbolic metric), 362
双曲二次映射 (hyperbolic quadratic map),
　　289
双曲集 (hyperbolic set), 267, 268, 271–275,
　　277–281

双曲排斥子 (hyperbolic repeller), 268

双曲吸引子 (hyperbolic attractor), 320

双曲线性映射 (hyperbolic linear map), 73

双曲性 (hyperbolicity), 364

双射 (bijection), 59

水星 (Mercury), 166

随机性 (randomness), 224

随机性 (stochasticity), 302

碎轨连接定理 (specification Theorem), 274, 283

碎轨连接性质 (specification property), 274, 275

碎轨 (specification), 274

T

太妃糖 (taffy), 320

特征函数 (characteristic function), 98, 144

特征向量 (eigenvector), 71

特征值 (eigenvalue), 70, 144

特征 (characters), 144

提升 (lift), 117, 331

同步 (synchronization), 16, 134

同胚 (homeomorphism), 59, 375

同宿的 (homoclinic), 45, 153, 159, 161, 307, 308, 310, 312, 344

同宿结 (homoclinic tangle), 312

同宿切 (homoclinic tangency), 315

统计性质 (statistical property), 281

凸的 (convex), 36, 43, 177, 180

凸焦散曲线 (convex caustic), 184

图解计算 (graphical computing), 44

兔子, Pisa 的 Leonardo(rabbits, and Leonardo of Pisa), 5, 33

兔子, 食肉动物 (rabbits predators), 9

退化结点 (degenerate node), 77, 84

椭球 (ellipsoid), 312

椭圆岛屿 (elliptic island), 344, 345

椭圆积分 (elliptic integral), 160

椭圆型的线性映射 (elliptic linear map), 74

拓扑不变量 (topological invariants), 206

拓扑传递 (topological transitivity), 94, 103, 127, 195, 201, 206, 272

拓扑共轭 (topological conjugacy), 121

拓扑混合 (topological mixing), 196, 200, 206, 214, 227, 275, 280, 281

拓扑群 (topological group), 103

拓扑熵 (topological entropy), 233–235, 237, 239, 242, 275

拓扑 Markov 链 (topological Markov chain), 205, 207, 216, 240, 275, 278, 280, 289

W

外弹子球 (outer billiard), 334

完备性 (completeness), 59, 373

完全不连通 (totally disconnected), 373, 381

完全的 (perfect), 125, 373, 381

完全可积 (complete integrability), 116

万有排斥子 (universal repeller), 289

微分同胚 (diffeomorphism), 383

微分 (differential), 35

唯一遍历 (unique ergodicity), 102, 218, 223, 282, 299, 349, 351, 364, 368

伪轨 (pseudo-orbit), 272

伪球面 (pseudosphere), 363

位形空间 (configuration space), 156

稳定流形定理 (Stable Manifold Theorem), 263, 270, 307

稳定性猜测 (Stability Conjecture), 277

稳定状态 (steady state), 30

无处稠密 (nowhere dense), 372

无理旋转 (irrational rotation), 95

无量纲化 (nondimensionalizing), 158

X

吸引不动点 (attracting fixed point), 40, 317

吸引的 (attracting), 287

吸引域 (basin of attraction), 287, 291

吸引周期轨 (attracting periodic point), 287

吸引子 (attractor), 283, 317, 318

线性逼近 (linear approximation), 29

线性化 (linearization), 108, 161

线性流 (linear flow), 139

线性扭转 (linear twist), 149

相空间 (phase space), 156, 172

相似 (homothety), 73

相体积 (phase volume), 149, 152, 157

相图 (phase portrait), 49

小振动 (small oscillation), 161

谐波振子 (harmonic oscillator), 109, 134, 157, 161, 166

谐振 (resonance), 77

星形线 (astroid), 186

行列式 (determinant), 150

序列空间 (sequence space), 204, 380

序 (ordering), 116, 122, 132

旋转集 (rotation set), 128

旋转数 (rotation number), 119, 121, 123, 127, 131, 132, 234, 338, 339, 341, 346

巡游路线 (itinerary), 200

Y

压缩映射原理 (Contraction Principle), 32, 34, 63, 247, 253, 256, 271

压缩映射 (contraction), 31, 59, 375

压缩子空间 (contracting subspace), 91

严格可微凸 (strictly differentiably convex), 178

叶序 (phyllotaxis), 6

一致等价 (uniformly equivalent), 59

一致分布 (uniform distribution), 24, 97, 106, 111, 113, 139–141, 218, 223, 282, 302

一致回复性 (uniform recurrence), 154

依指数收敛 (exponential convergence), 35

移位 (shift), 25, 205, 206, 228

异宿的 (heteroclinic), 45, 200, 308, 312, 344

因子映射 (factor map), 206

因子 (factor), 128, 206, 210

隐函数定理 (Implicit-Function Theorem), 252

萤火虫 (fireflies), 15, 134

营房方程 (logistic equation), 12, 14, 15, 54, 55, 57, 82

营房微分方程 (logistic differential equation), 49, 51

游荡的 (wandering), 130

有界变差 (bounded variation), 131

有界的 (bounded), 372

有理无关 (rationally independent), 138, 145

有限型子转移 (subshift of finite type), 205

有序状态 (ordered state), 335

诱导度量 (induced metric), 372

原胞自动机 (cellular automata), 25

圆环 (annulus), 36

圆周旋转 (rotation of a circle), 92, 154

圆周映射 (circle map), 116

圆周 (circle), 60, 92, 116

运动常量 (constant of motion), 164

Z

张线法 (string construction), 186

帐篷映射 (tent map), 302

正规形式 (normal form), 326

直径 (diameter), 174, 180

掷硬币 (cointossing), 224

中心力 (central force), 164, 166

中心 (center), 85

中值定理 (mean value theorem), 382

重整化 (renormalization), 292, 360, 361

周期的 (periodic), 93, 111, 138

周期点 (periodic point), 187, 188–191, 206, 214, 223, 242, 273, 275, 287, 296, 297, 301

周期轨道 (periodic orbit), 187, 206, 208

周期系数 (periodic coefficients), 86

周期 (period), 32

蛛网图 (cobweb picture), 44

逐段单调 (piecewise monotone), 105

主周期 (prime period), 32

柱面 (cylinder), 62, 160, 172

柱体 (cylinder), 204

状态空间 (state space), 156

锥 (cone), 268

自相似性 (self-similarity), 67, 129

自由质点运动 (free particle motion), 146, 158

自治微分方程 (autonomous differential equation), 259

字母 (alphabet), 204, 205

总能量 (total energy), 157, 159

最终压缩 (eventually contracting), 64, 75, 89, 91

作用泛函 (action functional), 168, 169, 328

幺模的 (unimodular), 364, 367

熵 (entropy), 226, 234, 286, 300, 305, 313, 343

其他

Alaoglu, Leonidas, 283

Alekseev Vladimir Mihkailovich, 312

Angenent, Sigurd B., 343

Anosov 封闭引理 (Anosov Closing Lemma), 272

Arnold 舌 (Arnold tongue), 135

Atela, Pau, 7

Aubry, Serge J., 328

Aubry-Mather 集 (Aubry-Mather set), 338, 342, 344

Baire 范畴 (Baire Category), 374

Bangert, Victor, 349

Barton, Reid, 296

Bernoulli 测度 (Bernoulli measure), 226, 227

Bernoulli 概型 (Bernoulli scheme), 224

Birkhoff 遍历定理 (Birkhoff Ergodic Theory), 223, 282

Birkhoff 平均 (Birkhoff average), 99, 100, 219, 221

Birkhoff 周期轨 (Birkhoff periodic orbit), 329, 330, 334, 337, 343, 344

Birkhoff, George David, 99, 170, 186, 308, 310, 329, 345, 349

Birkhoff-Smale 定理 (Birkhoff-Smale Theorem), 308

Borel 稠密性定理 (Borel Density Theorem), 367

Bowen, Rufus, 284

Burns, Keith, 296

Cantor 函数 (Cantor function), 129, 135

Cantor 集 (Cantor set), 66, 67, 125, 128, 131, 202, 203, 206, 214, 230, 231, 299, 373, 380, 381

Cartwright, Mary Lucy, 310

Cassels, J.W.S., 365

Cauchy 序列 (Cauchy sequence), 33, 59, 373

Chebyshev, Pafnuty Lvovich, 302

Chuba, Sharon, 286

Collet, Jean-Pierre, 303

Coxeter, Harold Scott Macdonald, 7

Cremona 映射 (Cremona map), 307

Dani, Shrikrishna Gopatrao, 368

Denjoy 的例子 (Denjoy example), 130

Denjoy 定理 (Denjoy Theorem), 339

Devaney, Robert, 195, 369

Diophantus, 357

Dirichlet, Johann Peter Gustav Lejeune, 349

Dragt, Alex J., 307, 312

Drake, Sir Francis, 16

Eckmann, 303

Euler-Lagrange 方程 (Euler-Lagrange equation), 168

Feigenbaum, Mitchell J., 294, 298

Fermat 原理 (Fermat's principle), 174

Fibonacci, 5, 7, 33, 42, 81, 82, 194

Finn, John M., 312

Franks, John, 346, 349

Fuchs 群 (Fuchsian group), 362

Furstenberg, Hillel, 350, 368

Galilei, Galileo, 1

Gauss 映射 (Gauss map), 358, 366

Gelfreich, Vasily G., 314

Gibbs 测度 (Gibbs measure), 283

Gibbs, Josiah Willard, 283

Golé, Christophe, 7

Graczyk, Jacek, 301

Haar 测度 (Haar measure), 362

Hakluyt, Richard, 16

Handel, Michael, 347

Hartman-Grobman 定理 (Hartman-Grobman Theorem), 265

Hausdorff 度量 (Hausdorff metric), 377

Heine-Borel 定理 (Heine-Borel Theorem), 376, 381

Herman, Michael, 339

Heron of Alexandria, 18

Hilbert 方体 (Hilbert cube), 380

Hofmeister 法则 (Hofmeister rule), 7

Hotton, Scott, 7

Jacobi 行列式 (Jacobian), 151

Jacobi, Carl Gustav Jacob, 349

Jakobson, Michael V., 289, 303

Jordan 标准形 (Jordan normal form), 89

Jordan 曲线定理 (Jordan Curve Theorem), 58

Kämpfer, Engelbert, 16

Kepler 第二定律 (Kepler's Second Law), 165

Kepler 问题 (Kepler problem), 115

Kepler, Johannes, 6, 156

Klingenberg, Wilhelm, 349

Knieper, Gerhard, 312

Koch 雪花曲线 (Koch snowflake), 68, 232

Kronecker, Leopold, 349

Kronecker-Weyl 方法 (Kronecker-Weyl method), 102, 144, 350

Lagrange, 168

Lagrange 方程 (Lagrange equation), 168

Lanford, Oscar III, 294

Laplace, Pierre Simon de, 1, 2

Lazutkin 参数 (Lazutkin parameter), 185

Lazutkin, Vladimir F., 185

Le Calvez, Patrice, 347

Levinson, Norman, 311

Li, Tien-Yien, 297

Liouville 测度 (Liouville measure), 362

Liouville 现象 (Liouvillian phenomena), 357

Lipschitz, 31, 47, 59, 131, 255, 259, 338, 342, 375, 380

Lissajous 图 (Lissajous figures), 109

Littlewood, John Edensor, 310

Lorenz 吸引子 (Lorenz attractor), 268, 324

Lorenz, Edward Norton, 11, 199, 302, 317, 321, 324, 327

Lotka-Volterra 方程 (Lotka-Volterra equation), 9

Lyapunov 度量 (Lyapunov metric), 64

Lyapunov 范数 (Lyapunov norm), 91

Lyapunov 函数 (Lyapunov function), 322

Lyusternik, Lazar A., 348

Lyusternik-Shnirelman 类 (Lyusternik-Shnirelman categary), 348

Möbius 变换 (Möbius transformation), 362

Mañé, Ricardo, 277

Mahler 准则 (Mahler criterion), 365

Margulis, Gregory A., 367

Markov 分割 (Markov partition), 278, 280, 287

Markov 图 (Markov graph), 207, 296

Mather, John, 328, 341

May, Robert M., 12, 297

Melnikov, V. K., 314

Menger 曲线 (Menger curve), 68

Misiurewicz, Michal, 298, 303, 313

Myrberg, Pekka Juhana, 287

Newhouse 现象 (Newhouse Phenomenon), 315

Newhouse, Sheldon, 313

Newton 定律 (Newton's Law), 156

Newton 法 (Newton method), 20, 40, 249

Newton, Isaac, 1, 156

Nguyen, An, 293

Oppenheim 猜测 (Oppenheim conjecture), 349

Peano 曲线 (Peano curve), 69

Picard 迭代 (Picard iteration), 255

Picard, Charles Emile, 256

Poincaré 回复定理 (Poincaré Recurrence Theorem), 152

Poincaré 最后的几何定理 (Poincaré's Last Geometric Theorem), 345, 349

Poincaré, Henri Jules, 2, 310, 326, 345

Poincaré-Bendixson 定理 (Poincaré-Bendixson Theorem), 58

Poincaré-Melnikov 方法 (Poincaré-Melnikov method), 314

Poincaré 分类, 127

Raghunathan, Madabusi S., 367, 368

Ratner, Marina, 368

Riemann 和 (Riemann sum), 387

Riemann 积分 (Riemann integral), 388

Riesz 积分 (Riesz integral), 386

Robbin, Joel, 277

Robinson, R. Clark, 277

Rom-Kedar, Vered, 312

Ruelle, David, 284, 303

Sanders, Jan A., 314

Scherer, Andrew, 286

Schwarz 导数 (Schwarzian derivative), 292

Sharkovsky 定理 (Sharkovsky Theorem), 297

Sharkovsky, Olexandr Mikolaiovich, 287

Shnirelman, Lev Genrikhovich, 348

Sierpinski 地毯 (Sierpinski carpet), 68

Sierpinski 海绵 (Sierpinski sponge), 68

Sinai, Yakov, 284

Sinai-Ruelle-Bowen 测度 (Sinai-Ruelle-Bowen Measure), 284

Smale 吸引子 (Smale attractor), 318, 320, 321

Smale, Steven, 213, 294, 308, 311, 318

Størmer 问题 (Størmer problem), 312

Stirling 公式 (Stirling fomula), 220

Swiatek, Grzegorz, 289, 301

Swinnerton-Dyer, Sir Peter, 367

Thurston, William, 347

Tucker, Warwick, 324, 326

Tychonoff, Andrey Nikolayevich, 380

Ulam, 302

van der Mark, J., 10

van der Pol, Balthasar, 10, 311

von Neumann, John, 302

Weierstrass, Karl Theodor Wilhelm, 102,
　　145, 350

Weiss, Howard, 312

Weyl, Hermann, 349, 350

Wiener, Norbert, 297

Wintner, Aurel, 297

Yomdin, Yosef, 313

Yorke, James A., 297

Zariski, Oscar, 367

2 的方幂 (powers of 2), 21, 106

C^1 拓扑 (C^1-topology), 382

C^r 拓扑 (C^r-topology), 382

ω 极限集 (ω-limit set), 125, 153

《现代数学译丛》已出版书目

(按出版时间排序)

1 椭圆曲线及其在密码学中的应用——导引 2007.12 〔德〕Andreas Enge 著
  吴 铤 董军武 王明强 译

2 金融数学引论——从风险管理到期权定价 2008.1 〔美〕Steven Roman 著
  邓欣雨 译

3 现代非参数统计 2008.5 〔美〕Larry Wasserman 著 吴喜之 译

4 最优化问题的扰动分析 2008.3 〔法〕J. Frédéric Bonnans
  〔美〕Alexander Shapiro 著 张立卫 译

5 统计学完全教程 2008.6 〔美〕Larry Wasserman 著 张 波 等译

6 应用偏微分方程 2008.7 〔英〕John Ockendon, Sam Howison, Andrew Lacey
  & Alexander Movchan 著 谭永基 程 晋 蔡志杰 译

7 有向图的理论、算法及其应用 2009.1 〔丹〕J. 邦詹森 〔英〕G. 古廷 著
  姚兵 张忠辅 译

8 微分方程的对称与积分方法 2008.8 〔加〕乔治 W. 布卢曼 斯蒂芬 C. 安科 著
  闫振亚 译

9 动力系统入门教程及最新发展概述 2009.4 〔美〕Boris Hasselblatt & Anatole
  Katok 著 朱玉峻 郑宏文 张金莲 阎欣华 译 胡虎翼 校